Digitale **Astrofotografie**

Axel Martin, Bernd Koch

Digitale Astrofotografie

Grundlagen und Praxis der CCD- und Digitalkameratechnik

Haftungsausschluss

An zahlreichen Stellen dieses Buches sind Verweise auf das Internet gelegt. Für all diese Links gilt: Verlag und Autoren erklären ausdrücklich, dass sie keinerlei Einfluss auf die Gestaltung und die Inhalte der gelinkten Seiten haben. Deshalb distanzieren sich Verlag und Autoren hiermit ausdrücklich von allen Inhalten aller aufgeführten Internetseiten und machen sich diese Inhalte nicht zu Eigen. Es kann insbesondere keine Verantwortung für Schäden übernommen werden, die durch das Vertrauen auf die Inhalte dieser externen Internetseiten oder deren Gebrauch entstehen.

Autoren und Verlag übernehmen darüber hinaus keinerlei Gewähr für die Aktualität, Korrektheit, Vollständigkeit oder Qualität der sonstigen Informationen. Haftungsansprüche gegen die Autoren oder den Verlag, welche sich auf Schäden materieller oder ideeller Art beziehen, die durch die Nutzung oder Nichtnutzung der dargebotenen Informationen bzw. durch die Nutzung fehlerhafter und unvollständiger Informationen verursacht wurden, sind grundsätzlich ausgeschlossen.

1. Auflage

© 2009 Oculum-Verlag GmbH, Erlangen
Oculum-Verlag, Westl. Stadtmauerstr. 30a, 91054 Erlangen
www.oculum.de, astronomie@oculum.de

Lektorat: Ronald Stoyan

ISBN 978-3-938469-27-9

VORWORT

Aus der Idee aus dem Jahr 1991, einen kurzen Artikel über die Astrofotografie für eine Vereinszeitschrift zu verfassen, entwickelten sich zuerst die beiden Bücher »Astrofotografie in 5 Schritten« (Axel Martin, 2002) und »CCD-Astronomie in 5 Schritten« (Axel Martin, Karolin Kleemann-Böker, 2004). Die rasante Entwicklung der digitalen Technik hat seitdem aufregende neue Betätigungsfelder erschlossen. Den größten Wandel im Astrosektor hat die Fotografie erfahren. Die chemische Astrofotografie fristet mittlerweile ein Nischendasein, ausgefeilte digitale Aufnahme- und Bearbeitungsmethoden lassen auch die bekannten Himmelsobjekte wortwörtlich »im neuen Licht« erstrahlen. Dazu hat die Entwicklung der digitalen Spiegelreflexkamera entscheidend beigetragen. Seit dem Jahr 2004 erobern speziell die modifizierten Canon DSLR-Modelle den Astromarkt und ermöglichen auch mit schmalem Geldbeutel einen erfolgreichen Einstieg in die digitale Astrofotografie.

Wir wollen im praktischen Teil »Digitale Bildbearbeitung« zeigen, wie man mit verhältnismäßig einfachen Mitteln seine Aufnahmetechnik optimieren und das Beste aus seinen DSLR-Aufnahmen herausholen kann. Die meisten der hier vorgestellten Bearbeitungsmaßnahmen lassen sich aber auch auf Aufnahmen mit teils professionellen astronomischen CCD-Kameras anwenden, ohne dass explizit darauf eingegangen wird. Wir haben vorzugsweise Freeware/Shareware-Programme benutzt, doch manche Ziele lassen sich nur durch kostenpflichtige Programme wie beispielsweise Adobe Photoshop erreichen. Dass die Astrosoftware einem stetigen Wandel unterliegt, haben wir dabei in Kauf genommen. Wir glauben jedoch, dass es leicht möglich ist, die vorgestellten Bearbeitungsschritte auf neuere Versionen oder andere Programme sinngemäß zu übertragen.

Mehr als 30 nützliche Software-Werkzeuge sind – bei kommerziellen Programmen als Demo-Versionen – auf der beiliegenden DVD enthalten. Dort finden sich ebenfalls Bildbearbeitungsbeispiele sowie eine Übersicht der an zahlreichen Stellen des Buches angeführten Links.

An dieser Stelle möchten wir darauf hinweisen, dass die im Text erwähnten Produkt- und Herstellernamen keine qualitative Wertung darstellen. Wir haben vielmehr versucht, die von uns als praktisch erachteten Geräte und Software vorzustellen. Ähnliche Produkte anderer, hier nicht namentlich erwähnter Hersteller mögen genauso gut sein – es lagen uns hier jedoch keine eigenen Erfahrungen vor.

Schließlich möchten wir uns ausdrücklich bei allen denen bedanken, die uns mit Rat und Tat bei der Erstellung dieses Buches geholfen haben. Namentlich hervorgehoben werden sollen hierbei Karolin Kleemann-Böker, Andreas Böker und Michael Tator, die zu den früheren Büchern »Astrofotografie in 5 Schritten« und »CCD-Astronomie in 5 Schritten« beigetragen haben. Klaus Weyer und Klaus Birkner haben das Manuskript Korrektur gelesen und zahlreiche inhaltliche Anregungen geben.

Axel Martin und Bernd Koch,
im Dezember 2008

INHALTSVERZEICHNIS

DVD ZUM BUCH

im hinteren Buchumschlag
mit 30 nützlichen Freeware-,
Shareware- und Demo-Pro-
grammen sowie Beispieldaten

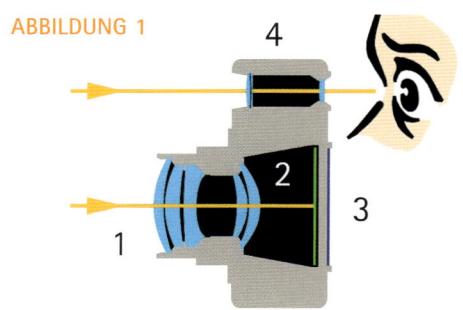

KAMERA

Kameras für die Astrofotografie
Digitale Sucher- oder Kompaktkamera

TIPP

Bei der »Live-Betrachtung« des Monitorbildes einer Digitalkamera ist der Aufnahmechip dauerhaft aktiv. Die hierdurch erzeugte Wärme führt daher zu dem in Kapitel »Dunkelstrom« beschriebenen erhöhten thermischen Rauschen. Aufgrund des meist hohen Grundrauschens vieler Sucherkameras sollte die Monitoranzeige daher bei längeren Belichtungszeiten immer deaktiviert werden.

Digitale Sucherkameras stellen den auf dem deutschen Fotomarkt heute am weitesten verbreiteten Kameratyp dar. Ihre große Beliebtheit ist vor allem darin begründet, dass diese Kameras nicht nur unkompliziert in der Bedienung, sondern auch klein genug sind, um fast problemlos überall mit hingenommen werden zu können.

Aufgrund ihrer geringen Baugröße bei entsprechend geringem Gewicht werden Sucherkameras häufig auch als Kompaktkameras bezeichnet. Die Miniaturisierung einiger Modelle geht so weit, dass die Abmessungen nur noch der einer Kreditkarte, bei einer Dicke von zum Teil deutlich weniger als einem Zentimeter, entsprechen.

Historisch gesehen erhielt die Sucherkamera ihren Namen, weil sie neben dem Objektiv, das nur der eigentlichen Bildaufnahme dient, noch eine separate Sucheroptik besitzt. Mit Einführung der Digitaltechnik geht der Trend in den letzten Jahren vor allem bei den preiswerteren Kameramodellen jedoch immer mehr dahin, diese separate Optik einzusparen und stattdessen das LC-Display auf der Kamerarückseite als elektronischen Sucher zu verwenden. Was dem Benutzer auf den ersten Blick das oftmals lästige »ans Auge halten« der Kamera erspart, sorgt in der Praxis für einen sehr hohen Stromverbrauch der Kamera.

Da die meisten astronomischen Objekte nur bei Dunkelheit fotografiert werden, macht sich das oftmals schlechte Kontrastverhalten des Displaybildes bei hellem Umgebungslicht normalerweise nur bei der Sonnenfotografie negativ bemerkbar. In allen anderen Bereichen der Astrofotografie erlaubt das Display dagegen, dass sowohl der aktuell eingestellte Bildausschnitt als auch die Bildschärfe bereits vor der eigentlichen Aufnahme begutachtet werden können. Je nach Lage der am Teleskop angeschlossenen Kamera kann ein festes Display dem Beobachter hierbei allerdings allerlei körperliche Verrenkungen abverlangen. Im praktischen Einsatz haben sich daher Kameras, die über ein dreh- und schwenkbares Display verfügen, als sehr komfortabel erwiesen.

Wie bei digitalen Fotoapparaten üblich, kann auch bei einer Sucherkamera die Qualität der fertigen Aufnahme auf dem Display begutachtet werden.

Die heute erhältlichen digitalen Sucherkameras besitzen ein fest in das Kameragehäuse eingebautes, nicht wechselbares Objektiv. Hierbei handelt es sich üblicherweise um ein sog. Zoomobjektiv, dessen Brennweite vom leichten Weitwinkel- bis zum leichten oder mittleren Telebereich um den Faktor zwei bis drei verstellt werden kann. Lediglich bei Kameras der oberen Preisklasse kommen Objektive zum Einsatz, die dank eines größeren Zoomfaktors auch den Bereich der längeren Telebrennweiten abdecken.

Weil Größe, Gewicht und Preis einer Sucherkamera möglichst gering gehalten werden sollen, gehen die Hersteller bei der Objektivkonstruktion oftmals erhebliche

ABBILDUNG 1: Schnitt durch zwei Modelle einer digitalen Sucherkamera. Das einfallende Licht wird durch das Objektiv (1) direkt auf dem Aufnahmesensor (2 – hier grün dargestellt) abgebildet. Weil die heute verwendeten Sensoren fast ausnahmslos über einen sog. »electronic Shutter« verfügen, kann auf einen in das Objektiv integrierten Verschluss verzichtet werden. Neben dem LC-Display zur »Live«-Betrachtung auf der Gehäuserückseite (3 – hier blau dargestellt) besitzen heute nur noch Modelle der mittleren und höheren Preisklasse den alternativen Durchlichtsucher (4), der diesem Kameratyp früher einmal seinen Namen gab.

ABBILDUNG 1

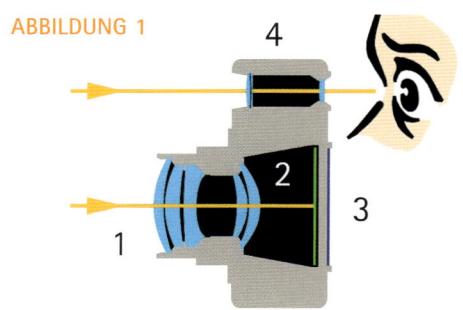
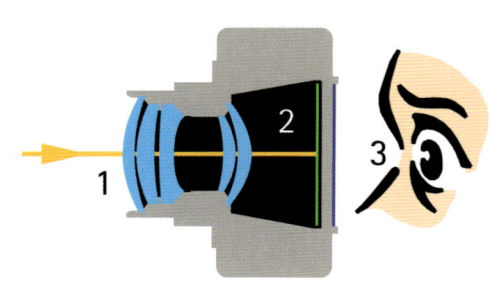

Kompromisse ein. Vor allem preiswerte Kameramodelle zeigen aufgrund der optischen Qualität und Lichtstärke ihrer Objektive unter schlechten Lichtbedingungen eine meist nur sehr mäßige Leistung.

Da eine Trennung von Objektiv und Kamera nicht möglich ist, kann mit einer Sucherkamera nur nach dem Prinzip der afokalen Projektion (siehe Kapitel: »Kameraadapter«) durch ein Teleskop fotografiert werden.

Die Scharfeinstellung einer digitalen Sucherkamera erfolgt heute ausnahmslos mittels Autofokus. Es handelt sich hierbei um einen sogenannten passiven Autofokus, der die Bildschärfe mittels spezieller Autofokussensoren direkt am abgebildeten Objekt ermittelt. Es wird also das scharf gestellt, was auch anvisiert wird. Hochwertigere Kameras besitzen meist sogar mehrere Autofokussensoren, die entweder automatisch durch die Kameraelektronik oder manuell durch den Benutzer angewählt werden.

Für die Astrofotografie kann ein solcher Autofokus sowohl Vor-, als auch Nachteile haben. Vorteile bestehen vor allem dann, wenn bei hohen Vergrößerungen durch ein Teleskop fotografiert wird. Die mit dieser Technik üblicherweise aufgenommenen Objekte wie Sonne, Mond oder die großen Planeten sind im Allgemeinen so hell, dass der Autofokus noch auf sie anspricht. Ein vom Benutzer am Teleskop nur ungenau fokussiertes Bild kann so zumindest teilweise noch vom Autofokus gerettet werden.

Von Nachteil ist der Autofokus dagegen, wenn Sternfelder aufgenommen werden sollen: Die abgebildeten Objekte sind so klein und lichtschwach, dass es fast immer zu Fehlmessungen kommt. Entweder weigert sich die Kamera in einem solchen Fall überhaupt auszulösen oder aber sie stellt sich, anstatt auf ∞ (»Unendlich«), auf irgendeinen anderen endlichen Entfernungswert ein. Nur wenige Kameramodelle besitzen für einen solchen Fall auch eine manuell anwählbare ∞-Position.

ABBILDUNG 2: Digitale Sucherkameras, wie die hier gezeigte PowerShot A 80 der Firma Canon, sind heute meist so klein und leicht, dass sie problemlos an jedes Teleskop angeschlossen werden können. Sie eignen sich u.a. für detaillierte Übersichtsaufnahmen von Sonne und Mond.

Viele der preiswerten Sucherkameras besitzen ausschließlich eine Belichtungsvollautomatik und lassen daher eine vom Benutzer wählbare Einstellung der beiden Belichtungsparameter Zeit und Blende nicht zu. Solche Kameras sind für die Astrofotografie nur äußerst eingeschränkt geeignet, da diese Art der Automatik in der Regel nur Kurzzeitbelichtungen erlaubt. An Stelle einer Langzeitbelichtungsfunktion wird durch die Belichtungsautomatik automatisch das kcamerainterne Blitzlicht aktiviert.

Besser ausgestattete Kameramodelle verfügen neben der reinen Vollautomatik auch über eine Zeit- und/oder Blendenautomatik. Vor allem bei digitalen Kameramodellen findet man in der gehobeneren Preisklasse teilweise auch eine Funktion zur komplett manuellen Belichtungseinstellung. Obwohl der interne Blitz bei allen diesen Kameras durch den Benutzer deaktiviert werden kann, unterscheiden sie sich doch stark in ihrer Eignung für die Astrofotografie.

Keines der aktuellen Kameramodelle besitzt eine Möglichkeit zur uneingeschränkten Langzeitbelichtung, was aufgrund des üblicherweise auftretenden Bildrauschens auch durchaus sinnvoll ist. Während preiswerte Kameramodelle jedoch nur über eine maximale Belichtungszeit von einer Sekunde verfügen, ermöglichen die Geräte der mittleren und oberen Preisklasse dank ihres etwas rauschärmeren Aufnahmesensors auch Belichtungszeiten von bis zu 30 Sekunden. Die oftmals fehlende Anschlussmöglichkeit für einen Fernauslöser kann

Belichtungsautomatiken

Viele Kameras besitzen heute eine Belichtungsautomatik. Dies ist für die Urlaubs-, Sport-, Landschafts-, Tier- oder Personenfotografie sinnvoll, für die Astrofotografie jedoch nicht unbedingt nötig. Da die aufzunehmenden Himmelsobjekte sehr lichtschwach sind, muss in der Regel sehr lange belichtet werden. Auf solche schwachen Lichtquellen sind die Belichtungsmesser der gebräuchlichen Fotoapparate nicht ausgelegt. Sie erlauben im Allgemeinen nur Belichtungszeiten von 1/1000 Sekunde (bei modernen Spiegelreflexkameras auch manchmal bis zu 1/8000 Sekunde) bis hin zu maximal 30 Sekunden.

Man unterscheidet grundsätzlich drei prinzipielle Arten von Belichtungsautomatiken:

- Zeitautomatik mit Blendenvorwahl: Der Fotograf bestimmt die Blende, mit der das Bild aufgenommen werden soll, und die Kamera wählt sich selbstständig die dazugehörige Belichtungszeit. Fast alle Kamerahersteller bezeichnen diesen Automatikmodus mit »A« (engl.: aperture preselection). Vor Einführung der weiter unten beschriebenen Vollautomatik war die Zeitautomatik die am weitesten verbreitete Belichtungsautomatik.

Im Gegensatz zu den anderen Belichtungsautomatiken werden bei der Zeitautomatik auch bei Kameras mit Wechselobjektiven keine mechanischen oder elektronischen Übertragungsvorrichtungen zwischen Kamera und Objektiv benötigt.

- Blendenautomatik mit Zeitvorwahl: Der Fotograf gibt die Belichtungszeit vor, mit der das Bild aufgenommen werden soll, und die Kamera wählt hierzu den passenden Blendenwert. Bei den meisten Kameraherstellern wird diese Betriebsart mit »S« (engl.: shutter preselection) bezeichnet.

Kameras mit auswechselbaren Objektiven benötigen eine mechanische oder elektronische Übertragungsvorrichtung zwischen Kamera und Objektiv, um dem Objektiv mitzuteilen, welche Blende eingestellt werden soll.

- Vollautomatik: Die bei den aktuellen Kameramodellen am weitesten verbreitete Automatikbetriebsart ist die Voll- oder Programmautomatik. Bei fast allen Kameraherstellern wird diese Automatikfunktion mit »P« bezeichnet.

Bei ihr werden die beiden bildbestimmenden Parameter Zeit und Blende von der Kameraelektronik selbst gewählt. Während die getroffene Zeit/Blenden-Kombination bei den preiswerteren Kameramodellen nicht mehr verändert werden kann, besteht bei den besser ausgestatteten Kame-

zumindest teilweise mit Hilfe des Selbstauslösers kompensiert werden.

Für die afokale Fotografie der hellen Objekte unseres Sonnensystems durch ein Teleskop eignet sich die Belichtungsautomatik vieler Sucherkameras dagegen ganz gut. Durch sie spart man sehr viel Zeit bei der Suche nach den richtigen Belichtungseinstellungen.

Digitale Spiegelreflexkamera

Die digitale Spiegelreflexkamera (engl. »Digital SingleLensReflexcamera« – kurz: DSLR) ist wegen ihrer Universalität unter den ambitionierten Fotografen weit verbreitet. Ein reichhaltiges Systemzubehör steht für die unterschiedlichsten Erfordernisse zur Verfügung. Die Modellvielfalt, selbst innerhalb der Proras die Möglichkeit, diese benutzerseitig zu variieren. Einige Vollautomatiken erkennen bei Kameras mit Wechsel- und/oder Zoomobjektiven welche Brennweite aktuell verwendet wird und wählen die verwendete Belichtungszeit so, dass die Verwacklungsgefahr möglichst gering ist.

Wie bei der Blendenautomatik benötigen Kameras mit auswechselbaren Objektiven auch bei der Vollautomatik eine mechanische oder elektronische Übertragungsvorrichtung zwischen Kamera und Objektiv, um dem Objektiv mitzuteilen, welche Blende eingestellt werden soll.

Wenn überhaupt, kommen Belichtungsautomatiken nur bei der Fotografie der hellen Objekte unseres Sonnensystems zum Einsatz. Mit Ausnahme der afokalen Fotografie bei Kameras mit fest montiertem Objektiv eignen sich weder Voll- noch Blendenautomatik für den Einsatz in der Astrofotografie. Wird eine Kamera ohne Objektiv für die Fotografie dieser Objekte durch ein Teleskop verwendet, ist der Blendenwert durch das Teleskop vorgegeben, so dass nur eine Zeitautomatik mit Blendenvorwahl benutzt werden kann.

Neben der generellen Art der Belichtungsautomatik ist für den praktischen Einsatz auch noch die Art und Weise wichtig, mit der die Kamera die Belichtungsdaten ermittelt. Lange Zeit war hier die sog.

»Integralmessung« Standard, bei der ein mittlerer Wert des gesamten vom Objekt reflektierten Lichts gemessen wird. Als Verbesserungsmaßnahme wurde im Laufe der Zeit auf die sog. »mittenbezogene Integralmessung« umgestellt, bei der Objekte in der Bildmitte stärker berücksichtigt werden als solche am Rand. Kameras der oberen Preisklasse bieten zusätzlich noch die sog. »Spotmessung« an, bei der die Messung auf ein eng begrenztes Gebiet in der Bildmitte, das im Sucher gekennzeichnet ist, beschränkt wird. Die bei vielen Kameras vorhandene »Mehrfeld-« oder »Matrixmessung« ist eine multiple Spotmessung, wobei der Belichtungsrechner in der Kamera entscheidet, welche Zonen besonders berücksichtigt werden und welche nicht.

Aufgrund der geringen Objektgrößen ist eine Spotmessung vor allem bei der Planetenfotografie sinnvoll. Mit Hilfe der manuellen Belichtungskorrektur können diese aber auch, wie Sonne und Mond, mit einer Kamera mit Integralmessung gut aufgenommen werden. Obwohl vor allem die Mehrfeldmessung auch in vielen kritischen Situationen der allgemeinen Fotografie für eine richtige Belichtung sorgt, ist ihr Einsatz in der Astrofotografie nicht notwendig. Die bildwichtigen Objekte befinden sich schließlich fast immer in der Bildmitte, so dass eine normale Spotmessung ausreicht.

ABBILDUNG 3

duktpalette nur eines Herstellers, reicht dabei vom Einsteigermodell bis hin zu sehr teuren, professionell nutzbaren Kameragehäusen. Bei einer digitalen Spiegelreflexkamera erfolgen Auswählen des Bildausschnittes, Scharfstellen und das eigentliche Fotografieren (das Belichten des Sensors) durch ein und dieselbe Optik. Dies wird durch einen Spiegel erreicht, der das ankommende Licht, nachdem es das Objektiv

ABBILDUNG 3: Eine Digitale Spiegelreflexkamera.

ABBILDUNG 4

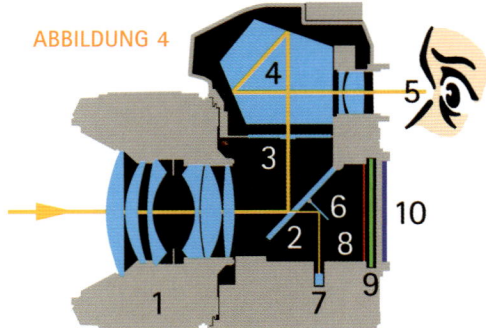

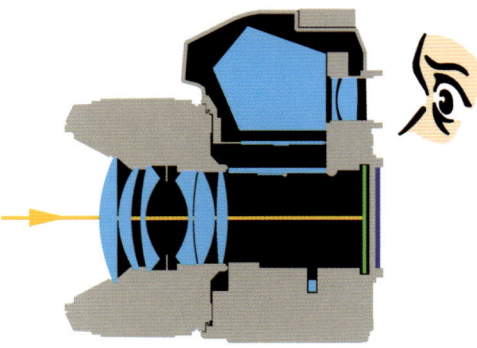

ABBILDUNG 4

ABBILDUNG 4: Die Funktionsweise einer Spiegelreflexkamera: Im Ruhezustand trifft das durch das Objektiv (1) einfallende Licht auf den herunter geklappten Umlenkspiegel (2), der es auf die Mattscheibe (3) lenkt. Das hier entstehende Bild wird über das Prisma (4) in den Sucher (5) gelenkt, wo es vom Fotografen betrachtet werden kann. Im Fall der hier dargestellten Autofokuskamera ist der Umlenkspiegel nur halbdurchlässig verspiegelt, so dass ein Teil des einfallenden Lichtes über einen Hilfsspiegel (6) auf den Autofokussensor (7) gelenkt wird. Während der ganzen Zeit wird der Chip (9 – hier grün dargestellt) durch den Verschluss (8 – hier rot dargestellt) gegen Lichteinfall geschützt.

Erst kurz vor der Belichtung klappen Umlenk- und Hilfsspiegel nach oben, der Verschluss öffnet sich und der Chip wird belichtet. Die vor der Mattscheibe liegenden Spiegel verhindern hierbei, dass Streulicht durch den Sucher eindringen kann. Nach beendeter Belichtung schließt sich der Verschluss und die Spiegel klappen wieder in die Ausgangsposition zurück. Nachdem das aus dem Chip ausgelesene Bild abgespeichert wurde, kann es auf dem Kameradisplay (10 – hier dunkelblau dargestellt) auf der Gehäuserückseite betrachtet werden.

passiert hat, auf eine Mattscheibe wirft, wo es mit Hilfe eines Prismas und einer Lupe hinsichtlich Bildausschnitt und Schärfe begutachtet werden kann. Wird die Belichtung ausgelöst, klappt der Umlenkspiegel hoch. Der Verschluss hinter ihm öffnet sich und gibt den Aufnahmesensor frei. Nach erfolgter Belichtung schließt sich der Verschluss wieder und der Spiegel schwingt in seine ursprüngliche Position zurück. Das aus dem Sensor ausgelesene Bild wird abgespeichert und anschließend auf dem in die Rückseite der Kamera integrierten LC-Display dargestellt.

Bei allen heute erhältlichen digitalen Spiegelreflexkameras kann das Objektiv vom eigentlichen Kameragehäuse getrennt werden. Anders als bei einer Sucherkamera ist der Benutzer daher nicht auf ein bestimmtes Objektiv festgelegt, sondern kann aus einer je nach Kamerahersteller mehr oder weniger großen Objektivpalette auswählen.

Die Verbindung zwischen Objektiv und Kameragehäuse erfolgt über einen sog. Bajonettverschluss. Das Objektiv rastet hierbei beim Ansetzen an das Kameragehäuse bereits nach einer kurzen Drehung ein. Nach dem Betätigen einer Entriegelung lässt es

sich durch eine entsprechend entgegengesetzte Drehung wieder ebenso leicht von der Kamera lösen. Im Bereich des Bajonetts befinden sich elektronische oder mechanische Übertragungselemente für die verschiedenen von der Kameraautomatik gesteuerten Objektiveinstellungen wie Blende und, falls vorhanden, Autofokus.

Fast jeder Kamerahersteller hat im Laufe der Jahre sein eigenes Bajonett entwickelt. Neben Form, Durchmesser und Lage der Übertragungselemente unterscheiden sich die verschiedenen Bajonettsysteme auch im Abstand zwischen der Bajonettauflagefläche und der Filmebene der Kamera, dem sog. Auflagemaß. Der Austausch von Objektiven zwischen den verschiedenen Bajonettsystemen ist daher normalerweise nicht möglich.

Tabelle 1: Die Auflagemaße der aktuellen digitalen Spiegelreflexkameras im Vergleich. Kameras mit geringem Auflagemaß erlauben mittels spezieller Adapterringe auch die Verwendung älterer Objektive mit M42-Anschluss.

Kamera–Anschluss	Auflagemaß
Olympus Four-Third	38,67mm
Canon EF	44,0mm
Canon EF-S	44,0mm
Sigma SA	44,0mm
Konica-Minolta / Sony AF	44,5mm
Pentax K	45,5mm
Nikon	46,5mm
M42	45,5mm

Selbst innerhalb der verschiedenen Modellreihen eines Herstellers sind die Objektive teilweise nicht frei austauschbar: Während manche Firmen wie z.B. Nikon und Pentax ihr bereits vor Jahrzehnten vorgestelltes Bajonett über die Jahre unverändert beibehalten haben, sind andere Firmen, wie z.B. Canon und Minolta Anfang der 90er-Jahre mit Einführung ihrer Autofokuskameras auf ein komplett geändertes Bajonett übergegangen.

Anfgrund ihres geringen Auflagemaßes werden für die digitalen Spiegelreflexkameras der Firma Canon in verschiedenen Internet-Auktionshäusern immer wieder Adapter angeboten, die den Anschluss von

Objektiven mit M42-Gewindean-schluss ermöglichen. Bei Verzicht auf Funktionen wie Autofokus und Blendenübertragung kön-nen so auf dem Gebrauchtmarkt günstig erstandene Spezialob-jektive verwendet werden, die als neuwertiges Originalobjektiv meist preislich unerschwinglich sind. Doch auch bei normalen Objektivkonstruktionen erhält man auf diese Weise sehr häufig ein preiswertes, aber in Hinblick auf Optik und Mechanik teilweise sehr gut verarbei-tetes Objektiv.

In Verbindung mit einem entsprechend ausgestatteten Wechselobjektiv arbeiten alle digitalen Spiegelreflexkameras mit sog. »Offenblendenmessung«. Die Blende des Objektivs bleibt hierbei bis zur Auslösung der Aufnahme voll geöffnet und schließt sich erst kurz vor dem Öffnen des Kame-raverschlusses auf den vorgesehenen Wert. Da die Blende während der Einstellarbeiten voll geöffnet ist und somit ein Maximum an Licht durchlässt, verfügt die Kamera über ein helles Sucherbild. Durch die ge-genüber der Aufnahme geringere Schärfen-tiefe ist zudem eine genauere Fokussierung möglich. Für die Belichtungsmessung der Kamera wird die sog. »Arbeitsblende« elek-tronisch simuliert.

In der Astrofotografie ist das helle Sucher-bild einer Kamera mit Offenblendenmessung auf jeden Fall von Vorteil. Bei Verwendung älterer Wechselobjektive, die nur bei Arbeits-blende benutzt werden können, kann man sich jedoch derart behelfen, dass die Blende erst nach Positionierung und Fokussierung der Kamera auf den für die Aufnahme ge-wünschten Wert geschlossen wird. In der Praxis hat sich hierbei allerdings gezeigt, dass das manuelle Abblenden nicht nur sehr leicht vergessen wird, sondern dass auch die Gefahr besteht, andere an der Kamera bereits vorgenommene Einstellungen wie z.B. die Fokussierung wieder zu verstellen. Während ältere Objektive mit mechanischer Blendenauslösung keinerlei sonstige techni-sche Probleme bereiten, benötigt die elek-

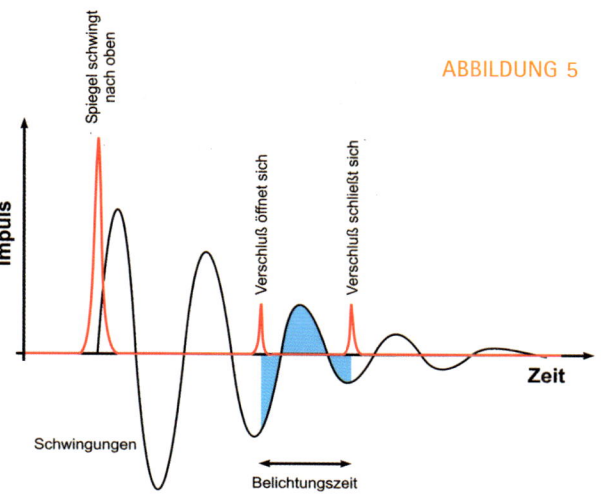

ABBILDUNG 5

ABBILDUNG 5: Die durch das Weg-klappen des Schwingspiegels her-vorgerufenen Schwingungen (schwarz) sind bis zum Zeitpunkt der eigentlichen Belichtung noch nicht abgeklungen (blau markierter Bereich) und verursachen so eine leichte Unschärfe im Bild.

tronische Blendenbetätigung der modernen Wechselobjektive während der kompletten Belichtungsdauer Strom.

Bei jeder Art der Fotografie mit Brenn-weiten länger als 135mm kann bereits das Hochklappen des Schwingspiegels dazu führen, dass es bei Belichtungszeiten über ca. einer Zehntelsekunde zu mehr oder we-niger deutlichen Unschärfen kommt. Durch die Bewegung des Spiegels wird die kom-plette Kamera in Schwingung versetzt, die für mehrere Sekunden anhalten können.

Durch das vorzeitige Hochklappen des Spiegels hat die Kamera bzw. das Foto-stativ oder die Teleskopmontierung Zeit, sich wieder zu stabilisieren. Diese Mög-lichkeit, den Rückschwingspiegel zeitlich bereits deutlich vor der eigentlichen Auf-nahme hochzuklappen, bezeichnet man als »Spiegelvorauslösung«. Es gibt zwei Arten der Spiegelvorauslösung:

- Bei der elektronisch gesteuerten Va-riante wird beim Auslösen der Kame-ra der Spiegel hochgeklappt und die eigentliche Belichtung erfolgt auto-matisch nach einer fest vorgegebenen Zeitspanne.

- Bei der manuell gesteuerten Variante, muss der Fotograf den Auslöser zwei-mal betätigen. Beim ersten Mal wird der Spiegel hochgeklappt und beim zweiten Mal startet die Belichtung. Diese Art der Spiegelvorauslösung ist am weitesten verbreitet.

Alternativ zur Spiegelvorauslösung kann mit Hilfe des sog. Selbstauslösers eine zu-sätzliche Verzögerung von einigen Sekun-

TIPP

Einen ähnlichen Effekt, wie man ihn durch die Kombination von Selbstauslöser und Spiegelvorauslösung erhält, kann man zumindest bei längeren Belichtungszeiten auch dadurch erzielen, dass man noch während des Auslösens der Aufnahme einen Hut, eine Abdeckkappe oder einfach ein Stück Karton vor das Objektiv hält. Erst wenn die durch den Spiegelschlag erzeugten Schwingungen nach einigen Sekunden abgeklungen sind, gibt man das Objektiv für die Belichtung frei.

Nachteilig gegenüber der Verwendung von Selbstauslöser und Spiegelvorauslösung ist, dass man diese Methode nicht bei jeder Art der Astrofotografie anwenden kann: Sie funktioniert z.B. nicht bei Belichtungszeiten im Bereich von Sekundenbruchteilen oder bei der Verwendung eines Off-Axis-Guiders. Auch bei der manuell nachgeführten Fotografie mit längeren Telebrennweiten oder gar durch ein Teleskop kann es aufgrund der Baulänge der Optik sein, dass die Objektivöffnung aus der Nachführposition heraus vom Beobachter nicht mehr mit der Hand erreichbar ist.

Tabelle 2: Digitale Spiegelreflexkameras mit Spiegelvorauslösung. Diese Liste erhebt keinen Anspruch auf Vollständigkeit. Die Modelle sind alphabetisch geordnet.

Hersteller	Modellbezeichnung
Canon	EOS 1D, EOS 1D Mk II EOS 1Ds, EOS 1Ds Mk II, EOS 1D Mk III, EOS 1Ds Mk III, EOS 10D, EOS 20D, EOS 20Da, EOS 30D, EOS 40D, EOS 350D, EOS 400D, EOS 5D, EOS 60D, EOS 5D Mk II, EOS 50D, EOS 450D
Konica-Minolta	Dynax 7D (1)
Nikon	D1(2), D100, D2X
Pentax	*istD (1), *istDL (1)
Sigma	SD 9, SD 10

Bemerkungen: (1) - nur in Verbindung mit 2s-Selbstauslöser (2) - nur mit »kurzer« Verzögerung (keine genaue Zeitangabe)

den zwischen dem Drücken des Auslöseknopfes und dem eigentlichen Beginn der Belichtung erzeugt werden. Etwaige bereits durch das bloße Berühren der Kamera entstandene Schwingungen können so innerhalb dieser Zeit abklingen.

Alle digitalen Spiegelreflexkameras verfügen heute über ein passives Autofokussystem. Bei ihm werten Phasendetektor-CCDs den Kontrast des Bildes aus. Der exakte Fokus ist dann erreicht, wenn der maximale Kontrast gefunden ist. Voraussetzung hierfür ist, dass das anvisierte Objekt auch genügend hohe Kontraste besitzt, also entweder einen deutlichen Hell/Dunkelübergang oder eine stark strukturierte Oberfläche aufweist.

Die Autofokussensoren liegen bei fast allen Spiegelreflexkameras auf der Unterseite des Spiegelkastens. Damit der Autofokus trotz herunter geklapptem Spiegel funktioniert, besitzen diese Kameras keinen einfachen Klappspiegel, sondern ein System aus zwei Spiegeln. Hinter dem in der Mitte teildurchlässig verspiegelten Hauptspiegel liegt noch ein kleiner Hilfsspiegel, der das Licht nach unten auf die Sensoren lenkt. Der Hilfsspiegel ist hierbei mechanisch so gekoppelt, dass er sich während der Belichtung flach an den großen Spiegel anklappt.

Obwohl das Autofokussystem einer Spiegelreflexkamera deutlich besser als das einer Sucher- und Kompaktkamera ist, stößt

man auch bei ihm in der Astrofotografie fast immer an die Grenze des technisch Machbaren vor. Für viele Bereiche der Astrofotografie ist daher auch heute noch die manuelle Fokussierung mittels Mattscheibe unumgänglich. Bei vielen Autofokusobjektiven macht sich hierbei jedoch die starke Steigung des für die Fokussierung verwendeten Gewindegangs negativ bemerkbar.

Die manuelle Fokussierung erfolgt bei fast allen digitalen Spiegelreflexkameras über die Mattscheibe. Sie ist üblicherweise komplett feinmattiert, wobei die Lage der verschiedenen Autofokusmessfelder mittels kleiner eingravierter Rechtecke gekennzeichnet ist. Bei einigen Kameras der oberen Preisklasse kann die Mattscheibe vom Benutzer ausgetauscht werden, wobei die Auswahl an Tauschmattscheiben je nach Kamerahersteller und -modell unterschiedlich groß ist. Für die Astrofotografie sollte nach Möglichkeit immer die am feinsten mattierte Scheibe bzw. eine Klarscheibe mit Gitterstruktur bzw. mittigem Fadenkreuz gewählt werden.

In der Praxis zeigt sich leider trotzdem sehr häufig, dass auch die feinste Mattscheibe für sich alleine genommen keine wirklich exakte und vor allem reproduzierbare Fokussierung erlaubt. Neben den als Kamerazubehör angebotenen Sucherlupen helfen hier dann nur speziell für die Astrofotografie entwickelte Scharfstellhilfen (vgl. Kapitel »Fokussierung«).

Mit Ausnahme einiger Kameramodelle von Olympus und der speziell für die Astrofotografie hergestellten Canon EOS 20Da kann das LC-Display auf der Rückseite einer Spiegelreflexkamera nicht zur Kontrolle von Bildausschnitt und -schärfe genutzt werden. Was auf den ersten Blick als Nachteil erscheinen mag, macht sich aufgrund der fehlenden Wärmeentwicklung im verminderten Bildrauschen bei langen Belichtungszeiten positiv bemerkbar.

Die aktuellen Spiegelreflexkameras sind normalerweise mit allen der beschriebenen Belichtungsautomatiken ausgestattet. Die

Zeitautomatik mit Blendenvorwahl ist jedoch die einzige Belichtungsautomatik, die in der Astrofotografie Anwendung findet. Zusammen mit einer eventuell vorhandenen Spotmessung und/oder Belichtungskorrektur leistet sie wertvolle Dienste bei der Fotografie der hellen Objekte unseres Sonnensystems.

Für alle anderen Arten der Astrofotografie ist wichtig, dass die Kamera in der Lage ist, Langzeitbelichtungen zu erstellen. Diese Fähigkeit ist heute nur noch selten an einem »B« auf dem Belichtungszeitenwähler zu erkennen. Bei den meisten Kameras ist sie als Zeitauswahl im manuellen Belichtungsprogramm »M« enthalten.

Alle digitalen Spiegelreflexkameras besitzen einen elektronisch gesteuerten Verschluss, so dass zum Auslösen des Bildes Strom benötigt wird. Während die früher verwendeten Knopfzellen bei den üblicherweise herrschenden nächtlichen Temperaturen meist nach wenigen Belichtungen versagten, verfügen die heute verwendeten Lithium-Ionen-Akkus über eine ausreichend hohe Kapazität. In der Regel sind sie in der Lage, auch Langzeitbelichtungen von zusammen mehreren Stunden Belichtunszeit zu absolvieren. Aber nicht jeder Lithium-Ionen-Akku kann auch seine nominelle maximale Ladekapazität abrufen. So mancher »Billig-Akku«, der nur einen Bruchteil des Preises eines Originalakkus des Herstellers kostet, kann sich als Fehlinvestition erweisen. Lädt man einen nur teilweise entladenen Akku wieder auf, kann es durchaus vorkommen, dass dieser nur noch bis zu dieser Kapazitätsgrenze aufgeladen werden kann. Diese auch Ladehysterese genannte Eigenschaft

sollten hochwertige Lithium-Ionen Akkus nicht aufweisen.

Auch die Qualität des Ladegeräts, das heißt die Ladecharakteristik spielt eine Rolle. In der Praxis hat sich daher gezeigt, dass maximal drei bis vier Akkus für einen durchgehenden nächtlichen Astroeinsatz ausreichend sind. Zur Not können solche Akkus schließlich auch über die Autobatterie mittels eines schnellladefähigen Ladegerätes innerhalb kurzer Zeit wieder aufgeladen werden. Ist ein 110V/220V-Anschluss am Beobachtungsort vorhanden, kann bei vielen Kameras alternativ zu einem Akku auch ein bereits herstellerseitig vorgesehenes externes Netzteil für den uneingeschränkten Dauerbetrieb verwendet werden. Für längere Aufnahmeserien bietet sich alternativ auch die Verwendung eines für viele Kameramodelle optional erhältlichen Batteriegriffs zur Aufnahme mehrerer Akkus an.

Digitale Spiegelreflexkameras sind heute ab einem Einstiegspreis von unter 600 Euro erhältlich. Zurzeit werden bei Kameras in diesem Preissektor nur Sensoren mit einer Größe von ca. 15mm × 23mm, dem sog. APS-C-Format, verbaut. Ihre Pixelzahl liegt je nach Kamerahersteller zwischen 6 und 10 Millionen. Kameras mit einer Sensorgröße von 24mm × 36mm, dem klassischen »Kleinbildformat« (auch Vollformat genannt), können bis zu 21 Mio. Pixel besitzen und sind aktuell zu Preisen zwischen ca. 2000 und 9000 Euro erhältlich.

Der im Vergleich zum klassischen Kleinbildformat kleinere Aufnahmesensor der preiswerteren Kameras passt dabei ideal zum vignettierungsfrei ausgeleuchteten Bildfeld

TIPP

Gerade für Brillenträger ist das komplette Sucherbild oftmals schwer einsehbar, weil man bei aufgesetzter Brille mit dem Auge nicht mehr nah genug an die Sucherlinse heran kommt. Helfen kann in einem solchen Fall nur ein Dioptrienausgleich, der Fehlsichtigen auch ohne Brille die Betrachtung eines scharfen Sucherbildes ermöglicht. Heute besitzen bereits alle Kameramodelle ab der mittleren Preisklasse eine variable Dioptrienverstellung für den Sucher. Ein Dioptrienausgleich ist jedoch nur dann sinnvoll, wenn lediglich Kurz- bzw. Weitsichtigkeit ausgeglichen werden soll. Je nach Hersteller ist dies dann auch nur in einem mehr oder weniger beschränkten Dioptrienbereich, meist um ±3 Dioptrien, möglich. Andere Sehfehler wie z.B. Hornhautverkrümmung oder Zylinderfehler werden nicht korrigiert, weshalb ein Dioptrienausgleich in vielen Fällen kein Ersatz für eine Brille ist.

ABBILDUNG 6: Zwei in Bezug auf höhere Hα-Empfindlichkeit modifizierte Spiegelreflexkameras im Vergleich. Links: Von der amerikanischen Firma Hutech modifizierte Canon EOS 20D (8,2 Megapixel) mit sichtbarem CMOS-Sensor im APS-Format 15,0mm × 22,5mm. Rechts: Mit dem Baader ACF III-Filter modifizierte Canon EOS 5D im klassischen Kleinbildformat 23,9mm × 35,8mm.

ABBILDUNG 6

LINKS

Astronomischer Umbau von
Digitalkameras

Spectrum-Enhanced Digital SLR Cameras
Hutech Corporation and ScienceCen-
ter.Net
www.sciencecenter.net

Umbau-Service für digitale Spiegelreflexkameras
Baader Planetarium
www.baader-planetarium.de

LINKS

Programmierbare Fernbedienung für die
Canon EOS 300/350D
D. Weitendorf
www.deep-sky-lab.de/eos-control/
eosc.htm#Nachbau

ABBILDUNG 7: Im Gegensatz zum
kcamerainternen Auslöser kann der
Drucktaster eines Fernauslösers
(links: der RS60-E3 von Canon) für
eine Langzeitbelichtung arretiert
werden. Die Länge der Belichtung
muss manuell gesteuert werden.
Die sekundengenaue automatische
Steuerung von Belichtungszeit,
Wiederholrate und Zeitintervall zwischen den Aufnahmen ist nur mit
Hilfe eines Timer-Auslösers (rechts:
der TC-80N3 von Canon) möglich.
Dieser kann wegen des speziellen
Steckers aber nicht direkt an den
Modellen EOS 300D/350/400D verwendet werden.

vieler Amateurteleskope, so dass beinahe
die komplette Sensorfläche für Aufnahmen
genutzt werden kann. Die größere Sensorfläche einer Kamera mit Vollformatsensor
kann dagegen nur an wenigen Teleskoptypen in Bezug auf Randabschattung und
Abbildungsleistung verlustfrei ausgenutzt
werden. Sie erleichtert aber die Einstellung
auf das Objekt bei langen Brennweiten.

Kamerazubehör

Neben den eigentlichen Kameragehäusen samt passenden Objektiven bieten die Hersteller digitaler
Spiegelreflexkameras auch eine mehr oder
weniger umfangreiche Palette von Systemzubehör an. Hier finden sich neben
den bereits kennengelernten Batteriepacks
und Wechselmattscheiben auch verschiedene andere Zubehörteile, deren Verwendung
gerade in der Astrofotografie teilweise notwendig oder doch zumindest sinnvoll ist.

- Damit die Fotos nicht bereits dadurch
verwackeln, dass zu Beginn und während der Belichtungszeit der Auslöser
mit der Hand gedrückt wird, besitzen alle digitalen Spiegelreflexkameras
eine Anschlussmöglichkeit für einen
Fernauslöser. Da ein Fernauslöser über
eine Arretiermöglichkeit verfügt, muss
die Kamera selbst während der Belichtung nicht mehr berührt werden.
Neben einfachen Modellen, die über
eine Kabelverbindung mit der Kamera
kommunizieren, werden heute auch
Fernauslöser mit Infrarot-Übertragung
angeboten.

Mit Ausnahme der preiswerten Einsteigermodelle bietet die Firma Canon für
ihre digitalen Spiegelreflexkameras mit
dem »TC-80N3« (Timer Remote Cont-
roller) auch einen speziellen Fernauslöser für Serienbelichtungen an. Mit ihm
kann neben Anzahl und Intervall der
Aufnahmen auch die Belichtungszeit
des Einzelbildes voreingestellt werden.
Damit der TC-80N3 auch mit den Einsteigerkameras von Canon zusammen
arbeitet, muss der originale dreipo-
lige Spezialstecker nur gegen einen
2,5mm-Klinkenstecker ausgetauscht
werden. Alternativ zum original Ca-
non-Auslöser gibt es von Daniel Weitendorf eine deutlich preiswerte Steuerung sowohl zum Selbstbau als auch
bereits fertig zusammengebaut.

Der Kabelfernauslöser MC-36 von Nikon besitzt ähnliche Steuerfunktionen
wie das Modell von Canon, kann jedoch nur an der Nikon D-200 verwendet werden.

- Eine Sucherlupe ist ein Linsensystem,
das auf den vorhandenen Kamerasucher aufgesteckt wird. Die Vergrößerung des Mattscheibenbildes der Kamera wird hierbei üblicherweise um
den Faktor 1,5× bis 3,5× erhöht,
wodurch Unschärfen leichter erkannt
werden können. Entscheidend für den
Erfolg bei dieser Art der Fokussierung ist allerdings, dass die Kamera eine feinmattierte Mattscheibe besitzt. Klarscheiben sind ungeeignet, da
das Auge keinen Bezugspunkt in der
Schärfeebene hat. Je nach Vergrößerung der Sucherlupe kann es außerdem
vorkommen, dass nicht mehr das komplette Sucherbild sichtbar ist.

Wer bastlerisch begabt ist, kann sich
eine Sucherlupe auch aus einem Teleskopokular leicht selbst bauen.

- Ein Winkelsucher wird auf den Sucher
der Kamera aufgesteckt und lenkt dessen Bild über einen Spiegel oder ein
Prisma um 90° um. Er ist zudem meist
um die optische Achse drehbar, so dass
das Sucherbild von der Seite oder von
oben betrachtet werden kann. Hierdurch ist der Blick durch den Sucher

ABBILDUNG 7

auch in solchen Situationen möglich, in denen man den Kopf normalerweise nicht hinter die Kamera bekommt. So garantiert der Winkelsucher beispielsweise auch bei Aufnahmen von sehr hoch am Himmel stehenden Objekten einen bequemen Einblick in den Sucher.

Verschiedene Firmen bieten auch Kombinationen aus Sucherlupe und Winkelsucher an.

Die koreanische Firma Seculine bietet seit Ende 2005 als Alternative zu einem optischen Winkelsucher den elektronischen Winkelsucher »Zigview« an. Eine auf das Okular der Kamera aufgesteckte Miniaturkamera filmt hierbei das Sucherbild und gibt es auf einem im Winkel von ca. 70° verkippten und um die Sucherachse frei drehbar angebrachten 2"-Farb-TFT-Display wieder. Der elektronische Sucher kann mittels vom Benutzer austauschbaren Okularadaptern an fast allen aktuellen digitalen Spiegelreflexkameras und auch vielen analogen Spiegelreflexkameras verwendet werden. Neben einem bequemeren Blick auf das Sucherbild ermöglicht er auch ein normalerweise nur von einer digitalen Kompaktkamera bekanntes Life-Vorschaubild, das ohne mit den Auge am Sucher kleben zu müssen betrachtet werden kann. Zur genaueren Begutachtung der Bildschärfe kann das Sucherbild zudem auf elektronischem Wege mit einem Faktor von maximal 2× stufenlos vergrößert wiedergegeben werden.

Das in seinem Funktionsumfang um ein Timermodul erweiterte Modell »Zigview R« erlaubt in Verbindung mit vielen Kameramodellen die für die Astrofotografie interessante frei programmierbare elektronische Steuerung der Belichtungszeit zwischen 1 Sekunde und 23 Stunden mit zusätzlicher Serienbild-Funktion.

Eine astrotaugliche Spiegelreflexkamera

- »B«-Belichtung
- möglichst helles Sucherbild, evtl. sogar wechselbare Sucherscheiben
- manuell klappbarer Sucherspiegel ist wünschenswert
- Anschlussmöglichkeit für elektronischen Fernauslöser
- Anschlussmöglichkeit für Winkelsucher und/oder Sucherlupe

Webcam

Seit dem Ende der 90er-Jahre werden einfache Digitalkameras zusammen mit einer Software zur Bild- und Filmerfassung als PC-Zubehör angeboten. Obwohl diese Webcams eigentlich für die Übertragung von Live-Bildern über das Internet bzw. für Videokonferenzen konzipiert waren, eignen sie sich auf einigen Gebieten auch überraschend gut für den astronomischen Einsatz.

Obwohl fast alle Webcams auch Einzelbilder aufnehmen können, sind sie doch primär für die Aufnahme von Filmsequenzen konzipiert. Wie Videokameras sind sie daher auf die durch das Videoformat vorgegebene maximale Belichtungszeit von 1/25 Sekunde festgelegt. Einige Kameras erlauben jedoch bereits mit Hilfe der vom Hersteller ausgelieferten Treibersoftware Belichtungszeiten von bis zu max. 1/5 Sekunde.

ABBILDUNG 8: Um 360° drehbare Winkelsucher mit integrierter Sucherlupe und wählbarer Nachvergrößerung erlauben in fast allen Kamerapositionen einen bequemen Suchereinblick. Rechts: Winkelsucher C von Canon mit 1,25× oder 2,5× Vergrößerung. Links: Die alten Winkelsucher der Olympus OM-Serie passen auch an die Canon-Kameras! Bei diesem Winkelsucher wurde das Originalokular abgeschraubt und in Sonderanfertigung gegen ein orthoskopisches 9mm-Okular mit Klemmring ausgetauscht. Die Nachvergrößerung beträgt ca. 6× gegenüber ursprünglich 2,5×.

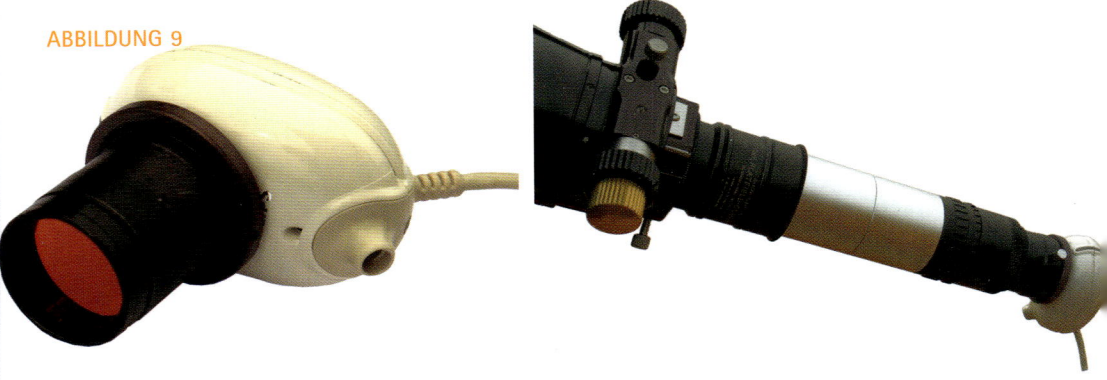

ABBILDUNG 9

ABBILDUNG 9: Die Philips ToUCam (Nachfolger: SPC 900NC) ist eine der beliebtesten Webcams für Sonne, Mond und Planeten. Links: Anstelle des Originalobjektivs wird ein 1¼"-Adapter eingeschraubt, der zudem über ein Filtergewinde verfügt, um spezielle Durchlassfilter einschrauben zu können. Rechts: Der Baader Fluorit Flatfield Converter (FFC) eignet sich aufgrund seiner hervorragenden Abbildungseigenschaften für Brennweitenverlängerungen von 2,25× bis ca. 10×, die man mittels Verlängerungshülsen erreicht.

LINKS
Fluorit Flatfield Converter
Baader Planetarium
www.baader-planetarium.de

Umbau einer Webcam für die
Langzeitbelichtung
S. Chambers
www.pmdo.com/wintro.htm

Peltiergekühlte ToUCam
A. Roeckelein
astro.ai-software.com/toucam2.html

ABBILDUNG 10: Der Treiber der ToUCam-Serie von Philips ermöglicht mit Ausnahme des Bildkontrastes eine freie Kontrolle aller für die Aufnahme wichtigen Parameter.

Bedingt durch ihre kurzen Belichtungszeiten eignen sich Webcams vor allem für die Aufnahme von hellen Objekten, wie z.B. den großen Planeten, Sonne, Mond oder einigen hellen Doppelsternsystemen. Aufgrund der erreichbaren hohen Bildraten ist es hierbei möglich, innerhalb einer aufgenommenen Bildsequenz Einzelbilder zu erhalten, die in den wenigen Momenten optimaler Luftunruhe entstanden. Obwohl diese Einzelbilder sehr verrauscht sind, lassen sie sich zu einem seeingbegrenzten Gesamtbild kombinieren, das im Idealfall noch Details mit der theoretisch möglichen Auflösung der verwendeten Optik zeigt.

Will man zur Aufnahme schwächerer Objekte längere Belichtungszeiten erreichen, muss die Kamera z.B. nach der von Steve Chambers beschriebenen Methode modifiziert werden. Für welche Kameras ein solcher Umbau möglich ist, sowie Links zu kameraspezifischen Umbauanleitungen finden sich auf seiner Webseite. Hierbei ist jedoch zu beachten, dass viele Webcams im Betrieb sehr warm werden. Neben einer vor allem bei der sehr hoch auflösenden Fotografie von Planeten manchmal störenden Bildung von Luftschlieren bewirkt diese Erwärmung auch einen sehr hohen Dunkelstrom (vgl. Kapitel »Rauschen«). Ungekühlt lassen sich Webcams daher meist trotzdem nur mit einer maximalen Belichtungszeit von einigen wenigen Sekunden verwenden.

Soll noch länger belichtet werden, muss der Aufnahmechip gekühlt werden. Auch hierzu existieren im Internet zahlreiche Umbauanleitungen. Sie reichen von einer aktiven Luftkühlung über Peltierkühlung bis hin zur Kühlung mittels Trockeneis. In jedem Fall ist hierbei jedoch ein Komplettumbau der Kamera notwendig. Mit solchen Kameras lassen sich dann sogar auch gute Ergebnisse bei Deep-Sky-Objekten erreichen.

Die Aufnahmeparameter einer Webcam können nach Deaktivierung der Vollautomatik in der Treibersoftware vom Benutzer frei eingestellt werden. Er hat so die Kontrolle über Bildrate, Belichtungszeit, Verstärkungsparameter und Weißabgleich.

ABBILDUNG 10

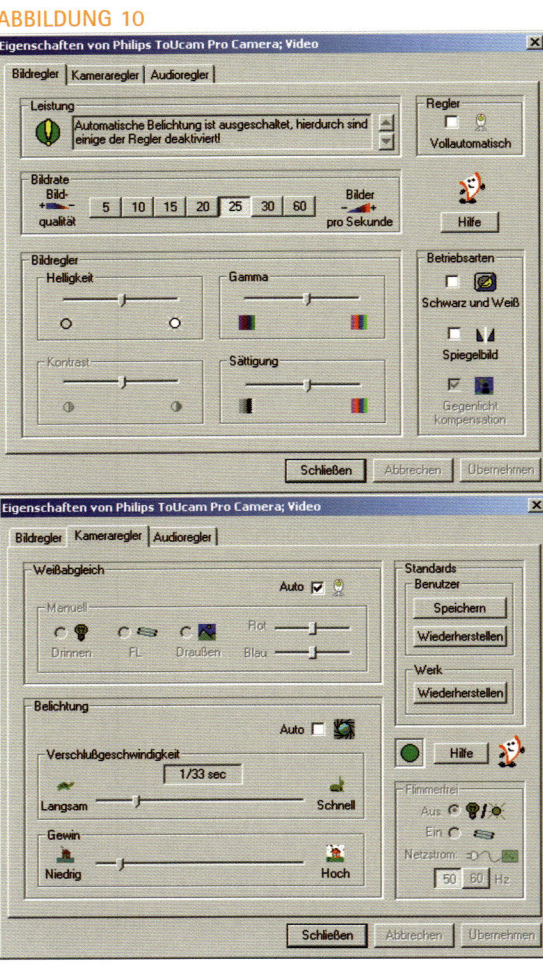

In den ersten kommerziell erhältlichen Webcams wurden meist preiswerte CMOS-Chips als Sensoren verwendet, viele der aktuell erhältlichen Kameras verwenden aber inzwischen die in dieser Preisklasse wesentlich rauschärmeren CCD-Chips. Die maximal mögliche Video-Auflösung einer Web-

⟨⟩ Bildrate und Bildübertragung

Neben den im Text genannten Limitierungen durch die Hardware der Kamera hat bei der Videoaufzeichnung auch die verwendete Computerhardware einen großen Einfluss auf die maximal erzielbare Bildrate. Die Rechenleistung des Computers spielt hierbei allerdings keine so große Rolle, wie oftmals vermutet wird – meist ist es die Festplatte, die zum Flaschenhals wird.

Vor allem langsam drehende Platten mit geringer Restkapazität, wie man sie häufig in älteren Computern vorfindet, bremsen den Datenfluss. Weil Festplatten immer von außen nach innen beschrieben werden, können auf einer leeren Platte viel längere Spuren und damit größere Datenmengen pro Umdrehung geschrieben werden, als später im Innenbereich, wo auf den immer kürzer werdenden Spuren die erzielbare Bitrate nicht mehr ausreicht.

An einem Rechner, der nur über USB-1.1-Anschlüsse verfügt, sollten neben der Kamera möglichst keine anderen Endgeräte, wie z.B. eine Maus oder eine externe Festplatte angeschlossen werden. Bei Anschluss der Kamera an einem USB-2.0-Port wird zwar kein höherer Datendurchsatz der Kamera erreicht, dafür hat man aber eine gewisse Sicherheit, dass die Kamera nicht durch ein anderes USB-Gerät herunter gebremst wird.

Da die Batterieleistung von Notebook-Computern aufgrund der hohen Festplattenaktivität während der Filmaufzeichnung schnell erschöpft ist, sollte der Rechner bei geplanten längeren Beobachtungszeiträumen nach Möglichkeit mittels Netzteil an das 220V-Stromnetz angeschlossen werden.

cam beträgt 640 × 480 Pixel (VGA). Viele Kameras erlauben jedoch, über die Treibersoftware nur einen Teilbereich des Chips auszulesen oder alternativ bei Nutzung der kompletten Chipfläche mehrere benachbarte Bildpunkte zu einem rauschärmeren Superpixel zusammenzufassen (Binning).

Wegen der enormen Datenmenge pro Frame kann es aber auch besser sein, die Video-Auflösung auf 320 × 240 Pixel herabzusetzen. Ein dreiminütiges Video im AVI-Format ist dann etwa 300MB groß und auch mit alten Rechnern ohne »Stottern«, d.h. Verlust von einzelnen Frames aufzunehmen. Die nun linear um die Hälfte geringere Videoauflösung gleicht man am besten damit aus, dass man das Planetenscheibchen in Okularprojektion doppelt so groß abbildet.

Aufgrund einer fehlenden eigenen Speichermöglichkeit werden die von einer Webcam aufgenommen Bilder, anders als bei den bisher vorgestellten Digitalkameras und vielen der weiter unten noch beschriebenen Videokameras, direkt in den Rechner übertragen. Hierzu wird üblicherweise eine USB-1.1-Verbindung mit einer maximalen Kabellänge von 5m bei einer Datenrate von maximal 1,5MB/s verwendet, über die auch die Kamera mit Strom versorgt wird. Zusammen mit der gewählten Bildgröße und Datenkompression hat diese limitierte Datenübertragungsrate einen direkten Einfluss auf die maximal mögliche Bildfrequenz.

Die auf dem Computer laufende Aufnahmesoftware speichert den von der Kamera kommenden Datenstrom direkt als Videosequenz ab. Dies geschieht üblicherweise im AVI-Format der Firma Microsoft, wobei der Anwender je nach Kameramodell teilweise noch zwischen verschiedenen Kompressionsverfahren wählen kann. Mit Hilfe geeigneter Bildbearbeitungssoftware können diese Filme dann anschließend in ihre Einzelbilder zerlegt und weiterverarbeitet

LINKS
Software für die Webcam Fotografie

AstroStack
R.J. Stekelenburg
www.astrostack.com

Giotto
G. Dittié
www.videoastronomy.org

K3 CCD-Tools
P. Katreniak
www.pk3.org/Astro

Registax
C. Berrevoets
registax.astronomy.net

TIPP
Sehr schnelle zeitliche Veränderungen im Videobild, wie sie z.B. durch die Luftunruhe oder Windböen hervorgerufen werden können, bewirken oftmals einen deutlichen Versatz zwischen zwei aufeinander folgenden Halbbildern. Die hierbei entstehenden Artefakte (Lattenzauneffekt) lassen sich jedoch durch den Einsatz geeigneter Software, wie z.B. dem Programm Vega von Colin Brownes beseitigen, indem zunächst beide Halbbilder für sich bearbeitet und erst später wieder zu einem Gesamtbild kombiniert werden.

LINKS
Webcam-Adapter
Teleskop-Service Ransburg
www.teleskop-service.de

ABBILDUNG 11: Eine Videokamera ermöglicht ebenfalls astronomische Aufnahmen.

werden. Im Kapitel »Digitale Bildbearbeitung« wird die praktische Durchführung der Aufnahme und Bearbeitung eines AVI-Videos beschrieben.

In der Praxis haben sich die Kameras der ToUCam-Serie der Firma Philips als besonders »astrotauglich« erwiesen. Der in diesen Kameras verwendete CCD-Chip ist deutlich empfindlicher und rauschärmer als die CCD- und CMOS-Chips vergleichbarer Webcams. Das Kameraobjektiv ist zudem abschraubbar, so dass die Kamera auf einfache Art und Weise mittels eines Adapters mit dem Teleskop verbunden werden kann.

Videokamera

Alle Videokameras eignen sich für die Beobachtung der hellen Planeten, sowie von Sonne und Mond. Auch Sonnen- und Mondfinsternisse können mit ihnen verfolgt werden. Für schwächere Objekte sind sie dagegen weniger gut geeignet. Zusammen mit einem Bildverstärker lassen sich zwar auch schwache Objekte abbilden, jedoch verschlechtert sich die Bildqualität hierdurch so stark, dass sich die Aufnahmen meist nur noch für statistische Zwecke wie z.B. bei Meteorbeobachtung oder zur Zeitbestimmung wie z.B. bei der Beobachtung von Sternbedeckungen eignen.

Die mit einer Videokamera aufgenommenen Bilder sind in der Regel farbig und besitzen eine maximale Auflösung von 756×576 Pixel, haben also das vom Fernseher her bekannte Seitenverhältnis von

ABBILDUNG 11

4:3. Die Kameras arbeiten normalerweise mit einer festen, durch das Fernsehbild vorgegebenen Bildrate von 25 bzw. 50Hz, d.h. es werden entweder 25 Vollbilder pro Sekunde im Progressive Scan Mode oder 50 Halbbilder pro Sekunde im Interlace-Modus aufgenommen. Bei letzterem gehören jeweils die ungeraden und die geraden Zeilen zu einem Halbbild.

Aufgrund ihrer relativ geringen Lichtempfindlichkeit und der durch das Fernsehbild vorgegebenen Bildrate erreicht man mit einer durchschnittlichen Kamera an einem 15cm-Teleskop eine Grenzhelligkeit von etwa sieben Größenklassen. Durch die bei nur einigen wenigen Kameras mögliche »Langzeitbelichtung« ist noch eine leichte Steigerung der Grenzhelligkeit um ca. eine Größenklasse möglich. Die Videokameras der Firma Mintron bieten neben einer extrem hohen Lichtempfindlichkeit auch eine kamerainterne Bildadditionsfunktion, die eine Belichtungszeit von etwa 2,5 Sekunden ermöglicht. Hierdurch werden je nach verwendetem Teleskop bereits auf einem Einzelbild Grenzhelligkeiten von mehr als 10^m erreicht.

Weil Videokameras bis auf wenige Ausnahmen nur fest eingebaute Objektive besitzen, muss man für die Fotografie durch ein Teleskop bei ihnen in der Regel auf die afokale Projektionsfotografie zurückgreifen.

Wie bereits bei den Webcams beschrieben, steigt auch die mit einer Videokamera erzielbare Bildqualität mit der Zahl der für das spätere Bild verwendeten Einzelbilder. Anders als bei der Webcam gelangen die von der Kamera aufgenommen Bilddaten bei einer Videokamera jedoch nicht unbedingt direkt in den Computer, auf dem sie später bearbeitet werden sollen. Sehr häufig werden die Daten zunächst zwischengespeichert, wobei jedoch, abhängig von der Art des Speichermediums und der Art der Datenablage (analog bzw. digital), eine teilweise deutliche Verschlechterung der Bildqualität möglich ist.

Die besten Ergebnisse erhält man mit Kameras, die entweder über eine sog. Framegrabberkarte oder eine FireWire-Schnittstelle direkt mit einem PC verbunden werden können. Optimal ist es, wenn der hierbei verwendete Computer in der Lage ist, Einzelbilder in voller Auflösung aus einem Videostrom heraus zu digitalisieren. Können nur Videoclips erzeugt werden, so besitzen auch diese aufgrund der hierbei verwendeten Kompressionsverfahren eine leicht verminderte Qualität. Der einzige Nachteil bei diesem Verfahren ist, dass sich die komplette Computerhardware in der Nähe des Teleskops befinden muss.

Von den weit verbreiteten Camcordern werden die Bilddaten dagegen zunächst auf einem Magnetband oder bei einigen Kameramodellen neuerdings auch auf einer Mini-DVD zwischengespeichert. Der Vorteil gegenüber der direkten Digitalisierung ist hierbei, dass neben dem normalerweise batteriebetriebenen Camcorder keine weiteren Geräte oder gar zusätzliche Logistik wie z.B. Netzstrom benötigt wird. Zudem kann der beschriebene Datenträger direkt zur Archivierung der Beobachtung verwendet werden. Die durch das Zwischenspeichern der Videodaten entstehende Qualitätsverschlechterung ist stark vom verwendeten Videosystem abhängig. Bei digitalem Video (DV) ist die Qualität sehr hoch, aber auch Hi8 oder S-VHS liefern gute Resultate. VHS und Video8 sollten dagegen nur noch dann eingesetzt werden, wenn die Bildqualität keine große Rolle spielt, wie beispielsweise bei der Meteorbeobachtung.

Gekühlte (astronomische) CCD-Kamera

Aus der professionellen Astronomie kommend, sind seit etwa Mitte der 80er-Jahre auch für den Amateurbereich verschiedene, auf CCD-Sensoren basierende, gekühlte »Digitalkameras« für astronomische Zwecke erhältlich. Als Amateurastronom mit durchschnittlichen finanziellen Mitteln konnte man hierbei bis vor einigen Jahren jedoch lediglich unter einigen wenigen Geräten von etwa einer Handvoll verschiedener Hersteller auswäh-

len. Alternativ war der Selbstbau einer solchen Kamera zu dieser Zeit noch entsprechend weit verbreitet. Da die Hersteller den Trend der Amateure zur elektronischen Bildaufnahme erkannt haben, kann man inzwischen unter mehr als 50 verschiedenen Kameramodellen wählen.

Während sich die aus der konventionellen Fotografie stammenden Digitalkameras in ihren technischen Daten alle mehr oder weniger ähneln, besitzt der Anwender bei der Auswahl einer gekühlten Astrokamera deutlich mehr Freiheitsgrade. Ob eine Kamera für ein bestimmtes Beobachtungsgebiet geeignet ist, kann dank der meist frei zugänglichen technischen Daten der Detektoren leicht festgestellt werden. Die von den Chip-Herstellern üblicherweise online veröffentlichten Datenblätter enthalten neben den für Kameraentwickler wichtigen Angaben zur elektronischen Ansteuerung auch Angaben zur Empfindlichkeits- und Rauschcharakteristik, verfügbaren Chipqualitäten sowie der Linearität des Detektors.

ABBILDUNG 12

Anders als bei den bisher vorgestellten Digitalkameras für die allgemeine Fotografie finden sich bei den gekühlten CCD-Kameras noch zahlreiche reine Schwarzweißkameras, die ursprünglich für wissenschaftliche Messzwecke konstruiert wurden. Zur Erzeugung eines Farbbildes müssen bei ihnen daher zunächst Farbauszüge angefertigt werden, die erst später mittels Computer zum endgültigen Bild kombiniert werden.

LINKS
Selbstbau einer CCD-Kamera

AUDINE
AUDE – Association des Utilisateurs
www.astrosurf.com/aude/

Cookbook CCD-Camera
www.wvi.com/~rberry/cookbook/
cookbook.htm

Genesis CCD
www.genesis16.net

ABBILDUNG 12: Basierend auf einem vollformatigen Kodak KAI-11002M CCD-Chip mit fast 11 Mio. Pixeln gehört die STL-11000M der Firma SBIG zu den großformatigen für Amateure erhältlichen CCD-Kameras.

Dank des durch die Chipkühlung wesentlich verbesserten Dunkelstromverhaltens erlauben gekühlte Kameras deutlich längere Belichtungszeiten als ungekühlte Kameras. Einzelbelichtungen von bis zu einer Stunde Dauer sind so möglich. Erkauft wird dies jedoch mit einem sehr hohen Stromverbrauch. Weil zudem fast alle gekühlten Kameras über einen externen Computer angesteuert werden, ist ein mobiler Einsatz wie bei konventionellen Digitalkameras nicht sehr komfortabel.

Grundlagen der Digitalfotografie

Im Wesentlichen unterscheidet man heute zwischen CCD- und CMOS-Sensoren. Beiden ist gemeinsam, dass sie aus einer Matrix von Pixeln (von engl.: picture elements) bestehen. Das vom Objektiv der Kamera erzeugte Bild wird auf dem Chip abgebildet, wobei jedes der Pixel die während der Belichtung einfallende Lichtstärke misst: Durch das einfallende Licht werden hierbei aufgrund des »Fotoelektrischen Effektes« aus der Halbleiterschicht Elektronen gelöst, die gezählt und in digitaler Form aufbereitet werden, um dann als Bilddateien auf einem geeigneten Speicherbaustein abgespeichert zu werden.

CCD-Chip

Die Abkürzung CCD stammt aus dem Englischen und steht für Charge Coupled Device, was man im Deutschen als ladungsgekoppeltes Element übersetzen kann. Ganz allgemein bezeichnet der Begriff CCD einen integrierten Schaltkreis, der den Transport von »Ladungspaketen« über eine räumliche Distanz gestattet, ohne dass hierbei die Ladung der einzelnen Pakete nennenswert verändert wird.

Nachdem CCDs gegen Ende der 60er-Jahre zunächst als Datenspeicher für die Computerindustrie entwickelt wurden, fand man recht bald heraus, dass sie sich auch ideal als Detektoren in Bildaufnahmegeräten eignen. Hier ermöglichen sie das Sammeln von lichtgenerierten Ladungen sowie deren späteren Abtransport zu einem geeigneten »Zählwerk«. Aufgrund dieser Entdeckung wurde die Verwendung von CCDs als Speichermaterial auch sehr bald nicht mehr weiterverfolgt.

Ein CCD-Sensor besteht aus einer Matrix von Fotodioden. Jede dieser Fotodioden wandelt die in Form von Photonen einfallende Lichtenergie in elektrische Ladungen um. Die durch die Interaktion des Lichtes mit den Chipatomen entstehenden Elektronen werden jeweils in einem Ladungspool gesammelt. Nach Abschluss der Belichtung wird jedes so erzeugte Ladungspaket mit Hilfe von Schieberegistern über den Chip zum Ausgang und zu einem Verstärker transportiert. Vereinfacht kann die Funktionsweise eines solchen Chips mit einem Eimermodell dargestellt werden.

Aufgrund seines internen Aufbaus besitzt ein CCD-Chip daher den großen Nachteil, dass einzelne Pixel bzw. Pixelbereiche nicht

ABBILDUNG 13

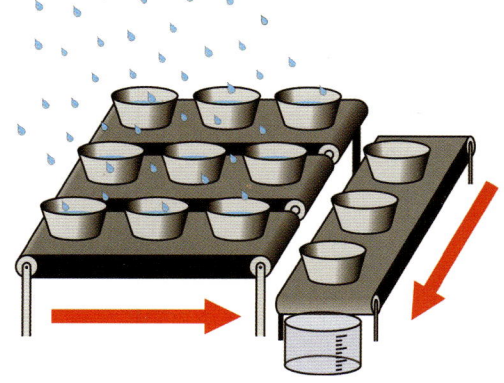

ABBILDUNG 14

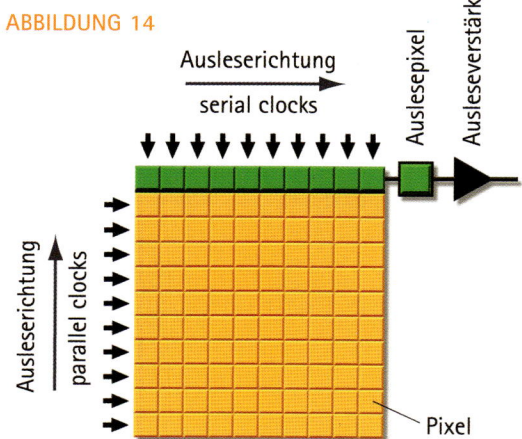

ABBILDUNG 13: Die Funktionsweise eines CCD-Chips kann grob mit diesem Eimermodell dargestellt werden: Nach dem Regen werden die Eimer mittels der Förderbänder zeilenweise in die auf dem »Ausleseband« angebrachten Eimer entleert. Hier werden sie nacheinander zur »Messstation« befördert, wo dann ihr Füllstand bestimmt wird.

ABBILDUNG 14: Der schematische Aufbau eines CCD-Chips. Die in der lichtempfindlichen Chipfläche (gelb) gesammelten Ladungen, werden mittels des Auslesetakts der »parallel clocks« in die gegen Lichteinfall abgeschirmte Auslesezeile (grün) verschoben. Hier werden sie dann durch den Takt der »serial clocks« nach und nach über den Auslesepixel und den Ausleseverstärker an die außerhalb des CCD-Chips befindliche Kameraelektronik transportiert.

direkt angesprochen werden können. Es muss immer der komplette Chip ausgelesen werden.

CCDs werden ähnlich wie andere integrierte Schaltkreise auf Silizium-Wafern hergestellt. Der Produktionsprozess des eigentlichen lichtempfindlichen Chips erfolgt in vielen komplexen Schritten. Fertige Chips werden anschließend in ein Keramik- oder Polymergehäuse eingebaut, das sie vor mechanischen Beschädigungen schützt. Das Gehäuse besitzt auf der später dem aufzunehmenden Objekt zugewandten Seite eine durch eine Glas- oder Quarzscheibe abgeschlossene Öffnung, durch die Licht hindurch gelangen und die Fotodioden beleuchten kann. Alternativ kann an dieser Stelle aber auch ein Filterglas zum Einsatz kommen, das den generell nutzbaren Wellenlängenbereich des Chips entsprechend einschränkt. Bei den für Digitalkameras hergestellten Chips ist dies meist ein UV/IR-Sperrfilter.

Es werden drei hauptsächliche Bautypen von CCD-Chips unterschieden:

- **Fullframe-Chips:** Bei Fullframe-Chips wird die komplette Chipfläche zur Bilderzeugung genutzt. Verglichen mit anderen Chip-Bautypen mit gleicher aktiver (lichtempfindlicher) Fläche und Pixelzahl weisen sie in der Regel das beste Preis/Leistungs-Verhältnis auf.
  Wird bei einem Fullframe-Chip ein fertig belichtetes Bild ausgelesen, sind die noch nicht ausgelesenen Pixel auch weiterhin der Belichtung ausgesetzt. Besonders bei hellen Objekten wie z.B. dem Mond oder den großen Planeten, aber auch bei hellen Sternen führt

dies zur Bildung von typischen Auslesestreifen. Nur durch Einsatz eines mechanischen Verschlusses kann diese Streifenbildung verhindert werden. Da solche Verschlüsse bei entsprechender Qualität jedoch auch sehr teuer sind, finden Fullframe-Chips für die Bildaufnahme nur bei Kameras der gehobeneren Preisklasse Verwendung.

In Nachführkameras können Fullframe-Chips auch ohne mechanischen Verschluss eingesetzt werden. Weil nur die Position des Helligkeitsschwerpunktes des Nachführsterns ermittelt werden muss, macht sich der vom Stern erzeugte Streifen in jedem Bild als immer gleichgroße Verschiebung bemerkbar, so dass er keine Auswikung auf die Nachführgenauigkeit hat.

- **Frametransfer-Chip:** Die eine Hälfte der Chipfläche ist bei diesen Chips durch eine lichtundurchlässige Maske abgeschirmt, und die Bildinformationen werden nach erfolgter Belichtung komplett in diesen Teil des Chips verschoben. Da für diesen Verschiebevorgang wesentlich weniger Zeit benötigt wird als für das anschließende Auslesen des Chips, werden Auslesestreifen fast zu 100% vermieden. Kameras mit solch einem Chip können also auch ohne mechanischen Verschluss gebaut werden. Man spricht auch von einem elektronischen Verschluss (engl.: electronic shutter).
  Nachteilig bei Frametransfer-Chips ist, dass ein doppelt so großer Chip benötigt wird, als für die tatsächliche Auf-

Über diese Kontakte werden sowohl die zur Steuerung des Chips benötigten Spannungen übertragen, als auch die Daten aus dem Chip ausgelesen. Auf der Oberseite des Gehäuses befindet sich eine Öffnung, so dass Licht auf das eigentliche lichtempfindliche Element fallen kann. Diese Öffnung ist in der Regel durch ein optisches Fenster verschlossen, um die empfindliche Oberfläche des Detektors vor mechanischen Beschädigungen zu schützen.

Nach außen hin erscheint die lichtempfindliche Fläche des Detektors häufig fast schwarz. Dies ist einleuchtend, soll sie doch schließlich möglichst alle auftreffende Strahlung absorbieren und in ein verwertbares Signal umsetzen. Je nach Bauform des Gehäuses kann man bei einigen CCD-Chips am Rand der Detektorfläche noch sehr feine Golddrähte erkennen. Über diese ist der Detektor mit dem Rest des Schaltkreises verbunden.

ABBILDUNG 17: Normalerweise (a) würde nur das direkt auf die aktiven Pixelspalten (orange) fallende Licht für die Bildentstehung verwendet werden können, da das auf die maskierten Pixelspalten (grün) fallende Licht ungenutzt verloren geht. Mit Hilfe der auf die Chipoberfläche aufgebrachten Mikrolinsen (b) kann man aber auch dieses Licht noch ausnutzen. Durch die Linsen vergrößert sich die effektiv empfindliche Pixelfläche je nach Hersteller um den Faktor zwei bis drei (c) – die Lichtempfindlichkeit des Chips nimmt dabei im gleichen Maße zu. Dieser Empfindlichkeitsgewinn wird jedoch mit einem Nachteil erkauft: An den Linsenkanten entstehen Beugungserscheinungen. Diese äußern sich vor allem bei hellen punktförmigen Objekten in Form von zwei einander gegenüber liegenden Strahlen und treten vor allem bei der Verwendung sehr lichtstarker Optiken störend in Erscheinung.

nahme zur Verfügung steht! Gerade bei den auch im Amateurbereich immer mehr angestrebten großen Chipflächen und Pixelzahlen führt dies zu einem überproportional hohen Preis, verglichen mit Fullframe-Chips mit gleich großer aktiver Fläche.

Sehr interessant werden Frametransfer-Chips jedoch dann, wenn die Auslesevorgänge im lichtempfindlichen und maskierten Teil des Chips getrennt voneinander gesteuert werden können. Hierdurch ist es nämlich möglich, bereits ein neues Bild zu belichten, während das letzte Bild noch aus dem maskierten Bereich heraus digitalisiert wird. Für den Amateur wird diese Technik in der Regel zwar nicht so sehr im Vordergrund stehen – bei professionellen Kameras mit mehreren Millionen Pixeln und dementsprechenden Auslesezeiten von teilweise deutlich länger als eine Minute wird sie jedoch interessant. Das automatische Kleinplaneten-Suchsystem LINEAR arbeitet beispielsweise so: Während des Auslesevorgangs wird das Teleskop um einen Gesichtsfelddurchmesser verschoben und bereits die nächste Belichtung begonnen. Nur so ist man in der Lage, mehrere Hundert Quadratgrad des Himmels mehrmals pro Nacht nach sich bewegenden Objekten zu durchsuchen.

- **Interlinetransfer-Chip:** Auch beim Interlinetransfer-Chip wird nur die Hälfte der verfügbaren Chipfläche für die Aufnahme verwendet. Im Gegensatz zum Frametransfer-Chip ist jedoch nicht eine komplette Hälfte, sondern nur jede zweite Spalte des Chips lichtundurchlässig maskiert. Auch Interlinetransfer-Chips besitzen einen elektronischen Verschluss. Da das Bild nur um eine Spaltenbreite verschoben werden muss, sind mit diesem Chiptyp die kürzesten Belichtungszeiten ohne zusätzlichen mechanischen Verschluss möglich.

Aus ihrem Aufbau ergibt sich jedoch auch direkt ein Nachteil dieser Chipart: Das auf die maskierten Teile der Oberfläche fallende Licht geht für die Helligkeits- und Positionsmessung verloren! Viele Hersteller versuchen daher diesen Effekt durch das gezielte Aufbringen von Mikrolinsen über den lichtempfindlichen Pixeln zu kompensieren. Für die reine »ästhetische« Astrofotografie reicht dies zwar aus, bei Verwendung in der Astro- bzw. Photometrie liefern Interlinetransfer-Kameras jedoch trotzdem (wenn auch nur minimal) schlechtere Ergebnisse. Dies aber auch nur, weil die Objekte bei diesen Einsatzgebieten zur Erzielung eines möglichst großen Bildfeldes üblicherweise mit einer verhältnismä-

ABBILDUNG 17

a) einfallendes Licht

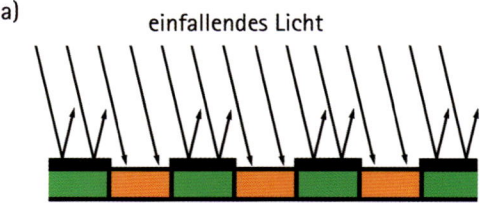

b) einfallendes Licht

c)

ßig kurzen Brennweite aufgenommen werden. Bei anderen Einsatzgebieten ist das Pixelraster meist wesentlich feiner als ein durch die Luftunruhe verschmierter Stern.

Interlinetransfer-Chips werden hauptsächlich in Fernseh- und Videokameras eingesetzt. Aufgrund der sich hierdurch ergebenden hohen Stückzahlen sind sie verglichen mit den anderen Bautypen verhältnismäßig preiswert, so dass man sie heute sehr oft in Einsteigerkameras findet.

Aufgrund der die abgedeckten Spalten ausgleichenden Mikrolinsen besitzen Interlinetransfer-Chips meist eine sehr große effektive Pixelfläche. Selbst Chips mit einer geringen Gesamtpixelzahl sind daher relativ groß. Dies ist u.a. auch der Grund dafür, dass Interlinetransfer-Chips in Einsteigerkameras sehr beliebt sind, weil sie bei gegebener Brennweite und Pixelzahl eine sehr große Himmelsfläche abbilden.

Dank ihres internen Aufbaus können einige Interlinetransfer-Chips zeitgleich zur eigentlichen Langzeitbelichtung auch für die Nachführung benutzt werden. Die Firma Starlight Xpress bietet mit dem STAR 2000 (siehe Kapitel »Nachführkameras (Autoguider«) eine auf diesem Prinzip basierende Nachführkamera an.

◯◯ Sensoren mit unterschiedlichen Pixelgrößen auf einem Chip

Während herkömmliche CCD- und CMOS-Chips nur aus Pixeln einer Größe bestehen, verfolgt die Firma Fujifilm einen anderen Weg. Ihr SuperCCD-SR-Chip besitzt zwei verschieden große Pixelarten, die in einem regelmäßigen Muster auf dem Chip angeordnet sind. Die kleinen »R«-Pixel sind hierbei weniger lichtempfindlich als die großen »S«-Pixel. Beide Pixelsorten sind in gleicher Anzahl auf dem Chip vorhanden und bilden als Pärchen jeweils ein späteres Bildpixel. Bei der Bilderstellung führt die Kamera also eine regelrechte »Doppelbelichtung« durch. Das dann aus den Informationen beider Pixel errechnete Bild verfügt so über einen erweiterten Informationsumfang.

ABBILDUNG 18

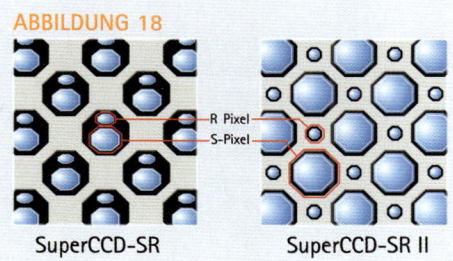

SuperCCD-SR   SuperCCD-SR II

ABBILDUNG 18: Bei den SuperCCD-SR-Chips der Firma Fujifilm teilen sich jeweils die gleiche Anzahl von großen und damit sehr lichtempfindlichen »S«-Pixeln und kleinen, weniger lichtempfindlichen »R«-Pixeln die Chipfläche. Bei dem aktuellen Chip-Modell (rechts) wurde die relative Anordnung der Pixel im Vergleich zu seinem Vorgängermodell (links) in Hinsicht auf eine bessere Flächenabdeckung optimiert.

ABBILDUNG 19

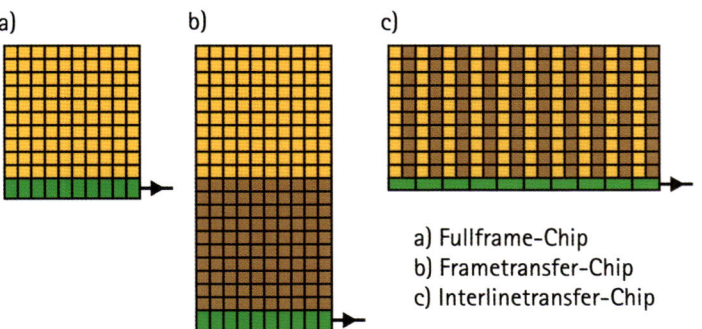

a) Fullframe-Chip
b) Frametransfer-Chip
c) Interlinetransfer-Chip

ABBILDUNG 19: Der Aufbau der verschiedenen Chiptypen im direkten Vergleich. Farblich markiert sind jeweils die verschiedenen Bereiche des CCD-Chips: orange = aktive (lichtempfindliche) Fläche, braun = inaktive (maskierte) Fläche und grün = Auslesezeile mit Verstärker.

CMOS-Chip

Die Abkürzung CMOS steht für »Complementary Metal Oxide Semiconductor« und bezeichnet eigentlich nur ein bestimmtes Herstellungsverfahren, nämlich paarweise komplementär zueinander angeordnete Transistoren. Grundsätzlich ist die Funktionsweise von CCD- und CMOS-Sensoren ähnlich. Die Qualität dieser Chips ist dabei inzwischen so gut geworden, dass die mit ihnen erzielbaren Ergebnisse ohne weiteres mit denen von CCD-Chips vergleichbar sind.

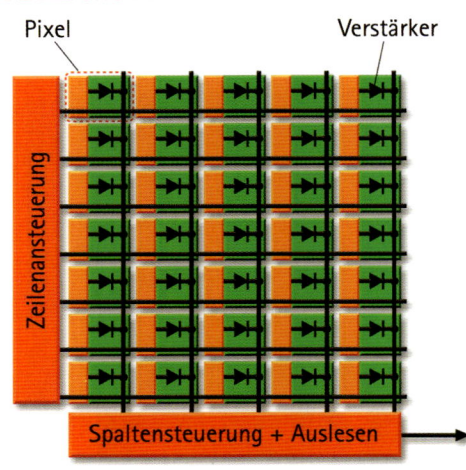

Die grundlegende Idee der CMOS-Technik besteht darin, jeden Bildpunkt separat zu verdrahten und somit ansprechen zu können. Der große Vorteil der CMOS-Bildsensoren ist ihre Fähigkeit, eine Vielzahl von Verarbeitungsschritten und Kontrollfunktionen, die über das reine Sammeln von Photonen hinausgehen, parallel auszuführen zu können bzw. direkt auf dem Chip zu implementieren. Der heute übliche CMOS-Aufbau basiert auf der »Aktiven Pixel Sensoren« (APS)-Technologie, bei der sowohl die Fotodiode als auch deren Ausleseelektronik für jeden Pixel direkt kombiniert werden. Hierdurch kann das in der Fotodiode gesammelte Ladungspaket noch im Pixel ausgewertet und in eine Spannung umgewandelt werden. Es ist so möglich, auch einzelne Pixel direkt anzusprechen.

Vom Licht zum elektrischen Signal

Die Funktion von sowohl CCD- als auch CMOS-Chips basiert auf dem bereits 1888 von dem deutschen Physiker Wilhelm Hallwachs beschriebenen, jedoch erst 1905 durch Albert Einsteins Quantentheorie erklärten inneren Photoeffekt. Ausgelöst durch eine Energiezufuhr von außen (einfallendes Licht) werden Elektronen von den Atomen im Inneren eines Feststoffes zwar abgespalten, können das Material selbst aber nicht verlassen. Es entstehen somit freie Ladungsträger, die z.B. für die Leitung von elektrischem Strom genutzt werden können.

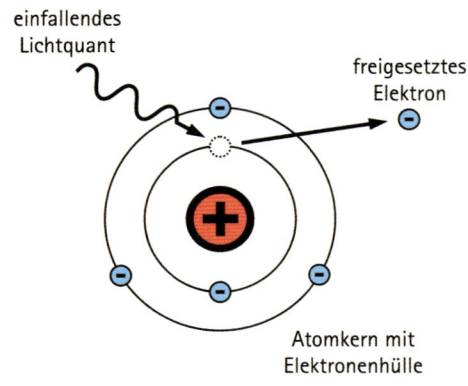

Im Fall des bei einem CCD- oder CMOS-Chip verwendeten Trägermaterials Silizium beträgt die benötigte Mindestenergie 1,14eV, was einer Wellenlänge von etwa 1090nm entspricht. Diese Wellenlänge stellt somit die langwellige Grenze der Chip-Empfindlichkeit dar. Langwelligere Strahlung durchdringt den Chip ungehindert. Will man auch solche Wellenlängen noch nachweisen können, müsste der Chip aus einem anderen Material wie z.B. Germanium gefertigt werden.

Bei Wellenlängen kürzer als etwa 120nm wird das Chipmaterial wieder unempfindlich für auftreffende Strahlung, da hier die Wahrscheinlichkeit einer Wechselwirkung mit den Atomen des Chips zu gering wird. Geschieht dies aber doch einmal, werden Tausende von Elektronen regelrecht lawinenartig freigesetzt. Da es meist Partikel der energiereichen kosmischen Höhenstrahlung sind, die solche Ereignisse bewirken, spricht man bei diesen Ereignissen von »Cosmics«.

Die genaue Empfindlichkeitscharakteristik hängt sowohl bei einem CCD- als auch bei einem CMOS-Detektor von vielen verschiedenen Faktoren ab. Neben in den Chip integrieren (Farb-) Filtern spielt hier auch die Anordnung der Leiterbahnen auf dem Chip, die »Chiparchitektur«, eine große Rolle. Während diese Daten für viele der in den speziell für den astronomischen Einsatz konzipierten CCD-Kameras in Form entsprechender Datenblätter frei zugänglich sind, sind solche internen Informationen für die in aktuellen Digitalkameras enthaltenen Detektoren leider so gut wie nicht erhältlich.

Quanteneffizienz und spektrale Empfindlichkeit

Die Quanteneffizienz (η) eines Chips gibt an, wie viel Prozent des auf den Chip fallenden Lichtes in ein Signal umgesetzt wird. Verglichen mit der Fotografie auf chemischem Film entspricht die Quanteneffizienz also der Filmempfindlichkeit. Die in den Datenblättern angegebene Quanteneffizienz stellt einen Durchschnittswert der Quanteneffizienz aller Einzelpixel dar. Die tatsächliche Quanteneffizienz eines einzelnen Pixels kann daher auch erheblich von dem angegebenen Wert abweichen.

Wie bereits bei der Theorie zum lichtelektrischen Effekt gezeigt wurde, sollten eigentlich alle auf dem gleichen Chipmaterial basierenden Detektoren die gleiche Quanteneffizienz und auch ein identisches spektrales Verhalten besitzen. Da dies in der Praxis jedoch nicht der Fall ist, muss man den Grund für die unterschiedlichen Lichtempfindlichkeiten im verschiedenartigen Aufbau der Chips suchen.

Im Fall eines CCD-Chips werden die einzelnen Pixel beispielsweise durch ein auf der Oberfläche des Chips aufgebrachtes flächendeckendes Netzwerk von Leiterbahnen gebildet. Aufgrund ihrer Materialeigenschaften sind diese Leiterbahnen für weite Wellenlängenbereiche des einfallenden Lichtes jedoch nur eingeschränkt durchlässig, wenn nicht gar komplett undurchlässig. Somit kann ein nicht unwesentlicher Teil der einfallenden Strahlung erst gar nicht für die Signalerzeugung genutzt werden. Da jeder Chiphersteller eigene Materialien für die Leiterbahnen entwickelt hat, besitzen die fertigen Chips auch je nach Hersteller eine charakteristische Lichtempfindlichkeit in Abhängigkeit von der Wellenlänge des einfallen Lichtes. Hinzu kommt noch, dass jeder Hersteller auch eine andere Anordnung der Leiterbahnen bevorzugt, was zusätzlich für Unterschiede in der Quanteneffizienz sorgt.

Bis vor wenigen Jahren lag die maximale Quanteneffizienz eines CCD-Chips bei ca. 35% bis 45%. Diese maximale Empfind-

LINKS

Datenblätter verschiedener CCD-Hersteller

Image Sensor Solutions
Eastman Kodak Company
www.kodak.com/global/en/business/ ISS/index.jhtml?pq-path=11937

Datasheet Catalog.com (Sony)
www.datasheetcatalog.net/de/sony/1/

⟨⟩ Der Füllfaktor

Der Füllfaktor (engl.: filling factor) bezeichnet das Verhältnis der effektiv lichtempfindlichen Fläche eines Detektors zur Gesamtfläche seiner zur Bildaufnahme verwendeten Pixel. Der Betrag des Füllfaktors ist stark von seiner Bauart abhängig. Bei herkömmlichen Detektoren bewirken beispielsweise die auf die Chipoberfläche aufgebrachten Leiterbahnen aufgrund ihrer Lichtundurchlässigkeit eine teilweise erhebliche Reduzierung um bis zu 50%. Durch den Einsatz von Mikrolinsen kann der Füllfaktor zwar deutlich verbessert werden, Werte von 100% sind jedoch nur mit den so genannten »backilluminated« Chips erreichbar, weil das Licht bei ihnen ungehindert auf den Chip fallen kann.

lichkeit wurde jedoch nur über einen engen Wellenlängenbereich erzielt. Die für die digitalen Video- und Fotokameras entwickelten Chips, die ja ein dem menschlichen Auge nachempfundenes Bild liefern sollen, besitzen ihre maximale Quanteneffizienz z.B. im grünen Spektralbereich bei ca. 500nm. Ihre Empfindlichkeit fällt von dort sowohl zum Blauen als auch zum Roten hin langsam ab. Infrarotes Licht registrieren solche Chips fast überhaupt nicht mehr!

Ganz anders verhält es sich mit den speziell für wissenschaftliche Zwecke entwickelten Chips: Sie erreichen ihre maximale Quanteneffizienz im nahen Rot und Infrarot zwischen 600nm und 800nm. Sie sind im Infraroten noch bis teilweise über 1000nm hinaus empfindlich, registrieren dafür aber kaum Licht mit kürzeren Wellenlängen als 400nm. Dies liegt zum einen daran, dass das verwendete Leiterbahnenmaterial in diesem Wellenlängenbereich einen Großteil der einfallenden Strahlung absorbiert. Hinzu kommt jedoch auch, dass Silizium im kurzwelligen Bereich ein Reflexionsvermögen von über 50% besitzt. Zumindest dieser Teil des Lichtverlustes kann aber durch den Einsatz von reflexionsmindernden Beschichtungen fast komplett vermieden werden.

Durch eine zusätzliche Beschichtung mit fluoreszierenden Substanzen (meist auf Phosphor-Basis) lässt sich auch die Absorption in den Leiterbahnen teilweise umgehen. Das kurzwellige blaue Licht wird dann aufgrund der Fluoreszenz in für den Chip sichtbares grünes Licht umgewandelt.

Durch den Einsatz verschiedener Herstellungstechniken ist es in den letzten Jahren gelungen, die Quanteneffizienz der CCD-Chips um ein Vielfaches zu steigern. Die Firma Kodak verwendet seit einiger Zeit beispielsweise ein neu entwickeltes Material für die auf den Chip aufgedampften Leiterbahnen. Da dieses für beinahe den kompletten Bereich des visuellen und nahen infraroten Spektrums deutlich transparenter als die bisher verwendeten Materialien ist, konnte man die Quanteneffizienz über den kompletten Empfindlichkeitsbereich des Chips wesentlich erhöhen. Die maximale Quanteneffizienz dieser so genannten »E«-Chips liegt bei etwa 65% und auch im blauen Bereich des sichtbaren Lichtes wird durch die neue Technik eine Quanteneffizienz von deutlich mehr als 10% erreicht. Bei Kodak wurde im Jahre 2002 die komplette Produktion auf »E«-Chips umgestellt.

Analog zur Vorgehensweise bei Interlinetransfer-Chips (siehe Kapitel »CCD-Chip«) können auch die anderen Chiptypen mit Mikrolinsen versehen werden. Diese Linsen bewirken auch bei diesen Chips, dass das Licht, das eigentlich auf den Raum zwischen zwei Pixeln fallen würde, mit zur Bildentstehung beiträgt. Im Vergleich zu

ABBILDUNG 22: Die spektralen Empfindlichkeiten der verschiedenen CCD-Chiptypen im Überblick.

ABBILDUNG 22

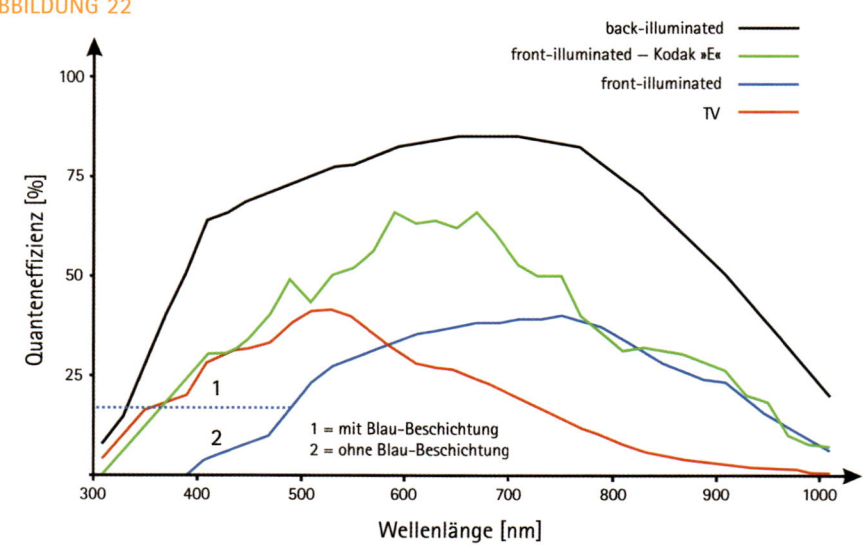

linsenlosen Pixeln kann die Lichtausbeute eines Chips und damit auch die Lichtempfindlichkeit in einigen Wellenlängenbereichen bis auf das Dreifachen gesteigert werden.

Die auf den Chip aufgebrachten Leiterbahnen, aber auch evtl. in den Pixel integrierte Filtergläser (siehe Kapitel »Farbinformationen«) bewirken, dass der lichtempfindliche Teil eines Pixels eine leichte Vertiefung in der Chipoberfläche bildet. Bei schrägem Lichteinfall, wie er vor allem bei kurzbrennweitigen Objektiven außerhalb der optischen Achse vorkommt, kann dies zu Unregelmäßigkeiten bei der Farb- und Helligkeitsdifferenzierung sowie zu erhöhtem Rauschen führen. Die vor die Pixel platzierten Mikrolinsen beseitigen dieses Problem, indem sie das einfallende Licht optimal in den jeweiligen Pixeln bündeln.

Andere Hersteller versuchen, die Lichtabsorption durch die Leiterbahnen dadurch zu umgehen, dass sie das auf der Chipoberfläche liegende Netzwerk nicht mehr flächendeckend konstruieren. Bei diesen »open-phase« CCDs verbleiben zwischen den einzelnen Leiterbahnen Freiräume, durch die das einfallende Licht ungehindert auf den eigentlichen Chip treffen kann. Hierdurch würde der Chip vor allem im kurzwelligen Bereich des Spektrums wesentlich empfindlicher. Da mit solchen

Chips noch Wellenlängen bis zu 180nm nachgewiesen werden können, werden solche Chips vor allem dort verwendet, wo ultraviolettes Licht untersucht werden soll. Für den Amateurbereich sind solche Chips aufgrund ihrer hohen Herstellungskosten allerdings nicht erhältlich.

Anstatt die Leiterbahnen immer feiner und transparenter herzustellen, wäre es ideal, wenn man den Chip so dünn konstruieren könnte, dass man ihn gewissermaßen »umgekehrt« in die Kamera einbauen könnte. Firmen wie z.B. SITe oder Photometrics setzen daher auf die »back-illuminated« Chips. Um diese Technik zu verstehen muss man wissen, dass nur Elektronen, die innerhalb einer maximalen Eindringtiefe (vgl. Abbildung 28) entstehen, in einem Pixel gesammelt werden und so zur Bilderzeugung beitragen können. Weil ein normaler CCD-Chip mit ca. 500µm aber deutlich dicker als diese Eindringtiefe der einfallenden Photonen ist, kann man ihn nicht einfach umgekehrt in die Kamera einbauen. Damit dies möglich wird, muss er zunächst von der Rückseite her so weit abgeätzt werden, dass er dünner als die Eindringtiefe der Photonen wird. Die vom Licht freigesetzten Elektronen können dann durch den Chip zu den Leiterbahnen wandern. Da den einfallenden Photonen nun keine Hindernisse mehr im Weg sind, haben solche

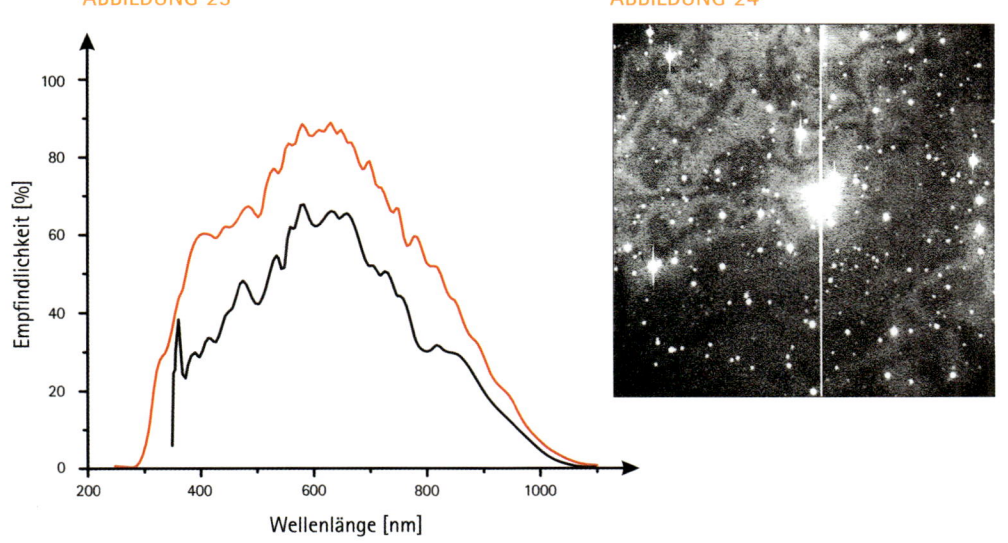

ABBILDUNG 23

ABBILDUNG 24

ABBILDUNG 23: Die spektrale Empfindlichkeit eines typischen CCD-Chips am Beispiel des KAF-3200E der Firma Kodak. Durch den Einsatz von Mikrolinsen (rot) kann die Lichtempfindlichkeit gegenüber einem normalen Chip (schwarz) deutlich gesteigert werden.

ABBILDUNG 24: Dieses mit einem SITe SIA502AB-Chip (Apogee AP-7p) aufgenommene Bild zeigt sehr deutlich die Auswirkungen der in einem »back-illuminated« Chip auftretenden Interferenzeffekte. Was hier wie die Oberfläche eines Gehirns aussieht, sind die im Text beschriebenen Fringes.

Chips eine Quanteneffizienz von teilweise weit über 85%.

An dieser Stelle darf jedoch nicht verschwiegen werden, dass fast alle »back-illuminated« Chips Probleme im Infrarotbereich besitzen. Im Infraroten ist die Eindringtiefe eines Photons verglichen mit der Chipdicke (ca. 10µm bis 20µm) nämlich bereits so groß, dass das Licht mehrfach zwischen den beiden Chipoberflächen hin- und herreflektiert werden kann, was dann zur Bildung von Interferenzmustern, den so genannten Fringes, führt. Man bezeichnet dieses Verhalten auch als »Etaloning«. Es tritt, bedingt durch die physikalischen Eigenschaften des Chipmaterials Silizium, hauptsächlich bei Wellenlängen größer 800nm auf. Besonders ausgeprägte Interferenzmuster erhält man, wenn monochromatisches Licht auf den Chip fällt. In der professionellen Astronomie ist dies z.B. dann der Fall, wenn entsprechend engbandige Filter verwendet werden. Doch auch wenn man wie im Amateurbereich im integralen Licht aufnimmt, verursachen bereits die immer vorhandenen schmalbandigen atmosphärischen Emissionen (Airglow) die Entstehung eines deutlich sichtbaren Streifenmusters.

In der Anfangszeit der Chipherstellung war die durch den Ätzvorgang hervorgerufene Ausschussquote noch sehr hoch, so dass »backilluminated« Chips aufgrund ihres Preises nur für den Einsatz an Profisternwarten in Frage kamen. Inzwischen sind die Herstellungstechniken jedoch so weit optimiert worden, dass kleinere Chips auch in Amateurkameras verwendet werden.

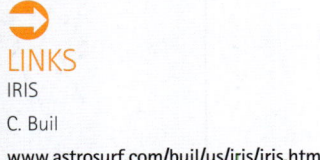

LINKS
IRIS
C. Buil
www.astrosurf.com/buil/us/iris/iris.htm

‹› Die Beseitigung von Interferenzmustern bei »backilluminated« CCD-Chips

Verschiedene Chip-Hersteller versuchen inzwischen, den Effekt des Etaloning durch spezielle reflexionsmindernde Beschichtungen zu minimieren. Da dieses Verfahren zurzeit aber noch sehr kostenintensiv ist, wird es meist nur für relativ kleine CCD-Chips, wie man sie z.B. bei der Infrarot-Mikroskopie benutzt, verwendet. Für eine Beseitigung des Problems bei den großflächigen in der Astronomie eingesetzten Chips gibt es jedoch auch noch verschiedene andere, wesentlich preiswertere Möglichkeiten.

Die einfachste Methode ist der Einsatz eines so genannten Infrarot-Sperrfilters, da hierdurch die Wellenlängen, die die Fringes erzeugen, erst gar nicht auf den Chip gelangen. Hierbei muss in Kauf genommen werden, dass man zugleich auch einen sehr großen Teil der durch die Abätzung gewonnenen Empfindlichkeit des CCD-Chips wieder verliert, da vor allem das Licht der Wellenlängen, in denen der Chip eine sehr hohe Quanteneffizienz besitzt, ausgefiltert wird. Wesentlich besser ist es, wenn ein Korrekturbild angefertigt wird, das nur aus dem Interferenzmuster der Fringes besteht. Dieses Bild kann dann analog zu einem Flatfieldbild (vgl. Kapitel »Flatfield«), auf das ansonsten fertig bearbeitete Bild angewandt werden. Die Erzeugung eines solchen Korrekturbildes ist relativ einfach: Es müssen lediglich mehrere Aufnahmen einer nicht zu sternreichen Himmelsgegend leicht versetzt zueinander aufgenommen werden. Werden diese Bilder dann mittels eines Medianfilters (siehe Kapitel »Digitale Bildbearbeitung«) so gegeneinander verrechnet, dass die Sterne »weg gerechnet« werden, bleibt nur noch der Himmelshintergrund mit seinem Fringes-Muster übrig. Einige Bildbearbeitungsprogramme, wie z.B. die Freeware IRIS, besitzen bereits eine fertige Funktion zur Berechnung eines Fringes-Bildes aus einer Serie von Bildern.

Farbinformationen

Aus den bisherigen Ausführungen geht hervor, dass sowohl CCD- als auch CMOS-Chips nur Helligkeitsinformationen über ihren kompletten Empfindlichkeitsbereich liefern. Farbinformationen können mit ihnen ohne weitere bauliche Eingriffe nicht gewonnen werden. Sie können nur Graustufenbilder aufnehmen.

Um einem Sensor trotzdem »Farbfähigkeit« zu verleihen, werden verschiedene Techniken angewandt:

- Die einfachste Art eine Farbkamera zu bauen, ist die Verwendung von drei separaten Aufnahmechips für die Farben Rot, Grün und Blau. Bei Videokameras wird hierzu üblicherweise ein Dreifach-Strahlteiler in den Strahlengang eingefügt. Durch entsprechende Farbfilter gelangt das einfallende Licht so zu jeweils gleichen Anteilen auf die Chips. Damit die drei Einzelbilder später auch perfekt zu einem Farbbild überlagert werden können, bilden die Chips zusammen mit dem Strahlteiler eine ab Werk fest vorjustierte Einheit.

ABBILDUNG 25

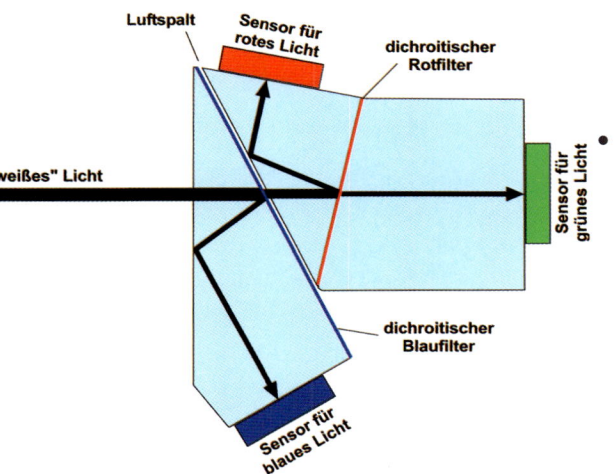

Weil jeder Farbauszug als separates Bild in voller Auflösung vorliegt, vereinfacht sich die weitere Bildbearbeitung zur Erstellung des Gesamtfarbbildes. Jeder der drei Einzelchips kann zudem durch eine »Dotierung«, dem Einbringen von Fremdatomen in das Chipmaterial, so in seiner spektralen Empfindlichkeit verändert werden, dass er optimal an den später aufzunehmenden Farbbereich angepasst ist. 3-Chip-Kameras liefern, verglichen mit den anderen Methoden zur Erstellung eines Farbbildes, die Aufnahmen mit der besten Qualität. Erkauft wird dies allerdings mit dem vergleichsweise hohen Preis einer solchen Kamera. Es werden schließlich nicht nur einer, sondern gleich drei Chips benötigt.

Nachteile der 3-Chip-Technik sind aufgrund des verwendeten Prismas ein höheres Gewicht und das deutlich größere Volumen. 3-Chip-Kameras werden meist mit Tele- anstatt mit Weitwinkeloptiken angeboten, da die Konstruktion von kurzbrennweitigen Objektiven aufgrund des großen Lichtwegs im Teilerprisma sehr komplex ist.

- Die heute vor allem bei Fotokameras, aber auch bei preiswerten Filmkameras am häufigsten verwendete Methode der Farbbilderzeugung ist die Verwendung von Mikrofarbfiltern. Diese werden in einem regelmäßigen Muster vor den Pixeln des Aufnahmechips angeordnet. Da jede der lichtempfindlichen Zellen nur einen Farbfilter besitzt, wird auch nur eine Farbe erfasst.

- Um trotzdem die beiden fehlenden Farbwerte für einen Bildpunkt zu erhalten, muss die Elektronik der Kamera diese anhand der umliegenden Pixel berechnen. Diese auch als »Interpolation« bezeichnete Berechnung greift so im Falle eines blauen Pixels auf die Werte der benachbarten grünen und roten Pixel zurück und ermittelt mit deren Hilfe einen vermutlich passenden Rot- und Grünwert für das blaue Pixel. Dieser Vorgang wird »Farbinterpolation« genannt.

So lange es zwischen zwei benachbarten Pixeln zu keinen wesentlichen Farbunterschieden kommt, liefert die Farbinterpolation trotz dieser »Schätzung« brauchbare Ergebnisse. Sobald sich die Farbdetails an die Pixelgröße

ABBILDUNG 25: Der schematische Aufbau eines Dreifach-Strahlteilers mit den integrierten Farbfiltern und den drei fest aufgesetzten Detektoren.

annähren, gelangt die Farbinterpolation an ihre Grenzen. In einem solchen Fall werden nicht mehr alle Pixel einer Farbzelle beleuchtet, so dass Farbverfälschungen und »Moirémuster« entstehen.

müsste nun an hellen, scharfen Kanten ein Moiré-Effekt sichtbar werden. Aber in der Praxis sieht man zumindest bei Landschaftsaufnahmen nichts davon, und erst recht nichts in der Astrofotografie.

‹› Moirémuster

Moirémuster entstehen durch die Überlagerung von Gittermustern. Für den Betrachter entsteht hierdurch eine optische Täuschung, die den Eindruck von Helligkeitsschwankungen und Verzerrungen erzeugt.

Im Bereich der Bildgewinnung treten Moirémuster auf, wenn periodische Strukturen mit Sensoren abgetastet werden, deren Pixelabstand größer als der halbe Abstand der Strukturen ist.

ABBILDUNG 26

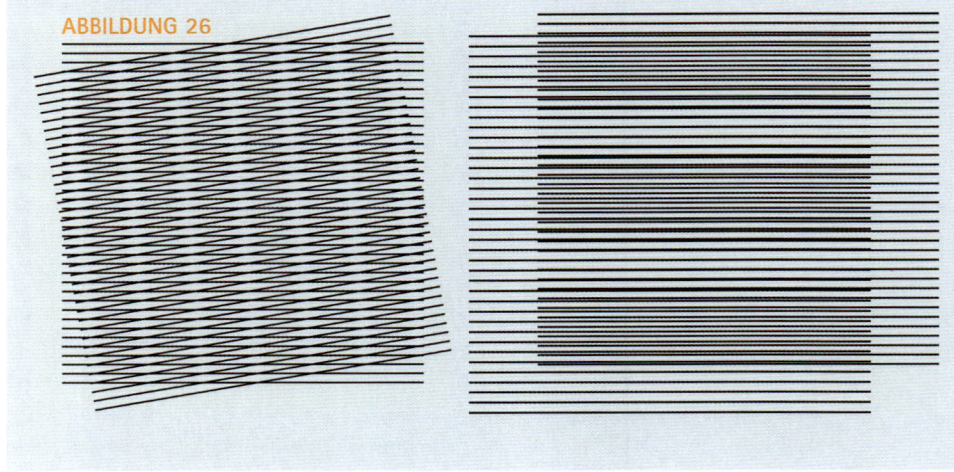

Um diese Effekte zu verringern, liegt ein »Antialiasing-Filter« vor dem Sensor. Man kann sich diesen Filter wie einen Weichzeichner vorstellen, der die scharfen Kanten verwischt. Die Fotos einer Digitalkamera sind daher immer etwas unscharf. Bildschärfe wird erst später softwaretechnisch, entweder schon in der Kamera, oder danach bei der elektronischen Bildbearbeitung, in das Bild hineingerechnet.

Dieser Antialiasing-Filter liegt zwischen zwei Schichten des originalen Farbfilters (Canon). Lässt man den Filter gegen einen Filter mit erweiterter Transmission austauschen, entfällt der Weichzeichnereffekt, die Bilder erscheinen etwas schärfer. Theoretisch

Die von den verschiedenen Kameraherstellern zur Farbgenerierung verwendeten Interpolationsalgorithmen unterscheiden sich teilweise recht deutlich von einander. Selbst wenn zwei Kameras den gleichen Sensor verwenden, können sich die Bildergebnisse daher deutlich in ihrer Qualität unterscheiden.

Das am häufigsten eingesetzte Abfolgemuster der Farbfilter sieht in der ersten Pixelzeile eine Reihenfolge von Grün-Blau-Grün-Blau (GBGB) und in der nächsten Zeile von Rot-Grün-Rot-Grün (RGRG) vor. Nach seinem Erfinder Bryce E. Bayer, einem Mitarbeiter der Firma Eastman Kodak, spricht man bei dieser Filteranordnung auch von einer sog. »Bayer-Filtermatrix« bzw. einem »Bayer-Filter«.

Betrachtet man ein mit der Bayer-Matrix gewonnenes Rohbild, so findet man ein gerastertes Schwarzweißbild vor. Der mathematische Vorgang der darauf folgenden Farbinterpolation, die Erzeugung eines RGB-Farbbildes aus einem Bayer s/w-Bild, wird als »Debayering« bezeichnet.

Die in einer solchen RGGB-Matrix doppelt vertretene Farbe ist Grün. Dies ist beabsichtigt, da auch das menschliche Auge in diesem Wellenlängenbereich seine maximale Empfindlichkeit besitzt. Der Grünkanal des farbinterpolierten RGB-Bildes ist deshalb auch am rauschärmsten. Bei einigen neueren Chips wird einer der grünen Filter durch einen blaugrünen ersetzt, da hierdurch eine noch naturgetreuere Farbwiedergabe möglich ist.

ABBILDUNG 27

die gleiche Farbinformation, die man auch durch Kombination der im RGB-System durch einen Grün- und Blaufilter belichteten Pixel erhalten würde. Analog verhält es sich mit den beiden anderen Farben Magenta und Cyan, die als Kombination von Rot und Blau bzw. Grün und Blau betrachtet werden können. Der vierte, grüne Filter wird aufgrund des in diesem Farbbereich liegenden Empfindlichkeitsmaximums des menschlichen Auges verwendet. Anders als nach dem RGB-Verfahren erzeugte Bilder, können die mit dem CMYG-Verfahren erzeugten Aufnahmen nicht direkt zu einem Farbbild kombiniert werden. Damit dies möglich wird, müssen die in ihnen enthaltenen RGB-Daten zunächst auf mathematischem Wege separiert werden. Dies geschieht allerdings bereits in der Kamera, so dass der Benutzer hiervon nichts mitbekommt. Verglichen mit einem RGB maskierten Chip kann ein baugleicher, jedoch CMYG-maskierter Chip, bedingt durch den größeren spektralen Empfindlichkeitsbereich der CMYG-maskierten Einzelpixel auch unter deutlich schlechteren Lichtverhältnissen noch brauchbare Bilder liefern. Wie im Kapitel »Farbfotografie« gezeigt wird, bedeutet dies jedoch nicht, dass das so erhaltene Bild dem RGB-Bild überlegen ist.

Vereinzelt findet man auch Chips, die an Stelle des grün maskierten ein zweites gelb maskiertes Pixel besitzen. Aufgrund der deutlich komplexeren und damit auch zeitintensiveren Farbberechnung werden solche Chips hauptsächlich in Fotokameras verwendet.

- Die zweite Abfolge basiert auf dem CMYG-System. Analog zu den RGB-Filtermasken sind auch bei der CMYG-Filtermaske die Einzelfilter in einem Zweizeilenschema angeordnet. Üblicherweise ist das Abfolgemuster der Farbfilter in der ersten Pixelzeile Cyan-Gelb-Cyan-Gelb (CYCY) und in der nächsten Zeile Grün-Magenta-Grün-Magenta (GMGM).

Die Verwendung von Cyan, Magenta und Gelb als Filterfarben sind deshalb möglich, weil jede dieser Farben die Komplementärfarbe zu einer der RGB-Farben darstellt. Das durch ein Cyanfilter belichtete Pixel besitzt daher

- Die 2002 von der amerikanischen Firma Foveon vorgestellte X3-Technologie zeigt neue Wege in der digitalen Farbfotografie auf. Die Grundidee ist,

⬡

ABBILDUNG 27: Die beiden im Text beschriebenen Farbfiltermasken im Vergleich: Links das RGB-Filter nach Bayer, rechts das CMYG-Filter.

ABBILDUNG 28: Die maximale Eindringtiefe des Lichtes in das Chipmaterial Silizium ist stark von der Wellenlänge abhängig.

⟨⟩ Farbinterpolationsmethoden

Das von einem mit Farbfiltermatrix versehenen Chip aufgenommene Bild ist zunächst noch kein Farbbild. Es handelt sich vielmehr um ein Schwarzweißbild, dessen Pixelintensitäten der jeweiligen Lichtintensität in dem vom vorgeschalteten Filter durchgelassenen Wellenlängenbereich entsprechen. Um ein Farbbild zu erhalten, müssen für jeden Pixel die fehlenden Farbinformationen anhand der Intensitäten der umliegenden entsprechend farbig maskierten Pixel berechnet werden.

Sofern die Aufnahmen im RAW-Format erfolgen, kann man die Farbinterpolation mit einem Programm seiner Wahl vornehmen. Astrobilder sollte man deshalb immer im RAW-Format aufnehmen. Alle Voreinstellungen der Kamera (Farbtemperatur, Tonwerte, Schärfe etc.) werden zusammen mit den schwarzweißen Helligkeitswerten im RAW-Format gespeichert und stehen bei Konvertierung (Farbinterpolation) mit einem eigenen RAW-Konverter als Vorschläge zur Verfügung.

Die entwickelten Berechnungsmethoden lassen sich in adaptive und nicht adaptive Verfahren einteilen. Während die nicht adaptiven Berechnungsmethoden für jeden Pixel immer gleich sind, können die adaptiven Methoden räumliche Strukturen im Motiv selbstständig erkennen und erhalten. Die kcamerainternen Interpolationsmethoden zur Erzeugung von JPG- und TIFF-Bildern (siehe Kapitel »Bildformate«) werden von keinem Hersteller angegeben. Aufnahmen im RAW-Format können mit verschiedenen Interpolationsmethoden bearbeitet werden, weil jedes Bildbearbeitungsprogramm beim Einlesen der Bilddaten sein eigenes Verfahren verwendet. Diese werden von den Programmherstellern häufig nicht offen gelegt und zeigen teilweise deutlich sichtbare Unterschiede bei der erreichbaren Bildqualität.

die unterschiedliche Eindringtiefe für Licht verschiedener Wellenlängen im Chipmaterial Silizium zur Unterscheidung der verschiedenen Farbanteile eines Bildes zu nutzen. Anstatt einen herkömmlichen CCD- oder CMOS-Sensor mit einer Farbfiltermaske zu versehen, sind X3-CMOS-Chips nach dem Sandwich-Prinzip aufgebaut. Während

kurzwelliges Licht bereits in der obersten Chipebene Elektronen freisetzt, gelangt längerwelliges Licht in tiefere Chipebenen.

Ein solcher Chip hat verschiedene Vorteile gegenüber herkömmlichen farbmaskierten Chips: Jedes Pixel besitzt alle drei Farbinformationen, die Farbe muss daher nicht mehr durch Inter-

ABBILDUNG 28

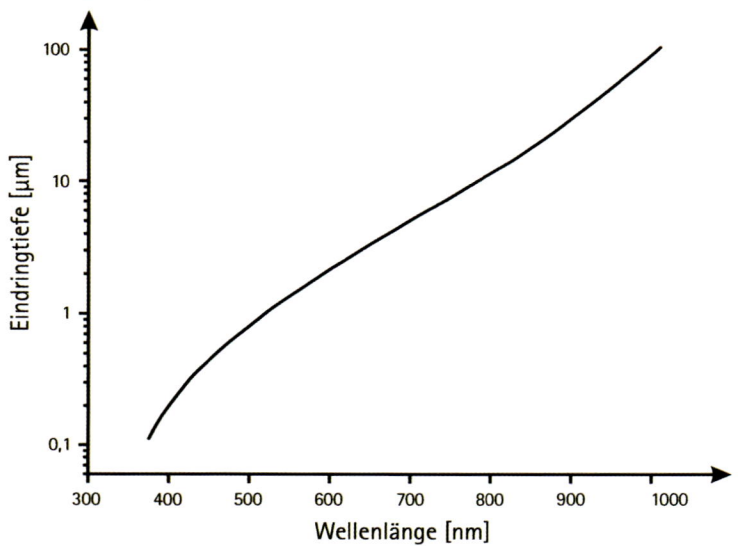

polation mehrerer benachbarter Pixelwerte berechnet werden. Weil jedes Pixel des Chips daher einem späteren Bildpixel entspricht, besitzt ein solches Bild eine deutlich höhere Auflösung und Artefakte, wie die bei der Berechnung der Farbinformation entstehenden Moirémuster, werden theoretisch vermieden. Aufgrund der komplett fehlenden lichtabsorbierenden Filter besitzen X3-Chips eine höhere Lichtempfindlichkeit als herkömmliche Farbchips. Da die Farbinformation (zumindest in der Theorie) nicht erst berechnet werden muss, verringert sich zudem die Zeit zwischen Auslesen und Abspeichern des Bildes.

ABBILDUNG 29

a)

b)

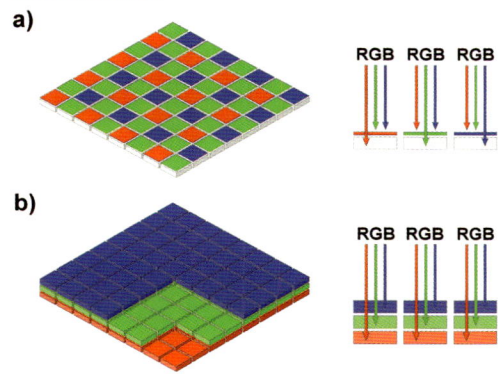

Während in der Werbung für den X3-Chip (links) immer eine gleichwertige Kombination der drei Farbschichten dargestellt wird, erweist sich die Farbberechnung in der Praxis aufgrund des internen Pixelaufbaus (rechts) als deutlich komplizierter. Die aktiven Flächen der verschiedenen Farbschichten unterscheiden sich voneinander. Es kann daher, wenn auch im deutlich geringerem Maße als bei den 3-Farb-Chips, ebenfalls zu Farbverfälschungen und Moiréeffekten kommen.

Hinzu kommt, dass langwellige Pho-

tonen statistisch gesehen zwar tiefer in das Chipmaterial eindringen können, trotzdem lösen aber viele von ihnen auch bereits in den oberen Chipregionen Elektronen aus. Die hierdurch hervorgerufenen Farbverfälschungen müssen ebenfalls anhand von statistischen Berechnungsverfahren korrigiert werden.

Zurzeit wird von der Firma National Semiconductors ein 4,5-Megapixel-Chip produziert. Dieser wird als Bildsensor in der digitalen Spiegelreflexkamera SD-14 von Sigma verwendet. Aufgrund des vom nahen Ultravioletten bis weit in den infraroten Bereich des Spektrums reichenden Empfindlich-

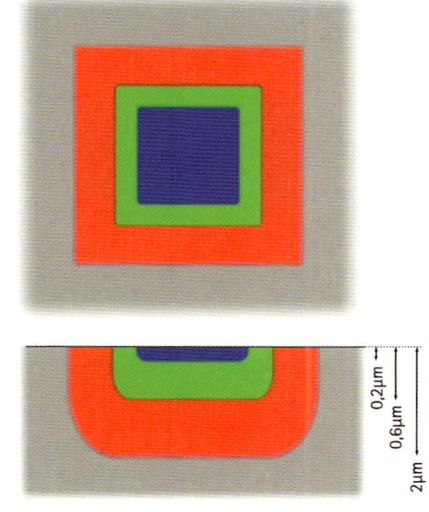

keitsbereiches würde ein mit einem Digitalsensor unter Tageslichtbedingungen aufgenommenes Farbbild einen stark ins Rote tendierenden Farbstich besitzen. Zur Anpassung an die menschlichen Sehgewohnheiten sind daher alle für die »normale« Fotografie entwickelten Kameras mit einem UV/IR-Sperrfilter, welches üblicherweise direkt vor dem Chip positioniert wird, versehen.

Dieser Vorteil für die allgemeine Fotografie erweist sich als Nachteil für den astronomischen Einsatz. Dort wo analoge Filme früher noch deutlich die im roten Licht der Hα-Wellenlänge leuchtenden Wasser-

LINKS

Programme, die Bayer-maskierte Schwarzweißbilder konvertieren können

Giotto
G. Dittié
www.videoastronomy.org

DeepSkyStacker
L. Coiffier
deepskystacker.free.fr/german/index. html

Fitswork
J. Dierks
freenet-homepage.de/JDierks/index. htm

MaxIm DL (+DSLR) / MaxDSLR
Diffraction Limited
www.cyanogen.com

ImagesPlus
M. Unsold
www.mlunsold.com

ABBILDUNG 29: Im Gegensatz zum mit einer Filtermatrix versehenen herkömmlichen RGB-Farbchip (a) besteht der X3-Chip (b) aus drei übereinander liegenden eigenständigen Chips. Aufgrund der von der Wellenlänge abhängigen Eindringtiefe des Lichtes in das Chipmaterial registrieren die verschiedenen Schichten verschiedenfarbiges Licht.

LINKS

Software zur PC-gestützten Fokussierung einer digitalen Spiegelreflexkamera

MaxIm DL (+DSLR) / MaxDSLR
Diffraction Limited
www.cyanogen.com

ImagesPlus
M. Unsold
www.mlunsold.com

DSLR Focus
C. Venter
www.dslrfocus.com

AstroArt
MSB Software
www.msb-astroart.com

ABBILDUNG 30: Die spektrale Empfindlichkeit einer Canon EOS 350D mit (links) und ohne (rechts) dem Chip vorgeschalteten IR-Sperrfilter nach Buil. Man beachte, dass die Kurven auf ihre maximale Empfindlichkeit normiert wurden, also nicht die relativen Empfindlichkeiten der einzelnen Farbkanäle wiedergeben.

stoffnebel abbildeten, zeigt sich auf einem Digitalbild nur ein schwacher Hauch eines roten Nebels. Wesentlich besser wird von der Kamera stattdessen das Licht der Hα-Linie registriert, was dazu führt, dass aus den eigentlich roten Nebeln blaugrüne werden. Mittels einer aufwändigen digitalen Bildbearbeitung lässt sich der Rotanteil des Bildes allerdings auch im Nachhinein noch in gewissem Umfang erhöhen.

Wirkliche Abhilfe schafft hier jedoch nur die hardwareseitige astrofotografische Optimierung der Kamera. Der vom Hersteller eingebaute Filter muss entweder komplett entfernt oder durch einen anderen mit besserer Hα-Transmission ersetzt werden. Es sollte jedoch bedacht werden, dass eine solche Modifizierung direkte Auswirkungen auf die Funktion der Kamera hat:

- Der eingebaute Filter ist ein Teil des optischen Systems der Kamera. Wird er entfernt, kommt es zu einer Verschiebung der Fokuslage in Richtung auf die Frontlinse. Hiervon ist die Funktion des Autofokus betroffen, weil sie die jetzt fehlende Filterglasdicke mit in ihre Berechnungen einbezieht. Bei digitalen Spiegelreflexkameras wird durch die Manipulation zusätzlich auch die manuelle Fokussierung über den Sucher beeinflusst, da eine Fokusdifferenz zwischen Mattscheibe und Sensor entsteht.

Entschließt man sich dazu, keinen anderen Filter in die Kamera einzubauen, kann folglich nur noch direkt über das vom Chip aufgenommene Bild selbst fokussiert werden. Soll die Kamera nur noch astronomisch benutzt werden, ist dies allerdings nicht weiter von Nachteil, da entsprechende Software die Fokussierung über einen mittels Datenübertragungskabel angeschlossenen PC ermöglicht.

Alternativ bietet sich der Austausch des Originalfilters gegen einen neuen Filter mit entsprechend erweitertem Transmissionsbereich an. Problematisch ist, einen Filter mit gleicher optischer Dicke zu finden. Ein auf die gängigen Spiegelreflexmodelle der Firma Canon abgestimmter Filter wird in Deutschland z.B. von der Firma Baader Planetarium angeboten. Der Autofokus funktioniert in gewohnter Weise, nur die Farbbalance des Bildes ändert sich.

- Durch die veränderte spektrale Empfindlichkeit stimmt der herstellerseitig voreingestellte Weißabgleich (AWB = Auto White Balance) der Kamera nicht mehr. Viele Kameramodelle erlauben einen manuellen kamerainternen Weißabgleich.

Bildauflösung und Pixelgröße

Der Begriff der »Auflösung« von Digitalkameras wird in der Werbung üblicherweise mit der Zahl der Pixel des in einer Kamera verwendeten Aufnahmechips gleichgesetzt. Damit der Käufer

ABBILDUNG 30

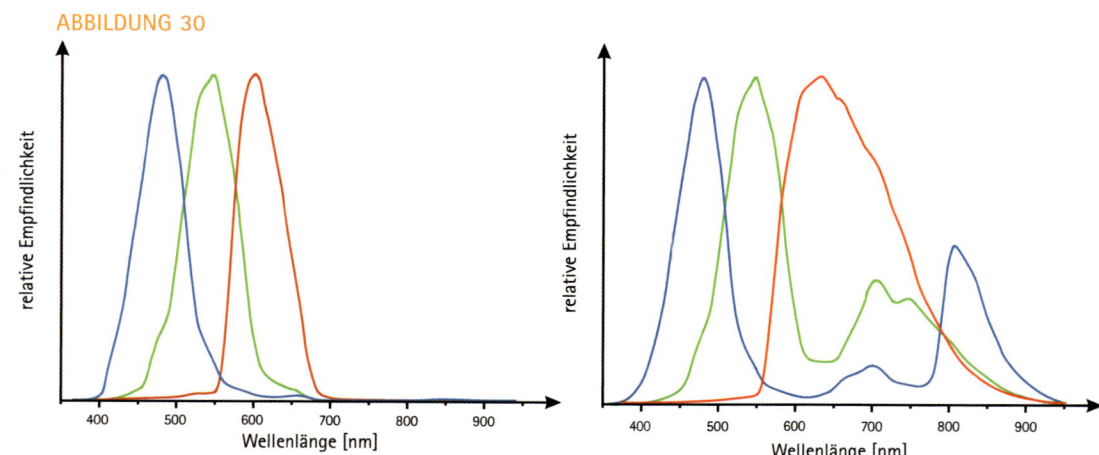

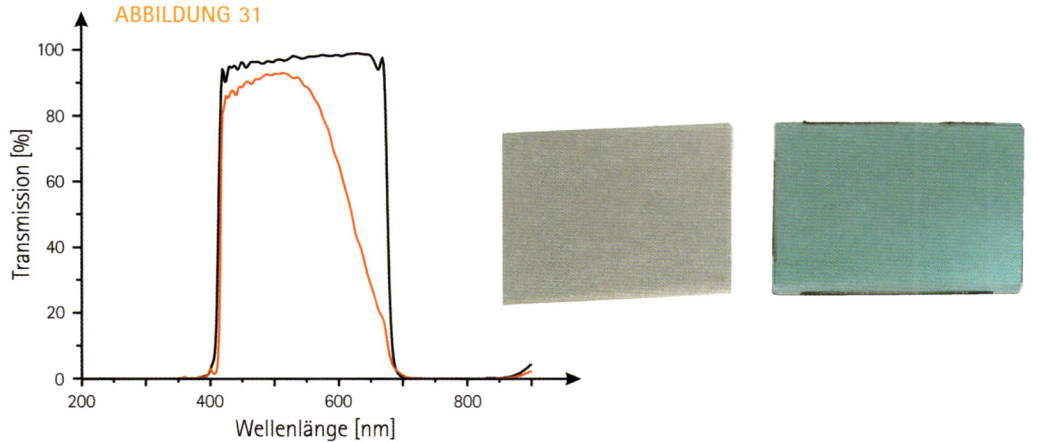
ABBILDUNG 31

ABBILDUNG 31: Transmissionskurven des Baader ACF Filters (schwarz) und des Canon EOS 5D Originalfilters (rot). Beim direkten Vergleich beider Filter macht sich die geringere Transmission des Canonfilters bei längeren Wellenlängen als Türkisfärbung bemerkbar..

ABBILDUNG 32: Die erhöhte Transmission im langwelligen Bereich bewirkt neben einer deutlich besseren Abbildung von im Hα-Licht leuchtenden Gasnebeln auch eine Verbesserung der erreichbaren Grenzgröße bei Sternen. Die beiden Aufnahmen des Hantelnebels M 27 entstanden bei gleichen technischen Daten mit einer unmodifizierten (links) bzw. einer mit Baader ACF-Filter umgebauten (rechts) Canon EOS 5D.

ABBILDUNG 32

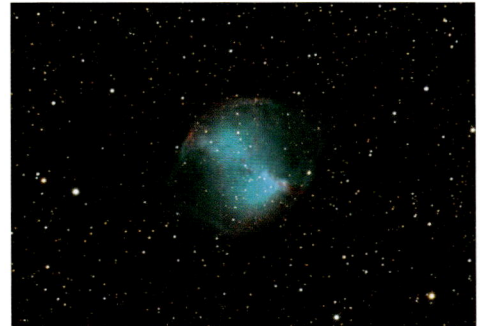 

hierbei einen kurze und prägnante Zahl vor Augen hat, wird dieser Wert meist in auf eine Nachkommastelle gerundete Millionen Pixel, im Computer-Jargon mit »Mega« bezeichnet, angegeben. Seltener findet man dagegen die exakte Bildpunkt-Anzahl (z.B. 2048 × 1536 Pixel).

Mit dem eigentlichen Auflösungsvermögen des Sensors hat diese »Auflösung« jedoch gar nichts gemeinsam. Man sollte sie besser als den »Informationsgehalt eines Bildes« bezeichnen. Soll das physikalische Auflösungsvermögen, also seine Fähigkeit, zwei dicht beieinander liegende Bildelemente noch getrennt wiederzugeben, bestimmt werden, müssen Größe und Anordnung der Pixel auf dem Chip in die Überlegungen einbezogen werden.

Bereits in der ersten Hälfte des 20. Jahrhunderts erkannte der amerikanische Mathematiker Harry Nyquist, dass die räumliche Auflösung eines Detektors mindestens der halben Größe eines Bilddetails entsprechen muss, um die komplett vorhandene Bildinformation darzustellen. Betrach-

tet man zunächst nur einen schwarzweiß aufzeichnenden Bildsensor, so entspricht daher die minimal darstellbare Detailgröße der doppelten Pixelgröße. Das theoretisch zu erreichende Auflösungsvermögen R in Linien pro mm errechnet sich entsprechend anhand der Pixelgröße P in mm zu:

$$R = \frac{1}{2P}$$
Formel 1

Dieser Wert gilt jedoch nur dann, wenn die Ausrichtung der darzustellenden Bilddetails genau mit einer der beiden Achsen des Pixelrasters übereinstimmt. Sobald die in der Abbildung gezeigten Linienpaare daher auch nur leicht verdreht auf den Chip fallen, verteilt sich die Bildinformation wieder auf mehrere Pixel, so dass das maximal mögliche Auflösungsvermögen nicht mehr erreicht werden kann.

Weil sowohl bei einer 3-Chip-Kamera als auch bei einem Foveon-Chip alle Farbpixel jeweils deckungsgleich übereinander liegen, kann ihr theoretisches Auflösungsvermögen analog zu dem eines Schwarzweiß-

TIPP

Beim Kauf einer Digitalkamera sollte man immer darauf achten, dass die Zahl der physikalisch auf dem Chip vorhandenen Pixel angegeben wird. Nur sie kann etwas über die theoretisch erreichbare Qualität der Bilder aussagen.

Werden bei einer Kamera erzielbare Bildgrößen angegeben, die über die eigentliche Pixelzahl des Aufnahmechips hinausgehen, werden die Bilder kameraintern auf rechnerischem Wege vergrößert. Eine Software analysiert hierzu die vorhandenen Bildpunkte und setzt dazwischen neue, aus den Werten der benachbarten Pixel berechnete, ein. Eine solche »Interpolation« kann natürlich keine echten Informationen in das Bild hineinrechnen.

ABBILDUNG 33   ABBILDUNG 34

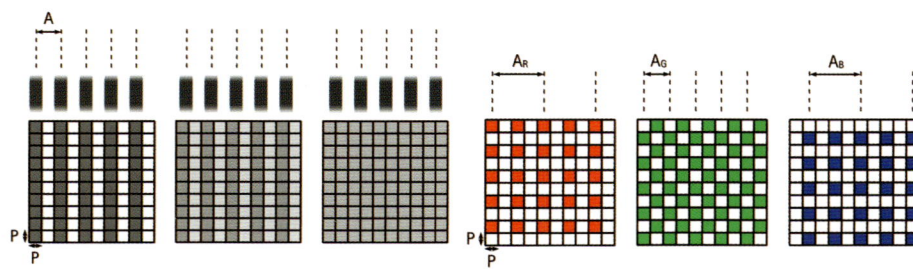

Detaillierte Anleitungen für den in Eigenregie durchzuführenden Umbau finden sich vor allem für die kleineren Spiegelreflexmodelle der Firmen Canon und Nikon. Für Canon-Besitzer, die sich nicht selbst an den Umbau wagen wollen, bietet eine Canon Servicewerkstatt in Berlin bei Einsendung von Kamera und Filterglas den Austausch als Dienstleistung für rund 150 Euro an.

Weicht die optische Dicke des neuen Filters von der des Originalfilters ab, funktioniert der Autofokus nicht mehr richtig. Eine Neujustierung des Autofokussystems kann vom Canon Service an dieser Stelle nicht vorgenommen werden. Die Firma Baader Planetarium bietet Filter und Umbau aus einer Hand an und garantiert für die Umbauarbeiten in gleicher Weise.

Inzwischen werden von verschiedenen Firmen auch kommerziell modifizierte Kameragehäuse angeboten. Während die Firma Hutech bereits sehr früh nach ihrer jeweiligen Markteinführung die ersten modifizierten Canon-EOS-Kameras anbot, hat mit der in limitierter Serie aufgelegten Canon EOS 20Da inzwischen auch der erste Kamerahersteller den astronomischen Absatzmarkt entdeckt. Während bei Hutech für alle Kameras mehrere verschiedene alternative Filter mit unterschiedlichen spektralen Durchlassbereichen angeboten werden, ist man bei Canon auf nur eine Filtervariante festgelegt. Hinzu kommt, dass bei der Canon EOS 20Da die Transmission bei Hα nur bei etwa 50% liegt, während der Baader ACF-Filter 96% durchlässt.

Alle vorgestellten Austauschfilter besitzen zwar eine erhöhte Transmission im Hα-Bereich, haben aber einen dem Originalfilter sehr ähnlichen Gesamttransmissionsbereich.

Die Firma Optik Makario bietet dagegen den Einbau eines »VIS + longpass Filters« für die heute gängigen Kameramodelle der Firmen Canon und Nikon an. Die so modifizierten Kameras können dann (je nach Modell) auch für die IR-Fotografie bis zu einer Wellenlänge von 1200nm genutzt werden.

Detektors berechnet werden. Gänzlich anders verhält es sich dagegen mit den in für den Amateurbereich hergestellten Digitalkameras weit verbreiteten Sensoren mit Bayer-Farbmatrix.

Das maximale theoretische Auflösungsvermögen müsste eigentlich in Abhängigkeit von der Farbe der aufzunehmenden Bilddetails angegeben werden. Für die im Vergleich zu den beiden anderen Farben doppelt so häufig vorkommenden grünen Pixel ergibt sich so ein dem Schwarzweiß-

sensor vergleichbares Auflösungsvermögen R_G. Da der jeweilige Abstand zweier rot bzw. blau maskierter Pixel jedoch dem doppelten des mathematischen Pixelabstandes des Chips entspricht, sind auch die theoretisch erreichbaren Auflösungsvermögen R_R und R_B in diesen Farbbereichen entsprechend geringer:

$$R_R = \frac{1}{4P} \qquad R_G = \frac{1}{2P} \qquad R_B = \frac{1}{4P}$$

Formel 2   Formel 3   Formel 4

ABBILDUNG 33: Das maximal mögliche Auflösungsvermögen R eines monochromen Sensors wird erreicht, wenn die Größe der darzustellenden Strukturen der doppelten Pixelgröße P entspricht. Damit das oben gezeigte Raster aus gleichbreiten schwarzen und weißen Linien auch als solches auf dem Bild sichtbar wird, muss daher auch auf dem Bild zwischen zwei dunklen Pixelreihen noch genau eine helle Pixelreihe frei bleiben.

Dies funktioniert aber nur dann optimal, wenn die Linien auch exakt mit den Pixelreihen zusammen fallen (links). Wird das Raster beispielsweise um genau eine halbe Pixelbreite verschoben, erhält jedes Pixel zu gleichen Anteilen Hell- und Dunkelinformationen, was dann zu einem gleichförmig grauen Bild ohne erkennbare Strukturen führt (rechts). Alle Zwischenwerte ergeben ein entsprechend mehr oder weniger kontrastgeschwächtes Bild, bei dem die Gitterstruktur immer nur angedeutet zu erkennen ist (Mitte).

ABBILDUNG 34: Das maximal mögliche Auflösungsvermögen R eines mit einer Farbmatrix nach Bayer maskierten Sensors hängt stark von der Farbe der abgebildeten Bilddetails ab. Betrachtet man monochromatisches Licht, das jeweils nur von den farblich entsprechend maskierten Pixeln detektiert wird, ergeben sich folgende Extremsituationen: Während aufgrund der hohen räumlichen Dichte der grün-empfindlichen Pixel das Auflösungsvermögen R_G mit der eines Schwarzweißsensors mit gleicher Pixelgröße P vergleichbar ist, ist das Auflösungsvermögen R_R im roten und R_B im blauen Spektralbereich aufgrund der räumlichen Pixelverteilung nur jeweils halb so hoch.

Aufgrund der Filterverteilung der Bayer-Matrix ergibt sich jedoch noch ein weiteres Problem: Es existieren Bereiche auf dem Chip, die für einen bestimmten Spektralbereich überhaupt nicht empfindlich sind. Während hiervon im Grünen nur einzeln stehende Pixel betroffen sind, sind es im Roten und Blauen ganze Pixelzeilen und -reihen. Fallen räumlich kleine monochrome Details in eine solche »Detektionslücke«, werden sie gar nicht abgebildet.

Dank der Verwendung des »Antialiasing«-Filters, sowie der Entwicklung spezieller Berechnungsalgorhythmen kann die maximale Auflösung allerdings in Abhängigkeit von der Farb- und Helligkeitsverteilung des aufgenommenen Objektes in den meisten Fällen zumindest teilweise an das Auflösungsvermögen eines Sensors ohne Filtermatrix heran kommen.

Das Auflösungsvermögen eines feinpixeligen Sensors sollte jedoch nicht überbewertet werden: Weil mit größer werdender Pixelfläche neben der Empfindlichkeit auch die im Kapitel »Full-Well-Kapazität« beschriebene maximale Elektronenkapazität eines Pixels ansteigt, kann gerade in der Astrofotografie der Einsatz eines großenpixeligen Sensors vorteilhaft sein. Zudem kann auch im Nachhinein durch Verwendung entsprechender Überlagerungstechniken (siehe Kapitel »Digitale Bildbearbeitung«) aus mehreren grob aufgelösten Einzelbildern ein deutlich besser aufgelöstes Kompositbild erstellt werden.

In Abhängigkeit von der verwendeten Belichtungszeit besteht in der Astrofotografie zudem ein direkter Zusammenhang zwischen Pixelgröße und Aufnahmebrennweite:

- Bei langen Belichtungszeiten: Obwohl Sterne Durchmesser von mehreren Millionen Kilometern haben, sind sie aufgrund ihrer gewaltigen Entfernungen in einem Amateurteleskop nur als beugungsbegrenzte Lichtpunkte sichtbar. Die üblicherweise eingesetzten Aufnahmebrennweiten, zusammen mit den typischerweise verwendeten Pixelgrößen von 5µm (digitale Spiegelreflexkamera) bis 25µm (astronomische CCD-Kamera) sorgen dafür, dass ein Stern theoretisch immer auf einem Pixel abgebildet würde. Aufgrund der Luftunruhe (Seeing) erscheint uns ein Stern jedoch nicht als ortsstabiler Punkt, sondern tanzt und wabert hin und her. Diese Bewegung bewirkt bei längeren Belichtungszeiten, dass der Stern auf dem fertigen Bild als kleines Scheibchen abgebildet wird. Analog wird hierdurch auch die Auflösung von flächigen Objekten begrenzt, da man sich diese als aus einzelnen Objektpunkten zusammengesetzt vorstellen kann.

Anhand der Größe eines Seeingscheibchens kann mit Hilfe des Nyquist-Kriteriums die sinnvolle Pixelgröße am Himmel berechnet werden: Sie sollte idealerweise der Hälfte, minimal einem Drittel dieser Sternscheibchengröße entsprechen! Da die Größe dieses (»Langzeit-«) Seeings je nach Beobachtungsort und Wetterlage stark variieren kann, können keine allgemeinen Angaben für eine sinnvolle Pixelgröße gemacht werden. An der Sternwarte eines der Autoren beträgt das Seeing beispielsweise meist zwischen 2" und 5", so dass Pixelgrößen am Himmel zwischen 1" und 2,5" sinnvoll sind.

Das auf einem Pixel der Größe p abgebildete Himmelsareal P ist nur von der Objektivbrennweite f

LINKS

Filter-Umbauanleitungen für verschiedene Kameramodelle

Canon Digital Rebel (300D) Modification
G. Honis
ghonis2.ho8.com/rebelmodnew.html

Die EOS 300D von Canon für den Astroeinsatz
R. McIntosh
Sterne und Weltraum (44), Heft 9/2005
S. 64–69

Canon 10D astro/infrared modification
A. Schaller
www.startrails.de/Canon_10D_astro.pdf

Mein Umbau einer Canon EOS 350d…
O. Schneider
www.balkonsternwarte.de/newtonbilder/umbau/derumbau.html

Increase The Red And Infrared Response Of The DSLR Nikon D70 – Procedure And Evaluation
C. Buil
www.astrosurf.org/buil/d70/ircut.htm

LINKS

Kamera umbauen lassen

Service-Point Maerz GmbH – Canon Vertragswerkstatt
www.fotomaerz.de/kategorie4/index.html

Optik Makario GmbH
www.optik-makario.de

Astroupgradeservice für CANON DSLR
Baader Planetarium
www.baader-planetarium.de

LINKS

Fertig umgebaute Kameras

Canon EOS 20Da: Digital-SLR für Sternengucker
Canon Deutschland GmbH
www.canon.de

Hutech/Canon Spectrum-Enhanced Digital SLR Cameras
Hutech Corporation and ScienceCenter.Net
www.sciencecenter.net

📷
ABBILDUNG 35: Mit steigender Pixelgröße nimmt das Bildfeld einer Kamera bei gleicher Pixelzahl (hier 100 × 100) stetig zu, gleichzeitig werden die Sterne jedoch auch immer »eckiger« abgebildet. Bei einer Pixelgröße von 1" werden die Sterne zwar sehr schön als kreisförmige Objekte dargestellt, da das ankommende Licht jedoch auf sehr viele Pixel verteilt wird, treten schwache Objekte nicht sehr deutlich hervor. Bei einer Pixelgröße von 5" werden zwar noch sehr schwache Objekte registriert, die Sterne sehen jedoch bereits nicht mehr richtig »rund« aus. Das mittlere Bild erfüllt mit einer Pixelgröße von 2" das Nyquist-Kriterium für die von einem der Autoren betriebenen Sternwarte. Es stellt somit den idealen Kompromiss zwischen ästhetischer Abbildung und erreichbarer Grenzhelligkeit dar. Zum leichteren Vergleich der Bilder wurde jeweils das auf dem linken Foto abgebildete Feld markiert.

abhängig. Die Öffnung des Teleskops hat keinen Einfluss.

$$P \approx \frac{206 \cdot p}{f} \qquad \text{Formel 5}$$

Hierbei wird p in µm und f in mm angegeben, wodurch sich P in Bogensekunden (") ergibt. Bei rechteckigen Pixeln ist gegebenenfalls eine separate Berechnung für beide Pixelkanten notwendig!

Erfüllt eine Kamera das Nyquist-Kriterium, wird das vom Stern kommende Licht (sofern es zentral auf einen bestimmten Pixel fällt) auf ein Scheibchen von mindestens zwei Pixeln Durchmesser verteilt, wobei die Intensität in Form einer Gauß-Verteilung verläuft. Man erhält also einen halbwegs »runden« Stern auf dem Bild!

Benutzt man eine Kamera mit wesentlich »größeren« Pixeln, kann es passieren, dass deutlich weniger Pixel das Licht eines Objektes abbekommen. Dies hat den Vorteil, dass mehr Licht auf jeweils einen einzelnen Pixel fällt, man also in gleicher Zeit schwächere Objekte aufnimmt. Im Extremfall führt dies aber dazu, dass man, wenn wirklich Licht eines Sterns nur auf ein Pi-

xel fällt, auf dem fertigen Bild »eckige« Sterne erhält. Dies ist zum einen für die Aufnahme »geigneter« Bilder nicht sehr ästhetisch, zum anderen kann man ein solches Bild auch nicht mehr wissenschaftlich für die Positions- bzw. Helligkeitsbestimmung auswerten! Solche Bilder bezeichnet man mit dem aus dem Englischen stammenden Begriff »undersampled«.

Das andere Extrem wäre, wenn ein Pixel wesentlich kleiner als das Sternscheibchen ist. Man spricht dann auch vom »oversampling«. In einem solchen Fall kann man sehr gute wissenschaftliche Aussagen machen, bzw. erhält auch sehr schöne, ästhetisch »runde« Sterne. Andererseits wird das Licht eines Sterns dann aber auch über sehr viele Pixel verteilt, so dass man bei gleich langer Belichtungszeit wesentlich weniger Grenzgröße erhält.

• Bei kurzen Belichtungszeiten: Mittels einer ausreichend kurzen Belichtungszeit, die meist nur Sekundenbruchteile beträgt, können die kurzen Momente, in denen fast keine bzw. nur eine minimale Luftunruhe herrscht, ausgenutzt werden. Auf solchen Bildern können Details sichtbar werden, die in der

ABBILDUNG 35

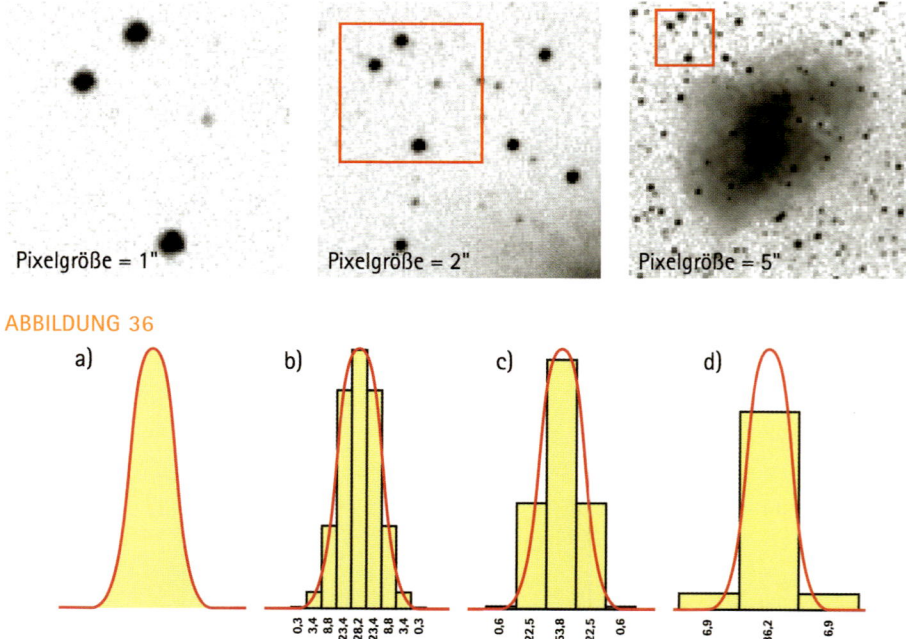

Pixelgröße = 1"   Pixelgröße = 2"   Pixelgröße = 5"

ABBILDUNG 36

a)   b)   c)   d)

Tabelle 3: Ist ein Teleskop so stabil montiert, dass nur noch das Seeing mit einer typischen Größe zwischen 2" und 3" den Durchmesser des Sternscheibchens bestimmt, ergeben sich nach dem Nyquist-Kriterium (mindestens zwei Pixel pro Sternscheibchen) für die Brennweiten einiger gängiger Amateurteleskope die angegebenen Pixelgrößen.

typisches Teleskop	Öffnungsverhältnis	Brennweite	Pixelgröße	
			min.	max.
4"-Refraktor	f/5	500mm	2,4μm	3,6μm
6"-Newton	f/5	750mm	3,6μm	5,5μm
8"-Newton	f/4	800mm	3,9μm	5,8μm
4"-Refraktor, 8"-Newton	f/10, f/5	1000mm	4,9μm	7,3μm
6"-Refraktor, 8"-SCT	f/8, f/6,3	1200mm	5,8μm	8,7μm
10"-SCT	f/6,3	1600mm	7,8μm	11,7μm
11"-SCT	f/6,3	1800mm	8,7μm	13,1μm
8"-SCT	f/10	2000mm	9,7μm	14,6μm
10"-SCT	f/10	2500mm	12,1μm	18,2μm
11"-SCT, 14"-SCT	f/10, f/6,7	2800mm	13,6μm	20,4μm
14"-SCT	f/10	4000mm	19,4μm	29,1μm

Tabelle 4: Das theoretische Auflösungsvermögen einiger typischer Amateurteleskope nach Formel 15. (S. 105)

Teleskopdurchmesser	Auflösungsvermögen
80mm	1,5"
100mm	1,2"
150mm	0,8"
200mm	0,6"
250mm	0,5"
300mm	0,4"

Größenordnung der theoretischen Auflösungsgrenze des Instruments liegen. Auch in diesem Fall müssen die Pixel der Kamera das Nyquist-Kriterium erfüllen. Legt man die Brennweiten der gängigen Amateurteleskope zugrunde, ergeben sich Pixelgrößen, die so klein sind, dass sie sich technisch nicht mehr realisieren lassen. Die feinsten heute herstellbaren Pixel sind ca. 5μm groß. Um auch in einem solchen Fall Pixelgrößen von ca. der Hälfte des theoretischen Auflösungsvermögens des Teleskops (oder auch noch feiner) zu erhalten, muss man bei gegebener Kamera die Brennweite mittels der in Kapitel »Brennweitenverlängerung« beschriebenen Methoden verlängern. In der bereits bei den langen Belichtungszeiten vorgestellten Formel für die Pixelgröße muss dann in beiden Fällen natürlich die jeweils erzielte Projektionsbrennweite eingesetzt werden!

ABBILDUNG 36: In Abbildung a ist die theoretische Verteilung der Lichtintensität eines Sterns dargestellt. Man erkennt, dass mit steigender Pixelgröße das Sternlicht auf immer weniger Pixel fällt. Der Flächeninhalt eines »Pixelbalkens« stellt die Zahl der jeweils in diesem Pixel gesammelten Elektronen dar. Da der Stern bei allen Bildern gleich hell war, ist auch die Gesamtzahl der gesammelten Elektronen bei allen drei Bildern identisch, die Elektronen verteilen sich jedoch anders auf die belichteten Pixel. Während bei den feinen Pixeln (b) nur ein schwaches, dafür jedoch sehr fein detailliertes Signal entsteht, verursachen sehr große Pixel (d) ein zwar starkes, dafür aber auch sehr »kantiges« Signal. Entspricht die Pixelgröße in etwa der halben bis einem Drittel der Halbwertsbreite h des Scheibchendurchmessers (c), stellt dies nach Nyquist einen idealen Kompromiss dar. Die Zahlen unter den Kurven bezeichnen die Intensität des jeweiligen Pixels verglichen mit der Gesamtintensität des Sterns.

Tabelle 5: Pixelgrößen für die Planeten-Fotografie: Die Tabelle zeigt, welche Brennweite benötigt wird, wenn bei einer bestimmten Pixelgröße (in μm) eine bestimmte Pixelgröße (in ") erzielt werden soll. Mit einer Kamera mit kleinen Pixeln hält man die erforderliche Brennweitenverlängerung im Rahmen des Machbaren. Als theoretische Auflösung eines Teleskops können die aus der visuellen Beobachtung stammenden Zahlenwerte angenommen werden, wie sie in Tabelle 4 aufgelistet sind. Nach dem Nyquist-Kriterium sollte auch hierbei wieder eine Auflösung angestrebt werden, die zwischen der Hälfte und einem Drittel der theoretisch möglichen Auflösung liegt

Pixelgröße				Brennweite			
	1,0"	0,75"	0,6"	0,5"	0,4"	0,3"	0,2"
7μm	1440mm	1920mm	2400mm	2880mm	3610mm	4810mm	7210mm
9μm	1850mm	2470mm	3090mm	3710mm	4640mm	6180mm	9270mm
10μm	2060mm	2750mm	3430mm	4120mm	5150mm	6870mm	10300mm
15μm	3090mm	4120mm	5150mm	6180mm	7730mm	10300mm	15450mm
20μm	4120mm	5490mm	6870mm	8240mm	10300mm	13730mm	20600mm
24μm	4940mm	6590mm	8240mm	9890mm	12360mm	16480mm	24720mm

Die Auflösung linearer Bildstrukturen
(dunkle Linie vor hellem Hintergrund)
kann deutlich besser als die in Tabelle
4 angegebenen Werte sein. Ein Beispiel
ist die Encke-Teilung im Saturnring,
die mit 0,1" scheinbare Breite auch mit
14" Öffnung fotografisch nachgewiesen werden kann.

Chipgröße

Die Chipgröße ist prinzipiell nichts
anderes als das mathematische Produkt aus Pixelzahl und Pixelgröße.
Hierbei ist jedoch zu beachten, dass sich
die Zahl der für die Bildaufnahme verwendeten (aktiven) Pixel je nach Chiptyp und
Hersteller teilweise erheblich von der in
den Datenblättern angegebenen Pixelzahl
unterscheiden kann. Der Grund hierfür
ist, dass fast alle Sensoren komplette gegen Lichteinfall abgeschirmte Zeilen oder
Spalten besitzen, welche u.a. zur automatischen Kalibrierung einer Aufnahme verwendet werden können.

In Tabelle 6 sind die (aktiven) Pixelzahlen
verschiedener astrofotografisch genutzter
Spiegelreflex- und CCD-Kameras aufgelistet. Bei einer unter durchschnittlichen
Seeingbedingungen nach dem Nyquist-
Kriterium geforderten Pixelgröße von ca. 2"
ergeben sich die anzustrebenden Brennweiten nebst der entsprechenden Bildfelder. Es
fällt auf, dass die Sensoren der preiswerteren astronomischen CCD-Kameras meist
nur Bildfelder von einigen wenigen Bogenminuten aufweisen. Alle digitalen Spiegelreflexkameras besitzen dagegen Bildfelder
von mehreren Grad Durchmesser.
Gerade bei längeren Aufnahmebrennweiten
kann eine große Sensorfläche die Objektpositionierung deutlich vereinfachen. Aufgrund der im Kapitel »Bildfehler« beschriebenen Probleme kann oftmals gar nicht
die komplette Chipfläche genutzt werden.
Randzonen mit starker Abschattung und
schlechter Abbildung sollten im fertigen

Bild ggf. abgeschnitten werden, um einen
guten Gesamteindruck zu erhalten.
Während selbst stärkere Vignettierungs-
probleme jedoch zumindest teilweise noch
mit Hilfe eines sog. Flatfieldbildes ausgeglichen werden können, lassen sich einmal entstandene andere Bildfehler kaum
noch korrigieren. Die heutigen Bildbearbeitungsprogramme verfügen über zahlreiche Schärfungsfilter, die, wie die Bilder
des Hubble-Teleskops vor seiner Reparatur
im Jahre 1993 gezeigt haben, auch stärkere Abbildungsfehler wieder herausrechnen
können. Unglücklicherweise funktionieren
diese Filter jedoch nur dann, wenn die zu
korrigierenden Bildfehler überall im Bildfeld auftreten. Da in den oben genannten
Fällen die Art und Stärke der Fehler aber
über die Fläche des Bildfeldes variiert, sind
sie in einem solchen Fall nutzlos.

Full-Well-Kapazität

Neben der Empfindlichkeit steigt
mit der Pixelgröße auch die maximal mögliche Elektronenzahl, die
ein einzelnes Pixel sammeln kann. Man
bezeichnet diesen Wert auch mit dem Begriff »Full-Well-Kapazität«. Er liegt meist
zwischen 50000 und einer Million Elektronen.
Je größer die Full-Well-Kapazität der Pixel eines Chips, desto größer ist auch sein
dynamischer Bereich, d.h. seine Fähigkeit,
sowohl helle als auch lichtschwache Objekte auf einem Bild gleichzeitig abzubilden.
Ein Chip mit Pixeln einer Kapazität von
500000 Elektronen kann beispielsweise bei
der Astrofotografie noch Objekte mit einer einer Helligkeitsdifferenz von ca. 13^m,5
gleichzeitig abbilden, ohne dass das hellere
Objekt »überbelichtet« wird.
Wie in den Kapiteln »Lichtempfindlichkeit«
und »Rauschen« noch gezeigt wird, hat
dies einen direkten Einfluss auf die maximal nutzbare ISO-Empfindlichkeit einer
Kamera.

Tabelle 6: Verschiedene Digitalsensoren und die daraus resultierenden Bildfelder bei Erfüllung des Nyquist-Kriteriums (2" pro Pixel) für den Deep-Sky-Einsatz im Vergleich.

	Pixelzahl	Mega-pixel	Pixelgröße	Chipgröße	Chipdia-gonale	diagonales Bildfeld	Brennweite
digitale Spiegelreflexkamera							
Canon EOS 300D	3072 × 2048	6,3	7,4µm	22,7mm × 15,1mm	27,3mm	2° 3'	760mm
Canon EOS 350D	3456 × 2304	8,0	6,4µm	22,2mm × 14,8mm	26,7mm	2° 18'	660mm
Canon EOS 400D	3888 × 2592	10,1	5,7µm	22,2mm × 14,8mm	26,7mm	2° 36'	590mm
Canon EOS 450D	4272 × 2848	12,2	5,2µm	22,2mm × 14,8mm	26,7mm	2° 51'	540mm
Canon EOS 10D	3072 × 2048	6,3	7,4µm	22,7mm × 15,1mm	27,3mm	2° 3'	760mm
Canon EOS 20D(a)	3504 × 2336	8,2	6,4µm	22,5mm × 15,0mm	27,0mm	2° 20'	660mm
Canon EOS 30D	3504 × 2336	8,2	6,4µm	22,5mm × 15,0mm	27,0mm	2° 20'	660mm
Canon EOS 40D	3888 × 2592	10,1	5,7µm	22,2mm × 14,8mm	26,7mm	2° 36'	590mm
Canon EOS 5D	4368 × 2912	12,7	8,2µm	25,8mm × 23,9mm	43,0mm	2° 55'	840mm
Nikon D40(x)	3872 × 2592	10,0	6,1µm	23,6mm × 15,8mm	28,4mm	2° 35'	630mm
Nikon D50	3008 × 2000	6,0	7,9µm	23,7mm × 15,6mm	28,4mm	2° '	810mm
Nikon D60	3872 × 2592	10,0	6,1µm	23,6mm × 15,8mm	28,4mm	2° 35'	630mm
Nikon D70(s)	3008 × 2000	6,0	7,9µm	23,7mm × 15,6mm	28,4mm	2° 0'	810mm
Nikon D80	3872 × 2592	10,0	6,1µm	23,6mm × 15,8mm	28,4mm	2° 35'	630mm
Nikon D200	3872 × 2592	10,0	6,1µm	23,6mm × 15,8mm	28,4mm	2° 35'	630mm
astronomische CCD-Kameras							
Kodak KAF-026x	512 × 512	0,3	20,0µm	10,2mm × 10,2mm	14,4mm	0° 24'	2050mm
Kodak KAF-040x	765 × 510	0,4	9,0µm	6,9mm × 4,6mm	8,3mm	0° 31'	930mm
Kodak KAF-100x	1024 × 1024	1,0	24,0µm	24,5mm × 24,5mm	34,6mm	0° 48'	2460mm
Kodak KAF-130x	1280 × 1024	1,3	16,0µm	20,5mm × 16,4mm	26,3mm	0° 55'	1650mm
Kodak KAF-160x	1530 × 1020	1,6	9,0µm	13,8mm × 9,2mm	16,6mm	1° 1'	930mm
Kodak KAF-320x	2184 × 1472	3,2	6,8µm	14,9mm × 10,0mm	17,9mm	1° 28'	700mm
Kodak KAF-630x	3072 × 2048	6,3	9,0µm × 9,2µm	27,7mm × 18,5mm	33,3mm	2° 42'	940mm
Kodak KAI-202x	1600 × 1200	1,9	7,4µm	11,8mm × 8,9mm	14,8mm	1° 7'	760mm
Kodak KAI-402x	2048 × 2048	4,2	7,3µm	15,0mm × 15,0mm	21,2mm	1° 37'	750mm
Kodak KAI-1100x	4008 × 2672	10,7	9,0µm	36,0mm × 24,7mm	43,4mm	2° 41'	930mm
Sony ICX285AK Exview HAD	1392 × 1040	1,4	6,4µm	8,9mm × 6,7mm	11,1mm	0° 58'	660mm
Sony ICX405AL Super-HAD	500 × 580	0,3	9,8µm × 6,3µm	4,9mm × 3,7mm	6,1mm	0° 21'	830mm
Sony ICX406AQ Super-HAD	2312 × 1720	4,0	3,1µm	7,2mm × 5,4mm	9,0mm	1° 36'	320mm
Sony ICX413AQ Super-HAD	3024 × 2016	6,1	7,7µm	23,4mm × 15,6mm	28,1mm	2° 1'	800mm
Sony ICX423AL Super-HAD	752 × 580	0,4	11,4µm × 11,2µm	8,6mm × 6,5mm	10,8mm	0° 31'	1160mm
Sony ICX424AL Super-HAD	660 × 494	0,3	7,04µm	4,9mm × 3,7mm	6,1mm	0° 27'	760mm
Sony ICX429AL Exview	752 × 580	0,4	8,4µm × 8,2µm	6,3mm × 4,8mm	7,9mm	0° 31'	830mm
Sony ICX424AL Super-HAD	660 × 494	0,3	7,04µm	4,9mm × 3,7mm	6,1mm	0° 27'	760mm
Sony ICX429AL Exview	752 × 580	0,4	8,4µm × 8,2µm	6,3mm × 4,8mm	7,9mm	0° 31'	830mm

Lichtempfindlichkeit

Anders als bei analogen Kameras erwirbt man mit dem Kauf der Digitalkamera das Aufnahmemedium direkt mit. Da der CCD- oder CMOS-Sensor im Gegensatz zu einem Film jedoch nicht ausgewechselt werden kann, ist es wichtig, dass seine Empfindlichkeit für möglichst viele Anwendungsbereiche geeignet ist.

Wie ein konventioneller Film besitzt auch eine Digitalkamera eine »Film«-Empfindlichkeit. Während sich diese Empfindlichkeit bei einem chemischen Film über die Lichtmenge definiert, die eine bestimmte Schwärzung des Negativs bewirkt, ist die Umrechnung der Sensorempfindlichkeit in eine Quasi-Filmempfindlichkeit über das Verhältnis von Signalstärke und Bildrauschen bei einer festgelegten Beleuchtungsstärke definiert. Um dem filmgewohnten Anwender den Umgang mit der Digitalkamera zu erleichtern, wird hierbei versucht, die digitalen ISO-Empfindlichkeiten an die bekannten analogen ISO-Empfindlichkeiten anzupassen.

Die minimal einstellbare Empfindlichkeit der Kameras wird von den meisten Herstellern üblicherweise so gewählt, dass sie der eines ISO 100-Films entspricht. Durch entsprechende Ansteuerung des Vorverstärkers kann das vom Chip ausgelesene Signal vor der Digitalisierung auch weiter erhöht werden, so dass die Kamera dann scheinbar eine höhere Empfindlichkeit besitzt.

Prinzipiell wäre so eine beliebige Steigerung der Empfindlichkeit möglich. Weil eine Kamera jedoch nicht in der Lage ist, zwischen dem eigentlichen Bildsignal und unerwünschten Störeffekten, wie z.B. dem immer vorhandenen Bildrauschen (siehe Kapitel »Rauschen«), zu unterscheiden, verschlechtert sich mit steigender Empfindlichkeitseinstellung die Bildqualität. Obwohl durch verbesserte Algorithmen in der kamerainternen Bildbearbeitung und Optimierung der Sensoren versucht wird dies auszugleichen, ist bei den vor allem in preiswerteren Kameras verwendeten Chips trotzdem in der Regel nur eine maximale Empfindlichkeitseinstellung auf ISO 400 sinnvoll. Kameras der oberen Preisklasse ermöglichen es dagegen auch noch mit Einstellungen von ISO 1600 oder gar ISO 3200 brauchbare Bilder aufzunehmen.

Manche Bildbearbeitungsprogramme wie beispielsweise Photoshop ab Version CS2 bieten beim Import der Rohdatei »intelligente« Filterfunktionen zur Rauschunterdrückung an. Inwieweit diese für aufzuaddierende Deep-Sky-Astroaufnahmen sinnvoll sind, wird im Kapitel »Digitale Bildbearbeitung« diskutiert.

Für die Deep-Sky-Astrofotografie ist die Einstellung einer höheren ISO-Empfindlichkeit sinnvoll, da bei ihr der Empfindlichkeitsbereich des Sensors bei der Digitalisierung optimal ausgenutzt wird. Welche ISO-Empfindlichkeit dies konkret für ein bestimmtes Kameramodell ist, muss vom Anwender durch Testaufnahmen selbst herausgefunden werden. Für die Kameras der EOS-Reihe von Canon empfiehlt Christian Buil aufgrund profunder eigener Messungen die ISO-Empfindlichkeiten aus Tabelle 7.

Dunkelstrom

Selbst wenn kein Licht auf einen CCD- oder CMOS-Chip fällt, liefern die einzelnen Pixel mit steigender Belichtungszeit ein stetig anwachsendes Signal, den Dunkelstrom. Es entsteht dadurch, dass Elektronen im Silizium auch ohne die Lichteinwirkung von außen, also allein aufgrund ihrer thermischen Energie freigesetzt werden können. Diese Elektronen sammeln sich ebenso in den einzelnen Pixeln an, wie diejenigen, die durch Lichteinwirkung ausgelöst wurden.

Tabelle 7: Die empfohlenen ISO-Empfindlichkeitseinstellungen für verschiedene digitale Spiegelreflexkameras der Canon EOS-Reihe (nach Buil).

DSLR-Kamera	ISO-Empfindlichkeit	
	empfohlen	optimal
Canon EOS 10D	400	290
Canon EOS 20D	1000	1000
Canon EOS 20Da	1000	1000
Canon EOS 350D	800	900
Canon EOS 5D	1000	1100

ABBILDUNG 37

ABBILDUNG 38

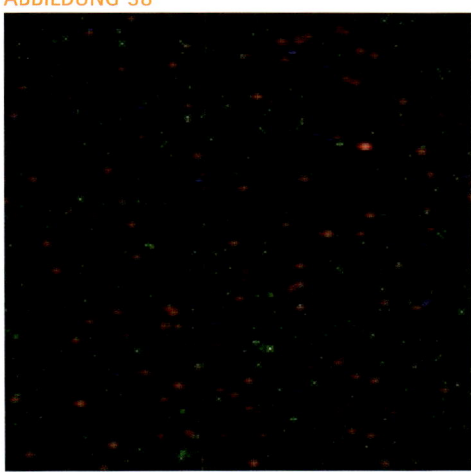 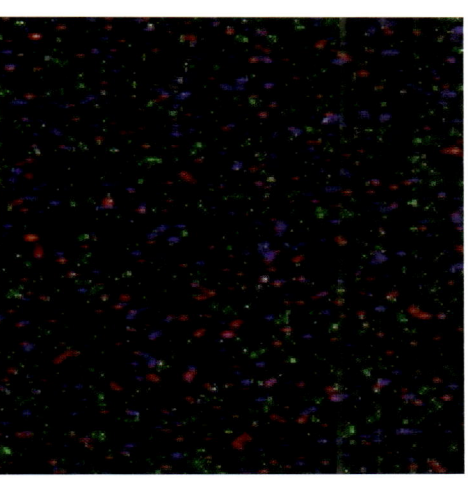

ABBILDUNG 37: Das stark kontrastverstärkte Dunkelstrombild einer digitalen Spiegelreflexkamera vom Typ Canon EOS 300D, aufgenommen mit einer Belichtungszeit von 300s bei einer Umgebungstemperatur von ca. 26°C und einer Empfindlichkeitseinstellung von ISO 800. Über den physikalischen Ursprung der hellen Stellen auf der rechten Seite – leichtfertig als »Verstärkerglühen« oder engl. Amplifier Glow bezeichnet – wird viel spekuliert. Es besteht ein nichtlinearer Zusammenhang zwischen Belichtungszeit und – kurioserweise – Stärke der Belichtung. Ein internes Dunkelbild nach der Aufnahme eliminiert diese Lichtbeulen vollständig, nicht jedoch ein externes Dunkelbild (Darkframe).

Der Dunkelstrom tritt nicht nur dann auf, wenn die Kamera gegen Lichteinfall von außen abgeschirmt ist. Jedes mit einer Digitalkamera gewonnene Bild ist von ihm überlagert. Um also auf einer Aufnahme das nur durch den Lichteinfall erzeugte Signal zu erhalten, muss man das von der Kamera gelieferte Bild mit Hilfe eines sog. »Dunkelbildes« korrigieren. In der Praxis ist dies jedoch in Abhängigkeit vom verwendeten Kameramodell meist erst ab Belichtungszeiten von mehreren Sekunden notwendig.

Die Stärke des Dunkelstroms ist in erster Linie von der während der Belichtung herrschenden Chiptemperatur abhängig. Die Änderung des Dunkelstroms erfolgt dabei exponentiell, d.h. erhöht oder erniedrigt man die Chiptemperatur um einen bestimmten Gradbetrag, verdoppelt bzw. halbiert sich der Dunkelstrom. Eine genaue Angabe dieser Schwellentemperatur ist u.a. von der jeweiligen Chiparchitektur abhängig. In der Praxis kann man meist davon ausgehen, dass sich der Dunkelstrom bei einer Temperaturzunahme von ca. 7°C verdoppelt.

Aufgrund von Verunreinigungen und ähnlichen Defekten im Chipmaterial ist der Dunkelstrom nicht für alle Pixel gleich groß. Während normalerweise fast alle Pixel eines Chips einen Dunkelstrom besitzen, der nur um wenige Elektronen vom mittleren Dunkelstrom abweicht, können einige wenige Pixel auch einen extrem hohen

ABBILDUNG 38: Die Chipqualität und damit auch das Dunkelstromverhalten kann auch innerhalb einer Chipbaureihe stark variieren, wie dieser Vergleich zweier digitalen Spiegelreflexkameras der EOS-Reihe von Canon zeigt. Obwohl beide Kameras einen identischen CMOS-Chip verwenden, zeigt der Chip der EOS 10D (links) ein deutlich geringeres Farbrauschen als der der EOS 300D (rechts). Beide Bilder entstanden mit einer Belichtungszeit von 300s bei einer Empfindlichkeitseinstellung von ISO 800. Die Chiptemperatur war mit 24°C bzw. 26°C vergleichbar.

TIPP

Inzwischen gibt es im Webseiten auf denen das Dunkelstrombild der eigenen digitalen Spiegelreflexkamera mit denen anderer, baugleicher Kameras verglichen werden kann. Sollte die eigene Kamera ein besonders schlechtes Dunkelstromverhalten aufweisen, ermöglichen einige Kamerahersteller in solchen Fällen sogar einen Chiptausch auf Kulanzbasis.

LINKS

Rauschverhalten der EOS 10D
S. Messner
www.belplasca.de/Astro/10D/
darkvergleich/darkvergleich.html

⟨⟩ Die Korrektur defekter Einzelpixel

Extrem heiße sowie tote Pixel werden bei Digitalkameras heute üblicherweise mit Hilfe des »Pixelmappings« entfernt. Kameraintern werden hierbei direkt nach dem Auslesen des Chips die Intensitäten der betroffenen Pixel durch einen neuen, aus den Intensitäten der jeweiligen Nachbarpixel berechneten Wert ersetzt. Welche Pixel nach dieser Methode zu behandeln sind, ist normalerweise bereits ab Werk in Form einer Liste voreingestellt.

Während das Pixelmapping heute bei fast allen Digitalkameras fest voreingestellt ist, kann es bei den digitalen Spiegelreflexkameras von Olympus vom Benutzer selbst aktiviert werden. Die Kamera überprüft hierzu die Funktion jedes einzelnen Pixels, indem sie seine Reaktion mit denen der umliegenden Pixel vergleicht. Werden Defekte erkannt, wird die Stelle, an der sich der Pixelfehler befindet, gespeichert und die Kamera gleicht bei den folgenden Aufnahmen die fehlenden oder fehlerhaften Informationen automatisch aus. Der Vorteil bei dieser Vorgehensweise ist, dass eventuell aufgrund von Alterungserscheinungen neu auftretende Pixelfehler automatisch in die Korrekturliste aufgenommen werden.

Für den astrofotografischen Einsatz ist das automatische kameraseitige Pixelmapping nicht unbedingt notwendig, da sowohl heiße als auch kalte Pixel auch noch im Nachhinein im fertigen Bild mittels Bildbearbeitung entfernt werden können. Verschiedene, speziell für den astronomischen Einsatz geschriebene Bildbearbeitungsprogramme bieten hier ebenfalls die Möglichkeit eine Liste von Fehlerpixeln anzulegen, die dann auf Knopfdruck abgearbeitet wird.

Will man wissenschaftlich auswertbare Astroaufnahmen erstellen, verfälscht jede Art von Pixelmapping die gewonnen Daten. Vor allem das kamerainterne Pixelmapping bereitet hier Probleme, da man als Anwender normalerweise nicht weiß, welche Pixel korrigiert wurden.

Dunkelstrom besitzen. Man bezeichnet solche Stellen auf dem Chip als »heiße Pixel«, da sie sich so verhalten, als ob der Chip an dieser Stelle wesentlich wärmer sei.

Das Vorhandensein von heißen Pixeln ist normalerweise nicht weiter tragisch, da man sie durch geeignete Korrekturmaßnahmen aus dem späteren Bild wieder herausrechnen kann. Erst wenn ein heißes Pixel einen so starken Dunkelstrom besitzt, dass es bei gegebener Temperatur und Belichtungszeit bereits ohne Lichteinfall die Sättigung erreicht, wird an dieser Stelle des Bildes keine verwertbare Information zu erhalten sein. Man unterscheidet warme von heißen Pixeln. Warme Pixel sind heller als normal, aber im Unterschied zu den heißen Pixeln noch nicht vollkommen gesättigt. Analog zu den heißen Pixeln gibt es auch Pixel, die eine geringere Lichtempfindlichkeit aufweisen. Auch diese so genannten »kalten Pixel« können durch entsprechende Korrekturen aus dem fertigen Bild herausgerechnet werden.

Weil handelsübliche Digitalkameras über keine Chipkühlung verfügen, entspricht ihre Chiptemperatur in etwa der Umgebungstemperatur. Da der Aufnahmechip während der Dauer der Belichtungszeit unter elektrischer Spannung steht, erwärmt er sich. Diese Erwärmung macht sich bei dem vom Hersteller vorgesehenen Einsatz der Kameras so gut wie nicht bemerkbar, kann aber, aufgrund der in der Astrofotografie üblichen langen Belichtungszeiten, bei einigen Kameramodellen dazu führen, dass mehrere hintereinander aufgenommene Bilder einen deutlich ansteigenden Dunkelstrom aufweisen.

Kühlung

Um den Dunkelstrom zu reduzieren, werden die Detektoren der astronomischen CCD-Kameras während der Belichtung gekühlt. Prinzipiell gilt hierbei, dass der Dunkelstrom umso geringer wird, je kälter der Aufnahmechip ist. Auf der anderen Seite darf hierbei nicht übertrieben werden, da eine zu niedrige Temperatur auch alle anderen Prozesse im Inneren des Chips verlangsamt – dies gilt sowohl für die Freisetzung von Elektronen bei Lichteinfall, als auch für den Ladungstransport während des Auslesevorgangs des Chips. Man darf auch nicht außer acht lassen, dass der Chip nicht zu schnell auf diese Temperatur heruntergekühlt werden darf, da sonst in seinem Inneren thermische Spannungen entstehen können, die im Extremfall zu einer mechanischen Beschädigung bzw. zur kompletten Zerstörung des Chips führen können.

ABBILDUNG 39

Berufsastronomen kühlen daher ihre Kameras meist »nur« auf Temperaturen zwischen –120°C und –80°C herunter. Realisiert werden solche Temperaturen durch den Einsatz von –196°C kaltem flüssigen Stickstoff. Der CCD-Chip hat hierzu auf seiner Rückseite Kontakt zu einem »Kühlfinger«, der mit seinem anderen Ende in den Stickstoffvorratsbehälter hineinragt. Damit der CCD-Chip nicht die Temperatur des flüssigen Stickstoffs annimmt, wird er mithilfe eines Widerstanddrahtes auf die gewünschte Betriebstemperatur aufgeheizt.

Alternativ zur Stickstoffkühlung kann ein CCD-Chip auch mittels Trockeneis (–79°C) heruntergekühlt werden. Im Gegensatz zu flüssigem Stickstoff ist dies weit einfacher zu realisieren. Im einfachsten Fall reicht es nämlich bereits aus, wenn ein Block Trockeneis mittels Federdruck gegen die Rückseite des Kühlfingers gedrückt wird.

Obwohl der Dunkelstrom bei solch tiefen Temperaturen fast vernachlässigbar klein wird, sind beide Arten der Kühlung aufgrund der mit ihnen verbundenen technischen Probleme für den Einsatz in Amateurkameras nicht geeignet. Hinzu kommt, dass sowohl beim Umgang mit flüssigem Stickstoff, als auch mit Trockeneis Sicherheitsvorschriften zu beachten sind – ansonsten kann es zu lebensgefährlichen Erfrierungen kommen.

Wie aus Abbildung 40 hervorgeht, zeigt sich in der Praxis, dass für die in Amateurkameras eingebauten Chips eine Kühlung

ABBILDUNG 39: Viele CCD-Kameras, hier das Modell ST-237 von SBIG, besitzen einen auf die Kühlrippen aufgesetzten Lüfter. Die bei der Peltierkühlung entstehende Wärme kann so effektiver abgeführt werden.

ABBILDUNG 40: Die linke Abbildung zeigt die lineare Zunahme des Dunkelstroms eines KAF0261E CCD-Chips der Firma Kodak mit steigender Belichtungszeit. Der Anstieg pro Sekunde ist umso höher, je wärmer der Chip ist. In der rechten Abbildung erkennt man, dass sich der Dunkelstrom dieses Chips bei einer Verringerung der Temperatur um ca. 6,2°C halbiert. Ab einer bestimmten Temperatur (bei dem hier untersuchten Chip ab ca. –45°C) ist die erzielte Verbesserung jedoch minimal.

ABBILDUNG 40

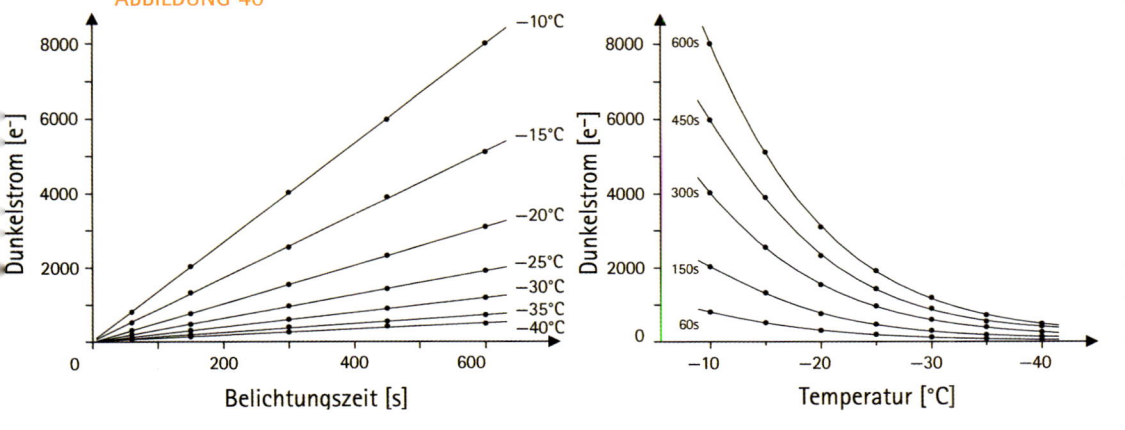

ABBILDUNG 41: Das Innenleben einer astronomischen CCD-Kamera wird zu einem großen Teil von den zur Kühlung des Chips benötigten Bauteilen bestimmt. Das Bild zeigt eine typische Amateurkamera mit wasserunterstützter Peltierkühlung. Zu erkennen sind unter anderem der auf dem Kühlfinger (2) sitzende CCD-Chip (1), das Peltierelement (3) mit dem passiven Kühlkörper (4), der zusätzlich noch durch einen Kühlventilator (5) und die Wasserkühlung (6) unterstützt wird, sowie die Patrone mit dem Trockenmittel (7). Weiterhin sind noch die Steckerdurchführung (8), die Platine (9) für Ansteuerelektronik und Signalvorverstärkung, der mechanische Verschluss (10), das optische Fenster (11) und das Anschussgewinde (12), über das die Kamera am Teleskop befestigt wird eingezeichnet.

ABBILDUNG 42: Ein typischer Fall von Eisbildung auf dem Chip. Nach knapp einem Jahr Betriebszeit war die Trockenmittelpatrone der ST-9E mit Wasser gesättigt, so dass sich die im Inneren des Kamerakopfes befindliche Luftfeuchtigkeit auf dem für die Aufnahme auf –30°C herunter gekühlten Chip niederschlagen konnte. Abgebildet ist die Galaxie NGC 5907 im Sternbild Drache. Es wurde 600s lang durch ein 10"-SCT bei 1820mm Brennweite belichtet.

auf eine Temperatur von –40°C bis –50°C völlig ausreichend ist. Um eine solche Temperatur nicht nur ohne allzu großen technischen Aufwand sondern zudem auch noch gefahrlos für den Anwender zu erzielen, werden heute Peltierelemente verwendet.

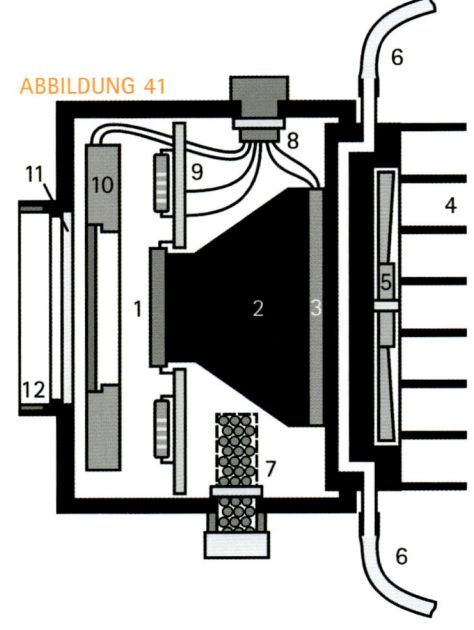

ABBILDUNG 41

Peltierelemente sind elektronische Bauteile, die beim Durchgang eines elektrischen Stromes eine Temperaturdifferenz zwischen ihrer Ober- und Unterseite erzeugen. Da die Kühlleistung, also die maximal erzielbare Temperaturdifferenz zwischen beiden Seiten eines Peltierelementes, von der angelegten Spannung abhängt, besteht nicht nur die Möglichkeit die Chiptemperatur mittels eines Regelkreises auf einen vorgewählten Wert einzustellen, sondern diese auch zu halten.

Tabelle 8: Erreichbare Kühlleistungen: Die mit den verschiedenen im Text vorgestellten Methoden erzielbaren Kühlleistungen anhand einer vorhandenen ST-9E CCD-Kamera von SBIG. Diese Kamera verfügt über eine zweistufige Peltierkühlung (PE) mit aktiver Luftkühlung. Eine zusätzliche Wasserkühlung ist möglich. Angegeben ist jeweils die auf 1°C gerundete maximal erreichbare Temperaturdifferenz zwischen Chip und Außenluft.

1. PE	2. PE	Wasser	ΔT
✓	–	–	–38°C
✓	✓	–	–43°C
✓	✓	✓	–49°C

Die Kühlwirkung lässt sich zudem wesentlich verbessern, wenn das Peltierelement auf der »Warmseite« abgekühlt wird. Dies kann auf verschiedene Weise geschehen:

- **passive Luftkühlung:** Kühlkörpers mit entsprechend großer Oberfläche
- **aktive Luftkühlung:** Kühlkörper mit aufgesetztem Lüfter, der ständig frische, also noch vergleichsweise kalte Luft am Kühlkörper vorbei führt
- **Wasserkühlung:** Diese ist wesentlich temperaturstabiler und transportiert aufgrund der hohen Wärmekapazität des Wassers zudem auch viel besser die anfallende Wärme ab
- Kombination von Luft- und Wasserkühlung
- mehrere Peltierelemente »in Reihe« schalten. Das zweite Element kühlt hierbei die warme Seite des ersten, usw.

Doch ganz egal wie ein CCD-Chip heruntergekühlt wird, eines haben alle Kameras gemeinsam: Es müssen Vorkehrungen getroffen werden, die das Entstehen von Eiskristallen auf der Chipoberfläche verhindern. Optimal wäre es, wenn man den kompletten Kamerakopf evakuieren könnte. Dies wird bei Profikameras auch durchgeführt, der hierfür notwendige Aufwand ist für den Amateurbereich jedoch deutlich zu hoch. Generell sind zwar alle Kameras mit einem möglichst gut abgedichteten Gehäuse ausgestattet (abgedichtete Kabeldurchführungen, ein optisches Fenster, das die Kamera in Richtung Teleskop abschließt),

ABBILDUNG 42

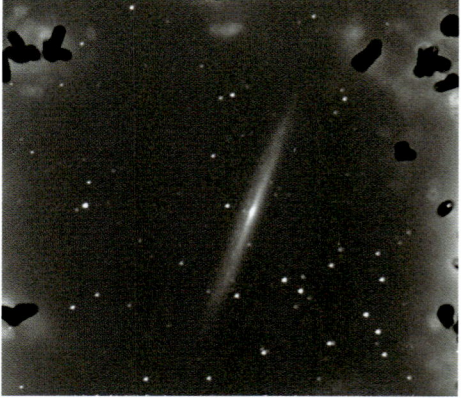

auf das Absaugen der Luft verzichtet man jedoch trotzdem. Erfahrungsgemäß kann nämlich keine zu einem vernünftigen Preis herstellbare Dichtung ein Vakuum über eine genügend lange Zeit halten. Der Benutzer müsste die Kamera also in regelmäßigen Abständen von einigen Wochen oder im besten Fall wenigen Monaten selbst neu evakuieren – oder bei der Aufnahme eine Vakuumpumpe laufen lassen.

Stattdessen haben sich in den letzten Jahren zwei Methoden durchgesetzt. Beiden gemeinsam ist, dass man versucht, die Luft im Kamerakopf möglichst trocken zu halten:

- Einbau eines Trockenmittelbehälters (z.B. mit einer Füllung aus Silicagel) im Inneren der Kamera. Aufgrund der eingebauten Gehäusedichtungen ist eine Regeneration des Trockenmittels erst nach sechs Monaten oder gar noch länger notwendig. Bei vielen Kameramodellen ist der Trockenmittelbehälter von Außen frei zugänglich, so dass die Kamera hierzu nicht geöffnet werden muss.

- Zusätzliche Befüllung des Kamerainneren mit trockenem Stickstoff. Die Gasfüllung steht hierbei unter einem leichten Überdruck, so dass die feuchte Umgebungsluft nur schwer in die Kamera gelangen kann. Da die eingebauten Dichtungen den Überdruck nicht über einen beliebig langen Zeitraum halten können, ist in regelmäßigen Abständen eine Neubefüllung mit Stickstoff notwendig. Die Kamera muss in einem solchen Fall zum Händler eingeschickt werden.

Rauschen

Die Hersteller der eigentlich für die Fotografie bei Tageslicht bestimmten Digitalkameras bezeichnen mit dem Begriff »Rauschen« ganz allgemein alle in einem Bild unerwünschten Signalstörungen. Unter normalen Bedingungen ist dieses Rauschen der meisten Kameras jedoch so gering, dass es bei der Betrachtung der fertigen Bilder kaum oder gar nicht wahrnehmbar ist. Erst bei Einsatz der Kamera unter extremen Bedingungen, wie z.B. langen Belichtungszeiten und/oder hohen Empfindlichkeitseinstellungen kann das Rauschen störend in Erscheinung treten. Es äußert sich dann sowohl in Form von Helligkeits- als auch Farbunterschieden zwischen eigentlich gleichhellen bzw. -farbigen Bildpunkten, weshalb auch von Helligkeits- und Farbrauschen gesprochen wird.

Es kann zwischen verschiedenen Rauscharten unterschieden werden:

- (Objekt-) Signalrauschen
- Dunkelstromrauschen
- Ausleserauschen

Sowohl (Objekt-) Signal- als auch Dunkelstromrauschen sind von der von der jeweiligen Signalstärke abhängig. Wie das jeweilige Rauschen entsteht, wird im Kapitel »Signal-Rausch-Verhältnis« genauer beschrieben. Das Ausleserauschen ist dagegen von der Kamerahardware abhängig und kann durch den Benutzer nicht beeinflusst werden.

Bisher wurde immer davon ausgegangen, dass die in einem Pixel angesammelten Elektronen während des Auslesevorgangs komplett weiter verschoben werden. Da der Chip jedoch möglichst schnell ausgelesen werden soll, kommt es in der Praxis fast immer vor, dass einige Elektronen in dem Pixel zurückbleiben. Im Fall einer durch Ladungsverschiebung ausgelesenen CCD-Kamera addieren sie sich sogar zu dem Signal des nächsten Pixels. Da aber auch dieses Signal wieder nicht komplett weiter verschoben wird, entspricht die später registrierte Zahl von Elektronen nur ungefähr der ursprünglichen Elektronenzahl.

Auch der Ausleseverstärker und die restliche Elektronik arbeiten nicht wirklich exakt. Die Genauigkeit, mit der das ankommende Signal verstärkt wird, hängt ebenfalls zu einem großen Teil von der Auslesegeschwindigkeit, aber auch von der Betriebstemperatur der Elektronik ab.

Da die Betriebstemperatur der Kameraelektronik bei Amateurkameras normalerweise

TIPP

Selbst wenn sich trotz aller Maßnahmen bereits etwas Feuchtigkeit in der Kamera befindet, können noch Bilder ohne Eisbeschlag aufgenommen werden. Man macht sich in diesem Fall den Aufbau der Kamera zunutze. Die durch das Peltierelement erzeugte niedrige Temperatur wird zwar durch den Kühlfinger auf den CCD-Chip übertragen, jedoch kommt es hierbei immer zu Wärmeverlusten. Diese bewirken nun, dass die dem Peltierelement zugewandte Seite des Kühlfingers immer ein paar Grad kälter ist, als die dem Chip zugewandte Seite. Anstatt den Chip nun direkt auf die spätere Betriebstemperatur herunter zu kühlen, wird zunächst einmal eine Chip-Temperatur knapp oberhalb des Gefrierpunktes eingestellt. Da die Temperatur des Kühlfingers auf der Peltierseite bereits deutlich unter 0°C liegt, wird sich an dieser Stelle die komplette in der Kamera befindliche Feuchtigkeit niederschlagen. Nach einigen Minuten Wartezeit kann der Chip dann auf seine endgültige Betriebstemperatur heruntergekühlt werden.

Die hier beschriebene Vorgehensweise sollte auf keinen Fall als dauernde Alternative zur Regenerierung des Trockenmittels angewandt werden! Da die absolut kälteste Stelle innerhalb der Kamera das Peltierelement selbst ist, wird sich auch an seinem, unter dem Kühlfinger bei allen Kameras offen liegenden, Rand Eis bilden. Da dieser Rand nur bei sehr wenigen Kameramodellen z.B. mit Silikon abgedichtet ist, kann das sich niederschlagende Wasser in die innere Struktur des Peltierelements eindringen. Im Extremfall, wenn viel Feuchtigkeit in der Kamera ist, kann das Peltierelement beim Ausfrieren dieses Wassers zerstört werden!

LINKS

Software zur Rauschverminderung

Neat Image
ABSoft
www.neatimage.com

Noise Ninja
PictureCode
www.picturecode.com

Helicon Filter
Helicon Co.
www.helicon.com.ua

⟨⟩ Rauschreduzierung durch elektronische Bildbearbeitung

Während die durch den Dunkelstrom entstehenden Bildstörungen durch die Verwendung eines entsprechenden Dunkelbildes entfernt werden können, lassen sich Auslese- und Signalrauschen nicht so einfach beseitigen.

Eine Möglichkeit, die sich grundsätzlich für alle Bereiche der Digitalfotografie anbietet, ist die elektronische Bildbearbeitung. Fast alle Bildbearbeitungsprogramme besitzen heute eine oder sogar mehrere Funktionen zur Rauschreduzierung. Im Idealfall sollte ein solcher Rauschfilter nur das Rauschen selbst entfernen, ohne dass dabei allzu viele Bilddetails verloren gehen. Ganz verhindern lässt sich dies aber meist doch nicht. Die besten Ergebnisse liefert hier speziell auf die Rauschmilderung ausgelegte Software, deren Funktionen teilweise auch direkt aus den großen Bildbearbeitungsprogrammen in Form eines sog. »Plug-In-Filters«, aufgerufen werden können.

Speziell für astronomische Zwecke ist die Mittelung mehrerer Bilder zur Rauschreduzierung interessant. Möglich ist diese Art der Rauschreduzierung, weil das Rauschen statistisch auftritt. Werden daher ausreichend viele Bilder miteinander kombiniert, lässt sich das Rauschen zu einem großen Teil aus dem Bild heraus rechnen (siehe hierzu auch das Kapitel »Lange vs. aufaddierte Belichtungen«).

---

immer der Temperatur der umgebenden Luft entspricht, hat man auf diesen Faktor als Anwender keinen Einfluss. Auch die Auslesegeschwindigkeit der Kamera ist ab Werk auf einen optimalen Kompromiss zwischen Rauscharmut und möglichst kurzer Auslesedauer voreingestellt. Bei den heute aktuellen Amateurkameras liegt das Ausleserauschen (engl.: readout noise) daher etwa zwischen 10 bis 25 Elektronen je Pixel.

Wären sowohl der Chip als auch die Kameraelektronik perfekt, würde eine bestimmte Anzahl an Elektronen auch immer genau einen bestimmten Bildwert nach der Digitalisierung ergeben. In der Realität sieht es jedoch so aus, dass der digitalisierte Wert mehr oder weniger stark um diesen theoretischen Wert herum streut. Während in den Datenblättern der in astronomischen CCD-Kameras verwendeten Chips das Ausleserauschen als mittlere quadratische Abweichung der Elektronenzahl (e⁻ rms) angegeben wird, machen die Hersteller von Digitalkameras hierzu meist keine Angaben.

Das allgemeine Rauschverhalten einer Kamera ist meist umso schlechter, je kleiner die Pixel der Kamera sind. Aufgrund der kleinen Pixelfläche fällt weniger Licht ein, so dass die Signalstärke im Verhältnis zum Gesamtrauschen entsprechend geringer ausfällt. Eine definierte minimale Pixelgröße, bei der das Rauschen auch bei höheren Empfindlichkeitseinstellungen noch toleriert werden kann, gibt es nicht. Tests in verschiedenen Fotozeitschriften zeigen jedoch, dass das Signal-Rausch-Verhältnis bei Kameras mit einer Pixelgröße unterhalb von 6µm deutlich schlechter wird.

Chipfehler

In der Regel werden die heißen und kalten Pixel, sowie die Pixel mit stark vom Durchschnittswert abweichender Quanteneffizienz einzeln und unregelmäßig über die komplette Chipfläche verteilt sein. Es kann jedoch auch vorkommen, dass sie an einigen Stellen des Chips in größeren Ansammlungen auftreten. Solche zusammenhängenden Gruppen von fehler-

ABBILDUNG 43

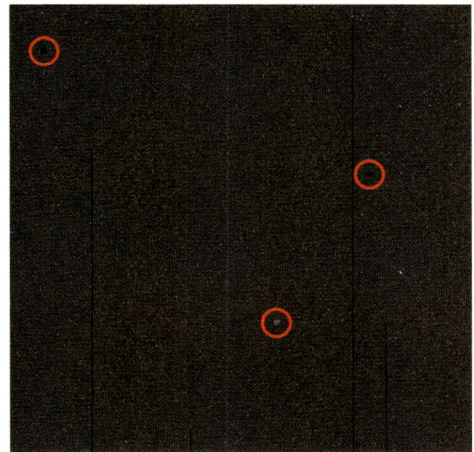

ABBILDUNG 43: Neben zahlreichen heißen und kalten Pixeln erkennt man auf diesem simulierten Dunkelbild auch vier defekte Spalten sowie zwei kalte und einen heißen Clusterdefekt.

halten können. Wenn während des Auslesevorgangs die Ladungen aller Pixel nach und nach in Richtung Auslesezeile verschoben werden, bewirkt ein solcher »toter Pixel«, dass alle Ladungen, die in ihn hinein verschoben werden, verloren gehen. Von den in Ausleserichtung »hinter« dem toten Pixel liegenden Pixeln gelangt also überhaupt kein Signal mehr zum Ausleseverstärker. Es entsteht eine so genannte »defekte Spalte«.

Auch die in Digitalkameras verbauten CMOS-Sensoren können tote Pixel aufweisen. Weil bei diesem Chiptyp jedoch jedes Pixel separat ausgelesen wird, hat ein totes Pixel keinen Einfluss auf die restlichen Pixel des Chips. Im fertigen Bild wird es noch nicht einmal auffallen, da es, wie die heißen und kalten Pixel, durch das kamerainterne Pixelmapping rechnerisch beseitigt wird.

haften Pixeln werden dann »Clusterdefekte« genannt.

Neben den heißen und kalten Pixeln kann ein CCD-Chip noch einen weiteren, wesentlich problematischeren Defekt aufweisen. So kann es sein, dass einige Pixel keine Elektronen

⟨⟩ Chipqualität

Bei den in den letzten Jahren immer größer werdenden Chipflächen und ständig steigenden Pixelzahlen ist es heute trotz modernster Fertigungstechniken für die Hersteller immer noch schwierig, einen wirklich perfekten Chip zu produzieren. Bei den kleineren CCD-Chips ist dieses Problem nicht so dramatisch ausgeprägt, da sie in einer hohen Stückzahl produziert werden. Je größer die Chips jedoch werden, desto unwahrscheinlicher ist es, dass ein Chip absolut fehlerfrei ist. Die wenigen perfekten Chips sind demzufolge entsprechend teuer. Da aber für viele Anwender auch ein Chip mit (leichten) Fehlern akzeptabel ist, werden solche Chips zu einem reduzierten Preis in den Verkauf gebracht. Letztendlich kommt dies beiden Seiten entgegen: Der Kunde spart einen nicht zu unterschätzenden Geldbetrag und der Hersteller hat einen nicht ganz so hohen Produktionsausschuss.

Die Qualitätseinstufung erfolgt in verschiedenen »Grades« (engl.: Klasse). Al-

len Herstellern ist hierbei gemeinsam, dass ein »Grade 0«-Chip ein fehlerfreier Chip ist. Unter »Grade 1« fallen Chips, die nur einige wenige heiße oder kalte Pixel aufweisen, während ab »Grade 2« noch weitere großräumigere Defekte wie Spalten- oder Clusterfehler hinzukommen. Selbst Chips von ganz schlechter Qualität werden noch unter »Industrial Grade« angeboten. Sie sind zwar für die Bildgewinnung nicht mehr zu gebrauchen, eignen sich aber trotzdem, um die korrekte Funktion einer selbstgebauten Kamera testen zu können.

Leider kann keine allgemeingültige Aussage zur Qualitätseinstufung gemacht werden, da jeder Chiphersteller seine Qualitätsstufen anders definiert. Hinzu kommt noch, dass diese Einteilung selbst unter den verschiedenen Chiptypen eines Herstellers differieren kann. Wer also an den genauen Qualitätsdefinitionen eines bestimmten CCD-Chips interessiert ist, sei daher auf die Informationen des jeweiligen Chipherstellers verwiesen.

Tabelle 9: Die Chipqualität verschiedener, in Amateurkameras eingebauter Fullframe-CCD-Sensoren der Firma Kodak. Bei den großflächigen Chips wird zusätzlich zwischen der Gesamtzahl aller Defekte und der Defektzahl innerhalb eines Teilbereiches um die Chipmitte unterschieden. Die Klassifizierung erfolgt im Labor bei einer Chip-Temperatur von 25°C. Bei den in der Praxis verwendeten niedrigeren Betriebstemperaturen können einige dieser Fehler wieder verschwinden.

Chip	Grade	Pixel gesamt	Pixel Chipmitte	Cluster gesamt	Cluster Chipmitte	Cluster max. Größe	Spalten gesamt	Spalten Chipmitte	Pixelzahl	Chipmitte
KAF-0261E	C0	0	-	0	-	5 Pixel	0	-	512 × 512	-
	C1	10	-	4	-		0	-		
KAF-0402ME	C0	0	-	0	-	5 Pixel	0	-	768 × 512	-
	C1	5	-	0	-		0	-		
	C2	10	-	4	-		0	-		
KAF-1001E	C1	0	-	2	-	5 Pixel	20	-	1024 × 1024	-
	C2	2	-	10	-		40	-		
	C3	80	-	20	-		10	-		
KAF-1301E/LE	-	20	-	4	-	5 Pixel	0	-	1280 × 1024	-
KAF-1603E/ME	C0	0	0	0	0	5 Pixel	0	0	1536 × 1024	800 × 600
	C1	5	2	0	0		0	0		
	C2	10	5	4	2		0	0		
	C3	20	10	8	4		4	2		
KAF-3200E/ME	C0	0	0	0	0	5 Pixel	0	0	2184 × 1472	1544 × 1040
	C1	5	2	0	0		0	0		
	C2	10	5	4	2		0	0		
	C3	20	10	8	4		2	0		
KAF-6303E/LE	C1	35	14	5	2	2 Pixel	0	0	3072 × 2048	1024 × 1024
	C2	90	45	36	18	5 Pixel	0	0		

Blooming

Fällt viel Licht auf einen Pixel, kann es schnell passieren, dass durch die freigesetzten Elektronen bereits nach kurzer Zeit seine Full-Well-Kapazität erreicht wird. Da aber durch das weiterhin einfallende Licht ständig neue Elektronen freigesetzt werden, können diese nicht mehr von dem Pixel gehalten werden, so dass sie in die benachbarten Pixel überfließen – man spricht vom »Blooming« (engl.: Aufblühen). Ist der Lichteinfall stark genug, entstehen im ersten Pixel so viele Elektronen, dass auch bei dem Nachbarpixel die Sättigungsgrenze erreicht wird. Dieser gibt dann wiederum seine überschüssigen Ladungen an seinen Nachbarpixel ab. Da diese Elektronenabgabe aufgrund der Chipkonstruktion nur in Ausleserichtung erfolgen kann, erhält ein überbelichtetes Objekt daher nach und nach einen immer länger werdenden »Anhang« aus ebenfalls überbelichteten Pixeln. Bei der Aufnahme von sehr hellen Objekten entstehen sogar so viele Elektronen, dass das Blooming auch in entgegen gesetzter Richtung auftritt.

ABBILDUNG 44

ABBILDUNG 44: Diese 300 Sekunden lang auf einem KAF0261E belichtete Aufnahme zeigt die Auswirkungen des Bloomings. Für die wissenschaftliche Auswertung eines CCD-Bildes ist das Blooming, solange das zu vermessende Objekt nicht selbst bloomt oder vom Blooming eines anderen Objekts überdeckt wird, nicht schädlich. Soll dagegen eine ästhetische Aufnahme gemacht werden, wird Blooming meist als störend empfunden.

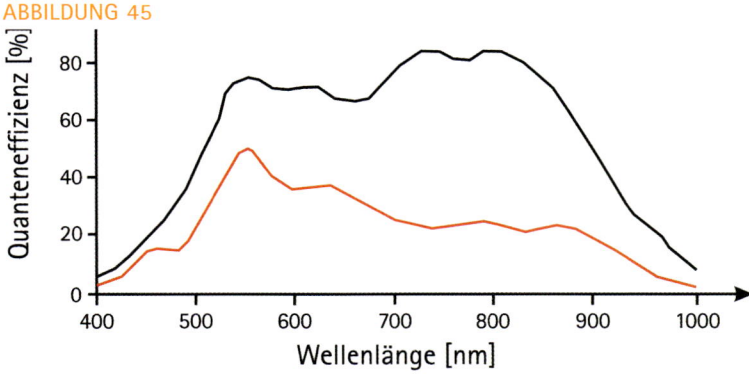

ABBILDUNG 45

ABBILDUNG 45: Das Aufbringen eines Antiblooming-Gates (ABG) auf den Chip wirkt sich neben einer Erniedrigung der Full-Well-Kapazität auch auf die Quanteneffizienz eines CCD-Chips aus. Der Vergleich der Empfindlichkeitskurven eines KAF0400 (non-ABG) und eines KAF0400L (ABG) zeigt, dass die Gesamtempfindlichkeit um mehr als 50% abgenommen hat. Je nach Wellenlänge kann der Verlust sogar mehr als 70% ausmachen!

Während Blooming auf einer ästhetischen Aufnahme sehr störend wirkt, ist es auf einer für astro- oder photometrische Auswertungen genutzten Aufnahme nicht weiter von Bedeutung. So lange das eigentliche Aufnahmeobjekt nämlich nicht selbst »bloomt« oder mit dem Bloomingstreifen eines anderen Objektes zusammenfällt, können immer noch Position und Helligkeit des Objektes genau bestimmt werden. Erst wenn das Objekt selbst zu bloomen begonnen hat, besteht keine Möglichkeit mehr, die so verfälschten Informationen durch nachträgliche Auswerteverfahren wiederherzustellen. Für die ästhetische Fotografie wird man in der Regel bemüht sein, Bloomingeffekte erst gar nicht entstehen zu lassen:

- Die Belichtungzeit wird so kurz gewählt, dass keines der auf dem Bild abgebildeten Objekte die Full-Well-Kapazität des Chips erreicht. Hierdurch kann es aber passieren, dass sich das eigentliche Aufnahmeobjekt dann kaum noch aus dem Hintergrund abhebt, weil üblicherweise nur die wenigen auf dem Bild befindlichen hellen Sterne bloomen!

- Lassen sich lange Belichtungszeiten bei der Aufnahme sehr schwacher Objekte nicht umgehen, können Bloomingstreifen auch durch entsprechende elektronische Bildbearbeitung entfernt werden.

- Wird zusätzlich zu dem normalen Raster aus Leiterbahnen noch ein so genanntes Antiblooming-Gate (ABG) auf den Chip aufgebracht, können Bloomingeffekte direkt bei der Aufnahme unterdrückt werden. Diese quer zur Ausleserichtung des Chips verlaufenden zusätzlichen Leiterbahnen liegen jeweils zwischen zwei benachbarten Pixeln. Sie sind so geschaltet, dass sie die Elektronen, die ansonsten in den Nachbarpixel überfließen würden, bereits während der Belichtung automatisch aufnehmen und abtransportieren.

Diesen sehr wirkungsvollen Schutz gegen das Blooming erkauft man sich allerdings auch mit zwei Nachteilen:

- Die das ABG bildenden Leiterbahnen können nicht beliebig dünn hergestellt werden. Da sie sich (wie alle anderen Leiterbahnen auch) normalerweise auf der Vorderseite des Chips befinden und zudem nur eingeschränkt lichtdurchlässig sind, absorbieren sie nicht nur einen großen Teil des einfallenden Lichtes, sondern engen die effektiv zur Lichtsammlung verwendete Pixelgröße stark ein. Im Extremfall kann dies dann dazu führen, dass sich die Quanteneffizienz des Chips in Abhängigkeit von der Wellenlänge um bis zu 70% gegenüber der nonABG-Version verringert!

- Aufgrund seines elektronenabführenden Verhaltens verringert ein ABG die elektronensammelnde Fläche eines Pixels. Da diese Fläche wiederum einen direkten Einfluss auf die Full-Well-Kapazität des Pixels hat, können Chips mit ABG deutlich weniger Elektronen pro Pixel halten. Sie besitzen also auch eine geringere Dynamik.

ABBILDUNG 46

Abbildung 46: Eine zu gering eingestellte ABG-Spannung bewirkt
bei sehr hellen Objekten ein geringes Rest-Blooming, auch »Low-
Level Blooming« genannt (links). Bei
der späteren Bildbearbeitung kann
dies zu unschönen dunklen Rändern
um die betroffenen Sterne führen
(Mitte). Nach der Justierung der
ABG-Spannung ist das Low-Level
Blooming komplett verschwunden
(rechts). Die durch das stärkere ABG
verminderte Full-Well-Kapazität
macht sich durch eine Verringerung
der Maximalintensität der Pixel bemerkbar. Zudem zeigen sich innerhalb des gesättigten Sternscheibchens zahlreiche Pixel, die, obwohl
sie auch gesättigt sind, eine geringere Helligkeit als die Maximalintensität aufweisen. Alle Aufnahmen
entstanden mit einer STL-11000M
CCD-Kamera der Firma SBIG.

LINKS
Application Note - Adjusting the ABG
level of the STL-11000M Camera
SBIG

www.sbig.com/sbwhtmls/abg.htm

Während bei astronomischen CCD-Kameras
zwischen Kameras mit und ohne ABG ausgewählt werden kann, besitzen die in Digitalkameras eingebauten Chips heute alle
ein ABG.

Die Stärke des ABG lässt sich über die an
die Leiterbahnen angelegte Spannung regulieren. Der voreingestellte Wert wird vom
Hersteller üblicherweise so gewählt, dass
Bloomingeffekte gerade eben vermieden
werden, die Kamera gleichzeitig aber noch
eine möglichst große Full-Well-Kapazität
behält. Aufgrund dieser knappen Einstellung kann es vorkommen, dass sehr helle
Sterne trotzdem noch ein Rest-Blooming
(»Low-Level Blooming«) zeigen. Weil die
ABG-Spannung vom Benutzer normalerweise nicht verändert werden kann, ist in
einem solchen Fall eine Justierung durch
den Hersteller notwendig. Lediglich die
Firma SBIG stellt für ihre STL-11000M
CCD-Kameras eine Anleitung im Internet
zur Verfügung.

Dynamik

Die eigentliche Digitalisierung des
vorverstärkten analogen Signals
übernimmt der Analog-Digital-
Wandler, kurz AD-Wandler. Er bestimmt
auch, wie fein abgestuft das ankommende

Signal umgesetzt wird. Benutzt man einen
8Bit-Wandler, erhält man zwischen keinem
Signal und dem maximal möglichen Signal
auf diese Weise 256 gleichmäßig verteil-
te Werte, die man auch als ADUs (engl.:
Analog Digital Unit) bezeichnet. Bei einem
12Bit-Wandler sind es 4096 ADUs, bei
14Bit 16384 ADUs und bei 16Bit entsprechend 65536 ADUs. Diesen Wert bezeichnet man auch als Dynamik der Kamera.

Man könnte annehmen, dass eine höhere Anzahl an Intensitätsstufen auch
gleichzeitig ein besseres Ergebnis hervor-
bringt. Es lassen sich so im fertigen Bild
schließlich immer feinere Ladungs- und
damit Helligkeitsunterschiede feststellen!
In der Praxis setzt die sog. »Dynamik« der
Digitalisiertiefe eine Grenze. Sind die Full-
Well-Kapazität und das Ausleserauschen
eines Chips bekannt, kann seine Dynamik
als Quotient dieser beiden Werte berechnet
werden. Der Einsatz eines feiner abgestuf-
ten AD-Wandlers würde keinen wirklichen
Informationsgewinn bringen.

Die Bittiefe, mit der digitalisiert wird, hat
einen direkten Einfluss auf die Größe der
entstehenden Bilddatei. Da jedes Pixel in n
Bits umgewandelt wird, besteht das komplette Bild entsprechend aus n × Pixelzahl
einzelnen Bits.

Digitalisierung

Der Begriff »digitalisieren« leitet sich von dem lateinischen »digitus« (der Finger) ab. Dinge sollen in abzählbaren, fest reproduzierbaren Einheiten beschrieben werden. Die kleinste Einheit ist hierbei das Bit (engl.: binary digit). Ein Bit kann entweder den Wert »Null« oder »Eins« annehmen. Man kann sich ein Bit also wie einen Schalter vorstellen, der entweder an- oder ausgeschaltet sein kann. Will man mehr als nur zwei unterschiedliche Zustände unterscheiden, kann man einem Wert auch mehrere Bits zuordnen. Mit zwei Bit lassen sich so z.B. vier (2^2) Zustände darstellen. Bei drei Bit sind es acht (2^3), bei vier Bit 16 (2^4) usw.

Tabelle 10: Die theoretisch notwendige Bittiefe für die Digitalisierung eines bestimmten Detektorchips lässt sich anhand von Full-Well-Kapazität und Ausleserauschen leicht selbst berechnen. Aufgrund fehlender Angaben zu digitalen Spiegelreflexkameras sind in der Tabelle nur Sensoren aus astronomischen CCD-Kameras aufgeführt.

Chip	Full-Well-Kapazität, [e$^-$]	Ausleserauschen, [e$^-$ rms]	Dynamik	minimale Bittiefe
Kodak KAF0260	180000	13	13846	14
Kodak KAF0261E	200000	13	15384	14
Kodak KAF0400	100000	15	6667	13
Kodak KAF0400L	70000	15	4667	13
Kodak KAF0401E (nonABG)	100000	15	6667	13
Kodak KAF0401E (ABG)	70000	15	4667	13
Kodak KAF1001E	180000	17	10588	14
Kodak KAF1401E	45000	14	3214	12
Kodak KAF1600	100000	15	6667	13
Kodak KAF1600L	70000	15	4667	13
Kodak KAF1602E (nonABG)	100000	15	6667	13
Kodak KAF1602E (ABG)	70000	15	4667	13
Kodak KAF3200E	77000	11	7000	13
Kodak KAF4202	100000	14	7143	13
Kodak KAF6303E	100000	14	7143	13
Kodak KAF16801E	100000	14	7143	13
Kodak KAI4021	40000	11	3636	11
Kodak KAI11002M	60000	13	4615	13
Sony ICX285AK Exview HAD	27000	12	2250	12
Sony ICX405AL SuperHAD	60000	13	4615	13
Sony ICX406AQ SuperHAD	10000	10	1000	10
Sony ICX413AQ SuperHAD	25000	12	2083	12
Sony ICX423AL SuperHAD	100000	15	6667	13
Sony ICX424AL SuperHAD	30000	13	2308	12
Sony ICX429AL Exview	70000	12	5833	13

ABBILDUNG 47

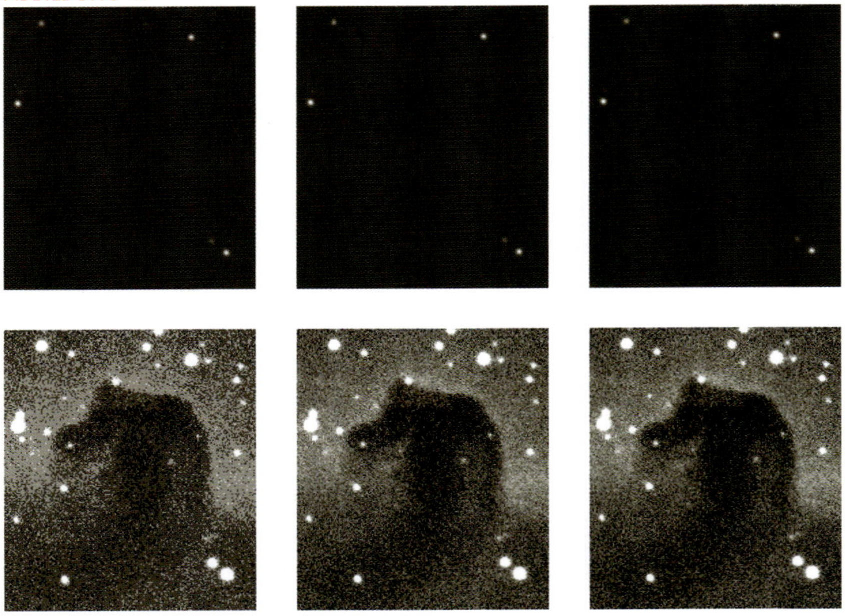

ABBILDUNG 47: Die Bittiefe, mit der ein Digitalbild digitalisiert wird, hat einen sehr hohen Einfluss auf die Informationen, die bei einer späteren Bearbeitung oder Auswertung aus dem Bild herausgeholt werden können. Alle hier gezeigten Bilder zeigen den gleichen Himmelsausschnitt. Sie unterscheiden sich nur dadurch, dass die Bilddaten (von links nach rechts) mit 8, 12 bzw. 16Bit digitalisiert wurden. Da das menschliche Auge nur knapp 64 Graustufen unterscheiden kann, erscheinen die linear über den kompletten Helligkeitsbereich skalierten Bilder in der oberen Reihe für den Betrachter identisch. Erst wenn die Bilder so skaliert werden, dass der nur knapp über dem Himmelshintergrund liegende Pferdekopfnebel sichtbar wird, erkennt man den Vorteil einer größeren Bittiefe. Während das 8-Bit-Bild mit nur fünf unterschiedlichen Graustufen den Nebel zwar bereits zeigt, wirkt es aufgrund der groben Helligkeitssprünge trotzdem nicht sehr ansprechend. Auf dem 12-Bit-Bild umfasst der Nebel mit 86 Graustufen bereits mehr Informationen, als das menschliche Auge unterscheiden kann. Die mehr als 1500 Graustufen, die das 16-Bit-Bild des Nebels beinhaltet, würden sogar noch eine wesentlich strukturiertere Darstellung, als die hier gezeigte erlauben.

Alle Bilder entstanden durch ein 10"-Schmidt-Cassegrain Teleskop. Es wurde 300 Sekunden lang bei 1820mm Brennweite auf einen KAF0261E-Chip von Kodak belichtet. Die mit ursprünglich 16Bit digitalisierten Bilder wurden durch eine einfache Division auf eine Bittiefe von 12 bzw. 8 reduziert.

‹› Die nachträgliche Erhöhung der Bittiefe durch Addition

Durch Addition mehrerer Bilder mit geringer Bittiefe kann die Bittiefe des entstehenden Gesamtbildes im Nachhinein erhöht werden. Voraussetzung hierfür ist jedoch, dass die Addition in einer höheren Bitumgebung als der des Ausgangsbildes stattfindet.

Beispiel: Werden zwei 8Bit-Bilder im 8Bit-Raum aufaddiert, schneidet die Software im Summenbild alle Werte, die über 255ADUs liegen auf 255ADUs ab. Je mehr Bilder aufaddiert werden, desto mehr werden also die hellen Bildbereiche gesättigt.

Wird die gleiche Operation im 16Bit-Raum durchgeführt, erhält man Werte, die bei der Addition von zwei 8Bit-Bildern im Bereich von 0 bis maximal 510ADUs liegen können. Rein theoretisch könnten daher 257 8Bit-Bilder (65535:255) im 16Bit-Raum aufaddiert werden, bevor die Software über dem im 16Bit-Raum maximal erlaubten ADU-Wert von 65535 Werte »abschneidet«. Das Ergebnis ist ein 16Bit-Bild.

Hierbei ist zu beachten, dass durch diese Technik in den bereits im 8Bit-Bild überbelichteten Bildbereichen keine neuen Informationen erhalten werden. Was im 8Bit-Bild bereits gesättigt ist, ist auch im 16Bit-Bild als »ausgebrannt« zu betrachten! Der Vorteil ist jedoch, dass im neu entstandenen Bild nicht mehr nur 254, sondern max. 65534 Zwischentöne zwischen »Schwarz« und »Weiß« zur Verfügung stehen. Das Bild wird bei gleicher Helligkeitsskalierung (Schwarzpunkt, Weißpunkt, Gamma – siehe Kapitel »Digitale Bildbearbeitung«) daher wesentlich glatter aussehen. Hinzu kommt, dass durch die Vielzahl der verwendeten Bilder auch das Rauschen der Einzelbilder abgemildert wird.

Binning

Unter dem Begriff »Binning« versteht man das Zusammenfassen von mehreren Pixeln während der Auslesung des Chips. Bei fast allen astronomischen CCD-Kameras kann man heute symmetrisch binnen, d.h. 2 × 2, 3 × 3, etc. Bei einigen Herstellern (z.B. OES und Apogee) ist auch Binning mit 2 × 1, 2 × 3, etc. möglich.

Man unterscheidet generell zwischen Hardware- und Software-Binning:

- **Software-Binning:** Beim Software-Binning wird jedes Pixel einzeln aus dem CCD-Chip ausgelesen, digitalisiert

ABBILDUNG 48

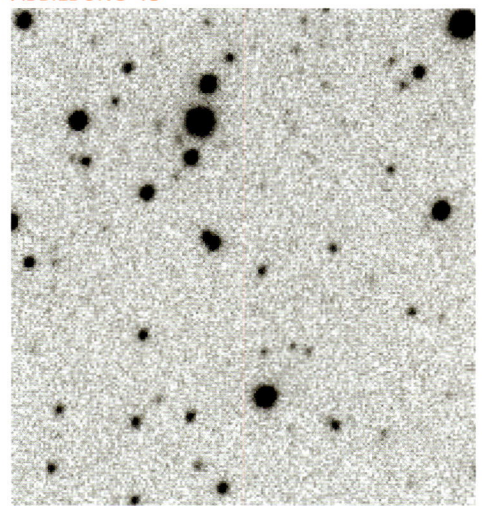
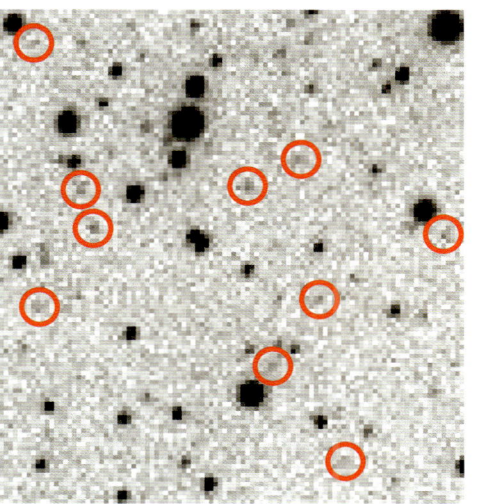

ABBILDUNG 48: Bei gleicher Belichtungszeit zeigt eine gebinnt aufgenommene Aufnahme (rechts) schwächere Objekte als eine ungebinnt aufgenommene (links). Dieser Vorteil wird jedoch durch eine entsprechend geringere Auflösung erkauft. Beide Bilder entstanden bei 300s Belichtungszeit durch einen 10"-Newton.

und an den Rechner gemeldet. Die ermittelten Intensitäten der Einzelpixel werden per Software aufaddiert und dann bei der »Maximalintensität« eines Einzelpixels bei Bedarf »abgeschnitten«. Wenn die Summe der Einzelintensitäten größer ist als die maximal durch den AD-Wandler darstellbare Zahl, wird der Wert der gebinnten Pixelgruppe auf diesen maximalen Wert gekappt.

Nachteil dieses Verfahrens ist, dass es genauso lange Übertragungszeiten zum Rechner benötigt wie die ungebinnte Kamera.

- Hardware-Binning: Beim Hardware- oder »On-Chip«-Binning wird der Chip selbst beim Auslesevorgang so getaktet, dass bereits vor der Digitalisierung die Ladungen mehrerer Pixel zusammengefasst werden. Hierdurch wird sozusagen ein »Superpixel« erzeugt, das dann wie ein ganz normales Einzelpixel vom AD-Wandler behandelt wird.

Normalerweise wird die Kamera so ausgelesen, dass die Ladungen einer Zeile der lichtempfindlichen Fläche eines CCD-Chips in die Auslesezeile des Chips verschoben wird. Diese wird dann Pixel für Pixel auf den AD-Wandler gegeben und dort digitalisiert.

Beim n × m -großen Binning werden die Ladungen von n Zeilen der licht-

empfindlichen Fläche in jeweils einen Pixel der Auslesezeile verschoben und dort aufaddiert. Anschließend wird die Auslesezeile jeweils direkt um m Pixel zum AD-Wandler verschoben, wo sich die entsprechenden Ladungen zunächst wieder addieren und erst dann digitalisiert werden!

Jedes Pixel der Auslesezeile verfügt hierbei über eine Ladungskapazität, die in etwa dem doppelten Wert eines Einzelpixels entspricht. Das Digitalisierpixel besitzt dagegen eine ca. dreimal so große Kapazität wie ein Einzelpixel.

Tabelle 11: Die Full-Well-Kapazitäten der verschiedenen Pixelgruppen eines CCD-Chips im Normal- und im Binningbetrieb am Beispiel der Kodak-Chips mit 9μm Pixelgröße.

	Full-Well-Kapazität	
	Normalbetrieb	Binningbetrieb
Einzelpixel	100000	100000
Pixel der Auslesezeile	200000	200000
Digitalisierpixel	220000	330000
Canon EOS 5D	1000	1100

Aufgrund der lediglich dreimal so hohen Kapazität des Digitalisierpixels kann bereits im 2 × 2-Binning (insgesamt werden die Ladungen von 4 Pixeln verschoben) ein Ladungsüberfluss entstehen. Was an aufsummierter Ladung zu viel ist, fällt direkt weg –

vergleichbar mit einem überlaufenden Wassereimer.

Vorteile des Binning:

➕ Beim Binning ist das Verhältnis von Signal zu Ausleserauschen günstiger. Beim Hardware-Binning verbessert sich das Verhältnis hierbei um den Faktor 1/Pixelanzahl, während beim Software-Binning nur eine Verbesserung von $\sqrt{1/\text{Pixelzahl}}$ eintritt.

➕ Das »gebinnte Pixel« konnte entsprechend seiner größeren Fläche mehr Licht sammeln als die Einzelpixel. Es können also in kürzerer Zeit schwächere Lichteindrücke nachgewiesen werden. Durch die kürzere Belichtungszeit sinkt die Gefahr von Nachführfehlern!

➕ Da ein gebinntes Pixel eine größere Fläche am Himmel abdeckt, muss nicht so genau nachgeführt werden.

➕ Beim Hardware-Binning wird der Chip schneller ausgelesen, da weniger Daten von der Kamera zum Rechner übertragen werden müssen. Dies macht sich z.B. bei der Positionierung eines Objekts auf dem Chip positiv bemerkbar, wenn es darauf ankommt schnell ein Bild zu erhalten!

➕ Das fertige Bild ist nicht so speicherintensiv.

Nachteile des Binning:

➖ Die Auflösung des Detektors sinkt aufgrund der jetzt größeren Pixelfläche.

➖ Trotz des Binnings und der damit verbundenen scheinbaren Vergrößerung der Pixelfläche kann ein Einzelpixel nicht mehr Elektronen sammeln als ungebinnt! Da der gebinnte Pixel jedoch nur maximal die dreifache Ladung beinhalten kann wird die Dynamik des Bildes, verglichen mit einer Kamera mit gleichgroßen Pixeln ohne Binning, deutlich geringer sein!

➖ In der Regel besitzt die ungebinnte Kamera mit großen Pixeln auch einen Kostenvorteil. Ein Grund hierfür ist, dass die Herstellung kleiner Pixel schwieriger ist. Binnt man nun eine Kamera, nur um die Pixelgröße der Auflösung des Teleskops anzupassen (Nyquist-Kriterium), wäre die Anschaffung einer Kamera mit direkt passender Pixelgröße sicherlich sinnvoller. Nur bei extrem langen Brennweiten (z.B. bei einem großen Schiefspiegler oder einem großen, auf dem Cassegrain-Prinzip basierenden Spiegelteleskop) wird eine Kamera im Binningbetrieb verwendet werden müssen, da es meist keine Detektoren mit genügend großen Einzelpixeln gibt!

Bildformate

In der digitalen Bildbearbeitung haben sich zahlreiche Bildformate etabliert, von denen jedes für verschiedene Aufgaben optimiert ist. Nur wenige dieser Bildformate sind jedoch für den universellen Austausch von Bilddateien entwickelt worden, vielfach handelt es sich stattdessen um Formate, die z.B. speziell auf die Funktionen eines bestimmten Bildbearbeitungsprogramms zugeschnitten sind und somit von anderen Programmen gar nicht gelesen werden können.

Von den verschiedenen universellen Bildformaten haben sich für die Bildaufzeichnung bei digitalen Fotokameras bis heute nur zwei Formate durchsetzen können:

JPEG: Dieses bereits 1988 von der Joint Photographic Experts Group (JPEG) entwickelte Bildformat hat sich inzwischen als Standard unter den Digitalkameras durchgesetzt. Neben einer generell starken Kompressionsleistung bietet es den Vorteil, dass die Stärke der Kompression frei wählbar ist. Die Kompression arbeitet hierbei nach einem Verfahren, das selektiv einzelne Bildinformationen löscht, wodurch es mit stärker werdender Kompression zu störenden Artefakten in Form von rechteckig-verschachtelten Bildbereichen kommt.

• Digitalkameras schränken die Wahl der Kompressionsstärke meist derart ein, dass sie den Benutzer nur zwischen einigen wenigen fest voreingestellten Kompressionsstufen wie beispielsweise »grob«, »mittel« und »fein« wählen lassen. Trotzdem kann der Fotograf also selbst entscheiden ob er große, aber qualitativ gute oder kleine, aber dafür mit stärkeren Kompressionsartefakten behaftete Bilddateien erzeugen will.

- JPEG-Dateien können heute von praktisch jedem Bildbearbeitungsprogramm geöffnet, bearbeitet und geschrieben werden. Es ist aber daher nur in der digitalen Bildbearbeitung, sondern auch im Internet eines der wichtigsten Dateiformate für Fotos.
- Obwohl zunehmend auch Grafik- und Layout-Programme JPEG-Bilder nutzen können, ist dieses Format aufgrund der auftretenden Kompressionsartefakte nicht optimal für den professionellen Druck.

TIFF: Das »Tagged Image File Format« (TIFF) wurde 1987 von der Aldus Corporation und Microsoft entwickelt. Das Ziel war es, ein Bildformat zu schaffen, das von Bürogeräten (Scanner, Fax, Druckmaschinen) erzeugt bzw. verarbeitet werden kann, sich gleichzeitig aber auch als möglichst universelles Austauschformat eignet.

- Mit Hilfe des TIFF-Formats können Bilder theoretisch mit einer Tiefe von bis zu 32Bit pro Farbkanal abgelegt werden. Neben dem gängigen RGB- wird auch das CMYK-Format unterstützt. In der Praxis hat sich jedoch bei den meisten Programmen die TIFF-Version mit 3 × 8Bit (Farbe) bzw. 1 × 8Bit (Schwarzweiß) durchgesetzt.
- Einige wenige Programme, wie z.B. Photoshop von Adobe, können auch TIFF-Bilder mit 16 und 32Bit pro Farbkanal lesen und schreiben. Viele der in diesem Programm enthaltenen Bearbeitungswerkzeuge funktionieren in dieser Farbtiefe jedoch nicht, so dass das Bild in einem solchen Fall dann doch wieder auf die üblichen 8Bit pro Kanal reduziert werden muss.
- Für das TIFF-Format werden heute zahlreiche Kompressionsmöglichkeiten angeboten, von denen die nach Lempel-Ziv-Welch (LZW) die verbreitetste ist. Die LZW-Kompression ist verlustfrei. Eine genaue Aussage zur erreichbaren Kompressionsrate kann nicht

( ) Farbtiefe

Bilddateien werden üblicherweise im RGB-System abgespeichert. Für jeden Bildpunkt wird die Intensität der drei Grundfarben Rot, Grün und Blau abgelegt. Die Farbtiefe bezeichnet, mit wie vielen Abstufungen jede dieser Grundfarben dargestellt wird. Mit 8Bit lassen sich 2⁸, also 256 verschiedene Zahlenwerte darstellen. Jedes Pixel kann somit aus 256 Rot-, 256 Grün- und 256 Blau-Nuancen bestehen. Wird ein Bild mit einer Farbtiefe von 8Bit abgespeichert, kann es daher maximal aus 256 × 256 × 256 = 16777216 bzw. 2²⁴ verschiedenen Farben bestehen. Wie im Kapitel »Dynamik« gezeigt wurde, sind die Sensoren fast aller Digitalkameras in der Lage, deutlich mehr verschiedene Farben zu unterscheiden. Soll daher der komplette von der Kamera erfasste Farbumfang abgespeichert werden, muss die Farbtiefe des Bildes erhöht werden. Obwohl die meisten Kamerasensoren eine Farbauflösung von 12Bit bzw. 14Bit besitzen, werden die Aufnahmen aus speichertechnischen Gründen trotzdem mit 16Bit gesichert.

Die Speicherung solch hoher Farbtiefen erfolgt bei allen Kameras nur im RAW-Format. Diese kann jedoch mit entsprechender Software in ein für viele Bildbearbeitungsprogramme lesbares 16Bit-TIFF-Bild umgewandelt werden. Obwohl das menschliche Auge bei weitem noch nicht einmal die 16,8 Mio. Farben der 8Bit-Darstellung erkennen kann, hat eine hohe Farbtiefe vor allem dann deutliche Vorteile, wenn im Zuge der Bildbearbeitung starke Kontrast- und Tonwertkorrekturen durchgeführt werden müssen.

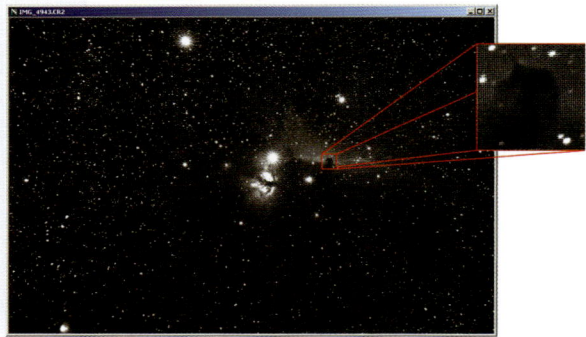

getroffen werden, da diese sehr stark vom Aufbau des Motivs abhängt.

- Im Gegensatz zu verschiedenen anderen komprimiert abspeichernden Bildformaten kann bei einem TIFF-Bild zusammen mit der eigentlichen komprimierten Bilddatei noch ein kleines unkomprimiertes Vorschaubild abgespeichert werden. Hierdurch ist z.B. ein deutlich schnelleres Suchen innerhalb von Bildarchiven möglich, da die eigentliche Bilddatei nicht erst komplett gelesen und entpackt werden muss.

- In einer TIFF-Datei können mehrere Bilder als verschiedene Seiten abgespeichert werden, eine Eigenschaft, die hauptsächlich beim Speichern von Faxsendungen Verwendung findet.

Während jede Digitalkamera die mit ihr aufgenommen Bilder in zumindest einem dieser beiden Formate abspeichern kann, verfügen vor allem die digitalen Spiegelreflexkameras, noch über ein zusätzliches Speicherformat:

RAW: Das RAW-Format nimmt eine Sonderstellung unter den Bildformaten ein, da mit ihm die ausgelesenen Informationen des Aufnahmesensors ohne jegliche Interpretation und Kompression gesichert werden. Die Kamera sichert also streng genommen eigentlich noch kein fertiges Digitalbild, sondern »Rohdaten«.

ABBILDUNG 49

- Das RAW-Format unterliegt keinem allgemeinen Standard. Jeder Kamerahersteller hat sein eigenes RAW-Format entwickelt, welches noch in Abhängigkeit vom verwendeten Kameramodell

ABBILDUNG 49: Das im RAW-Format abgespeicherte Bild besitzt noch keine direkt lesbaren Farbinformationen. Es werden lediglich die von den verschiedenfarbig maskierten Pixeln erzeugten Helligkeitswerte abgespeichert. Erst durch die im File-Header enthaltene Zusatzinformation, welcher Farbfilter welchem Pixel vorgeschaltet war, ist ein Bildbearbeitungsprogramm Farbinterpolation in der Lage, aus diesem Schwarzweißbild ein Farbbild zu generieren.

⟨⟩ Kompression

Die möglichst schnelle Speicherung der anfallenden Datenmengen stellt heute eines der größten Probleme bei der Konstruktion von Digitalkameras dar. Das 8-Megapixel-Bild der aktuell von verschiedenen Herstellern angebotenen digitalen Spiegelreflexkameras besitzt beispielsweise eine Auflösung von 3504 × 2336 Pixel, also insgesamt 8185344 Pixel. Sollen diese Daten in einem der gebräuchlichen Speicherformate JPEG oder TIFF abgelegt werden, so wird für jeden dieser Pixel die Farbinformation für die Farbkanäle Rot, Grün und Blau abgelegt. Dies geschieht üblicherweise mit einer Farbtiefe von 8Bit pro Farbe, so dass ein Bild insgesamt 8185344 × 3 × 8 Bit, also 196448256 Bit bzw. 24556032 Byte ≈ 23,4MB groß ist.

Damit trotzdem möglichst viele Bilder auf das zur Verfügung stehende Speichermedium abgelegt werden können, suchte man bereits früh nach Möglichkeiten, die anfallenden Datenmengen zu verkleinern. Die Lösung fand man in der Kompression der Dateien, einem mathematischen Verfahren, die Daten Platz sparender unterzubringen.

Grundsätzlich werden zwei Arten der Kompression unterschieden:

- **Verlustfreie Kompression:** Unter der verlustfreien Kompression versteht man Kompressionsverfahren, die es trotz Komprimierung gestatten, die ursprüngliche Bilddatei wieder original herzustellen. Im einfachsten Fall werden hierfür im Bild auftretende sich wiederholende Informationen anstatt einzeln in gesammelter Form

variieren kann. Die sich hieraus ergebende Formatvielfalt ist u.a. mit dafür verantwortlich, dass Aufnahmen im RAW-Format nicht ohne weiteres von jedem Bildbearbeitungsprogramm eingelesen werden können.

ABBILDUNG 50

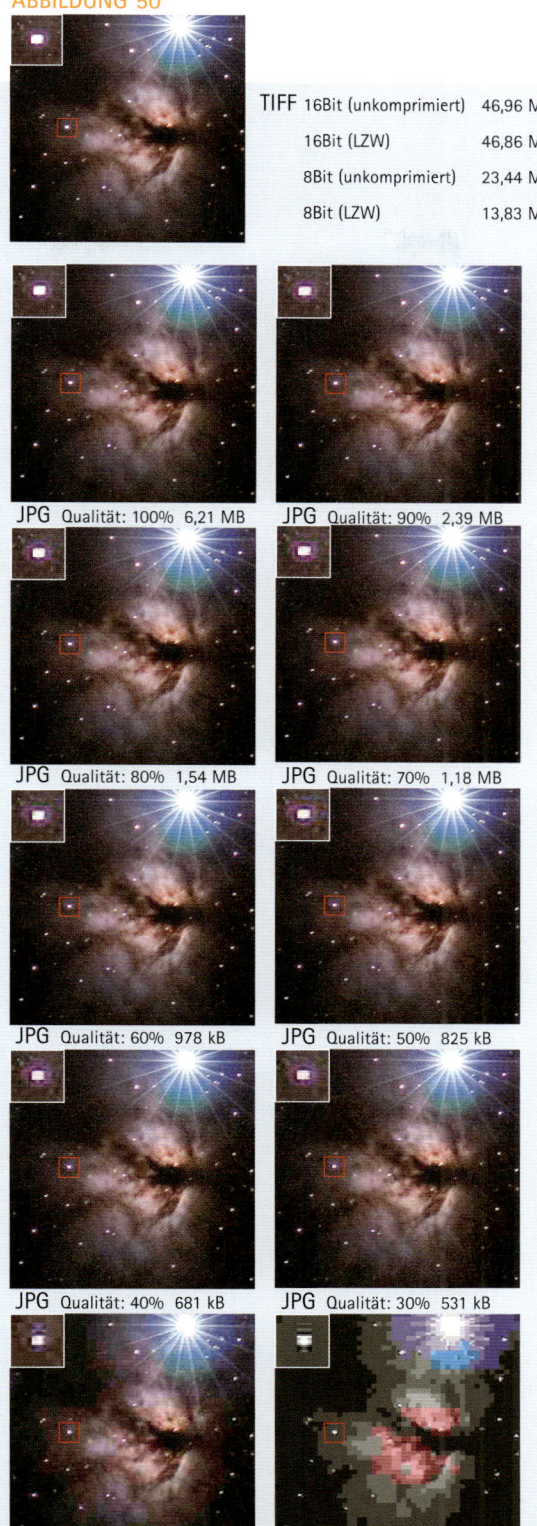

gespeichert. Die hierdurch erreichbaren Kompressionsraten fallen erwartungsgemäß entsprechend gering aus, weil die Pixel eines Fotos praktisch alle unterschiedliche Werte aufweisen. Verlustfreie Kompression lässt sich daher am besten auf am Computer erstellte Grafiken mit großen gleichfarbigen Flächen anwenden.

- **Verlustbehaftete Kompression:** Die verlustbehaftete Kompression nutzt die Schwäche des menschlichen Sehens, Farbunterschiede weniger genau als Helligkeitsdifferenzen unterscheiden zu können. Das beim JPEG-Format angewandte Kompressionsverfahren, die sog. »diskrete Cosinus-Transformation«, fasst daher die Farbwerte mehrerer Bildpunkte zu einer Information zusammen, lässt ihre Helligkeitswerte aber unangetastet. Weil dadurch Teile der ursprünglichen Informationen verloren gehen, lassen sich die Bilder später nicht ganz exakt in ihren Ursprungszustand versetzen – werden also »verlustbehaftet« gespeichert.

Bei vorsichtiger Anwendung der JPEG-Kompression sind die entstehenden Qualitätsverluste so minimal, dass sie normalerweise nicht auffallen. Die durch sie entstehende Platzeinsparung ist auf der anderen Seite so groß, dass die eingangs erwähnte 23,4-MB-Datei selbst bei schwacher JPEG-Kompression bereits meist auf ca. 5MB reduziert wird.

ABBILDUNG 50: Die verschiedenen Bildformate im Vergleich.

TIFF: Aufgrund der im Druck darstellbaren Farbtöne unterscheiden sich die vier von vielen Bildbearbeitungsprogrammen unterstützten TIFF-Formate auf den ersten Blick nicht voneinander, weshalb hier nur eines der Bilder abgebildet ist. Anhand der Dateigröße wird jedoch der höhere Informationsgehalt der 16Bit-TIFFs deutlich. Weil viele der im 16Bit-Format darstellbaren 65536 Helligkeitsstufen im 8Bit-Format zu einer Helligkeitsstufe zusammengefasst werden, lässt sich das 8Bit-Bild deutlich besser mit der verlustfreien LZW-Methode komprimieren. Aufgrund des höheren Informationsgehaltes sollte nach Möglichkeit mit dem 16Bit-Format gearbeitet werden.

JPG: Bereits bei bester Bildqualität erreicht die verlustbehaftete JPG-Kompression eine Halbierung der Dateigröße gegenüber dem LZW-komprimierten TIFF-Bild. Wie anhand des vergrößerten Bildausschnitts zu erkennen ist, machen sich diese Informationsverluste als erstes in Bereichen mit starken Helligkeitsänderungen bzw. großflächigen Farbverläufen bemerkbar. Spätestens ab einer Kompressionsqualität von 50% wird aber die gesamte Bildqualität so in Mitleidenschaft gezogen, dass Kompressionsartefakte sichtbar werden.

- Vor einer weitergehenden Bearbeitung müssen die Daten daher zunächst mit einem kameraspezifischen Konvertierungsprogramm in ein allgemein lesbares Bildformat umgewandelt werden. Anders als bei einer reinen Konvertierung können hierbei allerdings noch zahlreiche Parameter manuell variiert werden. Eine Korrektur des Weißabgleichs ist genauso möglich wie eine Rauschreduzierung, Kontraststeuerung oder Bildschärfung.

ABBILDUNG 51

ABBILDUNG 51

ABBILDUNG 51:
Zahlreiche Bildbearbeitungsprogramme wie z.B. Photoshop von Adobe bieten inzwischen die Möglichkeit, fast alle der herstellereigenen RAW-Varianten zu lesen. Das Öffnen einer solchen RAW-Datei ähnelt in gewisser Weise der Entwicklung eines analogen Films in einem klassischen Fotolabor und wird vielfach als »Digital Development Process« (DDP) bezeichnet.

TIPP

Wenn die Kamera es gestattet, sollte aus Qualitätsgründen vor allem in der Astrofotografie ausschließlich mit dem Rohdatenformat der Kamera gearbeitet werden! Obwohl dieses Format von Hersteller und Kameramodell abhängig ist, so dass keine langfristige Gewährleistung besteht, dass das Dateiformat von der verwendeten Bildbearbeitungssoftware auch unterstützt wird.

Adobe versucht, sein DNG-Format international zu etablieren. RAW-Dateien können mit einem kostenlos erhältlichen Konverter in den möglicherweise zukünftigen Standard »Digitales Negativ« konvertiert werden. (DNG = Digital-Negativ)

Von einer Archivierung der Bilder in einem 16Bit-TIFF-Format ist abzusehen, da bei der Berechnung der RGB-Farben bereits eine nicht wieder rückgängig zu machende Veränderung der Originaldaten erfolgt.

- Der Vorteil des RAW-Formates ist, dass der Anwender die volle Kontrolle über alle Bildbearbeitungsschritte behält und diese nicht, wie bei der Speicherung in einem der PC-Formate üblich, der kcamerainternen Bildbearbeitung überlässt. Durch die Wahl eines geeigneten Speicherformates, wie z.B. 16Bit-TIFF, ist es außerdem möglich, die volle Dynamik und Farbtiefe des Aufnahmesystems für die weitere Bildbearbeitung zu erhalten. Hierdurch können z.B. Fehlbelichtungen abgemildert werden. Aufgrund der Bearbeitungsmöglichkeiten gehört das RAW-Format zu den beliebtesten Datenformaten in der professionellen Fotografie.

- Bilder im RAW-Format sind sehr speicherintensiv. Damit für die Dateisuche und -archivierung nicht jedes Mal die komplette Datei geöffnet werden muss, speichern verschiedene Kameramodelle auf Wunsch zusammen mit den eigentlichen Rohdaten auch noch eine JPEG-Datei ab. Je nach Kameramodell sind hierbei noch Größe und Kompressionsfaktor des JPEG-Bildes vorwählbar.

- Der Nachteil von RAW-Dateien liegt in dem komplizierteren und zeitaufwendigeren Bearbeitung. Die Fotos müssen zwingend nachbearbeitet werden, um sie auf dem Rechner darstellen und weiter nutzen zu können.

Fast alle digitalen Fotokameras speichern heute die wichtigsten Aufnahmeparameter (Datum, Zeit, Verschlusszeit, Blende, Emp-

findlichkeit, Brennweite) zusammen mit dem Bild ab. Dieser für den Benutzer normalerweise unsichtbare Bereich einer Bilddatei wird als EXIF-Header bezeichnet. Er kann heute mit fast allen Bildbearbeitungs- und -betrachtungsprogrammen ausgelesen und angezeigt werden.

Neben den allgemeinen Bildformaten haben sich bei den astronomischen CCD-Kameras noch verschiedene Spezialformate etabliert. Ihnen allen ist gemeinsam, dass sie eine Farbtiefe von mindestens 16Bit besitzen. Der Begriff »Farbtiefe« ist an dieser Stelle allerdings etwas missverständlich, da die in der Astronomie eingesetzten gekühlten CCD-Kameras, bis auf wenige Ausnahmen, nur Schwarzweißbilder abspeichern.

Kameraeigene Formate: Viele Kamerahersteller bieten mit der mitgelieferten Aufnahmesoftware auch ein spezielles Speicherformat für die Bilder an.

- Diese Bildformate sind meist derart auf die jeweilige Kamera zugeschnitten, dass sie z.B. das Bild genau in der Bittiefe abspeichern, die auch der AD-Wandler liefert. Dies spart zwar in vielen Fällen einiges an Speicherzeit und -platz, hat andererseits zur Folge, dass diese Bilder oftmals nur von den Programmen des Kameraherstellers wieder gelesen werden können. Aufgrund der Vielzahl der inzwischen bestehenden Bildformate haben daher Programme von Fremdherstellern vor allem bei den selteneren Kameramodellen oftmals Probleme mit dem Dateiimport. Als einzige Ausnahme kann hier das Format der Firma SBIG genannt werden, das sich neben dem FITS-Format inzwischen zu einem Standard entwickelt hat.

- Je nach Kamerahersteller können neben den reinen Bildinformationen auch Daten wie z.B. Aufnahmezeitpunkt, Belichtungszeit oder Chiptemperatur mit abgespeichert werden.

FIT oder FTS: Das Flexible Image Transport System (FITS) ist heute das Standardformat, wenn weltweit astronomische Daten ausgetauscht werden sollen. Bereits im Jahre 1982 legte die Internationale Astronomische Union (IAU) die Grundlagen für dieses Bildformat fest. Das heute gültige Format geht auf einen Beschluss aus dem Jahr 1997 zurück.

- Eine FITS-Datei besteht aus dem eigentlichen Datensatz und einem ihm vorangestellten »Header«, in dem wichtige Informationen zur Datei in Form von so genannten Keywords (vgl. Anhang) abgelegt werden. Diese Keywords werden normalerweise mit dem Abspeichern der Datei durch die Steuersoftware angelegt, sie können aber auch im Nachhinein mit Hilfe eines speziellen Editorprogramms verändert werden.

- Neben verschiedenen, das Speicherformat der Datei beschreibenden Keywords existieren auch solche, die Informationen zum Bildinhalt oder zu den Umständen der Aufnahme beinhalten. Prinzipiell könnte ein alle Möglichkeiten ausschöpfender Dateiheader sogar ein Beobachtungsbuch überflüssig machen. Der anhand der Rechneruhr

ermittelte Zeitpunkt des Aufnahmestarts, die Chiptemperatur sowie die Belichtungszeit werden hierbei automatisch abgelegt. Die Daten zu Objekt, Beobachter und Instrumentarium kann man ebenso manuell festlegen wie eventuelle Kommentare zur Aufnahme oder einer zu einem späteren Zeitpunkt erfolgten Bildbearbeitung.

- Das FITS-Format kann die Bilddaten sowohl in 8, 16 und 32Bit Graustufen, als auch in zwei Fließkommaformaten abspeichern. Bei Kameras mit einer von diesen Formaten abweichenden Bittiefe (12 bzw. 14Bit) werden die Daten normalerweise so gespeichert, dass nur die jeweiligen unteren Bits belegt werden. Manche Kamerahersteller wie z.B. Starlight Xpress spreizen die Daten aber auch durch Multiplikation mit einem entsprechenden Faktor so, dass die kompletten 16Bit ausgenutzt werden.

- Auch im Bereich der Amateurastronomie ist das FITS-Format inzwischen

○ Ein »Logbuch« für die Aufnahmedaten

Damit die genauen Umstände, unter denen ein bestimmtes Foto zustande gekommen ist, jederzeit nachvollziehbar sind, ist es ratsam, sich alle wichtigen Aufnahmeparameter direkt im Anschluss an die betreffende Aufnahme zu notieren. Nur so ist es später möglich eventuelle Fehlerquellen aufzuspüren und Verbesserungsmöglichkeiten zu erkennen. Notiert werden sollten auf jeden Fall alle für die Bildentstehung relevanten Daten:

- Datum
- Uhrzeit zu Aufnahmebeginn – hierbei ggf. auch die Zeitzone notieren (UT/MEZ/MESZ)
- Brennweite (bei durch ein Teleskop aufgenommenen Bildern evtl. genauere Daten zur Brennweitenverlängerung)

- Blende
- Belichtungszeit
- verwendete Detektorempfindlichkeit
- sonstige kamerabezogene Daten, wie z.B. Detektortemperatur bei gekühlten Kameras oder die Bildrate bei Videosequenzen mit der Webcam
- Art der Nachführung
- Aufnahmeort
- sonstige äußere Umstände, wie z.B. Umgebungstemperatur, Wind, Mondphase, störende künstliche Lichtquellen...

Ein Vorteil der digitalen Aufnahmetechnik ist, dass viele der in der Astrofotografie einsetzbaren Kameramodelle zumindest einige dieser Daten automatisch zusammen mit dem jeweiligen Bild abspeichern.

sehr weit verbreitet. Heute kann fast jede Steuersoftware und viele Bildbearbeitungsprogramme FITS einlesen und auch abspeichern.

- Während die im Dateiheader befindlichen Informationen für die meisten Anwender nur eine einfache Art der Protokollierung der eigenen Aufnahmen darstellen, greifen verschiedene auch für Amateure erhältliche Programme gezielt auf diese Daten zu. Vor allem im Bereich der Astrometrie und Photometrie werden so jedem Bild automatisch die für die Auswertung wichtigen Daten wie Aufnahmezeitpunkt und Belichtungsdauer zugeordnet.

Bildübertragung

Während Digitalkameras ihre Bilder üblicherweise auf einer kamerainternen Speicherkarte ablegen, müssen die von einer astronomischen CCD-Kamera erzeugten Daten zur Auswertung und Weiterbearbeitung direkt auf einen Computer übertragen werden. Soll eine Digitalkamera jedoch mittels Rechner fokussiert oder ferngesteuert werden, ist auch bei ihr eine direkte Datenverbindung zwischen Kamera und Rechner notwendig. Die Datenübertragung erfolgt in der Regel über eine der in Tabelle 12 aufgeführten Schnittstellen. Einige dieser Schnittstellen sind heute bereits standardmäßig in einem Computer eingebaut, andere müssen erst nachträglich, z.B. mit Hilfe von Steckkarten oder Kabeladaptern, installiert werden.

Die Dauer der Bilddatenübertragung zwischen Kamera und Computer ist hauptsächlich von der Datenübertragungsrate der Schnittstelle abhängig. Es ist also auf jeden Fall vorteilhaft, sich direkt für eine der schnelleren Schnittstellen zu entscheiden. Hierbei darf aber nicht außer Acht gelassen werden, dass sehr hohe Datenraten aufgrund ihrer Anfälligkeit gegenüber Störungen von außen meist nur mit sehr geringen Kabellängen realisiert wer-

Tabelle 12: Die Leistungsdaten der verschiedenen Schnittstellen im Vergleich. Sowohl die serielle RS-232 als auch die parallelen Schnittstellen dienen heute meist nur noch der Übertragung von Steuerimpulsen zur Kamera.

Schnittstelle	max. Kabellänge	max. Datendurchsatz
Seriell RS-232	25m	0,014MB/s
Standard-Parallel	2m	0,15MB/s
Parallel EPP	10m	<2MB/s
Parallel ECP	10m	>2MB/s
USB 1.1	5m	1,5MB/s
USB 2.0	4,5m	12,5 bis 40MB/s
Fire Wire (IEEE 1394)	4,5m	12,5 bis 40MB/s
Ethernet (Koaxialkabel)	185m	max. 1,25MB/s
Ethernet (RJ-45 Kabel)	100m	max. 12,5MB/s

den können. Da Kameras fest mit dem Teleskop verbunden werden und sich somit im Verlauf einer Beobachtungsnacht bei Schwenks über den Himmel auch entsprechend mitbewegen, sollte die Kabelverbindung auf keinen Fall zu kurz gewählt werden. In der Praxis hat sich gezeigt, dass die Länge des Verbindungskabels zwischen Kamera und Rechner mindestens drei Meter, besser noch fünf Meter betragen sollte.

Doch nicht nur die Länge des Verbindungskabels, auch sein interner Aufbau ist wichtig, wenn es um die Eignung einer Schnittstelle für den Betrieb einer Kamera am Teleskop geht. Kabel, die gegen äußere Störungen mit einer integrierten Abschirmung versehen sind, sind meist schwer und steif. Je nachdem, wie das Kabel an der Kamera befestigt ist, kann dies zu einer nicht zu unterschätzenden Zugbelastung am Okularauszug des Teleskops führen. Doch auch Kabel, die im Geschäft bei Raumtemperatur noch äußerst biegsam waren, können bei Minusgraden schnell unflexibel werden. In beiden Fällen muss mittels geeigneter Zugentlastung dafür gesorgt werden, dass das Gewicht des Kabels nicht noch zusätzlich zum Gewicht der Kamera am Okularauszug zieht.

Abgesehen davon, dass nicht jede Kamera mit jedem Anschluss lieferbar ist, hängt die Entscheidung für eine bestimmte Schnittstelle letztendlich davon ab, an welchem Rechner die Kamera betrieben werden soll. Nicht unerheblich ist hierbei auch, ob die Kamera stationär in einer Sternwarte oder aber mobil betrieben werden soll. Während für den stationären Betrieb prinzipiell jede Art von Rechner verwendet werden kann, kommen für den mobilen Einsatz in der Regel nur Notebooks in Betracht. Ein normaler Desktop- oder Tower-PC kann zwar auch mobil genutzt werden, der ständige Auf- und Abbau der vielen Einzelkomponenten (Gehäuse, Monitor, Tastatur, Maus, etc.) und des damit meist verbundenen Kabelsalates schmälern auf Dauer die Freude am Beobachten. Abgesehen davon darf nicht vergessen werden, dass sowohl der PC als auch der Monitor für den Betrieb mit 220V Wechselspannung ausgelegt sind. Der Einsatz an einer Autobatterie ist aber trotzdem möglich. Es wird hierfür jedoch ein Konverter benötigt, der die 12V Gleichspannung der Batterie in 220V Wechselspannung umsetzt.

Generell sollte bedacht werden, dass der verwendete Rechner, egal ob er sich nun in einer Sternwarte befindet oder nicht, der meist feuchten und oftmals auch sehr kalten Nachtluft ausgesetzt ist. Vor allem die aktuellen schnellen Rechner haben mit diesen Betriebsbedingungen ihre Probleme. Die Leseköpfe der modernen großen Festplatten besitzen oftmals so geringe Positioniertoleranzen, dass diese ab einer bestimmten Temperatur bzw. bei größeren Temperaturänderungen nicht mehr eingehalten werden können – es kommt zu Schreibfehlern und damit verbunden meist auch zu Systemabstürzen. Auch Displays mit Flüssigkristallanzeige, wie sie heute bei fast allen Notebooks eingesetzt werden, werden bei Minusgraden zunächst träge bzw. frieren irgendwann regelrecht komplett ein.

Ältere Rechner sind wesentlich weniger anspruchsvoll, sie verfügen aber auch nicht über die neuste Schnittstellentechnologie. Die fehlende Rechenleistung ist gar nicht ausschlaggebend, solange mit dem Rechner nur die Kamera gesteuert werden soll – die Daten aus der Kamera also nur ausgelesen, aber nicht weiterbearbeitet werden sollen.

Während die ersten CCD-Kameras für den Amateurbereich noch über die serielle Schnittstelle betrieben wurden, setzte sich bei den meisten Herstellern sehr bald die parallele Schnittstelle durch. Seit sich jedoch die wesentlich schnellere USB 2.0-Verbindung bei fast allen PC-Zusatzgeräten durchgesetzt hat, bieten auch die Hersteller von CCD-Kameras ihre Produkte fast nur noch mit dieser Schnittstelle an.

Soll die Entfernung zwischen Kamera und Steuerrechner größer als die in Tabelle 12 angegebenen Maximalwerte sein, ist eine sichere Datenübertragung nur noch über Netzwerkkabel möglich. Im Normalfall wird hierzu ein Netzwerk mit mindestens einem weiteren Rechner benötigt, an dem die Kamera direkt angeschlossen wird und auf dem auch die Steuersoftware der Kamera läuft. Mit Hilfe einer entsprechenden Remote-Software wie Virtual Network Com-

TIPP

Abgesehen von den sehr teuren Industrie-PCs sind Computer normalerweise nicht für den Außeneinsatz geeignet. Vor allem die meist niedrigen Nachttemperaturen zusammen mit der nicht zu unterschätzenden Luftfeuchtigkeit können hier sehr schnell zu Störungen führen: Festplatten versagen ihren Dienst, LCD-Displays frieren ein. Da ein Computer jedoch im Betrieb eine sehr starke Abwärme produziert, kann man sich dies zunutze machen, indem man den kompletten Rechner in ein möglichst kleines Gehäuse einbaut.

Als sehr praktisch haben sich auch Heizmatten erwiesen, wie sie z.B. als Terrarienheizung in Zoofachgeschäften erhältlich sind. Sie werden unter den Computer gelegt bzw. von hinten am LCD-Display befestigt. Der Nachteil an diesen Heizungen ist allerdings, dass sie nur für den Betrieb mit 220V erhältlich sind. Für den mobilen Einsatz kommen sie also in der Regel nicht in Frage.

ABBILDUNG 52
CCD-Kamera

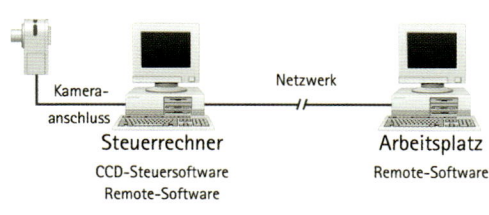

Kameraanschluss — Steuerrechner — Netzwerk — Arbeitsplatz
CCD-Steuersoftware Remote-Software / Remote-Software

CCD-Kamera

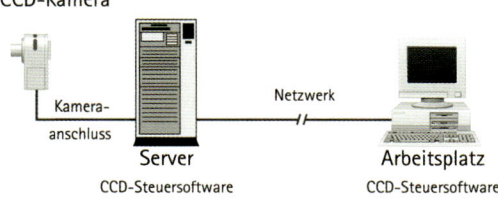

Kameraanschluss — Server — Netzwerk — Arbeitsplatz
CCD-Steuersoftware / CCD-Steuersoftware

CCD-Kamera

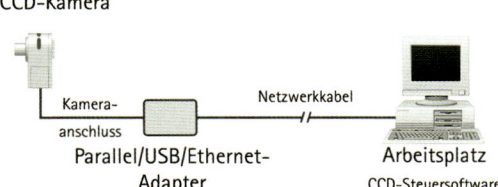

Kameraanschluss — Parallel/USB/Ethernet-Adapter — Netzwerkkabel — Arbeitsplatz
CCD-Steuersoftware

ABBILDUNG 52: Die verschiedenen im Text beschriebenen Methoden, eine CCD-Kamera in einem Netzwerk zu betreiben.

puting von AT&T oder pcAnywhere von Symantec wird dieser Computer dann über das Netzwerk ferngesteuert.

Die Firma SBIG bietet eine spezielle Serversoftware für ihr Steuerprogramm an, so dass die Kamera auch ohne Remote-Software über das Netzwerk angesprochen werden kann. Ältere, noch über die parallele Schnittstelle betriebenen SBIG-Kameras können alternativ auch über eine so genannten »Parallel/Ethernet adapter box« betrieben werden. Das von der Kamera kommende Signal wird hierbei von der Box ohne den Umweg über einen zweiten Rechner direkt über ein RJ-45 Netzwerkkabel übertragen.

Wird eine CCD-Kamera über ein Netzwerkkabel betrieben, wird die maximale Übertragungsrate von der langsamsten der verwendeten Datenverbindungen bestimmt!

Sensorreinigung

Früher oder später werden sich auf der Oberfläche jedes digitalen Bildsensors kleine Partikel ablagern, die sich auf den Bildern in Form unschöner dunkler Flecke zeigen. Fast immer handelt es sich hierbei um Staub und Fussel, die von außen in die Kamera eindringen. In einigen seltenen Fällen kann es sich jedoch auch um Abrieb vom Kameraverschluss handeln. Da sich Bildsensoren im Betrieb statisch aufladen, haften solche Verunreinigungen meist sehr gut auf der Chipoberfläche.

ABBILDUNG 53

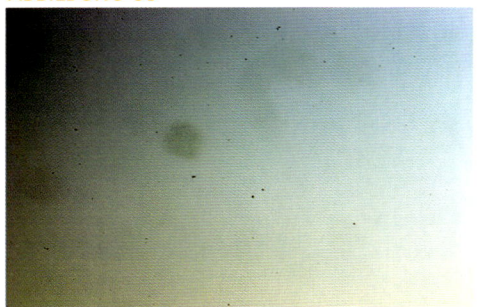

Verglichen mit anderen Bautypen sind Kameramodelle mit fest eingebautem Objektiv, wie z.B. Sucherkameras, nur relativ

Kameras mit integriertem Staubschutzfilter oder eingebauter Sensorreinigungsfunktion

Als einzige Hersteller von Kameras mit Wechseloptiken haben die Firmen Pentax und Sigma einen serienmäßig in den kameraseitigen Objektivanschluss integrierten Staubschutzfilter entwickelt. Eine ähnliche Wirkung haben die (Austausch-) IR-Sperrfilter von Hutech, die ebenfalls in den kameraseitigen Objektivanschluss eingesteckt werden. Bei allen anderen digitalen Spiegelreflexkameras liegen die Sensoren während der Belichtung offen und sind damit dem Eindringen von Staub und anderen Fremdkörpern ausgesetzt.

Während die Sensorreinigung normalerweise manuell durchgeführt werden muss, haben die Firmen Canon und Olympus für einige ihrer Kameras ein in das Kameragehäuse integriertes Ultraschallreinigungssystem entwickelt. Es befindet sich zwischen Verschluss und Bildsensor. Die vom Aufnahmechip abgeschüttelten Partikel fallen auf eine Folie, auf der sie dann haften bleiben sollen. Die automatisch bei jedem Kamerastart ausgeführte Funktion kann auch jederzeit manuell aktiviert werden.

selten von diesem Problem betroffen. Ihr Bildsensor befindet sich im Kamerainneren in einem verhältnismäßig staubdicht abgeschlossenen Raum. Weil zudem viele dieser Kameras über einen »electronic Shutter« verfügen, kann bei ihnen auch kaum Abrieb von mechanischen Bauteilen entstehen. Sollte sich allerdings doch einmal ein Schmutzpartikel auf den Sensor verirren, wird seine Unzugänglichkeit für den Anwender schnell zum Nachteil, da er nur vom Hersteller nach vorheriger Zerlegung der Kamera gereinigt werden kann.

Kameras, deren Objektiv entfernt werden kann, sind naturgemäß stärker von Verschmutzungen der Sensoroberfläche betroffen. Diese Tatsache sollte jedoch nicht überbewertet werden: Fremdkörper können beispielsweise beim Objektivwechsel einer Spiegelreflexkamera zwar in das Innere der Kamera gelangen, ein sofortiges Ablagern auf dem Chip ist jedoch dank des vor dem Sensor liegenden Verschlusses und des Schwingspiegels nicht möglich. Eine Ablagerung auf dem Chip ist nur bei geöffnetem Verschluss – also nur während der Belichtung – möglich. Es wird daher meist einige Zeit (typischerweise mehrere Monate) dauern, bis sich so viele Fremdkörper angesammelt haben, dass eine Reinigung des Aufnahmechips notwendig wird.

Doch was macht man, wenn man die Kamera nicht zum Herstellerservice geben will oder kann? Gerade astrofotografische Exkursionen führen schließlich nicht selten in Regionen der Erde, wo der Weg zur nächsten Vertragswerkstatt weit ist, so dass die Kamera am besten sofort vor Ort gereinigt werden muss.

Damit der Aufnahmesensor für die Reinigung frei liegt, muss zunächst das Kameraobjektiv entfernt werden. Der Sensor wird dann nur noch vom Verschluss und, im Fall einer Spiegelreflexkamera, vom Schwingspiegel verdeckt. Prinzipiell würde es daher ausreichen, die Kamera auf Dauerbelichtung (»B«-Belichtung) zu schalten. Nachteil bei dieser Vorgehensweise ist jedoch, dass der Chip hierbei »aktiv« ist. Er wird sich daher statisch immer mehr aufladen, wodurch der Staub, den man ja eigentlich entfernen möchte, besonders effektiv angezogen wird. Ein viel gravierender Nachteil dieser Vorgehensweise ist, dass Verschluss und Spiegel nur so lange offen bleiben, wie der Auslöser gedrückt ist. Es sollte also auf jeden Fall ein arretierbarer Fernauslöser verwendet werden.
Wesentlich sicherer ist die Verwendung der bei den meisten Kameramodellen über das Menü zu aktivierenden Reinigungsfunk-

⟨⟩ Bei der Reinigung bitte nicht übertreiben!

Wie bei jeder Optikreinigung sollte auch bei der Sensorreinigung immer bedacht werden, dass keine Oberfläche jemals »perfekt« sauber sein kann! Auch die Verschmutzung des Aufnahmechips kann daher durch eine Säuberung immer nur auf ein »akzeptables Niveau« gesenkt werden. Die durch die dann noch verbleibenden Verunreinigungen hervorgerufenen Bildfehler lassen sich zumindest bei Astrofotos normalerweise aber durch ein gutes sog. Flatfieldbild (vgl. Kapitel »Flatfield«) ohne Probleme beseitigen. Man sollte eine solche Reinigung also nach Möglichkeit nur dann vornehmen, wenn sich die entstehenden Fehler durch ein Flatfield nicht mehr zufriedenstellend beseitigen lassen.

tion. Auch sie löst prinzipiell eine Langzeitbelichtung aus, jedoch bleibt dabei der Chip deaktiviert. Als Schutz gegen ungewolltes Schließen des Verschlusses kann die Reinigungsfunktion nur durch Ausschalten der Kamera beendet werden. Eine vorzeitige Beendigung aufgrund leerer Kameraakkus vermeiden viele Hersteller dadurch, dass die Reinigungsfunktion nur dann aktiviert werden kann, wenn die Kamera über ein Netzteil betrieben wird.

Prinzipiell können fünf verschiedene Reinigungsmethoden unterschieden werden, die zur Erzielung eines möglichst optimalen Ergebnisses in ihrer Anwendung auch kombiniert werden können. Generell sollten alle Arbeitsschritte in einer möglichst staubfreien Umgebung erfolgen. Die Chip-Oberfläche sollte nie mit den Fingern oder anderen Gegenständen außer den Reinigungsgeräten selbst berührt werden. Jeder mechanische Kontakt kann das Deckglas schließlich verkratzen bzw. das unvermeidliche Hautfett kann die Vergütungen der Oberfläche

TIPP

Sollte die Kamera bei der Reinigung durch den Benutzer beschädigt werden, fallen diese Schäden nicht unter die Garantie des Kameraherstellers! In den Bedienungsanleitungen der meisten Kameras wird daher auch meist explizit darauf hingewiesen wird, dass der Aufnahmesensor sehr empfindlich sei und (wenn überhaupt) durch den Benutzer nur berührungslos gereinigt werden darf.
Will man auf Nummer sicher gehen, sollte eine Sensorreinigung nur über die Servicewerkstatt des betreffenden Kameraherstellers durchgeführt werden. Abgesehen davon, dass die Kamera zum Hersteller eingeschickt werden muss, dauert eine professionelle Reinigung allerdings meist einige Tage und schlägt dann, auch ohne Transportkosten, mit bis zu 80 Euro zu Buche. Dafür kann man davon ausgehen, dass nur die richtigen Werkzeuge und Chemikalien zum Einsatz kommen. Sollte der Sensor trotzdem durch die Reinigung beschädigt werden, leistet der Hersteller kostenlosen Ersatz.
Die Anwendung aller im Folgenden vorgestellten Methoden zur Sensorreinigung geschehen auf eigene Gefahr! Verlag und Autoren übernehmen für eventuell auftretende Schäden keine Haftung.

angreifen. Beim Umgang mit CCD- oder CMOS-Chips sollten, wenn überhaupt, nur antistatische Handschuhe ohne Talkumpulver getragen werden, da dieses sich ansonsten sehr leicht direkt wieder auf dem Chip ablagert.

- **Abblasen:** Mit Hilfe eines ausreichend starken Luftstroms lassen sich loser Staub und Dreck einfach und berührungsfrei von der Sensoroberfläche entfernen. Gut bewährt haben sich für diese Art der Reinigung talkumfreie Klistierspritzen aus der Apotheke und die speziell zu diesem Zweck angebotenen Blasebalge aus dem Fotozubehör.

  Auf keinen Fall sollte der Sensor mit dem Mund angepustet werden, da hierbei immer Speichel auf den Sensor gelangt. Auch Druckluft in Sprühdosen sollte nicht verwendet werden. Sie besteht meist aus verflüssigtem Butan- oder Propangas, welches bei schräg gehaltener Dose in Form von Tröpfchen austreten kann. Während kleinere Spritzer nur den Sensor verschmieren, können größere Mengen auf dem Sensor gefrieren und ihn im schlimmsten Fall sogar beschädigen. Druckluft aus Kompressoren ist häufig mit Öl kontaminiert.

  Die Kamera sollte während des Abblasens mit der Sensorfläche nach unten gehalten werden. Der abgelöste Staub kann so direkt aus dem Kameragehäuse heraus fallen und sich nicht sofort wieder auf dem Sensor ablagern. Nachteilig an dieser Reinigungsmethode ist, dass durch den Luftstrom auch sämtlicher sonstiger Staub und Dreck im Kamerainneren aufgewirbelt wird. Der Sensor zeigt dann unter Umständen nach der vermeintlichen »Reinigung« mehr dunkle Flecken als vorher.

- **Absaugen:** Alternativ zum Abblasen kann der Sensor auch abgesaugt werden. Der Vorteil hierbei ist, dass der einmal vom Sensor abgelöste Dreck wirklich aus dem Kameragehäuse entfernt wird und sich somit nicht erneut

ablagern kann. Sinnvoll kann auch eine Kombination aus Abblasen und -saugen sein: Der beim Blasen aufgewirbelte Dreck wird hierbei direkt aus dem Kameragehäuse heraus gesaugt.

  Beim Absaugen mit einem normalen Haushaltsstaubsauger ist höchste Vorsicht geboten, da die sehr stake Sogwirkung im schlimmsten Fall zu Schäden am Kameraverschluss führen kann. Wenn überhaupt sollten Haushaltssauger daher nur bei gedrosselter Saugleistung und mit kleinen Vorsatzdüsen verwendet werden. Deutlich gefahrloser ist die Reinigung mit einem Mini-Staubsauger oder den in vielen Elektronikfachmärkten erhältlichen Tastatur-Saugern.

- **Trocken abpinseln:** Nicht zu stark festsitzende Verunreinigungen lassen sich mit einem Pinsel von der Sensoroberfläche entfernen. Am besten eignen sich hierzu Pinsel aus Nylonfasern, da sie sich statisch aufladen und den so gelösten Staub binden. Pinsel aus Echthaar sind dagegen aufgrund der fehlenden statischen Aufladung für die Sensorreinigung ungeeignet. Es besteht vielmehr sogar die Gefahr, dass sie beim Wischen aufgrund von Spliss neue Verunreinigungen auf dem Sensor hinterlassen.

  Neben speziellen Reinigungspinseln aus dem Fotozubehör, die in ihren Dimensionen teilweise sogar an die Größe der gängigen Sensoren angepasst sind, können auch viele der meist deutlich preiswerteren Pinsel aus dem Kunst- bzw. Kosmetikbedarf verwendet werden.

- **Feucht abwischen:** Über den Fotohandel können spezielle Nassreinigungssets bezogen werden. Der Sensor wird dabei mit einem in Reinigungsflüssigkeit getränkten weichen Tuch gereinigt, welches um einen an die Sensorgröße angepassten Kunststoffspachtel gewickelt wird. Die Wischrichtung während der Reinigung muss immer die gleiche sein!

Die von einigen Firmen auch separat erhältlichen Reinigungstücher können alternativ mit einen Einweg-Plastikeislöffel geführt werden. Von Metallgegenständen wie Spatel oder Pinzetten zum führen des Tuches ist dagegen abzuraten, da sie bei Kontakt sofort Kratzer auf dem Sensor hinterlassen würden. Bei der Reinigungsflüssigkeit handelt es sich üblicherweise um das für den Menschen giftige Methanol, so dass bei der Reinigung unbedingt die entsprechenden Hinweise für den sicheren Umgang eingehalten werden sollten.

Deutlich preiswerter und vor allem auch ungefährlicher ist die vielfach vorgeschlagene Reinigung des Sensors mittels handelsüblicher Wattestäbchen und 100%-igem Isopropanol. Hierbei ist jedoch zu bedenken, dass in den Wattestäbchen eventuell bereits Staub eingeschlossen sein könnte, welcher dann beim Wischen großflächig über den Sensor verteilt wird. Im Gegensatz zu Methanol hat Isopropanol zudem die Tendenz, Wasser aus der umgebenden Luft zu binden, was dann beim Trocknen zu einer deutlichen Schlierenbildung führt.

- **Trocken abwischen:** Zur Trockenreinigung der Sensoroberfläche lassen sich Brillen- oder Optikputztücher verwenden. Auch hierbei sollte das Tuch, analog zur Nassreinigung, mit den bereits kennengelernten speziellen Kunststoffspachteln oder -eislöffeln über den Sensor geführt werden. Auch bei der Trockenreinigung sollte die Wischrichtung immer die gleiche sein!

Von dem vielfach zur Sensorreinigung empfohlenen »SpeckGRABBER«, einer Art Stift mit klebriger Gummispitze, ist nach Meinung der Autoren eher abzuraten. Um die einzelnen Staubteilchen vom Sensor »wegzustempeln« braucht man nicht nur Adleraugen – spätestens beim zweiten Einsatz hinterlässt der »Grabber« zudem selbst Schmierspuren auf dem Sensor.

Sucht man im Internet unter dem Begriff »Sensorreinigung« stößt man auf weitere, teilweise sehr kuriose Methoden dem Dreck auf dem Aufnahmechip zu Leibe zu rücken:

- **Reinigung mittels »Discofilm«:** Discofilm wurde eigentlich zur Säuberung von Schallplatten entwickelte. Die durchsichtige, wasserlösliche Flüssigkeit mit der Viskosität von Honig wird auf den Chip aufgetragen und trocknet innerhalb einer Stunde ein. Sie bildet hierbei eine dünne Folie, in die alle Schmutz- und Staubpartikel eingeschlossen sind und somit beim Abziehen der Folie mit entfernt werden.

- **Reinigung mittels »Scotch Magic Tape 810«:** Dieses Klebeband lässt sich, zumindest scheinbar, rückstandsfrei entfernen. Beim vorsichtigen Aufkleben des Tapes auf die Sensoroberfläche bleiben alle Verunreinigungen in der Klebeschicht haften und werden somit mit dem Klebeband abgezogen.

Regeneration des Trockenmittels

Damit die einwandfreie Funktion einer astronomischen CCD-Kamera gewährleistet ist, muss das Kamerainnere ausreichend trocken sein.

Das Innere einer CCD-Kamera wird meist durch Trockenmittelpatronen von Wasserdampf befreit. Das in diesen Patronen normalerweise enthaltene Silicagel (SiO_2) ist ein Kieselgel, also eine amorphe Kieselsäure in festem Zustand, die chemisch mit Glas verwand ist. Aufgrund seiner großen Oberfläche von bis zu 800m²/g kann dieses Makromolekül große Mengen von Wassermolekülen als Kristallwasser speichern.

Das eigentlich farblose Silicagel wird sehr oft eingefärbt. Hierfür verwendet man normalerweise Kobaltchlorid, das dabei gleichzeitig auch als Indikator für den Feuchtigkeitsgehalt dient. Im trockenen Zustand erscheint das Silicagel dann dunkelblau, weshalb man auch oft die Bezeichnung »Blaugel« in der Literatur findet. Bei Sättigung mit Wasser ist es blassrosa. Ist das

LINKS
Reinigungszubehör

Sensor Brush
Visible Dust
www.visibledust.com

The Pixel Sweeper
P. Sulonen
www.prime-junta.net/pont/How_to/a_Brush_Your_Sensor/a_Brush_Your_Sensor.html

SensorWand
Micro-Tools Europe GmbH
www.micro-tools.de

Sensor Swab
Photographic Solutions, Inc.
www.photosol.com

SpeckGrabber
Kaiser Fototechnik GmbH & Co. KG
www.kaiser-fototechnik.de

LINKS
Sicherheitsdatenblatt Methanol
www.methanex.com/products/documents/MSDS_EUdeutsch.pdf

Sicherheitsdatenblatt Isopropanol
www.ruhr-uni-bochum.de/tdg/isoprop.pdf

LINKS
Sicherheitsdatenblatt Silicagel
Merck KgaA (2001)
**chemdat.merck.de/documents/sds/
emd/deu/de/1019/101925.pdf**

Silicagel mit Wasser gesättigt, kann man es durch Verdampfung wieder entwässern. Man spricht in diesem Fall auch vom »Regenerieren«.

Grundsätzlich könnte man die Regeneration des Trockenmittels durch den Händler durchführen lassen. Da hierfür jedoch in der Regel keine größeren mechanischen Eingriffe in die Kamera erforderlich sind, kann diese Tätigkeit durchaus auch vom Benutzer selbst vorgenommen werden.

Obwohl beim sachgemäßen Umgang mit eingefärbtem Silicagel keine direkte Lebensgefahr besteht, sollte man trotzdem ausreichend Vorsicht walten lassen. Wie seit November 2000 im überarbeiteten Sicherheitsdatenblatt zu Silicagel zu lesen ist, wird das als Farbindikator zugesetzte Kobaltchlorid inzwischen als potentiell krebserregend beim Einatmen eingestuft! Als Ersatzmaterial wird das bislang als unbedenklich geltende »KC Trockenperlen Orange« der Fa. Engelhard vorgeschlagen. Auch dieses Trockenmittel besitzt einen Farbindikator, der einen Umschlag von orange (trocken) nach farblos zeigt. Es ist daher also anzuraten, bei der nächsten Regeneration das bisherige Trockenmittel komplett auszutauschen.

Um das in einer CCD-Kamera enthaltene Trockenmittel zu regenerieren, muss zunächst die Trockenmittelpatrone aus dem Kamerakopf entfernt werden. Wie dies bei einer bestimmten Kamera geschieht, ist in der jeweiligen Bedienungsanleitung nachzulesen. Als nächstes wird das Silicagel aus der Patrone entnommen und in eine ausreichend große, hitzebeständige Schale gegeben. Wenn man den Gummidichtring (O-Ring) von der mit Silicagel gefüllten Trockenmittelpatrone abnimmt, kann man diese auch alternativ im Backofen austrocknen, ohne das Silicagel herauspulen zu müssen.

Für das eigentliche Entfeuchten gibt es zwei Vorgehensweisen:

- Das Trockenmittel in einer Schale bei etwa 120°C für ca. eine Stunde in den Backofen stellen.
- Trocknung in der Mikrowelle. Bei 600W werden so auch größere Mengen Silicagel in knapp 10 Minuten wieder aufbereitet (Achtung: funktioniert nur ohne Metall-Trockenmittelpatrone).

In beiden Fällen ist dabei unbedingt zu beachten, dass der verwendete Behälter während des Trockenvorgangs sehr heiß werden kann und daher nur mittels einer Zange oder aber hitzebeständigen Handschuhen anzufassen ist!

Nach einer kurzen Abkühlzeit kann das Silicagel dann wieder in die Patrone eingefüllt und diese anschließend wieder in die Kamera eingebaut werden.

Die hier beschriebene Vorgehensweise funktioniert übrigens mit jedem Trockenmittel! Auch die in vielen SBIG-Kameras als Trockenmittel enthaltenen graubraunen Kügelchen können auf diese Weise regeneriert werden. Nach dem Herausschrauben der Trockenmittelpatrone muss nur noch das die Patrone abschließende Stückchen Drahtgaze mit einer Pinzette entfernt werden, damit das Trockenmittel entnommen werden kann. Nach der Trocknung erfolgt der Zusammenbau in umgekehrter Reihenfolge. Hierbei ist darauf zu achten, dass die Drahtgaze wieder fest in der Patronenöffnung steckt. Ansonsten kann das Trockenmittel in das Innere der Kamera gelangen und sich u.a. auf dem CCD-Chip ablagern. Bei der Reinigung der optischen Komponenten einer gekühlten CCD-Kamera muss zwischen dem optischen Fenster und dem eigentlichen CCD-Chip unterschieden werden. Während das optische Fenster problemlos mit der unter »Reinigung optischer Oberflächen« beschriebenen Methode gesäubert werden kann, sollten beim CCD-Chip nur die im Kapitel »Sensorreinigung« (Seite 66) beschriebenen Reinigungsmethoden angewandt werden.

OPTIK

Kameraobjektive
Objektivtypen

Tabelle 13: Brennweite und diagonaler Bildwinkel der gebräuchlichen Normalobjektive für die verschiedenen Sensorformate	
APS-C	Vollformat
35mm (42,9°)	50mm (46,8°)

Speziell für Spiegelreflexkameras werden Wechselobjektive angeboten. Je nach Kamerahersteller und -modell hat der Fotograf so nicht selten die Auswahl unter mehr als hundert verschiedenen Objektivmodellen. Wer bei seiner Ausrüstung ein Maximum an Qualität wünscht, sollte zu teilweise deutlich teureren Originalobjektiven greifen. Bei vergleichbaren technischen Daten stellen die Fremdobjektive, also Optiken von Firmen, die Objektive für verschiedene Kameraanschlüsse liefern, eine preiswerte, jedoch mit einer minimalen Qualitäts- und/oder Ausstattungseinbuße verbundene Alternative dar.

Normal- oder Standardobjektive

Objektive, deren Brennweite in etwa der Länge der verwendeten Chipdiagonalen entspricht, nennt man Normal- oder Standardobjektiv. An dem entsprechenden Sensorformat verwendet, geben diese Objektive in etwa den Bildausschnitt in der Formatdiagonalen wieder, den auch das menschliche Auge mit einem Blick erfasst (~50°).

ABBILDUNG 54

Vor der massenhaften Verbreitung der Zoomobjektive wurden Spiegelreflexkameras meist zusammen mit einem Normalobjektiv verkauft. Die Bildqualität dieser Objektive ist im Allgemeinen sehr gut, da sie auf die längste Entwicklungsgeschichte zurückblicken können. Normalobjektive sind optisch recht einfach (meist symmetrisch) aufgebaut. Aus diesem Grund können sie auch relativ problemlos mit sehr großer Blendenöffnung hergestellt werden. Als Standard haben sich heute Lichtstärken von 1,4 bis 1,7 durchgesetzt. Fast alle großen Kamerahersteller bieten für den professionellen Einsatz jedoch auch extrem lichtstarke Konstruktionen mit maximalen Blendenzahlen von bis zu 1,0 an.

Bedingt durch ihre hohen Stückzahlen waren Normalobjektive mittlerer Lichtstärke früher die preiswertesten Objektive. Heute haben sie diese Position an die lichtschwachen Zoomobjektive, die meist zusammen mit einer Kamera als sog. »Einsteigerset« angeboten werden, verloren. Verglichen mit anderen festbrennweitigen Objektiven sind sie aber immer noch günstig.

Weitwinkelobjektive

Objektive mit Brennweiten kürzer als die »Normalbrennweite« werden als Weitwinkelobjektive bezeichnet.

Die meisten Weitwinkelobjektive sind korrigierte, rectilineare Weitwinkel. Ihre Optik ist so konstruiert, dass gerade Linien auch auf dem aufgenommenen Bild als Geraden wiedergegeben werden. Obwohl die Aufnahmen auf den ersten Blick unverzerrt wirken, lassen sich jedoch vor allem zwei bauarttypische Merkmale konstruktiv nicht verhindern:

- mit kürzer werdender Brennweite tritt aus geometrischen Gründen eine immer stärker werdende Vignettierung auf

ABBILDUNG 54: Ein 50mm/Blende 2,8-Normalobjektiv für das Vollformat – hier als Makroobjektiv.

- außerhalb der Bildmitte befindliche Kreise werden zu den Ecken hin oval verzerrt wiedergegeben

Normalerweise entspricht der Abstand zwischen der Hauptebene des Objektivs und der Bildebene gerade der Brennweite. Im Fall einer Spiegelreflexkamera muss jedoch zwischen Objektiv und Bildebene noch genug Platz für den Schwingspiegel verbleiben. Die ersten Weitwinkelobjektive waren daher in Abhängigkeit vom Kameragehäuse auf Brennweiten von minimal ca. 40mm beschränkt.

Erst die 1931 erfundene Retrofokusbauweise erlaubte es, den Abstand zwischen der letzten Linse und dem entstehenden Bild (die sog. »Schnittweite«) zu vergrößern, ohne hierbei auch seine Brennweite zu verändern. Die Schnittweite kann hierbei sogar wesentlich größer als die Brennweite werden. In Abhängigkeit von der Brennweite und ihrem Einsatzbereich in der allgemeinen Fotografie unterscheidet man verschiedene Klassen von Weitwinkelobjektiven:

- Objektive mit einer leichten bis mittleren Weitwinkelbrennweite bezeichnet man häufig als Standardweitwinkel- oder Reportageobjektiv. Bezogen auf die jeweilige Normalbrennweite bilden diese Objektive mit einem maximalen diagonalen Bildwinkel von ca. 75° bereits ein deutlich größeres Bildfeld ab, wobei sich ihre weitwinkeltypischen Verzeichnungen aber noch in Grenzen halten.

optische Eigenschaften auf. Für den professionellen Reportageeinsatz werden diese Objektive auch mit größeren Lichtstärken von bis zu 1,4 gefertigt, was den Preis entsprechend ansteigen lässt. Wie Tests gezeigt haben, müssen diese Objektive aber teilweise deutlich abgeblendet werden, damit sie auch in der Astrofotografie eine annehmbare Bildqualität liefern. Die erhöhte Lichtstärke kann hier also meist gar nicht ausgenutzt werden.

- Alle Weitwinkelobjektive mit Bildfeldern von über 75° in der Formatdiagonalen werden als Superweitwinkelobjektive bezeichnet. Solche Objektive werden in der allgemeinen Fotografie üblicherweise gezielt in der Kunst- und Naturfotografie eingesetzt, um spektakuläre Effekte durch die für diese Brennweite typischen Verzerrungen zu erzielen.

Tabelle 15: Brennweite und diagonaler Bildwinkel der gebräuchlichen Superweitwinkel für die verschiedenen Sensorformate

APS-C	Vollformat
14mm (89,0°)	14mm (114,2°)
17mm (77,6°)	17mm (103,7°)
	21mm (91,7°)
	24mm (84,1°)

Tabelle 14: Brennweite und diagonaler Bildwinkel der gebräuchlichen Standardweitwinkel für die verschiedenen Sensorformate

APS-C	Vollformat
21mm (66,4°)	28mm (75,4°)
24mm (59,6°)	35mm (63,5°)
28mm (52,3°)	

Standardweitwinkelobjektive mit einer mittleren Lichtstärke von 2,8 sind auch für den Hobbyfotografen noch erschwinglich und weisen meist auch für die Astrofotografie ausreichend gute

- Der wohl extremste Zweig der Weitwinkelobjektive sind die Fischaugenobjektive (engl.: Fisheye). Bei ihnen werden die Bildpunkte so auf den Film projiziert, dass ihr Abstand von der Bildmitte direkt proportional zum

ABBILDUNG 55: Weitwinkelobjektive: 8mm/Blende 4 Teilformat-Fischaugenobjektiv und 14mm/Blende 2,8-Superweitwinkel.

Bildwinkel ist. Aufgrund dieser Abbildungseigenschaften besitzen Fischaugenobjektive keinen Helligkeitsabfall zum Rand hin und aufgenommene Kreise bleiben exakt kreisförmig. Im Gegensatz zu den bisher vorgestellten Weitwinkelobjektiven werden jedoch alle nicht durch die Bildmitte laufenden geraden Linien zum Rand hin stark gekrümmt abgebildet, so als ob man die Reflexionen auf einer verspiegelten Kugel betrachtet. Dieser Effekt macht Fischaugenobjektive zwar für die kreative Fotografie interessant, ein Objektiv für den Standardgebrauch ist das Fischauge jedoch nicht.

Aufgrund ihrer relativ einfachen optischen Konstruktion sind Fischaugenobjektive deutlich weniger anfällig gegen interne Reflextionen. Obwohl sie nur in kleinen Stückzahlen gefertigt werden, sind sie meist preiswerter als in Bezug auf die Brennweite vergleichbare rectilineare Weitwinkelobjektive.

Prinzipiell wird zwischen zwei Hauptarten von Fischaugenobjektiven unterschieden:

- Vollformat-Fisheyes nutzen das komplette Sensorformat aus und bilden hierbei einen diagonalen Bildwinkel von 180° ab. Der Unterschied zum rectilinearen Weitwinkel fällt dem Betrachter bei vielen Motiven nur dann auf, wenn im Bild gerade Linien vorhanden sind, die nicht durch die Bildmitte laufen.

- Teilformat-Fisheyes bilden ein kreisförmiges Bild mit einem Bildwinkel von üblicherweise 180° ab. Sie sind seltener und zudem teurer als die Vollformat-Fisheyes. Aufgrund ihrer extremen Abbildungseigenschaften besteht die große Gefahr, dass sich der Effekt der ungewöhnlichen Darstellung schnell abnutzt.

Die Brennweite eines Fischaugenobjektivs gibt lediglich Auskunft über die

Tabelle 16: Brennweite und diagonaler Bildwinkel der gebräuchlichen Fischaugenobjektive für die verschiedenen Sensorformate. In der Tabelle sind nur Objektive aufgelistet, die speziell für das jeweilige Sensorformat gerechnet wurden.
Wird ein ursprünglich für größere Formate berechnetes Objektiv an einem kleinen Bildsensor verwendet, zeigt das Bild nur einen entsprechenden Ausschnitt. Während dies bei einem Vollformat-Fisheye auf den ersten Blick nicht auffällt, tritt bei einem für das Kleinbild- bzw. Vollformat berechneten Teilformat-Fisheye an einem APS-C-Sensor an den Längsseiten des Bildes ein Beschnitt auf.

APS-C	Vollformat
Vollformat	**Teilformat**
10,5mm (180,0°)	6mm (220,0°)
	7,5mm (180,0°)
	8mm (180,0°)
	10mm (180,0°)
	Vollformat
	15mm (180,0°)
	16mm (180,0°)

Abbildungsgröße von Gegenständen in der Bildmitte. Zum Bildkreisrand hin verkürzt sie sich bei allen Brennweiten auf theoretische 0mm.

In der Astrofotografie ist ein Fischaugenobjektiv überall da ideal einzusetzen, wo ein möglichst großes Himmelsgebiet auf einem Foto abgebildet werden soll. Als konkrete Anwendungsbereiche wären hier neben der Gesamtdarstellung des Milchstraßenbandes z.B. die Meteor- und Polarlichtfotografie zu nennen. Obwohl es einen kleineren Bildkreis besitzt, hat ein Teilformat-Fisheye den Vorteil, dass es wirklich den kompletten sichtbaren Himmel abbildet und nicht nur einen Ausschnitt mit einer Diagonalen von 180°.

Will man auf den Abbildungseffekt eines »echten« Fischaugenobjektivs nicht verzichten, scheut aber dessen hohe Anschaffungskosten, kann man sich alternativ auch eine sog. Fischaugenvorsatzlinse kaufen. Sie wird ähnlich einem Filter auf die Vorderseite eines 24mm- oder 28mm-Weitwinkelobjektivs aufgeschraubt. Die grundsätzlichen Abbildungseigenschaften einer solchen Vorsatzlinse sind identisch mit denen eines »echten« Fischaugenobjektivs, lediglich der Bildwinkel erreicht »nur« 150°. Da sie nicht speziell für den Aufsatz auf ein bestimmtes Objektiv gerechnet sind, vermindert sich die Randschärfe des Bildes bei Verwendung eines solchen Vorsatzes deutlich nach. Durch Schließen der Blende auf Werte zwischen 8 und 11 fallen diese Bildfehler zumindest bei der Landschaftsfotografie kaum noch auf. Für die Astrofotografie ist diese Vorgehensweise allerdings aufgrund der daraus resultierenden langen Belichtungszeiten nicht zu empfehlen. Wie die Praxis zeigt, sind die Ergebnisse jedoch bei Abblendung um ein bis zwei Blendenstufen durchaus noch akzeptabel.

📷
ABBILDUNG 56: Mit Hilfe einer entsprechenden Vorsatzlinse wird ein 28mm-Weitwinkelobjektiv zum Teilformatfischauge. Weil die Abbildungsqualität einer solchen Kombination bei voller Blendenöffnung unbrauchbar ist, sollte um mindestens ein bis zwei Blendenstufen abgeblendet werden. Während die Sterne in der Bildmitte (links oben) bereits punktförmig abgebildet werden, sind nur in den Randbereichen des Bildfeldes (links unten) mäßige Bildfehler sichtbar.
Die hier gezeigte Aufnahme zeigt die südliche Milchstraße vom Sternbild Schütze (links) bis zum Sternbild Achterschiff (rechts). Unterhalb der Bildmitte erkennt man den Kohlensack und die beiden hellen Hauptsterne des Sternbildes Centaurus. Am unterer Bildrand ist am Horizont die große Magellansche Wolke sichtbar. Belichtungszeit 1800s bei Blende 4,5 auf Fujicolor Superia 800. Aufnahmeort: Farm Okumitundu/Namibia.

sor) entspricht daher der jeweiligen Brennweite, wobei die Lichtstärke üblicherweise zwischen 5,6 und 11 liegt.

Im Gegensatz hierzu besteht ein Teleobjektiv im Wesentlichen aus einer positiv brechenden Linsengruppe (Sammellinse), der eine negativ brechende Linsengruppe (Zerstreuungslinse) nachgeschaltet ist. Durch diese Kombination wird eine deutlich kürzere Bauform als die Nenn-Brennweite ermöglicht. Aufgrund ihres komplexeren Aufbaus und vor allem dann, wenn die Frontlinsen aus Spezialglas gefertigt werden, können Teleobjektive deutlich lichtstärker als Fernobjektive konstruiert werden. In Abhängigkeit von der Brennweite sind heute daher maximale Blendenwerte

Tele- und Fernobjektive

Tele- und Fernobjektive zeichnen sich durch längere Brennweiten als die jeweilige Normalbrennweite des verwendeten Sensorformats aus.
Teleobjektive unterscheiden sich von den konstruktiv einfacheren Fernobjektiven alleine durch ihren optischen Aufbau: Ein Fernobjektiv ist meist nichts anderes als ein kleines, mit einer verstellbaren Blende versehenes Linsenteleskop (siehe auch: »Refraktor«). Seine Baulänge (gemessen von der Frontlinse bis zum Aufnahmesen-

zwischen 1,2 und 5,6 üblich. Aufgrund der besonders bei den lichtstarken Konstruktionen benötigten großen Frontlinsendurchmesser erreichen die Preise mit steigender Brennweite dann allerdings schnell den vier- oder gar fünfstelligen Eurobereich.
Anhand ihres Bildwinkels bzw. des klassischen Verwendungszwecks in der allgemeinen Fotografie werden drei prinzipielle Klassen von Teleobjektiven unterschieden:
- Teleobjektive mit minimalen diagonalen Bildwinkeln von bis zu ca. 20° werden aufgrund ihrer, vom Betrachter als angenehm verzerrungsfrei empfun-

◊ Die Wundertüte

Ein unter Fotoamateuren gehandelter Geheimtipp sind die sehr preiswerten, sogenannten »Wundertüten«, die seit Anfang der 80er-Jahre unter verschiedenen Markennamen angeboten werden. Diese Fernobjektive mit 5,6/300mm, 6,3/400mm und 8/500mm sind zwar nicht sehr lichtstark, mit Blick auf ihren geringen Preis ist ihre Bildqualität laut Tests verschiedener Fotozeitschriften aber erstaunlich gut.

Zumindest von dem 500mm-Objektiv existieren mehrere Versionen, wobei die an ihrem Filterdurchmesser von 72mm erkennbare ältere Version der jüngeren mit einem Filterdurchmesser von 67mm optisch klar überlegen ist.

Dank ihrer geringen Linsenzahl bleibt auch die Streulichtempfindlichkeit dieser Objektive entsprechend gering. Kameraseitig besitzen die manuell fokussierenden Objektive einen T2-Anschluss, so dass sie mittels eines entsprechenden T2-Adapters mit den bereits weiter vorne genannten Einschränkungen an nahezu jeder Spiegelreflexkamera verwendet werden können.

gen existieren jedoch auch Objektive mit einer maximalen Blendenöffnung von bis zu 1,2.

Tabelle 17: Brennweite und diagonaler Bildwinkel der gebräuchlichen Portraitobjektive für die verschiedenen Sensorformate

APS-C	Vollformat
50mm (30,8°)	85mm (28,6°)
85mm (18,4°)	100mm (24,4°)

- Objektive mit diagonalen Bildwinkeln zwischen 20° und 8° werden als mittlere bzw. Standard-Teleobjektive bezeichnet. In der allgemeinen Fotografie kommen solche Objektive üblicherweise in der Reise- und Naturfotografie zum Einsatz. Bei den für das Kleinbildformat berechneten Objektiven liegt die Lichtstärke üblicherweise bei Blende 4, die in diesem Brennweitenbereich für den professionellen Einsatz konzipierten Optiken können aber durchaus auch maximale Blendenwerte zwischen 1,8 und 2,8 besitzen.

Tabelle 18: Brennweite und diagonaler Bildwinkel der gebräuchlichen Standard-Teleobjektive für die verschiedenen Sensorformate

APS-C	Vollformat
100mm (15,7°)	135mm (18,2°)
135mm (11,6°)	200mm (12,4°)
200mm (7,9°)	300mm (8,3°)

- Objektive mit Bildwinkeln unterhalb von 8° in der Formatdiagonalen werden als sog. Superteleobjektive bezeichnet. Bezogen auf das Kleinbildformat findet man in diesem Brennweitenbereich entweder nur noch die für den professionellen Einsatz in der Sport- und Tierfotografie gedachten Teleobjektiv-

denen Abbildungseigenschaften auch Portraitobjektive genannt. Für das Kleinbild- bzw. Vollformat liegt ihre Lichtstärke üblicherweise zwischen 2 und 2,8, für professionelle Anwendun-

ABBILDUNG 57

ABBILDUNG 57: Teleobjektive: 300mm/Blende 2,8 (links) und 105mm/Blende 2,8 – hier als Makroobjektiv (rechts)

Konstruktionen mit Lichtstärken zwischen 2,8 und 5,6 oder die auch für den Amateur noch erschwinglichen Fernobjektive mit Lichtstärken zwischen 5,6 und 11.

Tabelle 19: Brennweite und diagonaler Bildwinkel der gebräuchlichen Superteleobjektive für die verschiedenen Sensorformate

APS-C	Vollformat
300mm (5,2°)	400mm (6,2°)
400mm (3,9°)	500mm (5,0°)
500mm (3,2°)	600mm (4,1°)
600mm (2,6°)	800mm (3,1°)
800mm (2,0°)	1000mm (2,5°)
1000mm (1,6°)	1200mm (2,1°)
1200mm (1,3°)	

Von Beginn der 80er- bis etwa Mitte der 90er-Jahre waren Spiegellinsenobjektive vor allem bei Fotoamateuren sehr beliebt. Ihr optischer Aufbau entspricht prinzipiell den in »Cassegrain-Reflektoren« noch näher vorgestellten Cassegrain- und Maksutov-Teleskopen.
Spiegellinsenobjektive wurden mit Brennweiten zwischen 250mm und 2000mm hergestellt. Aufgrund ihrer geringen Lichtstärke von (je nach Brennweite) 5,6 bis 16 besitzen sie mit Ausnahme eines Nikon-Objektivs keinen Autofokus.
Die größten Vorteile eines Spiegellinsenobjektivs sind die durch die Faltung bedingte kurze Baulänge und das hieraus resultierende geringe Gewicht. Abgesehen von ihrer meist geringen Blendenöffnung besitzen sie für die Astrofotografie üblicherweise keine Nachteile gegenüber reinen Linsenobjektiven gleicher Lichtstärke. Bei normalem fotografischem Einsatz zeigen Spiegellinsenobjektive jedoch oftmals eine extreme Anfälligkeit gegenüber Streulicht, besitzen aufgrund der nicht verstellbaren Blende keine Möglichkeit zum Abblenden und geben Spitzlichter im Unschärfebereich als auffällige helle Kringel wieder.
Seit der Öffnung der Ostblockstaaten sind unter Astrofotografen vor allem die sog. »Russentönnchen« sehr beliebt. Sie werden meist auf Flohmärkten und Fotobörsen mit Brennweiten von 500mm bzw. 1000mm

angeboten. Preislich stellen sie eine günstige Alternative zu den deutlich teureren Konstruktionen der deutschen oder japanischen Objektivbauer dar. Anschlussprobleme aufgrund des Kamerabajonetts gibt es bei diesen Objektiven nicht, da beide »Russentönnchen« über einen T2-Anschluss verfügen.

Zoom- oder Varioobjektive

Im Gegensatz zu den bisher beschriebenen Objektiven mit feststehender Brennweite kann die Brennweite eines Zoom- oder Varioobjektivs innerhalb eines festgelegten Brennweitenbereichs stufenlos verändert werden. Durch Drehen oder Verschieben eines Rings werden hierzu im Inneren des Objektivs eine oder auch mehrere Linsen oder Linsengruppen gegeneinander verschoben. Im Gegensatz zu einem festbrennweitigen Objektiv wird bei einem Zoomobjektiv nicht eine Brennweite, sondern der abgedeckte Brennweitenbereich auf dem Objektiv angegeben. Das Verhältnis zwischen der längsten und der kürzesten einstellbaren Brennweite wird als Zoom-Faktor bezeichnet.
Ein Zoomobjektiv sollte im günstigsten Fall so konstruiert sein, dass trotz erfolgter Brennweitenänderung nicht nachfokussiert werden muss. Seine Bildlage darf sich über den Zoombereich also nicht ändern.
Zoomobjektive stellen eine kostengünstige und zudem Gewicht sparende Alternative zu einem entsprechenden Satz von Objektiven mit fester Brennweite dar. Vor allem dann, wenn aufgrund äußerer Gegebenheiten kein Objektivwechsel ratsam ist (z.B. bei umherfliegendem Sand und Staub), leisten Zoomobjektive gute Dienste.
Verglichen mit den entsprechenden festbrennweitigen Objektiven besitzen Zoomobjektive meist eine deutlich geringere Lichtstärke. Vor allem die preiswerteren Objektive erreichen hier meist nur maximale Blendenwerte von 4,5 oder lichtschwächer. Hinzu kommt, dass bei vielen dieser Objektive die Lichtstärke über den kompletten Zoombereich nicht konstant bleibt, sondern mit zu-

nehmender Brennweite um bis zu mehr als mindestens eine Blendenstufe abfällt. Auch die Verkippung der optischen Komponenten bei der Brennweitenveränderung von Zoom-Objektiven, wie sie sehr häufig bereits mit bloßem Auge bei preiswerten Optiken zu erkennen ist, ist ein Problem.

Fast alle Hersteller haben jedoch auch Zoomobjektive mittlerer (Blende 3,5 bis 4,5) und hoher (Blende 2,6 bis 2,8) Lichtstärke im Sortiment. Diese behalten ihre Lichtstärke zwar über den kompletten Brennweitenbereich bei, sind dafür allerdings erheblich größer, schwerer und vor allem deutlich teurer als die entsprechenden lichtschwachen Varianten.

Obwohl es mit den eigentlichen Zoomobjektiven nichts zu tun hat, sei an dieser Stelle noch das sog. »Digitalzoom« erwähnt. Dieser Begriff aus der Werbe- und Marketingsprache bedeutet nichts anderes als eine elektronische Ausschnittvergrößerung, die in der Digitalkamera noch vor dem Abspeichern des Bildes erfolgt. Das beschnittene Bild wird dabei anschließend von der Kamera durch Interpolation wieder auf die ursprüngliche Pixelzahl hochgerechnet. Weil dieser Vorgang immer mit einem Verlust an Auflösung und damit Bildqualität verbunden ist, sollte die Verwendung des Digitalzooms nach Möglichkeit vermieden werden.

Die Abbildungsleistung eines Zoomobjektivs ist in der Regel schlechter, als die der im Zoombereich enthaltenen einzelnen Festbrennweiten. Dies ist nicht verwunderlich, stellt der optische Aufbau eines Zooms doch immer einen Kompromiss der notwendigen Korrekturlinsen dar. Viele Zoomobjektive weisen daher eine starke Verzeichnung auf und besitzen aufgrund der zahlreichen Glas-Luft-Übergängen eine geringe Brillanz und hohe Streulichtanfälligkeit. Besonders kritisch sind vor allem die Superzooms, die einen sehr großen Zoom-Faktor aufweisen und zudem noch vom Weitwinkel- bis in den Telebereich herüberreichen.

So schön Zoomobjektive für die Verwendung in der »normalen« Fotografie auch sein mögen, in der Astrofotografie sind sie meist nur mit starken Einschränkungen zu gebrauchen. Zur Verbesserung der Abbildungseigenschaf-

⟨⟩ Dreh- oder Schiebezoom?

Für die der Astrofotografie sollten nach Möglichkeit Drehzooms verwendet werden. Da die Kamera während der Belichtung mehr oder weniger stark »nach oben« geneigt ist, können sich Schiebezooms deutlich leichter von alleine verstellen. Auf dem fertigen Bild scheinen dann alle Objekte von der Bildmitte ausgehend radial auseinander gezogen zu werden. Es entsteht eine Art »Hyperspaceeffekt«, wie man ihn sonst nur aus Science-Fiction-Filmen kennt.

Kommt man an der Verwendung eines Schiebezooms nicht vorbei, sollte der Zoomring daher immer gegen selbstständiges Verstellen gesichert werden. Eine einfache Fixierung mittels Klebeband reicht meist aus. Verschiedene Schiebezooms der oberen Preisklasse, wie beispielsweise einige Objektive der »L-Reihe« von Canon, besitzen oftmals eine Möglichkeit, die für die Zoomverstellung benötigte Zugkraft individuell einzustellen. Die härteste Einstellung entspricht dabei fast einer Fixierung.

ABBILDUNG 58

ABBILDUNG 58: Dieser »Anflug auf die Antares-Region« enstand, als sich die Brennweite des verwendeten 28-300mm Zoomobjektivs beim Zenitdurchgang von den eingestellten 70mm auf 65mm verstellte. Die Belichtungszeit mit einer Canon EOS 300D betrug 480s bei ISO 800 und Blende 7,1.

ten sollten selbst die qualitativ hochwertigen lichtstarken Zoomobjektive um mindestens zwei Blendenstufen abgeblendet werden. Bei den preiswerteren lichtschwachen Zoomoptiken führt ein entsprechendes Abblenden dazu, dass eine brauchbare Bildqualität teilweise oftmals erst bei Blendenwerten von 8 bis 11 erreicht wird.

Makroobjektive

Die Bezeichnung »Makro« tragen alle Objektive, die auch ohne die Verwendung von Zusatzgeräten wie Vorsatzlinsen oder Zwischenringen Aufnahmen bei geringem Objektabstand erlauben. Normale Objektive, die auf diese Weise einen maximalen Abbildungsmaßstab von 1:4 überschreiten, werden als »makrofähig« bezeichnet. Nur dann, wenn ein Objektiv einen Abbildungsmaßstab von 1:2 oder größer besitzt, handelt es sich um ein »echtes« Makroobjektiv.

Makroobjektive werden heute üblicherweise in drei verschiedenen Brennweitenbereichen angeboten: 50mm, 90mm bis 105mm und 150mm bis 200mm. Je nach Hersteller liegt ihre Lichtstärke zwischen 2,8 und 5,6, wobei es im mittleren Brennweitenbereich auch ältere Modelle mit einer maximalen Öffnung von Blende 2 gibt.

Makroobjektive besitzen über den kompletten Entfernungsbereich ein nahezu vignettierungs- und verzeichnungsfreies Bildfeld, das zudem noch fast absolut eben ist. Erreicht wird dies üblicherweise durch Kombination einer herkömmlichen Auszugsfokussierung mit einer Innenfokussierung mittels sog. »floating elements«.

Obwohl Makroobjektive speziell auf eine gute Abbildungsqualität im Nahbereich optimiert sind, besitzen fast alle von ihnen in Unendlicheinstellung eine mindestens gleichwertige, wenn nicht gar bessere Abbildungsleistung. Sie eignen sich daher auch hervorragend für die Astrofotografie. Vor allem bei Modellen mit Autofokus, die über keinen Unendlichanschlag verfügen, verursacht ihr recht steiles Fokussiergewinde jedoch manchmal Schwierigkeiten. Was für die schnelle Verstellung innerhalb des sehr großen Entfernungsbereiches sinnvoll ist, verlangt vom Astrofotografen einiges Fingerspitzengefühl bei der manuellen Scharfeinstellung auf Unendlich.

Ein genereller Nachteil der Makroobjektive ist ihr deutlich höherer Preis, verglichen mit herkömmlichen Objektiven mit gleichen optischen Daten.

Tilt/Shift-Objektive

Bei Tilt/Shift-Objektiven kann der komplette vordere Objektivteil mittels Mikrometerschrauben feinfühlig verstellt werden. Hierbei kann über entsprechende Verstelleinrichtungen entweder eine seitliche Verkippung oder eine Parallelverschiebung vorgenommen werden. Während durch die Parallelverschiebung die Entstehung der vor allem bei der Architekturfotografie störenden stürzenden Linien vermieden werden kann, ermöglicht die seitliche Verkippung die »Schärfedehnung nach Scheimpflug«. Aufgrund dieser zahlreichen Verstellmöglichkeiten können solche Objektive aus technischen Gründen nur mit manueller Fokussierung hergestellt werden.

Tilt/Shift-Objektive wurden bis vor wenigen Jahren meist mit Brennweiten zwischen 24mm und 45mm entworfen. Einige Hersteller bieten inzwischen jedoch auch Modelle im leichten Telebereich an. Die maximale Blendenöffnung solcher Objektive liegt heute üblicherweise zwischen 2,8 und 3,5. Aufgrund der vergleichsweise geringen Stückzahlen und ihrer komplexen Mechanik ist allen Tilt/Shift-Objektiven ihr verglichen mit herkömmlichen Objektiven mit ansonsten gleichen optischen Daten sehr hoher Preis gemeinsam.

Obwohl ihre vielfältigen Verstellmöglichkeiten für die Astrofotografie nicht benötigt werden, bieten Tilt/Shift-Objektive ein deutlich vignettierungsfreieres Bildfeld als konventionelle Objektive gleicher Brennweite. Gegenüber den für ein größeres Sensorformat ausgelegten Objektiven herkömmlicher Bauart haben sie hierbei den Vorteil des auf das verwendete Format optimierten Zerstreuungskreisdurchmessers.

Objektive für CCD-Kameras

Die heute für den astronomischen Einsatz angebotenen CCD-Kameras sind eigentlich für die Verwendung an einem Teleskop konstruiert. Sie werden hierzu mit den im Kapitel »Kameraadapter« beschriebenen Methoden am Okularauszug befestigt. Die kleine Sensorfläche vieler Kameras erfasst aufgrund der verhältnismäßig langen Teleskopbrennweiten nur sehr kleine Bildfelder. Sollen auch größere Himmelsgebiete abgebildet werden, müssen entsprechend kurzbrennweitige Optiken eingesetzt werden. Hier bieten sich Kameraobjektive an.

Im Gegensatz zu den Teleskopen haben sich die Hersteller von Kameraobjektiven bis heute nicht auf einen einheitlichen Anschluss geeinigt. Je nach Hersteller besitzen diese Optiken daher unterschiedliche Gewinde- oder Bajonettanschlüsse. Die verschiedenen Anschlüsse weisen alle einen unterschiedlichen Durchmesser auf. Hinzu kommt, dass sie auch variierende Auflagemaße besitzen, d.h. der Brennpunkt befindet sich bei Objektiven mit unterschiedlichem Anschluss auch meist unterschiedlich weit hinter der Rückseite des Objektivs (vgl. Tabelle 1).

ABBILDUNG 59

Während man heute dank des T2-Systems fast jedes Kameragehäuse an jedes Teleskop anschließen kann, gelingt der Anschluss eines Objektivs an eine CCD-Kamera normalerweise nicht ohne weiteres. Universelle Bajonettadapter, die an die Objektive verschiedener Hersteller passen,

gibt es nicht. Auch der Abstand zwischen dem kameraseitigen Anschlussgewinde und dem CCD-Chip, die so genannte Einbautiefe des Chips, ist von Kamera zu Kamera unterschiedlich. Man müsste also entweder für jede Kamera einen eigenen Adapterring konstruieren oder einen universellen Adapterring mit einer Distanzhülse, einem so genannten Zwischenring, kombinieren.

Als einer der wenigen Hersteller bietet SBIG für alle seine Kameras entsprechende Adapter für die Bajonettanschlüsse einiger großer Kamerahersteller an. Es handelt sich hierbei jedoch ausnahmslos um ältere, manuell fokussierende Objektive (Canon FD, Nikon, Olympus und Pentax K), die über eine mechanische Blendenansteuerung verfügen. Da diese Adapter für jeden Kameratyp gesondert hergestellt werden, stellen sie neben der reinen mechanischen Verbindung auch direkt den richtigen Abstand zwischen Objektiv und Chip her.

Die Kameras von Starlight Xpress besitzen ein M42-Gewinde. Daher können Objektive mit diesem Anschlussmaß direkt mit der Kamera verbunden werden. Je nach Einbautiefe des CCD-Chips im Kameragehäuse benötigt man hier aber immer noch einen separaten, auf die entsprechende Kamera abgestimmten Zwischenring.

Aufwändiger wird es, wenn man eine andere Kamera-/Objektivkombination als die oben genannten besitzt. In diesem Fall hilft nur noch der Selbstbau weiter. Das kameraseitige Gewinde und die Ermittlung der korrekten Baulänge sollten hierbei eigentlich für keine mechanische Werkstatt ein Problem darstellen. Die größte Schwierigkeit dürfte jedoch das entsprechende Gegenstück zum Objektivbajonett darstellen, da es auf einer normalen Dreh- oder Fräsbank nicht ohne weiteres herzustellen ist. An verschiedenen Stellen im Internet wurde schon die Verwendung eines entsprechenden Objektivschutzdeckels vorgeschlagen, wie man ihn relativ preiswert in jedem Fotoladen erwerben kann. Diese Deckel sind

TIPP

Bei den Objektiven verschiedener moderner Autofokuskameras wird die Objektivblende nur noch elektronisch von der Kamera angesteuert. Die entsprechenden Objektive besitzen daher keine Möglichkeit zur manuellen Blendenverstellung mehr. Wird das Objektiv von der Kamera abgetrennt, öffnet sich die Blende automatisch auf den maximal möglichen Wert. Zusammen mit einer CCD-Kamera können solche Objektive, aufgrund der fehlenden Blendenansteuerung ebenfalls nur bei maximaler Öffnung genutzt werden! Abblenden, wie es z.B. zur Minimierung von Abbildungsfehlern notwendig ist, ist nicht möglich.

ABBILDUNG 59: Mittels entsprechender Adapterringe können CCD-Kameras auch an Foto-Objektive angeschlossen werden. Durch die Verwendung ausreichend kurzer Brennweiten lassen sich auf diese Weise auch mit den verhältnismäßig kleinen Chips vieler Amateurkameras größere Bildfelder erzielen. Die hier gezeigte Kombination aus 28mm-Weitwinkelobjektiv und einer ST-8E von SBIG besitzt beispielsweise ein Feld von fast 31° × 21°, dies allerdings bei einer Auflösung von weniger als 1' pro Pixel.

jedoch meist aus Kunststoff, so dass es fraglich ist, ob sie die durch die Kamera und ihre Verkabelung erzeugten Zugkräfte für längere Zeit aushalten können. Besser wäre es daher, ein richtiges Kamerabajonett aus Metall zu verwenden. Hierzu könnte z.B. eine alte analoge Spiegelreflexkamera oder ein Zwischenring ausgeschlachtet werden.

Grundlagen
Brennweite

Durch die Brennweite wird die Abbildungsgröße eines aufgenommenen Objektes bestimmt. Zusammen mit dem Format des Bildsensors ergibt sich so die Größe des auf dem fertigen Foto abgebildeten Bildwinkels α gemessen in Grad (°) zu:

$$\alpha = 2 \cdot \arctan \frac{l_D}{2f}$$

Formel 6

l_D ist die Länge der sog. Formatdiagonalen und f die Objektivbrennweite. Die Formatdiagonale berechnet sich hierbei über die Kantenlänge des verwendeten Bildsensors. Für Vollformatsensoren von 24mm × 36mm beträgt sie also beispielsweise ca. 43,3mm.

Tabelle 20: Die Bildwinkel zweier verbreiteter Sensorformate, jeweils berechnet für gängige Objektivbrennweiten.

Format	APS-C	Vollformat
Sensorformat	15mm × 23mm	24mm × 36mm
Bilddiagonale	27,5mm	43,3mm
Crop-Faktor	1,6	1
Brennweite	**Bildwinkel**	**Bildwinkel**
24mm	59,6°	84,1°
28mm	52,3°	75,4°
35mm	42,9°	63,5°
50mm	30,8°	46,8°
85mm	18,4°	28,6°
135mm	11,6°	18,2°
200mm	7,9°	12,4°
300mm	5,2°	8,3°

Setzt man statt der Formatdiagonalen l_D die entsprechenden Kantenlängen l_x bzw. l_y des Bildsensors in die Formel ein, erhält man das abgebildete Bildfeld.

Tabelle 21: Die Bildfelder der verschiedenen Sensorformate, berechnet für einige der gängigen Objektivbrennweiten.

	Bildfeld	
Brennweite	APS-C, [15mm × 23mm]	Vollformat, [24mm × 36mm]
24mm	34,7° × 51,2°	53,1° × 73,7°
28mm	30,0° × 44,7°	46,4° × 65,5°
35mm	24,2° × 36,4°	37,8° × 54,4°
50mm	17,1° × 25,9°	27,0° × 39,6°
85mm	10,1° × 15,4°	16,1° × 23,9°
135mm	6,4° × 9,7°	10,2° × 15,2°
200mm	4,3° × 6,6°	6,9° × 10,3°
300mm	2,9° × 4,4°	4,6° × 6,9°

Bei gegebenem Sensorformat wird ein Objektiv mit langer Brennweite also ein kleineres Bildfeld abbilden als ein Objektiv mit kurzer Brennweite. In Abhängigkeit vom abgebildeten Bildwinkel unterscheidet man in der Fotografie in der Regel drei grundsätzliche Objektivarten:

- Normal- oder Standardobjektive
- Weitwinkelobjektive
- Teleobjektive

Blende

Mit einer in das Objektiv integrierten Irisblende lässt sich die wirksame Öffnung des Objektivs variieren. Hierdurch kann die Intensität des auf den Aufnahmesensor einfallenden Lichts reguliert werden. Die Lichtintensität bestimmt wiederum die Belichtungszeit, so dass durch ein Schließen der Blende eine längere Belichtungszeit benötigt wird, damit ein gleich helles Bild entsteht.

Zusammen mit der eingestellten Aufnahmeentfernung und der verwendeten Brennweite hat die Blendenöffnung au-

⟨⟩ Die Abbildungsgröße von Sonne oder Mond

Anhand von Tabelle 22 können die bei verschiedenen Aufnahmebrennweiten zu erwartenden Durchmesser von Sonne und Mond auf dem Detektor entnommen werden. Zum Vergleich: Jupiter, der größte Planet unseres Sonnensystems, würde bei einer Objektivbrennweite von 2000mm nur maximal 0,5mm groß werden!

Tabelle 22: Die Abbildungsgrößen von Sonne und Mond bei verschiedenen Brennweiten.

Brennweite	Durchmesser von			
	Sonne		Mond	
	min. 31' 31"	max. 32' 36"	min. 29' 4"	max. 33' 6"
24mm	0,22mm	0,23mm	0,20mm	0,23mm
28mm	0,26mm	0,27mm	0,24mm	0,27mm
35mm	0,32mm	0,33mm	0,30mm	0,34mm
50mm	0,46mm	0,47mm	0,42mm	0,48mm
135mm	1,24mm	1,28mm	1,14mm	1,30mm
200mm	1,84mm	1,90mm	1,69mm	1,93mm
300mm	2,75mm	2,85mm	2,54mm	2,89mm
500mm	4,59mm	4,75mm	4,23mm	4,82mm
1000mm	9,18mm	9,50mm	8,47mm	9,64mm
2000mm	18,36mm	18,99mm	16,93mm	19,28mm

📷 **ABBILDUNG 60:** Die Bildfelder einer Kamera mit APS-C- (links) bzw. Vollformat- (rechts) Sensor bei verschiedenen gebräuchlichen Objektivbrennweiten am Beispiel des Sternbildes Orion. Aus Gründen der Deutlichkeit wurden die ganz kurzen und ganz langen Brennweiten bei der Darstellung weggelassen.

ABBILDUNG 60

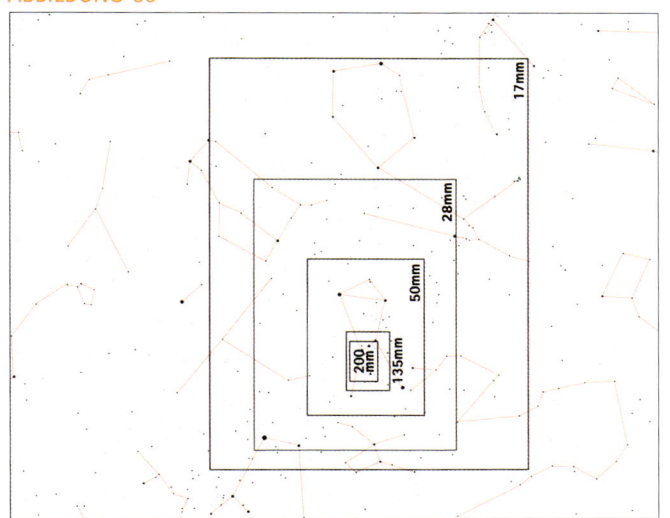

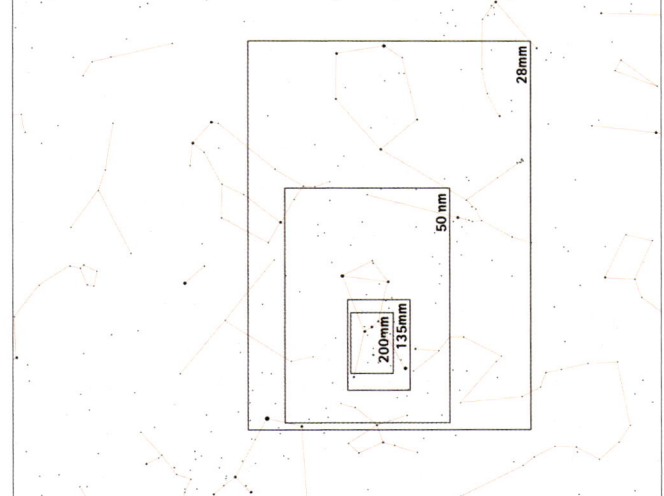

Berdem noch einen Einfluss auf die Schärfentiefe, also den Entfernungsbereich, der vor und hinter der eigentlichen Schärfeebene für den Betrachter ebenfalls noch scharf abgebildet wird. In der Astrofotografie, bei der sich alle aufgenommenen Objekte praktisch im Unendlichen (∞) befinden, macht man sich diesen Effekt indirekt zunutze, indem man anhand der verwendeten Blende die notwendige Fokussiergenauigkeit bestimmt (siehe Kapitel »Die erforderliche Fokussiergenauigkeit«).

Die für die Aufnahme verwendete Blendeneinstellung wird als Arbeitsblende bezeichnet. Damit das Sucherbild z.B. für die Scharfeinstellung trotz gewählter Arbeitsblende immer möglichst hell ist, wurde

⟨⟩ Der Crop-Faktor

Abgesehen von einigen wenigen für die professionelle Fotografie konzipierten Modellen verwenden fast alle digitalen Spiegelreflexkameras einen Aufnahmesensor, dessen Größe deutlich unterhalb der des klassischen Kleinbildfilms (Vollformat) liegt. Der Faktor, um den sich die Länge der Diagonalen des digitalen Sensors von der des Kleinbild- bzw. Vollformates unterscheidet, nennt man Crop-Faktor. Bei den aktuellen digitalen Spiegelreflexkameras liegt er üblicherweise zwischen 1 und 2.

Der kleinere Sensor kann, verglichen mit einem Vollformatsensor, nur einen Ausschnitt des ursprünglichen Bildwinkels abbilden. Da Brennweite und Bildwinkel in direktem Zusammenhang zueinander stehen, entsteht daher, wenn beide Bilder auf gleiche Größe abgezogen werden, der Eindruck, dass sich die Brennweite des Objektivs verändert hat. Mit Hilfe des Crop-Faktors lässt sich auf Basis der wirklichen Objektivbrennweite durch Multiplikation eine scheinbare Äquivalentbrennweite im Kleinbildformat berechnen. Der Crop-Faktor wird daher oftmals fälschlicherweise auch als Brennweitenverlängerungsfaktor bezeichnet. Besser wäre es vielleicht, in Anlehnung an die Meteorologie, von einer »gefühlten Brennweite« zu sprechen.

ABBILDUNG 61

Bei digitalen Kompaktkameras liegt der Crop-Faktor üblicherweise zwischen 4 und 6. Anders als bei den digitalen Spiegelreflexkameras, auf deren Objektiven nur die echte Brennweite in Millimetern angegeben wird, findet man bei den digitalen Kompaktkameras meist zwei Brennweitenangaben: Die echte Brennweite und die Kleinbild-Äquivalentbrennweite.

📷 **ABBILDUNG 61:** Viele digitale Spiegelreflexkameras können aufgrund ihres kleineren Bildsensors nur einen Teil des von einem Vollformatsensor erfassten Bildfeldes abbilden. Eine Canon EOS 400D würde daher beispielsweise nur den rot eingerahmten Bereich des mit einem 500mm-Objektiv auf Vollformat aufgenommenen Sonnenuntergangs zeigen. Wollte man denselben Bildausschnitt mit Vollformatsensor erfassen, müsste eine um den Crop-Faktor von 1,6 längere Brennweite, also 800mm, verwendet werden.

---

bereits Ende der 1950er Jahre die automatische Springblende erfunden, mit der heute alle Spiegelreflexkameras ausgestattet sind. Beim Blick durch den Sucher bleibt die Blende voll geöffnet, und springt erst bei der Aufnahme auf den voreingestellten Wert. Um trotzdem die Wirkung auf die Schärfentiefe im Sucher beurteilen zu können, besitzen die etwas besser ausgestatteten Kameras einen Abblendknopf.

Während die Blende früher rein mechanisch über einen Einstellring am Objektiv verstellt wurde, geschieht dies bei vielen der modernen Autofokuskameras mit Hilfe eines von der Kamera angesteuerten Elektromagneten. Die Blendeneinstellung wird hierdurch bei Langzeitbelichtungen zu einem zusätzlichen Stromverbraucher.

Das Verhältnis zwischen dem optisch wirksamen Objektivdurchmesser D und der Brennweite f wird Blendenzahl N (Blende, Öffnungszahl) genannt. Es gilt:

$$N = \frac{f}{D}$$

Formel 7

Die Blendenzahl ist also umso kleiner, je größer der wirksame Durchmesser eines Objektivs ist!

Obwohl man die Blende eines Objektivs prinzipiell auf jeden beliebigen Durchmesser schließen könnte, hat man sich auf bestimmte Blendenwerte festgelegt. Ihre Abstufung ist so gewählt, dass sich die Fläche der freien Öffnung und damit auch die auf den Aufnahmesensor fallende Lichtintensität von Stufe zu Stufe jeweils genau halbiert. Die sich hieraus ergebenden Blendenzahlen werden als die »internationale Blendenreihe« bezeichnet. Neben den ganzen Blendenwerten er-

ABBILDUNG 62

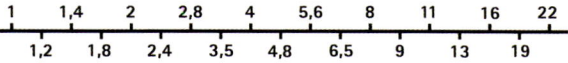

ABBILDUNG 62: Die internationale Blendenreihe. Die oberen Zahlen geben ganze, die unteren Zahlen geben halbe Blendenwerte an.

laubt heute fast jede Kamera auch die Einstellung von halben oder drittel Blendenwerten.

Die maximal mögliche Blendenöffnung eines Objektivs wird auch als seine »Lichtstärke« bezeichnet. Diese wird oft als Bruchteil der Brennweite f angegeben. Die lichtstärksten Optiken finden sich im Brennweitenbereich zwischen 24mm und 85mm, in dem Blendenwerte von 1,4 bis hin zu 0,9 erreicht werden.

In den USA ist es üblich, die gewählte Blende oder Lichtstärke eines Objektivs mit f/4 statt Blende 4 zu bezeichnen.

Generell können Objektive mit fester Brennweite lichtstärker gebaut werden als Zoomobjektive. In jedem Fall ist der konstruktive Aufwand bei einem lichtstarken Objektiv jedoch deutlich größer als bei einem lichtschwachen Objektiv, weil die durch die große Öffnung erzeugten Bildfehler nur durch das Einfügen weiterer Linsen in den Strahlengang verringert werden können. Nachteile solch lichtstarker Objektive sind daher neben dem hohen Preis und der Baugröße vor allem ihr höheres Gewicht.

Die tatsächliche Lichtstärke eines Objektivs ist übrigens in jedem Falle geringer als der auf der Fassung angegebene rechnerische Wert, da die verwendeten Linsen immer weniger als 100% des einfallenden Lichtes transmittieren. Je mehr Linsen in einem Objektiv verbaut werden, desto größer ist auch der Lichtverlust. Während dies bei einem lichtschwachen festbrennweitigen Objektiv mit wenigen Linsen meist vernachlässigt werden kann, bewegt sich der Lichtverlust bei einem lichtstarken Zoomobjektiv mit teilweise 15 oder mehr Linsen oftmals schon im Bereich von halben bis drittel Blendenstufen. Ein teures 2,8/80–200mm Zoom kann also effektiv nur ein Objektiv mit etwa Blende 3,5 sein! Auf die kamerainterne Belichtungsmessung hat dieser Unterschied allerdings keinen Einfluss, da der in der Kamera befindliche Belichtungsmesser immer das real durch das Objektiv einfallende Licht misst.

Für die Astrofotografie haben lichtstarke Objektive den Vorteil, dass mit ihnen bei gleicher Belichtungszeit schwächere Sterne sichtbar werden. Weil generell jedes Objektiv zur Erzielung einer besseren Abbildungsleistung um mindestens eine, bei einigen Objektivkonstruktionen besser noch um zwei oder zweieinhalb Blendenstufen abgeblendet werden sollte, besitzen lichtstarke Objektive daher bei gleichem eingestelltem Blendenwert trotz allem meist eine bessere Abbildungsqualität als ein lichtschwächeres Objektiv.

Streukreis

Bedingt durch die jeder Optik anhaftenden Bildfehler werden punktförmige Lichtquellen von keinem Objektiv als Punkt, sondern immer als kleine Scheibchen abgebildet. Der Scheibchendurchmesser bestimmt die maximal mögliche Auflösung eines Objektivs. Das Scheibchen selbst wird auch als Streukreis mit Durchmesser z bezeichnet.

Damit ein Objektiv zusammen mit einem bestimmten Aufnahmesensor für den Betrachter scharfe Fotos macht, darf der Durchmesser des Streukreises einen maximalen Wert nicht überschreiten. Weil die Bilder eines kleinformatigen Sensors sowohl bei der Projektion als auch bei der Herstellung von Papierabzügen stärker vergrößert werden müssen als die eines großformatigen Sensors, werden für unterschiedliche Film- bzw. Sensorgrößen jeweils andere maximale Streukreisdurchmesser zugrunde gelegt.

In der Praxis hat sich ein Streukreisdurchmesser von 1/1500 der Formatdiagonalen durchgesetzt. Für Sensoren mit Kleinbild- bzw. Vollformat geht man bei Berechnungen daher von einem maximal erlaubten Streukreis von 0,033mm aus.

Weil alle Sterne aufgrund ihrer gewaltigen Entfernungen als perfekte Punktlichtquellen anzusehen sind, ist der Streukreisdurchmesser eines Objektivs gerade für die Astrofotografie interessant. Obwohl alle

Tabelle 23: Die maximal erlaubten Streukreisdurchmesser z für die im Buch beschriebenen digitalen Spiegelreflexkameras. Es fällt auf, dass die Pixelgröße dieser Kameras ungefähr ein Drittel des theoretischen Streukreisdurchmessers z entspricht. Ein Wert, der sich sehr gut mit dem Auflösungsvermögen nach Nyquist (vgl. Kapitel »Bildauflösung und Pixelgröße«) vereinbaren lässt. Der große Streukreisdurchmesser der chemischen Mittelformat-Rollfilme verdeutlicht, weshalb für dieses Format gerechnete Objektive an digitalen Spiegelreflexkameras eine oftmals nur mäßige Schärfeleistung liefern.

Sensorformat	Streukreis
APS-C	0,022mm
Kleinbild/Vollformat	0,033mm
6 × 4,5	0,053mm
6 × 6	0,060mm
6 × 7	0,068mm
6 × 9	0,080mm

ABBILDUNG 63: Während die durch Beugungseffekte an der Blende begrenzte Auflösung (rot) jedes Objektivs durch seinen freien Blendendurchmesser und die Wellenlänge bestimmt wird, spielt bei der Auflösungsbegrenzung durch Abbildungsfehler (blau) die optische Konstruktion des Objektivs eine Rolle. Die beste Auflösung liefert ein Objektiv bei dem Blendenwert, bei dem sich beide Kurven schneiden. Obwohl beide Kurven für jedes Objektiv unterschiedlich sind, liegt diese sog. »förderliche Blende« trotzdem meist im Bereich zwischen 5,6 und 11.

ABBILDUNG 64: Die Veränderung der Abbildungsschärfe durch Abblenden. Gezeigt ist jeweils um einen mittelhellen Stern in der Bildecke. Der Abstand zur optischen Achse beträgt ca. 13mm. Die beste Bildschärfe wird bei diesem Objektiv bei Blende 5,6 erreicht.

Hersteller bemüht sind, dass ihre Objektive die in der Tabelle genannten maximalen Streukreisdurchmesser der jeweiligen Sensorformate nicht überschreiten, wird die geforderte Bildschärfe meist nur in der unmittelbaren Nähe der optischen Achse erreicht. Zum Rand hin steigt der Durchmesser des Streukreises aufgrund der Bildfehler mehr oder weniger deutlich an.

Durch Schließen der Blende werden zwar die Bildfehler reduziert, so dass der Streukreisdurchmesser kleiner wird, unterhalb

ABBILDUNG 63

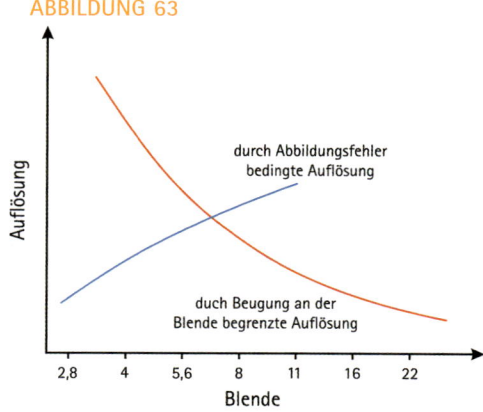

einer bestimmten Blendenöffnung nehmen jedoch Beugungserscheinungen überhand, wodurch die Bildschärfe wieder abnimmt. In Abhängigkeit von seiner Konstruktion hat daher jedes Objektiv seine ihm eigene, sog. »förderliche« Blende, bei der es die schärfsten Bilder liefert.

Bildkreis

Der Bildkreis beschreibt den Bereich, den ein Objektiv abbilden kann, ohne dass Bildfehler wie z.B. eine Randabschattung übermäßig stark sichtbar werden. Er muss daher mindestens so groß sein wie das Format des Bildsensors. Unter der Voraussetzung, dass der Bildsensor symmetrisch zur optischen Achse angeordnet ist, entspricht der minimal erlaubte Bildkreisdurchmesser also der Diagonalen des Sensorformats.

Früher wurde nur zwischen Objektiven für Kleinbildformat (im Zusammenhang mit Digitalsensoren heute auch Vollformat genannt, Bildkreis mindestens 43mm) und Rollfilm (Bildkreis für 6 × 6 mind. 79,2mm bzw. für 6 × 9 mindestens 105,2mm) unterschieden. Aufgrund der wachsenden Verbreitung von digitalen Spiegelreflexkameras werden inzwischen speziell für die im Amateurbereich beliebten Kameramodelle mit kleinen Chipflächen (APS-C-Format) verhältnismäßig preiswerte Wechselobjektive mit entsprechend kleinem Bildkreis angeboten. Neben dem eigenständigen Four-Thirds-System von Olympus und dem EF-S-Bajonett von Canon erkennt man sie bei den anderen Herstellern nur an ihrer Namensbezeichnung wie »DX« (Nikon und Tokina), »DC« (Sigma) oder »Di II« (Tamron). Mit Ausnahme von Olympus können an den betreffenden Kameras jedoch neben diesen speziellen »Digitalobjektiven« auch weiterhin die für das Kleinbildformat

ABBILDUNG 64

Blende 2,8   Blende 4   Blende 5,6   Blende 8   Blende 11

gerechneten Optiken verwendet werden. Da diese Objektive einen größeren Bildkreis besitzen, werden sie über das kleine Chipformat üblicherweise keine merkliche Randabschattung aufweisen.

Manche Objektivkonstruktionen wie z.B. Shift-Objektive benötigen besonders große Bildkreise, um die bauarttypischen Verstellungen zuzulassen. Die für das Kleinbildformat gerechneten Shift-Objektive besitzen so beispielsweise Bildkreise, die in Grundstellung des Objektivs auch noch das von analogem Rollfilm her bekannte 6 × 7-Format abschattungsfrei ausleuchten würden. Gegenüber »echten« Mittelformat-Objektiven haben diese Objektive den Vorteil, dass sie in Hinsicht auf ihre sonstigen optischen Leistungen für das Kleinbildformat berechnet sind. Sie besitzen daher z.B. einen entsprechend kleineren Streukreisdurchmesser.

Bildstabilisierung

Wenn im Bereich der »normalen« Fotografie eine Aufnahme trotz richtiger Scharfstellung einen »unscharfen« Eindruck macht, liegt es meist daran, dass sie verwackelt ist. Eine solche Verwacklung entsteht, wenn sich die Kamera während der Verschlusszeit relativ zum Motiv bewegt. Ursache hierfür sind meist hochfrequente Zitterbewegungen des Fotografen. Um auch ohne Stativ und Blitz auch bei längeren Belichtungszeiten unverwackelte Bilder zu erhalten, wurde 1995 von der Firma Canon das erste Wechselobjektiv mit integriertem Bildstabilisator vorgestellt.

Seine Funktion basiert auf zwei Sensoren im Inneren des Objektivs, die sowohl die vertikale als auch die horizontale Bewegung der Kamera ermitteln. Abrupte und/oder hochfrequente Bewegungen werden erkannt und durch die gegenläufige Bewegung eines optischen Stabilisatorgliedes ausgeglichen. Die entstehende Verwacklungsunschärfe wird hierdurch so stark reduziert, dass im Allgemeinen noch problemlos mit einer viermal längeren Belichtungszeit als ohne Bildstabilisator Freihandaufnahmen

gelingen. Bei einigen Objektiven kann die Korrektur in horizontaler oder vertikaler Richtung vom Fotografen auch gezielt deaktiviert werde, so dass beabsichtigte Verwischungen, wie sie z.B. beim Mitziehen von schnell bewegten Objekten entstehen, weiterhin möglich sind.

ABBILDUNG 65

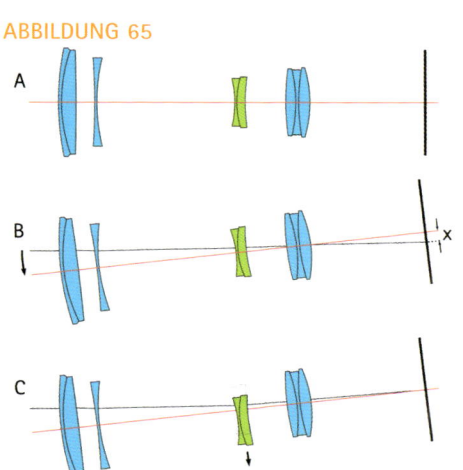

Inzwischen bieten neben Canon auch andere Kamera- und Objektivhersteller Bildstabilisierungssysteme an. Man erkennt das Vorhandensein eines Bildstabilisators üblicherweise an den Namensbezeichnungen wie »AS« (AntiShake – Konica Minolta), »IS« (Image Stabilizer – Canon), »OS« (Optical Stabilizer – Sigma), »SR« (Shake Reduction – Pentax), »SSS« (Super Steady Shot – Sony) bzw. »VR« (Verwacklungsreduzierung – Nikon). Bei den aktuellen digitalen Spiegelreflexkameras von Konica Minolta geht man bei der Bildstabilisierung jedoch einen etwas anderen Weg als oben beschrieben: Beim AntiShake-System werden die Bewegungssensoren in die Kamera selbst integriert und der CCD-Chip wird verschoben. Während dieses System den Vorteil bietet, dass jedes Objektiv von der Bildstabilisierung profitiert, kann der Fotograf die Wirkung der Stabilisierung im Sucherbild nicht beurteilen. Die in das Objektiv integrierte Stabilisierung der anderen Hersteller hat außerdem den Vorteil, dass sie mit allen Kameras funktioniert, an die das Objektiv angeschlossen werden kann – also sowohl bei digitalen, als auch bei analogen Kameras.

ABBILDUNG 65: Das Funktionsprinzip der im Objektiv integrierten Bildstabilisierung: Wird die Kamera gegenüber ihrer Ausgangsposition (A) verkippt, bewirkt dies den in (B) sichtbaren Versatz x des Bildes auf dem Aufnahmemedium. Durch das in (C) gezeigte gezielte Gegensteuern mit dem hier grün dargestellten Bildstabilisierungsglied wird das Bild wieder in seine ursprüngliche Lage gebracht.

TIPP

Jedes Objektiv ist für die Verwendung mit einem bestimmten Film- bzw. Sensormaterial optimiert. Aufgrund ihres großen Bildkreises bietet es sich daher zum Erzielen eines gleichmäßig ausgeleuchteten Bildfeldes an, ein eigentlich für ein größeres Aufnahmeformat gerechnetes Objektiv zu verwenden. Hierbei ist jedoch zu beachten, dass nur wenige und dann auch meist nur die teuren Objektive über den für das kleinere Sensorformat notwendigen kleinen Streukreisdurchmesser verfügen.

Bildstabilisatoren findet man heute auch in vielen Kompakt- und Videokameras der mittleren und gehobenen Preisklasse. Wie bei den Spiegelreflexkameras sind auch bei diesen Kameras beide vorgestellten Arten der Stabilisierung vertreten. Die passive Bildstabilisierung vieler Videokameras arbeitet anders: Hier werden aufeinander folgende Bilder von einer Software verglichen und die durch Zittern hervorgerufenen Pixelverschiebungen rechnerisch ausgeglichen. Voraussetzung hierfür ist, dass der Aufnahmechip mehr Pixel als das abzuspeichernde Bild hat.

Ein genereller Nachteil von aktiven Bildstabilisatoren ist, dass sie aufgrund ihrer Motoren zusätzlichen Strom verbrauchen. Außerdem reagieren die Kameras beim Auslösen manchmal etwas langsamer, da etwas Zeit zum Rechnen und Gegensteuern benötigt wird. Bei der passiven Bildstabilisierung sind dagegen Bilder mit ausreichend hohem Kontrast notwendig, damit die Software in der Aufnahme überhaupt Anhaltspunkte für die Rückzentrierung finden kann.

Für die Astrofotografie mit Spiegelreflexkameras ist ein Bildstabilisator unbrauchbar. Wenn bei Langzeitbelichtungen Fehler auftreten, handelt es sich meist um Nachführfehler des Teleskops, die einen so minimalen Winkelbetrag besitzen, dass er gar nicht von Sensoren des Stabilisators erkannt wird. Sollte sich die Kamera während der Aufnahme relativ zum Teleskop verschieben, so geschieht dies normalerweise so langsam, dass diese Bewegung ebenfalls nicht registriert wird. Bei der hochauflösenden Fotografie von Objekten des Sonnensystems wird eine Spiegelreflexkamera üblicherweise ohne Objektiv verwendet, so dass wenn überhaupt nur die in die Kamera integrierte Stabilisatorfunktion von Konica Minolta in Frage käme. Die Hauptunschärfequelle bei solchen Fotos ist aber üblicherweise die Luftunruhe, die jedoch von den Sensoren des Stabilisators nicht registriert werden kann. Hilfreich könnte ein Bildstabilisator eventuell bei windanfälligen Teleskopen

sein. Bei entsprechend stabil aufgestellten Teleskopen sollte ein Bildstabilisator alleine schon aus Energiespargründen deaktiviert werden.

Bei der afokalen Fotografie mit einfach per Hand hinter das Teleskopokular gehaltenen Kompakt- oder Videokameras leistet ein Bildstabilisator dagegen gute Dienste, unabhängig von der Art der Bildstabilisierung.

Teleskope

Mit den bis jetzt vorgestellten Möglichkeiten können großflächige Himmelsobjekte fotografiert werden. Bei Einsatz entsprechend langbrennweitiger Objektive können auch Übersichtsaufnahmen von der Mond- und Sonnenoberfläche erstellt werden. Sollen jedoch noch die kleinsten Mondkrater und Sonnenflecken auf einem Foto festgehalten werden, muss man zu deutlich längeren Brennweiten greifen.

Die längsten serienmäßig hergestellten Objektive weisen heute Brennweiten von bis zu 800mm auf. Sie besitzen den für Fotoobjektive zurzeit üblichen Autofokus, eine ansteuerbare Blendenmechanik und, je nach Hersteller, eventuell auch einen integrierten Bildstabilisator. Bei einem Preis von über 10000 Euro werden sie primär für den professionellen Reportageeinsatz im Breich der Tier- und Sportfotografie verwendet. Einige Hersteller bieten als Sonderanfertigung auch Brennweiten jenseits der 1000mm an. Ihr Preis ist aber noch einmal mindestens eine Zehnerpotenz höher anzusetzen.

Weil speziell für die Astrofotografie weder Autofokus, Blendenansteuerung oder Bildstabilisator benötigt werden, bietet sich auch bei Verwendung moderner Spiegelreflexkameras mit Autofokus die Adaption älterer manuell fokussierender Teleobjektive an. Vor allem die Spiegel-Objektive mit Brennweiten von bis zu 1000mm bzw. die preiswerten »Wundertüten«, eventuell noch mit einem Telekonverter versehen, eignen sich für die ersten Schritte auf dem Gebiet der langbrennweitigen Astrofotografie.

Wenn die Qualitätsansprüche mit der Zeit steigen oder generell mit Brennweiten, die wesentlich länger als 2000mm sind, fotografiert werden soll, bleibt nur die Möglichkeit das Foto direkt durch ein Teleskop zu belichten. Auch wenn dieses selbst nicht über die oben genannte Brennweite verfügt, ist es doch möglich, durch geeignete Mittel (siehe Kapitel »Brennweitenverlängerung«) die vorhandene Brennweite so zu verlängern, dass eine ausreichende Abbildungsgröße erreicht wird.

Refraktor

Als Refraktor wird ein Teleskop bezeichnet, dessen optisch wirksame Bauteile ausschließlich Linsen sind. Aufgrund seines langgestreckten Tubus, bei dem der Einblick üblicherweise am hinteren Ende erfolgt, sieht ein Refraktor aus, wie sich ein astronomischer Laie das klassische Teleskop vorstellt.

Bis Ende der 80er Jahre bestanden die für Amateure erhältlichen Refraktorobjektive üblicherweise aus zwei Linsen unterschiedlicher Glassorten, die in einer gemeinsamen Fassung entweder bündig mit einander verkittet oder durch einen schmalen Luftspalt getrennt montiert waren. Das letztere Konstruktionsprinzip wird nach seinem Erfinder, dem deutschen Optiker und Instrumenten-

ABBILDUNG 66

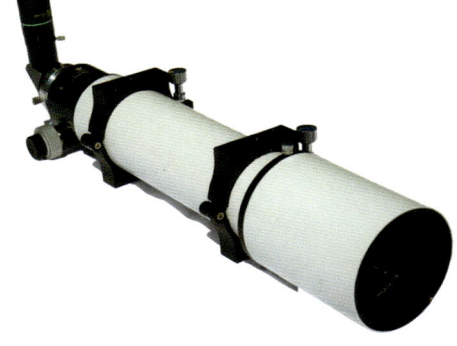

ABBILDUNG 67

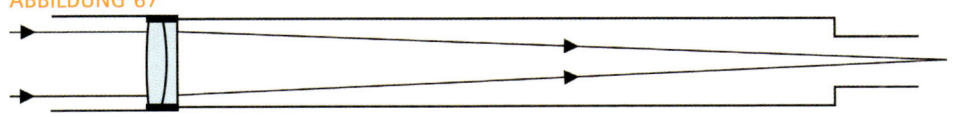

bauer Joseph von Fraunhofer (1787-1826) auch als Fraunhofer-Objektiv bezeichnet.

- **Achromat:** Die jeder Linsenoptik anhaftenden Farbfehler, die chromatische Aberration, kann bei solch einem einfach aufgebauten zweilinsigen Objektiv nur für zwei Wellenlängen korrigiert werden. Bei visuellen Amateurteleskopen geschieht dies üblicherweise für den Wellenlängenbereich von ca. 530nm und 630nm. In diesem Wellenlängenbereich hat das menschliche Auge sein Empfindlichkeitsmaximum. Solche Optiken werden als »Achromate« bezeichnet. Ihr verbleibender Farbfehler, das sekundäre Spektrum, äußert sich bei der visuellen Beobachtung als blauer Farbsaum. Bei den früher üblichen Öffnungsverhältnissen zwischen f/10 und f/15 ist es nur um sehr helle Objekte herum wahrnehmbar. Die in den letzten Jahren immer weitere Verbreitung findenden Achromate mit Öffnungsverhältnissen zwischen f/5 und f/8 zeigen diese Farbfehler dagegen auch bereits bei Objekten mittlerer Helligkeit.

Weil die digitalen Bildsensoren einen deulich größeren spektralen Empfindlichkeitsbereich als das menschliche Auge besitzen, wirkt sich die chromatische Aberration bei ihnen wesentlich stärker aus. Je nach Detektortyp werden daher alle Objekte auf der Aufnahme entweder von blau-violetten oder (infra-)roten Lichthöfen umgeben sein.

Um auf Astrofotos die blauen Farbsäume zu vermeiden, kann im einfachsten Fall der aufgenommene Wellenlängenbereich eingeengt werden. Für Aufnahmen mit astronomisch Schwarz-Weiß-CCD-Kameras reicht hierfür im einfachsten Fall der Einsatz eines Kantenfilters aus (siehe Kapitel »Filtereinsatz«). Die Verwendung solcher Filter hat jedoch einen deutlichen Lichtverlust zur Folge, so dass die Belichtungs-

ABBILDUNG 66: Scopos TL 906 – ein apochromatischer 90/600mm-Refraktor der Firma Teleskop-Service Ransburg.

ABBILDUNG 67: Der Strahlengang in einem achromatischen Refraktor.

LINKS
ARIES Chromacorr
Astrobuffet
www.astrobuffet.com/ab/
chromacor_main.html

zeit entsprechend verlängert werden muss. Zur Vermeidung von Farbstichen sollte bei Farbaufnahmen ein UV/IR-Sperrfilter verwendet werden.

Die deutlich teurere Alternative zum Filtereinsatz ist die Verwendung eines »APO Korrektors«. Das von der ukrainischen Firma Aries hergestellte Linsensystem wird kurz vor dem Brennpunkt in den Strahlengang eingefügt. Es ist so gerechnet, dass die chromatischen Aberration eines f/8 Fraunhofer-Refraktors fast über den kompletten Wellenlängenbereich zwischen 465nm und 656nm auf einen Streuscheibchendurchmesser von deutlich unter 20µm reduziert wird. Die zu erzielende Korrektur ist hierbei stark vom Abstand des Korrektors zur Brennebene abhängig. Mit minimalen Einschränkungen eignet sich ein solcher Korrektor auch für Öffnungsverhältnisse bis herunter zu f/5.

- **Apochromat:** Bei Verwendung herkömmlicher Glassorten ist eine weiter gehende Farbkorrektur nur durch Kombination von drei oder mehr Linsen erreichbar. Ein solches Objektiv wird als »Apochromat« bezeichnet.

◇ Vignettierung durch den Okularauszug

Damit das Bild feinfühlig scharf gestellt werden kann, haben Teleskope üblicherweise einen beweglichen Okularauszug. Dieser besteht in der Regel aus einem Rohr, welches relativ zum Objektiv des Teleskops verschiebbar angebracht ist.

Da dieses Rohr einen Engpass für das auf den Film fallende Licht darstellt, darf ein Okularauszug im Verhältnis zu seiner Länge keinen zu kleinen Innendurchmesser haben, da sonst ein starker Beschnitt des nutzbaren Bildfeldes, die Vignettierung auftreten kann.

Gerade bei Refraktoren ist dies zu beachten, da diese heute teilweise mit einem im Verhältnis zu seinem Innendurchmesser sehr langen Okularauszug versehen werden. Nicht selten hat ein solcher Okularauszug eine Länge von 200mm, was gerade bei Geräten mit großer Blendenöffnung dazu führen kann, dass die dem Objektiv zugewandte Seite des Okularauszugs für Vignettierung sorgt. Eine Überprüfung des Okularauszugs auf die maximal mögliche Bildausleuchtung ist aber auch bei allen anderen Teleskoptypen sinnvoll!

Generell sollte das ausgeleuchtete Bildfeld einen Durchmesser von wenigstens 20mm haben, damit man ein Teleskop noch sinnvoll für die Astrofotografie einsetzten kann.

Mit Hilfe der in der Abbildung eingezeichneten Größen, ist man in der Lage, den Radius x des vignettierungsfreien Bildfeldes zu berechnen:

$$x = \frac{1}{2} \cdot \left(d - \frac{S \cdot D}{f} \right)$$ Formel 8

Hierbei ist darauf zu achten, dass sich die Länge S aus der Länge des Okularauszugs, der Baulänge des Kameraadapters (siehe Kapitel: »Kameraadapter«) und dem Abstand Kameraadapter-Chip zusammensetzt! Letzterer ist bei Spiegelreflexkameras mit T2-Ring auf 55mm genormt. Die Dicke des Kameraadapters kann je nach Hersteller schwanken.

ABBILDUNG 68

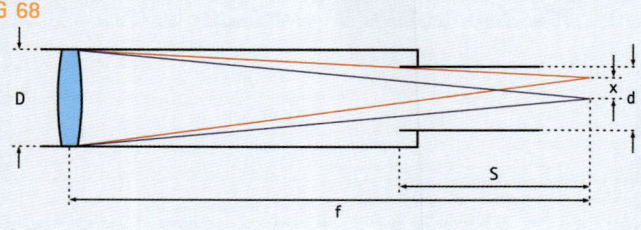

ABBILDUNG 68: Die für die Berechnung des vignettierungsfreien Bildfeldes eines Teleskops benötigten Größen.

Moderne Apochromate werden mit Sondergläsern hergestellt und haben ein Öffnungsverhältnis zwischen f/6 und f/9. Diese Sondergläser unterscheiden sich in ihrem Brechungsverhalten (Dispersion) deutlich von dem normaler Glassorten. Am weitesten verbreitet sind heute Linsen aus sog. ED-Glas (von engl.: extra-low dispersion) bzw. aus Calciumfluorid (Flussspat). Solche Objektive besitzen bereits als Zweilinser apochromatische Farbeigenschaften, weshalb sie auch als »Fluorit-Apochromat« bzw. »ED-Apochromat« bezeichnet werden.

Die modernen apochromatischen Objektive eignen sich fast alle auch ohne zusätzlichen Filtereinsatz für die Astrofotografie mit digitalen Spiegelreflexkameras. Lediglich bei der Fotografie mit astronomischen CCD-Kameras kann aufgrund der hohen IR-Empfindlichkeit vieler Detektoren der Einsatz eines IR-Sperrfilters sinnvoll sein.

Durch den Einsatz speziell gerechneter Shapleylinsen (siehe Kapitel »Brennweitenverkürzung«) lässt sich ihr Öffnungsverhältnis für die Astrofotografie aber auch auf ca. f/4,5 vergrößern.

In Amateurteleskopen kommen üblicherweise nur sphärische Linsen zum Einsatz. Die entstehenden sphärischen Aberrationen sind bei den verwendeten Öffnungsverhältnissen jedoch meist so minimal, dass sie, um den Preis des Gerätes niedrig zu halten, unkorrigiert bleiben.

Wie alle zwei- und dreilinsigen Optiken weisen auch Refraktorobjektive Bildfeldwölbung auf. Diese ist bei kleinen Sensorformaten jedoch meist so gering, dass es keiner speziellen Korrekturoptiken bedarf. Speziell für die Verwendung großflächiger Sensoren werden für viele Apochromate auch Bildebnungslinsen angeboten.

- Refraktoren sind bei gleichem Durchmesser deutlich teurer als Spiegelteleskope, weil bei Linsen immer zwei Oberflächen optisch bearbeitet werden

TIPP

Zum Ausgleich der Bildfeldwölbung vieler Refraktoren reicht es bei kleineren Sensorformaten (APS-C) meist völlig aus, auf ein etwas außerhalb der Bildmitte liegendes Objekt zu fokussieren. Der Bildsensor liegt dann in der Bildmitte etwas vor und in den Randbereichen etwas hinter der wirklichen Brennebene. Solange die hierdurch auftretenden Unschärfen unterhalb des Streuscheibchendurchmessers des verwendeten Sensors bleiben, wird das Bild vom Betrachter trotzdem noch als scharf empfunden.

Hochwertige DSLR-Kameras zeigen im Sucherfeld die Autofokusmesspunkte, die auf Tastendruckdruck sogar beleuchtet sein können. Man kann einen Stern, auf den man scharfstellen möchte, in einen solchen Messpunkt außerhalb der Bildmitte setzen und sich diesen für spätere Fokustests merken.

◯ Tubusseeing und Temperaturempfindlichkeit

Als Tubusseeing werden interne Luftturbulenzen im Teleskoptubus bezeichnet, die die Abbildungsqualität der Optik beeinträchtigen. Ursache für das Tubusseeing sind Temperaturunterschiede zwischen Ober- und Unterseite des Tubus. Die Oberseite des Tubus kühlt durch Wärmeabstahlung gegen den kalten Nachthimmel stärker ab als die Tubusunterseite, da diese zusätzlich durch die Wärmeabstahlung der Erdoberfläche erwärmt wird.

Je nach Bauart und Material des Tubus kann ein kompletter Temperaturausgleich bis zu mehreren Stunden dauern. Durch geeignete Isoliermaßnahmen bzw. den erzwungenen Luftaustausch mittels Lüfter kann er jedoch deutlich beschleunigt und das Tubusseeing damit wesentlich reduziert werden.

Refraktoren werden durch interne Temperaturunterschiede weniger beeinträchtigt als Reflektoren. Während das Licht die turbulente Luft im Refraktortubus nur einmal durchlaufen muss, geschieht dies bei einem Newton zwei- und bei einem Teleskop nach dem Cassegrain-Prinzip sogar dreimal. Durch Temperaturunterschiede bedingte Veränderungen der Oberflächenform machen sich bei Spiegeln zudem doppelt so stark bemerkbar wie bei einer Linse. Hinzu kommt die Längenausdehnung des Metalltubus, die sich bei einem Teleskop nach dem Cassegrain-Prinzip doppelt so stark auswirkt wie bei einem Newton oder Refraktor.

LINKS
Spezialteleskope für die
Sonnenfotografie

Handbuch für Sternfreunde (4. Auflage)
G.D. Roth (Hrsg.)
Harald Nicklas: »Die optischen Tele-
skope und ihre Zusatzinstrumente«
(S. 54–55)

Handbuch für Sonnenbeobachter
P. Völker (Hrsg.)
Wolfgang Lille: »Protuberanzenan-
satz« (S. 96–101)

Coronado
www.coronadofilters.com
www.meade.de

Lunt Solar Systems LLC
www.luntsolarsystems.com
www.luntsolarsystems-europe.com

Solar Spectrum
Baader Planetarium GmbH
www.baader-planetarium.de

ABBILDUNG 69: Frontfilter (»Etalon«) des Coronado SolarMax 90
(links). Zenitprisma mit integriertem Coronado 1¼"-Blockfilter BF
15 (rechts).

müssen und das verwendete Glas zudem frei von Schlieren und Luftblasen
sein muss. Extrem wird dieser Preisun-
terschied bei drei- oder gar vierlinsigen
Refraktoren, sowie bei Objektiven mit
Sondergläsern.

• Refraktorobjektive benötigen auch bei
normalem Gebrauch keine Neukollimation.

• Refraktoren sind aufgrund der abgeschlossenen Bauweise vergleichsweise
unempfindlich gegenüber Temperatur-
unterschieden.

Die für Amateurastronomen erhältlichen
Refraktoren besitzen heute Objektivdurchmesser zwischen 50mm und 180mm. Vereinzelt sind aus osteuropäischer Produktion
zwar auch größere Geräte erhältlich, jedoch
liegt ihr Preis (nur für den Tubus mit Optik)
dann deutlich über 15000 Euro.

Sonnenteleskope (Hα-Wellenlänge)

Sonnenbeobachtung im Hα-Licht findet auf zwei Art und Weisen statt.
Bei einem Sonnenteleskop mit Pro-
tuberanzenansatz wird das gleißend helle
Sonnenlicht im Brennpunkt eines Refraktors
von einem Metallkegel passender Größe zur
Seite ausgeblendet. Dies ist eine relativ ge-
fährliche Art der Beobachtung, da sich die
ganze Sonnenenergie im Brennpunkt des
Teleskops konzentriert. Da der scheinbare
Sonnendurchmesser im Laufe des Jahres variiert, müssen Metallkegel unterschiedlicher
Größe verwendet werden, die außerdem auf
die Brennweite des Refraktors abgestimmt
sein müssen. Ein Vorteil ist, dass die helle Sonnenscheibe völlig ausgeblendet wird
und man im Okular ein kontrastreiches Bild
erhält, dafür aber auch keine Strukturen auf
der Sonnenscheibe beobachten kann. Zur
genauen Zentrierung der Kegelblende auf
die Sonnenscheibe wird eine Montierung
mit Nachführung (Sonnengeschwindigkeit)
benötigt. Dies ist der Hauptnachteil der verhältnismäßig preiswerten Protuberanzenan-
sätze, die für verschiedene Refraktorbrenn-
weiten angeboten werden. Und das Gerät

eignet sich eben nur für Protuberanzen am
Sonnenrand.

Zunehmend populärer werden die Sonnen-
teleskope, die die gesamte Sonnenoberfläche
einschließlich der Protuberanzen zeigen. Der
Vorteil liegt auf der Hand: Man kann sein
Sonnenteleskop auch ohne Nachführung
zur Beobachtung benutzen. Um die gefähr-
liche Sonnenhitze nicht in das Sonnenteleskop gelangen zu lassen, befindet sich vor
der Eintrittsöffnung ein Energieschutzfilter,
meist nur ein strenger Rotfilter. Zur Einen-
gung der Bandbreite auf Werte unter 0,1nm
wird okularseitig ein kleines schmalbandi-
ges Interferenzfilter eingesetzt. Mit einem
schmalbandigen Hα-Interferenzfilter bei
der Zentralwellenlänge von 656,28nm sind
Flares, Filamente (Protuberanzen vor der
Sonnenscheibe) und Feinstrukturen in aktiven Regionen auf der Sonne sichtbar., und
gleichzeitig die Protuberanzen am Sonnenrand, die im ungefilterten Weißlicht praktisch
nicht sichtbar sind. Je schmalbandiger ein
Hα-Interferenzfilter ist, desto kontrastreicher bilden sich die Protuberanzen am Sonnenrand vor dem aufgehellten Tageshim-
mel ab. Filterbandbreiten von 1nm sind bei
extrem blauem Himmel für die Erkennung
von Protuberanzen noch ausreichend eng,
die Sonnenscheibe bietet dabei jedoch nicht
mehr Details als im Weißlicht. Sobald Cirren
aufziehen und den Himmel milchigweiß trü-
ben, sind Protuberanzen bei 1nm Bandbreite
kaum noch zu erkennen. Bei Filterbandbreiten unter 0,1nm sind auch bei nicht ganz so
klarem Himmel Protuberanzen noch gut zu
sehen, und auch chromosphärische Strukturen auf der Sonnenoberfläche treten hervor.
Doch die Vorteile einer engen Bandbreite
erkauft man sich mit einem vergleichsweise
hohen Anschaffungspreis.

ABBILDUNG 69

Jeder Hersteller von Sonnenteleskopen verfolgt ein anderes Prinzip, die Filterbandbreite einzuengen. Beim Coronado SolarMax 90 Hα-Teleskop befindet sich vor dem Objektiv ein Energieschutzfilter, der mit einem Interferenzfilter (Etalon) kombiniert ist. Im Zenitprisma am anderen Ende des Teleskops befindet sich ein Blockfilter mit einem zweiten Interferenzfilter. Das System ist nur in dieser Kombination nutzbar und erreicht eine Bandbreite von kleiner als 0,05nm. Das besondere daran ist, dass der vordere Filter mit einer Rändelschraube um bis zu 0,7° gegen die optische Achse verkippt werden kann. Damit kann man die transmittierte Wellenlänge um Bruchteile eines Nanometers in Richtung des blauen Flügels der Hα-Linie schieben. So werden auf der Sonnenoberfläche Flares und koronale Massenauswürfe sichtbar, die mit hoher Geschwindigkeit ausgestoßen werden und aufgrund des Dopplereffekts eine leichte Blauverschiebung gegenüber Hα erfahren. Mit einem Filter exakt auf Hα zentriert wären diese dann nicht sichtbar. Die Kombination aus Front- und Blockfilter kann man auch ohne das Teleskop dazwischen erwerben und an seinen eigenen Refraktor anpassen.

Newton-Reflektor

Der englische Physiker und Astronom Sir Isaac Newton (1643–1727) erfand das nach ihm benannte Spiegelteleskop bereits im Jahre 1671. Das von einem parabolischen Hohlspiegel erzeugte Bild wird kurz vor Erreichen des Brennpunktes von einem kleinen, im 45°-Winkel zur optischen Achse stehenden elliptischen Planspiegel seitlich aus dem Tubus heraus reflektiert. Das Öffnungsverhältnis der heute erhältlichen Newton-Teleskope liegt üblicherweise zwischen f/3,5 und f/6. Bei kleineren Objektivdurchmessern sind jedoch auch manchmal Geräte mit bis zu f/10 erhältlich. Sein einfacher optischer Aufbau macht das Newton-Teleskop zum preiswertesten Teleskoptyp.

Der am stärksten ausgeprägte Bildfehler eines Newton-Teleskops ist der Komafehler.

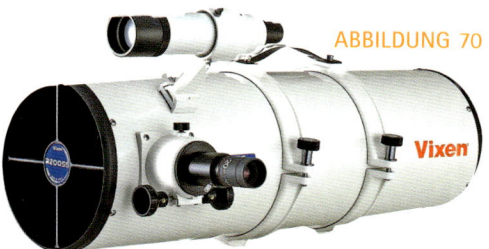

ABBILDUNG 70

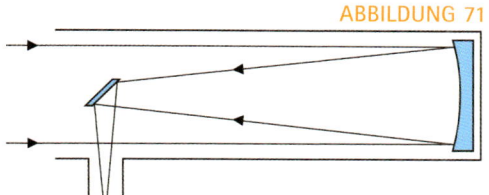

ABBILDUNG 71

ABBILDUNG 70: R20CSS – ein 200/800mm Newton-Reflektor der Firma Vixen.

ABBILDUNG 71: Der Strahlengang in einem Newton-Teleskop.

Seine Größe ist sowohl von der Öffnungszahl N als auch von der Entfernung des aufgenommenen Objektes zur optischen Achse abhängig. Der Durchmesser d des Bildfeldes, in dem die auftretende Koma unterhalb des Streuscheibchendurchmessers z bleibt, ist nur sehr klein:

$$d = 10{,}66 \cdot z \cdot N^2 \qquad \text{Formel 9}$$

Bei vorgegebenem Streuscheibchendurchmesser ist die Größe des komafreien Bildfeldes in mm also nur vom Öffnungsverhältnis N abhängig. Die Größe des komafreien Bildfeldes in Winkelgrad am Himmel berechnet sich in Abhängigkeit von der Brennweite f nach Formel 6.

In den meisten Fällen wird eine komabedingte Verzerrung des Sternscheibchens auf das Dreifache des Streuscheibchendurchmessers auf einem Foto gerade noch als nicht allzu störend empfunden. Der maximal nutzbare Bildfelddurchmesser d in mm vergrößert sich hiermit entsprechend auf:

$$d = 32 \cdot z \cdot N^2 \qquad \text{Formel 10}$$

Für die verschiedenen Öffnungsverhältnisse ergeben sich damit zusammen mit dem vom verwendeten Sensorformat abhängigen Streuscheibchendurchmesser z (siehe Kapitel »Streukreis«) die in Tabelle 24 aufgeführten Bildfelddurchmesser in mm.

Neben der Koma limitieren vor allem Astigmatismus und die mit ihm einher gehende Bildfeldwölbung das brauchbare Bildfeld eines Newton-Teleskops. Der Krümmungs-

Tabelle 24: Der komabegrenzte Bildfelddurchmesser eines Newton-Teleskops in Abhängigkeit von Öffnungsverhältnis und Sensorformat.

Blende		3,5	4	5	6	8	10
Sensorformat		Bildfelddurchmesser					
APS-C, Diagonale: 27mm, (z = 0,022mm)	Koma = z	2,9mm	3,8mm	5,9mm	8,4mm	15,0mm	23,5mm
	Koma = 3z	8,6mm	11,3mm	17,6mm	25,3mm	45,1mm	70,4mm
Vollformat, Diagonale: 43mm, (z = 0,033mm)	Koma = z	4,3mm	5,6mm	8,8mm	12,7mm	22,5mm	35,2mm
	Koma = 3z	12,9mm	16,9mm	26,4mm	38,0mm	67,6mm	105,6mm

radius der Bildebene entspricht dabei ungefähr der Brennweite f. Um die auf dem Bild sichtbaren Auswirkungen der Bildfeldwölbung zu minimieren, sollte daher auch bei einem Newton-Teleskop auf ein Objekt außerhalb der Bildmitte fokussiert werden. Die besten Ergebnisse innerhalb des komabegrenzten Bildfeldes werden hierbei bei einem Abstand vom halben bis zweidrittel des anhand von Formel 10 berechneten Abstandes d erzielt.

ABBILDUNG 72

Bereits in der ersten Hälfte des 20. Jahrhunderts berechnete der Amerikaner Frank E. Ross, dass das fotografisch nutzbare Bildfeld eines Newton-Teleskops mit Hilfe einer kurz vor der Brennebene platzierten Korrekturoptik deutlich vergrößert werden kann. Der auf zwei dünnen sphärischen Linsen basierende Ross-Korrektor reduziert die außeraxialen Bildfehler Koma, Astigmatismus und Bildfeldwölbung deutlich. Die Bildqualität auf der optischen Achse wird durch einen solchen Korrektor zwar etwas verschlechtert, jedoch liegen diese Effekte in ihrer Auswirkung üblicherweise immer noch unterhalb des geforderten Streuscheibchendurchmessers z. Mit einem drei- oder mehrlinsigen Korrektor-Design kann jedoch auch dieses Problem behoben werden.

Bis auf wenige Ausnahmen ist in der Grundausstattung der meisten heute angebotenen Newton-Teleskope kein Korrektor enthalten, universell einsetzbare Korrektoren basierend auf den Konstruktionen von Ross und Wynne werden heute jedoch von verschiedenen Herstellern angeboten. Sie sind größtenteils für Teleskope mit einem Öffnungsverhältnis zwischen f/4 und f/6 berechnet und erreichen ihre optimale Korrektur bei einer Entfernung von 55mm vor dem Brennpunkt. Digitale Spiegelreflexkameras können daher direkt über einen T2-Adapter mit dem Korrektor verbunden werden, während aufgrund des abweichenden Auflagemaßes vieler CCD-Kameras dies durch entsprechend dimensionierte Distanzringe ausgeglichen werden muss.

Während die meisten Korrektoren die Brennweite um maximal 10% verlängern, bewirkt der von der Firma TeleVue angebotene »Paracorr« eine Brennweitenverlängerung von 15%. Von der Firma Dream Telescopes & Accessories wird auch ein Reducer/Korrektor mit 0,75-facher Brennweitenreduzierung angeboten.

Speziell für die Astrofotografie existieren neben dem klassischen Newton-Teleskop mit Korrektor noch verschiedene andere komareduzierte Newton-Varianten:

- **Schmidt-Newton:** Die wohl bekannteste unter ihnen ist der Schmidt-Newton. Bevor das einfallende Licht in die eigentliche mit einem spärischen Hauptspiegel versehene Newton-Optik eintritt, muss es zunächst eine asphärische Korrektionsplatte (die sog. »Schmidtplatte«) passieren. Während die sphärische Aberration des Hauptspiegels durch die Korrektionsplatte fast komplett beseitigt wird, kann die Koma im Vergleich mit einem klassischen Newton lediglich halbiert werden.

ABBILDUNG 73

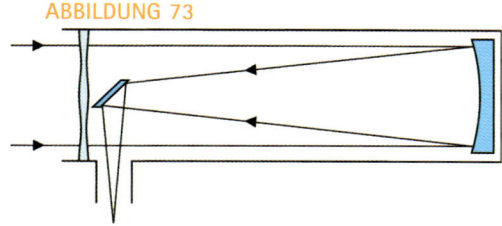

- **Maksutov-Newton:** Wie der Schmidt-Newton basiert auch der Maksutov-Newton auf einer Newton-Optik mit sphärischem Hauptspiegel. Anstelle der asphärischen Schmidtplatte verfügt dieser über eine stark zum Hauptspiegel hin gekrümmte, beidseitig sphärische Meniskuslinse. Durch sie wird die sphärische Aberration des Hauptspiegels fast komplett beseitigt und die Koma im Vergleich zu einem klas-

ABBILDUNG 74

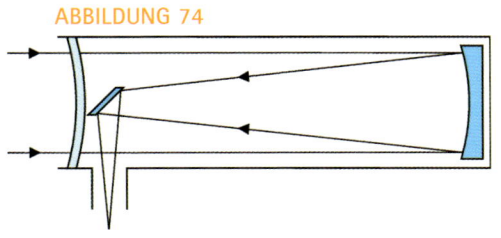

sischen Newton auf etwa ein Viertel reduziert.

- **Hyperbolischer Newton mit Korrektor:** Durch die Verwendung des hyperbolisch geschliffenen Hauptspiegels können die durch Koma entstehenden Bildfehler mittels eines zweilinsigen Korrektors beseitigt werden. Die für einen parabolischen Newton typische Bildverschlechterung in der Nähe der optischen Achse tritt nicht auf.

Der im Strahlengang des Teleskops liegende Fangspiegel und seine Aufhängevorrichtung beugen das Licht und wirken damit kontrastmindernd (vgl. Kapitel »Auflösungsvermögen und Obstruktion«). Die Größe des Fangspiegels sollte daher dem beabsichtigten Anwendungszweck angepasst sein: Für weitwinklige Aufnahmen im direkten Brennpunkt des Teleskops sollte der Fangspiegel entsprechend groß dimensioniert werden, während für detailreiche Aufnahmen mit Nachvergrößerung (siehe Kapitel »Brennweitenveränderung«) auch ein verhältnismäßig kleiner Fangspiegel verwendet werden kann. Auch die Lage des ausgespiegelten Brennpunktes relativ zum Tubus geht in die Berechnung der benötigten Fangspiegelgröße ein.

Die durch den Fangspiegel bewirkte druchmesserbezogene Obstruktion O_D (vgl. Kapitel: »Auflösungsvermögen und Obstruktion«) kann bei speziell für die Fotografie mit großen Bildsensoren konstruierten Newton-Teleskopen zwischen 30% und 40% liegen. Bei speziell für die Planetenfotografie optimierten Geräten werden dagegen nur Obstruktionswerte zwischen 15% und 20% erreicht.

Der Fangspiegel wird üblicherweise mit drei bzw. vier möglichst dünnen Streben im Tubus befestigt. Die hierdurch hervorgerufenen sternförmigen Beugungsfiguren verursachen daher sechs bzw. vier Strahlen. Bei einem Schmidt- bzw. Maksutov-Newton-Teleskop werden keine Aufhängestreben benötigt, da der Fangspiegel hier direkt an der den Tubus abschließenden Korrektionsplatte befestigt ist.

Bei größeren Spiegeldurchmessern kann für fotografische Zwecke auch auf die Verwen-

TIPP

Abgesehen von den entstehenden Zusatzkosten ist der Einsatz eines Komakorrektors bei vielen »Einsteiger«-Newtons nicht unbedingt sinnvoll! Sehr viele dieser Teleskope leuchten wegen ihres effektiv zu kleinen Fangspiegels nur ein kreisförmiges Bildfeld von maximal ca. 24mm Durchmesser aus. Je nach Öffnungsverhältnis ist der innerhalb dieses Feldes auftretende Komafehler so gering, dass die Anschaffung eines Korrektors nicht notwendig ist.

Viele dieser »Einsteiger«-Newtons sind zudem so konstruiert, dass der Brennpunkt sehr knapp hinter dem Okularauszug liegt. Die Baudicke eines in den Strahlengang eingesetzten Komakorrektors ist in solchen Fällen dann bereits oftmals schon so groß, so dass die Kamera nicht mehr auf Unendlich fokussiert werden kann.

ABBILDUNG 73: Der Strahlengang in einem Schmidt-Newton-Teleskop.

ABBILDUNG 74: Der Strahlengang in einem Maksutov-Newton-Teleskop.

dung eines Fangspiegels verzichtet werden. Die Kamera wird dann anstatt des Fangspiegels an dessen Aufhängevorrichtung befestigt. Aufgrund des höheren Gewichts müssen die Haltestreben entsprechend stabiler ausgeführt werden, was meist zu deutlich stärker ausgeprägten Beugungserscheinungen führt. Zur Fokussierung der Kamera muss die gesamte Konstruktion zudem mit einer feinfühligen axialen Verschiebemöglichkeit, sozusagen einem integrierten Okularauszug, versehen sein.

- Newton-Teleskope benötigen dank ihrer kompakten Bauweise bzw. geringen Gewichtes eine deutliche kleinere Montierung als ein gleich großer Refraktor.

- Newton-Teleskope müssen auch bei normalem Gebrauch häufiger kollimiert werden. Dies ist bei Öffnungszahlen von 5 und lichtschwächer aber relativ einfach und auch von Anfängern durchführbar.

- Newton-Teleskope reagieren empfindlich auf Temperaturunterschiede. Der Einfluss des Tubusseeings ist dabei stark von der generellen Bauart des Teleskoptubus abhängig. Während kleine und mittlere Hauptspiegel üblicherweise in einem Rohrtubus montiert werden, findet man mit steigendem Durchmesser häufiger offene Gitterrohrkonstruktionen. Vor allem bei den nur an den Enden offenen Rohrtuben treten Luftturbulenzen in Erscheinung. Teleskope mit offener Hauptspiegelzelle weisen deutlich geringere Seeingeffekte auf als Instrumente mit geschlossener. In beiden Fällen können die Auskühldauer der Optik und das Tubusseeing durch Einbau eines Lüfters verringert werden. Der Lüfter sollte hierzu bei geschlossener Spiegelzelle seitlich vor bzw. bei offener Spiegelzelle direkt hinter dem Hauptspiegel positioniert werden. Die Luft sollte durch den Lüfter aus dem Tubus heraus gesaugt werden.

- Viele der industriell gefertigten Newton-Teleskope besitzen einen zu engen und zu kurzen Tubus. Die Folge ist eine sehr hohe Anfälligkeit für Streulicht. Nur wenige Newtonmodelle haben interne Tubusblenden oder sind mit einer Streulicht-/Taukappe ausgestattet. Mit verhältnismäßig einfachen Selbstbaumitteln kann Abhilfe geschaffen werden.

- Beugungseffekte durch den Fangspiegel und seine Halterung bewirken bei kleinen Newton-Teleskopen eine deutlich sichtbare Bildverschlechterung. Man sollte erst ab einem Objektivdurchmesser von ca. 100mm bis 150mm zu diesem Teleskoptyp greifen. Nach oben hin wird die Teleskopgröße nur duch den Kaufpreis beschränkt: Die auf den Amateurmarkt spezialisierten Hersteller bieten Geräte mit über 1000mm Spiegeldurchmesser an.

Cassegrain-Reflektoren

Kurze Zeit nachdem Newton sein Spiegelteleskop erfunden hatte, stellte auch der französische Gelehrte Cassegrain einen neuen Bautyp für ein Spiegelteleskop vor (1672). Bei ihm wird das einfallende Licht vom zentral durchbohrten konkav-parabolischen Hauptspiegel auf einen konvex-hyperbolischen Fangspiegel reflektiert. Dieser ist genau so angeordnet, dass sein konkaver Brennpunkt mit dem Brennpunkt des Hauptspiegels zusammen fällt. Durch diese Anordnung der Spiegel wird der Strahlengang nicht nur gefaltet, sondern gleichzeitig auch aufgeweitet. Der resultierende System-Brennpunkt liegt hinter dem Hauptspiegel.

Die in Cassegrain-Teleskopen zum Einsatz kommenden Hauptspiegel haben üblicherweise Öffnungsverhältnisse zwischen f/4 und f/7. Das Verhältnis der Brennweiten von Haupt- und Fangspiegel ergibt den Vergrößerungsfaktor v, um den sich die Brennweite des Gesamtsystems gegenüber der Brennweite des Hauptspiegels verlängert. In der Praxis sind Vergrößerungs-

⟨⟩ Vignettierung beim Newton-Teleskop

Um mit einem Newton-Teleskop erfolgreich Astrofotografie betreiben zu können, muss auch bei diesem Teleskoptyp der Okularauszug ausreichend groß dimensioniert sein. Diese Berechnung erfolgt analog zum Refraktor.

ABBILDUNG 75

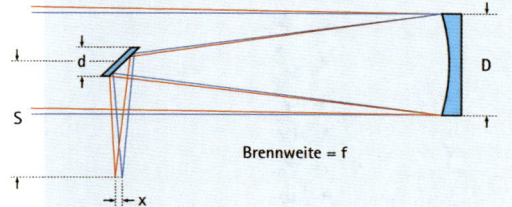

Wie die Grafik zeigt, darf der geometrische Durchmesser d des Fangspiegels bei einem gegebenen Abstand S des Fangspiegels vom Brennpunkt des Teleskops nicht beliebig klein sein, damit ein Bildfeld mit dem Radius x noch vignettierungsfrei ausgeleuchtet wird:

$$x = \frac{1}{2} \cdot \left(d - \frac{S \cdot D}{f} \right)$$ Formel 11

Versucht man hiermit die Bildfelder verschiedener Amateurteleskope zu berechnen, stellt man fest, dass nicht nur die weit verbreiteten 114/900mm-Newtons (z.B. von Quelle oder Bresser) sondern auch der Ende der 80er-Jahre produzierte 100/1000mm von Vixen einen so kleinen Fangspiegel haben, dass das unvignettierte Bildfeld gleich Null ist.

Viele der für Amateure angebotenen Newton-Teleskope besitzen ein vignettierungsfreies Feld mit einem Durchmesser von ca. 20mm. Sie zeigen daher bei Fotografie mit Vollformatsensoren bereits einen deutlichen Lichtabfall in den Bildecken.

ABBILDUNG 76

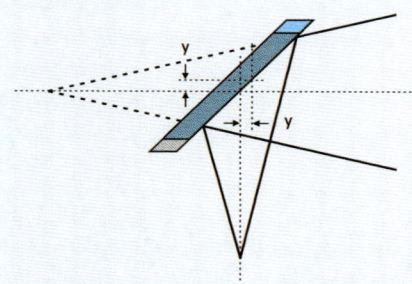

Damit das vignettierungsfreie Bildfeld auch zentrisch auf dem Film abgebildet wird, darf der Fangspiegel nicht mittig auf der optischen Achse sitzen! Es muss vielmehr um einen, vom Öffnungsverhältnis des Teleskops abhängigen Wert y, dem Fangspiegel-Offset, versetzt werden:

$$y = \frac{1}{4} \cdot \frac{d \cdot D}{f}$$ Formel 12

Dieser Versatz (Offset) muss dabei, wie die Grafik verdeutlicht, sowohl »vom Okularauszug weg«, als auch »zum Hauptspiegel hin« erfolgen.

ABBILDUNG 75: Die im Text beschriebenen Größen für die Berechnung des vignettierungsfreien Bildfeldes.

ABBILDUNG 76: Eine Verschiebung des Fangspiegels um den Wert y bewirkt, dass das unvignettierte Bildfeld zentrisch zur optischen Achse des Teleskops liegt. Die symmetrische Lage des Fangspiegels ist gestrichelt eingezeichnet.

faktoren zwischen 3 und 5 gebräuchlich. Da der Fangspiegel vor dem Brennpunkt des Hauptspiegels liegt, ist das resultierende Teleskop kürzer als $^1/_v$ der Gesamtbrennweite. Ein auf dem Cassegrain-System basierendes Teleskop stellt somit bei gegebener Brennweite die kompakteste Teleskopbauform dar.

Ein klassisches Cassegrain-Teleskop ist frei von sphärischer Aberration. Aufgrund seines kleinen Öffnungsverhältnisses besitzt es zudem nur einen sehr geringen Komafehler, welcher größenordnungsmäßig dem eines Newton-Teleskops mit gleichem Öffnungsverhältnis entspricht. Im Gegensatz

ABBILDUNG 77

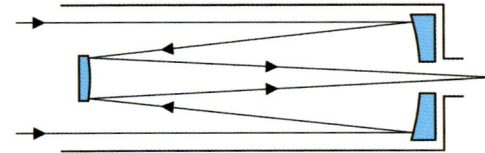

ABBILDUNG 77: Der Strahlengang in einem Cassegrain-Teleskop.

zum Newton-Teleskop werden jedoch sowohl Astigmatismus als auch Bildfeldwölbung um den Vergrößerungsfaktor v verstärkt. Beide stellen damit die das nutzbare Bildfeld begrenzenden Bildfehler dar. Bei einem Öffnungsverhältnis zwischen f/10 und f/30 (!) eignet sich das klassische Cassegrain-Teleskop daher vor allem für die Planetenfotografie.

Alle Spiegel eines Cassegrain-Teleskops sind üblicherweise zueinander justierbar gefasst. Das optische System reagiert aufgrund der brennweitenverlängernden Wirkung des Fangspiegels jedoch sehr empfindlich auf Dejustierung, so dass vor allem bei transportablen Instrumenten von Zeit zu Zeit eine Neukollimation erforderlich sein wird.

Durch den im Strahlengang befindlichen Fangspiegel und seinen Aufhängestreben treten auch bei Cassegrain-Teleskopen störende Beugungserscheinungen auf. Im Normalfall beträgt die durch den Fangspiegel bewirkte durchmesserbezogene Obstruktion O_D etwa 30%. Gerade bei den auf große Bildfelder hin optimierten Ritchey-Chrétien-Systemen bewirkt der große Fangspiegeldurchmesser mit seiner durchmesserbezogenen Obstruktion O_D zwischen 35% und 40% eine deutliche Verschlechterung von Auflösung und Kontrast. Ein solches Gerät ist daher nur sehr eingeschränkt für die hoch aufgelöste Fotografie von Mond und Planeten geeignet.

Wird an der Hauptspiegelbohrung kein in den Tubus hineinragendes Blendenrohr befestigt, reagieren alle Cassegrain-Varianten sehr empfindlich gegen schräg am Fangspiegel vorbei einfallendes Streulicht. Sie eignen sich dann nur sehr eingeschränkt für Beobachtungen am Taghimmel. Ein im Durchmesser zu knapp dimensioniertes Blendenrohr kann dagegen aber auch die Ursache für auftretende Vignettierungen sein.

Weil das Licht den Tubus dreimal komplett durchlaufen muss, werden Cassegrain-Systeme in ihrer Abbildungsleistung sehr stark durch das Tubusseeing beeinflusst. Vor allem die in seitlich geschlossenen Rohrtuben montierten Geräte mit kleinem und mittlerem Objektivdurchmesser (bis ca. 200mm Durchmesser) sind hiervon betroffen. Durch Einbau eines oder mehrerer Lüfter hinter dem Hauptspiegel können sowohl die Auskühldauer der Optik selbst als auch das Tubusseeing deutlich minimiert werden.

Von den zahlreichen Variationen des klassischen Cassegrain-Teleskops sind heute auch viele für Amateure erhältlich:

- **Schmidt-Cassegrain-Teleskope:** Bereits wenige Jahre nachdem der deutsche Optiker Bernhard Schmidt 1930 die später nach ihm benannte Astrokamera erfunden hatte, entwickelte der Amerikaner James Gilbert Baker eine modifizierte Variante, bei der die Brennebene gut zugänglich außerhalb des Tubus hinter dem durchbohrten Hauptspiegel liegt. Hierzu befindet sich vor dem Brennpunkt des sphärisch-konkaven Hauptspiegels ein sphärisch-konvexer Fangspiegel. Weil sich die asphärische Korrektionsplatte wie bei einer »echten« Schmidt-Kamera weiterhin im Krümmungsmittelpunkt des Hauptspiegels befindet, wird ein solches Teleskop auch als »nicht kompakter« Schmidt-Cassegrain-Typ bezeichnet.

ABBILDUNG 78

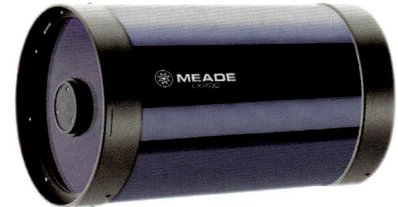

Neben der Bildfeldwölbung weist dieser Teleskoptyp nur einen minimalen Astigmatismus auf. Obwohl durch den Einsatz von Korrektorlinsen die Bildfeldwölbung fast komplett beseitigt werden kann, konnte sich das »nicht kompakte« Schmidt-Cassegrain-Teleskop jedoch nicht durchsetzen.

Zu Beginn der 60er-Jahre entwickelte der Amerikaner Tom Johnson eine »kompakte« Variante des Schmidt-Cassegrain-Teleskops, bei der die asphärische Korrektorplatte (obwohl sie meist so bezeichnet wird, handelt es sich hierbei nicht um eine echte Schmidtplatte) in etwas weniger als Brennweitenentfernung vor dem sphärisch-konkaven Hauptspiegel liegt. Die durch diese Verschiebung hervorgerufenen Bildfehler werden zu einem großen Teil durch die elliptisch-konvexe Form des Fangspiegels ausgeglichen. Die Brennebene selbst ist jedoch so stark gekrümmt, dass die hierdurch bedingten Unschärfen bereits im Kleinbildformat deutlich sichtbar werden.

Eine deutliche Reduzierung der Bildfeldwölbung ist bereits mit Hilfe eines zweilinsigen Korrektors möglich. Die von den meisten Herstellern angebotenen Korrektormodelle sind so ausgelegt, dass sie auch direkt als brennweitenreduzierende Shapleylinse (siehe Kapitel: »Brennweitenverkürzung«) fungieren.

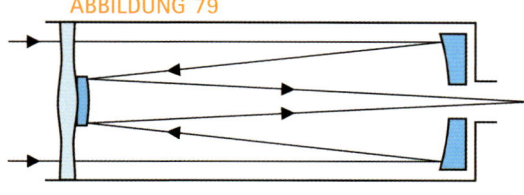

Die Hauptspiegel der heute erhältlichen Schmidt-Cassegrain-Teleskope haben üblicherweise ein Öffnungsverhältnis zwischen f/2 und f/3. Je nach Vergößerungsfaktor v des verwendeten Fangspiegels kann so ein resultierendes Öffnungsverhältnis zwischen f/6,3 und f/12 erreicht werden. Der vermeintliche Vorteil der lichtstarken Geräte bei der Deep-Sky-Fotografie wird mit einem im Verhältnis zum Hauptspiegeldurchmesser größeren Fangspiegel und mit einer deutlich stärkeren Bildfeldkrümmung erkauft. In der Praxis ist der Einsatz einer Shapleylinse zur nachträglichen Brennweitenreduzierung eines lichtschwächeren Teleskops sinnvoller.

Wie bei fast jedem Spiegelteleskop erzeugt auch der Fangspiegel im Strahlengang des Schmidt-Cassegrain-Teleskops bildverschlechternde Beugungserscheinungen. Bedingt durch das große Öffnungsverhältnis des Hauptspiegels bewirkt der Fangspiegel üblicherweise eine durchmesserbezogene Obstruktion O_D zwischen 35% und 40%. Da die Fangspiegelhalterung direkt an der Korrektorplatte befestigt ist, fehlen jedoch die bei vielen anderen Spiegelteleskoptypen üblichen Beugungskreuze.

Wie alle Cassegrain-Systeme reagiert auch das Schmidt-Cassegrain-Teleskop sehr empfindlich auf schräg am Fangspiegel vorbei einfallendes Streulicht. Der durchbohrte Hauptspiegel muss daher mit einem Blendenrohr versehen werden. Durchmesser und Länge des Blendenrohres bestimmen hierbei die Größe des vignettierungsfrei ausgeleuchteten Bildfeldes.

Verglichen mit vielen Newton-Teleskopen besitzen Schmidt-Cassegrain-Teleskope ein verhältnismäßig großes unvignettiertes Bildfeld: Bei Geräten bis 200mm Öffnung werden ca. 37mm erreicht, ab 250mm Öffnung vergrößert sich das komplett ausgeleuchtete Feld aufgrund des wesentlich großzügiger dimensionierten Blendenrohres sogar auf bis zu 50mm. Alle diese Angaben beziehen sich auf das Basissystem mit einem Öffnungsverhältnis von f/10. Die Verwendung einer Shapleylinse bewirkt eine dem Reduktionsfaktor entsprechende Verringerung des ausgeleuchteten Bildfeldes.

Die durch Lichtbrechung in der Korrektorplatte erzeugte chromatische Aberration ist so gering, dass sie bei fotografischem Einsatz nicht sichtbar ist.

Bei allen bisher vorgestellten Teleskoptypen waren die Abstände der optischen Komponenten zueinander fest vorgegeben. Die Lage des Brennpunktes relativ zum Teleskoptubus war hierdurch ebenfalls nicht veränderbar,

LINKS

FeatherTouch Focuser
Starlight Instruments Inc.
www.starlightinstruments.com

ABBILDUNG 80: Schematischer Schnitt durch die Spiegelzelle mit Fokussiermechanismus eines Schmidt-Cassegrain-Teleskops. Prinzipiell besteht der Fokussiermechanismus aus zwei ineinander geschobenen Rohren (engl. Baffle), die sich gegeneinander verschieben lassen. Das innere der beiden Rohre ist die interne Streulichtblende (1). Sie ist meist durch ein Schraubgewinde fest mit der Rückseite des Tubus (6) verbunden. Der Hauptspiegel (2) ist auf dem äußeren Rohr (3) fest angebracht. An der Rückseite des Spiegels ist seitlich etwas versetzt noch eine Gewindestange (4) angebracht. Durch Drehen des Fokussierknopfes (5), der fest mit der Rückwand des Teleskops (6) verbunden ist, wird der Spiegel nach vorne geschoben bzw. nach hinten gezogen, was zur Folge hat, dass sich die Lage des Brennpunktes relativ zur Rückwand des Teleskops verändert!

CCD-Fotografie im Primärfokus des Hauptspiegels

Im Jahr 1998 begann die Firma Celestron damit, die von ihr neu produzierten Schmidt-Cassegrain-Teleskope mit einer ausbaubaren Sekundärspiegelhalterung auszustatten. In der so entstandenen zentralen Öffnung der Korrektorplatte können verschiedene kleinere gekühlte CCD-Kameras im direkten Brennpunkt des Hauptspiegels betrieben werden. Die durch den sphärischen Hauptspiegel erzeugten Bildfehler werden dabei durch einen integrierten zweilinsigen Korrektor ausgeglichen.

Je nach Teleskop-Modell können mit Hilfe des von Celestron »Fastar« genannten Aufbaus Öffnungsverhältnisse zwischen f/1,95 und f/2,5 erreicht werden. Obwohl sich die Obstruktion durch das vorgeschaltete Kameragehäuse bei allen möglichen Teleskopdurchmessern erhöht, werden die durch sie erzeugten Abbildungsverschlechterungen aufgrund der kurzen Brennweite im Bild nicht sichtbar. »Fastar« stellt damit eine preiswerte Möglichkeit dar, auch mit kleinformatigen CCD-Kameras große Bildfelder detailliert abzubilden.

weshalb der Bildsensor zur Fokussierung auf der optischen Achse verschiebbar angebracht sein muss. Dies geschieht üblicherweise mit Hilfe eines im Kapitel »Teleskope« noch genauer beschriebenen Okularauszugs.

Die heute angebotenen Schmidt-Cassegrain-Teleskope haben keinen Okularauszug im eigentlichen Sinne. Bei ihnen werden sämtliche Zubehörteile über ein Gewinde fest mit der Rückseite der Spiegelzelle verschraubt. Fokussiert wird durch eine axiale Ver-

schiebung des Hauptspiegels, die eine Abstandsveränderung des Brennpunktes relativ zur Rückseite des Teleskops zur Folge hat. Je nach Hersteller ist so eine Verschiebung des Brennpunktes auf mehr als 30 cm hinter die Hauptspiegelzelle möglich, wodurch auch Zubehörteile, die einen sehr langen Lichtweg erfordern, problemlos eingesetzt werden können. Durch die feste Verbindung zwischen Zubehör und Teleskop können an einem Schmidt-Cassegrain-Teleskop auch schwere Kameras samt sonstiger Zubehörteile verwendet werden.

ABBILDUNG 80

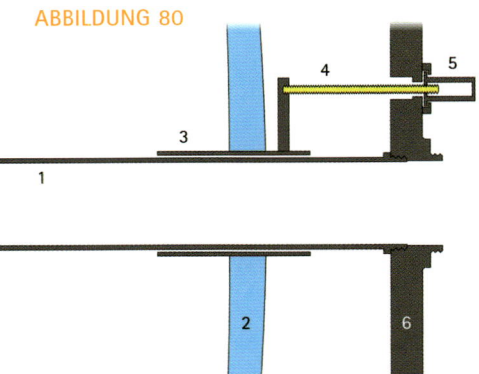

Trotz dieser Vorteile weist die Fokussierung eines Schmidt-Cassegrain-Teleskops jedoch einen erheblichen Nachteil auf, der in dem Verschiebemechanismus des Hauptspiegels begründet ist. Damit der Hauptspiegel verstellt werden kann, ist er über eine Büchse beweglich auf dem zentralen Blendenrohr befestigt. Über eine außeraxiale Gewindespindel wird der Spiegel auf dem Blendenrohr nach vorne gedrückt bzw. nach hinten gezogen. Diese Bewegung ist aber nur dann möglich, wenn der Durchmesser der Büchse minimal größer als der des Blendenrohres ist. Vor allem bei einer Bewegungsumkehr, wie sie beim Fokussieren häufiger vorkommt, kommt es hierdurch zu einer minimalen Verkippung des Hauptspiegels, dem »Image-Shifting«. Durch die meist sehr lange Gesamtbrennweite dieses

Teleskoptyps macht sich dieser Effekt vor allem bei kleinformatigen Aufnahmesensoren in Form einer deutlich sichtbaren Verschiebung der Sterne innerhalb des Bildfeldes bemerkbar.

Dieser Effekt tritt auch bei Langzeitbelichtungen auf. Während einer mehrere Minuten andauernden Belichtung führt eine schleichende Spiegelverkippung zu strichförmigen Sternen, selbst wenn man mit einem Leitfernrohr vermeintlich punktgenau nachgeführt hat. CCD-Kameras mit integrierter Nachführmöglichkeit (vgl. Kapitel »Gekühlte CCD-Kameras mit integrierter Nachführmöglichkeit«) kompensieren alle Verschiebungen automatisch. Fotografen mit anderen Kameras können nur auf ein Off-Axis-System zurückgreifen – mit allen Vor- und Nachteilen (siehe Kapitel »Nachführmethoden«).

Die Firma Meade bietet für ihre aktuellen Schmidt-Cassegrain- und ACF-Teleskope die Möglichkeit, den Hauptspiegel nach erfolgter Fokussierung festzuklemmen. Somit sind Langzeitbelichtungen auch mit einem separaten Leitfernrohr möglich – ein gewaltiger Fortschritt.

Da der relative Abstand von Haupt- und Fangspiegel sich auf die Gesamtbrennweite des optischen Systems auswirkt, bewirkt die Fokussierung mittels Hauptspiegelverschiebung auch gleichzeitig eine Brennweitenänderung. Die effektive Brennweite ist hierbei umso länger, je weiter die Brennebene hinter den Hauptspiegel verlagert wird.

Die vom Hersteller angegebene Brennweite bezieht sich üblicherweise auf eine Position des Hauptspiegels, bei der die Brennebene 100mm hinter der Hauptspiegelzelle liegt. Diese Stellung entspricht der Entfernung, in der eine nur mit Kameraadapter und T2-Ring angeschlossene Spiegelreflexkamera ein scharfes Bild eines Himmelsobjekts zeigt. Weil das komplette optische System für diese Brennpunktlage optimiert ist, sind die auftretenden Bildfehler an dieser Stelle am geringsten.

Zur Erzielung eines möglichst optimal abbildenden Systems werden die optischen Komponenten eines Schmidt-Cassegrain-Teleskops vom Hersteller individuell aufeinander einkorrigiert. Diese Korrekturen gehen so weit, dass bereits eine geringfügige Rotation von nur einer der Komponenten um die optische Achse einen deutlichen Einfluss auf die erreichbare Abbildungsgüte haben kann. Bedingt durch den hohen Vergrößerungsfaktor des Fangspiegels reagiert ein solches Teleskop zudem generell sehr empfindlich auf Justierfehler.

Im Gegensatz zu allen bisher vorgestellten Spiegelteleskopen sind die optischen Komponenten eines Schmidt-Cassegrain-Teleskops nur bedingt durch den Benutzer justierbar. Der Hauptspiegel ist fest mit dem Blendenrohr verbunden, die Fangspiegelhalterung befindet sich mittig auf der Schmidtplatte und diese wiederum ist durch einen Klemmring zentrisch im Tubus fixiert. Einzig und allein die Verkippung des Fangspiegels kann durch drei Schrauben verändert werden.

Trotz des Kompromisses zwischen Abbildungsgüte, kurzer Baulänge und guter Zugänglichkeit des Brennpunk-

TIPP

Zur Verringerung des Image-Shiftings existieren zahlreiche Lösungsvorschläge, wie z.B. dünne, zwischen Blendenrohr und Buchse gelegte Metallfolien oder jeweils drei zentrierende Teflonschrauben an jedem Ende der Buchse. Alle diese Maßnahmen können das Shifting jedoch nur minimieren – ganz verschwinden wird es trotzdem nicht. Am vielversprechendsten ist hierbei noch die Idee, die Büchse mit Radialkugellagern auf dem Blendenrohr zu verschieben.

Wer ganz auf Nummer sicher gehen will, wird nicht darum herum kommen, den Hauptspiegel auf dem Blendenrohr mit Schrauben zu fixieren und stattdessen mit einem zusätzlichen konventionellen Okularauszug zu fokussieren. Die richtige Spiegelposition ermittelt man durch Versuche, bei denen man alle später verwendeten Zubehörteile in den Strahlengang einbaut und mittels Hauptspiegel fokussiert. Der Okularauszug sollte sich hierbei in einer mittleren Auszugsposition befinden, damit man noch genügend Spielraum auf beiden Seiten des Brennpunktes hat.

ABBILDUNG 81: Eine shiftingfreie Fokussierung ist bei einem Schmidt-Cassegrain-Teleskop nur mit Hilfe eines zusätzlichen externen Okularauszugs möglich. Links im Bild der motorgetriebene »Zero Image-Shift Mikrofokussierer« der Firma Meade an einem 12"-Schmidt-Cassegrain-Teleskop. Eine elektrische Fokussierung ist aber nicht jedermanns Sache. Rechts: Der mechanisch perfekt gebaute »FeatherTouch« 2"-Okularauszug mit zusätzlicher 1:10 Untersetzung und 2"-Steckhülsendurchmesser wird manuell bedient, ist auf Wunsch aber auch in einer motorisierten Version erhältlich. Für alle gängigen Teleskoptypen bekommt man auch den passenden Adapter dazu.

ABBILDUNG 81

ABBILDUNG 82: Alter M703 – ein 180/1800mm Maksutov-Cassegrain-Teleskop der Firma Intes.

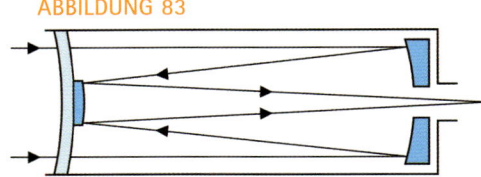

ABBILDUNG 83: Der Strahlengang in einem Maksutov-Cassegrain-Teleskop.

⟨⟩ Ausbau der Korrektorplatte

In einigen Fällen, wie z.B. zur Reinigung der Spiegeloberflächen, ist ein Ausbau der Korrektorplatte eines Schmidt-Cassegrain-Teleskops unumgänglich. Wichtig ist hierbei, dass die optischen Komponenten beim späteren Zusammenbau nicht gegeneinander verdreht montiert werden. Nach dem Entfernen des Klemmrings sollten daher der Rand der Korrektorplatte und deren Aufnahme am Tubus jeweils mit einem Indexstrich versehen werden. Weiterhin ist darauf zu achten, dass keines der drei dünnen Korkstücke verloren geht, mit denen die Korrektorplatte relativ zur optischen Achse ausrichtet ist. Sollten sich eins oder mehrere dieser Plättchen ablösen, ist deren jeweilige Position ebenfalls am Tubus zu markieren.

Zum Herausnehmen der so freigelegten Kombination aus Fangspiegel und Korrektorplatte muss diese zwangsläufig an der Fangspiegelfassung angefasst werden. Diese darf hierbei jedoch nicht gegenüber dem Korrektor verdreht werden.

zunächst ein rein fotografisches Gerät, bei dem sich die Korrektorlinse zwischen Krümmungsmittelpunkt und Brennpunkt des Hauptspiegels befand. Da der Brennpunkt einer solchen Kamera somit nur schwer zugänglich im Inneren des Tubus liegt, wurden recht bald Abwandlungen des Bautyps entwickelt, bei denen der Brennpunkt außerhalb des Tubus zu liegen kommt. Analog zum »kompakten« Schmidt-Cassegrain-Teleskop wird die Meniskuslinse auch bei ihnen in etwas weniger Entfernung als der Brennweite vor dem Hauptspiegel positioniert.

ABBILDUNG 82

ABBILDUNG 83

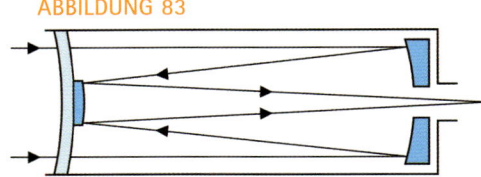

Neben dem Maksutov-Newton-Teleskop erfreut sich vor allem das Maksutov-Cassegrain-Teleskop in Amateurkreisen einer großen Beliebtheit. Bei ihm wird ein sphärisch-konvexer Sekundärspiegel in den Strahlengang eingefügt, der das ankommende Licht durch eine zentrale Bohrung im Hauptspiegel zurückwirft, wodurch der effektive Brennpunkt hinter der Hauptspiegelzelle zu liegen kommt. Bei Öffnungsverhältnissen von bis zu f/12 reicht es hierbei oftmals aus, den zentralen Teil der Meniskuslinse von der Rückseite her zu verspiegeln. Für lichtstärkere Systeme bis hin zu f/7,5 muss der Fangspiegel jedoch von der Meniskuslinse separiert werden, da durch die so gewonnenen Freiheitsgrade (Oberflächenform und Position des Fangspiegels) eine weitergehende Abbildungskorrektur möglich ist.

tes erfreut sich dieser »kompakte« Typ des Schmidt-Cassegrain-Teleskops gerade im Amateurbereich einer großen Beliebtheit. Die angebotenen Objektivdurchmesser liegen zwischen 200mm und 400mm.

- **Maksutov-Cassegrain-Teleskope:** Im Jahre 1944 beschrieb der russische Optiker Dmitrij Dmitrievi Maksutov (1896–1964) erstmalig einen Teleskoptyp, bei dem die sphärische Aberration eines lichtstarken sphärischen Hauptspiegels durch eine vorgeschaltete stark gekrümmte, ebenfalls sphärische Meniskuslinse ausgeglichen wird. Wie vor ihm bereits Bernhard Schmidt konstruierte auch Maksutov

Auf der optischen Achse erzeugt ein Maksutov-Cassegrain-Teleskop ein sehr scharfes Bild. Das Bildfeld selbst besitzt zwar nur eine halb so starke Bildfeldkrümmung wie ein klassisches Cassegrain-Teleskop, die auftretende Koma ist jedoch wesentlich stärker und schränkt damit das brauchbare Gesichtsfeld deutlich ein. Zusammen mit ihrem üblicherweise kleinen Öffnungsverhältnis eignen sich Maksutov-Cassegrain-Teleskope damit vor allem für die Planetenfotografie.

Die Fokussierung erfolgt auch bei den Maksutov-Cassegrain-Teleskopen üblicherweise durch die Abstandsveränderung von Haupt- und Fangspiegel. Während bei Objektivdurchmessern bis 100mm oftmals die komplette Fronteinheit aus Menuskuslinse und Fangspiegel verschoben wird, hat sich bei den größeren Geräten die Verschiebung des Hauptspiegels durchgesetzt. Die sich hieraus ergebenden Vor- und Nachteile wurden bereits beim Schmidt-Cassegrain-Teleskop beschrieben.

Der dem nutzbaren Bildfeld angepasste Durchmesser des Fangspiegels bewirkt bei einem Maksutov-Cassegrain-Teleskop in der Regel eine durchmesserbezogene Obstruktion O_D von bis zu 30%, was zu entsprechend bildverschlechternden Beugungserscheinungen führt. Da die Fangspiegelhalterung jedoch direkt an der Meniskuslinse befestigt ist, fehlen die bei vielen anderen Spiegelteleskoptypen üblichen Beugungskreuze.

Maksutov-Cassegrain-Teleskope werden heute vor allem von Firmen aus dem osteuropäischen Raum hergestellt. Gegenüber westlichen und chinesischen Produkten weisen sie meist eine deutlich bessere Verarbeitungsqualität auf, die sich jedoch auch direkt im Preis niederschlägt. Die angebotenen Durchmesser reichen von 90mm bis 300mm. Bedingt durch die Dicke der Meniskuslinse sind Maksutov-Cassegrains trotz vergleichbarer Baulänge bei gleichem Objektivdurchmesser deutlich schwerer als Schmidt-Cassgrain-Teleskope.

- **Ritchey-Chrétien-Teleskope:** Für die Fotografie größerer Sternfelder ist die 1923 von dem Amerikaner George Ritchey und dem Franzosen Henri Chrétien entwickelte Variante des Cassegrain-Teleskops interessant. Sie besitzt statt des parabolischen einen hyperbolischen Hauptspiegel, dessen Öffnungsverhältnis bis zu f/2 betragen kann. Durch Verwendung eines stärker hyperbolischen Fangspiegels kann so der dem klassischen Cassegrain-Teleskop anhaftende Komafehler fast komplett beseitigt werden. Der gegenüber dem klassischen Cassegrain-System deutlich stärker ausgeprägte Astigmatismus und die mit ihm einher gehende Bildfeldwölbung lassen sich durch einen Korrektor auch über große Bildfelder minimieren. Das typische Öffnungsverhältnis eines Ritchey-Chrétien-Teleskops liegt zwischen f/6 bis f/8.

Zu den wenigen Herstellern von Ritchey-Chrétien-Teleskopen für den Amateurmarkt gehören die Firmen RC-Optical und Astro Optik Keller, die Modelle mit Durchmessern zwischen 250mm und 800mm anbieten.

Die Firma Astro Optik Keller bietet unter der Bezeichnung »Hypergraph« auch modifizierte Ritchey-Chrétien-Systeme mit integriertem zweilinsigen Korrektor an. Der Streuscheibchendurchmesser z ist bei diesen Geräten, die mit Durchmessern zwischen 340mm und 600mm Durchmesser gefertigt werden, selbst in einer Entfernung von 40mm von der optischen Achse nur etwa zwei Drittel so groß wie bei einem vergleichbaren »echten« Ritchey-Chrétien-System mit Korrektor.

- **Advanced Coma Free-Telescope:** Von der amerikanischen Firma Meade werden seit 2005 »Advanced Coma Free System« (ACF) in zwei unterschiedlichen Serien angeboten:

Die Teleskope der Serie LX200-ACF weisen ein Öffnungsverhältnis von f/10 auf und können sowohl mit als auch ohne Gabelmontierung bezogen werden. Mit einem Schienensystem können die Tuben auf jeder deutschen Montierung befestigt werden.

Die Tuben der höherpreisigen RCX-Serie weisen ein Öffnungsverhältnis von f/8 auf und sind nur mit Gabelmontierung lieferbar, von der aus alle elektronischen Steuerungen erfolgen. Besondere Merkmale sind ein Kohlefasertubus mit festem Hauptspiegel, ein Lüfter in der Hauptspiegelfassung, eine elektrisch gesteuerte Kollimation des Fangspiegels und Fokussierung durch elektrische Verschiebung des Frontrings.

ABBILDUNG 84

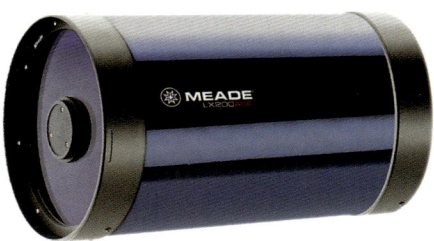

Der optische Aufbau ist bei beiden Serien der selbe: Während der Fangspiegel wie bei einem klassischen Cassergrain-Teleskop hyperbolisch ist, wird der aufwändig herzustellende hyperbolische Hauptspiegel durch eine Kombination aus sphärischem Hauptspiegel und Korrekturplatte mit hyperbolischer Gesamtwirkung ersetzt. Der Strahlengang wird hierdurch so verändert, dass eine gute Abbildungsleistung im Vollformat erzielt wird. Astigmatismus und Bildfeldwölbung sind so gering, dass das Bildfeld für einen Sensor im APS-C-Format als nahezu eben angesehen werden kann.

Analog zu den Schmidt-Cassegrain-Teleskopen werden auch die ACF-Teleskope vom Typ LX200-ACF durch Verschieben des Hauptspiegels fokussiert. Zur Vermeidung des Image-Shiftings sind die Geräte jedoch bereits am Werk mit einer Hauptspiegelklemmung

ausgestattet. Aufgrund der Abstandsänderung zwischen Haupt- und Fangspiegel bewirkt die Fokussierung auch bei diesem Teleskoptyp eine Veränderung der Gesamtbrennweite.

Aktuell werden Modelle mit Durchmessern zwischen 200mm und 500mm angeboten.

- **VC-Teleskope:** Ebenfalls speziell für die Astrofotografie optimiert ist eine Cassegrain-Variante der japanischen Firma Vixen. Das Gerät mit einem Durchmesser von 200mm und einem Öffnungsverhältnis von f/9 verfügt über einen asphärischen Hauptspiegel mit einer Oberfläche sechster Ordnung. Ein in das optische System integrierter dreilinsiger Korrektor minimiert die auftretenden Bildfehler, wodurch über das komplette Feld eines Vollformatsensors ein Streuscheibchendurchmesser z von maximal 15µm erzielt wird.

ABBILDUNG 85

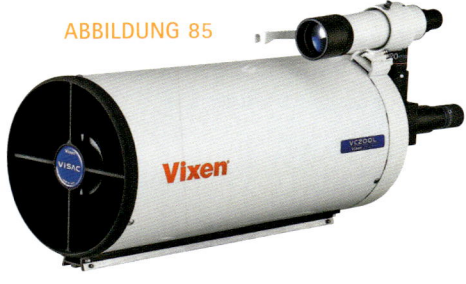

- **VMC-Teleskope:** Diese von der japanischen Firma Vixen entwickelte Modifikation des Maksutov-Cassegrain-Teleskops besitzt statt der Meniskuslinse mit vollem Objektivdurchmesser am vorderen Tubusende eine entsprechend kleiner dimensionierte Meniskuslinse, die vor dem Fangspiegel angebracht ist. Neben einer verbesserten Bildschärfe bei gleichzeitig verringerter Bildfeldwölbung wird hierdurch auch eine bessere Korrektur der Farbrestfehler erzielt. Dank der offenen Tubuskonstruktion wird ein schnellerer Temperaturausgleich erreicht, der jedoch mit zusätzlichen Beugungserscheinungen an den Streben der Fangspiegelhalterung verbunden ist.

Aktuell werden VMC-Teleskope mit Durchmesseren zwischen 95mm und 330mm angeboten. Ihre Öffnungsverhältnisse liegen zwischen f/9 und f/13.

- **Dall-Kirkham-Teleskope:** Bei der 1928 erstmalig vorgestellten Dall-Kirkham-Variante des Cassegrain-Systems wird ein elliptischer Haupt- und einen sphärischer Fangspiegel verwendet. Trotz der üblicherweise verwendeten Öffnungsverhältnisse von f/12 und kleiner sorgt der auftretende Komafehler dafür, dass ein solches Gerät ohne einen zusätzlichen Korrektor nur für die Fotografie sehr kleiner Bildfelder geeignet ist. Mit Korrektor sind dagegen selbst bei einem resultierenden Öffnungsverhältnis von besser als f/7 kleinere Streuscheibchendurchmesser als mit einem korrigierten Ritchey-Chrétien-Teleskop erreichbar.

  Dall-Kirkham-Teleskope sind mit Durchmessern zwischen 180mm und 500mm erhältlich. Sie werden u.a. von den Firmen Takahashi und Planewave Instruments hergestellt.

Auflösungsvermögen und Obstruktion

Prinzipiell wird die Leistung eines Teleskops durch seinen Objektivdurchmesser bestimmt. Das Auflösungsvermögen steigt linear mit dem Durchmesser und die lichtsammelnde Wirkung mit dem Quadrat des Durchmessers. Durch die an der Eintrittsöffnung des Teleskops auftretenden Beugungseffekte wird eine punktförmige Lichtquelle nicht als wirklicher Punkt sondern als ein zentrales Scheibchen, dem »Airy-Scheibchen«, mit umgebenden konzentrischen Ringen abnehmender Helligkeit, den »Beugungsringen«, abgebildet. Als Auflösungsvermögen eines Teleskops wird dabei der Winkelabstand zweier gleichheller punktförmiger Lichtquellen bezeichnet, die mit dem Gerät noch als getrennt wahrgenommen werden können. Da dies genau dann der Fall ist,

wenn sich die zentralen Beugungsscheibchen beider Lichtquellen gerade berühren, entspricht ihr Winkelabstand α in Bogensekunden dem Radius des dunklen Zwischenraumes zwischen Beugungscheibchen und erstem Beugungsring. Dieser berechnet sich nach John William Strutt, dem dritten Lord Rayleigh (1842–1919) aus der Wellenlänge λ des verwendeten Lichtes in nm und dem Durchmesser D der Optik in mm zu:

$$\alpha = 0{,}252" \cdot \frac{\lambda}{D} \qquad \text{Formel 13}$$

ABBILDUNG 86

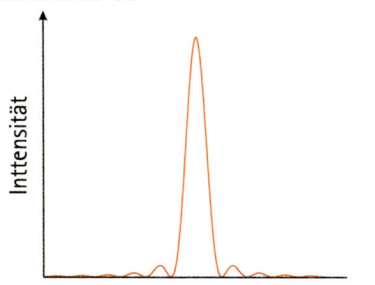

Weil eng benachbarte Sterne auch bereits dann als getrennt erkannt werden können, wenn das Helligkeitsmaximum des einen mit dem Rand des Beugungsscheibchens des anderen Sterns zusammen fällt, ist das theoretisches Auflösungsvermögen α_{theo} einer Optik etwas besser:

$$\alpha_{theo} = 0{,}21" \cdot \frac{\lambda}{D} \qquad \text{Formel 14}$$

Für das Empfindlichkeitsmaximum des menschlichen Auges bei 550nm ergibt sich damit das von William Rutter Dawes (1799–1868) empirisch nachgewiesene und als »Dawes Limit« bekannte Auflösungsvermögen α_{Dawes} in Bogensekunden von:

$$\alpha_{Dawes} = \frac{116[mm \cdot "]}{D} \qquad \text{Formel 15}$$

Bei einer freien Öffnung (in der Regel gleich dem Objektiv- oder Spiegeldurchmesser) von 116mm beträgt des Auflösungsvermögen 1". Bei genügend starkem Helligkeitskontrast kann zwar auch das Vorhandensein von Objekten, die kleiner

ABBILDUNG 86: Die Intensitätsverteilung im Beugungsbild eines Refraktors. Im zentralen Airy-Scheibchen werden 83,9% des Lichtes vereinigt. Auf den ersten Beugungsring entfallen 7,1%, auf den zweiten Beugungsring 2,8% und auf den dritten Beugungsring nur noch 1,5% des Lichtes.

LINKS
What are the effects of obstruction?
T. Legault

legault.club.fr/obstruction.html

📷

ABBILDUNG 87: Bei gleichhellen punktförmigen Objekten hängt das erreichbare Auflösungsvermögen nur von deren gegenseitigem Abstand ab. Ist der Abstand beider Objekte größer als der Radius des ersten dunklen Ringes im Beugungsbild, können eindeutig zwei Helligkeitsmaxima getrennt wahrgenommen werden. Bei minimal kleinerem Abstand findet keine wirkliche Trennung mehr statt: die Beugungsscheibchen beider Objekte berühren sich. Bei noch kleinerem Abstand bilden beide Objekte ein gemeinsames längliches Beugungsscheibchen.

📷

ABBILDUNG 89: Nachdem das Objektiv (2) vom Kameragehäuse (1) abgeschraubt wurde, kann die ToU-Cam von Philips, hier die PCVC 740K, mit einem 1¼"-Steckadapter (3) versehen werden, mit dem die Kamera direkt am Okularauszug des Teleskops befestigt wird. Für Teleskope, bei denen sich Linsen im Strahlengang befinden und für eine natürliche Farbwiedergabe sollte für die Aufnahme noch ein IR-Sperrfilter (4) verwendet werden. Dieser wird in Form eines 1¼"-Okularfilters in das Filtergewinde des Steckadapters eingeschraubt.

als das Beugungsscheibchen sind, wahrgenommen werden, nicht jedoch ihre wahre Gestalt. Das bekannteste Beispiel hierfür ist wahrscheinlich die Cassini-Teilung des Saturnrings. Dank ihres hohen Kontrastes kann sie, zumindest visuell, trotz ihrer Breite von 0,7" bis 0,8" bereits mit unter 80mm Teleskopdurchmesser (Auflösung ca. 1,4") erkannt werden.

ABBILDUNG 87

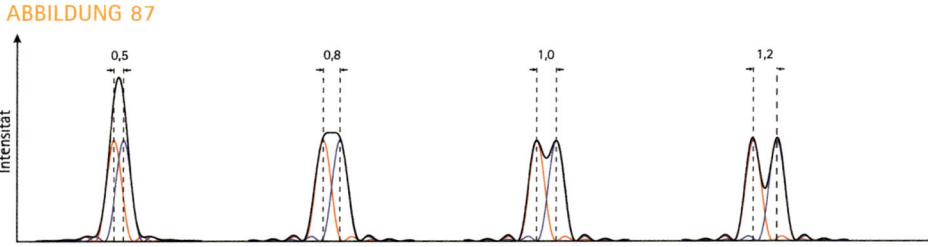

Durch den bei fast allen Spiegelteleskopen im Strahlengang liegenden Fangspiegel und gegebenenfalls auch durch seine Aufhängvorrichtung entstehen Abschattungen und zusätzliche Beugungseffekte. Diese verringern die Auflösung, den Bildkontrast und die lichtsammelnde Fläche. Diese Abschattung wird als Obstruktion bezeichnet.

Man unterscheidet zwischen einer flächen- und einer durchmesserbezogenen Obstruktion. Unter Vernachlässigung der eventuell vorhandenen Aufhängestreben für den Fangspiegel berechnen sich O_F und O_D anhand der Durchmesser von Haupt- (D_H) und Fangspiegel (D_F) zu:

$$O_F = \frac{D_F^2}{D_H^2}$$ Formel 16

$$O_D = \frac{D_F}{D_H}$$ Formel 17

Je nach Teleskoptyp und der damit verbundenen Bauart der Fangspiegelhalterung muss in den beiden Formeln anstatt des reinen Fangspiegeldurchmessers gegebenenfalls der Durchmesser der Fangspiegelhalterung inklusive eventuell vorhandener Streulichtblenden für D_F eingesetzt werden. Aufgrund ihres kleineren numerischen Wertes wird von den Teleskopherstellern meist

nur die flächenbezogene Obstruktion angegeben.

Die Obstruktion bewirkt einen Lichtverlust. Der effektiv nutzbare Objektivdurchmesser eines obstruierten Teleskops entspricht daher dem eines nicht obstruierten Teleskops mit dem äquivalenten Durchmesser $D_Ä$:

$$D_Ä = \sqrt{D_H^2 - D_F^2}$$ Formel 18

Vor allem bei der hoch aufgelösenden Fotografie von Objekten unseres Sonnensystems spielt jedoch der Einfluß der Obstruktion auf das Aussehen des Beugungsbildes eine wesentlich größere Rolle. Auf der einen Seite verringert sich zwar der Radius des ersten Helligkeitsminimums im Beugungsbild, andererseits wird aber auch ein deutlicher Teil der Lichtintensität aus dem zentralen Beugungsscheibchen in die Beugungsringe abgelenkt.

Die Obstruktion verändert damit sowohl die Schärfen- als auch die Kontrastleistung einer Optik. Die auftretenden Veränderungen sind hierbei vom Kontrast des beobachteten Objektes abhängig: Objekte mit hohen Kontrasten, wie z.B. der Mondterminator, die bereits erwähnte Cassiniteilung oder aber auch Mondschatten auf Jupiter, profitieren bei sehr gutem Seeing laut Thierry Legault in einigen Fällen sogar von dem kleiner werdenden Beugungsscheibchendurchmesser. Objekte mit geringen Kontrasten, wie z.B. die Oberflächendetails der großen Planeten, werden dagegen in ihrem Kontrast noch weiter verschlechtert.

ABBILDUNG 88

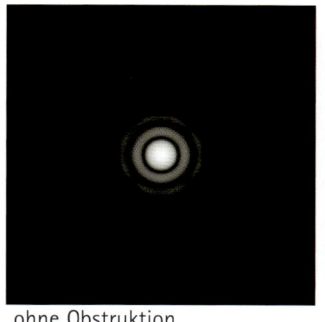 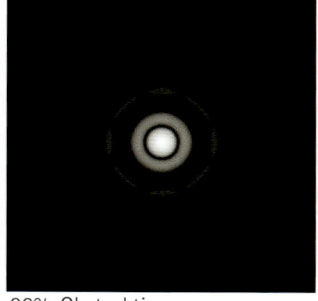 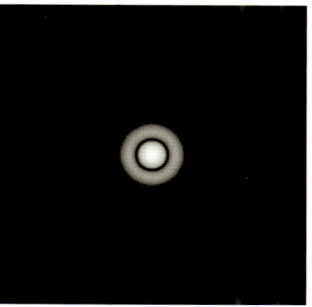

ohne Obstruktion   20% Obstruktion   33% Obstruktion

Kameraadapter

Um eine Kamera überhaupt an einem Teleskop anschließen zu können, benötigt man eine Vorrichtung, die es gestattet, die Kamera verwindungssteif, sicher und nach außen hin lichtdicht in der optischen Achse des Teleskops zu befestigen. Dies wird normalerweise über einen im Teleskopzubehörhandel erhältlichen Kameraadapter realisiert.

In Abhängigkeit vom Bautyp der verwendeten Kamera werden heute drei prinzipielle Arten von Kameraadaptern angeboten. Ihnen allen ist gemeinsam, dass sie auf der dem Teleskop zugewandten mit dem Okularauszug des Teleskops möglichst verwindungssteif befestigt werden können.

Webcams

Die meisten Webcams haben ein fest eingebautes Objektiv, nur bei einigen wenigen Modellen kann das Objektiv herausgeschraubt werden. Während diese Kameras mit Hilfe eines über den Zubehörhandel erhältlichen 1¼"-Steckadapters am Teleskop befestigt werden können, ist bei den Kameras mit festem Objektiv basteln angesagt.

Will man Umbauten an der Kamera nicht durchführen, könnte alternativ auch mit Hilfe der im Kapitel »Afokale Projektionsfotografie« beschriebenen Aufnahmemethode gearbeitet werden. Die Schärfe der auf diese Weise gewonnenen Bilder fällt allerdings in der Regel deutlich schlechter aus, weil die in Webcams eingebauten Objektive keine hohe optische Qualität aufweisen. Da für diese Art der Fotografie zudem üblicherweise Kompaktkameras verwendet werden, müssten die entsprechenden Kameraadapter ebenfalls im Eigenbau für den Anschluss einer Webcam modifiziert werden.

Kompakt- und Videokameras

Keine der heute angebotenen digitalen Kompakt- und nur einige wenige Videokameras verfügen über ein abnehmbares Objektiv, so dass mit ihnen

ABBILDUNG 89

Mit zunehmender Obstruktion wird immer mehr Licht aus dem zentralen Airy-Scheibchen in die Beugungsringe abgelenkt. Das zentrale Airy-Scheibchen wird hierdurch jedoch nicht nur lichtschwächer, sondern schrumpft auch minimal im Durchmesser.

Bereits bei einer durchmesserbezogenen Obstruktion von 20% ändert sich die Intensitätsverteilung im Beugungsbild wesentlich: In dem zentralen Airy-Scheibchen werden jetzt nur noch 76,4% der Gesamtintensität vereinigt. Der erste Beugungsring ist fast doppelt so hell wie bei einer unobstruierten Optik. Die Intensität des zweiten Beugungsrings reduziert sich dagegen so stark, dass dieser fast unsichtbar wird. Dafür erhöht sich wieder die Intensität des dritten Beugungsrings.

Bei noch stärkerer Obstruktion verliert das Airy-Scheibchen weiter an Intensität, während der erste Beugungsring weiterhin heller wird. Mit Ausnahme des zweiten Beugungsrings werden mit zunehmender Obstruktion auch die weiter aussen liegenden Beugungsringe heller.

In der Praxis lässt die Luftunruhe oftmals den heller gewordenen ersten Beugungsring mit dem zentralen Airy-Scheibchen verschmieren, was dann zu einem Lichtfleck vom ca. 1,8fachen Durchmesser der Scheibe führt! Die Täuschung wird dadurch vollkommen, dass der sehr lichtschwach gewordene zweite Ring nicht mehr sichtbar ist, weshalb der heller gewordene dritte Ring dann als zweiter Ring angesehen wird.

üblicherweise nur mittels der im Kapitel »Afokale Projektionsfotografie« beschriebenen Aufnahmemethode durch ein Teleskop fotografiert werden kann. Von verschiedenen Herstellern werden hierfür spezielle sog. »Digitalkameraadapter« oder »Videokameraadapter« angeboten.

Allen diesen Adaptern ist gemeinsam, dass sie teleskopseitig mittels Klemmring am Okular befestigt werden. Sie können daher aufgrund des vorgegebenen Klemmringdurchmessers meist nur mit den Okularen des Adapterherstellers verwendet werden.

Bei der kameraseitigen Befestigung wird zwischen Kameras mit und ohne Filtergewinde unterschieden:

- Die Befestigung der Kamera über das Filtergewinde des Objektivs garantiert die Parallelität der optischen Achsen von Teleskop und Kamera. Der Nachteil dieser Befestigungsmethode ist jedoch, dass das komplette, wenn auch meist geringe Gewicht der Kamera von ihrem Objektiv gehalten werden muss. Nicht selten sind die mechanisch aus dem Kameragehäuse heraus fahrbar konstruierten Objektive bei Kameras jedoch so labil ausgeführt, dass bereits diese Belastung ausreicht, um die gesamte Anordnung um mehr als einen Millimeter aus der optischen Achse zu neigen. In einem solchen Falle sollte die Kamera daher besser über eine Vorrichtung angeschlossen werden, bei der das Gewicht der Kamera zusätzlich über den Stativgewindeanschluss aufgefangen und an den Okularauszug weitergeleitet wird. Solche Adapter sind z.B. von den Firmen Baader Planetarium, Meade und Teleskop-Service Ransburg erhältlich. Aufgrund ihres üblicherweise höheren Gewichtes sollte für den Anschluss von Videokameras generell nur ein solcher Adapter verwendet werden.
- Kameras, deren Objektiv kein Filtergewinde besitzt, müssen mit einer Haltekonstruktion hinter dem Oku-

lar platziert werden. Die Kamera wird hierzu über ihren Stativanschluss auf einer Bühne befestigt. Mittels Feinverstellung kann diese dann so ausgerichtet werden, dass die optischen Achsen von Okular und Kameraobjektiv exakt überein stimmen. Ein solcher robuster und sehr feinfühlig verstellbarer Kameraadapter wird unter der Bezeichnung »Universal Digitalkameraadapter« beispielsweise von Vixen angeboten. Das gleiche Modell bietet Baader unter dem Namen »Baader Micro Stage 6030« an. Und unter der Bezeichnung »Digiklemme« findet man schließlich bei Teleskop-Service Ransburg ein preiswerteres Modell, das allerdings ohne die praktische Feinverstellmöglichkeit auskommen muss. Die Einstellung auf das Himmelsobjekt ist einfacher als es aussieht: Man setzt ein Okular (Ausprobieren!) in den Okularauszug, schaut durch und stellt scharf. Dann befestigt man die Kompaktkamera und wählt im Menü den Live-Modus. Autofokus und automatische Belichtung der Kamera sorgen für ein scharfes und helles Bild auf dem Display. Sehr praktisch: Sucher und Kamera in einem.

ABBILDUNG 90

ABBILDUNG 90: Die mittels eines universellen Digitalkameraadapters (hier: Baader Micro Stage 6030) am Teleskop befestigte Kompaktkamera.

Digitale Spiegelreflexkameras

Weil bis auf wenige zumeist ältere Modelle fast alle Spiegelreflexkameras über Wechselobjektive verfügen, lassen sie sich nach dem Entfernen des Objektivs sehr einfach an ein Teleskop anschließen. Weitere Zwischenoptiken werden nicht benötigt. Passende Kameraadapter werden heute von fast allen Teleskopherstellern als Zubehör angeboten.

Aufgrund des je nach Kamerahersteller unterschiedlichen Objektivanschlusses sind Kameraadapter für Spiegelreflexkameras für die Verwendung eines T2-Adapterringes ausgelegt. Dieses ursprünglich von der Firma Tamron für den Anschluss von Fremdhersteller-Objektiven entwickelte Adaptersystem besteht aus einem Ring, der objektivseitig einen Schraubanschluss M42 × 0,75 (Ø42mm, Ganghöhe des Gewindes 0,75mm) besitzt und kameraseitig mit dem Bajonettanschluss der verwendeten Spiegelreflexkamera versehen ist. Der Ring besitzt keinerlei Funktionsübertragung oder Optik und ist heute üblicherweise zweiteilig ausgeführt. Der innere Ring wird fest mit dem Objektiv bzw. dem Teleskop verschraubt und ist mit dem äußeren Ring, der den Kameraanschluss darstellt, drehbar über Klemmschrauben (Madenschrauben) verbunden. Die Kamera kann also zur optimalen Positionierung des auf-

ABBILDUNG 91

ABBILDUNG 91: Mit Hilfe eines T2-Adapterringes (hier ein Modell für Canon EF-Anschluss) kann eine Spiegelreflexkamera an einem Teleskop adaptiert werden.

◇ Vignettierung durch den T2-Ring

Ein zum Adaptieren einer Spiegelreflexkamera verwendeter T2-Ring kann je nach verwendetem Sensorformat die Ursache für auftretende Vignettierung sein! Die Größe des ausgeleuchteten Bildfeldes ist alleine von der Öffnungszahl N des verwendeten optischen Systems abhängig. Da T2-Ringe einen Gewindedurchmesser von 42mm besitzen, kann das entsprechende Gegenstück am Kameraadapter rein technisch also nur einen maximalen freien Durchmesser von ca. 40mm haben! Weiterhin beträgt das Auflagemaß eines T2-Rings (also der Abstand zwischen der Außenkante des T2-Rings und der Chipoberfläche) 55mm. Die Berechnung des vollständig ausgeleuchteten Bildfeldes B geschieht analog zur Berechnung des Bildfeldes beim Okularauszug:

$$B = 40mm - \frac{55mm}{N}$$
Formel 19

Hieraus folgt z.B., dass ein Teleskop mit einer Öffnungszahl von 5 ein ausgeleuchtetes Bildfeld von maximal 29mm haben kann! Es lohnt sich in einem solchen Fall also nicht, andere Komponenten wie beispielsweise Okularauszug oder Fangspiegel für ein größeres Bildfeld zu dimensionieren.

Man achte beim Kauf eines T2-Rings unbedingt auf Qualität. Billigprodukte sind manchmal nicht so exakt gefertigt, wie es nötig wäre. So kommt es vor, dass das Bajonett viel zu locker in das Kameragehäuse greift. Desweiteren kann der innere Gewindering verkippt sein. Lösen Sie die Madenschrauben und drücken Sie den inneren Ring beim erneuten Anziehen der Schrauben fest in seine Fassung. Ist der Ring immer noch schief, hilft nur der Neukauf eines Qualitätsprodukts.

ABBILDUNG 92: Obwohl beide Kameraadapter (Canon EOS) den gleichen Steckdurchmesser von 2" aufweisen, ist ihr freier Lichtdurchlass sehr unterschiedlich. Rechts der Baader 2"-Adapter mit T2-Gewinde und Canon EOS T-Ring. Mit nur 40mm freier Öffnung ist er vergleichsweise eng ausgelegt. Links der Kameraadapter von Lumicon, der Bestandteil der Lumicon Easy Guider ist und immerhin 45mm freie Öffnung besitzt. Nicht im Bild: Der Canon EOS 2"-Kameraadapter von Teleskop-Service Ransburg bietet 47mm freie Öffnung.

ABBILDUNG 93: Eine Steckhülse mit Nut verhindert unbeabsichtigtes Herausfallen.

ABBILDUNG 94: Okularauszug mit Ringklemmung – Anstatt die zu verbindende Steckhülse direkt mit der Rändelschraube zu arretieren, wird deren Kraft mithilfe eines Messingrings auf dem kompletten Umfang flächig auf die Steckhülse übertragen.

ABBILDUNG 96: Der typische Aufbau eines schraubbaren Kameraadapters. Das Kameragehäuse (1) wird mit Hilfe eines T2-Rings (2) an den eigentlichen Kameraadapter (3) angeschlossen. Dieser wird am Okularauszug des Teleskops befestigt. Das Bild zeigt einen Kameraadapter der Firma *Celestron* für Schmidt-Cassegrain-Teleskope. Die Rotation der Kamera um die optische Achse ist in diesem Fall durch leichtes Lösen der für diesen Teleskoptyp typischen Überwurfverschraubung möglich.

zunehmenden Objektes im Bildfeld um die optische Achse verdreht werden.

Eine mit T2-Ring versehene Spiegelreflexkamera besitzt ein genormtes Auflagemaß von 55mm. Die unterschiedlichen Auflagemaße der verschiedenen Kamerabajonette werden durch entsprechend dicker oder dünner ausgelegte T2-Ringe ausgeglichen.

Viele Teleskophersteller bieten Kameraadapter an, die über die eigentlich für die Aufnahme von Okularen vorgesehene Steckhülse des Okularauszuges befestigt werden. Es gibt diese Adapter sowohl für Okularauszüge mit 1¼"- als auch für solche mit 2"-Steckfassungen. Zur Vermeidung von Vignettierungen sollte aufgrund des größeren freien Durchmessers nach Möglichkeit immer ein 2"-Kameraadapter verwendet werden. Viele dieser Kameraadapter sind zudem mit einem Gewinde in der Steckhülse versehen, so dass 1¼"-Okularfilter bzw. 2"-Filter mit 48mm-Gewinde direkt eingeschraubt werden können.

ABBILDUNG 92

Es gibt verschiedene Möglichkeiten der Verbindung zwischen Okularauszug und Kameraadapter:

- **Steckhülse:** Viele preiswerte Kameraadapter verwenden eine glatte Okularsteckhülse. Eine solche Verbindung kann nur mit der für Okularauszügen typischen 4mm-Rändelschraube gesichert werden. Da ein Kameraadapter

mit angesetzter Kamera aber mehr als 1,5kg wiegen kann, sind Folgen wie eine unscharfe Aufnahme oder im Extremfall (dem Herausfallen) auch eine zerstörte Kamera möglich! Die Okularsteckhülse sollte daher so modifiziert werden, dass der Adapter anstatt nur von einer Klemmschraube von zwei im 120°-Winkel zueinander angeordneten Klemmschrauben gehalten wird. Die verwendeten Schrauben sollten außerdem über einen möglichst großen Rändelkopf verfügen. Die axiale Stabilität einer Steckverbindung kann durch das Anbringen einer Nut auf Höhe der Sicherungsschraube wesentlich verbessert werden. Ein unbeabsichtigtes Herausfallen des verbundenen Gerätes bei nur leicht angezogenen Schrauben ist hierdurch so gut wie ausgeschlossen.

ABBILDUNG 93

Wesentlich besser sind Steckverbindungen mit Ringklemmung. Eine zusätzliche Sicherung erreicht man, wenn man den Tragegurt der SLR-Kamera locker über ein hervorstehendes Teil am Teleskop wirft. Der hauptsächliche Vorteil einer Steckverbindung ist die freie Wahl der Kameraorientierung. Die

ABBILDUNG 94

Kamera kann zudem schnell angesetzt oder abgenommen werden.

- **Ringschwalbenschwanz:** Anstatt auf einer glatten Seitenfläche greifen bei ihm drei am Okularauszug angebrachte Klemmschrauben in eine keilförmige, rotationssymmetrisch an der Steckhülse angebrachte Nut ein. Auch diese Verbindung kann durch Lösen der Schrauben innerhalb von Sekunden getrennt bzw. wieder miteinander verbunden werden. Das Eingreifen der Klemmschrauben in die keilförmige Nut bewirkt hierbei ein zusätzliches Aufeinanderpressen der zu verbindenden Bauteile. Die Festigkeit einer solchen Verbindung kommt der einer Schraubverbindung nahe. Da im Gegensatz zum Gewinde keine Drehung um die Längsachse erfolgt, müssen eventuell an der Kamera vorhandene Kabelverbindungen nicht gelöst werden. Die Klemmschrauben sorgen für eine optimale Ausrichtung der optischen Achsen beider zu verbindenden Bauteile. Bei leichtem Anlösen ermöglicht der Ringschwalbenschwanz die gefahrlose Verdrehung der verbundenen Teile.

ABBILDUNG 95

- **Schraubgewinde:** Bei Verwendung eines Schraubgewindes muss meist die Okularsteckhülse entfernt werden, so dass der Kameraadapter am freiwerdenden Gewinde befestigt werden kann. Die auftretenden Kräfte werden gleichmäßig auf alle Gänge des Gewindes verteilt, so dass auch schwere Bauteile sicher und verwindungssteif gehalten werden.

Nachteil eines Schraubgewindes ist, dass die mit ihm verbundenen Bauteile nur in genau einer, von der Zahl und Anordnung der Gewindegänge abhängigen Position verbunden werden können. Ohne weitere Vorkehrungen wäre daher mit einem reinen Schraub-Kameraadapter eine freie Rotation der Kamera um die optische Achse, wie sie zur Ausrichtung des Bildfeldes notwendig ist, nicht möglich. Fast alle schraubbaren Kameraadapter besitzen deshalb noch eine integrierte Ringschwalbenschwanz-Klemmverbindung oder sind in Form eines frei drehbaren Überwurfrings ausgeführt.

ABBILDUNG 96

Für den Einsatz weiterer optischer Elemente zur Brennweitenverlängerung wie Barlowlinsen oder Okulare besitzen viele Kameraadapter eine interne 1¼"-Klemmvorrichtung. Während diese Halterung bei einigen Adaptermodellen bereits in die Gesamtkonstruktion des Adapters integriert ist, kann sie bei modular aufgebauten Adaptern nur bei Bedarf eingebaut werden. Dies hat den Vorteil, dass die ansonsten durch den geringen freien Durchmesser der Steckfassung hervorgerufenen Vignettierungen bei Nichtbenutzung vermieden werden.

TIPP

Kameraadapter sollten immer direkt mit dem Okularauszug verbunden werden. Vor allem an Teleskopen, bei denen sich der Okularauszug am hinteren Tubusende befindet, könnte jedoch durch die Verwendung eines zwischengeschalteten Zenitspiegels oder -prismas ein wesentlich ergonomischeres Einblickverhalten in den Kamerasucher erreicht werden.

Abgesehen davon, dass die meisten Okularauszüge gar nicht über den hierfür benötigten Verstellweg verfügen, hat eine solche Konstruktion auch verschiedene andere Schwachpunkte:

- Das Gewicht der Kamera wirkt als Hebel auf den Zenitspiegel. Da Zenitspiegel oftmals nur über ein oder zwei winzige Klemmschrauben mit dem Okularauszug verbunden werden, kann sich der Zenitspiegel samt angesetzter Kamera sehr leicht um die optische Achse herum verdrehen. Bei längeren Belichtungszeiten und/oder langen Aufnahmebrennweiten führt dies schnell zu sichtbarer Bildfeldrotation.
- Jede Steckverbindung kann Ursache für eine Verkippung sein. Eine solche Verkippung verursacht Unschärfen im Bild.
- Jede zusätzliche optische Komponente im Strahlengang beeinträchtigt die Bildqualität.

Um auch ohne Zenitspiegel in jeder Teleskoplage einen bequemen Einblick in den Kamerasucher haben, sollte daher ein Winkelsucher verwendet werden.

ABBILDUNG 95: Ringschwalbenschwanz – die beiden Schrauben des Okularauszugs (links) greifen in die keilförmige Nut des Kameraadapters (rechts).

Bei vielen der kleineren Newton-Teleskope mit Durchmessern zwischen 76mm und 114mm ist die Fotografie im primären Brennpunkt nicht ohne weiteres möglich. Mittels eines entsprechenden Kameraadapters kann die Kamera zwar mechanisch am Okularauszug befestigt werden, die Scharfstellung gelingt jedoch nicht, weil der Okularauszug nicht weit genug in Richtung Fangspiegel eingefahren werden kann. Man sagt, dass bei dem betreffenden Teleskop zuwenig Fokussierweg (engl.: Backfokus) vorhanden ist.

Primärfokusfotografie ist mit solch einem Teleskop nur dann möglich, wenn der Abstand zwischen Hauptspiegel und Okularauszug verringert wird, so dass der Brennpunkt weiter außerhalb des Tubus zu liegen kommt. Hierzu muss entweder der Hauptspiegel in Richtung auf den Fangspiegel oder die Kombination aus Fangspiegel und Okularauszug in Richtung auf den Hauptspiegel verschoben werden. Letzteres ist deutlich aufwändiger zu realisieren, da hierzu u.a. eine neue Öffnung für die Strahldurchführung in den Tubus geschnitten werden muss. In beiden Fällen muss darauf geachtet werden, dass der Fangspiegel immer noch so dimensioniert ist, dass er auch in seiner neuen Position noch ein ausreichend großes voll ausgeleuchtetes Bildfeld erzeugt!

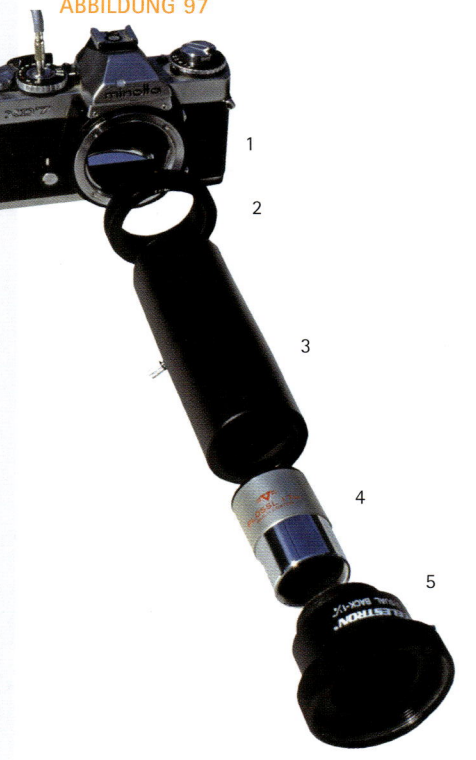

ABBILDUNG 97

📷

ABBILDUNG 97: Soll die Brennweite des Teleskops mit Hilfe eines Okulars oder einer Barlowlinse verlängert werden, benötigt man einen etwas anders aufgebauten Kameraadapter. Auf der Teleskopseite des Adapters (5) kann man ein Okular (4) oder eine Barlowlinse in den Strahlengang einfügen. Über eine Verlängerungshülse (3) werden der T2-Ring (2) und das Kameragehäuse (1) befestigt. Auch diese Abbildung zeigt einen Adapter der Firma Celestron für Schmidt-Cassegrain-Teleskope.

CCD-Kameras

P rinzipiell kann eine CCD-Kamera mit den gleichen Kameraadaptern an ein Teleskop angeschlossen werden wie eine Spiegelreflexkamera. Aufgrund der besseren Verwindungssteifigkeit sollte nach Möglichkeit immer die Schraubverbindung oder einen Ringschwalbenschwanz verwendet werden. Da viele Kameragehäuse asymmetrisch aufgebaut sind, wird bei ihnen ein Drehmoment auf die Anschlussverbindung ausgeübt. Ist eine solche Kamera nur über eine Steckverbindung mit dem Okularauszug verbunden, reicht die Klemmkraft der meist kleinen Feststellschrauben nicht aus, so dass die Kamera sich leicht um die optische Achse verdrehen kann. Doch nicht nur das Kameragehäuse selbst, auch die zur Datenübertragung und Stromversorgung dienenden Kabelverbindungen ziehen an der Kamera. Besitzt eine Kamera zudem eine Wasserkühlung, wirkt zusätzlich das Gewicht der gefüllten Schläuche.

Filter
Einschraubfilter

B ei Verwendung eines Kameraadapters mit Steckhülse ist die einfachste Lösung, einen entsprechend dimensionierten Filter direkt in das Gewinde der 1¼"- oder 2"-Steckhülse der Kamera einzuschrauben. Hierfür müsste die Kamera jedoch bei jedem Filterwechsel vom Okularauszug abgenommen werden. Ganz davon abgesehen, dass es so gut wie unmöglich ist, die Kamera wieder in exakt gleicher Lage am Okularauszug zu befestigen, ist es sehr wahrscheinlich, dass ein und derselbe Filter bei einer erneuten Benutzung verschieden tief in das Gewinde der Steckhülse eingeschraubt wird. Durch die sich hieraus ergebende Verdrehung des Filters ergibt sich ein relativ zu den Chipachsen ständig wechselndes Staubmuster, das nur durch ein neues Flatfieldbild ausgeglichen werden kann. Da das Filter während des Wechselvorgangs zudem offen liegt, können sehr leicht neue Verschmutzungen auf seine optischen Flächen gelangen.

Filterschublade

Eine Filterschublade ermöglicht den Filtertausch, auch ohne die Kamera vom Rest des optischen Systems zu trennen. Aufgrund ihres verhältnismäßig einfachen mechanischen Aufbaus stellt sie eine preiswerte Alternative zu den weiter unter beschriebenen Zubehörteilen dar. Filterschubladen bestehen normalerweise aus zwei Bauteilen: Einer dreiseitig geschlossenen Wanne, die zwischen Okularauszug und Kamera in den Strahlengang eingebaut wird, sowie einem herausnehmbaren, lichtdicht schließenden Einsatz, der den Filter aufnimmt. Die Verbindung mit Okularauszug bzw. Kamera erfolgt entweder über Steckhülsen oder über T2-Gewinde.

Bei Einsatz einer Filterschublade bleibt zumindest die Position der Kamera unverändert. Die unveränderte Lage des Filters im Strahlengang ist jedoch nur teilweise gewährleistet. Sie hängt u.a. sehr stark mit der Fertigungsgenauigkeit zusammen. Haben Gehäuse und Filtereinschub zu viel Spiel, kommt es vor, dass bereits das Festziehen der Sicherungsschraube eine Verschiebung des Filters im Strahlengang bewirkt.

Je nach Art des verwendeten Filters unterscheiden sich die Einschübe leicht in ihrem

ABBILDUNG 98

Aufbau. Die Standardeinschübe können die gängigen 1¼"- und 2"-Filter mit Hilfe einer entsprechenden Gewindebohrung aufnehmen. Für kleine Fotofilter und die von verschiedenen Filterherstellern vertriebenen quadratischen »Probegläser« gibt es je nach Hersteller entsprechende Einschübe mit Festklemmvorrichtungen. Um Probleme mit gegenüber der optischen Achse verdrehten Filtern zu vermeiden, sollte für jedes Filter ein separater Einsatz verwendet werden, in dem das Filter dann auch bei Nichtbenutzung verbleibt.

Für Verschmutzungen ist auch dieses System anfällig, da das Filter ohne weitere Vorkehrungen sowohl während des Wechselvorgangs als auch bei Nichtbenutzung offen liegt.

Filterschieber

Wie die Filterschublade wird auch ein Filterschieber mittels Steckhülsen oder T2-Gewinden zwischen Okularauszug und Kamera in den Strahlengang eingebaut. Er besteht aus einer Hülse, in der ein die verschiedenen Filter aufnehmender Schlitten senkrecht zur optischen Achse verschiebbar angebracht ist. Sofern es sich nicht um eine Sonderanfertigung handelt, können entweder die in der Amateurastronomie üblichen 1¼"- oder 2"-Einschraubfilter mittels entsprechender Gewindebohrungen aufgenommen werden. Die meisten Modelle sind hierbei für den Einsatz von maximal fünf Filtern ausgelegt.

Filterschubladen – hier ein auf eine Mega-TEK CCD-Kamera der Firma OES montiertes Modell der Firma Gerd Neumann jr. – lassen sich mit sehr geringer optischer Weglänge konstruieren. Für die Reproduzierbarkeit von Flatfieldbildern ist die Verwendung mehrerer Filtereinsätze, in denen die Filter auch bei Nichtbenutzung verbleiben, sinnvoll.

TIPP

Bei der Verwendung von Filterwechselvorrichtungen kann bei verschiedenen Teleskopsystemen der Brennpunkt nicht erreicht werden. Um auftretende Vignettierungen zu minimieren, sind vor allem kurzbrennweitige Newtonteleskope oder Refraktoren meist so dimensioniert, dass der Brennpunkt bereits bei komplett eingefahrenem Okulartubus nur sehr knapp hinter dem Okularauszug zu liegen kommt.

In einem solchen Fall müssen bauliche Veränderungen am Teleskop vorgenommen werden! Der Austausch des Okularauszuges kann gegebenenfalls die einfachste Lösung sein. Reicht dies nicht aus, muss bei einem Refraktor der Tubus gekürzt bzw. bei einem Newtonteleskop der Abstand zwischen Haupt- und Fangspiegel entsprechend verkleinert werden.

Um bereits vor der Anschaffung eines Filterwechselsystems solche Probleme erkennen zu können, geben viele Kamerahersteller bei ihren Produkten die optische Weglänge oder Rohrverkürzung an. Dieser Wert sagt aus, wie viel Fokussierweg »nach Innen« mindestens noch vorhanden sein muss, um den Fokus nach Einbau des betreffenden Zubehörteils zu erreichen.

ABBILDUNG 99

ABBILDUNG 99: Ein manuell verstellbarer Filterschieber zur Aufnahme von fünf 1¼"-Filtern. Die okularseitige Steckhülse ist über ein T2-Gewinde befestigt, so dass die Kamera auch direkt angeschlossen werden kann.

ABBILDUNG 100: Das Filterrad der STL-Kameras der Firma SBIG ist in den Frontdeckel des Kameragehäuses integriert. Anders als beim Einsatz von externen Filterrädern bleibt die optische Weglänge der Kamera hierdurch unverändert. Das mit einem vierteiligen 2"-LRGB-Filtersatz und einem Klarglas für die Fokussierung bestückte Filterrad wird über die Software der Kamera angesteuert. Mit Hilfe einer speziellen Funktion der Steuersoftware ist so die automatische Erstellung aller Teilbilder für eine Farbaufnahme möglich.

Der Filterwechsel erfolgt durch manuelles Verschieben der Filteraufnahme. Einrastpunkte am Schieber sorgen dafür, dass die Filterposition im Strahlengang reproduzierbar ist. Da die Filter zudem permanent in der Filteraufnahme verbleiben können, sind die auf dem CCD-Chip entstehenden Staubmuster theoretisch gleich. Lediglich die Tatsache, dass die nicht im Strahlengang befindlichen Filter völlig frei liegen, macht auch dieses Filterwechselsystem für Verschmutzungen anfällig, so dass öfter neue Flatfieldbilder aufgenommen werden müssen.

Filterrad

Auch ein Filterrad wird zwischen Okularauszug und Kamera in den Strahlengang eingebaut. Aufgrund der kreisförmigen Filteranordnung lässt sich ein Filterrad jedoch wesentlich kompakter konstruieren als ein Filterschieber. Mit einem typischen Durchmesser von knapp 15cm fasst ein Filterrad normalerweise sechs 1¼"- bzw. fünf 2"-Filter.

Bei Filterrädern, die mittels Steckhülsen oder T2-Gewinde angeschlossen werden, handelt es sich meist um Produkte von Firmen, die sich auf die Fertigung von Zubehörteilen spezialisiert haben. Sie können zusammen mit allen CCD-Kameras verwendet werden. Die von verschiedenen Kameraherstellern angebotenen Filterräder lassen sich dagegen fast immer nur mit den jeweils eigenen Kameramodellen einsetzen. In den meisten Fällen werden diese Filterräder hierzu fest mit der jeweiligen Kamera verschraubt, so dass die Verbindung zwischen Filterrad und Kamera sehr verwindungssteif ist.

Wie bei einem Filterschieber verbleiben auch bei einem Filterrad die Filter bei Nichtbenutzung in ihrer relativen Lage zum CCD-Chip und können bei Bedarf reproduzierbar in den Strahlengang eingeführt werden. Die meisten Filterräder sind komplett gekapselt, so dass die einmal eingesetzten Filter sehr gut vor Verschmutzungen geschützt sind.

Die von den Kameraherstellern angebotenen Filterräder werden fast ausnahmslos motorisch über die Aufnahmesoftware angesteuert. Bei Verwendung eines scriptfähigen Steuerprogramms ist sogar die vollautomatisierte Erstellung der für eine Farbaufnahme notwendigen Einzelbilder möglich.

ABBILDUNG 100

Brennweitenveränderung
Brennweitenverlängerung

In vielen Fällen reicht auch die lange Brennweite eines Teleskops nicht aus, um das zu fotografierende Objekt in einer zufrieden stellenden Größe auf dem Detektor abzubilden. In einem solchen Fall muss man weitere optische Elemente in den Strahlengang zwischen Teleskop und Kamera bringen, um die Teleskopbrennweite zu verlängern.

Brennweitenverlängerung mittels zerstreuender Linsensysteme

Wird kurz vor dem Brennpunkt eines Teleskops eine Zerstreuungslinse bzw. ein zerstreuendes Linsensystem in den Strahlengang eingefügt, wird das vom Objektiv kommende Strahlenbündel aufgeweitet. Aufgrund der im Vergleich zur Ausgangsbrennweite f_{Ob} verlängerten Äquivalentbrennweite $f_{Ä}$ erhält man eine entsprechend vergrößerte Abbildung auf der Aufnahme.

ABBILDUNG 101

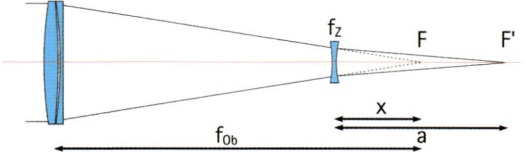

Der Vergrößerungsfaktor V, um den sich die Brennweite f_{Ob} verlängert, hängt von der Brennweite f_Z der verwendeten Zerstreuungslinse (Achtung: negativ!) und ihrem Abstand a zur Chipebene F' ab:

$$f_{Ä} = V \cdot f_{Ob} \qquad \text{Formel 20}$$

mit

$$V = 1 - \frac{a}{f_Z} \qquad \text{Formel 21}$$

Durch entsprechende Veränderung des Abstandes a könnte also prinzipiell jede beliebige Vergrößerung erzielt werden. In der Praxis zeigt sich jedoch, dass der mit größer werdendem Abstand a durch die Kamera auf den Okularauszug des Teleskops wirkende Hebelarm zu groß wird. Gerade bei der Fotografie mit einer verhältnismäßig schweren digitalen Spiegelreflex- oder astronomischen CCD-Kamera leidet hierdurch die mechanische Stabilität des Aufbaus. Hinzu kommt, dass der Betrag x, um den die Zerstreuungslinse vor dem Brennpunkt F des Objektivs liegen muss, ebenfalls von a abhängig ist:

$$x = \frac{a}{V} \qquad \text{Formel 22}$$

Die Zerstreuungslinse muss also entweder bereits im Okularauszug oder zumindest innerhalb des Kameraadapters platziert werden. Dies bedeutet aber gleichzeitig, dass ihr Durchmesser D_Z nicht beliebig groß gewählt werden kann, was wiederum zusammen mit dem Öffnungsverhältnis N des Teleskops den Durchmesser D_{BF} des komplett ausgeleuchteten Bildfeldes bestimmt:

$$D_{BF} = D_Z - \frac{a}{V \cdot N} \qquad \text{Formel 23}$$

Der Vergrößerungsfaktor sollte daher üblicherweise auf Werte zwischen etwa 1,4× und 3,5× beschränkt bleiben. Nur wenn entweder sehr kleinflächige Objekte (z.B. Planeten) aufgenommen oder Kameras mit sehr kleinformatigen Sensoren (z.B. eine Webcam) verwendet werden, können auch stärkere Vergrößerungsfaktoren eingesetzt werden, ohne dass im Bild sichtbare Vignettierungen auftreten.

Neben verschiedenen Selbstbaulösungen gibt es drei fertig angebotene Möglichkeiten für diese Art der Brennweitenverlängerung:

- **Baader Fluorit Flatfield Converter (FFC):** Eine Sonderstellung unter den Telekonvertern nimmt der FFC von Baader Planetarium ein. Fernrohrseitig wird der FFC entweder in den 2"-Okularauszug gesteckt oder auf ein T2-Gewinde aufgeschraubt. Kameraseitig ist ein T2-Gewinde vorhanden, an das man – ggf. unter Verwendung von T2-Verlängerungshülsen – einen kameraspezifischen T2-Ring anschrauben kann. Schraubt man anstelle des T2-Rings einen 1¼"-Adapter an, kann

ABBILDUNG 101: Eine kurz vor dem Teleskopbrennpunkt platzierte Zerstreuungslinse der Brennweite f_Z weitet das ankommende Strahlenbündel auf und erzeugt so eine verlängerte Gesamtbrennweite $f_{Ä}$. Die zur Berechnung der Brennweitenverlängerung benötigten Größen sind angegeben.

LINKS
Fluorit Flatfield Converter
Baader Planetarium
www.baader-planetarium.de

ABBILDUNG 102: Der Baader Fluorit Flatfield Converter (FFC) mit optionalen T2-Verlängerungshülsen und T2-Ring. Er erhält die Abbildungsleistung des Teleskops selbst bei variablen Vergrößerungsfaktoren zwischen 2,25× und etwa 8×.

ABBILDUNG 102

ABBILDUNG 103: Die heute gängigen Telekonverter, hier zwei apochromatische Modelle der Firma Sigma, besitzen meist Verlängerungsfaktoren von 1,4× (rechts) bzw. 2× (links).

Obwohl sich alle Konvertermodelle vom rein mechanischen Standpunkt betrachtet problemlos zwischen Teleskop und Kameragehäuse in der Strahlengang einbauen lassen, kann es bei modernen Autofokuskameras je nach Kamerahersteller zu Abstürzen der Kameraelektronik kommen. Schuld sind hier meistens die im Kamerabajonett integrierten Übertragungskontakte, die neben der Autofokus- und Blendenfunktionsübertragung der Kamera zusätzlich mitteilen, welches Wechselobjektiv zusammen mit dem Konverter verwendet wird. Weil ein Teleskop keine entsprechenden Signale liefert, kommt es zu einer Fehlermeldung. Im Fall des im Inset abgebildeten Canon-EF-Bajonetts reicht es jedoch bereits aus, die beiden linken Goldkontakte mit einem Stück Klebeband abzudecken.

man mit dem FFC visuell beobachten oder eine Webcam ansetzen.

Im Unterschied zu Barlowlinsen oder APS-C-Foto-Telekonvertern leuchtet der FFC ein Bildfeld von 90mm Durchmesser aus. Das apochromatische Linsensystem ist so gut, dass die optische Abbildungsgüte des Teleskops nahezu voll erhalten bleibt. Der minimale Brennweiten-Verlängerungsfaktor ist 2,25×. Dieser wird erreicht, wenn der T2-Ring direkt aufgeschraubt wird. Nach oben hin setzt nur die Anzahl der Verlängerungshülsen eine Grenze.

- **Telekonverter:** Telekonverter bieten sich vor allem für die Brennweitenverlängerung bei Aufnahmen mit digitalen Spiegelreflexkameras an. Analog zur Fotografie mit einem Teleobjektiv wird der Telekonverter zwischen dem mit einem entsprechenden T2-Ring versehenen Kameraadapter und dem Kameragehäuse in den Strahlengang eingesetzt, wodurch sich die Brennweite des Teleskops wie die eines Kameraobjektivs um den auf dem Konverter angegebenen Betrag verlängert.

ABBILDUNG 103

Aufgrund ihres drei- bis vierlinsigen Aufbaus besitzen Telekonverter, verglichen mit anderen gleichstarken Arten der Brennweitenverlängerung, ein verhältnismäßig ebenes und zudem meist vignettierungsfreies Bildfeld. Wird der Konverter, wie im normalen fotografischen Einsatz vorgesehen, direkt mit der Kamera verbunden, besitzt diese Kombination zudem die gleiche Fokuslage wie die Kamera ohne Konverter.

Durch den Einsatz von Zwischenringen zwischen Konverter und Kamera kann der Vergrößerungsfaktor eines Konverters gesteigert werden. Dies bewirkt allerdings neben der Veränderung der Fokuslage auch meist eine Bildverschlechterung, weil die Abbildungseigenschaften eines Konverters immer für die Nennvergrößerung optimiert sind.

Prinzipiell wäre zwar auch die Kombination mehrerer Telekonverter hintereinander möglich (die Verlängerungsfaktoren der Einzelkonverter würden sich dann multiplizieren), jedoch wird sich die Abbildungsqualität vor allem in den Bildecken deutlich verschlechtern. Der Vorteil bei der Kombination zweier Konverter im Vergleich zur Auszugsverlängerung mittels Zwischenringen ist jedoch, dass sich die Fokuslage nicht gegenüber der Fokuslage ohne Konverter verschiebt.

- **Barlowlinse:** Eine Barlowlinse ist prinzipiell nichts anderes als ein Telekonverter, der für den visuellen Gebrauch optimiert ist. Die Barlowlinse wird zwischen Okularauszug und Okular über entsprechende Steckhülsenfassungen in den Strahlengang eingefügt.

Die klassische Barlowlinse ist so konstruiert, dass ihr Abstand a vom neuen Brennpunkt genau ihrer Brennweite entspricht. Sie liefert dann laut Formel 21 eine zweifache Vergrößerung. Je nach Hersteller werden aber auch Barlowlinsen mit Vergrößerungsfaktoren zwischen 1,5× und 3× angeboten. Speziell für den fotografischen Einsatz zusammen mit Webcams bieten verschiedene Hersteller inzwischen auch vier- bzw. fünffach verlängernde Barlowlinsen an.

Obwohl die im Teleskopzubehör angebotenen Barlowlinsen in der Regel für den visuellen Einsatz berechnet sind, lassen sie sich auch fotografisch nutzen. Gegenüber der visuellen Benutzung ergibt sich allerdings fast immer ein leicht erhöhter Verlängerungsfak-

ABBILDUNG 104

tor. Der Grund hierfür ist, dass der vom Hersteller bei der Berechnung vorgesehene Brennpunkt noch innerhalb der Okularsteckhülse liegt. Weil der fotografische Sensor hier normalerweise nicht platziert werden kann, arbeitet man automatisch mit einer verlängerten Projektionsentfernung.

Sehr einfache und daher auch preiswerte Barlowlinsen, wie sie häufig in der Grundausstattung von »Kaufhausteleskopen« enthalten sind, sind meist einlinsige Konstruktionen. Sie besitzen alle Farbfehler einer Einzellinse. Wirklich brauchbare Ergebnisse liefern nur zwei-, drei- oder gar vierlinsige Barlowlinsen, die in der Verkaufsbeschreibung meist an Namenszusätzen wie »achromatisch« bzw. »apochromatisch« zu erkennen sind. Obwohl die bei diesen Barlowlinsen im visuellen Bereich des Spektrums auftretenden Farbfehler deutlich minimiert sind, kann zur Reduzierung des manchmal noch erkennbaren Restfarbfehlers ein UV/IR-Sperrfilter verwendet werden.

Ein weiterer auch bei hochwertigen Barlowlinsen häufig auftretender Bildfehler ist die nicht optimal auskorrigierte Bildfeldwölbung. Während sie bei der visuellen Beobachtung automatisch durch die Akkomodationsfähigkeit des menschlichen Auges ausgeglichen wird, tritt sie vor allem bei der Fotografie großflächiger Objekte, wie z.B. Sonne oder Mond, in Form von Randunschärfen auf.

Sehr gut eignen sich Barlowlinsen dagegen für die Fotografie von Objekten mit kleinen Winkeldurchmessern in Verbindung mit einem kleinflächigen Bildsensor. Sie werden heute daher besonders gerne zusammen mit einer Webcam im Bereich der Planetenfo-

tografie eingesetzt. Die Webcam hat hierbei noch den zusätzlichen Vorteil, dass sie sehr klein und leicht ist, wodurch eine ausreichend stabile Verbindung zwischen Kamera und Teleskop bereits über die übliche 1¼"-Okularsteckfassung gewährleistet ist.

Okularprojektion

Eine weitere Möglichkeit, die Teleskopbrennweite für die Fotografie zu verlängern, ist die Verwendung eines Okulars. Mit seiner Hilfe wird das im Teleskop entstehende Bild wie mit einer Lupe vergrößert und auf den Sensor projiziert.

ABBILDUNG 105

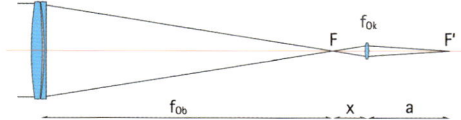

Der Vergrößerungsfaktor V, um den sich die Brennweite f_{Ob} verändert, hängt neben der verwendeten Okularbrennweite f_{Ok} auch von dem verwendeten Projektionsabstand a zur Chipebene F' ab:

$$f_{\ddot{A}} = V \cdot f_{Ob}$$

Formel 24

mit

$$V = \frac{a}{f_{Ok}} - 1$$

Formel 25

Der Projektionsabstand a wird hierbei üblicherweise durch die Kombination aus verwendetem Okular und Kameraadapter vorgegeben. Durch den Einsatz von Zwischenringen aus dem Fotozubehör, die zwischen T2-Ring und Kamera in den Strahlengang eingebracht werden, kann er jedoch innerhalb eines gewissen Bereichs verändert werden. Weil Okulare verschiedener Brennweite unterschiedlich tief in den Kameraadapter hineinragen, ist der Projektionsabstand für jedes Okular unterschiedlich groß.

Für eine erste grobe Abschätzung der zu erzielenden Vergrößerung reicht es aus, den Abstand a' zwischen der kameraseitigen

ABBILDUNG 104: Mit einer achromatischen oder apochromatischen Barlowlinse kann die Brennweite des Teleskops verlängert werden.

ABBILDUNG 105: Verlängerung der Brennweite f_{Ob} durch Okularprojektion. Durch eine hinter dem Teleskopbrennpunkt F platzierte Sammellinse der Brennweite f_{Ok} wird das entstehende Bild des Objektes vergrößert auf den Sensor projiziert.

⟨⟩ Brennweitenbestimmung anhand eines Bildes

ABBILDUNG 106: Brennweitenbestimmung anhand einer Aufnahme des Planeten Saturn: Das Bild entstand am Abend des 12.4.2007 mit einem 30cm-Newton-Teleskop unter Verwendung einer 3×-Barlowlinse. Es wurde eine ToUCam 740 von Philips im 2 × 2-Binning (effektive Pixelgröße: 11,2µm) verwendet. Für x ergibt sich damit:

$$x = \sqrt{(83\,px)^2 + (201\,px)^2} \cdot 11{,}2\,\frac{\mu m}{px}$$

$$= 217{,}46\,px \cdot 11{,}2\,\frac{\mu m}{px} = 2{,}44\,mm$$

Bei einem Ringdurchmesser von a=43" ergibt sich somit eine Aufnahmebrennweite $f_{\ddot{A}}$ von 11687mm.

In der Praxis scheitert die Vorabberechnung der exakten Äquivalentbrennweite sehr häufig an fehlenden oder nur ungenau bekannten Brennweiten- und Projektionsentfernungsangaben. Es ist daher oftmals sinnvoller, die erzielte Brennweite aus dem fertigen Bild zu ermitteln.

Ist der Abstand x zweier Punkte auf dem Bild und deren Winkelabstand α am Himmel (gemessen in °) bekannt, kann über die Formel 6 die Äquivalentbrennweite $f_{\ddot{A}}$ berechnet werden:

$$f_{\ddot{A}} = \frac{x}{2 \cdot \tan\left(\dfrac{\alpha}{2}\right)}$$

Formel 26

Leicht bestimmbarere Abstände x sind z.B. der Duchmesser eines Mondkraters oder eines Planetenscheibchens bzw. der Abstand zweier Sterne. Den entsprechenden Winkelbetrag α entnimmt man entweder direkt einem Jahrbuch bzw. Planetariumsprogramm (Planeten) bzw. Sternatlas (Sterne) bzw. berechnet ihn über die einem Jahrbuch oder Planetariumsprogramm entnommene Entfernung und den wahren Durchmesser des Objektes (Mond und Planeten).

ABBILDUNG 106

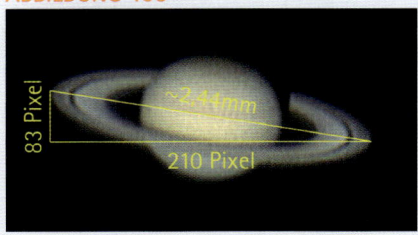

Okularlinse und dem Detektor zu bestimmen und diesen Wert für a zu verwenden. Wie man an der Formel für die Äquivalentbrennweite $f_{\ddot{A}}$ leicht erkennen kann, führt die Verwendung einer beliebigen Okularbrennweite nicht automatisch zu einer Verlängerung der Brennweite. Bei Einsatz eines Okulars, dessen Brennweite f_{Ok} halb so lang wie der Projektionsabstand a ist, entsteht so beispielsweise eine 1:1-Abbildung. Durch die Verwendung eines Okulars mit längerer Brennweite wird sogar ein verkleinertes Bild erzeugt. Aufgrund der für die visuelle Beobachtung mit parallel austretendem Strahlengang optimierten Konstruktion eines Okulars kann die Okularprojektion jedoch keinen Ersatz zur Brennweitenverkürzung mittels Fokalreduktor darstellen. Die bei der Okularprojektion aufgrund des stark konvergenten Strahlengangs entstehende Bildfeldwölbung macht die Abbildung außerhalb der optischen Achse unbrauchbar.

In der Praxis zeigt sich, dass die Okularprojektion die besten Resultate bei Verlängerungsfaktoren von V≥6 liefert. Zusammen mit den üblichen Projektionsentfernungen von a≈200mm ergeben sich hieraus also sinnvolle Okularbrennweiten von $f_{Ok} \leq 30$mm.

Afokale Projektionsfotografie

Mit Kompakt- und Videokameras kommt eine abgewandelte Form der Okularprojektion zum Einsatz. Dabei wird die auf Unendlich (∞) fokussierte Kamera mit ihrem Objektiv hinter dem ebenfalls auf Unendlich fokussierten Okular befestigt. Das Okular wird also so eingesetzt, wie es auch bei der visuellen Beobachtung vorgesehen ist. Das Problem hierbei ist jedoch, das Okular genau auf Unendlich zu fokussieren. Dies ist zwar theoretisch automatisch der Fall, wenn ein eingestelltes Objekt im Okular für den Beobachter scharf erscheint – in der Praxis kann das Auge des Beobachters jedoch selbst noch »nachfokussieren«. Mit einer manuell zu fokussierenden Kamera wäre in einem solchen Fall eine exakte Fokussierung des Bildes fast unmöglich. Eine Kamera mit Autofokus ist jedoch meistens in der Lage, zumindest bei einem hellen kontrastreichen Objekt wie z.B. dem Mond, eventuelle Unschärfen wieder auszugleichen. Bei Planeten kann es jedoch in Abhängigkeit vom verwendeten Kameramodell anders aussehen: Da die Planetenscheibchen sehr klein und zudem auch noch sehr kontrastarm sind, versagt der Autofokus bei ihnen oftmals. Vor allem die preiswerteren Kameramodelle sind hiervon betroffen. Die etwas teureren Kameras besitzen dagegen meist einen Autofokus, der auch bei schlechteren Lichtverhältnissen noch zu guten Ergebnissen führt.

Zur Umgehung des Problems wird von einigen Beobachtern eine Fokussierung mittels einer schwach vergrößernden Hilfsoptik empfohlen. Hierzu kann z.B. ein kleines Sucherfernrohr oder aber eine Hälfte eines Fernglases verwendet werden. Zunächst muss die Hilfsoptik selbst visuell auf Unendlich fokussiert werden. Anschließend hält man sie hinter das Okular des Teleskops und fokussiert dieses, so dass das Bild wieder scharf erscheint.

ABBILDUNG 107

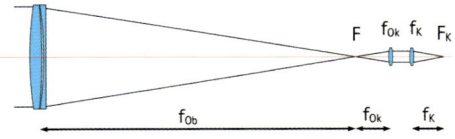

Die Bildvergrößerung bei der afokalen Projektionsfotografie wird entweder über die Okularbrennweite f_{Ok} oder, sofern vorhanden, mit Hilfe der Zoomfunktion des Kameraobjektivs f_K geregelt. Hierbei ist jedoch zu beachten, dass gerade einfachere Kameras zwar oftmals einen enormen Zoombereich bieten, die optische Korrektur dieser Zooms aber eher mittelmäßig ist. Das Okular sollte also immer den Hauptteil der Vergrößerung vornehmen. Die neue Äquivalentbrennweite $f_{\ddot{A}}$ berechnet sich dann aus der vorhandenen Objektivbrennweite f_{Ob} wie folgt:

$$f_{\ddot{A}} = \frac{f_{Ob}}{f_{Ok}} \cdot f_K = V \cdot f_K \qquad \text{Formel 27}$$

Werden die Brennweiten von Okular und Kameraobjektiv gleich groß gewählt, erhält man eine 1:1-Abbildung, d.h. die Äquivalentbrennweite entspricht der Originalbrennweite des Teleskops. Durch Verwen-

dung einer Okularbrennweite die länger als die Objektivbrennweite der Kamera ist, kann sogar eine kürzere Äquivalentbrennweite als die Grundbrennweite des Teleskops erreicht werden. Dies funktioniert allerdings nur innerhalb gewisser Grenzen, da die auftretende Vignettierung mit sinkender Brennweite verstärkt wird.

Anders als oftmals vermutet hat der Abstand zwischen Okularlinse und Kameraobjektiv keinen Einfluss auf die Äquivalentbrennweite. Mit steigendem Abstand nimmt jedoch auch hier die auftretende Vignettierung zu. Ist der Objektivdurchmesser des Kameraobjektives größer als die kameraseitige Linse des verwendeten Projektionsokulars, ist ebenfalls mit einer stärkeren Vignettierung zu rechnen, da das aus dem Okular austretende Strahlenbündel nicht mehr das komplette Kameraobjektiv ausleuchtet. Zur Minimierung der Vignettierung sollten daher Okulare mit einer möglichst großen Augenlinse verwendet werden.

Bei der afokalen Projektionsfotografie sollte immer mit der maximalen Blendenöffnung des Kameraobjektivs gearbeitet werden. Aufgrund dieser Einschränkung kann die richtige Belichtung nur über die Veränderung der Belichtungszeit oder gegebenenfalls auch durch eine Veränderung der Film- bzw. Chip-Empfindlichkeit erreicht werden. Ein Schließen der Blende würde bewirken, dass die aus den äußeren Bereichen des Teleskopobjektivs kommenden Lichtstrahlen ausgeblendet und damit sowohl die Detailauflösung als auch der Kontrast des Bildes reduziert werden.

Projektionsokulare

Die generell erreichbare Bildqualität ist sowohl bei der afokalen Projektionsfotografie als auch bei der Okularprojektion stark von der optischen Qualität des verwendeten Projektionsokulars abhängig. Die Qualität der mit einem Okular erzeugten Abbildung hängt jedoch auch sehr stark vom Verlauf des Strahlenganges ab.

LINKS

Focus and Exposure setting for Afocal Astro-photography
W.e Koorts
www.saao.ac.za/~wpk/exposure.html

Adventueres In Astrophotography With A Small Telescope
J.R. Charles
www.eclipsechaser.com/eclink/astro-tec/aphotsmt.htm

ABBILDUNG 107: Verlängerung der Brennweite durch afokale Projektion. Das von dem auf ∞ fokussierten Okular der Brennweite f_{Ok} erzeugte parallele Strahlenbündel wird von dem ebenfalls auf ∞ fokussierten Kameraobjektiv der Brennweite f_K aufgenommen.

TIPP

Zur Beeinflussung der Äquivalentbrennweite bei der afokalen Projektionsfotografie eignet sich nur eine Kamera, die über ein optisches Zoom verfügt. Viele Digitalkameras verfügen zwar auch über ein sog. Digitalzoom, welches jedoch nichts anderes macht, als nur den zentralen Teil des Kamerasensors auszulesen. Es kommt in seiner Funktionsweise einer Ausschnittvergrößerung, wie sie bei chemischen Filmen recht problemlos z.B. durch Beschneiden eines Abzuges machbar ist, mit entsprechendem Verlust an Auflösung gleich und ergibt daher keinerlei Sinn.

Bedingt durch seinen ursprünglichen Einsatzzweck in der visuellen Beobachtung ist ein astronomisches Okular als Lupe konstruiert, mit dessen Hilfe das vom Teleskop erzeugte reelle Bild des Objektes für das Auge des Beobachters in ein vergrößert erscheinendes virtuelles Bild umgewandelt wird. Damit Sie ein möglichst ebenes, farbfehler- und verzerrungsfreies Bild erzeugen, sind die modernen Okulartypen üblicherweise so ausgelegt, dass sie neben einem angenehmen Einblickverhalten auch ein möglichst großes Bildfeld bieten.

Bei der Auswahl eines Projektionsokulars sollte man auf folgende Dinge achten:

- **Farbfehler:** Ein Okular, das aufgrund seiner schlecht korrigierten chromatischen Aberration bereits bei der visuellen Beobachtung deutliche Farbsäume um alle Objekte zeigt, wird diese auch bei fotografischer Verwendung erzeugen. Vor allem die in der Grundausstattung vieler preiswerter Einsteigerteleskope enthaltenen zweilinsigen Okulare der Bautypen nach Huygens, Ramsden oder Mittenzway sind hiervon betroffen. Bei nicht zu kurzer Okularbrennweite eignen sich von den preiswerten Okularen lediglich die dreilinsigen Kellner-Okulare, wenn auch mit leichten Einschränkungen aufgrund ihrer Bildfeldwölbung, für die Fotografie. Farbreine Aufnahmen, auch mit kurzbrennweitigen Okularen, sind dagegen erst bei Einsatz von vier- oder mehrlinsigen Okularkonstruktionen zu erwarten.

- **Bildfeld:** Damit ein Okular für die visuelle Beobachtung ein möglichst großes Bildfeld liefert, muss der Durchmesser seiner teleskopseitigen Gesichtsfeldblende so groß wie möglich sein. Der maximal mögliche Durchmesser ist hierbei durch den Innendurchmesser der Okularsteckfassung vorgegeben. Das erreichbare Gesichtsfeld eines Okulars am Himmel, sein sog. »wahres Gesichtsfeld«, hängt neben seinem Blendendurchmesser nur noch von der verwendeten Teleskopbrennweite und dem damit verbundenen Abbildungsmaßstab in der Brennebene ab.

Aufgrund der mittels afokaler Fotografie und Okularprojektion erzielten hohen Vergrößerungsfaktoren muss das wahre Gesichtsfeld D_{Ok} der verwendeten Okulare nicht sehr groß sein:

$$D_{Ok} = 2 \cdot \arctan \frac{L_D}{2 \cdot f_{\ddot{A}}} \qquad \text{Formel 28}$$

Hierbei ist $f_{\ddot{A}}$ die durch die Projektion erzielte Äquivalentbrennweite und L_D die Formatdiagonale des verwendeten Bildsensors. Bei einer Äquivalentbrennweite von 10000mm ergibt sich somit z.B. für einen Vollformatsensor ein benötigtes Gesichtsfeld von knapp unter 15'.

Solange sich der erzielte Vergrößerungsfaktor im für die Okularprojektion sinnvollen Bereich von V≥6 bewegt, spielt die Größe des scheinbaren Gesichtsfeldes bei der Fotografie keine Rolle. Die Größe des abgebildeten Bildfeldes wird in einem solchen Fall immer durch das verwendete Detektorformat zusammen mit der erzielten Gesamtbrennweite bestimmt.

- **Bildfeldwölbung:** Das vom Teleskop erzeugte Bild kann von einem Okular nur dann über das komplette von der Kamera erfasste Gesichtsfeld hinweg scharf abgebildet werden, wenn detektorseitig ein ebenes Bildfeld erzeugt wird. Alle zweilinsigen Okulartypen können somit bereits von vornherein für die Fotografie ausgeschlossen werden.

Doch auch viele der aufwändigen Weitwinkelkonstruktionen sind nicht geeignet: Sie besitzen zwar ein mehr oder weniger ebenes Bildfeld, weisen aber andere störende Bildfehler wie z.B. sphärische Aberration auf. Sehr gute Ergebnisse sind dagegen von Okularen mit »gemäßigten« Bildfelddurchmessern, wie z.B. orthoskopischen oder Plössl-Okularen, zu erwarten. Für die Planetenfotografie, bei der im Gegensatz zur Mond- und Son-

Tabelle 25: Die Anforderung an die Qualität der Vergütung eines Okulars steigt mit der Komplexität seines optischen Aufbaus. Angegeben ist der Lichtverlust in Prozent.

Bautyp	Glas/Luft–Übergänge	Glas/Glas–Übergänge	unvergütet	Einfache MgF₂–Vergütung	Multi–Vergütung
Einzellinse	2	–	8,0%	2,0%	0,2%
Orthoskopisch	4	2	16,8%	4,8%	0,8%
Ultra-Weitwinkel	10	3	41,4%	11,4%	2,4%

LINKS
Evolution of the Astronomical Eyepiece
C.J.R. Lord
www.brayebrookobservatory.org/
BrayObsWebSite/BOOKS/EVOLUTIO-
NofEYEPIECES.pdf

nenfotografie üblicherweise nur der Zentralbereich des Bildfeldes genutzt wird, liefern aber auch die dreilinsigen Kellner-Okulare oftmals annehmbare Ergebnisse.

Doch selbst dann wenn ein bestimmtes Okular an einem Teleskop gute Leistungen zeigt, kann hieraus nicht unbedingt darauf geschlossen werden, dass auch alle anderen Okulare des gleichen Bautyps vom gleichen Hersteller ähnlich gute Ergebnisse liefern. Aufgrund der unterschiedlichen Bildfeldwölbung der verschiedenen Teleskoptypen können Okulare, die beispielsweise an einem Refraktor gute Ergebnisse bringen, an einem anderen Teleskoptyp enttäuschen.

- **Sonstige Bildfehler:** Abgesehen von den bereits erwähnten Bildfehlern weisen alle zweilinsigen Okularkonstruktionen neben einer starken sphärischen Aberration auch Koma und Verzeichnung auf. Beim Kellner-Okular ist es dagegen neben der bereits genannten Bildfeldwölbung nur die Koma, die das fotografisch nutzbare Bildfeld einschränkt. Bei vielen Weitwinkelokularen schränkt der nicht komplett auskorrigierte Astigmatismus die fotografische Nutzung ein. Auch hier sind es die orthoskopischen und Plössl-Okulare, die die geringsten sonstigen Bildfehler aufweisen.

- **Interne Reflexionen:** Wie bei jedem anderen Linsensystem treten auch innerhalb eines Okulars interne Reflexionen auf. Es sind hauptsächlich die Reflexionen an den zahlreichen optischen Grenzflächen, die bei hellen Objekten im Bildfeld Geisterbilder entstehen lassen. Es sollte daher immer darauf ge-

achtet werden, dass alle optischen Flächen eine hochwertige Vergütung aufweisen.

Vor allem bei preiswerteren Okularen sorgen oftmals unzureichend mattierte interne Oberflächen des Gehäuses für Streulicht. Hier kann meist selbst für Abhilfe gesorgt werden, indem man das Okular zerlegt und alle Oberflächen, sowie die Linsenkanten mit mattschwarzem Lack überzieht.

- **Anschlussdurchmesser und Baugröße:** Die meisten Okulare werden mittels einer Steckhülse am Teleskop befestigt, wobei der gängigste Okulardurchmesser die 1¼"-Steckhülse mit einem Durchmesser von 31,8mm ist. Bis Anfang der 80er-Jahre waren Okulare mit 0,96"-Steckhülse (24,5mm) noch weit verbreitet. Obwohl mit diesem Durchmesser heute meist nur noch preiswerte Okulare von oftmals geringer Qualität zusammen mit Einsteigerteleskopen angeboten werden, gibt es auf dem Gebrauchtmarkt noch immer viele ältere Okulare mit diesem Steckdurchmesser, die eine sehr hohe fotografische Qualität aufweisen.

In den heutigen Kameraadaptern kann man Okulare mit einem maximalen (Steckhülsen-) Durchmesser von 1¼" verwenden. Es werden zwar manchmal auch noch spezielle Kameraadapter für 24,5mm-Okulare angeboten, von deren Kauf ist jedoch abzuraten, da man an einem 31,8mm-Adapter mittels Reduzierhülsen auch kleinere Okulare verwenden kann.

Damit ein Okular überhaupt in einem Kameraadapter verwendet werden kann, darf es in seinen äußeren Abmessungen nicht beliebig groß sein.

Vor allem sehr langbrennweitige, aber auch viele Weitwinkelokulare benötigen für ihren optischen Aufbau so große Linsen- und damit auch Gehäusedurchmesser, dass sie trotz 1¼"-Steckhülse nicht mehr in einen Kameraadapter hineinpassen.

Brennweitenverkürzung

Durch eine um den Betrag a vor dem Detektor in den Strahlengang eingefügte Sammellinse der Brennweite f_S werden die ankommenden Lichtstrahlen im neuen Brennpunkt F' gebündelt. Die sich ergebende neue Brennweite $f_Ä$ berechnet sich analog zum Einsatz einer Barlowlinse zu:

ABBILDUNG 108

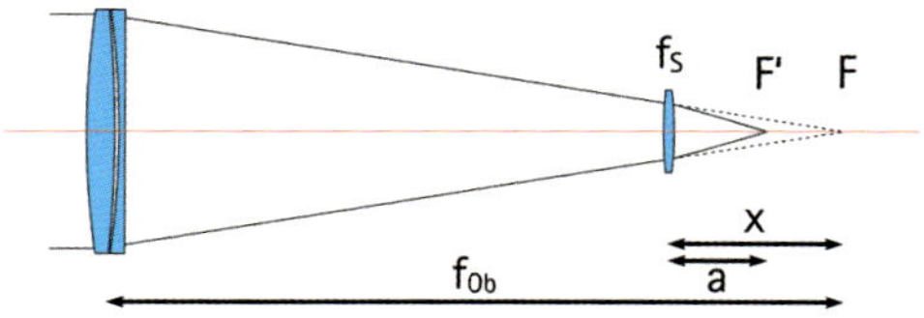

ABBILDUNG 108: Eine kurz vor dem Teleskopbrennpunkt platzierte Sammellinse der Brennweite f_S erzeugt eine verkürzte Gesamtbrennweite $f_Ä$.

$$f_Ä = V \cdot f_{Ob}$$ Formel 29

mit

$$V = 1 - \frac{a}{f_S}$$ Formel 30

Eine solche Linse wird nach ihrem Erfinder »Shapleylinse« genannt. Man findet sie aber oftmals auch unter den Namen »Telekompressor«, »Fokalreduktor« oder »Reducer«. Durch die verkürzte Brennweite wird bei vorgegebener Detektorgröße ein entsprechend größeres Bildfeld aufgenommen. Zugleich erhöht sich das effektive Öffnungsverhältnis des Teleskops. Für die Fotografie lichtschwacher Objekte ergeben sich somit deutlich kürzere Belichtungszeiten. Die für Schmidt-Cassegrain-Teleskope angebotenen 0,63×-Shapleylinsen bewirken so beispielsweise eine Verkürzung der notwendigen Belichtungszeit um ca. den Faktor 3.

Bei fast allen kommerziell angebotenen Optiken zur Brennweitenreduzierung handelt es sich um mehrlinsige Systeme. Während Barlowlinsen und Telekonverter relativ universell eingesetzt werden können, sollten Shapleylinsen immer speziell für das optische System gerechnet sein, an dem sie eingesetzt werden sollen. Zur Minimierung der entstehenden Bildfehler, allen voran die Bildfeldwölbung, muss bei dieser Berechnung auch der beabsichtigte Abstand a zwischen Linse und Detektor berücksichtigt werden. Die freie Veränderbarkeit des Faktors V, wie sie durch die Variation des Abstandes a erzielt werden kann, geht daher immer zu Lasten der Abbildungsqualität außerhalb der Bildmitte. Viele Hersteller geben den optimalen Abstand nicht an.

Wie bei einer Barlowlinse hängt auch das vignettierungsfreie Bildfeld D_{BF} einer Shapleylinse von ihrem freien Durchmesser D_S und dem ursprünglichen Öffnungsverhältnis N des verwendeten Teleskops ab:

$$D_{BF} = D_S - \frac{a}{V \cdot N}$$ Formel 31

Ob dieses Bildfeld jedoch auch wirklich vignettierungsfrei genutzt werden kann, hängt letztendlich vom Okularauszug des verwendeten Teleskops ab. Ist dieser bereits ohne Shapleylinse zu knapp bemessen, kann auch eine theoretisch ausreichend groß dimensionierte Shapleylinse keine Wunder bewirken. Das unvignettierte Gesichtsfeld ohne Shapleylinse muss daher mindestens einen um den Faktor 1/V größeren Durchmesser als das mit Shapleylinse angestrebte Bildfeld besitzen. Damit beispielsweise ein APS-C-Sensor bei Verwendung eines 0,63×-Reducers noch komplett ausgeleuchtet wird, müsste das betreffende Teleskop ohne Reducer ein Feld von 43,7mm vignettierungsfrei ausleuchten.

Während die bisher beschriebenen Möglichkeiten zur Brennweitenverlängerung bei allen Teleskopen eingesetzt werden konnten, setzt die Brennweitenverkürzung mittels Shapleylinse voraus, dass das verwendete Gerät einen ausreichend großen Verstellbereich des Okularauszugs zum Objektiv hin besitzt. Bei kommerziell angebotenen Geräten ist dies normalerweise nur

Tabelle 26: Der Mindestdurchmesser des vom Teleskop ohne Shapleylinse vignettierungsfrei ausgeleuchteten Bildfeldes in Abhängigkeit von Detektorgröße bei verschiedenen Brennweitenverkürzungsfaktoren.

Detektorgröße	benötigtes vignettierungsfreies Bildfeld bei Reduzierfaktor							
	ohne Shapley-Linse	0,85	0,8	0,75	0,7	0,63	0,5	0,33
Kodak KAF-040x	8,3mm	9,8mm	10,4mm	11,1mm	11,9mm	13,2mm	16,6mm	25,2mm
Kodak KAF-160x	16,6mm	19,5mm	20,8mm	22,1mm	23,7mm	26,3mm	33,2mm	50,3mm
APS-C	27,5mm	32,4mm	34,4mm	36,7mm	39,3mm	43,7mm	55,0mm	83,3mm
Vollformat	43,3mm	50,9mm	54,1mm	57,7mm	61,9mm	68,7mm	86,6mm	131,2mm

⟨⟩ Shapleylinsen für Schmidt-Cassegrain-Teleskope

Für die in Amateurkreisen weit verbreiteten Schmidt-Cassegrain-Teleskope mit einem Öffnungsverhältnis von 1:10 werden von den Teleskopherstellern passende Shapleylinsen mit dem Reduzierfaktor 0,63× angeboten. Diese vierlinsigen Optiken haben bei einer Brennweite von 230mm einen freien Durchmesser von ca. 41mm. Damit sie die Brennweite um den Faktor 0,63× reduzieren, müssen sie also 85mm vor dem Detektor montiert werden.

Mit den oben genannten Daten berechnet sich der Durchmesser des theoretisch von der Shapleylinse vignettierungsfrei ausgeleuchteten Bildfeldes zu 27,5mm Durchmesser – also gerade noch ausreichend für eine digitale Spiegelreflexkamera mit APS-C-Sensor! Damit auch eine Kamera mit Vollformatchip noch komplett ausgeleuchtet wird, müsste die Shapleylinse einen Durchmesser von mindestens 56mm haben. Der Einsatz einer solch großen Linse wäre jedoch nur an einem Schmidt-Cassegrain-Teleskop mit einem Objektivdurchmesser größer als 250mm sinnvoll, da nur diese Geräte einen Okularauszug mit einem freien Durchmesser von ca. 54mm besitzen. Alle kleineren Geräte verfügen dagegen nur ein 2"-Anschlussgewinde mit einem freien Durchmesser von 37mm, so dass ihr vignettierungsfreies Bildfeld in der Praxis sogar nur noch knapp 23mm Durchmesser beträgt.

ABBILDUNG 109: Die Aufnahme des Tarantelnebels (NGC 2070) in der Großen Magellanwolke zeigt sehr deutlich die Auswirkungen der Vignettierung eines Schmidt-Cassegrain-Teleskops. Während das hier verwendete C14 ohne Shapleylinse ein Bildfeld von beinahe 50mm noch ohne störende Abschattung ausleuchtet, ist das Feld mit einer solchen Zusatzoptik auf nur noch ca. 26mm reduziert.

ABBILDUNG 109

bei Refraktoren bzw. den mit Hilfe einer Hauptspiegelverschiebung fokussierenden Cassegrain-Teleskop-Varianten gegeben. Bei Newton-Teleskopen kann eine Shapleylinse üblicherweise konstruktionsbedingt nicht eingesetzt werden.

Einstellhilfen

Die Kenntnis der Ausdehnung des Gesichtsfeldes einer Kamera/Teleskopkombination ist für die Planung von Deep-Sky-Aufnahmen hilfreich. Wie im

LINKS

CCDCalc – A Visual Calculator for Matching Telescope and Camera

Ron Wodaski

www.newastro.com/book_new/ camera_app.php

ABBILDUNG 110: Mit Hilfe von auf die Okularsteckhülse aufgesetzten Stellringen können verschiedene Zubehörteile homofokal eingestellt werden. Interessant ist dies z.B. für die Benutzer einer separaten Nachführkamera. Ein Weitwinkelokular zum Suchen sowie ein Fadenkreuzokular zum Zentrieren des Leitsterns können so, ohne den Fokus zu verändern, zusammen mit der Nachführkamera verwendet werden.

Abschnitt »Kameraobjektive« bereits gezeigt wurde, hängt die Größe des abgebildeten Bildfeldes nicht nur von der Aufnahmebrennweite, sondern auch vom Format des verwendeten Detektors ab. Die Freeware »CCD Calculator« von Ron Wodaski hilft bei der Vorbereitung. Nach Auswahl von Kamera und Teleskop gibt der CCD Calculator die Werte für Chipgröße, Abbildungsmaßstab und Gesichtsfeld an.

Spiegelreflexkamera

Dank ihrer großen Detektorfläche sind die mit einer digitalen Spiegelreflexkamera aufgenommenen Bildfelder so groß, dass die Objektpositionierung direkt über den Kamerasucher vorgenommen werden kann. Selbst dann wenn das Objekt zu lichtschwach ist um erkannt zu werden, sind meist immer noch ausreichend viele Umgebungssterne erkennbar. Bei Aufnahmen durch ein Teleskop kann bei lichtschwachen Objekten auch der Teleskopsucher zur Positionierung herangezogen werden.

Bei der langbrennweitigen Deep-Sky-Fotografie sollte die endgültige Feinpositionierung immer über kurze Testbelichtungen erfolgen. Kleine und schwache Objekte sind auf dem Kameradisplay nur schwer zu erkennen, so dass man sich an den Umgebungssternen orientieren muss. Wird die Kamera über einen PC angesteuert, ermöglicht der Computermonitor eine deutlich größere Darstellung der Bilder. Hinzu kommt, dass durch Helligkeitsanpassung des Bildes auch schwache Objekte auf den kurzen Testbelichtungen sichtbar sind.

Kompakt- und Videokamera

Kompakt- und Videokameras werden meist für die Sonnen-, Mond- oder Planetenfotografie eingesetzt. Weil diese Kameratypen bauartbedingt nur in afokaler Projektion eingesetzt werden können, bietet sich die Zentrierung des Objektes mittels Okular an.

Stellringe

Damit die einmal gefundene Fokusposition beim Wechsel zwischen verschiedenen Zubehörteilen nicht verändert werden muss, kann ein Stellring auf der Steckhülse eines Okulars oder eines Kameraadapters aufgesetzt und dort mit Schrauben fixiert werden. Stellringe können z.B. dann eingesetzt werden, wenn ein hoch vergrößerndes Okular zur Scharfstellung der Kamera benutzt wird oder wenn die relativen Fokuspositionen von Aufsuchokular und Kamera fixiert werden sollen.

ABBILDUNG 110

Wenn die Konstruktion des Kameraadapters eine einfache Trennung von Okular und Kamera erlaubt, besteht die Möglichkeit, hierfür das Aufnahmeokular selbst zu verwenden. Ist dies nicht möglich, kann auch jedes andere Okular dazu verwendet werden, das Objekt möglichst exakt mittig im Bildfeld zu platzieren. Ein Fadenkreuzokular erleichtert den Positioniervorgang deutlich.

Ist das Objekt grob im Gesichtsfeld eingestellt, erfolgt seine genaue Ausrichtung über das Live-Bild auf dem LC-Display der Kamera. Bei einer Videokamera ist alternativ auch die Positionierung mit dem Kamerasucher möglich.

Um die Positionierung zu erleichtern, sollte das Zoomobjektiv der Kamera zunächst auf die Weitwinkelposition eingestellt werden. Ist das Objekt mittig im Feld positioniert, kann die Kamerabrennweite nach und nach auf den beabsichtigten Aufnahmewert gesteigert werden.

Sollen mit einer Kompaktkamera größere Himmelsareale mit dem kameraeigenen Objektiv in Weitwinkeleinstellung fotografiert werden, reicht fast immer eine grobe Positionierung der Kamera durch Peilen aus. Bei längeren Brennweiten hilft dagegen nur ein klassischer (optischer) Kamerasucher weiter, denn das auf dem LC-Display dargestellte Live-Bild ist bei fast allen Kameras so dunkel, dass nur die hellsten Sterne sichtbar sind.

Webcam

Das Haupteinsatzgebiet der Webcams ist die hochauflösende Fotografie der hellen Objekte unseres Sonnensystems. Das Zusammenspiel aus kleiner Detektorfläche und langer Aufnahmebrennweite führt hierbei zu Gesichtsfeldern, deren Größe die des Planetenscheibchens nur unwesentlich übersteigt. Die Objektpositionierung muss daher bei einer Webcam sehr viel genauer als bei einer Kompakt- oder Videokamera erfolgen. Weil Webcams zudem direkt mit dem Teleskop verbunden werden, entfällt bei ihnen die Möglichkeit einer Vorpositionierung bei schwacher Vergrößerung, um erst anschließend auf die beabsichtigte Endvergrößerung zu zoomen.

Die Ausrichtung des Teleskops sollte zunächst mit einem hoch vergrößernden normalen Okular oder einem Fadenkreuzokular erfolgen. Die Feinpositionierung erfolgt bei angeschlossener Kamera mit Hilfe des Live-Bildes auf dem PC-Monitor.

Leider sind nur selten Einstellokular und Webcam homofokal. Stellt man zunächst sein Einstellokular scharf und tauscht dieses dann gegen die Webcam aus, kann es sein, dass man den Planeten wegen zu großer Fokusdifferenz und zu kleinem Webcamgesichtsfeld nicht findet. Um Einstellokular und Webcam in die gleiche Schärfeebene zu bringen, kann man mit einem Stellring beide homofokal zueinander ausrichten. Dazu peilt man am besten einen Mondkrater oder einen hellen Stern an. Ist kein Stellring vorhanden, kann man sich anders behelfen: An einem Refraktorauszug kann man mit einem Permanentstift eine feine Strichmarkierung anbringen, die die Schärfebene des Refraktors mit Webcam markiert.

Astronomische CCD-Kamera

Aufgrund ihrer vergleichsweise kleinen Chipflächen bilden CCD-Kameras meist nur Bildfelder von wenigen Quadratbogenminuten ab. Um das gewünschte Aufnahmeobjekt trotzdem möglichst schnell und sicher auf dem Chip positionieren zu können, bieten verschiedene Hersteller Klappspiegel (engl.: Flip-Mirror) an. Da die Funktion eines Klappspiegels prinzipiell mit dem in einer Spiegelreflexkamera verglichen werden kann, kann er neben der Objektsuche auch zur komfortablen groben Fokussierung der Kamera genutzt werden.

Der Klappspiegel wird zwischen Teleskop und Kamera in den Strahlengang eingesetzt. Mit ihm können die CCD-Kamera und ein Okular gleichzeitig am Teleskop angeschlossen sein. Über einen manuell im 45°-Winkel zur optischen Achse in den Strahlengang einschwenkbaren Spiegel kann der Strahlengang wahlweise in das Okular abgelenkt oder zur Kamera durchgelassen werden.

Mit Hilfe des Okulars kann das gewünschte Objekt analog zur visuellen Beobachtung im Gesichtsfeld zentriert werden. Sehr hilfreich ist hierbei die Verwendung eines Fadenkreuz- oder eines speziellen CCD-Zentrierokulars. Nach dem Wegklappen des Spiegels ist das Objekt dann mittig auf dem CCD-Chip platziert. Voraussetzung hierfür ist allerdings, dass Kamera und Okular zuvor aufeinander einjustiert wurden. Der Okulartubus des Klappspiegels kann hierzu einige Millimeter in jede Richtung aus der optischen Achse heraus bewegt und in dieser Position mit Schrauben fixiert werden. Dies ist erforderlich, da der CCD-Chip bei einigen Kameratypen außerhalb der optischen Achse des Okularstutzens platziert ist.

ABBILDUNG 111

📷

ABBILDUNG 111: Der 2"-Klappspiegel von Meade im Einsatz. Der verstellbare Spiegel kann mit Hilfe des Drehrades (1) in den Strahlengang hinein bzw. aus dem Strahlengang heraus geklappt werden. Mit Hilfe der Schraube (2) kann seine Position im hineingeklappten Zustand so justiert werden, dass ein Objekt, das mittig auf dem CCD-Chip abgebildet wird, auch mittig im Okular zu liegen kommt. Das Okular selbst wird in der Steckfassung (3) befestigt und kann über das Gewinde (4) relativ zum CCD-Chip fokussiert werden.

📷

ABBILDUNG 112: Die Skalenplatte des CCD-Zentrierokulars von Meade zeigt von innen nach außen die Bildfelder folgender CCD-Chips: TC-255, KAF040x-Serie, TC-241 und KAF160x-Serie.

Klappspiegel werden von verschiedenen Firmen wie z.B. Baader, Meade, Murnaghan Instruments, Optec, Taurus oder True Technology Ltd. angeboten. Die Geräte besitzen teleskopseitig je nach Baugröße entweder einen 1¼"- oder einen 2"-Anschluss in Form entsprechender Steckhülsen. Alternativ ist aber meist auch ein Anschluss über T2-Gewinde möglich. Auf der Kameraseite stehen bei allen Modellen wahlweise eine 1¼"-Steckhülse oder ein T2-Gewinde zur Verfügung. Bei den großen Modellen kann die Kamera auch mittels 2"-Steckhülse befestigt werden. Okularseitig besitzen alle Klappspiegel eine 1¼"-Steckhülse.

Wie alle anderen Bauteile, die zwischen Okularauszug und Kamera in den Strahlengang eingesetzt werden, besitzt auch ein Klappspiegel eine konstruktionsbedingte optische Weglänge. Damit die Kamera trotz angesetztem Klappspiegel noch fokussiert werden kann, muss das Teleskop über einen entsprechenden Fokussierspielraum in Richtung Objektiv verfügen.

Aufgrund des relativ engen Durchlasses sind alle Klappspiegeleinheiten nicht für vollformatige CCD- oder DSLR-Kameras geeignet.

Das von der Firma Meade angebotene CCD-Zentrierokular basiert auf einem 25mm-Plössl-Okular mit einem Eigengesichtsfeld von 50°. Es verfügt über den gleichen Funktionsumfang wie ein herkömmliches beleuchtetes Fadenkreuzokular. Anstelle der sonst üblichen Strichplatte besitzt dieses Okular eine Skalenplatte, auf der die Gesichtsfeldgrößen von vier im Amateurbereich weit verbreiteten CCD-Chips maßstäblich zueinander eingraviert sind. Da viele Amateurkameras ähnlich große Chips

besitzen, kann das Okular mit leichten Einschränkungen auch von den Besitzern anderer Kameratypen verwendet werden.

Wird dieses Okular an die verwendete Aufnahmeoptik angeschlossen, geben die beleuchteten Rahmen exakt das von den verschiedenen CCD-Chips abgedeckte Bildfeld wieder. Die Ausrichtung der Kamera wird hierdurch vor allem bei der Aufnahme von ausgedehnten Himmelsobjekten erleichtert.

ABBILDUNG 112

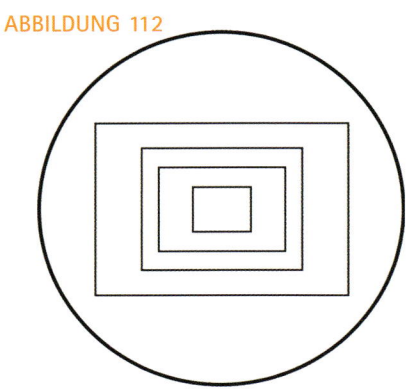

Bildfehler

Durch entsprechende Auslegung des optischen Systems können Abbildungsfehler wirkungsvoll beeinflusst und minimiert werden. Eine vollständige Beseitigung aller Bildfehler ist jedoch niemals möglich, so dass leider keine Optik 100% fehlerfrei ist. Ziel jedes Optik-Designs ist es, eine Balance zwischen dem konstruktiven Aufwand und der erforderlichen Abbildungsleistung des zu realisierenden Systems zu finden. Mit Ausnahme der sphärischen Aberration treten alle auf den folgenden Seiten vorgestellten monochromatischen Abbildungsfehler nur in Mischformen auf, wobei diese dann zusätzlich noch in ihrer Größe mit der verwendeten Wellenlänge variieren können.

Sphärische Aberration

Die sphärische Aberration wird auch als Öffnungs- oder Kugelgestaltsfehler bezeichnet. Trifft ein paralleles Strahlenbündel auf eine sphärische

Optik, so besitzen die Strahlen, die vom Rand der Optik abgebildet werden, immer eine kürzere Brennweite als die Strahlen, die die Mitte der Optik trafen.

Im einfachsten Fall kann dieser Bildfehler dadurch behoben werden, dass man die Brennweite im Verhältnis zum Durchmesser der Optik sehr lang – also mit einer kleinen Blende fotografiert. Da sich hierdurch jedoch die Belichtungszeit wesentlich verlängern würde, kombiniert man im Fall einer Linsenoptik entweder mehrere Linsen, deren Fehler sich wieder ausgleichen, oder benutzt asphärische Linsen.

ABBILDUNG 113

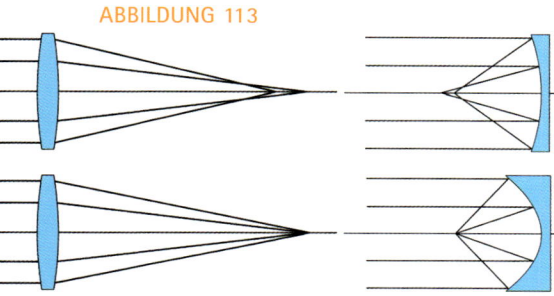

Auch bei Spiegeloptiken tritt die sphärische Aberration auf. Hier kann man anstatt eines Kugelspiegels einen Parabolspiegel zur Korrektur verwenden.

Chromatische Aberration

Die chromatische Aberration (Farblängsfehler) ist ein Bildfehler, den nur Linsenoptiken aufweisen. Sie entsteht, weil Licht unterschiedlicher Wellenlängen verschieden stark gebrochen wird. Dabei ist die Brechung umso stärker, je kurzwelliger das Licht ist: Im blauen Licht hat die Linse also eine kürzere Brennweite als im roten Licht. Die Abbildung er-

ABBILDUNG 114

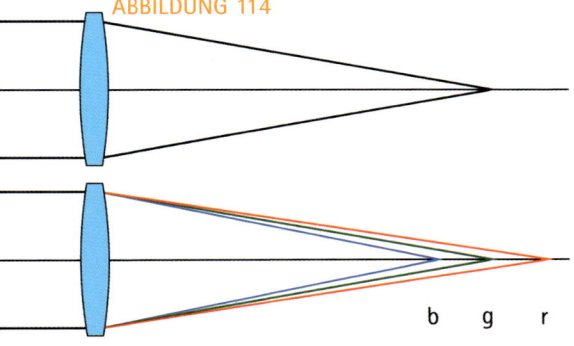

b   g   r

‹› Einrichtung eines Klappspiegels

Vor dem ersten Einsatz muss ein Klappspiegel auf die jeweilige Kamera einjustiert werden. Nachdem der Klappspiegel in den Strahlengang eingesetzt wurde, wird hierzu zunächst ein heller Stern mittig auf dem CCD-Chip eingestellt und fokussiert. Dann wird die Klappspiegeleinheit mit einem Okular versehen und der Spiegel in den Strahlengang eingeschwenkt, so dass das Okular durch entsprechende Positionierung in der Steckhülse fokussiert werden kann. Die Fokussierung des Okulars darf auf keinen Fall durch Verstellung des Okularauszugs erfolgen, da hierdurch die Kamera wieder defokussiert würde! Die ermittelte Einstecktiefe des Okulars sollte mittels Markierung oder Stellring reproduzierbar festgehalten werden.

Kann der Schärfepunkt des Okulars nicht erreicht werden, weil sich die korrekte Brennpunktlage innerhalb der Okularsteckhülse des Klappspiegels befindet, muss die Kamera mittels Zwischenringen weiter vom Klappspiegel entfernt werden.

Im letzten Arbeitsschritt wird die komplette Okularsteckhülse auf der Oberseite des Klappspiegel-Gehäuses so verschoben, dass der Stern mittig im Okular zu liegen kommt. Achtung: Muss die Steckhülse hierzu entlang der optischen Achse verschoben werden, ändert sich die Brennpunktlage des Okulars, so dass dieses erneut fokussiert werden muss!

Bei Verwendung einer Kamera, deren CCD-Chip nicht genau auf der optischen Achse liegt, müssen die hier beschriebenen Einstellarbeiten jedes Mal neu durchgeführt werden, wenn die Verbindung zwischen Klappspiegel und Kamera getrennt wird!

ABBILDUNG 113: Linsen- (links) bzw. Spiegeloptiken (rechts) mit sphärischen Oberflächen (obere Bildhälfte) sammeln Lichtstrahlen, die nahe der optischen Achse einfallen, in einem etwas weiter entfernten Brennpunkt als randnahe Stahlen. Um die sphärische Aberration auszugleichen, benutzt man entweder Linsenkombinationen oder Optiken mit asphärischen Oberflächen (unten). Im Fall einer Spiegeloptik verwendet man einen Parabolspiegel.

ABBILDUNG 114: Der Farblängsfehler entsteht, weil eine Linsenoptik Licht verschiedener Wellenlängen anstatt in einem Brennpunkt (oben) in unterschiedlichen Brennpunkten (unten) sammelt. Die Indizes in der unteren Abbildung bezeichnen die Brennpunktlagen für rotes (r), grünes (g) und blaues (b) Licht.

ABBILDUNG 115: Die chromatische Aberration sorgt dafür, dass alle Sterne mit einem bläulichen Hof, dem sog. sekundären Spektrum, umgeben sind. Dieser Fehler tritt besonders bei hellen Sternen störend hervor, wie dieser Ausschnitt aus einer Aufnahme des Orionnebels (im Bild: der Offene Sternhaufen NGC 1980) zeigt.

ABBILDUNG 116: Eine Optik sollte schräg einfallende Lichtstrahlen in einem Brennpunkt sammeln (oben). Eine einfache Linsenoptik erzeugt jedoch aufgrund des Farbquerfehlers für Licht unterschiedlicher Wellenlängen verschiedene Brennpunkte (unten), die mit kürzer werdender Wellenlänge immer weiter weg von der optischen Achse liegen. In der unteren Abbildung entsprechen die Indizes den verschiedenen Farben des Lichtes.

ABBILDUNG 117: So deutlich wie auf dieser Aufnahme tritt der Farbquerfehler nur bei lichtstarken Weitwinkel- bzw. Weitwinkel-Zoomobjektiven auf. Das hier gezeigte Beispiel entstand mit einem Sigma 14mm F2,8 EX ASP bei voll geöffneter Blende.

scheint deshalb unscharf und mit Farbsäumen behaftet.

ABBILDUNG 115

Weil das durch den Randbereich der Linse fallende Licht am stärksten zur Entstehung der chromatischen Aberration beiträgt, lässt sich auch dieser Bildfehler zumindest in der Nähe der optischen Achse bereits durch Abblenden der Optik merklich verringern. Eine Korrektur auch bei größeren Blendenöffnungen ist dagegen nur durch Kombination mehrerer Linsen aus unterschiedlichen Glassorten möglich. Eine Korrektur für alle Wellenlängen ist aber aufgrund des nichtlinearen Verlaufs der Brechung optischer Gläser nicht möglich. Diese ist auch nicht notwendig, solange der Restfarbfehler (sekundäres Spektrum) kleiner als der Durchmesser z des Streukreises des verwendeten Aufnahmesensors bleibt.

Im einfachsten Fall, bei dem aus zwei Linsen aufgebauten Achromaten, werden die zu kombinierenden Linsen so gewählt, dass rote und grüne Wellenlängen in einem gemeinsamen Brennpunkt vereinigt werden. Mit Hilfe aufwändigerer Konstruktionen aus drei oder mehr Linsen, den sog. Apochromaten, oder durch die Verwendung von Spezialgläsern in einem zweilinsigen Objektiv können auch drei Wellenlängen in einem Brennpunkt vereinigt und das verbleibende sekundäre Spektrum deutlich verringert werden.

Farbquerfehler

Der oftmals auch als Farbvergrößerungsfehler bezeichnete Farbquerfehler ist verwandt mit der chromatischen Aberration. Er tritt auf, wenn Licht von außerhalb der optischen Achse kommend auf die Optik fällt. Die verschiedenfarbigen Teilbilder werden dann unterschiedlich groß abgebildet, wobei der Fehler mit steigendem Abstand zur optischen Achse immer deutlicher sichtbar wird.

Im Gegensatz zur chromatischen Aberration kann der Farbquerfehler nicht durch Abblenden verringert werden. Eine Korrektur ist daher nur durch eine entsprechend optimierte Objektivkonstruktion möglich.

ABBILDUNG 116

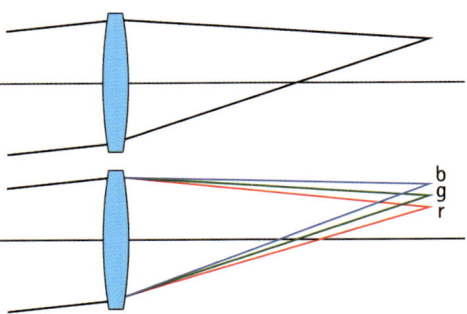

ABBILDUNG 117

Koma

Trifft ein paralleles Strahlenbündel schräg auf eine Optik, entsteht aufgrund der auch »Asymmetriefehler« genannten Koma ebenfalls kein scharfes Bild. Die durch die Randbereiche der Optik abgebildeten Strahlen vereinigen sich etwas näher an der optischen Achse als die Strahlen, die durch die Mitte der Optik abgebildet werden. Auf dem Foto ist eine punktförmige Lichtquelle (z.B. ein Stern) elliptisch verzogen oder gar mit einem »kometenähnlichen« Schweif dargestellt. Dieser Fehler wird umso stärker, ja weiter man sich von der optischen Achse weg bewegt. Die Koma kann durch Abblenden der Op-

ABBILDUNG 118

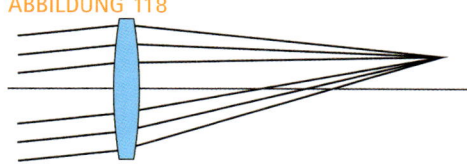

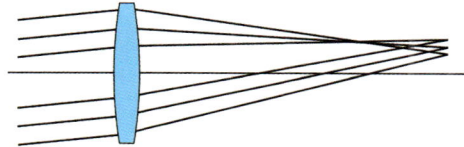

tik deutlich reduziert werden. Die Lage der Blende im optischen System spielt jedoch eine große Rolle. Eine vollständige Beseitigung der Koma auch bei großen Blendenöffnungen ist nur in symmetrischen Linsensystemen mit mittig sitzender Blende möglich. Fast alle Objektive werden daher bei großen Blendenöffnungen und hohen Kontrasten noch eine deutlich sichtbare Restkoma aufweisen.

senkrecht stehenden (sagittalen) Ebene, wird man feststellen, dass sich diese nicht mehr sauber in einem Brennpunkt vereinigen.

Die in beiden Ebenen entstehenden Bildpunkte liegen auf gekrümmten Bildschalen, deren Radius nicht identisch ist. Anstatt eines definierten Brennpunktes F entstehen so in den jeweiligen Schnittpunkten zwei senkrecht aufeinander stehende Brennlinien F_m und F_s.

Ursache dieses Astigmatismus (griechisch: »Punktlosigkeit«) genannten Bildfehlers ist die unterschiedlich starke Brechung in den verschiedenen Oberflächenbereichen einer sphärischen Linse. Mit Ausnahme der parallel zur optischen Achse einfallenden Lichtstrahlen entsteht daher kein rotationssymmetrisch konvergierendes Strahlenbündel. Der Abstand der beiden Brennlinien ist die »astigmatische Differenz«. In ihrer Mitte liegt der sog. »Kreis der kleinsten Verwirrung«.

Eine Korrektur des Astigmatismus ist durch die Kombination mehrerer Linsen bei geeigneter Lage der Blende möglich.

ABBILDUNG 119

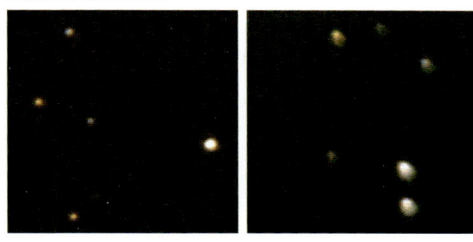

Auch Parabolspiegel zeigen mit steigendem Öffnungsverhältnis in ihren Abbildungen den Komafehler. Bei lichtstarken Spiegelteleskopen sollte deshalb für fotografische Zwecke ein zusätzliches korrigierendes Linsensystem (Komakorrektor) in den Strahlengang eingefügt werden.

Astigmatismus

Bei der Abbildung eines außerhalb der optischen Achse stehenden Objektes entsteht das von einer sphärischen Einzellinse erzeugte Bild auf einer gekrümmten Oberfläche. Betrachtet man die von einem Objektpunkt ausgehenden Lichtstrahlen sowohl in der durch ihn und die optische Achse aufgespannten (meridionalen), als auch in der auf dieser Ebene

Bildfeldwölbung

Auch wenn bei einem Objektiv der Astigmatismus durch das Zusammenlegen von meridionaler und sagittaler Bildebene auskorrigiert wurde,

ABBILDUNG 120

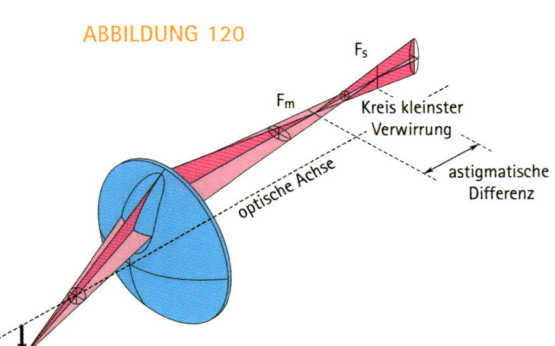

ABBILDUNG 121

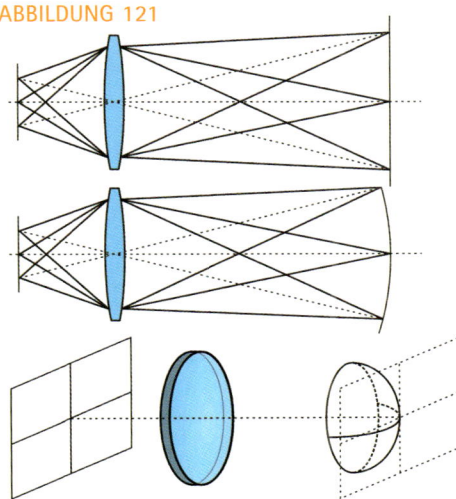

kann immer noch eine gekrümmte Bildebene verbleiben. Diese Bildfeldwölbung wird nach dem ungarischen Mathematiker Josef Maximilian Petzval, der sich bereits 1840 mit diesem Problem beschäftigte, auch »Petzvalsche Bildfeldkrümmung« genannt. Rein formal stellt die Bildfeldwölbung keinen eigentlichen Unschärfefehler dar, weil auf der Oberfläche der gekrümmten Bildfläche ein scharfes Bild entsteht. Da mit einem Digitalsensor jedoch in der Regel ein ebener Detektor zur Bildgewinnung verwendet wird, gelingt in der Praxis trotzdem keine scharfe Abbildung über das komplette Bildfeld. Die Bildfeldebnung muss durch eine entsprechend gerechnete Optik erfolgen. Derart korrigierte Objektive werden »Anastigmat« oder »Aplanat« genannt.

Dank ausgefeilter Berechnungsverfahren tritt Bildfeldwölbung heute meist nur noch bei lichtstarken kurzbrennweitigen Objektiven auf. Durch Abblendung kann sie aufgrund der zunehmenden Schärfentiefe relativ leicht verringert werden.

Vignettierung

Die Vignettierung bewirkt, dass das Bildfeld nicht in allen Bereichen gleichmäßig gut ausgeleuchtet ist. Bei Fotoobjektiven ist die Vignettierung besonders im Weitwinkelbereich sichtbar, da bei diesen Objektiven die Lichtstrahlen, die auf den Randbereich des Detektors gelangen, in sehr schrägem Winkel einfallen. Verantwortlich ist meist der innere Aufbau der Optik selbst.

Bei Optiken mit hoher Lichtstärke ist die Vignettierung üblicherweise stärker ausgeprägt als bei lichtschwachen. Je nach Bauart der Optik kann dieser Effekt bei Kameraobjektiven durchaus bis zu drei Blendenstufen groß sein. Durch Schließen der Blende kann die Vignettierung deutlich vermindert werden.

Vignettierung kann bei Fotoobjektiven auch durch falsches Zubehör entstehen. Typische Fehlerquellen sind beispielsweise der Einsatz einer nicht zum Objektiv passenden Gegenlichtblende oder die Verwendung eines Filters mit zu weit vorbauender Fassung.

Die korrekte Wiedergabe der Lichtintensität ist bei einigen Digitalsensoren u.a. vom Einfallswinkel der Lichtstrahlen auf die Chipoberfläche abhängig. Vor allem bei älteren, ursprünglich für analoge Kameras gerechneten Weitwinkelobjektiven kann der Einfallswinkel deutlich von der Senkrechten abweichen, so dass es zu einem zusätzlichen radialen Lichtabfall, dem »Pixel Shading« kommt. Abhilfe schaffen Objektive, die so gerechnet sind, dass sie auch in den Randbereichen des Chips einen möglichst senkrechten Lichteinfall ermöglichen. Man spricht in einem solchen Fall auch von sog. »telezentrischen Optiken«. Insgesamt sollte diese Vignettierungsquelle jedoch nicht überbewertet werden, da der durch sie hervor gerufene Lichtabfall meist weniger als einer halben Blendenstufe entspricht.

Bei Teleskopen kommt Vignettierung meist durch nicht ausreichend dimensionierte Bauteile ins Spiel. Während ein zu kleiner Fangspiegel nur bei Spiegelteleskopen als Fehlerquelle in Frage kommt, können Okularauszüge oder Blendensysteme mit zu kleinen freien Durchmessern bei fast jedem Teleskoptyp die Ursache sein.

Der natürliche Lichtabfall einer Optik wird umgangssprachlich sehr häufig mit der Vignettierung gleichgesetzt. Auch er bewirkt eine mehr oder weniger konstante Verminderung des auf den Detektor treffenden Lichtes zu den Bildecken hin. Der Grund hierfür ist, dass bei schrägem Lichteinfall aufgrund von perspektivischen Beschneidungseffekten nicht mehr die gleiche Lichtmenge den Chip erreicht, wie bei

ABBILDUNG 122: Die Vignettierung eines Objektivs ist stark von der eingestellten Blendenstufe abhängig. Während das hier gezeigte 80mm 1:1,4 bei offener Blende in den Ecken des Vollformates noch einen Lichtabfall von fast 2 Blendenstufen zeigt, reduziert sich dieser bei Abblendung auf Blende 5,6 auf unter 0,5 Blendenstufen. Verwendet man das Objektiv mit einem Sensor im APS-C-Format (gestrichelte Linie bei 13,7mm), erhält man bereits bei Blende 2,8 ein vergleichbares Ergebnis. Die verbleibende radiale Lichtabschwächung ist durch den natürlichen Lichtabfall bedingt, und kann durch Abblenden nicht beeinflusst werden.

ABBILDUNG 122

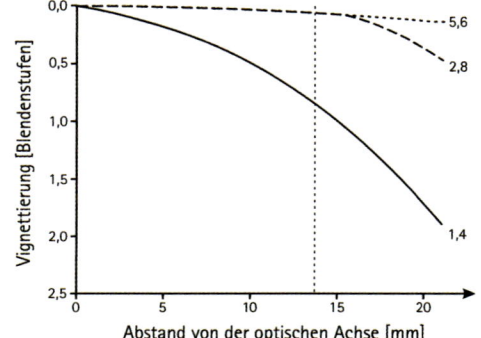

achsparallelem Lichteinfall. Der hierdurch hervorgerufene Lichtabfall ist proportional zum Kosinus des Einfallswinkels potenziert mit vier!

Im Gegensatz zur Vignettierung kann der natürliche Lichtabfall auch durch Abblenden des Objektivs nicht beseitigt werden. Durch konstruktive Maßnahmen kann er zwar abgemildert, aber jedoch nie ganz vermieden werden.

Vor allem im Weitwinkelbereich ist heute die Verwendung von Retrofokuskonstruktionen, sowie die Verwendung einer im Vergleich zur rechnerischen Blendenöffnung überdimensionierten Frontlinse üblich. Beide Methoden erfordern neben einem hohen Berechnungsaufwand auch den Einsatz vieler zusätzlicher Linsen. Das Objektiv wird so nicht nur schwerer und

ABBILDUNG 124

teuerer, sondern auch anfälliger gegenüber Streulicht.

Eine Beseitigung aller in einer Optik auftretenden Vignettierungserscheinungen bereits bei der Bildaufnahme ist mit Amateurmitteln normalerweise nicht möglich. Die Behandlung des Bildes mit einem Flatfieldbild im Zuge der späteren Bildbearbeitung ermöglicht jedoch eine weitgehende Beseitigung dieses Bildfehlers.

Verzeichnung

Von einem Objektiv, das Verzeichnung – auch Distorsion oder Bildmaßstabsfehler genannt – aufweist, werden Linien, die eigentlich parallel zu den Bildrändern verlaufen sollten, auf der Aufnahme gekrümmt wiedergegeben. Ursache ist eine gestörte Bildgeometrie, die bewirkt, dass das aufgenommene Objekt nicht im gesamten Bildfeld im gleichen Abbildungsmaßstab abgebildet wird. Das Bild wird in seiner Geometrie zu seinem Objekt unähnlich.

Eine zum Bildrand hin ansteigende Vergrößerung bewirkt beispielsweise, dass das Bild eines rechtwinkligen Gitternetzes an seinen Ecken spitz zuläuft. Das Ergebnis ähnelt einem Kissen, weshalb man auch von einer kissenförmigen Verzeichnung spricht. Im Fall einer zu den Bildrändern hin kleiner werdenden Vergrößerung werden die Ecken des Gitternetzes zur Bildmitte hin eingedrückt, so dass das Bild einem Fass ähnelt und man entsprechend von tonnenförmiger Verzeichnung spricht. Eine von der

ABBILDUNG 125

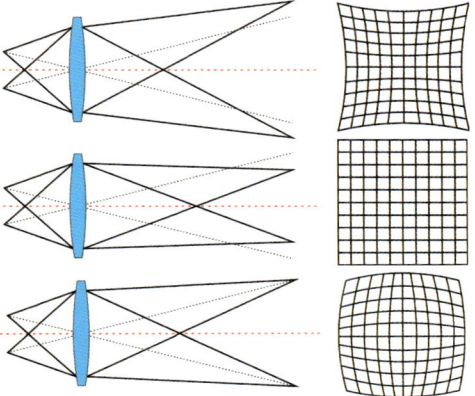

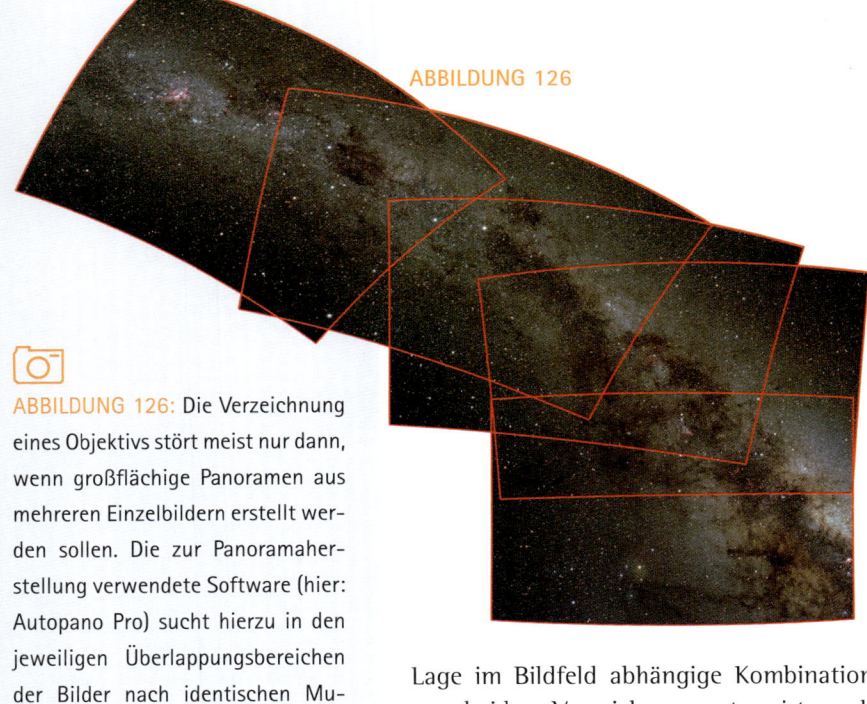

ABBILDUNG 126

📷

ABBILDUNG 126: Die Verzeichnung eines Objektivs stört meist nur dann, wenn großflächige Panoramen aus mehreren Einzelbildern erstellt werden sollen. Die zur Panoramaherstellung verwendete Software (hier: Autopano Pro) sucht hierzu in den jeweiligen Überlappungsbereichen der Bilder nach identischen Mustern und »verbiegt« die Aufnahmen anschließend so, dass sie sich zu einem einzigen Bild zusammenfügen lassen. Das hier gezeigte Bild der südlichen Milchstraße zwischen Carina und Schütze entstand aus fünf mit einem 50mm-Normalobjektiv aufgenommenen Einzelbildern. Zur Verdeutlichung der notwendigen Bilddeformationen sind die Ränder der Einzelaufnahmen farblich hervorgehoben.

➡

LINKS
Autopano pro
www.autopano.net

Lage im Bildfeld abhängige Kombination aus beiden Verzeichnungsarten ist auch möglich. Sie wird wellenförmige Verzeichnung genannt.

Die in Prozent angegebene Stärke der Verzeichnung sagt aus, wie viel das tatsächliche Bild vom ungestörten Bild abweicht. Dieser Wert steigt von der Bildmitte zum Bildrand mehr oder weniger gleichmäßig an. Positive Werte stehen für eine kissenförmige und negative Werte für eine tonnenförmige Verzeichnung. Verzeichnungsbeträge unter 3% werden vom Betrachter normalerweise nicht als störend empfunden.

Die Art der Verzeichnung ist hauptsächlich von der Lage der Blende innerhalb des optischen Systems abhängig. Zur Systemblende symmetrisch aufgebaute Objektive sind beispielsweise bei einer Makroabbildung im Maßstab 1:1 vollkommen verzerrungsfrei! Bei anderen Abbildungsverhältnissen kann die Verzeichnung zwar nicht komplett beseitigt werden, sie lässt sich jedoch durch ein entsprechendes Objektivdesign weitgehend unterdrücken. Bei festbrennweitigen Objektiven gelingt dies naturgemäß leichter als bei Zoomobjektiven.

Aufgrund ihrer stark asymmetrisch optischen Konstruktion sind Weitwinkelobjektive deutlich schwerer zu korrigieren als längere Brennweiten. Sie verzeichnen alle tonnenförmig, während im Telebereich die kissenförmige Verzeichnung vorherrscht.

Dies gilt auch für Zoomobjektive, bei denen die Verzeichnungskorrektur für den Hersteller generell sehr aufwändig ist und daher immer nur einen Kompromiss darstellt. Objektive, die in der Weitwinkelposition sehr stark verzeichnen, sind bei mittleren und langen Brennweiten oft deutlich verzeichnungsfreier. Bei Zoom-Objektiven mit einer guten Korrektur im Weitwinkelbereich leidet die Abbildung dagegen fast immer im langbrennweitigen Bereich. Doch damit nicht genug: Selbst in dem Brennweitenbereich, in dem die beiden Verzeichnungsarten in einander übergehen, sind Zoomobjektive nicht verzeichnungsfrei, sondern zeigen meist eine wellenförmige Verzeichnung.

Sowohl Art als auch Stärke der Verzeichnung können nicht durch Abblenden beeinflusst werden!

Die einzigen Objektive, bei denen eine starke Verzeichnung gewollt ist, sind Fischaugenobjektive. Alle Linien, die nicht durch die Bildmitte verlaufen, werden tonnenförmig gekrümmt wiedergegeben.

Bei Sternaufnahmen stört die Verzeichnung meist nur dann, wenn Panoramabilder erstellt oder die Position der fotografierten Himmelsobjekte vermessen werden soll. In beiden Fällen muss, um der lokalen Änderung des Abbildungsmaßstabes Rechnung zu tragen, ein entsprechend gebogenes Koordinatensystem zugrunde gelegt werden. Viele der angebotenen Astrometrieprogramme sind heute in der Lage, anhand von ausreichend vielen bekannten Objektpositionen ein solches Koordinatensystem selbst aus dem Bild abzuleiten. Software zur Panoramaerstellung arbeitet hier meist mit einem einfachen Mustervergleich.

Beugungseffekte

Beugungseffekte treten auf, wenn ein Lichtstrahl eine scharf abgegrenzte Kante passiert. Neben der Beugung an der Objektivfassung (bzw. der Spiegelkante), die bestimmend für das Auflösungsvermögen einer Optik ist, werden in der Astrofotografie die Auswirkungen zweier weiterer Beugungsquellen auf den Bildern sichtbar.

Bei Fotoobjektiven ist dies die Beugung an der Irisblende, mit der die auf den Chip fallende Lichtmenge reguliert wird. Eine solche Blende ist normalerweise aus fünf bis acht Segmenten, den sog. Lamellen, aufgebaut, die beim Schließen an Stelle einer kreisförmigen Öffnung ein regelmäßiges Vieleck bilden. Die an den Kanten dieses Vieleckes auftretende Beugung bewirkt mit kleiner werdender Blendenöffnung die Entstehung einer immer deutlicheren sternförmigen Beugungsfigur um helle Sterne.

ABBILDUNG 127

Weil Beugungseffekte immer symmetrisch zur Lichtquelle auftreten, bewirken Blenden mit einer geraden Anzahl von Lamellen genauso viele Strahlen wie Lamellen vorhanden sind weil die Beugungsbilder der jeweils gegenüberliegenden Lamellen genau aufeinander fallen. Blenden mit einer ungeraden Anzahl an Lamellen bewirken doppelt so viele Strahlen wie Lamellen vorhanden sind.

Bei vielen Spiegelteleskopen muss der Fangspiegel mehr oder weniger mittig im Strahlengang positioniert werden, weshalb er meist an dünnen Streben aufgehängt ist. Diese Fangspiegelhalterungen bewirken ebenfalls, dass das vorbei streifende Licht gebeugt wird. Die Zahl der Strahlen ist hierbei (analog zur Beugung an der Blende) von der Anzahl der verwendeten Haltestreben abhängig. Sind vier Streben unter einem Winkel von 90° zu einander angeordnet, erzeugt jede der vier Streben ein Beugungsmuster in Form eines »Strahls« quer durch den Stern, also auch gegenüber der Licht beugenden Strebe. Daraus folgt, dass eine solche Fangspiegelhalterung ex-

akt symmetrisch gebaut werden muss, weil sonst die Beugungsmuster nicht genau übereinander zu liegen kommen, mit der Folge, dass das Beugungsmuster unscharf erscheint. Sind drei Streben unter einem Winkel von 120° angeordnet, erzeugt das System ein Lichtkreuz mit insgesamt sechs Strahlen.

Sternförmige Beugungsmuster an einer Fangspiegelhalterung können durch gebogene Haltestreben (engl.: curved spider vanes) vermieden werden. An einer gebogenen Strebe tritt zwar auch Beugung auf, jedoch ist diese über einen Kreisabschnitt, dessen Öffnungswinkel dem Krümmungswinkel der Strebe entspricht, verteilt. Weit verbreitet sind z.B. 3er-Spinnen mit um jeweils 60° gebogenen Streben. Die Beugungsmuster der Einzelstreben gehen ineinander über, so dass eine Punktlichtquelle nur »unschärfer« erscheint. Da gebogene Haltestreben länger als gerade Haltestreben sind, erzeugen sie insgesamt eine stärkere Beugung als eine »konventionelle« Fangspiegelhalterung.

ABBILDUNG 128

Refraktoren und Spiegelsysteme mit kreisrunder Eintrittsöffnung ohne Fangspiegelstreben (z.B. Schmidt-Cassegrain-Teleskope) erzeugen ein kreisförmiges Sternscheibchen mit einer glockenkurvenförmigen Intensitätsverteilung.

Interne Reflexionen

Reflexionen können innerhalb einer Optik an den verschiedensten Stellen entstehen. Meist äußern sie sich bei hellen Lichtquellen in Form von symmetrisch zur optischen Achse auftretenden Geisterbildern. Eine andere Erscheinungs-

ABBILDUNG 127: Beugungseffekte, wie hier am Beispiel des Sterns Rigel im Sternbild Orion bei einem auf Blende 4,5 abgeblendeten 50mm-Objektiv, treten vor allem um hellere Sterne auf.

ABBILDUNG 128: Auch die Streben der Fangspiegelaufhängung (hier bei einem Newton-Teleskop) erzeugen eine strahlenförmige Beugungsfigur um helle Sterne.

ABBILDUNG 129

ABBILDUNG 129: Der Stern Wega in drei Aufnahmen mit dem Refraktor Pentax 75 SDHF (500mm Brennweite) und modifizierter Canon EOS 5D. Die linke Aufnahme zeigt Wega mit einem leichten blauen Farbsaum. Dieser normale Lichtsaum ist eine Bauart bedingt vorhandene Restchromasie, verstärkt durch Lichtstreuung in einer dunstigen Nacht. Setzt man einen Deckel auf das Objektiv, der zwei unter 90°-Winkel angeordnete Streben hat (Abbildung 130), so erhält die Wega aufgrund von Beugung zusätzlich ein Lichtkreuz (Mitte). Sind die Streben nicht glatt sondern wie z.B. bei einer Gewindestange mit einer regelmäßigen Oberflächenstruktur versehen (Abbildung 131), erhält man ein außergewöhnliches Beugungs- und Interferenzmuster (rechts).

ABBILDUNG 130: Diesen Objektivdeckel kann man sich leicht selbst basteln. Teleskop-Service Ransburg fertigt die nackten Metallfassungen mit eingelegtem Filz auf Kundenwunsch in jeder beliebigen Größe an. Es sind die gleichen Fassungen, in die auch die Sonnenfilterfolien eingeklebt werden. Im Baumarkt beschafft man sich sehr dünne Metallstangen oder -röhrchen, die mittels Heißkleber rechtwinklig fixiert werden.

ABBILDUNG 131: Ein Metallkreuz aus zwei M3-Gewindestangen (3mm Durchmesser) im Objektivdeckel kann zu unliebsamen Beugungs- und Interferenzmustern führen (Abbildung 129, rechts).

form interner Reflexionen ist ein genereller diffuser Schleier, der das Bild kontrastarm und die Farben flau erscheinen lässt. Im Gegensatz zu Geisterbildern kann die erzeugende Lichtquelle hierbei auch außerhalb des Bildfeldes liegen.

Die hauptsächliche Quelle für Reflexionen innerhalb einer Optik sind die Linsenoberflächen. Betroffen sind davon alle optischen Grenzflächen, also sowohl die Luft/Glas- bzw. Glas/Luft-Übergänge der verschiedenen Einzellinsen bzw. Linsengruppen als auch die Glas/Glas-Übergänge innerhalb einer verkitteten Linsengruppe. Durch das Aufbringen einer Vergütung auf die betreffenden Oberflächen können diese Reflexionen stark abgemindert werden. Während eine unvergütete Linsenoberfläche etwa 4% des einfallenden Lichtes reflektiert, kann dies je nach Art und Qualität der Vergütung auf 1% bis 0,1% reduziert werden.

Reflexionen entstehen aber auch an den Linsenfassungen, den Linsenrändern sowie an der Innenseite des Objektivtubus. Damit sie vermieden werden, bearbeitet man die betreffenden Oberflächen so, dass sie möglichst rau sind und versieht sie zusätzlich mit einem matten schwarzen Farbanstrich.

Interne Reflexionen von Fotoobjektiven lassen sich durch den Benutzer normalerweise nur schwer bis gar nicht beeinflussen. Lediglich der Einfluss von außerhalb des Bildfeldes stehenden hellen Lichtquellen lässt sich dadurch minimieren, dass eine Streulichtblende verwendet wird. Optimal geeignet sind Blenden in »Blütenkelchform«, die speziell auf das verwendete Objektiv zugeschnitten sind. Falls nicht bereits in der Grundausstattung des Objektivs enthalten, sind sie bei vielen Herstellern zumindest als Zubehör erhältlich. Neben ihrer eigentlichen Aufgabe erfüllt eine Streulichtblende in der Astrofotografie ansatzweise auch die Aufgabe einer Taukappe und wirkt so

ABBILDUNG 129

⟨⟩ Beugungsfiguren selbst erzeugen

Möchte man auf die sternförmigen Beugungserscheinungen aus ästhetischen Gründen nicht verzichten, kann man eine Art Objektivdeckel mit zwei rechtwinklig zueinander angeordneten Streben auf das Objektiv setzen und erhält ein scharfes Lichtkreuz. Dies kann man auch dazu nutzen, mit einer Sucherlupe an helleren Sternen sicherer scharfzustellen. Im Brennpunkt sticht das Lichtkreuz besonders scharf hervor.

Achten sollte man allerdings darauf, welche Streben man verwendet. Je rauer und dicker die Streben, desto mehr unerwünschte Lichtbeugung. Der Extremfall ist eine Strebe aus einer Gewindestange: Die regelmäßige Anordnung der Gewindeflanken führt zu Beugung und Interferenz, genau wie an einem flächigen Beugungsgitter: Viele kleine Spektren in erster und sogar in zweiter Ordnung werden sichtbar.

ABBILDUNG 130

ABBILDUNG 131

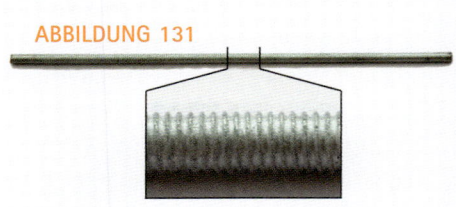

ABBILDUNG 132

ABBILDUNG 133

ABBILDUNG 132: Reflexionen innerhalb des Objektivs sind für die halbkreisförmig in einander geschachtelten türkisfarbenen Ausbrüche verantwortlich. Zusätzlich ist jeder helle Stern noch von einer 18-strahligen Beugungsfigur umgeben, die durch die neun Blendenlamellen erzeugt wird.

in feuchten Beobachtungsnächten dem Beschlagen der Frontlinse entgegen.

Die internen Reflexionen vieler Teleskope können verhältnismäßig einfach durch den Benutzer selbst reduziert werden. In der Praxis hat sich neben einem Anstrich des Tubusinneren mit einem Gemisch aus mattschwarzer Farbe und feinem Sand vor allem die Auskleidung des Tubus mit selbstklebender schwarzer Samt- oder Velourfolie bewährt. Bei der Lackierlösung ist allerdings darauf zu achten, dass die verwendete Farbe keine Lösungsmittel enthält, da diese beim Ausgasen die optischen Oberflächen beschädigen können.

Noch wirkungsvoller ist der nachträgliche Einbau von Streulichtblenden im Tubusinneren. An welchen Stellen und mit welchem Durchmesser diese benötigt werden, kann für die verschiedenen Teleskoptypen mit Hilfe spezieller Software sowohl zeichnerisch als auch rechnerisch herausgefunden werden.

Verspannung, Verkippung und Dekollimation

Alle bisher vorgestellten Bildfehler sind auf die physikalischen Eigenschaften einer Optik zurück zu führen und treten damit symmetrisch zur optischen Achse auf. Bildfehler, bei deren Auftreten eine solche Symmetrie nicht festzustellen ist, deuten meist auf eine verspannte oder dejustierte Optik hin.

Bei Spiegelteleskopen lassen sich die Verspannungen in der Regel mit einer Neukollimation des Gerätes durch den Benutzer selbst beheben. Dies gilt zumindest eingeschränkt auch für die einfach aufgebauten Objektive vieler achromatischer Linstenteleskope. Apochromatische Linsenteleskope und auch Kameraobjektive sind dagegen meist so komplex aufgebaut, dass eine Behebung nur durch einen professionellen Reperaturservice möglich ist. Gerade für preiswerte Fotoobjektive ist dies jedoch fast immer wirtschaftlich unrentabel.

Eine auch nur minimal schräg zur optischen Achse montierte Kamera liefert nur auf einer Linie, die durch den für die Fokussierung verwendeten Stern verläuft, ein scharfes Bild. Mit zunehmendem Abstand von dieser Linie steigt der Grad der Unschärfe linear an. Ursache ist meist eine verkantet zusammengesetzte Verbindung zwischen Teleskop und Kameraadapter oder Kameraadapter und Kamera. Sehr häufig ist auch der feine Ringschwalbenschwanz, der die beiden Hälften des T2-Adapters verbindet, verkippt montiert.

ABBILDUNG 133: Verzerrte Geisterbilder oder strahlenförmige Ausbrüche, deren Auftreten im Bildfeld keinerlei Symmetrie zur optischen Achse erkennen lässt, deuten fast immer auf eine verspannte oder dejustierte Optik hin.

ABBILDUNG 134: Bei der Adaptierung der Kamera an eine Aufnahmeoptik muss sehr genau auf die Einhaltung der optischen Achse geachtet werden. Trotz sorgfältiger Fokussierung auf den mittelhellen Stern rechts der Bildmitte erscheinen alle anderen Objekte auf diesem mit einer CCD-Kamera aufgenommenen Bild der Galaxie M 109 unscharf. Als Ursache hierfür stellte sich später ein nur leicht verkantet montierter Ringschwalbenschwanz heraus.

ABBILDUNG 134

Reinigung optischer Oberflächen

Alle optischen Oberflächen müssen von Zeit zu Zeit gereinigt werden. Auch bei größter Vorsicht im Umgang mit einem Objektiv werden sich früher oder später Staub und andere Verschmutzungen auf den Linsenoberflächen absetzen und so die Qualität der aufgenommenen Bilder beeinträchtigen.

In den meisten Fällen wird sich nur Staub auf den Linsenoberflächen angesammelt haben. Da dieser jedoch durch statische Aufladung oftmals sehr stark anhaftet, hilft es in der Regel wenig, Druckluft für die Reinigung zu verwenden. Der fest anhaftende Staub kann in solchen Fällen mittels eines mit 100%igem Isopropanol getränkten Linsenreinigungspapiers entfernt werden. Lassen sich die Verschmutzungen nicht direkt beim ersten Mal entfernen, muss die Prozedur wiederholt werden. Generell sollte man mit dem Papier dabei immer nur in dieselbe Richtung wischen und keinesfalls auf einer Stelle hin und her reiben. Alternativ kann statt Isopropanol auch Brennspiritus verwendet werden.

Während Staub nur eine oberflächliche Ablagerung ist, die dem Glas selbst keinen Schaden zufügt, sollten Fingerabdrücke sowie Öl- oder Wassertropfen nach Möglichkeit bald nach ihrem Entstehen entfernt werden. Vor allem durch die im Hautfett enthaltenen Säuren besteht die Gefahr, dass die auf dem Glas aufgebrachten Vergütungen angegriffen werden.

Eine Reinigung allein mit den oben genannten Lösungsmitteln hilft in einem solchen Fall jedoch nicht weiter, da die angelösten Substanzen bereits während des Wischvorgangs oftmals direkt wieder abgelagert werden und die Oberfläche somit nur noch großflächiger verschmutzt wird. Es empfiehlt sich daher, diese Ablagerungen mittels einer Seifenlösung aufzunehmen. Etwaige Seifenrückstände werden anschließend mit destilliertem Wasser entfernt. Die weitere Reinigung erfolgt dann wieder wie oben mit Isopropanol oder Brennspiritus.

Tabelle 27: Der im Text beschriebene Objektivtest für ausgewählte Objektive der EX-Serie der Firma Sigma. Die hier zum Einsatz gekommenen Optiken sollen keine spezielle Empfehlung darstellen. Es handelt sich vielmehr um Objektive aus dem eigenen Besitz bzw. dem Bekanntenkreis der Autoren.

Objektiv	f	f/2,8	f/4	f/5,6	f/8	f/11
Sigma 8mm F4 EX FISHEYE (#1001846)	8mm					
Sigma 14mm F2,8 EX ASP (#2001029)	14mm					
	28mm					
Sigma 28-70mm F2,8 EX ASPH (#1005939)	50mm					
	70mm					
Sigma 50mm F2,8 EX DG MAKRO (#1004041)	50mm					
Sigma 105mm F2,8 EX MAKRO (#3006169)	105mm					
Sigma 300mm F2,8 EX APO HSM (#2001016)	300mm					
Sigma 300mm F2,8 EX APO HSM (#2001021)	300mm					

MONTIERUNG

Fotostativ

Das Fotostativ ist die einfachste Art der Montierung. Die darauf befestigte Kamera kann in Azimut und Höhe frei positioniert werden. Es besteht jedoch keine Möglichkeit, die tägliche Himmelsdrehung auszugleichen, so dass nur Aufnahmen mit ruhender Kamera gemacht werden können.

Die preiswerteste Bauform des Fotostativs ist das Tisch- oder Ministativ. Es ist sehr klein und leicht. Aufgrund seiner geringen Tragfähigkeit kann es meist nur für Webcams oder kleine Digitalkameras verwendet werden.

ABBILDUNG 135

Aufgrund ihrer höheren Tragkraft sind Dreibeinstative universeller einsetzbar. Während preiswerte Varianten üblicherweise als eine zusammengehörige Einheit angeboten werden, kann man sich bei professionelleren Modellen die Kombination aus Stativbeinen und -kopf selbst zusammenstellen.

Mit steigender Brennweite und/oder Belichtungszeit steigt die Anfälligkeit für Schwingungen, wie sie z.B. durch Wind oder das Auslösen des Kameraverschlusses hervorge-

rufen werden. Bis zu einer Brennweite von ca. 135mm reichen kleine und leichte »Reisestative« völlig aus. Zu wenig Gewicht kann hier jedoch zur Folge haben, dass die Stativ/Kamera-Kombination bei etwas stärkerem Wind ins Schwanken gerät oder gar umfällt. Bei längeren Brennweiten sollte generell ein schweres Stativ verwendet werden. Hohes Gewicht alleine ist jedoch kein Garant für ein stabiles Fotostativ.

ABBILDUNG 136

Auf folgende Details sollte bei der Stativauswahl geachtet werden:

- **Steifigkeit:** Sie kann getestet werden, indem man versucht, das festgeklemmte Stativ zu verdrehen. Die Bewegung aller Bauteile untereinander sollte hierbei möglichst gering sein.
- **Stativbeine:** Über sie werden Höhe und Ausrichtung des Stativs relativ zum Boden eingestellt. Die für den Transport zusammenklappbaren Stativbeine können bei preiswerten Stativen nur in einem fest vorgegebenen Winkel abgespreizt werden. Teure Stativmodelle erlauben hier meist eine separate Einstellung in fest vorgegebenen Winkeln für jedes der Beine.

ABBILDUNG 135: Einige Tischstative können auch eine leichte Spiegelreflexkamera mit Weitwinkel- oder Normalobjektiv tragen.

ABBILDUNG 136: Eine Kamera auf stabilem Dreibeinstativ mit isolierten Stativbeinen und Dreiwegeneiger mit konventioneller Klemmung (siehe Abbildung 138).

Querschnittsprofil und Material der Stativbeine sind neben dem Gewicht auch für den Preis eines Stativs mitverantwortlich:

- **Metall:** Üblicherweise als Rohr- oder Hohlprofilkonstruktion aus Aluminium/Magnesium-Legierungen ausgeführt. In Abhängigkeit von der Tragfähigkeit werden verhältnismäßig große Materialstärken benötigt. Relativ preiswert.
- **Carbon:** Bei gleicher Stabilität deutlich leichter als Aluminium, dafür aber auch wesentlich teurer.
- **Holz:** Bei gleicher Tragfähigkeit meist etwas leichter als ein Metallstativ. Gut verarbeitete Holzstative sind preislich zwischen Metall- und Carbon-Stativen angesiedelt.

Je weniger Verstellglieder ein Stativbein hat, desto stabiler ist es. Damit auch bei wenigen Gliedern eine ausreichende Maximalhöhe des Stativs erreicht wird, erhöht sich zwangsläufig die Länge der Einzelglieder und damit auch die Größe des Stativs im zusammengefahrenen Zustand (Packmass).

Die Klemmungen zwischen den Gliedern sind die schwächsten Stellen des Stativs. Empfehlenswert sind folgende Bauvarianten:

- **Spannhebelklemmung:** Mit einer Hand zu betätigen. Klemmung bei beliebiger Auszugsweite möglich.
- **Schraubklemmung:** Etwas umständlicher in der Bedienung. Klemmung bei beliebiger Auszugsweite möglich. Belastbarkeit der Verbindung bei entsprechendem Andruck sehr hoch.

ABBILDUNG 137

Viele Stative besitzen eine ausziehbare Mittelsäule, durch die der Aufnah-

mestandpunkt weiter erhöht werden kann. Ein an der Mittelsäule befestigtes Gewicht kann dem Stativ zusätzliche Stabilität verleihen. Alternativ kann die Mittelsäule auch über einen Bodenhering am Boden verankert werden.

- **Stativkopf:** Der Stativkopf muss so ausgelegt sein, dass eine Kamera in allen drei Raumachsen bewegt und beliebig fixiert werden kann. Die Bewegung soll weich und ruckfrei erfolgen. Die Arretierung muss in jeder beliebigen Position möglich sein. Sollen mehrere Kameras mit demselben Stativ eingesetzt werden, ist eine Ausstattung des Stativkopfs mit einer Schnellwechselplatte hilfreich. Ausführungen mit Schwalbenschwanzklemmung bieten hier die beste Stabilität.

Es werden zwei prinzipielle Bauarten unterschieden:

- **Kugelkopf:** Das Kugelgelenk ermöglicht eine flexible vertikale und horizontale Ausrichtung sowie seitliche Verkippung der Kamera. Die Klemmung erfolgt mit nur einer Schraube. Ausschlaggebend für die Stabilität eines Kugelkopfes ist der Durchmesser der Gelenkkugel. Hochwertige Modelle verfügen meist über eine Friktionseinstellung.
- **Neigekopf:** Dreiwegeneiger lassen sich in drei Achsen unabhängig verstellen – die Kamera kann horizontal verschwenkt, nach oben und unten geneigt sowie seitlich verkippt werden. In manche Modelle ist eine Dosenlibelle integriert, die eine horizontale Ausrichtung des Stativs erleichtert. Weil immer nur eine Richtung gleichzeitig verändert werden kann, ist eine präzise Richtungseinstellung möglich. Eine Sonderform des Dreiwegeneigers ist der Getriebeneiger (Getriebe-Neigekopf). Hier erfolgt die Bedienung mit selbstarretierenden Stellschrauben, die in Schnecken-

TIPP

Werden Stativbeine aus Metall mit PE-Rohrisolierung ummantelt, können sie auch bei winterlichen Temperaturen ohne Hardschuhe angefasst werden ohne dass man Gefahr läuft, an ihnen festzufrieren.

ABBILDUNG 137: Die Belastbarkeit einer Spannhebelklemmung ist stark von ihrer Justage abhängig. Die Einstellung der Klemmkraft erfolgt meist über eine Mutter auf der Rückseite des Klemmhebels.

getriebe eingreifen. Dieser Typ ist besonders feinfühlig einstellbar, aber langsam in der Handhabung.

Eine vereinfachte Form des Dreiwegeneigers ist der Zweiwegeneiger. Hier fehlt die Kippmöglichkeit ins Hochformat.

Bei der Sternfeldfotografie haben Kugelköpfe gegenüber Dreiwegeneigern den Vorteil, dass »schräg zum Horizont« liegende Sternbilder einfacher in den Bildausschnitt eingepasst werden können.

- **Verbindung zwischen Kamera und Stativ:** Auf den Stativkopf geklebte Gummi- oder Korkauflagen sind deutlich rutschhemmender als blanke Kunststoff- oder Metalloberflächen.

ABBILDUNG 138: Die verschiedenen Stativkopfbauarten im Vergleich: Kugelkopf (links), Dreiwegeneiger mit konventioneller Klemmung (Mitte) und Getriebeneiger (rechts).

ABBILDUNG 138

LINKS
Stativhersteller

Cullmann
www.cullmann-foto.de

Manfotto
www.manfrotto.com

Gitzo
www.gitzo.com

Berlebach
www.berlebach.de

Soll mit Hilfe einer auf einem Fotostativ fest aufgestellten Kamera der Himmelsanblick so wiedergegeben werden, wie er auch mit dem bloßen Auge erscheint, darf die Belichtungszeit nur so lang gewählt werden, dass gerade noch keine sichtbaren Strichspuren entstehen. Dies wäre genau dann der Fall, wenn sich die Sterne aufgrund der scheinbaren Himmelsdrehung um mehr als ihren Abbildungsdurchmesser auf der Sensoroberfläche weiterbewegen würden. Die maximal erlaubte Belichtungszeit ist deshalb vom Streuscheibchendurchmesser des verwendeten Objektivs abhängig.

Zur Ermittlung der maximalen Belichtungszeit wird daher zunächst einmal der Winkel den das Streuscheibchen z eines Sterns (vgl. Kapitel »Streukreis«) am Himmel abdeckt benötigt. Kennt man diesen Wert, die Winkelauflösung γ, kann berechnet werden, wie lange ein Stern benötigt, um sich um diesen Winkelbetrag aufgrund der Erddrehung weiterzubewegen.

Werden z in μm, f in mm angegeben, berechnet sich γ in Bogensekunden ["]:

$$\gamma \approx \frac{206 \cdot z}{f} \qquad \text{Formel 32}$$

Tabelle 28: Die Winkelauflösung der Streuscheibchen verschiedener Objektive, die für APS-C- bzw. vollformatige Sensoren berechnet wurden. Viele der speziell für das APS-C-Format berechneten Objektive können auch mit Vollformat-Kameras verwendet werden!

Objektiv-brennweite	Winkelauflösung γ	
f	APS-C-Objektiv	Vollformat-Objektiv
	z=22μm	z=33μm
16mm	4' 43"	7' 5"
24mm	3' 9"	4' 43"
28mm	2' 42"	4' 3"
35mm	2' 9"	3' 14"
50mm	1' 31"	2' 16"
100mm	45"	1' 08"
135mm	34"	50"
200mm	23"	34"
300mm	15"	23"

Wenn die Größe des Streuscheibchens am Himmel bekannt ist, kann die Zeit berechnet werden, in der sich die Erde um genau diesen Winkelbetrag weitergedreht hat. Da sich die Erde siderisch (in Bezug auf den Sternenhimmel) in 23h 56min 4,3s (86164,3s) einmal um ihre Achse (360°=1296000") dreht folgt hieraus, dass sich die Sterne in 0,07s um 1" weiterbewegen. Setzt man dies mit der berechneten Auflösung γ in ["] in Bezug, ergibt sich für die maximale Belichtungsdauer t_{max} in Sekunden:

$$t_{max} = \gamma \cdot 0,07s \qquad \text{Formel 33}$$

Diese so berechnete maximale Belichtungszeit gilt streng genommen nur für Objekte, die exakt auf dem Himmelsäquator stehen. Je näher sich das aufgenommene Bildfeld zum Himmelspol befindet, desto länger kann belichtet werden, da die von den

Objekten am Himmel beschriebenen Kreisbögen einen immer kleineren Durchmesser haben. In Formel 34 wird dies noch durch den zusätzlichen Faktor 1/cos δ berücksichtigt, wobei δ die Deklination (eine der beiden Himmelskoordinaten) in ° ist:

$$t_{max} = \frac{\gamma \cdot 0{,}07s}{\cos\delta}$$
Formel 34

Tabelle 29: Maximale Belichtungszeit für punktförmige Sterne. Die Werte wurden für Aufnahmen mit Objektiven für das APS-C-Format (z=22μm) bzw. Vollformat (z=33μm) bei einer mittleren Deklination von 45° berechnet.

Objektiv-Brennweite	max. Belichtungszeit	
	APS-C-Objektiv	Vollformat-Objektiv
16mm	28s	42s
24mm	19s	28s
28mm	16s	24s
35mm	13s	19s
50mm	9s	13s
100mm	4s	7s
135mm	3s	5s
200mm	2s	3s
300mm	1s	2s

Benutzt man noch längere Brennweiten als die in der Tabelle angegebenen (z.B.: 1000mm), so lassen sich auch noch die größten Mondkrater und – bei starker Filterung – größere Sonnenfleckengruppen fotografieren. Bei solch langen Brennweiten muss aber darauf geachtet werden, dass die Belichtungszeiten 0,3s (bei 1000mm) nicht überschreiten, da sonst auch Sonne ($d_{max}=\pm 23{,}5°$) und Mond ($d_{max}=\pm 28{,}5°$) durch die Erddrehung zu stark verwischt werden.

Besonders bei kurzzeitig sichtbaren bzw. helleren astronomischen bzw. atmosphärischen Phänomenen wie z.B. Sonnen- bzw. Mondauf- und -untergänge, Polarlichterscheinungen, Sternschnuppen, dem Zodiakallicht, Haloerscheinungen oder auch nur einfachen Bildern des meist farbenprächtigen Dämmerungshimmels wird man als Fotograf auf ein feststehendes Stativ zurückgreifen. Man kann zwar nicht ganz so lange belichten wie man will (es sei denn, man nimmt sichtbare Sternspuren in Kauf), dafür ist man aber sofort einsatzbereit.

Parallaktische Reisemontierung

Mit Hilfe der Strichspurfotografie sind bereits zahlreiche interessante Himmelsobjekte zugänglich. Sollen jedoch lichtschwächere Objekte aufgenommen werden, sind deutlich längere Belichtungszeiten erforderlich. Damit die Sterne trotz der Erddrehung auf dem Bild noch punktförmig abgebildet werden, muss die Kamera ihrer scheinbaren Bewegung mitgeführt werden.

Ein normales Fotostativ reicht zur Nachführung eines Astrofotos nicht aus. Seine Verstellmöglichkeiten sind üblicherweise nicht fein genug, um eine Nachführgenauigkeit in Größenordnung des Sternscheibchendurchmessers zu gewährleisten. Eine preiswerte Nachführeinrichtung, die auch ohne großes bastlerisches Geschick leicht im Eigenbau hergestellt werden kann, wurde erstmals von dem Schotten George Y. Haig beschrieben. Die unter den Namen Scharnier-, Holzklappenmontierung oder »Astrofrust« (engl. »Haig-«, »Scotch-« oder »Barndoor-Mount«) bekannte Konstruktion besteht im einfachsten Fall aus zwei über ein Scharnier verbundene Holzplatten, die mittels einer Schraube auseinander gedrückt werden. Auf einem Fotostativ befestigt, wird die Scharnierachse auf den vom Beobachtungsort sichtbaren Himmelspol ausgerichtet. Die auf dem beweglichen Brett mittels Kugelkopf angebrachte Kamera folgt dann bei kontinuierlichem und gleichförmigem Drehen der Schraube der Himmelsdrehung. Der Abstand zwischen Schraube und Scharnier wird dabei in Abhängigkeit von der Gewindesteigung der Schraube so gewählt, dass genau eine Schraubenumdrehung pro Minute zum Er-

TIPP

Um eine Serie von Einzelbildern zu einer ästhetischen Strichspuraufnahme zu stacken sollten diese gleich lang und mit konstantem Intervall zwischen den Aufnahmen belichtet sein.

LINKS
Startrails
A. Schaller
www.startrails.de/html/softwared.html

⟨⟩ Strichspurfotografie

Die Kamera wird auf einem ausreichend stabilen Fotostativ befestigt. Je nach Kameramodell beträgt die intern gesteuerte Belichtungszeit maximal 30s. Für längere Belichtungszeiten wird ein Fernauslöser benötigt. Die Kamera muss über eine manuelle Blenden- und Verschlusszeitensteuerung verfügen. Eine »B«-Einstellung für eine beliebig lange Belichtungszeit wäre sinnvoll. Verfügt die Kamera über Wechselobjektive und/oder ein Zoom-Objektiv, wird für die ersten Aufnahmeversuche am besten eine Brennweite um die Normalbrennweite des verwendeten Detektorformates ausgewählt. Also 50mm für das Vollformat (KB-Format) und 30mm für das APS-C Format. Die Blende öffnet man (kleiner Blendenwert!) so groß wie möglich. Das Objektiv wird auf »Unendlich« (∞) fokussiert. Sinnvoll ist es, den Autofokus vor Beginn der Aufnahme abzuschalten. Die Sensorempfindlichkeit wird auf ISO 200 bis 800 eingestellt. Mit Hilfe des Stativs wird die so vorbereitete Kamera nun auf den Himmel ausgerichtet. Als interessante Aufnahmeobjekte bieten sich hierbei z.B. markante Sternbildfiguren.

In direkter Folge werden nun mehrere Aufnahmen mit steigender Belichtungszeit angefertigt. Die einzelnen Zeiten werden dabei so gewählt, dass sie sich jeweils in etwa verdoppeln. Eine mögliche Abfolge wäre also z.B.: 1s, 2s, 4s, 8s, 15s, 30s, 1min, 2min, 4min, 8min und eventuell auch noch 15min. Direkt im Anschluss wird die gleiche Belichtungszeitenreihe noch einmal mit zwei anderen Blendenwerteinstellungen wiederholt. Wer möchte, kann diesen Versuch jetzt noch einmal mit einer höheren oder niedrigeren Empfindlichkeitseinstellung wiederholen. Interessant ist auch eine Wiederholung des Experiments mit einer anderen Objektivbrennweite.

Beim Vergleich der fertigen Bilder wird man folgendes feststellen:

- Je länger die Belichtungszeit wird, desto mehr werden die Sterne zu Strichen auseinander gezogen. Dieser Effekt wird durch die Erddrehung verursacht. Bei langen Brennweiten (Teleobjektive) tritt dies bei kürzeren Belichtungszeiten ein als bei Weitwinkelobjektiven (kurze Brennweite).

- Für die kurzen Belichtungszeiten, bei denen die Sterne noch exakt punktförmig erscheinen, gilt: Je größer die Objektivöffnung (kleine Blendenzahl!) war, desto mehr Sterne erkennt man bei gleichlanger Belichtungszeit. Sobald die Belichtungszeit erreicht ist, bei der die Sterne strichförmig erscheinen, bringt eine weitere Verlängerung der Belichtung keinen Gewinn bei der erreichbaren schwächsten Sternhelligkeit.

- Ab einer bestimmten Belichtungszeit (abhängig von der eingestellten Blende) wird der Himmelshintergrund auf den Fotos so hell, dass schwache Sterne von ihm überstrahlt werden. Wann dies geschieht, hängt von der herrschenden Umgebungshelligkeit ab! In der Stadt, mit vielen Straßenlaternen und anderen künstlichen Lichtquellen, wird es früher sein, als auf dem Land oder gar im Gebirge. Auch der Mond kann für eine starke Aufhellung des Himmels sorgen – man sollte also, will man einen möglichst dunklen Hintergrund auf den Bildern haben, nur dann fotografieren, wenn der Erdtrabant nicht am Himmel steht. Auf der anderen Seite kann der Mond mit seinem Licht jedoch auch für eine effektvolle Aufhellung der umgebenden Landschaft sorgen.

Das linke Bild entstand mit einer Canon EOS 5D (mod.) und einem auf 28mm eingestellten 28-300mm Zoom-Objektiv. Die Belichtungszeit betrug 30s bei ISO 400 und Blende 5. Das rechte Bild entstand zeitgleich mit einer Canon EOS 5D (mod.) und einem ebenfalls auf 28mm eingestellten 28-200mm Zoom-Objektiv. Hier betrug die Be-

lichtungszeit 300s bei ISO 400 und Blende 5. Von beiden Aufnahmen wurde nachträglich ein separat aufgenommenes Dunkelbild mit jeweils passender Belichtungszeit subtrahiert.

ABBILDUNG 139

ABBILDUNG 140

ABBILDUNG 139: Sommermilchstraße mit Jupiter über Bäumen bei Mondlicht. Mit zunehmender Belichtungszeit nimmt die Helligkeit des Himmelshintergrundes zu und alle Himmelsobjekte werden zu immer längeren Strichen auseinander gezogen. Während die Zahl der abgebildeten Sterne hierbei jedoch nur so lange ansteigt, wie diese noch punktförmig erscheinen, treten flächige Objekte wie z.B. die Milchstraßenwolken mit länger werdender Belichtungszeit deutlicher in Erscheinung.

ABBILDUNG 140: Die Überlagerungen von 94 Aufnahmen à 30s (links) bzw. 11 Aufnahmen à 300s (rechts) mit dem Programm Startails. Die technischen Daten der Einzelbilder entsprechen denen der Bilder aus Abbildung 139.

Während bei den Kurzbelichtungen die Sterne dominieren, kommen bei den langbelichteten Einzelbildern die Milchstraßenwolken besser zur Geltung. Dass dies so ist, scheint eine Eigenart der programminternen Bildbearbeitung von Startrails zu sein. – Bei normaler Addition der jeweiligen Einzelbilder sollten beide Resultate eigentlich, bis auf das bei den Kurzbelichtungen stärkere auftretende Rauschen, identisch aussehen!

ABBILDUNG 141: Der prinzipielle Aufbau einer Scharnier-Montierung. Das untere Brett wird über die Gewindebuchse auf einem normalen Fotostativ befestigt. Wird die ganze Konstruktion so ausgerichtet, dass das Scharnier auf den Himmelspol zeigt, kann durch gleichmäßiges Drehen der Schraube die Erddrehung kompensiert werden. Zur leichteren Ausrichtung kann eine Peilvorrichtung oder ein kleines Sucherfernrohr an einem der Bretter angebracht werden.

ABBILDUNG 142: Das Sternbild Orion, aufgenommen mit nicht kontrollierter Nachführung. Obwohl durch Abblenden deutlich bessere Sternabbildungen hätten erzielt werden können, wurde zu Gunsten einer kurzen Belichtungszeit mit voll geöffneter Blende fotografiert. Aufnahmedaten: 28mm/2,8 bei Blende 2,8; t=15min; Fujichrome 400; Ort: Günne am Möhnesee.

LINKS

Einige kommerziell angebotene Reisemontierungen

PURUS Uhrwerksnachführung
A. Bender
www.berg.heim.at/almwiesen/410900/purus.htm

Die Vixen-Mini-Reisemontierung SP
D. Guthermuth
Sterne und Weltraum, Heft 12/87
(26) S.706–707

AstroTrac
Baader Planetarium
www.baader-planetarium.de

reichen der korrekten Nachführgeschwindigkeit benötigt wird. Als Anhaltspunkt beim manuellen Drehen dient dann der Sekundenzeiger einer Armbanduhr.

ABBILDUNG 141

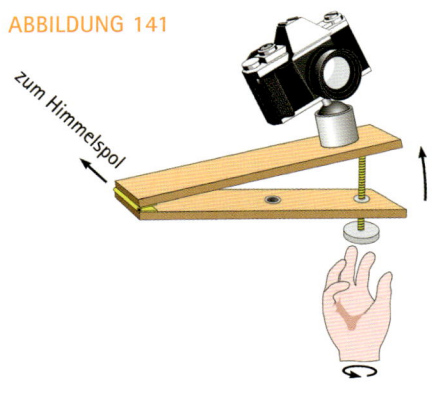

Konstruktionsbedingt tritt bei der klassischen Scharnier-Montierung bereits nach wenigen Minuten ein starker Nachführfehler auf. Ursache hierfür ist die tangential auf den Montierungsarm wirkende Antriebsschraube. Zum Einhalten der korrekten Geschwindigkeit müsste ihre Umdrehungsgeschwindigkeit mit zunehmendem Öffnungswinkel der Montierung kontinuierlich gesteigert werden. Je nach persönlicher Konzentrationsfähigkeit gelingen mit einer manuell betriebenen Barndoor-Scharnier-Montierung trotzdem auch bei Brennweiten von bis zu 135mm noch punktförmig nachgeführte Aufnahmen mit 15 Minuten Belichtungszeit.

Eine deutlich höhere Nachführgenauigkeit trotz gleich bleibender Umdrehungszahl kann durch das gezielte Verkippen der Antriebsschraube in Richtung Schar-

nier erreicht werden. Die Belichtungszeit kann auf diese Weise etwa verdreifacht werden. Soll noch länger belichtet werden, muss die Montierung zu einer zweiarmigen Scharnier-Montierung modifiziert werden. Gegenüber einer klassischen Scharnier-Montierung verlängert sich die mögliche Nachführzeit je nach Bauart der Montierung deutlich. Vor allem bei Brennweiten über 135mm ist eine Steigerung um den Faktor fünf bis zehn möglich. Für solch lange Belichtungszeiten (oder einfach nur aus Gründen der Bequemlichkeit) kann eine Scharnier-Montierung auch motorisiert werden.

Für den, der nicht selber basteln will, wurden in den letzten Jahren von verschiedenen Herstellern immer wieder (Kleinst-) Montierungen für die Fotografie mit kurzen Brennweiten angeboten. Während die aus den 70er-Jahren stammende »Uhrwerksmontierung« der Firma Purus maximal eine Kleinbildkamera mit leichtem Teleobjektiv ungeregelt nachführen konnte, erlaubte die aus den 90er-Jahren stammende »Mini-Reisemontierung SP« von Vixen bei minimal größerer Tragkraft sogar eine geregelte Nachführung mittels Schrittmotor. Die ebenfalls von Vixen hergestellte »GP-Reisemontierung« (aktuell unter dem Namen »Photo Guider GP« im Handel) ist sogar stabil genug, um neben einer Kamera mit einem Objektiv von max. 200mm Brennweite auch noch ein kleines Teleskop zur Nachführkontrolle aufnehmen zu können.

ABBILDUNG 142

»AstroTrac« ist eine transportable Nachführeinrichtung an, die auf jedes stabile Fotostativ aufgesetzt werden kann. Ein Tangentialarm bewegt die Kamera mit siderischer Geschwindigkeit. Mit einem optionalen Polsucher kann die Montierung exakt auf den Himmelspol ausgerichtet werden. Diese kompakte und elegante Reisemontierung ist allerdings nicht ganz billig.

Piggyback-Halterung

Allen bisher vorgestellten Montierungen ist gemeinsam, dass sie lediglich über eine angetriebene Achse zum Ausgleich der Erdrotation verfügen. Nachführfehler in der zweiten Achse, wie sie z.B. bei ungenauer Ausrichtung auf den Himmelspol entstehen, können mit ihnen nicht ausgeglichen werden. Obwohl gelegentlich auch entsprechend modifizierte Scharnier-Montierungen zu finden sind, verfügen meist nur die größeren Teleskopmontierungen über entsprechende Verstellmöglichkeiten. Sollen daher lang belichtete und/oder Aufnahmen mit deutlich längerer Objektivbrennweite gemacht werden, wird ein Teleskop mit einer entsprechend stabilen Montierung benötigt.

Für Übersichtsaufnahmen reicht es dabei aus, die Kamera samt Objektiv huckepack (engl. »Piggyback«) am Teleskop zu befestigen. Welcher Teleskoptyp hierbei verwendet wird ist prinzipiell egal. Wichtig ist nur, dass sich die Kamera während der Aufnahme nicht mehr von alleine oder durch äußere Einflüsse, wie z.B. leichte Windböen, gegenüber dem Teleskop verschieben kann.

Zu diesem Zweck bieten fast alle Teleskophersteller spezielle Zubehörteile an. Das Angebot reicht von Rohrschellen mit Fotoaufsatzplatte (z.B. von Vixen) über starre Metallwinkel (u.a. bei Celestron und Meade) bis hin zu Klemmen (z.B. von Vixen), die an der Gegengewichtsachse einer deutschen Montierung befestigt werden können. Damit die Kamera nicht nur parallel zum Teleskop eingestellt werden kann, ist die Verwendung eines zusätzlichen stabilen Kugelkopfes aus dem Fotozubehör zwischen Kamera und Halterung sinnvoll.

Wer über bastlerisches Geschick verfügt, kann sich eine einfache Aufsatzmöglichkeit auch leicht selbst bauen. Gut bewährt haben sich hierfür z.B. Blitzlichtschienen aus dem Fotozubehör. Sie bieten zwar nicht die Stabilität, die die oben genannten Befestigungsmöglichkeiten besitzen, reichen aber für Bilder

LINKS

A Better Barn Door
S. Tonkin
www.astunit.com/tonkinsastro/atm/
projects/scotch.htm

ABBILDUNG 143: Es gibt viele verschiedene Wege, eine Kamera für die nachgeführte Fotografie an einem Teleskop zu befestigen: Auf dem linken oberen Bild wurde die mit einem schweren Teleobjektiv bestückte Kamera zusammen mit dem Teleskop auf einer gemeinsamen Plattform montiert. Eine zweite Kamera mit kürzerer Brennweite klemmt an der Gegengewichtsachse der deutschen Montierung. Am rechts oben abgebildeten 10cm-Refraktor wird dagegen eine im Zubehörhandel erhältliche sog. »Foto-Rohrschelle« verwendet. Diese sehr stabile Montagemethode ist jedoch leider auch eine der teuersten, da solche Rohrschellen (je nach Teleskopdurchmesser) meist weit über 50 Euro kosten. Viele auf dem Cassegrain-Typ basierenden Teleskop verfügen über eine in die Hauptspiegelzelle integrierte Piggyback-Halterung (links unten). Ein auf der Piggyback-Halterung befestigter Kugelkopf ermöglicht eine freie Verstellung der optischen Achsen von Teleskop und Kamera zueinander (unten rechts).

ABBILDUNG 143

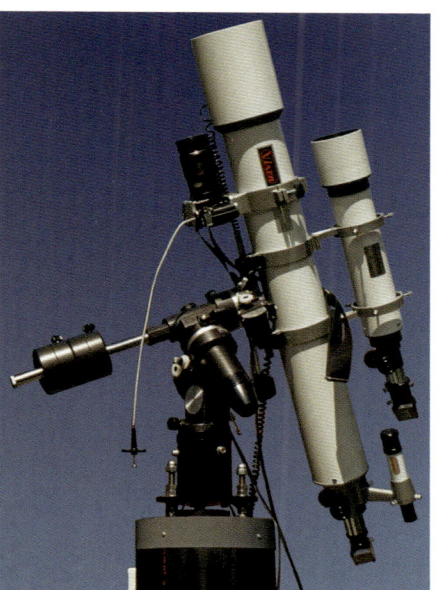

ABBILDUNG 144: Mit zunehmender Brennweite steigt bei vielen der kleineren Amateurmontierungen die Gefahr von Nachführfehlern stark an. Ab einer Brennweite von 135mm sollte der Antrieb daher auf jeden Fall mittels Fadenkreuzokular kontrolliert werden. Die Aufnahme zeigt die Nebel in der Region um den Stern γ Cygni. Aufnahmedaten: 300mm/2,8 bei Blende 5,6; 4 × 600s; ISO 800; Kamera: Canon EOS 350D mit Baader ACF-Filter; Ort: ca. 40km nordöstlich von Malaga/Spanien.

ABBILDUNG 145: Der prinzipielle Aufbau einer azimutalen Montierung (links) und einer parallaktischen Montierung (rechts).

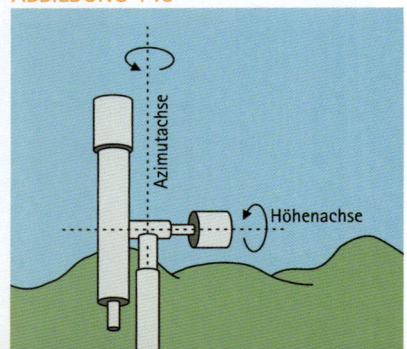

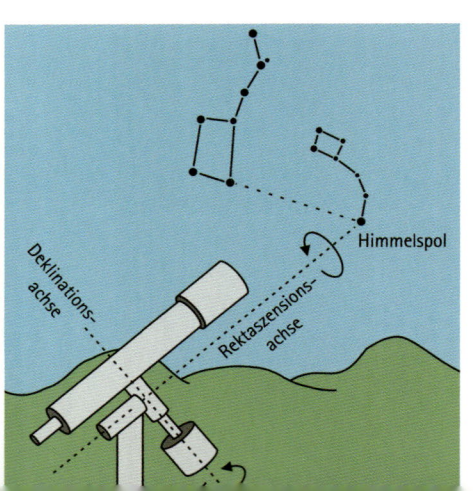

mit Weitwinkel- und Normalobjektiv aus. Die maximal mögliche Belichtungszeit einer nachgeführten Astroaufnahme wird von sehr vielen verschiedenen Faktoren beeinflusst. Neben Brennweite, Sensorempfindlichkeit und dem eingestellten Blendenwert spielen auch die lokalen Gegebenheiten des Beobachtungsortes eine wichtige Rolle. Man wird daher nicht um das Anfertigen einer Aufnahmeserie mit verschieden langen Belichtungszeiten herum kommen.

Teleskopmontierungen

Ein Blick auf die mit stehender Kamera aufgenommenen Astrofotos zeigt bei genauerer Betrachtung, dass im Zentrum der bei langen Belichtungszeiten aufgrund der Erdrotation entstehenden kreisförmigen Sternspuren der jeweils sichtbare Himmelspol steht. Dieser wird bei uns auf der Nordhalbkugel der Erde derzeit in etwa durch den Polarstern markiert.

Würde das Teleskop zusammen mit der Kamera einfach nur auf einem Fotostativ aufgestellt werden, so müsste es ständig in zwei Richtungen bewegt werden, um einen einmal eingestellten Stern zu verfolgen: Sowohl in der Horizontalen (dem Azimut) als auch in der Vertikalen (der Höhe über dem Horizont). Eine solche Aufstellungsart für ein Teleskop wird daher auch als »azimutal montiert« bezeichnet.

Wird eine der beiden Montierungs-Achsen derart verkippt, dass sie genau auf den Himmelspol zeigt, so benötigt man nur noch eine Drehung pro Tag um diese Achse, um der scheinbaren Sternbewegung direkt zu folgen. Eine solche Teleskopaufstellung wird »parallaktisch montiert« genannt.

Azimutale Montierungen
Gabelmontierung

Bei der azimutalen Gabelmontierung ist das teleskopseitige Ende der Azimutachse in Form zweier Gabelarme ausgebildet, zwischen die das Teleskop montiert wird. Der maximal mögliche Instrumentendurchmesser wird bei diesem Montierungstyp durch die lichte Weite der beiden Gabelarme vorgegeben, weshalb Gabelmontierungen üblicherweise speziell für das aufzustellende Gerät konstruiert werden. Der alternative Einsatz verschiedener Instrumente mit einer Montierung ist nicht möglich, weshalb zweiarmige azimutale Gabelmontierungen nicht einzeln, also ohne zugehörige Optik, angeboten werden. Die heute teilweise anzutreffenden einarmigen azimutalen Gabelmontierungen sind in dieser Beziehung zwar etwas flexibler, aufgrund der einseitigen Belastung des Gabelarms eignen sie sich jedoch nur für kleine und leichte Instrumente.

ABBILDUNG 146

ABBILDUNG 147

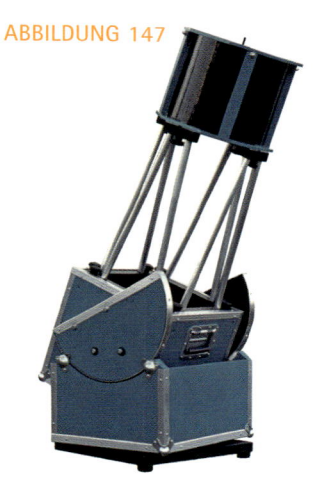

ABBILDUNG 146: Die azimutale Gabelmontierung findet sich meist bei den auf dem Cassegrain-Prinzip basierenden computergesteuerten Geräten der großen amerikanischen Teleskophersteller.

ABBILDUNG 147: Die Dobson-Montierung ist besonders bei großen, visuell genutzten Spiegelteleskopen beliebt, da sie im Vergleich zu allen anderen Montierungsarten bei gleicher Stabilität besonders leicht und kompakt konstruiert werden kann.

Man unterscheidet zwischen azimutalen Gabelmontierungen mit abgewinkelten und solchen mit geraden Gabelarmen. Die Variante mit abgewinkelten Gabelarmen ist aufgrund des außerhalb der Azimutachse liegenden Schwerpunktes statisch nicht optimal, weshalb sie nur bei relativ kleinen Einsteigerteleskopen zum Einsatz kommt. Azimutale Gabelmontierungen mit geraden Gabelarmen weisen eine deutlich bessere Stabilität auf. Weil die Schwingungsanfälligkeit der Montierung mit der Länge der Gabelarme zunimmt, kommen sie vor allem bei kurz gebauten Teleskopen zum Einsatz.

Gabelmontierungen besitzen für Teleskope, bei denen der Einblick am hinteren Tubusende erfolgt, einen generellen Nachteil: Zwischen Gabelboden und Okularauszug ist je nach verwendetem Zubehör nicht immer ausreichend viel Platz vorhanden um das Teleskop »durchzuschlagen«. Weil dieses Problem bei azimutaler Aufstellung jedoch nur in der Nähe des Zenits auftritt, stellt es in der Praxis keinen wirklichen Nachteil dar.

Dobson-Montierung

Die Dobson-Montierung wurde in den 80er Jahren in den USA von dem amerikanischen Mönch und Amateurastronomen John Dobson entwickelt. Mit dem Ziel ein leicht transportables und schnell einsatzbereites Teleskop für die visuelle Beobachtung zu entwickeln, konstruierte Dobson eine Montierung die, nur durch ihre eigene Gewichtskraft gehalten, einfach zusammengesteckt werden kann.

Der mit zwei seitlichen Laufrädern versehene Teleskoptubus sitzt rittlings auf einer Kiste, der sog. »Rockerbox«, welche wiederum auf einer drehbaren Basisplatte direkt auf dem Boden steht.

Durch die Verwendung preiswerter Baumaterialien wie z.B. Sperrholz für die Rockerbox oder Teflongleitlagern anstelle von Kugellagern, können dank der Dobson-Montierung auch große Teleskopöffnungen verhältnismäßig preiswert realisiert werden. Bei richtiger Abstimmung der Friktionslager sind Haft- und Gleitreibung nahezu identisch. Das Teleskop lässt sich so auch bei hohen Vergrößerungen sehr leicht mit nur einem Finger verfahren. Motorische Antriebe sind bei Dobson-Montierungen nicht üblich.

Weil eine Dobson-Montierung im Gegensatz zu allen anderen Montierungstypen über keinerlei Klemmmöglichkeiten für die Achsen verfügt, reagiert sie äußerst sensibel auf das Anbringen schwererer Zuberhörteile wie beispielsweise Kameras oder schwere Okulare. Gegebenenfalls müssen hier Ausgleichsgewichte verwendet werden.

Mit einer Dobson-Montierung werden üblicherweise Spiegelteleskope nach Newton aufgestellt. Da bei ihnen der Einblick immer am oberen Tubusende erfolgt, kann die Montierung somit sehr niedrig und damit noch leichter und kompakter gehalten werden.

Eine Dobson-Montierung ist immer genau auf das Teleskop zugeschnitten, das in ihr aufgestellt werden soll. Montierungen ohne Teleskop sind daher im Handel nicht erhältlich.

Vor- und Nachteile der azimutalen Montierung

Azimutale Montierungen können bei hoher mechanischer Stabilität sehr einfach hergestellt werden – genau das richtige für ein preiswertes Einsteigerteleskop. Verglichen mit einer parallaktischen Montierung sind sie sowohl kompakt als auch verhältnismäßig leichtgewichtig. Weil zudem das genaue Aufstellen in Richtung auf den Himmelspol entfällt, kann eine azimutale Montierung im Fall eines transportablen Gerätes relativ schnell und unkompliziert aufgebaut werden.

Der hauptsächliche Nachteil einer azimutalen Montierung ist, dass ein einmal eingestelltes Himmelsobjekt aufgrund seiner Kreisbogenbewegung über den Himmel nur durch Verstellung beider Montierungsachsen verfolgt werden kann. Weil die hierfür benötigten Verstellgeschwindigkeiten in Abhängigkeit von der Position des Objektes am Himmel sowohl in ihrem Betrag als auch in ihrer Richtung variieren, wurden azimutal aufgestellte Teleskope früher üblicherweise manuell durch den Beobachter bewegt.

Heute bieten verschiedene Teleskophersteller für azimutal aufgestellte Teleskope Computersysteme an, die nicht nur der Bewegung der Sterne automatisch nachfolgen, sondern zudem auch jedes beliebige Objekt auf Tastendruck im Teleskop einstellen.

Weil die Ausrichtung des Bildfeldes der Kamera relativ zum Horizont immer gleich bleibt, werden alle Sterne zu kleinen Kreisbögen um den Nachführstern auseinander gezogen. Dies liegt daran, dass sich die Sterne bei ihrer täglichen Bewegung ebenfalls auf Kreisbögen über den Himmel bewegen. Selbst auf sorgfältigst mit einer azimutalen Montierung nachgeführten Aufnahmen sorgt die Bildfelddrehung deshalb bei längeren Belichtungszeiten für Fehler.

Die Geschwindigkeit ω der Bildfelddrehung kann berechnet werden:

$$\omega = 15 \cdot \frac{\cos(\varphi) \cdot \cos(A)}{\cos(H)} \qquad \text{Formel 35}$$

Hierbei entspricht φ der geographischen Breite des Beobachtungsortes, A dem über Nord gemessenen Azimut und H der Horizonthöhe des beobachteten Objektes. ω ergibt sich in °/h.

Aus der Gleichung folgt, dass die Bildfelddrehung in der Südhälfte des Himmels im Uhrzeigersinn (φ<0°) und in der Nordhälfte des Himmels gegen den Uhrzeigersinn (φ>0°) erfolgt. Bei der Beobachtung von genau auf der Ost-West-Linie stehenden Objekten tritt keine Bildfelddrehung auf. Der für unsere späteren Betrachtungen wichtige Betrag der Bildfelddrehung ist am größten, wenn das beobachtete Objekt genau im Süden (A=180°) oder im Norden (A=0°) steht. In diesem Fall ist zudem auch

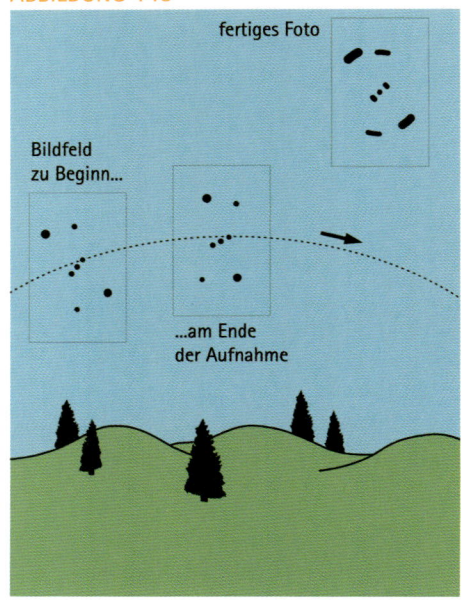

ABBILDUNG 148: Die Entstehung der Bildfelddrehung bei einer azimutalen Montierung anhand des Wintersternbildes Orion. Da die Kamera während der Belichtung zwar den Sternen (hier auf den mittleren Gürtelstern) nachgeführt wurde, ihre Lage relativ zum Horizont jedoch nicht verändert hat, werden alle anderen Sterne zu kleinen Kreisbögen um den Nachführstern auseinander gezogen. Der Drehwinkel ist neben der Belichtungszeit auch von der Lage des Objekts zum Horizont abhängig.

ABBILDUNG 148

fertiges Foto

Bildfeld zu Beginn...

...am Ende der Aufnahme

ABBILDUNG 149: Der Betrag der Bildfelddrehung in Abhängigkeit von Azimut und Höhe für einen Beobachtungsort mit φ=51,5° nördlicher Breite. Es fällt auf, dass die Bildfelddrehung ihren größten Wert dann annimmt, wenn die Objekte ihre beste Beobachtungsposition in der Nähe des Meridians erreichen.

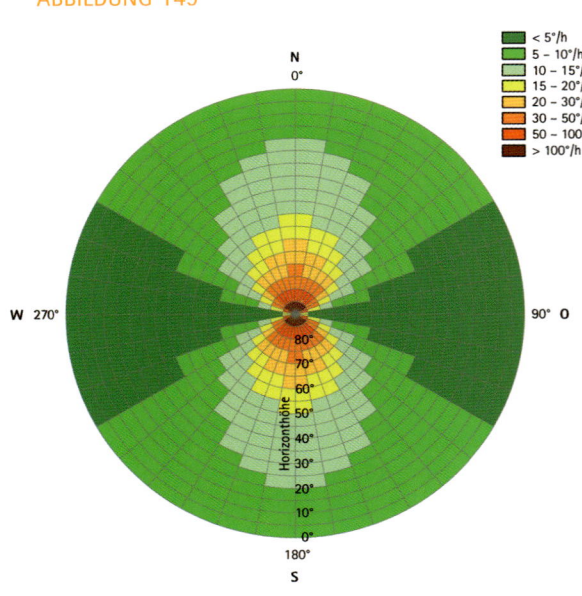

ABBILDUNG 149

der Nenner cos(H) am kleinsten, was den Betrag der Winkelgeschwindigkeit ebenfalls erhöht. In Zenitnähe kann die Bildfelddrehung sogar beliebig groß werden, da im Moment der Kulmination die Azimutachse »umschlägt«, also eine Drehung um fast 180° von Ost nach West machen muss.

Aufgrund des Faktors cos(φ) wird die Bildfelddrehung in Äquatornähe größer. An den beiden Polen verschwindet sie dagegen vollständig, weil ein azimutal aufgestelltes Teleskop dort gleichzeitig auch parallaktisch orientiert ist.

Die durch die Bildfelddrehung bewirkte Verschiebung eines Objektes wird auf einem Foto erst dann sichtbar, wenn ihr Betrag die Größe z des Streuscheibchens übersteigt. Da die Auswirkungen einer solchen Drehung in den Bildecken am größten sind, kann der maximal erlaubte Drehwinkel α mit Hilfe der Länge l_D der Sensordiagonalen berechnet werden:

$$\alpha = \arctan\left(\frac{2 \cdot z}{l_D}\right)$$

Formel 36

In Abhängigkeit von der Objektposition am Himmel kann somit die maximal mögliche Belichtungszeit t_{max} in Stunden (!) für eine Einzelbelichtung zu

$$t_{max} = \frac{\alpha}{\omega} = \frac{\arctan\left(\dfrac{2 \cdot z}{l_D}\right)}{\omega}$$

Formel 37

abgeschätzt werden. Die gefundenen Werte sind jedoch immer nur Näherungswerte, weil sich der Betrag der Bildfelddrehung aufgrund der sich auch während der Belichtung ändernden Position des Objektes am Himmel ebenfalls ständig ändert.

Sollen mit azimutalen Montierungen noch länger belichtete Himmelsaufnahmen entstehen, bieten sich verschiedene Lösungen an:

- Die Firma Meade bietet für viele ihrer azimutal aufgestellten Teleskope einen optionalen »Bildfeldderotator« an. Er wird zwischen Okularauszug und Kamera eingebaut und sorgt dafür, dass die durch das Teleskop fotografierende Kamera während der Dauer der Belichtung entgegengesetzt zur Bildfeldrotation um die optische Achse rotiert. Weil Betrag und Richtung der Bildfelddrehung von der Position des aufgenommenen Objektes am Himmel abhängen, kann der Rotator nicht mit jeder beliebigen azimutalen Montierung verwendet werden. Er funktioniert nur zusammen mit der Computersteuerung der Meade-Montierungen.

- Mit Hilfe einer sog. »äquatorialen Plattform«, nach ihrem Erfinder oftmals auch »Poncet Montierung« genannt, kann eine Dobson-Montierung zumindest eingeschränkt auch für die Fotografie verwendet werden. Eine solche Plattform ist prinzipiell nichts anderes als eine mittels Motor um eine imaginäre Drehachse bewegliche Stellfläche, auf die das komplette Teleskop samt Montierung aufgesetzt wird. Die Drehachse muss in Nord-Süd-Richtung ausgerichtet werden und ihre Neigung (wie bei einer parallaktischen Montierung) der geographischen Breite φ des Beobachtungsortes entsprechen. Konstruktionsbedingt neigt sich aufgrund der Nachführbewegung die

TIPP

Ein Bildfeldrotator funktioniert generell nur bei Aufnahmen durch das Teleskop. Fotos mit einer auf dem Teleskop aufgesetzten Kamera werden trotz verwendetem Bildfeldrotator auch weiterhin von der Bildfelddrehung beeinflusst.

ABBILDUNG 150: Die maximal mögliche Belichtungszeit des Orionnebels bei azimutaler Aufstellung. Berechnet für einen Vollformatsensor an einem Beobachtungsort mit φ=51,5° nördlicher Breite.

ABBILDUNG 151: Der schematische Aufbau einer äquatorialen Plattform für Dobson-Montierungen. Die beiden Laufflächen sind Kreisabschnitte, deren Mittelpunkte auf einer gedachten Parallelen zur Erdachse liegen.

ABBILDUNG 150

ABBILDUNG 151

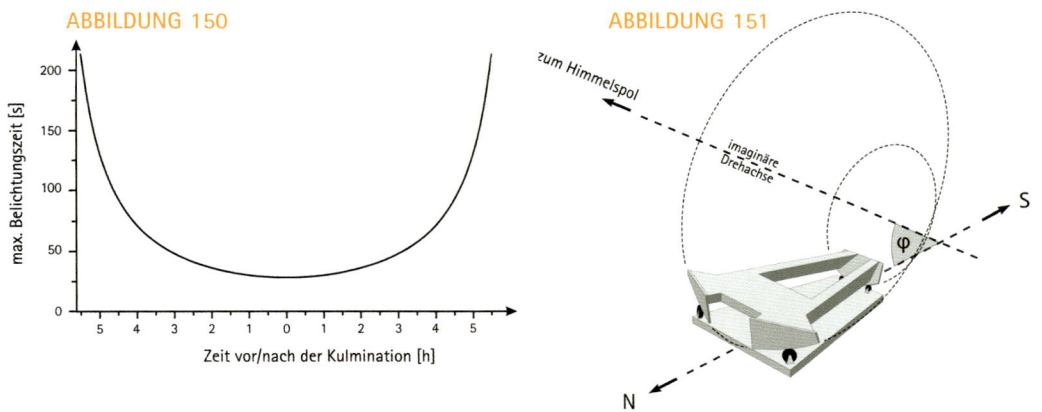

ABBILDUNG 152: Die parallaktische Gabelmontierung findet besonders häufig bei den auf dem Cassegrain-Prinzip basierenden Teleskopen bzw. bei lichtstarken (Schmidt-) Newton-Teleskopen Verwendung. Sie kann sehr kompakt gebaut werden. Mit Blick auf die Astrofotografie lässt ihre Stabilität allerdings, gerade bei kommerziellen Produkten, oftmals einiges zu wünschen übrig.

Standfläche der Dobson-Montierung im Laufe der Nachführzeit immer mehr. Weil sich hierdurch der Schwerpunkt des Teleskops verschiebt, wirkt sich dies negativ auf die nicht klemmbaren Gleitlager der Montierung aus. Im Extremfall könnte es sogar zum Verrutschen des kompletten Teleskops auf der Plattform kommen. In der Praxis sind daher im Gegensatz zu den »echten« parallaktischen Montierungstypen üblicherweise nur Nachführzeiten bis zu maximal ca. 90 Minuten »am Stück« möglich.

Die klassische äquatoriale Plattform ermöglicht nur einen Ausgleich der täglichen Himmelsdrehung. Speziell für den fotografischen Einsatz gibt es aber auch verschiedene Modifikationen, die neben einem regelbaren motorischen Antrieb sogar auch über eine motorische Verstellung in Deklination verfügen. Einige Plattformen erlauben inzwischen sogar den Anschluss einer automatischen Nachführkamera.

• Eine azimutale Montierung kann durch räumliches Verkippen der Azimutachse um den Betrag der geographischen Breite φ des Aufstellungsortes in eine parallaktische Montierung umgewandelt werden. Für ortsfest aufgestellte Teleskope kann diese Verkippung beispielsweise durch einen auf den entsprechenden Winkel fest eingestellten Keil zwischen Stativ und Montierung realisiert werden.

Während alle bisher vorgestellten Methoden auf Änderungen an Teleskop oder Montierung basierten, kann der Bildfeldrotation auch mit Hilfe einer abgewandelten Aufnahmetechnik entgegengewirkt werden. Bei Verwendung eines digitalen Bildsensors kann eine einzelne Langzeitbelichtung in vielen Fällen auch durch die Summe entsprechend vieler kurz belichteter Bilder ersetzt werden. Die Belichtungszeit der zu addierenden Teilbilder sollte hierbei so gewählt werden, dass auf der Einzelaufnahme die Bildfeldrotation gerade nicht mehr sichtbar ist. Viele astronomi-

sche Bildbearbeitungsprogramme besitzen für eine solche Bildaddition eine Funktion, mit der die gegenseitige Rotation der Einzelbilder entweder automatisch oder mit Hilfe von mindestens zwei manuell wählbaren Anhaltspunkten im Bild aus der Aufnahme heraus gerechnet wird.

Parallaktische Montierungen

Parallaktische Montierungen ermöglichen bei entsprechender Aufstellung, einem einmal eingestellten Himmelsobjekt durch Drehung (Nachführung) in nur einer Achse zu folgen. Diese Achse muss hierzu parallel zur Erdachse ausgerichtet werden. Dies geschieht indem diese Achse auf den vom Beobachtungsort sichtbaren Himmelspol, den Mittelpunkt der täglichen Himmelsdrehung, ausgerichtet wird.

Gabelmontierung

Wird die Azimutachse einer azimutalen Gabelmontierung derart verkippt, dass sie parallel zu Erdachse verläuft, erhält man eine parallaktische Gabelmontierung. Aufgrund der hierbei entstehenden Hebelkräfte eignet sich die parallaktische Gabelmontierung am besten für den Einsatz in mittleren und hohen geographischen Breiten. Die für Amateurteleskope angebotenen Ga-

ABBILDUNG 152

belmontierungen sind so konstruiert, dass diese Hebelkräfte an der üblicherweise sehr kurz ausgeführten Rektaszensionsachse durch die verwendeten Lager aufgefangen werden.

Analog zur azimutalen Gabelmontierung eignet sich auch die parallaktische Gabelmontierung vor allem für die Aufstellung von kurz gebauten Teleskopen. Während bei den kommerziell angebotenen Teleskopen früher meist nur die verschiedenen, auf dem Cassegrain-Prinzip basierenden Bautypen mit Gabelmontierungen versehen wurden, findet man sie inzwischen auch immer häufiger bei lichtstarken (Schmidt-) Newton-Teleskopen.

Abstand und Länge der Gabelarme sind speziell auf den verwendeten Teleskoptubus zugeschnitten. Der Tubus wird dabei so in der Gabel befestigt, dass sein Schwerpunkt mit der Deklinationsachse zusammenfällt. Ein Verschieben des Tubus relativ zu den Gabelarmen ist üblicherweise nicht möglich, woraus sich zwei hauptsächliche Probleme für die Astrofotografie ergeben:

- Bei Teleskoptypen, deren Okularauszug am hinteren Tubusende liegt, kann bei der Verwendung von großen Zubehörteilen das sog. »Durchschlagen« des Tubus in Pollage beeinträchtigt werden. Eine Verlängerung der Gabelarme könnte hier zwar für Abhilfe sorgen, ist aber bei kaum einer kommerziell angebotenen Montierung möglich.

- Jede Verlagerung des Teleskopschwerpunktes muss durch entsprechend angebrachte Gegengewichte kompensiert werden. Dies gilt nicht nur für Zubehör, das am Okularauszug befestigt wird, sondern z.B. auch für eine aufgesetzte Kamera, die für die Sternfeldfotografie verwendet wird. Die meisten Montierungshersteller bieten daher spezielle Laufgewichtssätze an, die am Teleskoptubus befestigt werden.

Kann das Teleskop samt aller angebauten Zubehörteile ungehindert in der Gabel durchgeschwenkt werden, eignet sich eine Gabelmontierung sehr gut zur computergesteuerten Positionierung der zu beob-achtenden Objekte. Probleme wie das sog. »Umschlagen« bei der im nächsten Kapitel vorgestellten deutschen Montierung entfallen.

Aufgrund des kompakten Montierungsdesigns benötigen Geräte auf parallaktischen Gabelmontierungen einen deutlich kleineren Raum zum Verschwenken als viele andere parallaktische Montierungstypen. Sie eignen sich daher wesentlich besser zur Aufstellung unter beengten Verhältnissen, wie man sie z.B. häufig in einer Sternwartenkuppel findet.

Gegenüber einer Deutschen Montierung kann der Teleskoptubus bei kleinen und mittelgroßen kommerziell angebotenen Teleskopen während des Transports üblicherweise in den Armen der Gabelmontierung verbleiben. Gerade für den mobil beobachtenden Amateur bedeutet dies einen nicht vernachlässigbaren Vorteil beim Auf- und Abbau des Gerätes. Mit steigender Instrumentengröße folgt hieraus jedoch auch, dass das Gewicht der Kombination aus Teleskop und Gabel einen vorgegebenen Maximalwert nicht übersteigen darf, wenn das Teleskop noch von einer Person alleine aufgestellt werden soll.

Ein »Abspecken« der Montierung zu Gunsten der Transportabilität führt leider oftmals dazu, dass sich die Verwindungssteifigkeit der Gabelarme deutlich reduziert. Die Erfahrung hat gezeigt, dass eine wirklich schwingungsarme Gabelmontierung meist genauso schwer wie eine gleich stabile Deutsche Montierung für das entsprechende Teleskop ist.

Ein weiterer Schwachpunkt fast aller kommerziell angebotenen parallaktischen Gabelmontierungen ist die Polhöhenwiege. Gerade bei ortsfest aufgestellten Instrumenten sollte sie deshalb durch einen auf die geographische Breite des Aufstellungsortes abgestimmten festen Polhöhenkeil ersetzt werden.

Deutsche Montierung

Die Deutsche Montierung geht auf den in München arbeitenden Optiker und Instrumentenbauer Joseph von Fraunhofer (1787–1826) zurück, der die von ihm gebauten Teleskope zu Beginn des 19. Jahrhunderts zum ersten Mal mit diesem Montierungstyp ausstattete.

ABBILDUNG 153

Der Teleskoptubus wird bei diesem Montierungstyp an einem Ende der Deklinationsachse befestigt. Im Vergleich zu einer Gabelmontierung unterliegt die deutsche Montierung damit keinerlei Einschränkungen in Bezug auf Länge und Durchmesser des aufzunehmenden Instrumentes. Der schnelle Wechsel zwischen verschiedenen Teleskopen ist hierdurch genauso problemlos möglich wie die Verwendung von schweren Zubehörteilen. Es muss nur darauf geachtet werden, dass der Schwerpunkt des Tubus und aller angebauten Zubehörteile genau in Verlängerung der Deklinationsachse liegt.

Das aufgrund der einseitigen Belastung der Deklinationsachse entstehende Kippmoment wird durch ein Gegengewicht ausgeglichen, das an der gegenüberliegenden Teleskopachsseite befestigt ist. Damit dieses Ausgleichsgewicht nicht nur zusätzliches »totes« Gewicht darstellt, welches die Montierung belastet, kann es z.B. durch eine Kamera für die Sternfeldfotografie ersetzt werden. Viele Montierungshersteller bieten entsprechende Halterungen als Zubehörteile an.

ABBILDUNG 153: Die Deutsche Montierung hat sich aufgrund ihrer Stabilität im Amateurbereich besonders bei den Astrofotografen durchgesetzt.

⟨⟩ Das »Umschlagen« der Deutschen Montierung

Auf den ersten Blick erscheint die Bedienung einer Deutschen Montierung vielen Einsteigern deutlich komplizierter als die einer parallaktischen Gabelmontierung. Verantwortlich hierfür ist meist das »Umschlagen« der Montierung:

Eine Deutsche Montierung wird üblicherweise so bedient, dass das Teleskop »oberhalb« und das Gegengewicht »unterhalb« der Rektaszensionsachse zu liegen kommt. Für die Beobachtung eines in der östlichen Himmelshälfte aufgehenden Objektes bedeutet dies, dass der Teleskoptubus westlich der Rektaszensionsachse liegt. Für die Beobachtung der im Westen untergehenden Objekte liegt der Teleskoptubus entsprechend östlich der Rektaszensionsachse.

Sollen Objekte über ihren Meridiandurchgang hinaus beobachtet werden, würde der Teleskoptubus unter Beibehaltung der Westlage immer weiter unter die Rektaszensionsachse abtauchen, was konstruktionsbedingt früher oder später zu einem Zusammenstoß mit dem Montierungskörper führt. Zur Vermeidung des Anschlagens muss die Optik daher frühzeitig von der West- in die Ostlage umgeschwenkt werden. Dieses »Umschlagen« muss jedoch nicht exakt mit Erreichen der Südposition des Objektes erfolgen. Fast alle Deutschen Montierungen sind so konstruiert, dass sie in Westlage noch ca. eine Stunde nach und in Ostlage bereits ca. eine Stunde vor dem Meridiandurchgang problemlos arbeiten.

⟨⟩ Polhöhenverstellbereich

Die Polhöhe einer parallaktischen Montierung lässt sich nicht in einem beliebig großen Bereich variieren. Bei einer Gabelmontierung hat dies statische, bei einer Deutschen Montierung konstruktive Gründe: Bei großen Polhöhen ist der Polsuchereinblick durch die Rektaszensionsachse nicht möglich, während bei niedrig eigestellter Polhöhe die Rektaszensionsachse an dem in Polrichtung liegenden Stativbein bzw. an der Säule anschlägt. Soll eine Deutsche Montierung trotzdem für Exkursionen in Äquator- bzw. Polnähe verwendet werden, hilft gezieltes Absenken (niedrige Polhöhe) bzw. Ausfahren (große Polhöhe) des in in Polrichtung zeigenden Stativbeins.

Vor einer Reise in eine Gegend mit stark abweichender Polhöhe sollte man auf jeden Fall in einer »Trockenübung« zu Hause testen, ob sich die beabsichtigte Polhöhe überhaupt einstellen lässt.

Dank ihres kompakten Achskreuzes ist auch eine größere Deutsche Montierung noch verhältnismäßig einfach zu transportieren. Weil neben dem Teleskoptubus jedoch auch das Gegengewicht und eventuell noch weitere Teile für den Transport der Montierung entfernt werden müssen, benötigt eine Deutsche Montierung, verglichen mit einer parallaktischen Gabelmontierung, eine längere Auf- und Abbauzeit.

Ausstattungsmerkmale
Feineinstellung der Polachse und Polsucher

Zur einfachen und präzisen Ausrichtung der Rektaszensionsachse auf den vom Beobachtungsort aus sichtbaren Himmelspol sollte eine parallaktische Montierung über Feineinstellschrauben für Azimut und Polhöhe verfügen.

ABBILDUNG 154

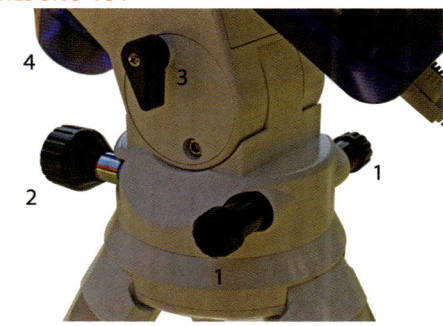

Für mobil eingesetzte Montierungen ist die Verwendung eines Polsucherfernrohres sinnvoll. Ein solches parallel zur Rektaszensionsachse angeordnetes kleines Teleskop ermöglicht es innerhalb kürzester Zeit die Montierung auf wenige Bogenminuten genau auf den Himmelspol einzujustieren.

Bei einer Deutschen Montierung befindet sich dieser Polsucher üblicherweise in der als Rohr ausgeführten Rektaszensionsachse. Die meisten Deutschen Montierungen besitzen entweder einen bereits werksseitig fest eingebauten Polsucher oder sind zumindest für seine optionale Nachrüstung vorbereitet. Einige Montierungen besitzen auch externe, am Gehäuse der Rektaszensionsachse befestigte Polsucherfernrohre. Weil der zwischen den Gabelarmen befestigte Teleskoptubus den Einbau des Polsuchers in die Rektaszensionsachse einer parallaktischen Gabelmontierung verhindert, wird er hier üblicherweise in das am Teleskoptubus befestigte Sucherfernrohr integriert. Alternativ bieten einige Firmen auch Polsucher an, die vor dem Aufsetzen der eigentlichen Montierung an der Polhöhenwiege befestigt werden.

Objektpositionierung

Die Einstellung des gewünschten Himmelsobjektes erfolgt auch heute noch bei vielen Montierungen manuell durch den Beobachter. Die beiden Achsen der Montierung können hierzu unabhängig voneinander festgestellt bzw. gelöst werden. In den einfachsten Fällen funktioniert dies über eine Klemmung, etwas teurere Montierun-

ABBILDUNG 154: Mit Ausnahme der preiswerten Einsteigermodelle verfügen heute fast alle Montierungen über Feinverstellungen für die Polausrichtung sowohl in Azimut (1) als auch in Polhöhe (2). Während der eingestellte Azimutwert durch die beidseitigen Stellschrauben gegen unbeabsichtigtes Verstellen gesichert ist, wird die Polhöhe üblicherweise über eine Knebelschraube (3) fixiert.

Unglücklicherweise verwenden viele Hersteller für diese Klemmung denselben Typ Knebelschraube, der auch zur Klemmung der Montierungsachsen verwendet wird. Ein unbeabsichtigtes Lösen der Polhöhe im Dunkeln ist daher nicht ausgeschlossen.

Zur genauen Polausrichtung verfügt die Montierung über einen in die Rektaszensionsachse integrierten Polsucher (4) – mit Kappe abgedeckt.

→ LINKS

Polarmate - Precise Polar finder for all equatorial wecges
Astro Engineering
www.astro-engineering.com

gen besitzen eine in ihrer Härte meist frei einstellbare Rutschkupplung.

Sehr bequem ist es, wenn beim Einstellen der Beobachtungsobjekte direkt die Himmelskoordinaten verwendet werden können. Hierzu ist es allerdings notwendig, dass die Montierung über entsprechende Skalen (Teilkreise) an ihren beiden Achsen verfügt, an denen diese Koordinaten abgelesen werden können. Je genauer die Teilkreise ablesbar sind, desto besser können die Objekte später gefunden werden!

Eine Alternative zu den bekannten konventionell ablesbaren Teilkreisskalen stellen digitale Teilkreise dar. Hierbei handelt es sich um an den Montierungsachsen befestigte Winkelencoder, die zusammen mit den von verschiedenen Herstellern angebotenen Astrocomputern betrieben werden. Die Winkelauflösung digitaler Teilkreise ist direkt von der Winkelauflösung der verwendeten Encoder abhängig und liegt in der Regel in einer Größenordnung, die mit der Genauigkeit konventioneller Teilkreise vergleichbar ist. Mittels entsprechender Untersetzungsgetriebe können mit einigen Encodern jedoch auch deutlich bessere Auflösungen erzielt werden.

Im einfachsten Fall zeigen digitale Teilkreise lediglich die aktuelle Position des Teleskops auf einem LED-Display an. Komfortablere Modelle besitzen umfangreiche Objektdatenbanken und können so den Benutzer nicht nur zielgerichtet zum gewünschten Objekt führen, sondern auch bereits im Teleskop eingestellte Objekte identifizieren.

Verfügt die Montierung neben Winkelencodern auch über eine motorische Nachführung in beiden Achsen, kann ihre Positionierung komplett automatisch erfolgen. Man spricht in einem solchen Fall auch von einer GoTo-Steuerung. Spezielle im »stand-alone« Betrieb arbeitende Computersteuerungen verfügen zwar üblicherweise über eine mehrere 1000 Objekte umfassende Positionsdatenbank, werden aber meist nur speziell für

◊ Genauigkeit bei der Objektpositionierung

Die Teilkreise der meisten Montierungen besitzen Unterteilungen von 2° in Deklination und 4 Minuten in Rektaszension. Mittels Nonien ist eine Einstellgenauigkeit von ca. 20' in Deklination und ca. 0,5 Minuten in Rektaszension möglich.

Ob eine solche Positioniergenauigkeit ausreichend ist, hängt in erster Linie von dem zur Verfügung stehenden Bildfeld ab, in dem das gesuchte Objekt positioniert werden soll. Sowohl für die visuelle Beobachtung mit weitwinkligen Okularen als auch für die Fotografie mit Tele-Brennweiten von bis zu etwa 300mm ist die obige Genauigkeit völlig ausreichend. Problematisch wird es dann, wenn sich, bedingt durch eine lange Aufnahmebrennweite und/oder ein kleines Sensorformat, das aufgenommene Bildfeld deutlich verringert. Hier helfen nur besser auflösende Teilkreise oder das langsame Herantasten an das gesuchte Objekt mittels hellerer Sterne (engl. Starhopping).

die Teleskope eines bestimmten Herstellers angeboten. Sehr viele der »normalen« Motoransteuerungen erlauben heute allerdings auch die Kommunikation mit einem Computer über die serielle RS-232-Schnittstelle, so dass die Positionierung des Teleskops über die Objektdatenbank eines der gängigen Planetariumsprogramme erfolgen kann.

Konstruktionsbedingt funktioniert die computerisierte Ansteuerung einer Gabelmontierung problemlos. Bei einer deutschen Montierung muss dagegen darauf geachtet werden, dass der Computer das bereits erwähnte »Umschlagen« beim Wechsel der Himmelshälfte berücksichtigt. Ansonsten läuft man Gefahr, dass das Teleskop mit voller Geschwindigkeit gegen die Stativbeine bzw. die Säule fährt.

Solange die Verschwenkwege des Teleskops nicht zu groß ausfallen, ist die Positioniergenauigkeit mit etwa 1' auch für längere Aufnahmebrennweiten selbst bei kleinen Sensorflächen ausreichend hoch. Für Teleskopschwenks über den halben Himmel reicht die Genauigkeit der für die Amateurastronomie angebotenen Computersteuerungen allerdings trotzdem meist nicht aus. Fast immer wird das gewünschte Objekte nur am Rand oder gar komplett außerhalb des Bildfeldes positioniert, so dass wieder auf die manuellen Einstellmethoden zurück gegriffen werden muss.

Antrieb

Damit eine Montierung möglichst universell für die verschiedenen Gebiete der Astrofotografie verwendet werden kann, sollte sie über eine feinfühlige Nachführung zum Ausgleich der scheinbaren Himmelsrotation verfügen. Einfache azimutale Montierungen, bei der die Verstellung des Teleskops lediglich durch mehr oder weniger ruckfreies Verschieben des Tubus von Hand erfolgt, eignen sich daher meist nur für die Fotografie von Sonne (mit Filter!) und Mond.

Mit Ausnahme einiger weniger Modelle verfügen heute alle für den Amateurbereich angebotenen parallaktischen Montierungen auf ihrer Rektaszensionsachse einen Schneckenradantrieb. Die Nachführung jeder parallaktischen Montierung kann im einfachsten Fall mit der Hand erfolgen. Die Achse der Antriebschnecke wird hierzu üblicherweise mit einer starren oder biegsamen Welle versehen, an deren Ende sich ein möglichst ergonomischer Bedienknopf befindet.

Wie bei der Scharnier-Montierung eignet sich auch der manuelle Rektaszensionsantrieb einer parallaktischen Montierung nur für die Fotografie von Sternfeldern mit relativ kurzen Brennweiten. Aufgrund der zur Einhaltung der erforderlichen Drehgeschwindigkeit notwendigen Konzentration sind Belichtungszeiten über 15min nur mit sehr großer Anstrengung realisierbar.

Bedingt durch die Motorik der menschlichen Hand und der üblicherweise verwendeten Untersetzungsverhältnisse der Amateurmontierungen ist die erreichbare Nachführgenauigkeit zudem auf etwa 25" bis 50" beschränkt. Hinzu kommt, dass gerade preiswertere Montierungen durch die beim bloßen Berühren der Antriebwellen erzeugten Erschütterungen bereits in so starke Schwingungen versetzt werden, dass Aufnahmen mit Brennweiten über 200mm verwackelt sind.

Der Rektaszensionsantrieb sollte daher für die Astrofotografie am besten motorisch erfolgen. Bereits viele der kleineren Montierungsmodelle lassen sich heute mit einem solchen Rektaszensionsmotor nachrüsten. Die größeren Montierungen sind direkt mit einem motorischen Antrieb ausgerüstet:

ABBILDUNG 155

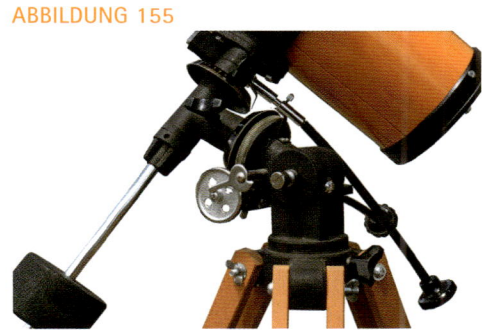

- Bis weit in die 80er-Jahre hinein wurden für Teleskopantriebe hauptsächlich Synchronmotoren verwendet. Der Vorteil eines solchen Motors ist seine hohe Drehzahlkonstanz. Die Drehzahl selbst ist dabei sowohl von Frequenz als auch der Höhe der verwendeten Antriebsspannung abhängig. Über eine Änderung der Ansteuerfrequenz kann der Motor zu Korrekturzwecken gegenüber seiner »Normalgeschwindigkeit« minimal schneller oder langsamer laufen. Ein Schnelllauf, wie er für die automatische Positionierung des Teleskops benötigt wird, ist jedoch nicht möglich. Mit Ausnahme einiger weniger Teleskope aus russischer Produktion werden heute keine Synchronmotorantriebe mehr verwendet.

ABBILDUNG 155: Bei der manuellen Nachführung einer Montierung ist eine starre Antriebswelle zu bevorzugen. Gerade bei weniger stabilen Montierungen können die hier gezeigten biegsamen Wellen durch Nachschwingen sehr leicht Erschütterungen auslösen. Feinfühlige Korrekturbewegungen werden durch Torsion erschwert. Aufgrund der Hebelwirkung sollten alle Antriebswellen generell so kurz wie möglich gehalten werden.

- Heute werden als Antriebsmotoren meist Schrittmotoren verwendet. Ein solcher Motor dreht beim Anlegen eines Spannungspulses die Motorachse um einen genau definierten Winkelbetrag. Werden die Spannungspulse in ausreichend schneller zeitlicher Abfolge erzeugt, ergibt sich eine scheinbar kontinuierliche Drehbewegung der Motorachse. Mit Hilfe der »Mikroschrittansteuerung« kann eine zusätzliche Verbesserung des Gleichlaufs erreicht werden.

  Verglichen mit Synchonmotoren haben Schrittmotoren eine wesentlich höhere Drehzahlvarianz und können zudem auch eine deutlich höhere Maximaldrehzahl erreichen. Sie eignen sich daher nicht nur zum Antrieb einer Montierung, sondern auch für die automatische Positionierung. Je nach Montierung sind Geschwindigkeiten von bis zu 2,5°/s möglich.

  Weil die elektronische Ansteuerung bei allen Schrittmotoren relativ ähnlich ist, bieten verschiedene Fremdhersteller universell verwendbare Motorsteuerungen an, die teilweise einen deutlich höheren Funktionsumfang als die von den Montierungsherstellern angebotenen Originalgeräte besitzen.

- Deutlich höhere Positioniergeschwindigkeiten von über 5°/s im GoTo-Betrieb können nur bei Verwendung von Gleichstrommotoren realisiert werden. Die über die Betriebsspannung geregelte Geschwindigkeit wird dabei üblicherweise mittels an den Motorachsen angeflanschter Winkelencoder überwacht.

  Gleichstromantriebe gibt es nur als herstellerseitige Komplettlösung für einige wenige Montierungsmodelle. Antriebe von Fremdherstellern zur Adaption an beliebige Montierungen existieren aktuell nicht.

Die Nachführgeschwindigkeit ist bei allen Motorsteuerungen auf die Rotationsdauer der Erde von 23h 56min 4,3s voreingestellt. Diese »siderische Geschwindigkeit« ermög-

LINKS
Was ist Mikroschrittbetrieb?
ASTRO ELECTRONIC
www.astro-electronic.de/mikro.htm

⟨⟩ Umkehr der Antriebsrichtung

Vor einer Exkursion auf die Südhalbkugel muss überprüft werden, ob und wie die Drehrichtung des Rektaszensionsmotor umgekehrt werden kann. Viele preiswerte Motorsteuerungen besitzen hierfür einen außenliegenden Wechselschalter. Ein solcher Schalter kann aber durchaus auch versteckt im Gehäuseinneren liegen. Bei Steuergeräten mit elektronischer Menüführung wird die Bewegungsrichtung über einen ensprechenden Menüpunkt geändert. GoTo-Steuerungen ändern die Drehrichtung üblicherweise automatisch, wenn eine entsprechende geographische Breite für den Beobachtungsort eingegeben wird.

licht die Nachführung auf alle innerhalb einer Beobachtungsnacht scheinbar zueinander stationären Himmelsobjekte, wie z.B. Sterne und Deep-Sky-Objekte. Trotz ihrer Eigenbewegung unter den Sternen ist aufgrund der üblicherweise nur wenige Minuten dauernden Aufnahmesequenzen mit dieser Nachführgeschwindigkeit auch die Fotografie von Oberflächendetails der großen Planeten möglich.

Weil sich Sonne und Mond für einen Beobachter auf der Erde scheinbar mit mehr oder weniger gleichmäßiger Geschwindigkeit von West nach Ost unter den Fixsternen bewegen, besitzen viele Motorsteuerungen auch spezielle Geschwindigkeitseinstellungen für Sonne und Mond. Eine gezielte Nachführung auf die schwächeren Objekte des Sonnensystems, wie sie z.B. für lang belichtete Aufnahmen von Kometen oder Kleinplaneten benötigt wird, ist mit den meisten Motorsteuerungen nicht direkt möglich.

Jedes Schneckengetriebe hat einen »periodischen Fehler«. Dieser wirkt sich so aus,

Spezielle Nachführgeschwindigkeiten für Sonne und Mond?

Die Bewegung des Mondes um die Erde bewirkt, dass sich seine Geschwindigkeit in Rektaszension gegenüber der siderischen Geschwindigkeit um bis zu 0,5"/s unterscheidet. Bei kurzen Einzelbelichtungen mit einer Webcam ist diese Geschwindigkeitsdifferenz vernachlässigbar und macht sich lediglich durch eine langsame Verschiebung des aufgenommenen Bildfeldes bemerkbar.

Weil die Mondbahn zudem je nach Lage ihrer Bahnknoten um bis zu 28,5° gegenüber dem Himmelsäquator geneigt sein kann, tritt eine zusätzliche Eigenbewegung des Mondes in Deklination von maximal 0,26"/s auf. Selbst bei bestem Seeing und Nachführung mit Mondgeschwindigkeit sollte daher ohne Deklinationskorrektur eine Einzelaufnahme nicht länger als einige Sekunden belichtet werden.

Bei der Sonne fällt der Unterschied zur siderischen Geschwindigkeit mit ca. 0,04"/s deutlich geringer aus, so dass eine spezielle Nachführung mit Sonnengeschwindigkeit in den meisten Fällen nicht notwendig ist. Selbst bei der Fotografie der Sonnenkorona während einer totalen Sonnenfinsternis würde bei einer Belichtungszeit von 12s nur eine maximale Unschärfe von weniger als 0,5" entstehen! Wirklich benötigt wird die Nachführung mit Sonnengeschwindigkeit nur bei Einsatz eines speziellen Protuberanzenteleskops bzw. eines Protuberanzenansatzes, da hier die Sonne möglichst genau hinter der die Sonnenscheibe abschattenden Kegelblende gehalten werden muss.

dass die Montierung sich nicht gleichmäßig mit den Sternen mitbewegt, sondern vielmehr um ihre Sollposition »oszilliert«. Die Zeitperiode mit der dies geschieht ist von der Zahnanzahl des Schneckenrades abhängig. Bei den heute angebotenen Montierungen liegt sie üblicherweise zwischen 5 und 10 Minuten.

Der Großteil des periodischen Fehlers beruht auf der Zahngeometrie sowohl der Schnecke, als auch des Schneckenrades (Evolventenverzahnung). Die optimale Zahnform für einen absolut gleichförmigen Vortrieb eines Schneckengetriebes ist maschinell nicht herstellbar. Bedingt durch die daher nur angenäherten Zahnformen hat jedes Getriebe einen Antriebsfehler, der sich in einer periodisch auftretenden Geschwindigkeitsänderung äußert.

Ein weiterer Teil wird durch die nicht gleichmäßig genug gefertigten Flanken von Antriebsschnecke bzw. der einzelnen Zähne des Schneckenrades verursacht. Bei jeder Umdrehung der Schnecke bewirken diese Ungenauigkeiten, dass die Montierung an den betreffenden Stellen zusätzlich zu schnell oder zu langsam läuft.

ABBILDUNG 156

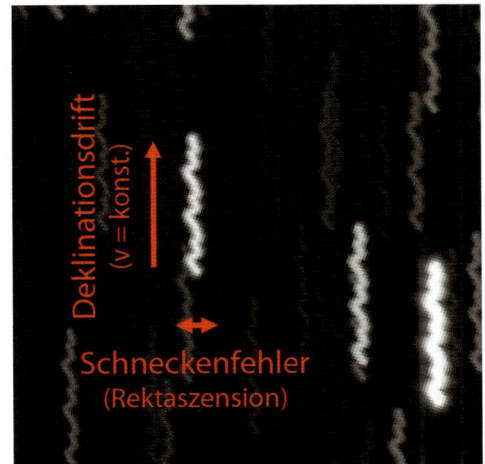

Der Betrag des periodischen Fehlers wird von den Montierungsherstellern üblicherweise in Form der maximalen Abweichung von der Sollposition in Bogensekunden (+/−) angegeben. Je kleiner er ist, desto präziser läuft die Montierung und desto weniger Korrekturen müssen im Laufe der Belichtung einer Astroaufnahme vorge

ABBILDUNG 156: Der periodische Fehler (Schneckenfehler) einer Montierung. Aufgrund der durch ungenaue Poljustierung verursachten Deklinationsdrift wird auf dieser unkorrigiert nachgeführten Aufnahme das zyklische Hin- und Herpendeln der Sterne in Rektaszension deutlich sichtbar. Das Bild wurde ca. 12 Minuten lang belichtet. Da die Umdrehungszeit der Schnecke bei der verwendeten Montierung ca. 4 Minuten beträgt, sind also fast genau drei komplette Pendelzyklen sichtbar.

ABBILDUNG 157: Der hier vereinfacht als sinusförmig angenommene periodische Fehler bewirkt, dass
ein Stern im Laufe einer Schneckenumdrehung von seiner Sollposition abweicht. Die maximale Belichtungszeit t, bei der ein Objekt
auch ohne Nachführkorrektur noch
innerhalb der Nachführtoleranz x
punktförmig abgebildet wird, hängt
unter anderem vom zeitlichen Verlauf des periodischen Fehlers ab. In
der Nähe der Umkehrpunkte kann
z.B. deutlich länger (t_1) belichtet
werden, als beim Durchgang durch
die Nulllage (t_2).

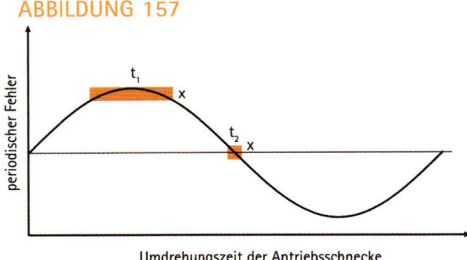

ABBILDUNG 157

TIPP

Gelegentlich findet sich in der Literatur die Empfehlung, zur Vermeidung
des Totgangs im Deklinationsantrieb
die Poljustage der Montierung nicht
so genau durchzuführen, wie es eigentlich möglich wäre. Teilweise ist
sogar von einer gezielten leichten
Dejustage die Rede.

Solche Tipps sind mit Vorsicht zu genießen: Der Stern wandert während
der Belichtung in Deklination zwar
kontinuierlich in nur eine Richtung,
so dass erforderliche Korrekturen immer in die gleiche Richtung erfolgen
müssen. Je nach Betrag der Dejustage, Belichtungszeit und Sensorformat
kann dies aber auch zur Bildfeldre-
hung führen. Eine leichte Missweis-
ung der Polachse (resultierende Deklinationsdrift 1"/min.) ist bei kurzen
Einzelbelichtungen völlig unkritisch.
Die zwischen der ersten und letzten
Aufnahme zunehmende Bildfeldre-
hung gleicht die Stacking-Software
mühelos aus.

nommen werden. Preiswerte Montierungen
besitzen üblicherweise einen Fehler in der
Größenordnung von 20". Montierungen im
mittleren Preisbereich liegen bei ca. 8" bis
10". In der oberen Preisklasse werden Werte von teilweise deutlich weniger als 5" erreicht. Generell wird der Betrag des periodischen Fehlers mit steigendem Durchmesser
des Schneckenrades kleiner.

Obwohl ein möglichst kleiner periodischer
Fehler die Erstellung einer punktförmig
nachgeführten Astroaufnahme deutlich
vereinfacht, sollte dies bei der Auswahl
der Montierung nicht überbewertet wertet
werden. Viel wichtiger als der absolute Feh-
lerbetrag ist dagegen sein zeitlicher Verlauf. Ein zwar großer, aber nur langsam in
Form einer Sinuskurve ablaufender Fehler
ist leichter auskorrigierbar, als ein kleiner,
dafür aber eher sprunghaft verlaufender.

Viele Motorsteuerungen verfügen heute
über eine PEC-Funktion (von engl.: pe-
riodic error correction). Sie zeichnet die
pro Schneckenumdrehung vom Fotografen
durchgeführten Korrekturbewegungen auf
und berechnet aus den gespeicherten Werten anschließend eine korrigierte mittlere
Nachführgeschwindigkeit. Die periodisch
auftretenden Fehler werden hierdurch zwar
nicht komplett beseitigt, aber doch deutlich verringert.

Zur manuellen Korrektur der auftretenden
Nachführungenauigkeiten verfügen heute
alle Motorsteuerungen über eine Möglichkeit, den Antriebsmotor gezielt schneller
oder langsamer laufen zu lassen. Im einfachsten Fall kann der Rektaszensionsmotor hierfür kurzzeitig entweder komplett
angehalten oder mit doppelter Geschwindigkeit angesteuert werden. Deutlich feinfühligere Nachführkorrekturen, wie sie vor

allem bei längeren Aufnahmebrennweiten
sinnvoll sind, erlauben Steuergeräte, die die
Normalgeschwindigkeit des Antriebsmotors
nur minimal verlangsamen bzw. erhöhen.
Je nach Hersteller sind hier Faktoren von
0,7× bis herunter zu 0,05× (!) möglich.

Für die manuell überwachte Nachführung
erfolgt die Eingabe der Korrekturbefehle
üblicherweise über Drucktaster. Ihre Anordnung auf dem Steuergerät muss auch bei
kompletter Dunkelheit eindeutig erfühlbar
sein, so dass Verwechselungen mit anderen
eventuell vorhandenen Bedienelementen
der Steuerung ausgeschlossen sind. Zudem
sollten sie über einen eindeutigen Druck-
punkt verfügen, damit sie bei Kälte auch
noch mit Handschuhen zu bedienen sind.

Die ungenaue Ausrichtung einer parallaktischen Montierung bewirkt eine langsame
Drift der eingestellten Objekte in Deklination, so dass auch die Deklinationsachse bei
fast allen Montierungsmodellen mit einer
feinfühligen Verstellmöglichkeit versehen ist.
Zu Gunsten der erreichbaren Verstellgenau-
igkeit und zur Vermeidung von Erschütterungen sollte auch hier möglichst ein moto-
rischer Antrieb verwendet werden.

Weil heute fast alle größeren Montierungen
auch mittels Computer ansteuerbar sein
sollen, verfügen sie auch auf der Deklinationsachse über einen Schneckenradantrieb.
Gegenüber dem früher weit verbreiteten
Tangentialarm stellt dies jedoch zumindest
für die Astrofotografie einen echten Rück-
schritt dar: Ein Tangentialarm ermöglicht
üblicherweise nur eine Verstellung über
einen maximal ca. 15° großen Kreissek-
tor, reagiert dafür aber auch fast sofort
auf eine Umkehr der Bewegungsrichtung.
Schneckengetriebe ermöglichen zwar eine
komplette 360°-Drehung, besitzen jedoch
einen erheblichen Totgang bei Umkehr
der Bewegungsrichtung. Zur Überbrückung
dieses Getriebespiels ermöglichen einige
Teleskopsteuerungen selbst bei langsams-
ter Verfahrgeschwindigkeit einen in seiner
zeitlichen Dauer individuell einstellbaren
kurzen »Schnellvorlauf« bei Umkehr der
Bewegungsrichtung.

Eine integrierte RS232-Computerschnittstelle ermöglicht bei vielen von Haus aus nicht GoTo-fähigen Steuerungen die automatische Positionierung von Himmelsobjekten über ein Planetariumsprogramm. Einige Steuerungen können über die Software so angesteuert werden, dass sie bewegten Himmelsobjekten mit deren Eigenbewegung sowohl in Rektaszension als auch in Deklination folgen. Neben der langbelichteten Fotografie von Kometen und Kleinplaneten ist so mit einigen Montierungen auch die Verfolgung schnell bewegter Satelliten möglich.

Tragfähigkeit

Die beste Montierung ist nutzlos, wenn sie die aufgesetzten Gerätschaften nicht ausreichend stabil trägt. Selbst bei einer Montierung mit minimalem periodischen Fehler kann man keine guten Bilder erwarten, wenn der komplette Aufbau bei der leichtesten Berührung oder durch seine zu hohe Windanfälligkeit in Schwingungen versetzt wird. Dieser Tatsache wird heute leider von wenigen Herstellern von Anfänger-Teleskopen noch Rechnung getragen. Sie bieten manchmal vergleichsweise große Teleskope auf kleinen, viel zu schwachen Montierungen an. Wenn überhaupt ist mit solchen Gerätekombinationen nur die Fotografie mit aufgesetzter Kamera bei verhältnismäßig kurzen Brennweiten möglich.

Neben dem Gesamtgewicht von Teleskop und Zubehör spielt vor allem die Baugröße der Optik eine wichtige Rolle. Teleskope mit verhältnismäßig großem Tubus wie Refraktoren oder auch Spiegelteleskope nach Newton benötigen aufgrund ihrer Windangriffsfläche eine deutlich tragfähigere Montierung als beispielsweise ein gedrungenes Schmidt-Cassegrain-Teleskop gleicher Öffnung.

Von fast allen Teleskop- und Montierungsherstellern wird in den Produktdatenblättern die Tragfähigkeit ihrer Produkte in Kilogramm angeben. Leider sind diese Angaben in einigen Fällen jedoch sehr optimistisch ausgelegt, so dass sie sich eher als Anhaltswert für den visuellen als für den

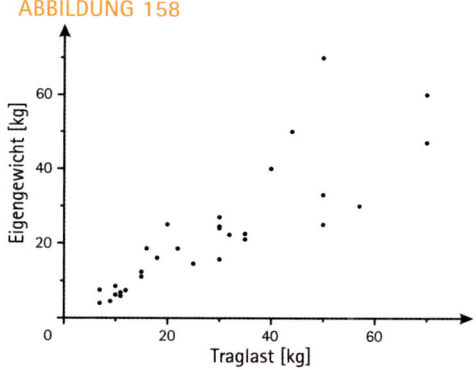

ABBILDUNG 158

Eigengewicht [kg] / *Traglast [kg]*

fotografischen Einsatz eignen. Im Zweifelsfall sollte die Montierung deshalb immer besser eine, wenn nicht sogar zwei Nummern größer als laut Prospekt eigentlich notwendig gewählt werden. Auf diese Weise kann es aber leicht passieren, dass bereits die Montierung für ein verhältnismäßig kleines fotografisches Gerät an die Grenze der Transportabilität stößt.

Stative und Säulen

Für jede Montierung benötigt man einen Unterbau. Er sollte in seiner Höhe so gewählt werden, dass die für die Benutzung wichtigen Teile aller verwendeten Instrumente für den Beobachter gut zugänglich sind. Dies ist besonders dann wichtig, wenn visuell nachgeführt werden soll. Der Einblick in das (Nachführ-) Okular soll schließlich immer in bequemer Höhe erfolgen – sei es im Sitzen oder Stehen.

Stativ

Aufgrund des zu tragenden Gewichtes sind die meisten Fotostative für die Aufstellung eines fotografisch genutzten Teleskops deutlich unterdimensioniert. Für kleinere Teleskope kämen zwar aufgrund der technischen Daten eventuell noch die für schwere Videokameras ausgelegten Stative in Frage. Weil diese jedoch meist nicht über die richtigen Anschlussadapter für die Montierung verfügen, müsste ein solcher Adapter im Eigenbau angefertigt werden. Man wird deshalb also fast immer auf die Stativmodelle aus dem Teleskopzubehör zurückgreifen.

TIPP

Damit sich ein Schneckenradgetriebe überhaupt drehen kann, dürfen die Schnecke und das Schneckenrad nicht zu fest aufeinander drücken. Hierdurch entsteht zwangsläufig ein kleiner Spalt zwischen den Zähnen, der bei Umkehr der Drehrichtung erst durchlaufen werden muss, bevor das Getriebe wieder greift. Man spricht auch vom sog. Spiel oder Totgang des Getriebes (engl. »Backlash«).

Beim Rektaszensionsantrieb einer parallaktischen Montierung ist das Getriebespiel, zumindest für die Astrofotografie, normalerweise nicht von Bedeutung. Bei Nachführkorrekturen wird die Bewegungsrichtung des Motors schließlich nicht umgekehrt, sondern immer nur etwas erhöht oder verlangsamt, bzw. bei einigen Steuerungen komplett angehalten. Trotz dieser Korrekturen liegt die Schnecke aber weiterhin mit ihrer Zahnflanke am Schneckenrad an.

Kritisch kann es werden, wenn sich während einer Aufnahme beim Durchgang durch den Meridian die Schwerpunktlage des kompletten Instrumentes auf der Montierung verändert. Das Teleskop kann dann regelrecht in das Schneckenspiel »hinein rutschen«, was mithilfe der Nachführkorrektur normalerweise nicht mehr ausgeglichen werden kann.

Verglichen mit Säulen sind Stative deutlich leichter transportierbar. Ihre Beine lassen sich nicht nur platzsparend zusammenklappen und auf ein mehr oder weniger handliches Format zusammenschieben. Gerade diese Verstellmöglichkeiten erweisen sich aber bei vielen Stativkonstruktionen als Schwachpunkte.

Die Beine eines Stativs sollten möglichst verwindungssteif sein. Dies erreicht man durch einen entsprechend groß gewählten Querschnitt der Beine. Filigraner Leichtbau ist bei Teleskopstativen fehl am Platz!

Die größte Stabilität weisen Stative auf, deren Beinlänge nicht verändert werden kann. Damit das Teleskop trotzdem eine angenehme Beobachtungshöhe erreicht, sind solche Stative meist entsprechend lang und auch im zusammengeklappten Zustand sehr sperrig. Die horizontale Ausrichtung eines solchen Stativs erfolgt entweder durch unterschiedlich starkes Abspreizen der Beine oder durch an den Enden der Stativbeine befestigten Nivellierschrauben. Sind die Stativbeine längenverstellbar, muss die Klemmung der Bauteile untereinander entsprechend fest erfolgen. Die bei vielen Stativen hierfür vorgesehenen Rändel- oder Knebelschrauben reichen allerdings oftmals nicht aus. Besser ist es, die mitgelieferten Schrauben gegen solche mit Sechskantkopf auszutauschen, so dass diese gegebenenfalls auch mit einem Schraubenschlüssel gekontert werden können, während man die zugehörigen Muttern mit einem zweiten Schlüssel anzieht. Zur besseren Druckverteilung sollten hierbei immer ausreichend groß dimensionierte Unterlegscheiben verwendet werden.

Aus Gründen der Stabilität wird man Stativbeine generell immer nur so wenig wie möglich ausziehen. Damit auch bei kleinen Stativen trotzdem eine angenehme Beobachtungshöhe erreicht werden kann, bieten viele Hersteller »Säulenaufsätze« an, die zwischen Stativ und Montierung eingefügt werden.

Eine grundlegende Entscheidung bei der Stativauswahl betrifft den Werkstoff des Stativs. Man hat hier üblicherweise die Aus-

⟨⟩ Gummifüße für Stative: Ja oder Nein?

Während man auf der einen Seite immer wieder lesen kann, dass die Gummikappen mit denen die Stative fast aller Einsteigerteleskope ausgestattet sind, zur Vermeidung von Schwingungen unbedingt entfernt werden sollten, bieten einige Hersteller optionale sog. »Anti Vibration Pads« aus Gummi an. Was zunächst widersprüchlich erscheinen mag, relativiert sich bei näherer Betrachtung jedoch schnell:

Die hauptsächlich zur Vermeidung von Kratzern auf dem teuren Parkettfußboden im Wohnzimmer gedachten Abdeckkappen des Einsteigerteleskops sind aus einem verhältnismäßig weichen Gummi hergestellt. Das leichte Teleskop »schwimmt« regelrecht auf diesem Gummipolster und hat somit keinen festen Kontakt zum Boden. Einmal in Schwingungen geraten, dauert es sehr lange bis diese wieder abklingen. Entfernt man die Kappen, so befindet sich darunter ein Metalldorn, der fest mit dem Stativbein verbunden ist. Beim Einsatz des Teleskops auf einem lockeren Untergrund (Wiese, Kiesboden oder Feldweg) kann das Stativ mit relativ wenig Kraftaufwand in den Boden gerammt werden, wodurch es zudem noch gegen seitliches Verrutschen abgesichert ist.

Bei schweren Stativ-Teleskop-Kombinationen wirkt das in den Anti Vibration Pads verwendete Hartgummi wie ein Stoßdämpfer. Bedingt durch seine Härte ist seine Resonanzfrequenz hoch und die resultierende Schwingungsperiode bei Anregung einer Schwingung ist kurz. Das Gummi absorbiert die Energie der Schwingung, so dass diese rasch abklingt.

wahl zwischen Holz oder Metall, wobei bei den Metallstativen noch zwischen Aluminium und Stahl unterschieden wird. Holzstative werden üblicherweise aus Hartholz gefertigt, was sie zwar steifer, aber auch deutlich schwerer als Modelle mit Beinen aus Aluminiumprofil macht.

Während das geringe Gewicht des Aluminiumstativs zwar gut für den Transport auf Exkursionen oder Flugreisen ist, bewirkt es andererseits einen für die Gesamtstabilität ungünstigen hoch liegenden Schwerpunkt der kompletten Kombination aus Stativ, Montierung und Fernrohr. Ist man bereit, auf den Gewichtsvorteil des Aluminiumstativs zu verzichten, so kann diese Stativbauart wesentlich verbessert werden, indem man die hohlen Stativbeine mit einem feinen Sand auffüllt. Dies sorgt nicht nur für eine bessere Schwerpunktlage, eventuell auftretende Schwingungen werden dann auch zu einem großen Teil durch den Sand abgedämpft.

Sowohl Holz- als auch Aluminiumstative sind nur dann so standfest wie möglich, wenn sie eine stabile Mittelverstrebung haben! Während früher noch alle Teleskopstative eine solche Verstrebung (z.B. in Form einer metallenen Ablageplatte für Zubehör) aufwiesen, genügen heute vor allem die Stative einiger preiswerter Einsteigerteleskope dieser Anforderung nicht mehr. Mit ein wenig bastlerischem Geschick lassen sich aber auch solche Stative z.B. durch Einbau einer entsprechend dimensionierten Holzplatte deutlich in ihrer Stabilität verbessern.

Analog zum Verhältnis von Teleskop zu Montierung gilt auch für ein Stativ, dass es für den fotografischen Einsatz am bes-

ABBILDUNG 159

ten überdimensioniert werden sollte. Die größten im Teleskopzubehör angebotenen Stative besitzen heute üblicherweise eine maximale Traglast von bis zu 70kg. Einige Kleinserienhersteller bieten jedoch auch Modelle mit deutlich mehr als 100kg Traglast an.

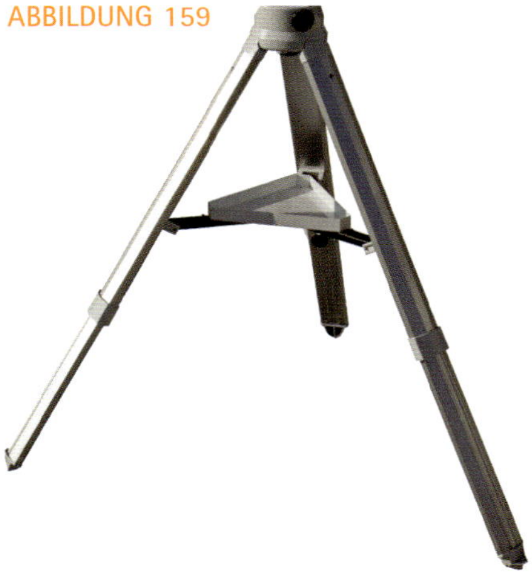

Säule

Säulen können in transportable und feste Säulen eingeteilt werden:

- Die manchmal auch als »Säulenstative« bezeichneten transportablen Säulen bestehen aus einem zentralen Standrohr, an dessen unterem Ende drei Beinausleger angeschraubt sind. Jeder dieser Ausleger hat wiederum eine Nivellierschraube, um die Säule auch in unebenem Gelände einsetzen zu können.

  Das Gewicht der üblicherweise aus Stahl gefertigten Säulenstative ist mit deutlich mehr als 10kg mehr als doppelt so hoch wie ein durchschnittliches Dreibeinstativ. Mit angeschraubten Beinauslegern ist die Säule zudem sehr sperrig, weshalb diese vor dem Transport abgenommen werden sollten.

  Während größere Amateurteleskope direkt mit einem Säulenstativ ausgeliefert werden, bieten einige Hersteller Säulenstative auch als Alternative zum üblichen Dreibeinstativ für kleinere Instrumente an. Abgesehen von der schlechteren Transportabilität erkauft man sich die deutlich bessere Stabilität der Säule jedoch zu einem Preis, der den eines Stativs um den Faktor drei bis vier übertrifft.

- Ist man in der glücklichen Lage, sein Teleskop an einem Ort permanent aufzustellen zu können, bietet sich der Bau einer festen Säule an. Fertige permanente Säulen werden nur für einige der großen Amateurmontierungen angeboten. Für alle anderen Instrumente ist man also auf in Kleinserie gefertigte

LINKS
Stative mit hoher Traglast

Woodmaster Stativ
H. Schlinzig
www.schlinzig.de

Elephant Stativ
G. Neumann
www.gerd.neumann.net

ABBILDUNG 159: Eine Mittelverstrebung der Stativbeine, hier z.B. in Form einer stabilen Ablageplatte für Zubehör, erhöht die Verwindungssteifigkeit eines Stativs deutlich.

Die beiden Methoden, eine Montierung auf der permanenten Säule zu befestigen: Auf dem linken Bild wird der vorhandene Stativadapter der Montierung über an der Säule befestigte Laschen mit dieser verbunden. Eine höhere Stabilität könnte natürlich erzielt werden, wenn die Montierung dicht über der Säule befestigt würde – die hier gezeigte Lösung mit den Abstandsblechen hat jedoch den Vorteil, dass man die Montierung durch Lösen von nur einer Schraube (dem nur von der Unterseite des Stativadapters lösbaren Mittelzapfen) von der Säule trennen kann. Gerade wenn die Montierung auch zeitweise für Exkursionen zusammen mit einem Stativ genutzt wird, erweist sich dies als sehr praktisch. Auf der rechten Abbildung erkennt man die Aufnahmehülse für einen für viele Montierungen erhältlichen Säulenadapter. Mit Hilfe der Gewindestangen kann der komplette Montierungskopf parallel zum Horizont ausgerichtet werden – dies ist jedoch nur bei Benutzung eines Polsucherfernrohres notwendig.

ABBILDUNG 161: Die verschiedenen Achsen- und Winkelbezeichnungen einer parallaktischen Montierung – hier anhand einer deutschen Montierung beschrieben.

Modelle (teuer) oder besser (weil preiswerter) den Selbstbau angewiesen.

Die Stabilität einer permanenten Säule hängt neben dem Material des Säulenkörpers selbst auch noch zu einem großen Teil von der Größe und Stabilität des Fundaments ab. Allen permanen-

ABBILDUNG 160

ten Selbstbausäulen ist gemeinsam, dass sie über keinen standardisierten Anschluss für die Montierung verfügen. Eine Möglichkeit zur Befestigung wäre daher, am Kopf der Säule drei Laschen zu befestigen, in die der Stativkopf der Montierung genau hineinpasst. Wenn für die Montierung eine der oben erwähnten transportablen Säulen angeboten wird, hat man es wesentlich einfacher, da dann meist Säulenadapter separat erhältlich sind. Es handelt sich hierbei um Bauteile, die den bereits vorhandenen Stativkopf der Montierung ersetzen und in der Regel auf einen einfachen runden Anschlussdurchmesser adaptieren. In einem solchen Fall kann man sich ein passendes Gegenstück leicht selbst drehen (lassen), das dann nur noch auf der Säule befestigt werden muss.

Ausrichtung

Der Himmelspol liegt in einer Winkelhöhe über dem Horizont, die der geographischen Breite des Beobachtungsortes entspricht. Nördlich des Äquators steht der Himmelspol genau im Norden, südlich des Äquators genau im Süden des Beobachters.

Diese Feststellung ist für eine erste grobe Einstellung der Montierung bereits während der Aufbauphase nützlich! Die meisten Montierungen verfügen über eine Gradskala, an der die Verkippung der Polachse relativ zum Horizont abgelesen werden kann. Mithilfe einer Landkarte (zur Bestimmung der geographischen Breite) und eines Kompasses kann die Polachse bereits grob voreingestellt werden. Voraussetzung ist jedoch, dass das Stativ genau waagerecht steht – sonst stimmt der eingestellte Winkel nicht.

Für einfache visuelle Beobachtungen ist diese Art der Ausrichtung bereits völlig ausreichend. Da für Fotos jedoch eine genauere Ausrichtung der Montierung benötigt wird, muss diese Einstellung noch erheblich verbessert werden!

Poljustage mit Sternen

Möglich wäre es z.B., sich mit Hilfe einer Sternkarte einen helleren Stern zu suchen, der möglichst in der Nähe des Himmelspols steht. Beobachter auf der Nordhalbkugel der Erde sind hier ein wenig im Vorteil, da sie den hellsten Stern im Sternbild Kleine Bärin benutzen können. Dieser Stern zweiter Größenklasse steht nur rund 45' vom wahren Himmelsnordpol entfernt und wird deshalb auch Polarstern oder Polaris genannt. Beobachter auf der Südhalbkugel haben leider nicht den Luxus eines solch hellen Polarsterns, hier dient der Stern σ Octantis (ebenfalls nur knapp 55' vom wahren

ABBILDUNG 161

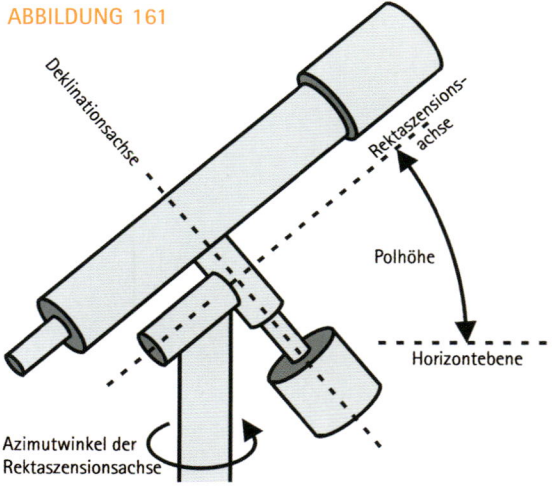

Himmelssüdpol entfernt) als Einstellhilfe – leider ist er jedoch nur ca. 5ᵐ,5 hell.

Die einfachste Möglichkeit die Montierung mit Hilfe dieser Sterne auf den Himmelspol auszurichten ist, die Deklinationsachse so zu drehen, dass die Teilkreismarkierung auf +90° bzw. –90° zeigt, das Teleskop also parallel zur Rektaszensionsachse liegt. Mit Hilfe der Azimut- und Höhenverstellung der Montierung wird jetzt versucht, den Polarstern im Bildfeld des Teleskops zu finden.

Wer es noch genauer haben will, kann sich mittels einer guten Sternkarte immer schwächere Sterne aussuchen, die näher am wahren Himmelspol stehen. Ein Herantasten an den exakten Himmelspol ist so auf einige Bogenminuten genau möglich.

ABBILDUNG 162

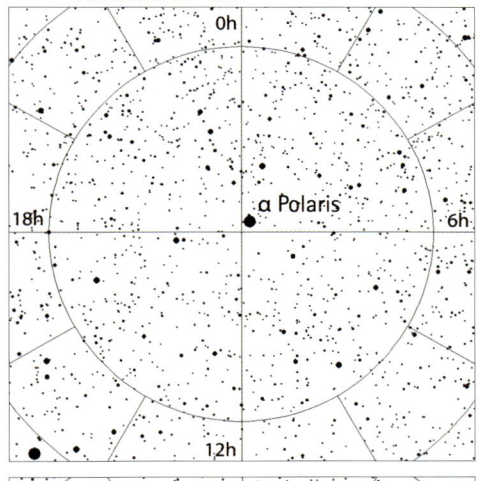

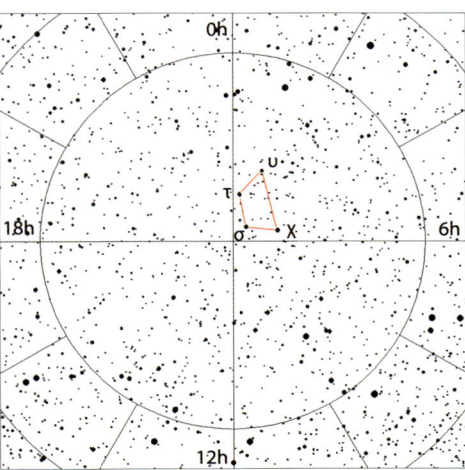

() Feste Säulen

Die Stabilität einer Säule ist u.a. auch von der Standfestigkeit ihres Fundaments abhängig. Dieses sollte daher in Abhängigkeit von der Größe des später auf der Säule montierten Teleskops entsprechend großzügig dimensioniert werden.

Für die beiden Säulen des von einem der Autoren betriebenen »Turtle Star Observatory« wurde z.B. jeweils ein Fundament von knapp einem Kubikmeter Beton gebaut. Die Säule selbst besteht aus ineinander gesteckten PE-Rohren aus dem Kanalbau, die direkt in das Fundament mit eingegossen und später auch mit Beton aufgefüllt wurden.

So gut ein möglichst massives Fundament mit direkt angegossener Säule auch für die Stabilität sein mag, steht dem Ganzen jedoch noch folgende Überlegung gegenüber: »Was mache ich, wenn ich später einmal umziehe?« Ein solcher Betonklotz samt entsprechend dimensionierter Säule wiegt schließlich einiges und ist daher nicht »mal eben so« wieder entfernbar!

ABBILDUNG 163

Als Alternative bietet es sich daher an, die eigentliche Säule vom Fundament getrennt zu bauen. Die in der Abbildung gezeigte pyramidenförmige Stahlsäule wurde zunächst mit Beton ausgegossen und anschließend mittels Gewindestangen auf dem Fundament befestigt. Da das Fundament selbst ca. 10cm unterhalb der Oberfläche endet, kann man dieses nach Abnahme der Säule und Wegflexen der Gewindestangen komplett im Boden »verschwinden« lassen. Solange der neue Besitzer nicht genau an dieser Stelle einen Baum pflanzen will, wird er nie merken, dass hier einmal ein Teleskop gestanden hat...

ABBILDUNG 163: Das linke Bild zeigt eine der beiden in einem Stück gegossenen Säulen des »Turtle Star Observatory« in Mülheim-Ruhr während des Baus. Das letzte Segment PE-Rohr (siehe Text) ist noch nicht aufgesetzt, so dass man am oberen Ende der Säule noch die Enden der Eisenarmierung und das später zur Stromversorgung des Teleskops dienende Kabel erkennen kann. Auf dem rechten Foto ist die pyramidenförmige Stahlsäule auf einem unterhalb der Grasnarbe endenden Betonfundament zu sehen. Der Kurzsäulenflansch, der später die Montierung aufnehmen wird, ist bereits mittels drei Gewindestangen aufgeschraubt.

ABBILDUNG 162: Auf dieser Karte ist die Umgebung des nördlichen Himmelspols bis zu einer Grenzhelligkeit von 9ᵐ abgebildet (links). Der eingezeichnete Deklinationskreis entspricht +80° Deklination. Der Polarstern (α UMi – auch Polaris genannt) ist der einzige hellere Stern in dieser Himmelsregion.

Bei gleichem Maßstab und Grenzhelligkeit zeigt diese Karte des südlichen Himmelspols sehr deutlich, warum die Poljustierung auf der Südhalbkugel wesentlich schwieriger als auf der Nordhalbkugel ist (rechts). Das eingezeichnete Sterntrapez besteht aus den Sternen σ, τ, χ und υ Octantis, die allesamt nur 5 Größenklassen hell sind.

Mit einer u.a. von Peter Surma beschriebenen Methode gelingt die Ausrichtung der Montierung auf der nördlichen Hemisphäre bis zum Jahr 2014 Jahre noch bis auf weniger als zwei Bogenminuten (') genau. Hierbei wird ausgenutzt, dass die um einen bestimmten Faktor V verlängerte Verbindungslinie der Sterne α UMi (2^m,0 = Polaris) und HIP 91980 (8^m,2) momentan fast genau auf den wahren Himmelspol zeigt.

ABBILDUNG 164: Die Verbindungslinie der Sterne α UMi und HIP 91980 zeigt fast genau auf den nördlichen Himmelspol.

LINKS
Schnelle Polausrichtung
P. Surma
eyes4skies.de/Internet/Astro/Astro Foto/Autoguiding/Autoguiding.htm

ABBILDUNG 164

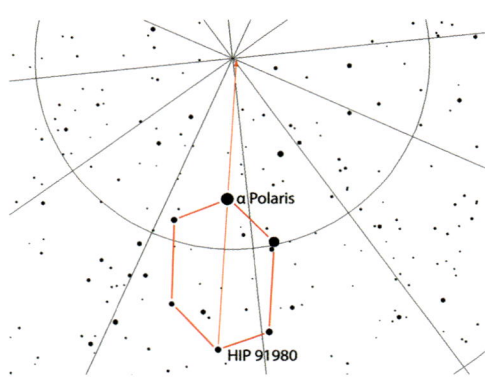

Tabelle 30: Die mit Hilfe von Polaris (α UMi) und HIP 91980 erzielbaren Einstellgenauigkeiten bis zum Jahr 2015. V bezeichnet den Faktor, um den die Verbindungslinie über Polaris hinaus verlängert werden muss.

Jahr	Abweichung der Verbindungslinie vom wahren Pol	V
2008	0' 40,2"	0,88
2009	0' 53,0"	0,88
2010	1' 05,7"	0,87
2011	1' 18,4"	0,87
2012	1' 31,1"	0,86
2013	1' 43,9"	0,86
2014	1' 56,6"	0,85
2015	2' 09,4"	0,85

Mit dieser Methode wird man eine Montierung schon bedeutend genauer justieren können, als nur mit Hilfe von Karte und Kompass. Voraussetzung ist, dass das Teleskop zuvor auch auf exakt +90° bzw. –90° Deklination eingestellt wurde. Da die Ablesegenauigkeit der Teilkreise meist nur bei ±30' in Deklination liegt, wird hierdurch auch die erzielbare Genauigkeit der Poljustierung begrenzt.

Eine Alternative zur Benutzung der Teilkreise zur exakten 90°-Einstellung der Deklinationsachse ist folgende Methode: Die Deklinationseinstellung wird so lange verändert, bis beim Bewegen des Teleskops um die Rektaszensionsachse das Bildfeld sich nur noch in sich dreht, also kein anderer Himmelsausschnitt sichtbar wird. Das Ergebnis ist um einiges genauer, dafür benötigt man hierfür aber auch etwas mehr Zeit.

Poljustierung mit Polsucher

Die Poljustierung gelingt weitaus besser, wenn die Montierung über einen Polsucher verfügt. In seinem Inneren besitzt der Polsucher ein Skalenplättchen, das die Abweichung der für die Poljustierung benutzten Sterne (Polaris bzw. σ Octantis) vom wahren Himmelspol berücksichtigt. Die verschiedenen Polsucher-Bauarten arbeiten hierbei mit drei prinzipiellen Einstellmethoden:

- Polsucher, die ohne Zeit- und Datumsinformationen arbeiten, verwenden zwei oder mehr Referenzsterne zur Polausrichtung. Die relative Lage der Referenzsterne ist auf der Skalenplatte markiert. Der Einstellvorgang erfolgt in vier Schritten:

  1. Die grobe Vorjustierung der Montierung erfolgt mit Hilfe von Kompass und geographischer Breite des Beobachtungsortes.
  2. Der Polsucher wird so in der Rektaszensionsachse rotiert, dass die Ausrichtung der in ihm eingravierten (Hilfs-) Sternbildfiguren grob mit den Richtungen der wirklichen Sternbilder (wie sie mit dem bloßen Auge erscheinen) übereinstimmt.
  3. Durch Verstellung des Azimut- und Höhenwinkels der Rektaszensionsachse wird der Polarstern an der markierten Stelle positioniert. Der zweit- und dritthellste Stern im Bildfeld (δ UMi und 51 Cep) werden in die für sie vorgesehenen Markierungen eingestellt. Hierbei ist die

Präzession der Erdachse mit Hilfe der entsprechenden Markierungsstriche zu berücksichtigen.

Sollte die Positionierung von δ UMi und 51 Cep in ihren Markierungen nicht auf Anhieb gelingen, muss der Polsucher entsprechend rotiert werden und die gesamte Prozedur ab Schritt 3 solange wiederholt werden, bis dies funktioniert. Auf der Südhalbkugel läuft die Justierung analog ab, wobei hier meist die beiden Sterne σ und τ Octantis benutzt werden. Polsucher ohne Zeit- und Datumseinstellung werden z.B. von den Firmen Celestron und Losmandy verwendet.

ABBILDUNG 165

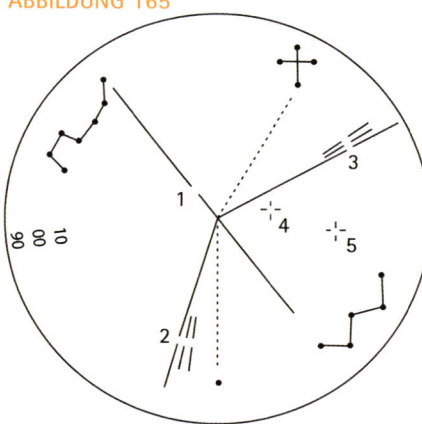

- Polsucher mit Zeit- und Datumseinstellung gibt es in zwei Varianten. Sie unterscheiden sich sowohl durch die Markierungen auf der Skalenplatte, als auch durch die Art und Weise, wie die Position der Referenzsterne anhand von Zeit (ohne eventuelle Sommerzeit) und Datum ermittelt wird.

Die Skalenplatte der z.B. von Baader-Planetarium und Celestron angebotenen Sucher mit Polsucher besitzen ein Fadenkreuz, dem zwei konzentrische Kreise überlagert sind. Die mit Strichmarkierungen im Abstand von 15° versehenen Kreise haben Radien, die dem Abstand des Polarsterns zum Himmelsnordpol in den Jahren 1985 (außen) bzw. 2005 (innen) entsprechen. Beo-

bachter auf der Südhalbkugel der Erde werden bei dieser Art des Polsuchers benachteiligt da keine Markierungen für σ Octantis existieren.

ABBILDUNG 166

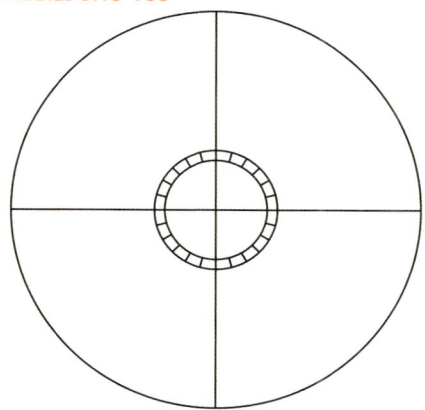

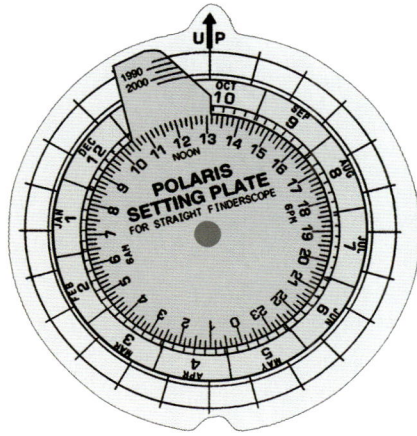

Zusammen mit dem Polsucher erhält man eine Einstellscheibe aus Pappe, mit der die Stundenwinkel des Polarsterns zum Zeitpunkt der Poljustierung ermittelt werden kann. Der Einstellvorgang läuft hierbei in vier Schritten ab:

1. Nach grober Vorjustierung der Montierung mittels Kompass und geographischer Breite des Beobachtungsortes wird der Sucher parallel zum Teleskop justiert und dieses dann auf +90° Deklination eingestellt.

2. Das Fadenkreuz des Suchers wird horizontal ausgerichtet.

3. Auf der Einstellscheibe werden die aktuelle Uhrzeit und das aktuelle Datum gegenüber gestellt. Hierbei ist zu beachten, dass zur Einstel-

ABBILDUNG 165: Der Polsucher der Celestron- und *Losmandy*-Montierungen. Zur groben Ausrichtung des Skalenplättchens dienen die Sternbildfiguren Großer Wagen und Cassiopeia für die Nordhalbkugel bzw. Kreuz des Südens und die Richtung zu α Eridiani (Achernar) für die Südhalbkugel der Erde.

Auf der Nordhalbkugel müssen an den markierten Stellen die folgenden Sterne positioniert werden: (1) α UMi (Polaris), (2) δ UMi, (3) 51 Cep. Da sich aufgrund der Präzession der Erdachse die Lage der Sterne relativ zum Himmelspol im Laufe der Jahre langsam verändert, sind die beiden letzteren Sterne durch eine zeitlich veränderte Einstellposition gekennzeichnet. Hierbei gilt die jeweils durchgezogene Linie für das Jahr 1990 und die beiden anderen Linien für 2000 sowie 2010 – Zwischenpositionen müssen interpoliert werden.

Auf der Südhalbkugel werden (4) σ Oct und (5) τ Oct in den beiden Kreuzen positioniert. Markierungen zum Ausgleich der Präzession sind hier nicht vorhanden.

ABBILDUNG 166: Skalenplatte und Einstellscheibe eines z.B. von der Firma Celestron angebotenen Sucherfernrohres mit integriertem Polsucher. Werden auf den beiden Scheiben Datum und Uhrzeit zueinander eingestellt, kann mittels der an der Uhrzeitscheibe befindlichen »Nase« auf der äußeren Scheibe die Position des Polarsterns innerhalb des Sucherkreises abgelesen werden. Der sich aufgrund der Präzession langsam ändernde Polabstand von Polaris wird anhand der Jahresskala auf der »Nase« berücksichtigt.

PolarFinder

J. Dale

home.online.no/~arnholm/org/zip/
polar202.zip

ABBILDUNG 167: Das Polsucher-
modell von Vixen wird mit Hilfe
der integrierten Wasserwaage (1)
ausgerichtet. Nach erfolgter Längenkorrektur (2) werden Datum (3)
und Zonenzeit (4) aufeinander eingestellt.

ABBILDUNG 168: Der Polsucher einer älteren SuperPolaris-Montie-
rung des japanischen Herstellers
Vixen. Die verschiedenen Skalen
zur Einstellung von Zonenzeit (1),
Datum (2) und Längenkorrektur (3)
sind markiert.

lung die mittlere Ortszeit und nicht
die sonst übliche Zonenzeit verwendet wird. Die notwendige Korrektur Δt in Minuten errechnet sich
aus der Differenz der geographischen Länge λ des Beobachtungsortes und der geographischen Länge λ_Z des für den Beobachtungsort
gültigen Zeitmeridians:

$$\Delta t = (\lambda_Z - \lambda) \cdot 4\,\text{min}/°$$ Formel 38

Unter dem Zeitmeridian versteht
man die geographische Länge, an
dem die betreffende Zonenzeit des
Beobachtungsortes gemessen wird.
Für einen Beobachter in Mitteleu-
ropa (wo die MEZ gilt) ist dies der
15. östl. Längengrad, in Ländern
mit Weltzeit (z.B. die Britischen In-
seln) ist es der 0. Längengrad, usw...
Für andere Orte kann man den betreffenden Zeitmeridian sehr leicht
mit ausreichender Genauigkeit aus
jedem besseren Atlas entnehmen.
Wird die Einstellscheibe mit der
Markierung »UP« nach oben zeigend
gehalten, kann mittels der an der
Uhrzeitscheibe befindlichen »Nase«
auf der äußeren Scheibe der Stundenwinkel des Polarsterns abgelesen
werden. Der sich aufgrund der Präzession langsam ändernde Polabstand von Polaris, und damit auch
seine Lage innerhalb der Sucherkrei-
se, werden anhand der Jahresskala
auf der »Nase« berücksichtigt.
Als Alternative zur Einstellscheibe
kann der Stundenwinkel des Polarsterns auch mit dem Programm
PolarFinder von Jason Dale ermittelt werden. Hierbei ist jedoch
zu beachten, dass die Software
keine Präzessionskorrektur berücksichtigt.

4. Durch Verstellung des Azimut- und
    Höhenwinkels der Rektaszensions-
    achse wird der Polarstern an der
    zuvor bestimmten Stelle innerhalb
    der Einstellkreise positioniert.

Die Qualität der Poljustierung eines
Suchers mit Polsucher wird durch die
Genauigkeit bestimmt, mit der die ermittelte Position des Polarsterns auf
die Einstellskala des Suchers übertragen wird. Ein solcher Polsucher sollte
daher mit Brennweiten von maximal
ca. 500mm verwendet werden.

ABBILDUNG 167

Polsucherkonstruktionen wie sie z.B.
von der Firma Vixen verwendet werden, kombinieren die Vorteile beider bisher vorgestellten Polsucherty-
pen. Nach Einstellung von Datum und
Uhrzeit werden die Stellen, an denen
die Referenzsterne positioniert werden
müssen, durch Markierungen gekennzeichnet. Der Einstellvorgang läuft in
fünf Schritten ab:

1. Die grobe Vorjustierung der Mon-
    tierung erfolgt mit Hilfe von Kom-
    pass und geographischer Breite
    des Beobachtungsortes.

2. Der Korrekturfaktor für die geo-
    graphische Länge des Beobach-
    tungsortes wird eingestellt. Er er-
    mittelt sich durch Bildung der
    Differenz der geographischen Län-
    ge λ des Beobachtungsortes und

ABBILDUNG 168

der geographischen Länge λ_z des für den Beobachtungsort gültigen Zeitmeridians. Hierbei ist darauf zu achten, dass die Korrektur in die richtige Richtung erfolgt. Die Angabe von Ost und West bezieht sich auf die Lage des Ortes relativ zum Zeitmeridian und nicht auf seine geographische Länge!

3. Die Uhrzeitskala wird mit Hilfe der integrierten Wasserwaage ausgerichtet.

4. Die Datum und Uhrzeit (Zonenzeit ohne eventuelle Sommerzeit) werden durch Verdrehen des kompletten Polsuchers zur Deckung gebracht. Die in Schritt 2 eingestellte Längenkorrektur darf hierbei nicht verstellt werden.

5. Durch Verstellung des Azimut- und Höhenwinkels der Rektaszensionsachse werden die Referenzsterne für die jeweilige Hemisphäre in den entsprechenden Markierungen positioniert.

Bei den älteren Polsuchermodellen ohne Wasserwaage muss die gesamte Montierung im Zuge der Vorjustierung in Schritt 1 horizontal ausgerichtet werden. Schritt 3 entfällt. Da die älteren Polsucher fest mit der Rektaszensionsachse verbunden sind, können Datum und Uhrzeit in Schritt 4 nur durch Verdrehen des kompletten Teleskops um die Rektaszensionsachse eingestellt werden.

Poljustierung mit Scheinermethode

Für alle bisher beschriebenen Ausrichtungsarten ist es notwendig, dass man einen freien Blick auf den Himmelspol hat. Die bereits 1897 von Julius Scheiner beschiebenen Ausrichtmethode kommt auch ohne direkten Sichtkontakt aus und ist deshalb auch für Balkonsternwarten geeignet.

Bei laufender Nachführung wird das von der Sollposition abweichende Driftverhalten eines Kontrollsterns beobachtet. Nach Scheiner sind die jeweiligen Driftraten in Rektaszension ν_α und Deklination ν_δ von den Komponenten des Polaufstellungsfehlers in Azimut ΔA und Polhöhe ΔP sowie der Deklination δ und dem Stundenwinkel H des verwendeten Sterns abhängig. Für

ABBILDUNG 169

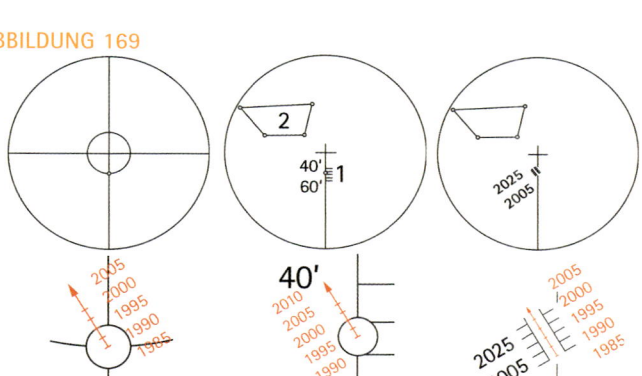

ABBILDUNG 170

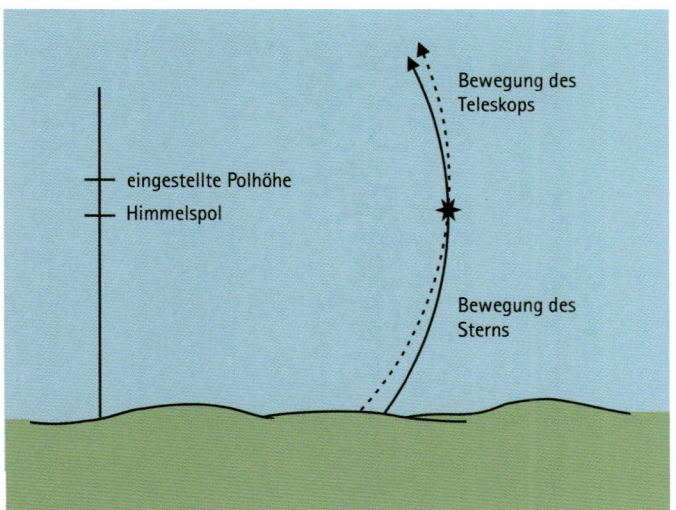

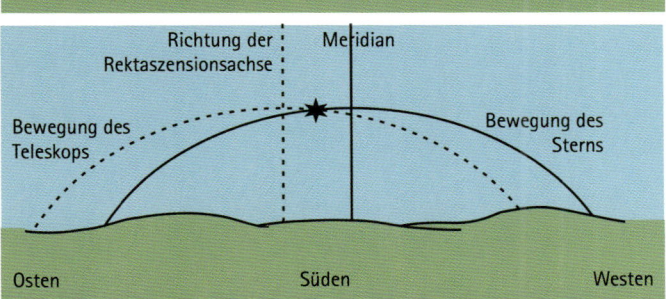

ABBILDUNG 169: Der Polsucher der *Vixen*-Montierungen beschränkt sich auf die für das Einstellen der in der Nähe der Himmelspole stehenden Sterne wesentlichen Markierungen. Für die Nordhalbkugel der Erde gibt es eine Markierung, in die der Polarstern eingestellt wird (1), für die Südhalbkugel sind bei den neueren Polsuchermodellen zusätzlich die trapezförmige Anordnung der Sterne um σ Octantis (2) eingezeichnet.

Der sich aufgrund der Präzession langsam ändernde Abstand des Polarsterns vom wahren Himmelspol kann bei der aktuellen Polsuchervariante (rechts) direkt abgelesen werden. Bei den älteren Modellen (links und mitte) muss die aktuell gültige Position anhand der abgebildeten Detailskizzen selbst ermittelt werden. Eine Präzessionskorrektur für die Südhalbkugel ist bei keinem der Modelle vorhanden.

ABBILDUNG 170: Das Prinzip der Scheiner-Methode: Ist die Polhöhe der Montierung zu groß eingestellt (obere Abbildung), wird ein in Richtung Osten stehender Stern langsam nach Norden aus dem Bildfeld laufen. Der Höhenwinkel der Rektaszensionsachse muss also entsprechend verringert werden. Zeigt das Südende der Rektaszensionsachse der Montierung zu weit nach Osten (untere Abbildung), wird ein in Südrichtung stehender Stern ebenfalls nach Norden aus dem Bildfeld wandern. In diesem Fall muss der Azimutwinkel der Rektaszensionsachse im Uhrzeigersinn verstellt werden.

die Driftgeschwindigkeiten in "/min erhält man:

$$\nu_{\alpha} = 0{,}26 \cdot (\Delta P \cdot \cos H + \Delta A \cdot \sin H) \cdot \sin \delta$$

Formel 39

$$\nu_{\delta} = 0{,}26 \cdot (\Delta P \cdot \sin H + \Delta A \cdot \cos H)$$

Formel 40

ΔP und ΔA sind hierbei in Bogenminuten (') einzusetzen. Aufgrund der bereits im Kapitel »Antrieb« beschriebenen Ungenauigkeiten im Rektaszensionsantrieb einer Montierung sollte in der Praxis nur die Drift in Deklinationsrichtung ν_{δ} zum »Einscheinern« einer Montierung genutzt werden. Es existieren zwei Stellungen des Teleskops, an denen sich die Komponenten des Polaufstellungsfehlers (ΔP und ΔA) in der Abdrift des Kontrollstern in nur jeweils eine der beiden Richtungen niederschlagen:

- Blickt man genau in Richtung des Meridians (H=0h=180° bzw. H=12h=0°), verursacht der Azimutfehler ΔA nur eine Deklinationsdrift ν_{δ} und der Polhöhenfehler ΔP nur eine Rektaszensionsdrift ν_{α}
- Bei Objekten mit einem Stundenwinkel von H=6h=270° bzw. H=18h=90° wird die Deklinationsdrift ν_{δ} nur durch den Polhöhenfehler ΔP und die Rektaszensionsdrift ν_{α} nur durch den Azimutfehler ΔA verursacht.

Durch Auswahl eines entsprechend positionierten Kontrollsterns lassen sich die beiden Komponenten des Polfehlers separieren und damit getrennt korrigieren. Zur schnelleren Erkennung der Driftrichtung ist eine möglichst hohe Vergrößerung anzuwenden.

Fehler, wie sie z.B. durch die Refraktion oder die Durchbiegung der Montierungsachsen hervorgerufen werden, lassen sich dadurch minimieren, dass die Horizonthöhe des im Meridian stehenden Sterns möglichst groß (zenitnah) gewählt wird. Der Kontrollstern mit H=6^h bzw. H=12^h sollte möglichst polnah gewählt werden.

Tabelle 31: Auswirkungen einer Fehlstellung der Rektaszensionsachse.

		Abweichung des Sterns in Deklination nach...	
		...Norden	...Süden
Nordhalbkugel			
Blick nach...			
...Süden	Azimut zu weit nach	Westen	Osten
...Westen	Polhöhe zu	tief	hoch
...Osten	Polhöhe zu	hoch	tief
Südhalbkugel			
Blick nach...			
...Norden	Azimut zu weit nach	Osten	Westen
...Westen	Polhöhe zu	hoch	tief
...Osten	Polhöhe zu	tief	hoch

Ein geübter Beobachter kann ein Teleskop auf diese Weise in etwa einer halben Stunde mit einer Genauigkeit von ca. einer Bogenminute (') auf den Himmelspol ausrichten. Ein Wert, der mit einem Polsucher nur selten erreicht wird.

Die Polachsenjustierung einer parallaktischen Montierung kann auch softwaregestützt durchgeführt werden. Anstatt visuell die Abweichung eines Sterns vom Fadenkreuz hinsichtlich Azimut- bzw. Polhöhenkorrektur zu beurteilen, analysiert das Programm »WCS« (WebCamScheinern) die Situation. Als Aufnahmegerät kann bereits eine einfache Webcam verwendet werden, so dass nur ein Notebook zur Ansteuerung benötigt wird.

Immer wieder wird behauptet, dass eine genaue Ausrichtung auf den Himmelspol nur dann möglich ist, wenn die Basis der Montierung zunächst 100% horizontal ausgerichtet wurde. Dies ist nur bei der Verwendung von Polsuchern notwendig, die nach Prinzip der alten Vixen-Polsucher funktionieren! In allen anderen Fällen ist es egal, wie die Grundplatte der Montierung im Raum steht, die Hauptsache ist, die Rektaszensionsachse zeigt genau auf den Himmelspol.

⟨⟩ Die Poljustierung nach Scheiner in der Praxis

Für den praktischen Einsatz der Poljustierung nach Scheiner kann folgende einfache Regel zur Korrektur der Achslage angewandt werden: Weicht der im Fadenkreuz eingestellte Stern z.B. bei der Azimuteinstellung mit der Zeit im Okular in eine bestimmte Richtung ab (relativ gesehen: »oben« oder »unten«), so ist die Montierung in Azimut so zu verstellen, dass der Stern durch diese Verstellung im Okular weiter in Richtung der Abweichung wandert. Die Größenordnung der Verstellung sollte hierbei im ersten Schritt ca. 1/10 Gesichtsfelddurchmesser betragen (ausprobieren!). Nachdem der Stern mittels Feinbewegung wieder im Fadenkreuz eingestellt wurde, wartet man erneut ab. Das Tempo der Abweichung sollte nun geringer sein. Der Vorgang wird so lange wiederholt, bis keine Abweichung mehr auftritt. Die Vorgehensweise für die Polhöheneinstellung ist analog.

Manche Montierungen haben die unangenehme Eigenschaft, dass die Stundenachse einen leichten Sprung in Azimut macht, wenn die Polhöhe verstellt wird. Das ist ein mechanischer Mangel der Montierung! Bei der ortsfesten Montage eines Teleskops sind daher Verstellmöglichkeiten am Polblock zu bevorzugen. Es sollte aber darauf geachtet werden, dass eine der drei Schrauben möglichst exakt in Nord-Süd-Richtung liegt.

Schutzbauten
Abdeckung mit wetterfester Plane

Diese preiswerteste Art der permanenten Aufstellung stellt einen Kompromiss zwischen fester und transportabler Aufstellung dar. Während üblicherweise nur die Montierung permanent auf der Säule verbleibt, wird das Teleskop nach erfolgter Beobachtung wieder abgenommen und an einem geschützten Ort (z.B. in der Wohnung) aufbewahrt. Damit die Montierung nicht ungeschützt ist, wird sie mit einer wetterfesten Plane abgedeckt.

Im einfachsten Fall ist diese Abdeckplane ein Müllsack. Wer es lieber etwas stabiler mag, benutzt eine Abdeckhaube für Gartenstühle, wie es sie heute in jedem Baumarkt fertig zugeschnitten zu kaufen gibt. Teurer, aber auch wesentlich stabiler, ist die Anfertigung einer entsprechend zugeschnittenen LKW-Plane.

Die Plane sollte nicht zu eng an der Montierung anliegen. Neben der Vermeidung von mechanischen Beschädigungen ist so auch eine ausreichende Luftzirkulation möglich, was der Bildung von Schwitzwasser vorbeugt. Nach einer feuchten Beobachtungsnacht sollte die Plane jedoch trotzdem möglichst am nächsten Tag für einige Zeit abgenommen werden, damit die Montierung wieder trocknen kann.

Diese Art der Aufstellung ist relativ preiswert, hat aber einen entscheidenden Nachteil: Das eigentliche Teleskop sowie sämtliches Zubehör müssen immer noch bewegt werden! Dafür entfällt allerdings das lästige Justieren der Montierung vor jeder Beobachtung. Je nachdem, wo das Teleskop aufbewahrt wurde, muss vor Beginn der Beobachtung noch einige Zeit abgewartet werden, damit sich eventuelle Temperaturunterschiede zwischen Teleskop und der Umgebungsluft ausgleichen können.

Während der eigentlichen Beobachtung bietet diese Art der Aufstellung keine wesentlichen Vorteile gegenüber einem transportablen Teleskop. Der Beobachter und das Instrument sind immer noch allen äußeren Einflüssen wie z.B. Wind oder störenden Lichtquellen ungeschützt ausgesetzt.

Abrollbare Hütte

Diese Art des Schutzbaus bietet gegenüber der einfachen Abdeckplane den Vorteil, dass das komplett

Der maximal erlaubte Fehler der Poljustierung

Bedingt durch die Refraktion ist die wahre Polhöhe der Montierung von der Beobachtungshöhe über dem Horizont abhängig. Horizontnahe Aufnahmefelder führen zu einer stärkeren Deklinationsdrift als zenitnahe. Profis verändern die Polhöhe der Montierung daher in Abhängigkeit von der Höhe des Bildfeldes über dem Horizont. Deshalb ist eine übertrieben genaue Festausrichtung der Polhöhe gar nicht nötig.

Ist die Polachse einer Montierung nicht genau genug auf den Himmelspol ausgerichtet, muss bei der Nachführung kontinuierlich in Deklination korrigiert werden. Man versucht so den Effekt auszugleichen, der bei der Scheiner-Methode zur Justierung der Polachse benutzt wird.

Diese ständigen Korrekturen in Deklination führen zwar dazu, dass der zur Nachführkontrolle genutzte Leitstern als exakter Punkt auf dem Bild wiedergegeben wird – alle anderen Sterne werden jedoch zu mehr oder weniger großen Kreisbögen um diesen Nachführstern auseinander gezogen.

Die Strichspuren werden umso deutlicher

- je länger die Belichtungszeit ist
- je größer der Aufstellungsfehler der Montierung ist
- je größer das Sensorformat ist
- je weiter der Abstand des Leitsterns von der Bildmitte ist
- je näher das aufgenommene Bildfeld dem Himmelspol steht

Interessant ist, dass dieser Fehler nicht, wie oft vermutet wird, von der verwendeten Brennweite abhängt! Für eine Aufnahme mit einem Weitwinkelobjektiv muss die Montierung theoretisch genau-

so genau ausgerichtet werden, wie für eine Detailaufnahme mit mehreren Metern Brennweite.

In der Praxis ist es meist so, dass bei Weitwinkelaufnahmen die Sterne so fein abgebildet werden, dass die Kreisbögen leicht sichtbar sind. Bei langbrennweitigen Teleskopen, wie beispielsweise den weit verbreiteten Schmidt-Cassegrain-Teleskopen, ist die Sternabbildung in den Ecken des Sensorformats dagegen meist so schlecht, dass die Bildfelddrehung gar nicht auffällt.

Die Mindestgenauigkeit kann mithilfe der folgenden Faustformel (die für Deklinationen unter 60° gilt) abgeschätzt werden:

$$\rho = \frac{z}{t(r+1)} \cdot 0{,}3 \qquad \text{Formel 41}$$

Hierbei ist ρ der maximal tolerierbare Ausrichtungsfehler der Polachse in Bogenminuten, z der Durchmesser des Streuscheibchens in µm, r der Abstand des Leitsterns in Bildfeldradien von der Bildmitte und t die verwendete Belichtungszeit in Stunden (!).

ABBILDUNG 171

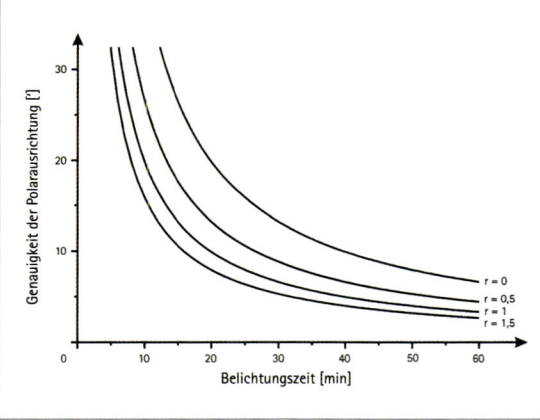

ABBILDUNG 171: Die erforderliche Genauigkeit bei der Polausrichtung für Aufnahmen mit einem für das APS-C-Format (z=22µm) gerechneten Objektivs bei verschiedenen Abständen r des Leitsterns von der Bildmitte. Sollen mehrere solcher Aufnahmen im Nachhinein zu einem Bild kombiniert werden, sollte die Polachse nach Möglichkeit mit der für die Gesamtbelichtungszeit notwendigen Genauigkeit ausgerichtet werden. Ansonsten muss die zwischen den Einzelbildern auftretende Bildfelddrehung per Software ausgeglichen werden.

aufgebaute Teleskop sofort zur Beobachtung bereit ist. Neben dem Teleskop selbst können in der Hütte zudem auch zusätzliches Zubehör wie z.B. Okulare gelagert werden. Zum leichteren Auf- und Zuschieben bietet es sich an, die Rollen auf Schienen oder in im Boden verlegten U-Profilen laufen zu lassen.

Da solch ein astronomischer Schutzbau nicht beheizt ist, wird das Teleskop im Normalfall bereits Außentemperatur haben, so dass sofort nach dem Freischieben mit der Beobachtung begonnen werden kann. Lediglich an sehr heißen Sommertagen ist eine Erwärmung der Luft in der Rollhütte möglich. Für solche Tage sollten deshalb bei der Planung der Hütte Belüftungsschlitze vorgesehen werden.

Da die Hütte während der Beobachtung komplett weggeschoben wird, stehen Beobachter und Instrument, wie bei der Lösung mit der Abdeckplane, immer noch ungeschützt im Freien. Lediglich wenn der Wind aus der Richtung weht, in die die Hütte abgefahren wird, bietet sie einen minimalen Windschutz. Da nur das Teleskop in der Hütte Platz finden muss, kann diese relativ kompakt gehalten werden. Im Allgemeinen wird man so (je nach Teleskop) mit einer Grundfläche von 1m × 1,5m auskommen.

Abrollbare Hütten lassen sich mit relativ geringem Aufwand selbst herstellen. Wenn man sich beim Material auf Holz beschränkt, können die kompletten Kosten ohne weiteres unter 500 Euro gehalten werden.

Schutzhütte mit Rolldach

Auch bei dieser Art der Unterbringung ist das Teleskop sofort einsatzbereit. Wie bei der abrollbaren Hütte kann es, wenn der vorherige Tag sehr warm war, kurzzeitige Probleme mit angestauter Wärme und den mit ihr einher gehenden Tur-

bulenzen geben. Gegenüber der abrollbaren Hütte bietet eine Rolldachhütte während der Beobachtung jedoch zumindest einen etwas besseren Schutz gegen Wind.

Da sich der Beobachter während der Benutzung des Teleskops mit in der Hütte aufhält, muss eine Rolldachhütte wesentlich größer dimensioniert werden als eine abrollbare Hütte. Es darf schließlich nicht vergessen werden, dass neben dem Teleskop auch noch Ablagemöglichkeiten für Zubehör vorhanden sein sollten. Speziell für die digitale Astrofotografie wird z.B. eine Ablage für einen Computer in der Nähe des Teleskops benötigt.

Die im Bildbeispiel gewählten Innenmaße von 1,8m × 2,3m sind daher z.B. gerade eben ausreichend, um ein kompaktes Teleskop wie einen 20cm-Schmidt-Cassegrain unterzubringen. Eine Hütte für ein 30cm Spiegelteleskop sollte z.B. mindestens einen Innenraum von 3m × 3m haben! Hierbei ist zu bedenken, dass das Schiebedach mit zunehmender Größe immer schwerer wird, so dass es (je nach Art des verwendeten Baumaterials) gegebenenfalls nicht mehr von einer Person alleine ohne motorische Hilfe bewegt werden kann.

In der Regel handelt es sich um komplette Eigenkonstruktionen, die Modifizierung einer kommerziellen Gartenblockhütte ist jedoch ebenfalls möglich. Je nach Aufwand und Größe liegen die Baukosten auch bei komplettem Selbstbau bei mindestens 1.000 Euro. Von verschiedenen Herstellern werden inzwischen auch komplette Rolldachhütten auf Basis eines Gartenblockhauses angeboten. Je nach Baugröße sind diese Fertiglösungen ab ca. 4000 Euro erhältlich.

📷

ABBILDUNG 172: Eine abrollbare Hütte im geschlossenen Zustand (links) und während der Beobachtung (rechts).

📷

ABBILDUNG 173: Die Sternwarte von Bernd Koch (Stand 2007). Ein handelsübliches 28mm-Blockbohlen-Gartenhaus mit den Maßen 2,25m × 3,25m wurde 2001 in Eigenregie zu einer Rolldachhütte umgebaut.

Schutzhütte mit Klappdach

Sie bietet prinzipiell die gleichen Vor- und Nachteile wie eine Rolldachhütte, kann aber aufgrund des Klappmechanismus des Daches nicht mit ganz so großer Grundfläche gebaut werden.

Klappdachhütten werden je nach Art der Konstruktion etwas teurer als gleichgroße Rolldachhütten ausfallen. Sie sind nicht käuflich erhältlich, so dass Selbstbau gefordert ist. Neben der kompletten Eigenkonstruktion besteht auch hier die Möglichkeit, ein kommerzielles Gartenblockhaus entsprechend zu modifizieren.

ABBILDUNG 174

Der kuppelförmige Schutzbau

Die wohl klassische Art und Weise ein komplettes Teleskop aufzustellen, ist eine um 360° drehbare Kuppel. Nicht umsonst wird diese Art des Schutzbaus von Laien sofort mit einer Sternwarte assoziiert. Gegenüber den Schutzhütten mit Roll- oder Klappdach bietet die Kuppel aufgrund ihrer komplett geschlossenen Bauweise einen fast vollkommenen Licht- und Windschutz! Weil immer nur ein kleines Himmelsareal durch den Kuppelspalt sichtbar ist, verlieren jedoch gerade ungeübte Beobachter sehr leicht die Orientierung.

Nach besonders heißen Tagen, aber auch generell wenn Personen in der Kuppel anwesend sind, entstehen thermische Turbulenzen. Da erwärmte Luft das Gebäude nur durch den Kuppelspalt verlassen kann, ziehen die Luftschwaden immer genau vor dem Teleskop, welches ja ebenfalls durch den Spalt sieht, vorbei.

Speziell für die Astrofotografie führt der schmale Kuppelspalt zu weiteren Einschränkungen: Da nur ein begrenzter Himmelsausschnitt sichtbar ist, wird der Einsatz von Weitwinkelobjektiven stark eingeschränkt. Der Kuppelspalt muss zudem mit dem Teleskop mitbewegt werden, da er ansonsten den Blick auf das zu fotografierende Objekt versperrt. Steuerprogramme wie MaxIm DL sind in der Lage, eine motorisierte Kuppel automatisch zu steuern.

Verglichen mit den anderen hier vorgestellten Schutzbauten ist der Eigenbau einer Kuppel deutlich aufwändiger. Das Spektrum reicht von kleinen Gartenhäusern mit Kuppeldach bis hin zu mehrgeschossigen Sternwartengebäuden. Die von verschiedenen Herstellern für den Amteurmarkt fertig angebotenen Kuppeln sind verhältnismäßig teuer. Die kleinsten Modelle (meist mit einem Durchmesser von ca. 2m) kosten bereits um die 5000 Euro. In diesem Preis ist jedoch nur die Kuppel selbst enthalten, der dazugehörige Unterbau muss in allen Fällen noch selbst gebaut oder zusätzlich gekauft werden, was den Preis noch einmal mindestens um 1000 Euro erhöht. Es ist allerdings zu bedenken, dass in einer 2m-Kuppel nicht viel Platz um das Teleskop herum verbleibt! Vor allem dann, wenn neben dem Teleskop auch noch eine Ablagemöglichkeiten für Zubehör untergebracht werden sollen, wird es bereits bei den weit verbreiteten kompakten Schmidt-Cassegrain-Teleskopen mit 20cm Durchmesser sehr eng. Kuppeln mit größeren Durchmessern sind zwar auch kommerziell erhältlich, kosten jedoch üblicherweise weit über 10000 Euro.

ABBILDUNG 175

ABBILDUNG 174: Diese im geschlossenen Zustand wie ein normales Gartenhaus aussehende Klappdach-Sternwarte beherbergt ein 28cm Schmidt-Cassegrain-Teleskop.

ABBILDUNG 175: Ein solcher 30cm-Newton mit einer Brennweite von 1200mm ist das Maximum dessen, was man noch in einer Sternwartenkuppel mit 2m Durchmesser unterbringen sollte. Wenn das für die Fotografie mit einer digitalen Spiegelreflexkamera bzw. einer gekühlten CCD-Kamera benötigte Zubehör im Inneren der Kuppel aufgebaut ist, bleibt für den Beobachter nur noch sehr wenig Bewegungsraum.

KAMERABEDIENUNG UND AUFNAHMETECHNIK

Kamerainterne Bildbearbeitung

Kamerainterne Bildbearbeitungsfunktionen werden direkt auf das Bild angewendet, wenn die Aufnahme in einem der im Kapitel »Bildformate« beschriebenen universellen Bildformate wie JPG oder TIF abgespeichert wird. Bei diesen Bildformaten werden die vom Kamerasensor mit einer hohen Bit-Auflösung gelieferten Bilddaten für die Speicherung auf die für die Darstellung am Computer üblichen 8Bit pro Farbkanal umgerechnet. Da dies naturgemäß zu einem unwiederbringlichen Informationsverlust führt, werden die Berechnungen noch mit dem vollen Informationsgehalt der Daten durchgeführt.

Die einzige Möglichkeit, bei einer Digitalkamera auf das unbearbeitete Bild zuzugreifen, besteht in der Nutzung des herstellerabhängigen Rohdatenformats. In diesem Speicherformat werden alle Verarbeitungsfunktionen erst während des Einlesens des Bildes in das Bildbearbeitungsprogramm durchgeführt, wodurch der Benutzer die volle Kontrolle über die Auswirkungen der einzelnen Funktionen hat. Da Rohbilder groß und unhandlich sind, sollte man – falls die Kamera es zulässt – gleichzeitig mit dem Rohformat ein JPG-Bild zur schnellen Voransicht abspeichern.

Weißabgleich

Damit ein aufgenommenes Bild die Farben möglichst so wiedergibt, wie sie auch das menschliche Auge wahrnimmt, muss auch ein Digitalbild auf die Farbtemperatur des bei der Belichtung verwendeten Lichtes abgestimmt werden. Dies geschieht über den Weißabgleich.

Weil der Kamera die Farbtemperatur des verwendeten Lichts nicht bekannt ist, gibt es verschiedene Methoden, einen Weißabgleich vorzunehmen:

- **automatischer Weißabgleich:** Vor allem in der normalen Tageslichtfotografie wird wohl am häufigsten der automatische Weißabgleich verwendet. Die Kamera sucht hierbei im aufgenommenen Bild nach einer für sie weiß erscheinenden Fläche. In der Praxis definiert die Kamera den hellsten Bildpunkt einfach als Weiß. Da die so gefundene Stelle im Original oftmals nicht wirklich weiß war, kommt es im korrigierten Bild naturgemäß leicht zu Farbstichen. Diese sind jedoch meist nicht gravierend, so dass man sie im Nachhinein durch Bildbearbeitung noch problemlos beheben kann.

- **halbautomatischer Weißabgleich:** Hier gibt der Benutzer der Kamera die Farbtemperatur des verwendeten Lichts vor. Fast alle Digitalkameras bieten hierzu vordefinierte Lichtsituationen wie z.B. »Tageslicht«, »Glühlampe«, »Leuchtstoffröhre« oder »Elektronenblitz« an. Bei einheitlichen Lichtsituationen führt diese Art des Weißabgleichs zu guten Resultaten, bei Mischlicht ist die Fehlerquote jedoch recht hoch.

- **manueller Weißabgleich:** Er ist für den Einsatz bei Mischlicht sinnvoll. Nach Betätigung der entsprechenden Funktion kann der Kameraprozessor anhand einer Vergleichsaufnahme die richtige Farbtemperatur ermitteln und auf die kommenden Bilder anwenden.

Nach Austausch des Sensorfilters weisen Tageslichtaufnahmen auch nach dem manuellen Weißabgleich noch einen geringen Rotüberschuss auf, der davon abhängt, welcher Filter vor dem Sensor sitzt. Der Baader ACF III-Filter produziert mit dieser Methode von allen Filtern die neutralsten Bilder. Ein restlicher Rotüberschuss kann mit jedem Bildbearbeitungsprogramm beseitigt werden.

ABBILDUNG 176

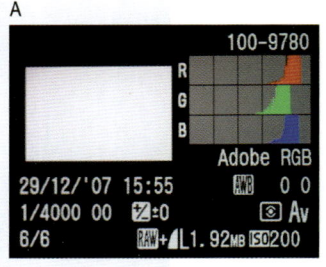

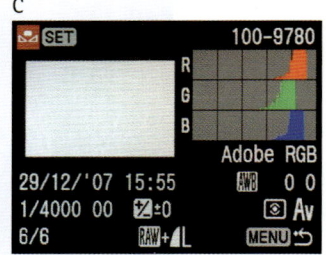

ABBILDUNG 176: Ablauf des manuellen Weißabgleichs einer für Hα modifizierten digitalen Canon EOS-Kamera (hier: Canon EOS 5D) gemäß Canon Betriebsanleitung: Man setzt das Objektiv an, für das der Weißabgleich erfolgen soll, stellt es extrem unscharf und richtet die Kamera gegen die gleichmäßige Wolkendecke. Mit Einstellung AWB wird im AV-Modus belichtet. Man erkennt den leichten rötlichen Überschuss im Bild (A). Der Menüpunkt »Man. Weißabgleich« wird aufgerufen und bestätigt (B). Das korrigierte Bild ist in (C) zu sehen. Im Weißabgleich-Menü wird das Symbol für manuellen Weißabgleich ausgewählt (D).

Farbräume und Farbprofile

Als Farbraum bezeichnet man alle Farbnuancen, die von einem Eingabegerät (bsp. Scanner oder Digitalkamera) erkannt bzw. von einem Ausgabegerät (bsp. Monitor oder Drucker) dargestellt werden können. Die Farben innerhalb eines Farbraumes werden hierbei durch ein Koordinatensystem, in dem die einzelnen Farben durch Basiskoordinaten auf verschiedenen Achsen charakterisiert werden, bestimmt. Während für Kameras, Scanner und Monitore üblicherweise ein auf die drei Grundfarben des menschlichen Sehens basierender RGB-Farbraum verwendet wird, arbeiten beispielsweise professionelle Druckmaschinen im CMYK-Farbraum. Drucktechnisch bedingt beinhaltet der CMYK-Farbraum hierbei deutlich weniger verschiedene Farbnuancen als der RGB-Farbraum.

Doch auch innerhalb eines Farbraumes wird ein bestimmter Farbton nicht automatisch auf allen Geräten gleich wiedergegeben. Nur wenn die genauen Farbräume von Aus- und Eingabegerät bekannt sind, kann durch Umrechnung des Farbraumes auch eine annähernd dem Original entsprechende Farbwiedergabe erreicht werden. Damit dies möglich ist, muss von den entsprechenden Geräten ein Farbprofil vorhanden sein.

Digitalkameras speichern ihre Bilder heute üblicherweise in dem 1996 eingeführten sog. Standard-RGB-Farbraum (sRGB) ab, einem Farbraum, der für die spätere Wiedergabe am Monitor optimiert ist. Bei machen Kameras kann hierbei noch wahlweise in zwei Subformen des sRGB-Farbraumes abgespeichert werden: Während der eine sRGB-Farbraum vor allem Farben für die Wiedergabe feiner Hauttöne enthält und somit für Porträtaufnahmen die erste Wahl ist, ist der andere sRGB-Farbraum auf die Wiedergabe von Grün- und Blautönen optimiert und deshalb die bevorzugte Einstellung für Landschafts- und Naturaufnahmen.

Vor allem Kameras der gehobeneren Preisklasse erlauben alternativ noch das Speichern der Aufnahmen im Adobe RGB. Dieser Farbraum ist für Bilder sinnvoll, die zwar am Computer nachbearbeitet, später aber für die professionelle Druckwiedergabe in den CMYK-Farbraum umgewandelt werden sollen. Der Farbumfang des Adobe RGB-Farbraums wurde hierbei so gewählt, dass bei der Umwandlung von RGB nach CMYK so wenig Farben wie möglich verloren gehen.

Farbsättigung

Als Farbsättigung wird die Intensität und die spektrale Reinheit einer Farbe bezeichnet. Ungesättigte Farben (schwarz, grau, weiß) werden als unbunt bezeichnet. Farben mit geringer Sättigung nennt man Pastellfarben.

Der Grad der Farbsättigung kann bei vielen Kameras vom Benutzer eingestellt werden. Dies ist jedoch mit Vorsicht zu genießen, da man sehr leicht dazu neigt, eine zu starke Sättigung zu wählen. Die Bilder wirken dann auf den ersten Blick zwar sehr farbenprächtig, mit der Zeit stellt sich erfahrungsgemäß jedoch meist der Eindruck ein, dass sie zu bunt sind. Eine falsch eingestellte Farbsättigung kann zwar auch durch nachträgliche Bildbearbeitung wieder abgemildert werden, oftmals führt dies jedoch zu einem sichtbaren Qualitätsverlust.

Kontrast

Für die Fotografie von Motiven mit sehr hohen bzw. sehr niedrigen Objektkontrasten kann im Menü vieler Digitalkameras der Bildkontrast auch manuell eingestellt werden. Bei sehr kontrastreichen Objekten kann durch eine Kontrastverringerung vermieden werden, dass helle Bildbereiche bereits überbelichtet sind, während in den dunklen Bildbereichen noch keinerlei Struktur sichtbar wird. Bei kontrastarmen Motiven bietet sich die Möglichkeit, die Objekthelligkeiten über den kompletten Helligkeitsbereich der Kamera zu verteilen.

Schärfen

Die elektronische Nachschärfung der Bilddaten hat nichts mit der über das Kameraobjektiv vorgenommenen Fokussierung eines Bildes zu tun. Sie ist ebenfalls nicht in der Lage, eine z.B. durch eine zu lang gewählte Verschlusszeit verwackelte Aufnahme wieder scharf zu rechnen. Sinn und Zweck der internen Schärfungsfunktion ist der Ausgleich der technisch bedingten Unschärfe, wie sie u.a. durch die Farbinterpolation der Kamera entsteht.

Weil der endgültige Schärfeeindruck der Aufnahme stark von der vom Kamerahersteller verwendeten Berechnungsmethode abhängig ist, sagen die im Kameramenü einstellbaren Bezeichnungen meist recht wenig über das spätere Resultat aus. Im Extremfall kann eine zu starke Schärfung zu deutlich sichtbaren Artefakten im Bild führen, die vor allem bei starker Vergrößerung auffällig sind. Im Bild vorhandenes Rauschen wird durch die Schärfung ebenfalls verstärkt.

Viele preiswerte Kameras besitzen in der Grundeinstellung bereits eine sehr starke Bildschärfung, die über die meist schwache optische Leistung der verwendeten Objektive hinwegtäuschen soll. Doch selbst bei den im professionellen Bereich angesiedelten Spiegelreflexkameras der oberen Preisklasse lässt sich die interne Bildschärfung nicht komplett ausschalten.

Generell sollten für den astronomischen Einsatz keine oder immer die minimalen Schärfeeinstellungen verwendet werden. Eine elektronische Schärfung der Aufnahme kann in jedem Bildbearbeitungsprogramm durchgeführt werden. Fast immer kann der Anwender hierbei sogar noch unter verschiedenen Schärfungsmethoden wählen.

Externe Steuerung

Sowohl Webcams als auch fast alle gekühlten CCD-Kameras können nur zusammen mit einem Computer betrieben werden. Da im Kameragehäuse selbst meist nur der Aufnahmesensor, seine Ansteuerelektronik sowie die eventuell vorhandene Chip-Kühlung untergebracht sind, erfolgt die eigentliche Steuerung der Kamera komplett über den Computer: Je nach Kameratyp löst er die Aufnahme von Einzelbildern bzw. Filmsequenzen aus, steuert deren Belichtungszeit und speichert die ausgelesenen Daten ab. Der sonstige Funktionsumfang dieser Steuerprogramme reicht hierbei von der durch Analysefunktionen unterstützten Fokussierung bis hin zur kompletten Fernsteuerung des Teleskops samt Kamera.

Obwohl Videokameras und Digitalkameras als »Stand-alone«-Geräte ausgelegt sind, kann auch ihre externe Ansteuerung mittels Computer für den astronomischen Einsatz Vorteile bieten. Während bei vielen Kameramodellen die automatische Erstellung von Belichtungsreihen möglich ist, kann speziell bei den digitalen Spiegelreflexkameras auch softwareunterstützt fokussiert werden. Neben der rein visuellen Begutachtung der Bildschärfe anhand eines stark vergrößerten Bildausschnittes bieten verschiedene Programme auch spezielle Analysefunktionen für die Fokussierung einer Astroaufnahme.

Gekühlte CCD-Kameras werden mit einem an die jeweilige Kamera angepassten astronomisch optimierten Steuerprogramm verkauft. Für den astronomischen Einsatz der anderen Kameratypen muss entsprechende

Tabelle 32: Die in der Astrofotografie üblichen Ansteuerungsmöglichkeiten der verschiedenen Kameratypen.

Aufbau	Belichtungszeit	Fokussierung	Aufnahmeserien
Webcam + PC über USB / Firewire	Einzelbild + Filmsequenzen 1/25s – 1/2000s (andere Zeiten nur nach Kameraumbau möglich)	PC-Monitor (je nach Software mit unterschiedlichen Analysemöglichkeiten)	ja
digitale Kompaktkamera	Einzelbild + Filmsequenzen kamerainterne Zeiten (Handauslösung)	Autofokus + Display	nein
digitale Kompaktkamera + PC über USB	Einzelbild + Filmsequenzen kamerainterne Zeiten (PC-Auslösung)	Autofokus + PC-Monitor (nur nach Sicht - keine Analysemöglichkeiten)	ja
Videokamera	Einzelbild + Filmsequenzen kamerainterne Zeiten (Handauslösung)	Autofokus + Display	nein
Videokamera + PC über Firewire	Einzelbild + Filmsequenzen kamerainterne Zeiten (PC-Auslösung)	Autofokus + PC-Monitor (je nach Software mit unterschiedlichen Analysemöglichkeiten)	ja
DSLR + Fernauslöser	Einzelbild kamerainterne Zeiten + Langzeit (manuell gesteuert)	Sucherlupe Autofokusadapter Display Hartmann-Maske	nein
DSLR + Timer-Auslöser	Einzelbild kamerainterne Zeiten + Langzeit (Timer gesteuert)	Sucherlupe Autofokusadapter Display Hartmann-Maske	ja
DSLR + PC über USB	Einzelbild kamerainterne Zeiten	PC-Monitor (je nach Software mit unterschiedlichen Analysemöglichkeiten)	ja
DSLR + Fernauslöser + PC über USB	Einzelbild kamerainterne Zeiten + Langzeit (manuell gesteuert)	PC-Monitor (je nach Software mit unterschiedlichen Analysemöglichkeiten)	ja (nur kamerainterne Zeiten)
DSLR + Timer-Auslöser + PC über USB	Einzelbild kamerainterne Zeiten + Langzeit (Timer gesteuert)	PC-Monitor (je nach Software mit unterschiedlichen Analysemöglichkeiten)	ja
DSLR + PC über seriell/parallel und USB	Einzelbild kamerainterne Zeiten +Langzeit (PC gesteuert)	PC-Monitor (je nach Software mit unterschiedlichen Analysemöglichkeiten)	ja
CCD-Kamera + PC über parallel / USB / Firewire	Einzelbild alle Zeiten (PC gesteuert)	PC-Monitor (je nach Software mit unterschiedlichen Analysemöglichkeiten)	ja

Software von einem »Fremdhersteller« separat erworben weden.

In die Steuerprogramme wurden im Laufe der Zeit immer mehr Bildbearbeitungs- und Auswertefunktionen integriert. Parallel dazu wurden auch viele, ursprünglich nur auf die Bildbearbeitung ausgelegte Programme mit Steuerfuntionen versehen. Die Programme von Fremdherstellern können daher auch für den Besitzer einer gekühlten CCD-Kamera eine Alternative darstellen, weil sie entweder einen wesentlich größeren Funktionsumfang besitzen oder wesentlich besseren Bedienungskomfort bieten.

Sehr interessant ist bei einigen der Fremdprogramme auch die Möglichkeit, Kameras verschiedener Hersteller gleichzeitig an einem Computer zu betreiben. Vor allem für den Einsatz einer separaten Nachführkamera ergeben sich hierdurch völlig neue Kombinationsmöglichkeiten.

Fast alle der angebotenen Programme benötigen eines der von der Firma Microsoft entwickelten Windows-Betriebssysteme. Für Windows Vista liegen nicht immer geeignete Treiber vor, so dass in den meisten Fällen das bewährte Windows XP zum Zuge kommt. Für den in der praktischen Astronomie durchaus üblichen Einsatz unter »erschwerten klimatischen Bedingungen« können also auch preiswerte ältere Computer verwendet werden.

Das Softwareangebot für andere bzw. ältere Betriebs- oder gar andere Computersysteme ist äußerst dünn. Am ehesten finden sich hier Programme zur Ansteuerung von digitalen Spiegelreflexkameras oder Webcams, wobei der Schwerpunkt jedoch meist nicht auf der astronomischen Nutzung der Kameras liegt. Bei den gekühlten CCD-Kameras existieren nur für wenige der bekannten Hersteller solche Alternativen.

Erkennen der Kamera

Damit eine Kommunikation des Computers mit der Kamera überhaupt möglich ist, muss diese einmal von der Steuersoftware erkannt werden. Dies ist u.a. auch deshalb notwendig, weil fast alle Programme in der Lage sind, die verschiedenen Kameras ihrem jeweils unterschiedlichen Funktionsumfang entsprechend anzusteuern. Die eigentliche Kameraerkennung läuft je nach Kameratyp leicht unterschiedlich ab: Kameras mit USB- oder Firewire-Anschluss müssen zunächst vom Betriebssystem erkannt und durch Einbindung einer entsprechenden Treiberdatei für den Computer betriebsbereit gemacht werden. Die Aufforderung zur Installation dieses Treibers erfolgt automatisch beim erstmaligen Anschluss der Kamera. Für den Fall, dass das Betriebssystem einen systemeigenen »Universaltreiber« zur Installation anbietet, sollte dieser nach Möglichkeit durch einen herstellereigenen Treiber ersetzt werden. Er liegt der Kamera entweder auf einem Datenträger bei oder kann per kostenlosem Download über die Webseite des Kameraherstellers bezogen werden.

Ist die Treiberdatei in das Betriebssystem integriert worden, wird die Kamera bei jedem erneuten Anschluss an den Computer automatisch wiedererkannt und eingebunden. Digitalkameras werden hierbei teilweise als externe Festplatten interpretiert. Die in einem solchen Fall erscheinende Aufforderung des Betriebssystems, eventuell vorhandene Bilder oder Filme herunterzuladen und darzustellen bzw. abzuspielen kann verneint werden.

Die Kameraeinstellungen innerhalb der Steuersoftware erfolgen meist manuell durch den Anwender. Je nach Kameratyp müssen Art und Adresse der Schnittstelle, bei älteren Kameras auch die Geschwindigkeit der Datenübertragung, aus einer vorgegebenen Liste ausgewählt werden. Werden hierbei falsche Parameter eingestellt,

ⓘ
TIPP

Obwohl viele Programme auch noch unter Windows 98 lauffähig sind, ist dennoch der Wechsel auf mindestens Windows XP zu empfehlen, weil viele moderne Kameras, bsp. Meade DSI, unter Windows 98 nicht mehr lauffähig sind.

📷
ABBILDUNG 177: Die Kommunikation des Steuerprogramms (hier MaxDSLR von Diffraction Limited) mit der Kamera ist nur möglich, wenn im Kamera-Treiber alle Parameter richtig eingestellt werden.

ABBILDUNG 177

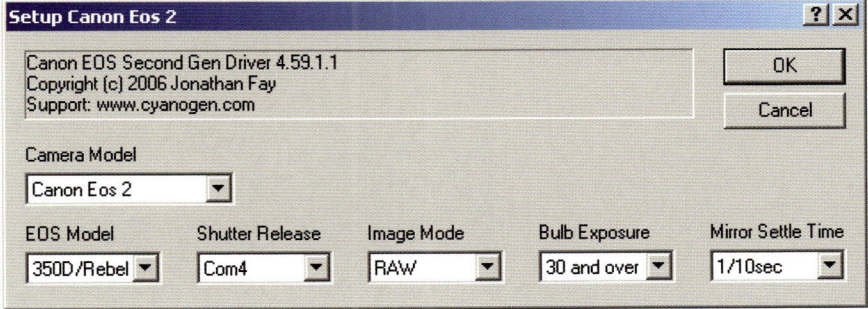

quittiert die Software dies entweder mit einer Fehlermeldung oder sogar mit einem Absturz. Wird an der angegebenen Stelle die entsprechende Kamera gefunden, speichert das Programm diese Werte in einer INI-Datei ab. Diese wird bei einem erneuten Programmstart automatisch abgearbeitet, so dass die Kamera direkt wieder mit den zuletzt verwendeten Einstellugen zur Verfügung steht.

Kontrolle der Chip-Temperatur

ber die Steuersoftware erfolgen sowohl Aktivierung als auch Überwachung der Temperatureinstellung einer gekühlten CCD-Kamera. Art und Umfang der Einstellmöglichkeiten fallen hierbei je nach Kameramodell stark unterschiedlich aus:

Ungeregelt gekühlte Kameras

Bei Kameras mit einer ungeregelten Kühlung wird sich die Temperaturkontrolle üblicherweise auf die reine Aktivierung der Kühlung beschränken. Verfügt die Kamera über mehrere Kühlstufen (z.B. mehrere Peltierelemente), können diese meist separat aktiviert werden. Sehr praktisch für den Anwender ist eine Anzeige der aktuellen Chiptemperatur, da diese darüber entscheidet, ob unterschiedliche Dunkelbilder zur Korrektur der Objektbilder verwendet werden müssen.

Geregelt gekühlte Kameras

Besitzt die Kamera eine geregelte Kühlung, übernimmt die Steuersoftware deren Überwachung. Nach Aktivierung der Kühlung versucht das Programm eine vom Anwender bestimmte absolute Chiptemperatur einzustellen. Soll- und Istwert werden üblicherweise in einem Informationsfenster angezeigt.

Als sehr praktisch hat es sich erwiesen, wenn zusätzlich die prozentuale Auslastung der Kühlung angezeigt wird. Wird die Kühlung bereits mit 100% ihrer Leistung

Der Betrieb mehrerer Kameras an einem Computer

Fast alle Steuerprogramme erlauben die Ansteuerung einer separaten Nachführkamera parallel zur eigentlichen Aufnahmekamera. Der zeitgleiche Betrieb einer zweiten Aufnahmekamera ist jedoch in keinem Programm vorgesehen. Sollen trotzdem zwei Aufnahmekameras von einem Computer gesteuert werden, reicht es im einfachsten Fall bereits aus, die Steuersoftware ein zweites Mal zu öffnen.

Die verwendeten Kameras dürfen jedoch nicht auf den gleichen Treiber zurückgreifen. Bei Kameras verschiedener Hersteller sollten daher keine Probleme auftreten. Die digitalen Spiegelreflexkameras der EOS-Serie von Canon stellen einen Sonderfall dar, da sie (zumindest im Programm MaxDSLR von Diffraction Limited) je nach Kameramodell auf zwei verschiedene Treibergruppen zurückgreifen.

Tabelle 33: Treiberkonflikte in MaxDSLR bei gleichzeitigem Betrieb von zwei digitalen Canon EOS-Kameras an einem Computer.

Treibergruppe »EOS 1«	Treibergruppe »EOS 2«
EOS 1D	EOS 1D Mark II
EOS 1Ds	EOS 1Ds Mark II
EOS 10D	EOS 20D
EOS 300D	EOS 20Da
EOS D30	EOS 30D
EOS D60	EOS 40D
EOS 5D	EOS 350D
	EOS 400D

betrieben, um eine gewünschte Temperatur zu erreichen, hat man keinerlei Spielraum mehr, um auf eventuelle Schwankungen der Umgebungstemperatur zu reagieren.

Auch die Überwachung der Chiptemperatur direkt nach dem Einschalten bzw. vor dem Ausschalten der Kamera ist wichtig. Leider besitzt jedoch keines der aktuellen Steuerprogramme entsprechende vordefinierte Automatismen, um dies ohne Eingriff des Anwenders ablaufen zu lassen. Verschiedene Programme sind jedoch mittels einer Makrosprache programmierbar, so dass man die hierfür benötigten Abläufe leicht selbst schreiben kann.

- **Herunterkühlen des Chips:** Bei allen zurzeit gebräuchlichen Steuerprogrammen wird der Chip nach der Aktivierung der Kühlung mit maximal möglicher Leistung gekühlt. Erst in der Nähe der gewünschten Solltemperatur wird die Leistung langsam zurückgefahren, damit sich die gewünschte Temperatur einstellt.

  Bei älteren einstufigen Peltierkühlungen ist dieses Vorgehen nicht sinnvoll, da nur selten Temperaturdifferenzen von mehr als 30°C zur Umgebung erreicht werden können und sich diese zudem auch erst nach einer relativ langen Wartezeit einstellen.

  Bei modernen Kameras mit zwei elektrischen Kühlstufen und eventuell sogar noch einer unterstützenden Wasserkühlung ist die Kühlleistung teilweise so hoch, dass es innerhalb des CCD-Chips zu einem starken Temperaturgefälle kommt. Während die Vorderseite des Chips noch beinahe Ausgangstemperatur besitzt, ist die dem Kühlfinger zugewandte Rückseite bereits stark abgekühlt. Vor allem bei großformatigen CCD-Chips können die hierdurch entstehenden mechanischen Spannungen innerhalb des Chips so groß werden, dass dieser Schaden nimmt. Der Chip sollte daher besser stufenweise heruntergekühlt werden! Über die Anzahl der hierbei zu verwendenden Stufen machen die Chiphersteller keine verbindlichen Angaben, im Allgemeinen wird jedoch eine Schrittweite von ca. 15°C empfohlen.

  Ein stufenweises Herunterkühlen der Kamera hat zudem noch einen weiteren Vorteil: Die im Kameragehäuse vorhandene Restfeuchtigkeit kann auf der Chipoberfläche ausfrieren. Damit sich diese Feuchtigkeit auf dem Kühlfinger und nicht auf dem Chip niederschlägt, sollte auf jeden Fall bei einer Chiptemperatur um 0°C eine nicht zu kurze Unterbrechung des Kühlvorgangs erfolgen.

  Die Einregulierung der Chiptemperatur auf den vorgewählten Wert wird nicht von allen Programmen gleich gelöst. Während z.B. die Programme CCDOPS (SBIG), CCD-Soft (Software Bisque) oder MaxIm DL (Diffraction Limited) bereits einige Grad vor dem Erreichen der Solltemperatur die Kühlleistung merklich zurückfahren, macht das Programm AstroArt (MSB-Software) dies bei einer ST-6 der Firma SBIG erst genau mit dem Erreichen der Solltemperatur. Die Folge ist ein starkes Überschwingen, auf das AstroArt mit einer fast kompletten Zurücknahme der Kühlleistung reagiert. Dies führt dazu, dass die Solltemperatur bei der einsetzenden Erwärmung des Chips wieder nach oben hin überschritten wird, was wiederum eine Erhöhung der Kühlleistung auf den maximalen Wert zur Folge hat. Das Ergebnis ist ein langer Einschwingvorgang,

- **Erwärmen des Chips:** Analog zum Herunterkühlen sollte auch die Erwärmung des CCD-Chips nach Beendigung der Aufnahmen nicht schlagartig, sondern stufenweise erfolgen. Auch hier könnte eine zu schnelle Erwärmung, wie sie z.B. einfaches Ausschalten der Kamera zur Folge hätte, zu mechanischen Spannungen innerhalb des Chips führen, die diesen im schlimmsten Fall sogar zerstören können.

Histogramm zur Ermittlung der Belichtungszeit

Das Histogramm ist die grafische Darstellung der in einem Bild enthaltenen Helligkeiten. Dazu verwenden fast alle Programme als Darstellungsform

LINKS

Software zur Kontrolle der Chip-Temperatur

CCDOPS
SBIG
www.sbig.com

CCDSoft
Software Bisque
https://www.bisque.com

MaxIm DL (+DSLR) / MaxDSLR
Diffraction Limited
www.cyanogen.com

AstroArt
MSB-Software
www.msb-astroart.com

ABBILDUNG 178

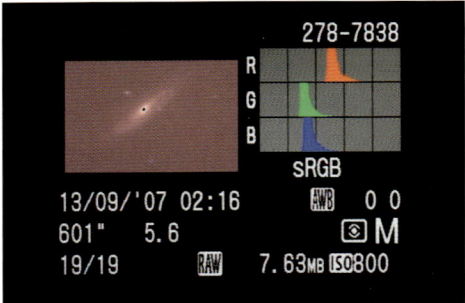

ABBILDUNG 178: Die RGB-Histogrammdarstellung der Spiegelreflexmodelle der Firma Canon (hier: EOS 400D) ermöglicht eine nach Farben getrennte Belichtungskontrolle. Wie bei allen Canon-Kameras werden überbelichtete Bildbereiche in der Bilddarstellung farblich kenntlich gemacht.

ABBILDUNG 179: Aufnahmen der Galaxie M 51 zeigen im Histogramm die für eine Deep-Sky-Aufnahme typische Helligkeitsverteilung. Bei Farbbildern ist in vielen Programmen (hier: Fitswork) eine separate Histogrammdarstellung der einzelnen Farbkanäle möglich.

ein Säulendiagramm. Die verschiedenen Helligkeitswerte werden dabei auf der X-Achse aufgetragen, wobei die Höhe der Säule von der Anzahl der Pixel mit der entsprechenden Helligkeit bestimmt wird. Die Y-Achse eines Histogramms ist typischerweise logarithmisch skaliert, damit auch noch einzelne Pixel einer bestimmten Helligkeit dargestellt werden können.

Einige Programme können bei Farbbildern für jeden der drei Farbkanäle ein separates Histogramm darstellen. Ein fehlerhafter Weißabgleich des Bildes lässt sich so einfacher erkennen und durch entsprechende Helligkeitsanpassung der einzelnen Farben korrigieren.

Das Histogramm eines Bildes wird normalerweise in einem separaten Fenster angezeigt. Bei fast allen Programmen sind in diesem Fenster neben dem eigentlichen Histogramm zusätzlich Funktionen zur Darstellung der verschiedenen Helligkeitswerte eines Bildes auf dem Monitor enthalten.

- Im einfachsten Fall kann durch die Eingabe der entsprechenden Zahlen der Schwarz bzw. Weißwert für die Darstellung festgelegt werden. Wesentlich komfortabler und zudem auch Windows-typischer ist jedoch die Einstellung dieser Werte mit Hilfe von Schiebereglern. Viele Programme unterstützen beide Arten der Einstellung. Bei manchen Programmen besteht auch zusätzlich die Möglichkeit, feste, bereits vordefinierte Darstellungsformen mit-

ABBILDUNG 179

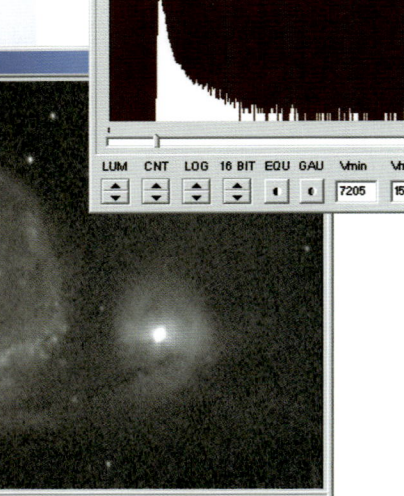

Histogrammdarstellung bei Digitalkameras

Bei fast allen Digitalkameras kann zur Belichtungskontrolle neben der bildlichen Wiedergabe der gemachten Aufnahme auch ihr Histogramm auf dem Kameradisplay dargestellt werden. Während bei den meisten Kameramodellen nur ein monochromes Histogramm sichtbar ist, erlauben einige der aktuellen Spiegelreflexmodelle wie z.B. Canon EOS 5D und Canon EOS 400D auch die Anzeige eines in die einzelnen Farbkanäle separierten RGB-Histogramms. So kann man leichter erkennen, ob einer der Farbkanäle zu knapp belichtet ist.

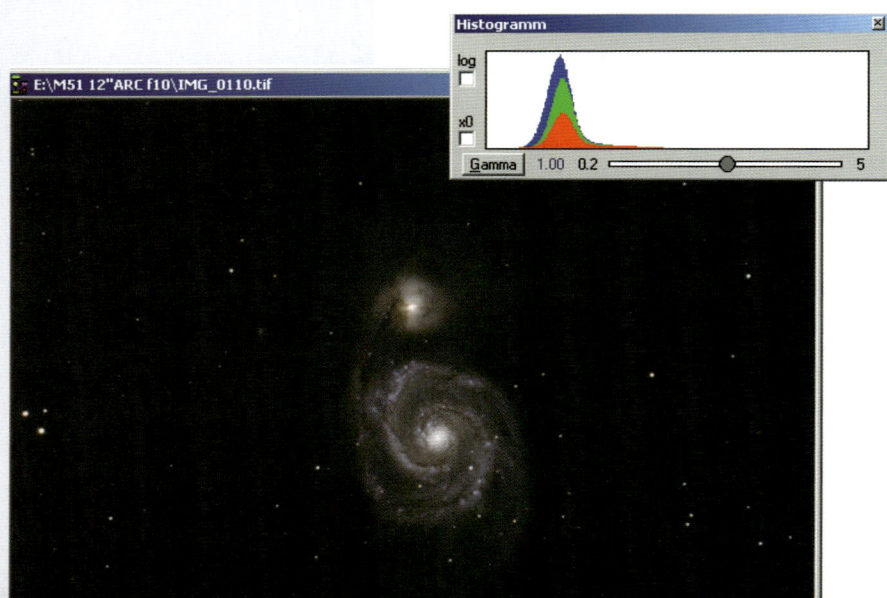

tels verschiedener Buttons oder einem Pulldown-Menü anzuwählen.

- In vielen Fällen gibt eine lineare Skalierung der im Bild vorhandenen Helligkeitswerte nicht alle interessanten Details des Objektes wieder, so dass viele Programme auch die logarithmische bzw. exponentielle Darstellung der Helligkeiten ermöglichen. Hier reichen die Möglichkeiten von der Eingabe entsprechender numerischer Werte über fest vordefinierte Abstufungen bis hin zu einer freien Einstellung mittels Schiebereglern.

- Anhand der Gestalt eines Histogramms kann neben der für die Darstellung eines Bildes benötigten Helligkeitseinstellungen auch abgelesen werden, ob die verwendete Belichtungszeit ausreichend war. Hierzu wird die Histogrammform begutachtet. Während z.B. bei einem normalen Landschaftsfoto je nach Art des dargestellten Motivs alle möglichen Histogrammformen auftreten können, hat man es in der Astronomie fast immer nur mit zwei Grundtypen tun:

- **Mond-, Sonnen- und Planetenbilder:** Das typische Histogramm eines solchen Bildes besteht aus einer Spitze auf der »linken« Seite und einem mehr oder weniger stark ausgeprägten Plateau auf der »rechten« Seite. Wie bei den Deep-Sky-Aufnahmen wird die Spitze aus den zahlreichen Pixeln des Himmelshintergrundes gebildet. Das Plateau dagegen zeigt die Helligkeiten der Pixel, aus denen das eigentliche Planetenscheibchen besteht. Die Vari-

ationen innerhalb des Plateaus stellen die unterschiedlichen Helligkeiten der Oberflächendetails dar.

- **Deep-Sky-Aufnahmen:** Bei fast allen Bildern von Sternfeldern oder einzelnen Deep-Sky-Objekten wird das Histogramm eine sehr große Ansammlung von Pixeln geringer Helligkeit zeigen. Die »linke« Flanke dieser Kurve fällt hierbei sehr steil ab, während die »rechte« Flanke mehr oder weniger flach ausläuft. Die zahlreichen dunklen Pixel stellen dabei den Himmelshintergrund dar, während sich in der »rechten« Flanke die Helligkeiten der eigentlichen Objektpixel (Sterne, Galaxien, Nebel usw.) befinden.

ABBILDUNG 180

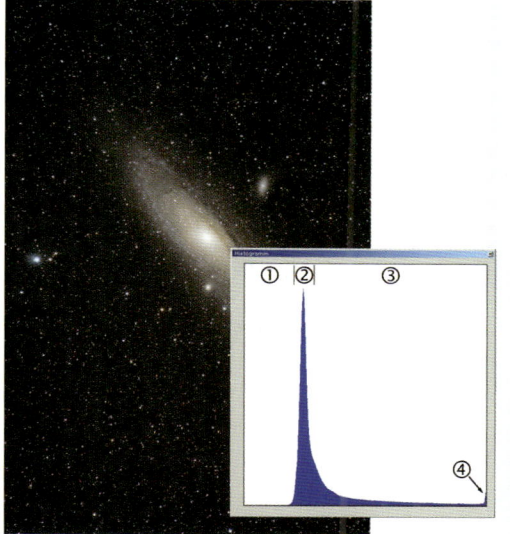

ABBILDUNG 181

ABBILDUNG 180: Das Histogramm einer Deep-Sky-Aufnahme kann grob in drei Bereiche eingeteilt werden: Damit auch in den dunklen Bildregionen des Himmelshintergrundes keine Information verloren gehen, muss die Belichtungszeit so gewählt werden, dass sich deren Intensitätswerte deutlich von »Null« unterscheiden (2). Unterhalb dieses Intensitätswertes finden sich nur wenige »kalte« Pixel (1). Pixel mit Intensitätswerten oberhalb des Himmelshintergrundes (3) gehören entweder zum Objekt, zu Sternen oder sind »warme« Pixel.

Die maximal sinnvolle Belichtungszeit wird dann erreicht, wenn die Intensitäten der hellsten Bildbereiche den »rechten Rand« des Histogramms erreichen. Sollen schwächere Nebel oder Galaxien optimal dargestellt werden, kommen helle »Vordergrundsterne« schnell in die Sättigung (4). Die maximale Belichtungzeit sollte daher so gewählt werden, dass die hellsten Bereiche des eigentlichen »Zielobjektes« – hier der Kernbereich von M 31 – gerade eben noch nicht überbelichtet sind.

ABBILDUNG 181: Das Histogramm dieses Mondfotos weist die für eine Mond-, Sonnen- oder Planetenaufnahme typische Form auf.

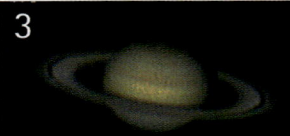

ABBILDUNG 182: Maximum-Histogramm für drei verschiedene Belichtungszeiten am Beispiel einer Aufnahmeserie des Planeten Saturn. Bei Überbelichtung (1) hat das hellste Pixel bereits die maximal mögliche Intensität erreicht: Die Säule zeigt den maximalen Wert an. Sobald das hellste Pixel eine Intensität unterhalb des Maximalwertes besitzt (2 und 3), kann eine Aufnahme prinzipiell für die weitere Bildbearbeitung verwendet werden. Optimal sind jedoch Bilder, bei denen die Maximalintensität des hellsten Bildpunktes bei ca. ¾ der maximal möglichen Intensität liegt (2): Das aufgenommene Objekt zeigt möglichst viele Helligkeitsabstufungen und die Gefahr des »Ausbrennens« beim späteren Nachschärfen ist trotzdem noch gering. Das leichte Schwanken der angezeigten Maximalhelligkeit wird durch die herrschende Luftunruhe hervorgerufen.

TIPP

Da die Frequenz, mit der die neuen Bilder auf dem Monitor erscheinen, hauptsächlich von der Länge der Belichtungszeit abhängt, sollte diese im Interesse einer schnellen Objektsuche möglichst kurz gewählt werden. Das Bild muss gleichzeitig aber noch eine genügend hohe Sterndichte aufweisen, damit eine eindeutige Identifizierung von Sternmustern möglich ist. Verwendet man eine digitale Spiegelreflexkamera, sollte die ISO-Empfindlichkeit vorübergehend auf den maximal möglichen Wert stellen (ISO 1600 ... ISO 3200).

Fokussierung

Die Fokussierung ist neben der Nachführung eine der wichtigsten, gleichzeitig aber auch einer der zeitaufwendigsten Arbeitsschritte bei der Gewinnung eines guten Astrofotos. Während eine spezielle Fokussierfunktion innerhalb der Steuersoftware für die Scharfstellung einer gekühlten CCD-Kamera unabdingbar ist, ist sie für digitale Spiegelreflexkameras prinzipiell nicht notwendig. Der Fokussiervorgang kann durch sie jedoch auch bei

⟨⟩ Maximum-Histogramme bei Videokameras und Webcams

»Statische« Histogramme zeigen jeweils den kompletten Helligkeitsbereich einer einzigen Aufnahme. Speziell für die Belichtungssteuerung von Videokameras und Webcams bieten einige Programme auch zeitlich aufgelöste Maximum-Histogramme an. Bei diesen wird der Intensitätswert des hellsten Bildpunktes über der Zeit in Form eines Säulendiagramms dargestellt. Mit jedem von der Kamera aufgenommenen Einzelbild wird auf der X-Achse des Histogramms eine neue Intensitätssäule hinzugefügt. Ist die maximal darstellbare Anzahl von X-Werten erreicht, wird der älteste Wert gelöscht und der Rest des Diagramms nach links verschoben, so dass auf der rechten Seite Platz für einen neuen Wert entsteht.

ABBILDUNG 182

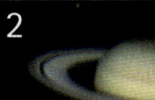

diesem Kameratyp beschleunigt und verbessert werden.

Um die Auswirkung von Durchbiegungen bzw. Verkippungen innerhalb des optischen Systems auf die Bildschärfe, wie sie z.B. bei größeren Lageänderungen der Optik auftreten können, zu minimieren, sollte die Fokussierung immer am aufzunehmenden Objekt selbst oder zumindest an einem ausreichend hellen Stern in seiner Nähe erfolgen. Solche Veränderungen innerhalb der Optik sind auch der Grund dafür, dass nach jeder neuen Aufnahmeeinrichtung neu fokussiert werden sollte. Nicht nur das Einstellen eines neuen Aufnahmeobjektes, sondern auch die allmähliche Lageänderung des Objektes aufgrund der Erdrotation bei mehrstündigen Belichtungsreihen kann zu einer langsamen Fokusveränderung führen! Eine weiterere Ursache für Fokusveränderungen kann auch die temperaturbedingte Längenänderung des optischen Tubus sein.

Objektsuche

Neben dem klassischen manuellen Einstellen mittels Sucherfernrohr und Star-Hopping erfolgt die Objektsuche im Amateurbereich heute entweder mit Hilfe von analogen bzw. digitalen Teilkreisen oder sogar komplett automatisch über die GoTo-Funktion der Montierung. Vor allem bei längeren Brennweiten und/oder kleinen Sensorformaten reicht die zu erzielende Genauigkeit dieser Methoden aber nicht mehr aus, um das Objekt ins Bildfeld zu bekommen. In einem solchen Fall ist die Verwendung eines Klappspiegels zusammen mit einem Fadenkreuzokular oder gar einem speziellen CCD-Zentrierokular sinnvoll.

Die genaue Positionierung des Objektes innerhalb des Bildfelds erfolgt immer anhand von Probebelichtungen. Während helle Objekte hierbei direkt gesehen werden, müssen lichtschwache Objekte gegebenenfalls indirekt positioniert werden. Möglichst kurz belichtete Aufnahmen werden hierzu mit einer Sternkarte der betreffenden Himmelsregion verglichen.

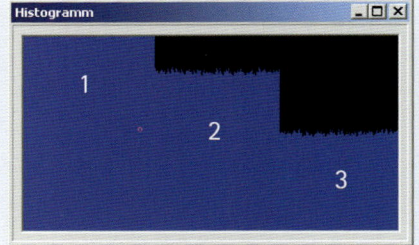

In den meisten Fällen wird ein solcher Vergleich vom Beobachter manuell durchgeführt. Es gibt jedoch auch Steuerprogramme, die diesen Vergleich von Bild und Karte automatisch durchführen, um entsprechende Positionskorrekturen an die GoTo-Steuerung zu übermitteln.

Viele Steuerprogramme besitzen keine eigene Funktion für die Objektsuche. Dies ist auch nicht weiter notwendig, da hierzu auch die Aufnahmefunktion verwendet werden kann. Alternativ kann zur Positionierung auch die Fokussierfunktion verwendet werden. Diese hat gegenüber der normalen Aufnahmefunktion sogar verschiedene Vorteile:

• Mit ihr können automatische Bilderserien aufgenommen werden. Die Einzelbilder werden hierbei kontinuierlich aufgenommen, zum Rechner übertragen und dargestellt. Ohne den ständigen Wechsel zwischen dem Handtaster zum Bewegen des Teleskops und der Neuauslösung der Kamera kann man sich so voll und ganz auf den Vergleich des aktuell sichtbaren Bildfeldes mit der Sternkarte konzentrieren.

• Die in der Fokussierfunktion vorgenommenen Kameraeinstellungen sind von den Einstellungen der Aufnahmefunktion unabhängig. Sehr leicht vergisst man z.B. eine eventuell vorgenommene Veränderung des Binningmodus für die eigentliche Aufnahme wieder zurück zu setzen. Da die Fokussierfunktion zudem über eine von der Aufnahmefunktion unabhängige Einstellung der Belichtungszeit verfügt, können die Parameter für die eigentliche Aufnahme auch dann unverändert bleiben, wenn hintereinander mehrere verschiedene Objekte mit gleichen Einstellungen fotografiert werden sollen.

»Astronomers Control Panel« (ACP) und MaxIm DL 5 sind in der Lage, auf einem fertigen Bild Sternmuster zu erkennen und diese mit einem Sternkatalog zu vergleichen. Die hierbei ermittelten Zentralkoordinaten des Bildes werden mit denen des Zielobjektes verglichen. Eventuell notwendig gewordene

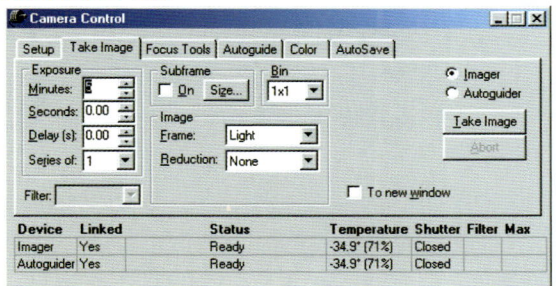

ABBILDUNG 183

Korrekturen werden von ACP ermittelt und durch entsprechende Ansteuerung der Montierung selbstständig ausgeführt. MaxIm DL 5 ermöglicht dies manuell auf Mausklick. Zusammen mit der Makroprogrammierung von z.B. MaxIm DL ergibt sich so die Möglichkeit, eine vorgefertigte Objektliste im Laufe einer Nacht ohne Benutzereingriff ablaufen zu lassen.

Bildgewinnung

Die Einstellung der Aufnahmeparameter erfolgt in einem separaten Menüpunkt. Diese Werte sind von wechselnden Einstellungen im Fokusfenster unabhängig.

Einige Kameramodelle erlauben im Bildaufnahmemodus die Auslesung eines Sensorteilbereiches. Während dieser Bereich z.B. bei einer Webcam hardwareseitig vorgegeben ist, erlauben vor allem gekühlte CCD-Kameras oftmals, einen vom Benutzer frei wählbaren Teilbereich auszulesen. Eine solche Bildfeldreduzierung ist sinnvoll, wenn das Bildfeld, wie z.B. bei der Fotografie von Planeten oder der Verfolgung von Sternbedeckungen, nicht durch das aufzunehmende Objekt ausgefüllt wird. Die kleinere Datenmenge pro Bild ermöglicht höhere Bildraten. Bei Webcams wird zudem die Datenkompression bei der Bildübertragung deutlich verringert.

Obwohl alle Steuerprogramme den eigentlichen Belichtungsvorgang beherrschen, besitzen einige von ihnen kleine praktische Zusatzfunktionen. Diese haben zwar keinerlei Auswirkungen auf den eigentlichen Belichtungsvorgang, sind für den Betrieb der Kamera am Teleskop aber dann interessant, wenn die Nachführkontrolle nicht mit einer Nachführkamera erfolgt:

ABBILDUNG 183: Im Bildaufnahmefenster (hier beim Programm CCD-Soft) können alle für die Belichtung wichtigen Einstellungen vorgenommen werden. Je nach verwendetem Kameratyp kann neben der Belichtungszeit auch festgelegt werden, ob nur ein Teilbereich des Chips ausgelesen werden soll (<Subframe>), der Chip im Binning arbeitet oder das Bild Bestandteil einer größeren Bilderserie ist. Im unteren Fensterbereich werden zudem für die Belichtung wichtige Informationen wie Chiptemperatur, Kamerastatus oder, falls bei Schwarzweißkameras vorhanden, der am Filterrad eingestellte Filter eingeblendet.

TIPP

Auch wenn die Pixelgröße des Aufnahmesensors bereits in der Grundkonfiguration die in Kapitel »Bildauflösung und Pixelgröße (S. 38)« genannten Voraussetzungen des Nyquist-Kriterium erfüllt, ist es für die Objektsuche durchaus sinnvoll, den Chip in einem möglichst hohen Binningmodus anzusteuern. Aufgrund der hierdurch kleiner werdenden Dateigröße kann die Frequenz, mit der die neuen Bilder auf dem Monitor erscheinen, deutlich erhöht werden. Die fehlende Auflösung der gebinnten Bilder ist für den Aufsuchvorgang normalerweise nicht von Bedeutung. Es geht hierbei schließlich nicht um die Erkennung von Details, sondern lediglich um die Identifizierung von Sternmustern. Bei einer digitalen Spiegelreflexkamera von Canon stellt man die Dateigröße auf »S« und lädt nur JPG-Bilder auf den Rechner.

- Verzögerte Auslösung: Während die Belichtungszeit bei allen Programmen normalerweise sofort mit dem Drücken einer »Start«-Taste beginnt, ermöglichen einige Programme die Eingabe einer Vorlaufzeit von einigen Sekunden bis zu mehreren Minuten Dauer. Hierdurch ist der Beobachter in der Lage, sich nach der Aktivierung der Aufnahme wieder in Ruhe hinter das Okular zu setzen und letzte Feinkorrekturen der Nachführung vorzunehmen. Auch eine eventuelle Nachführkamera bekommt durch die Verzögerung genug Zeit den Leitstern wieder zu zentrieren.

ABBILDUNG 184

- Anzeige der restlichen Belichtungszeit: Während die Aufnahme läuft, zeigen fast alle Programme die bereits verstrichene bzw. die verbleibende Belichtungszeit an. Während eine numerische Anzeige am exaktesten ist, hilft eine grafische Umsetzung in Form eines wachsenden bzw. kleiner werdenden Statusbalkens.
- Akustische Signale: Start und Ende der Belichtungszeit sollten mit einem (deaktivierbaren) akustischen Signal verbunden sein. Auch diese Funktion kommt dem manuell nachführenden Beobachter zu gute, der ohne von seinem Nachführstern aufschauen zu müssen, immer über den aktuellen Status der Belichtung informiert ist.

Was nach erfolgter Belichtung mit dem aus der Kamera ausgelesenen Bild geschieht, hängt vom verwendeten Kameratyp ab:

- Webcam: Die aufgenommene Bildsequenz wird »live« auf den angeschlossenen Computer übertragen und dort automatisch als Videodatei abgespeichert.
- digitale Kompaktkamera: Das Bild wird auf der kcamerainternen Speicherkarte abgelegt. Je nach Kamera/Software-Kombination kann es auch automatisch auf den angeschlossenen Computer heruntergeladen und dort auf der Festplatte abgespeichert werden.
- Videokamera: Die Bildsequenz wird »live« auf dem kamerainternen Speichermedium als Filmdatei abgelegt.
- digitale Spiegelreflexkamera: Je nach Softwareeinstellung kann das Bild entweder auf der kamerainternen Speicherkarte abgelegt oder auf den Computer heruntergeladen werden.
- gekühlte CCD-Kamera: Die Aufnahme wird automatisch auf den Computer heruntergeladen und dort abgespeichert.
- Bei Speicherung auf einem kamerainternen Speichermedium erhalten die einzelnen Bilddateien nur eine fortlaufende Nummer als Dateinamen. Werden die Bilder auf den Computer heruntergeladen und dort abgelegt, ist die Vergabe eines individuellen Dateinamens möglich. Zudem muss vor Aufnahmebeginn noch in den allgemeinen Programmeinstellungen eine Festlegung des Speicherpfades vorgenommen werden. Bei Serienbelichtungen wird von fast allen Programmen eine fortlaufende Nummer an den Dateinamen angehängt.

Nachführung

Sehr viele Steuerprogramme bieten heute neben der Kontrolle der eigentlichen Aufnahmekamera auch die Möglichkeit, zeitgleich eine separate Nachführkamera über den gleichen Computer anzusteuern. Während die von den Herstellern gekühlter CCD-Kameras mit den Kameras ausgelieferten Programme nur die Nachführkameras aus der eigenen Produktpalette unterstützen, ist es bei vielen Fremdprogrammen möglich, Kameras verschiedener Hersteller miteinander zu kombinieren.

Sollte die beabsichtigte Kamerakombination mit keinem Programm ansteuerbar sein, kann man auch versuchen, beide Kameras mit ihrer jeweiligen Software parallel zu betreiben. Nicht selten kommt es hierbei jedoch zu Störungen, weil die Programme z.B. auf gleiche Ressourcen des Betriebssystems zurückgreifen oder weil es Schwierigkeiten mit dem Timing bei der Ansteuerung der Kameras gibt. Völlig unmöglich wird eine solche Kombination dann, wenn die Kameras nur am gleichen Schnittstellentyp betrieben werden können und dieser nicht in ausreichender Anzahl zur Verfügung steht, oder wenn die benötigten Programme gar auf unterschiedlichen Betriebssystemen basieren.

Serienbelichtungen

Die Funktion für Serienbelichtungen ist in der Regel als Unterfunktion zur Bildgewinnung in die Steuersoftware integriert. Für die Erstellung einer Aufnahmeserie muss neben den üblichen Angaben zur Belichtung die Anzahl der hintereinander zu erzeugenden Aufnahmen eingegeben werden. Wird eine von Eins abweichende Zahl angegeben, führt die Software automatisch entsprechend viele aufeinander folgende Belichtungen durch.

ABBILDUNG 185

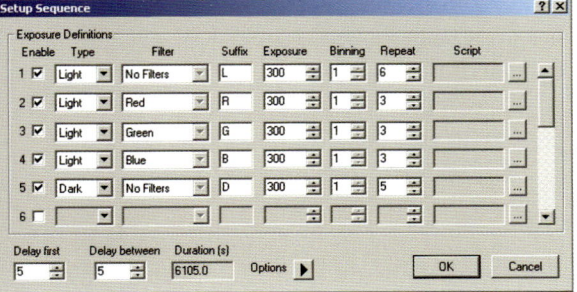

Um die wievielte Aufnahme innerhalb der Belichtungsreihe es sich bei einer Datei handelt, wird während des Abspeicherns von allen Programmen durch eine automatisch fortlaufende Nummerierung kenntlich gemacht. Bei einigen Programmen kann sogar angegeben werden, mit welcher Bildnummer die Aufnahmeserie gestartet werden soll. Sollte es z.B. aufgrund von Nachführproblemen einmal notwendig werden,

eine angefangene Serienbelichtung zu unterbrechen, können auf diese Weise doppelte Dateinamen vermieden werden. Im Serienbelichtungsmenü verfügen viele Programme zusätzlich über eine Eingabemöglichkeit für den zeitlichen Abstand der Einzelbilder (Delay). Bei der Fotografie von sich nur langsam verändernden Himmelsphänomenen kann so die anfallende Datenmenge deutlich reduziert werden.

Sonstige Funktionen
Autofokussierung

Verschiedene Steuerprogramme von Fremdherstellern unterstützen die Ansteuerung einiger der in Kapitel »Teleskope« vorgestellten motorisierten Okularauszüge. Über ein Unterprogramm der Fokussierfunktion kann somit eine automatische Scharfeinstellung des Bildes erfolgen. Die Software analysiert hierbei so lange die Bildschärfe und sendet entsprechende Steuerimpulse an den Okularauszug, bis ein minimaler Durchmesser des Sternscheibchens erreicht ist.

Makroprogrammierung

Während die mit den Kameras ausgelieferten Programme voraussetzen, dass alle Funktionen nacheinander vom Anwender aufgerufen und gestartet werden, kennen einige der von Fremdherstellern vertriebenen Steuerprogramme eine Skriptsprache, die die Programmierung von so genannten Makros erlaubt. Makros sind eigenständige kleine Unterprogramme, die dem eigentlichen Programm mitteilen, in welcher Reihenfolge verschiedene Funktionen ausgeführt werden sollen.
Mit Hilfe der Makroprogrammierung ist es möglich, ganze Beobachtungsabläufe zu automatisieren. Zusammen mit ansteuerbaren Zubehörteilen reichen die Möglichkeiten hier von der Aufnahme der Einzelbilder eines Farbbildes über die selbstständige Suche eines Nachführsterns oder die Erstellung eines weitwinkligen Mosaikbildes bis hin zur voll automatisierten Supernova- oder Kleinplanetensuche.

TIPP

Das Erkennen von schwachen Sternen wird bei den so gewonnenen Bildern hauptsächlich durch die vom Dunkelstrom erzeugten heißen Pixel erschwert. Die Subtraktion eines Dunkelbildes erleichtert die Positionierung wesentlich. Viele Programme ermöglichen daher eine automatische Dunkelbildkorrektur der Aufnahmen. Das entsprechende Dunkelbild wird hierbei unmittelbar vor der Belichtung des Einzelbildes bzw. dem Start der automatischen Bilderserie aufgenommen.

TIPP

Obwohl viele Steuerprogramme für CCD-Kameras einen so genannten »night-vision« Modus besitzen, in dem alle Bildschirmfarben in mehr oder weniger dunkle Rottöne umgewandelt werden, wird das Monitorbild meist doch noch als zu hell empfunden. Abhilfe schafft im Heimwerkerbedarf erhältliche rote Kunststofffolie. Sie ist in Bögen der Größe DIN A3 erhältlich und wird mit Klebeband vor dem Monitor befestigt.

ABBILDUNG 185: Serienbelichtungsmenü MaxIm DL: Eingestellt ist eine typische Belichtungsserie zur Erstellung einer LRGB-Aufnahme. Es werden sechs L- und jeweils drei R-, G- und B-Bilder mit einer Belichtungszeit von jeweils 300s im 1×1-Binning aufgenommen. Außerdem werden noch fünf 300s-Dunkelbilder im 1×1-Binning erstellt. Vor dem Start der Serie, sowie zwischen allen Einzelbildern wird eine Pause von 5s eingelegt. Beim Speichern werden die Bilder automatisch nummeriert und erhalten außerdem die jeweilige vom Benutzer gewählte Zusatzkennung (Suffix).

Die endgültige Fokuskontrolle sollte immer erst nach der Objektpositionierung erfolgen. Vor allem Teleskope mit nicht klemmbarer Hauptspiegelfokussierung neigen nach einem größeren Schwenk der Optik dazu, dass der Hauptspiegel verkippt. Dies äussert sich dann in einer Defokussierung. Ist zusammen mit dem Aufnahmeobjekt kein aureichend heller Stern im Gesichtsfeld vorhanden, sollte ein solches Teleskop für die Fokussiersternsuche nur minimal geschwenkt werden.

ABBILDUNG 186: Bereits eine minimale Abweichung vom exakten Brennpunkt bewirkt, dass die Sterne auf dem Foto zu kleinen Scheibchen bzw. – wie hier bei der Verwendung eines Newton-Teleskops – Ringen werden.

Neben diesen allgemeinen Steuerfunktionen besitzen viele Programme auch spezielle Funktionen für den Betrieb der meist nur schwarzweiß aufnehmenden gekühlten CCD-Kameras:

Automatisch aufaddierte Langzeitbelichtungen ohne kontrollierte Nachführung

Da eine einzelne Langzeitbelichtung nicht immer sinnvoll oder möglich ist, können mit sehr vielen Programmen mehrere kurz belichtete Bilder automatisch hintereinander aufgenommen werden. Um diese Aufnahmen jedoch später zu einem lang belichteten Bild zu kombinieren, ist fast immer noch Handarbeit erforderlich. Während einige Programme die benötigten Korrekturbilder bereits vor der Addition automatisch mit dem Bild verrechnen können, muss zumindest der für die relative Zentrierung benötigte Referenzstern auf jedem Einzelbild manuell identifiziert werden.

Bei dem von der Firma SBIG unter dem Namen »Track and Accumulate« patentierten Verfahren muss der ausgewählte Referenzstern bereits vor dem Belichtungsstart der zweiten Aufnahme der Serie vom Benutzer angeklickt werden. Auf allen weiteren Bildern wird er von der Software identifiziert, so dass die Aufnahmen automatisch aufeinander zentriert und aufaddiert werden. Die relativen Verschiebungen der Einzelbilder zueinander werden für die Flatfieldkorrektur in einer separaten Datei, der so genannten Track-Liste, abgelegt.

Filterrad-Steuerung

Vor allem für die Erstellung von Farbaufnahmen ist ein motorisch angetriebenes Filterrad ein sehr praktisches Zubehörteil. Während die vom Hersteller mit den Kameras ausgelieferten Programme meistens nur die aus eigener Produktion stammenden Filterräder unterstützen, können die Steuerprogramme der Fremdhersteller inzwischen fast alle Produkte der größeren Hersteller ansprechen. Hierdurch sind unterschiedliche Kombinati-

onsmöglichkeiten von Kamera und Filterrad möglich.

Neben dem Filterwechsel auf Knopfdruck ist bei einigen Programmen sogar die Aufnahme ganzer Bilderserien mit unterschiedlichen Filtern möglich. Der Filterwechsel wird hierbei zwischen den einzelnen Aufnahmen automatisch vorgenommen. Teilweise kann sogar eine unterschiedliche Belichtungszeit für die verschiedenen Filter gesteuert werden.

AO-7 / AO-8 / AO-L-Steuerung

Obwohl heute fast alle Fremdprogramme die »dual-CCD self-guided«-Kameras von SBIG ansteuern können, wird die nur mit diesen Kameras verwendbare »Adaptive Optik« nur von einigen wenigen Programmen unterstützt.

Fokussierung

Die Qualität eines Astrofotos steht und fällt mit der Genauigkeit seiner Fokussierung. Bereits eine leichte Abweichung der Detektorebene vom exakten Brennpunkt einer Optik führt zu verwaschen aussehenden, scheibchenförmigen Sternen bzw. zum Verlust von Details bei ausgedehnten Objekten. Der Scharfeinstellung sollte daher immer höchste Aufmerksamkeit zukommen.

Die Autofokusfunktionen der modernen Digitalkameras sind für die Astrofotografie nur sehr eingeschränkt verwendbar. Es müssen daher andere Mittel und Wege zur reproduzierbaren Fokussierung gefunden werden, wobei jedoch nicht alle vorgestellten Fokussiermethoden mit jedem Kameratyp anwendbar sind.

ABBILDUNG 186

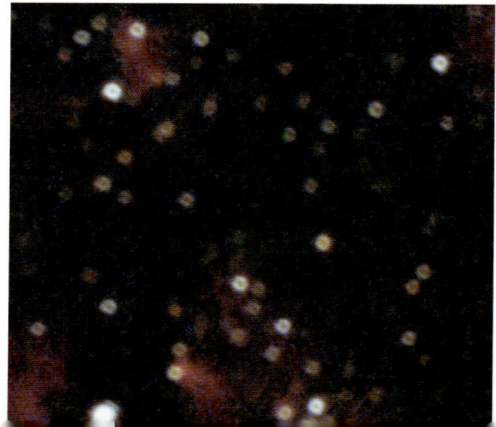

Die erforderliche Fokussiergenauigkeit

Die maximal erlaubte Fokussiertoleranz x für Licht der Wellenlänge λ beträgt:

$$x = 4 \cdot \lambda \cdot Blende^2 \qquad \text{Formel 42}$$

Aufgrund der quadratischen Abhängigkeit von der Blende wird die Fokussiertoleranz mit steigender Lichtstärke einer Optik sehr schnell kleiner (siehe Abbildung 188).

ABBILDUNG 187

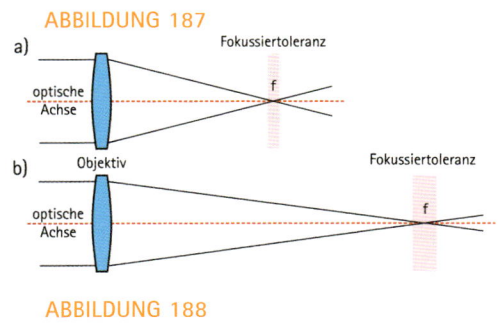

ABBILDUNG 188

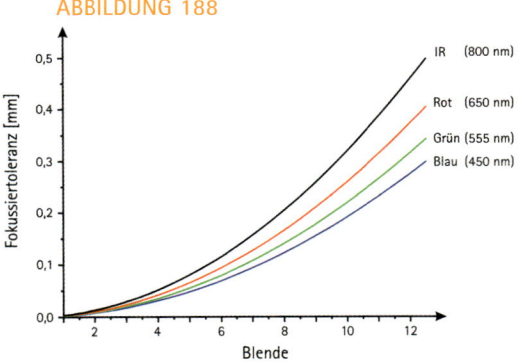

Demnach sind lichtstarke Optiken deutlich kritischer in Bezug auf die Genauigkeit der Fokussierung als Geräte mit einem großen Blendenwert! Zudem sind sie auch noch deutlich anfälliger gegenüber äußeren Einflüssen, wie z.B. einer temperaturbedingten Längenänderung des Tubus' oder aber auch dem für Schmidt-Cassegrain-Teleskopen typischen Image-Shifting.

Fotoobjektive

Fotoobjektive werden mit Ausnahme einiger weniger Spezialkonstruktionen üblicherweise über ein Feingewinde fokussiert. Die Fokusverstellung erfolgt bei der normalen Tageslichtfotografie entweder motorisch (Autofokus) oder manuell durch den Fotografen. Weil der Autofokus in extremen Lichtsituationen an seine Grenzen stößt, lässt er sich bei sehr vielen Kameramodellen gezielt deaktivieren, so dass auch sie manuell fokussiert werden können.

Der Bereich innerhalb dessen ein Objektiv fokussiert werden kann, ist herstellerseitig mechanisch eingeschränkt. Er erstreckt sich üblicherweise von »Unendlich« (∞) bis zu einer Minimaldistanz, der sog. Nahgrenze. Für Kameras, die über keine Möglichkeit zur Schärfenkontrolle im Sucher verfügen, aber auch zur groben »Vorfokussierung« jeder anderen Kamera, sind innerhalb dieses Verstellbereiches für verschiedene Objektdistanzen Indexmarken angebracht. Auf diese Entfernungsskala sollte man jedoch nicht blind vertrauen, sondern sie eher als groben Anhaltswert betrachten. Vor allem der für den astronomischen Einsatz so wichtige Unendlichpunkt der Skala stimmt häufig nicht mit dem wahren Unendlichpunkt des Objektivs überein. Gerade bei längeren Brennweiten sollte der bei vielen manuell fokussierenden Objektiven vorhandene »Unendlichanschlag« kritisch überprüft werden.

Moderne Autofokusobjekte, aber auch einige ältere langbrennweitige Teleobjektive, lassen sich fast immer etwas über den Unendlichpunkt hinaus verstellen. Hierdurch können nicht nur temperaturbedingte Fokusänderungen, sondern auch mechanische Toleranzen bei der Fertigung kompensiert werden.

ABBILDUNG 189

ABBILDUNG 187: Die Fokussiertoleranz sagt aus, wie genau man sich dem wirklichen Brennpunkt f eines optischen Systems annähern muss, damit eine Aufnahme für den Betrachter noch als »scharf« erscheint. Sie ist bei einer Optik mit großes Öffnungsverhältnis (a) wesentlich geringer als bei kleinen Öffnungsverhältnissen (b).

ABBILDUNG 188: Die maximal erlaubte Fokussiertoleranz (nach Formel 42) für verschiedene Wellenlängen in Abhängigkeit von der Blende.

ABBILDUNG 189: Die Entfernungsskala ist bei manuell fokussierenden Objektiven üblicherweise direkt auf der Oberfläche des Objektivs angebracht (oben). Die Markierungen für die Objektentfernung und der Indexstrich liegen in einer Ebene, so dass bei der Ablesung keine Parallaxenfehler entstehen können. Bei vielen Autofokusobjektiven befindet sich die Entfernungsskala unter einem Sichtfenster (unten). Eine exakte Ablesung ist hierdurch des Parallaxenfehlers ebensowenig möglich, wie die Anbringung einer eigenen Unendlichmarkierung.

Teleskope

Auch bei den in der Amateurastronomie verbreiteten Teleskopen muss eine Fokussiergenauigkeit von wenigen Hundertstel Millimetern erreicht werden. Der verwendete Okularauszug sollte eine so feinfühlige Verstellung erlauben, dass Verstellschritte in der Größenordnung von mindestens der Hälfte, besser noch einem Viertel des Schärfebereichs möglich sind.

Die in der Grundausstattung der meisten Teleskope mitgelieferten Okularauszüge erlauben dies in der Regel nicht! Bei diesen Auszügen ist auf dem Auszugsrohr normalerweise eine Zahnstange befestigt, in die ein kleines Ritzel greift, das auf der Achse mit den Handrädern sitzt. Vor allem die ganz preiswerten Okularauszüge mit ihren gerade verzahnten Antrieben sind oftmals so »hakelig«, dass der Kraftaufwand, der zum ersten Andrehen benötigt wird, bereits eine Verstellung in der Größenordnung eines halben Millimeters bewirkt.

Querverzahnte Antriebe sind zwar deutlich besser, trotzdem sind aber auch die bei ihnen verwendeten Zahnstangen direkt angetrieben. Die hieraus resultierende Übersetzung ist viel zu grob, so dass eine nur minimale Drehung des Einstellrades eine Verstellung von beinahe einem Zehntelmillimeter bewirkt.

Bei fast allen preiswerteren Einsteigerteleskopen kommt erschwerend hinzu, dass die Hersteller die fehlende Fertigungsgenauigkeit des Okularauszuges durch Verwendung eines besonders zähen Schmierfettes zu kaschieren versuchen. Bereits bei mäßig kühlen Nachttemperaturen wird dieses Fett so hart, dass sich der Auszug nach Überwindung der Haftreibung mit einem Ruck direkt um mehrere Zehntel Millimeter verstellt. Zum Austausch haben sich hier Kugellagerfett oder Fette zum Schmieren von Autotüren gut bewährt.

Optimal geeignet sind Okularauszüge, die neben einem direkten Antrieb für die grobe »Schnellverstellung« auch noch einen zweiten, stärker untersetzten Antrieb für die

An welcher Stelle im Bildfeld scharfstellen?

Die meisten Optiken bilden die Sterne im Bildfeld unterschiedlich scharf ab. Nur speziell gerechnete astrographische Systeme (Hypergraph, ASA Astrograph) oder Optiken mit Bildfeldebnungslinsen (Takahashi Epsilon-Serie, Newton mit Komakorrektor, Apo-Refraktor mit Bildfeldebungungslinse) liefern ein völlig ebenes fotografisches Gesichtsfeld – manche bis hin zum Vollformat 24mm × 36mm oder Mittelformat.

Wenn man sicher gehen will, dass über einen gewissen zentralen Bereich die optimale Bildschärfe erreicht wird, sollte man einen Fokusstern exakt in der Bildmitte wählen. Je nach Größe des Sensors macht sich die Bildfeldwölbung durch vergrößerte Sternscheibchen bemerkbar, die auch noch länglich verzogen sein können. Bei digitalen Spiegelreflexkameras kann man sich die rechteckigen Messfelder im Kamerasucher anzeigen lassen, so dass die Positionierung exakt erfolgen kann. Merkt man nach einer Serie von Belichtungen, dass sich der Fokus verändert hat, muss man nachfokussieren.

Wählt man bei einer Kamera mit großem Sensor (digitale Spiegelreflexkamera) und einer Optik mit starker Bildfeldwölbung (Schmidt-Cassegrain-Teleskop) einen Fokusstern außerhalb der Bildmitte, bekommt man Probleme im Bildzentrum, welches nachher unscharf sein wird. In diesem Fall kann man sich behelfen, indem man den außerhalb der Bildmitte befindlichen Stern für Testbelichtungen in die Bildmitte stellt und ihn nach erfolgreicher Scharfstellung wieder an den ursprünglichen Ort im Bildfeld zurückstellt. Je geringer die Bildfeldwölbung der Optik ist, desto eher kann man sich das Scharfstellen außerhalb der Bildmitte erlauben. Kurz belichtete Testaufnahmen helfen im Zweifelsfall weiter.

»Feinverstellung« besitzen. Solche Okularauszüge werden von verschiedenen Firmen zur Nachrüstung angeboten.

Zahnstangenantriebe ruckelfrei, spielfrei und leichtgängig einzustellen, ist nicht einfach. Wenn man seinen Okularauszug allerdings gut eingestellt hat, stellt er eine sehr stabile Variante dar. Erst seit wenigen Jahren sind Okularauszüge erhältlich, deren Antriebsprinzip nicht auf einer Zahnstange mit einem Ritzel beruht. Die Verstellung erfolgt stattdessen dadurch, dass ein Antriebsrad unter äußerem Druck auf einer Metallplatte läuft. Diese »Crayford-Okularauszüge« haben den Vorteil, dass sie ruckelfrei, spielfrei und sehr geschmeidig laufen. Bei preiswerten Refraktoren kann es aber passieren, dass eine angesetzte Kamera nach hinten herausrutscht, weil die Haftreibung nicht ausreichend ist. Nach der Scharfeinstellung lässt sich der Okularauszug meist auch nicht festklemmen. Je teurer die Ausführung des Crayford-Auszugs, desto stabiler und besser das Ergebnis. In der oberen Leistungs- und Preisklasse findet man die zusätzlich kugelgelagerten »FeatherTouch«-Okularauszüge, mit denen selbst schwere CCD-Kameras geschmeidig fokussiert werden können.

‹› Brennpunktbestimmung

Zur Bestimmung des genauen Unendlichpunktes hat es sich in der Praxis gut bewährt, ein Stück Millimeterpapier auf die Entfernungsskala des Objektivs aufzukleben. Durch Anfertigung einer Langzeitbelichtung, in deren Verlauf der Fokus nach und nach um beispielsweise einen halben Millimeter verstellt wird, kann dann sehr leicht festgestellt werden, wo der exakte ∞-Punkt liegt. Hierbei ist jedoch darauf zu achten, dass immer vom Ende des Verstellweges weg gearbeitet wird. Das Zeitintervall zwischen den Verstellungen muss zudem ausreichend lang gewählt werden: Ist es zu kurz, entstehen keine richtigen Strichspuren, sondern sich gegenseitig überlagernde Kreise. Ist das Intervall zu lang, könnten die Strichspuren so lang werden, dass die Sterne aus dem Bildfeld heraus wandern, bevor die Aufnahme zu Ende ist. Empfehlenswerte Zeiten in Abhängigkeit von der verwendeten Brennweite finden sich in Tabelle 34. Um die einzelnen Verstellschritte später besser auseinander halten zu können, sollte das Objektiv während der Fokusverstellung z.B. mit einem Stück Pappe lichtdicht abgedeckt werden. Zudem sollte das letzte Belichtungsintervall deutlich länger sein, da so Anfang und Ende der Belichtung besser unterschieden werden können. Soll der so gefundene Brennpunkt später wieder eingestellt werden, muss auch dies wieder aus Richtung des Endanschlags kommend geschehen, da sonst ein eventuell vorhandener Totgang im Verstelltrieb zu falschen Ergebnissen führen würde.

Tabelle 34: Intervalldauer je Fokussierschritt in Abhängigkeit von der Brennweite.

Brennweite	Intervalldauer
28mm	300s
50mm	180s
135mm	60s
300mm	30s

Wie Versuche der Autoren gezeigt haben, sollte eine solche Brennpunktbestimmung bei Zoomobjektiven für verschiedene Brennweiteneinstellungen jeweils neu erfolgen. Nicht selten unterscheiden sich die Unendlichpunkte innerhalb des Brennweitenbereiches um mehrere Millimeter.

ABBILDUNG 190

 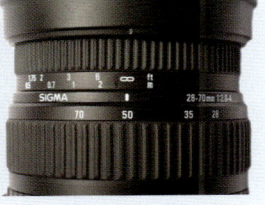

LINKS
FeatherTouch Focuser
Starlight Instruments Inc.
www.starlightinstruments.com

ABBILDUNG 190: Die »Unendlich«-Positionen bei unterschiedlichen Zoom-Einstellungen des bei f/5,6 recht ordentlich abbildenden und preiswerten Sigma-Zoom 28-70mm mit Lichtstärke 2,8 bis 4 mit Canon EF-Bajonett: Bei einer Brennweiteneinstellung zwischen 28mm und ca. 40mm liegt die Strichmarkierung links von der »Unendlich«-Markierung. Im Brennweitenbereich von 50mm bis 70mm stimmt sie dagegen mit der angegebenen »Unendlich«-Markierung überein.

ABBILDUNG 191

Abbildung 191: Im Gegensatz zu einem herkömmlichen Okularauszug mit schrägverzahnter Zahnstange (links) erlauben Okularauszüge mit integriertem Untersetzungsgetriebe (rechts) eine deutlich feinfühligere Fokusverstellung. Der abgebildete NGF-2-Fokussierer der amerikanischen Firma JMI ermöglicht dank seines einseitig auf die Antriebswelle aufgesetzten 1:5-Getriebes (siehe Inset) Schrittweiten um $^{1}/_{100}$ mm.

ABBILDUNG 192: Die Okularauszüge der Firma Vixen haben alle eine Klemmschraube. Die Spiegelteleskope, die wie der hier abgebildete 6"-Newton über einen Okularschlitten verfügen, verfügen zusätzlich noch eine Millimetereinteilung zur reproduzierbaren Scharfeinstellung (Kreis).

LINKS

RoboFocus

Technical Innovations

www.robofocus.com/home.htm

Um feststellen zu können, um welchen Betrag der Fokus jeweils verstellt wird, muss der Okularauszug über eine Messvorrichtung verfügen. Im einfachsten Fall kann dies z.B. eine Millimeterskala mit Nonius sein. Bei entsprechender Unterteilung kann man so bereits Verschiebungen in der Größenordnung von 0,05mm bis 0,1mm erkennen, was für Geräte mit Blende 8 oder kleiner schon ausreicht. Eine noch genauere Ablesung kann durch den Einsatz einer mechanischen oder digitalen Messuhr erreicht werden. Damit werden Ablesegenauigkeiten von 0,01mm oder besser möglich. Als groben Richtwert für die erforderliche Mindestablesegenauigkeit sollte man ungefähr ein Viertel der Fokussiertoleranz ansetzen.

ABBILDUNG 192

Wurde die Kamera einmal richtig fokussiert, ist es mit einer Messuhr theoretisch möglich, den richtigen Fokus beim nächsten Mal wieder »blind« einzustellen. Hierbei darf jedoch nicht vergessen werden, dass verschiedene Faktoren in der Praxis oftmals für eine stark unterschiedliche Fokuslage sorgen:

- Aufgrund unterschiedlicher Umgebungstemperaturen kann die Tubuslänge des Teleskops gerade bei

Metalltuben sehr stark variieren. Die Auswirkungen solcher Längenänderungen (auch innerhalb einer Beobachtungsnacht) sollten nicht unterschätzt werden: Das sehr gerne im Teleskopbau verwendete Aluminium dehnt sich bereits bei einer Temperaturänderung von nur 5°C um ca. 0,12mm/m aus! Ein Tubus aus GFK (glasfaserverstärkter Kunststoff) besitzt dagegen unter gleichen Bedingungen nur eine Ausdehnung von knapp 0,04mm/m. Bei dem teilweise im Amateurteleskopbau verwendeten CFK (kohlefaserverstärkter Kunststoff) ist die Längenausdehnung des Tubus mit weniger als 0,01mm/m so gut wie vernachlässigbar!

Verschiedene Firmen bieten motorisierte Okularauszüge an, die nach einmaliger Eichung bei unterschiedlichen Umgebungstemperaturen eine automatische Korrektur der Längenausdehnung durchführen. Teilweise erfolgen diese Korrekturen sogar während (!) der laufenden Belichtung. Trotz ihres verhältnismäßig hohen Preises sind solche Auszüge sehr hilfreich bei Langzeitbelichtungen im Stundenbereich, längerfristigen Überwachungen eines Objektes (Photometrie) bzw. bei komplett automatisierten Beobachtungsabläufen wie der Kleinplaneten- oder Supernovasuche.

- Viele Okularauszüge leiden unter einem nicht vernachlässigbaren Totgang in ihrem Antrieb. Ist die Messvorrichtung nicht direkt mit dem Auszugsrohr verbunden, sondern sitzt stattdessen z.B. auf der Achse mit den Handrädern, führt dies dazu, dass der Brennpunkt bei einem unterschiedlichen Wert erreicht wird – abhängig davon, ob man sich ihm von »innen« oder »außen« kommend annähert.

Damit Erschütterungen während des Fokussiervorgangs so gering wie möglich ausfallen, werden von verschiedenen Herstellern Fokussiermotoren angeboten, die über einen separaten Handtaster bedient

ABBILDUNG 193

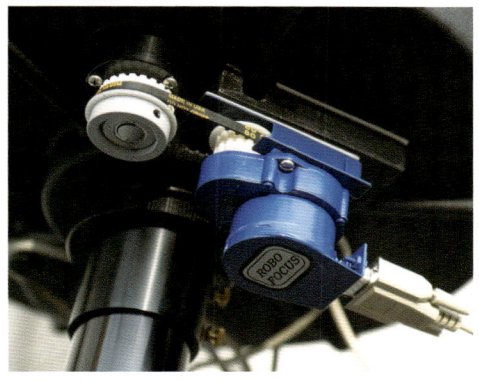

ABBILDUNG 194

werden. Bei einigen Modellen ist auch der Anschluss an den PC vorgesehen, wodurch bei Einsatz einer astronomischen CCD-Kamera zusammen mit entsprechender Aufnahmesoftware sogar eine Art »Autofokus« möglich ist.

Die meisten für die Astrofotografie geeigneten Kameramodelle sind keine Leichtgewichte. Selbst kleinere Modelle bringen über 500g auf die Waage. Bei größeren Kameras wird oft die 1kg-Marke überschritten. Wird die Kamera zudem über einen Computer angesteuert, ist auch das Gewicht der Kabel für die Stromversorgung und den Datenaustausch nicht zu vernachlässigen. Bei einer gekühlten CCD-Kamera kommt eventuell noch das Gewicht der gefüllten Schläuche einer Wasserkühlung hinzu. Sollen dann auch noch Zubehörteile wie ein Klappspiegel, ein Filterrad oder die für SBIG-CCD-Kameras angebotene adaptive Optik eingesetzt werden, ziehen schnell über 3kg am Okularauszug!

Trotz dieser enormen Belastung muss der Okularauszug nicht nur in der Lage sein, die genaue Einstellung der Brennpunktlage auf Bruchteile eines Millimeters zu

ermöglichen, er darf dabei auch nicht in seiner Führung verkanten. Hinzu kommt, dass eine einmal erfolgte Fokussierung auch während der gesamten Belichtungsdauer mit gleicher Genauigkeit gehalten werden muss.

Eine entsprechend schwergängige Einstellung des kompletten Fokussiermechanismus funktioniert bei den leichteren Kameras auch ausreichend gut. Für die größeren Kameramodelle muss der Auszug allerdings bereits so schwergängig eingestellt werden, dass die Feinfühligkeit der Fokussierung darunter leidet. Eine zu schwergängige Einstellung würde im Extremfall zu große Kräfte im Verstellmechanismus bewirken, so dass dieser selbst Schaden nehmen könnte.

Wesentlich besser ist es, wenn die Fixierung mittels einer Klemmschraube erfolgt. Da eine solche Klemmung bei fast allen angebotenen Okularauszügen nur einseitig erfolgt, kann sich das komplette Auszugsrohr beim Anziehen der Schraube innerhalb der vom Totgang des Antriebes vorgegebenen Beträge verstellen oder im schlimmsten Fall sogar zusätzlich verkanten. Optimal wäre daher eine ringförmige Klemmung.

Bei einem motorisierten Okularauszug könnte man zwar prinzipiell auch eine Klemmung verwenden, jedoch verzichten die meisten Hersteller auf ihren Einbau. Die verwendeten Schrittmotoren besitzen generell eine sehr große Haltekraft, die zudem durch das vorgeschaltete Untersetzungsgetriebe noch um ein Vielfaches vergrößert wird.

Fokussiermethoden
Autofokus

Die Fokussierung mittels Autofokus kann nur von entsprechend ausgestatteten »normalen« Foto- und Videokameras genutzt werden. Bei Kameras mit Wechseloptik funktioniert eine solche Fokussierung nur dann, wenn das verwendete Objektiv autofokustauglich ist!

Fast alle Autofokuskameras sind heute mit einem passiven Autofokus ausgestattet.

ABBILDUNG 193: Je nachdem von welcher Seite man sich dem Brennpunkt nähert, wird dieser aufgrund des Totgangs im Okularauszug bei einer anderen Mikrometerablesung erreicht. Auch fällt auf, dass die größtenteils seeingbedingten Intensitätsschwankungen des Sternscheibchens (dargestellt durch die Fehlerbalken) in der Nähe des Brennpunktes am extremsten sind. Im Fall des Schmidt-Cassegrain-Teleskops, das für die Erstellung der hier abgebildeten Messwerte verwendet wurde, wird zudem die Auswirkung der Spiegelfokussierung deutlich: Da die den Spiegel verstellende Gewindestange nicht mittig an den Spiegel angreift, verkippt der komplette Spiegel bei Umkehr der Bewegungsrichtung. Bedingt durch dieses Image-Shifting ändert sich auch die Kollimation der kompletten Optik. Obwohl dieser Effekt nur minimal ist, äußert er sich in einer unterschiedlichen Maximalintensität des Sterns von ca. 7%!

Die hier abgebildete Messreihe wurde mit einer ST-6 CCD-Kamera an einem C8 im Primärfokus erstellt. Pro Messpunkt wurden jeweils 10 Werte aufgenommen und statistisch ausgewertet.

ABBILDUNG 194: Die von Technical Innovations entwickelte Schrittmotorsteuerung RoboFocus ermöglicht zusammen mit den Steuerprogrammen CCD-Soft und MaxIm DL eine schnelle und gleichzeitig präzise automatische Scharfeinstellung des Bildes. Dank verschiedener Adaptionsmöglichkeiten kann RoboFocus an die Fokussiereinheiten fast aller Teleskope angeschlossen werden. Das Bild zeigt ihn an einem Celestron 14"-SCT.

Bei diesem Autofokussystem werten Phasendetektoren den Kontrast des Bildes aus. Da der Kontrast bei exakter Entfernungseinstellung am höchsten ist, verändert die Kameraelektronik die Entfernungseinstellung des Objektivs iterativ so lange, bis der maximale Kontrast gefunden ist. Voraussetzung hierfür ist natürlich, dass das anvisierte Objekt genügend hohe Kontraste aufweist, also entweder einen deutlichen Hell/Dunkelübergang oder eine stark strukturierte Oberfläche aufweist.

Die Lage der Autofokusmessfelder innerhalb des aufgenommenen Bildfeldes ist bei einer Spiegelreflexkamera üblicherweise in Form kleiner, auf der Suchermattscheibe eingravierter Rechtecke gekennzeichnet. Ein Aufleuchten der Felder und ggf. ein Signalton während des Fokussiervorgangs signalisiert dem Fotografen welches Feld bzw. welche Felder zur Fokussierung verwendet wurden. Bei einer Kompaktkamera werden die Markierungen der benutzten Messfelder nur nach erfolgter Fokussierung auf dem kamerainternen Display eingeblendet. Bei Inaktivität sind sie unsichtbar.

Damit der Autofokus ein Objekt erkennen und fokussieren kann, muss es sich genau über einem der Sensoren befinden. Prinzipiell kann jeder der zur Verfügung stehenden Sensoren einer Kamera zum Einsatz kommen. Aufgrund der besseren Abbildungsqualität eines Objektivs auf der optischen Achse sollte jedoch bevorzugt der zentrale Autofokussensor verwendet werden.

Obwohl sie eigentlich für den Einsatz unter »normalen« Fotobedingungen konstruiert wurden, sind Autofokussensoren mit leichten Einschränkungen auch für die astronomische Anwendung geeignet. Der Autofokus fast aller Kameras ist empfindlich genug, um die Sonne, den Mond und die hellen Planeten zu erfassen. Die etwas hochwertigeren Sensoren vieler Spiegelreflexkameras können sogar auch noch hellere Sterne für die Fokussierung verwenden. Gerade bei Sternen erfordert es allerdings sehr viel Fingerspitzengefühl, das defokussierte Pünktchen exakt über dem Sensor

zu positionieren. Zusammen mit der fehlenden permanenten Kennzeichnung der Sensorpositionen ist letzteres ein zusätzlicher Grund, warum Kompaktkameras nur sehr eingeschränkt in der Astrofotografie eingesetzt werden können.

Generell steigt die »Treffsicherheit« eines Autofokussystems mit zunehmender Brennweite. Welche Brennweite als untere Grenze angesetzt werden kann, hängt neben der verwendeten Kamera/Objektiv-Kombination auch von der Helligkeit des verwendeten Objektes ab. Man ist daher auf eigene Versuche angewiesen. Aufgrund ihrer meist kurzbrennweitigen Objektive funktioniert die Fokussierung mittels Autofokus bei Kompaktkameras im Allgemeinen nur in afokaler Projektion – und dann auch nur bei den hellen Objekten unseres Sonnensystems.

Wenn per Autofokus ein anders Objekt zum fokussieren benutzt wird, muss das Objektiv bzw. die Kamera direkt nach erfolgter Fokussierung auf manuelle Fokussierung umgeschaltet werden. Während dann auf den gewünschten Himmelsausschnitt geschwenkt wird, ist darauf zu achten, dass weder der Fokussier- noch gegebenenfalls auch der Zoomring des Objektivs verstellt werden. Idealerweise wird das Objektiv gar nicht mehr berührt.

Kamerasucher

Obwohl auch einige digitale Kompaktkameras über einen optischen Sucher verfügen, kommt diese Art der Fokussierung hauptsächlich bei Spiegelreflexkameras zum Einsatz. Die mit dieser Fokussiermethode erreichbare Genauigkeit hängt jedoch von vielen Faktoren ab, wobei neben Kontrast und Helligkeit auch die Größe des Sucherbildes eine wichtige Rolle spielt.

Gerade hier liegt aber leider ein großes Manko fast aller digitaler Spiegelreflexkameras, deren Chipgröße kleiner als Kleinbildformat ist: Verglichen mit einer alten analogen Spiegelreflexkamera oder einer vollformatigen digitalen Spiegelreflexkamera ist das Sucherbild geradezu winzig.

Zudem ist es um den Betrag des Crop-Faktors verkleinert. Hinzu kommt, dass das Sucherbild generell sehr dunkel ist. Neben dem nur teildurchlässig beschichteten Schwingspiegel und der üblicherweise verwendeten feinmattierten Mattscheibe ist oftmals die zur kamerainternen Bildumlenkung/-aufrichtung verwendete Optik verantwortlich. Aus Kostengründen verzichten viele Hersteller gerade bei den preiswerteren Einsteigerkameras auf ein lichtstarkes Penta- oder Dachkantprisma und verwenden stattdessen einen deutlich stärker absorbierenden Penta- oder Dachkantspiegel.

Die visuelle Fokussierung ohne Hilfsmittel ist ein relativ schwieriger Prozess, der aber trotzdem in den meisten Fällen zu brauchbaren Ergebnissen führt. Generell sollte ein ausreichend heller Stern verwendet werden.

Der richtige Fokus kann auf verschiedene Weisen gefunden werden:

- **Das Erkennen von feinen Bilddetails:** Nur wenn der Brennpunkt wirklich exakt getroffen ist, werden im Sucherbild feinste Bilddetails sichtbar. Da Sterne aufgrund ihrer Entfernung immer punktförmig erscheinen und das Mattscheibenbild zur Wahrnehmung feiner Details zudem eine bestimmte Mindesthelligkeit besitzen muss, funktioniert diese Art der Fokussierung nur bei hellen ausgedehnten Objekten, wie Sonne, Mond oder den hellen Planeten.

- **Der Durchmesser des Sternscheibchens:** Je weiter man sich dem Brennpunkt annähert, desto kleiner wird auch das Bild des Sterns. Obwohl alle Sterne punktförmig erscheinen, kommt es aufgrund der Oberflächenstruktur der Mattscheibe zur Lichtstreuung. Generell wird ein Stern daher auch bei optimaler Fokussierung einen umso größeren scheinbaren Durchmesser haben, je heller er ist.

Das Seeing ist das Kriterium, das letztendlich die Qualität der Fokussierung bestimmt. In Nächten mit sehr geringer Luftunruhe wird bereits eine kleine Veränderung der Fokuslage eine deutliche Durchmesseränderung des Sternscheibchens zeigen. Ist die Atmosphäre dagegen sehr turbulent, kann man trotz gröberer Verstellung des Okularauszugs keine Größenänderung des Sternscheibchens wahrnehmen.

Das Problem bei dieser Art der Fokussierung ist, dass die Veränderungen immer kleiner werden, je mehr man sich dem wahren Brennpunkt annähert. In der unmittelbaren Nähe des Brennpunktes kann der Durchmesserunterschied zwischen einem scharfen und einem unscharfen Sternscheibchen aufgrund der Oberflächenstruktur der Mattscheibe kaum noch wahrgenommen werden!

- **Die Randschärfe eines Stern- oder Planetenscheibchens:** Bei ausreichend hoher Vergrößerung scheint das Scheibchen eines unscharf eingestellten Objektes von einem diffusen Halo umgeben zu sein. Dieser wird umso schwächer, je näher man dem Brennpunkt kommt. Gerade bei schwachen punktförmigen Objekten ist dieser Effekt allerdings wesentlich schwieriger zu erkennen als die oben geschilderte Durchmesserveränderung. Er sollte daher nicht als alleiniges, sondern höchstens als zusätzliches Kriterium für die richtige Fokussierung verwendet werden.

- **Beugungseffekte der Optik:** Besitzer eines Spiegelteleskops, dessen Fangspiegel durch im Strahlengang liegende Streben gehalten wird, haben eine sehr genaue Scharfstellhilfe bereits in ihrem Teleskop eingebaut: Die an den Streben auftretenden Beugungseffekte werden in der Nähe des Brennpunktes immer deutlicher. Was auf dem Foto teilweise recht störend wirken kann, ist zumindest für die Fokussierung sehr heller Sterne nützlich.

Wie schwierig ein reines »auf der Mattscheibe fokussieren« ist, zeigt sich beim Versuch einen helleren Stern scharfzustellen. Nachdem ein so fokussiertes Bild belichtet ist, wird die Schärfe komplett verstellt und anschließend wieder neu fokussiert. Obwohl der Stern bei mehrmaliger Wiederholung jedes Mal vom Beobachter »gleich gut« scharf gestellt wurde, wird die Schärfe der fertigen Aufnahmen trotzdem deutlich variieren.

Wie stark die Streuung ist, hängt nicht nur von der Beschaffenheit der Kameramattscheibe ab, auch der Beobachter selbst spielt eine nicht zu unterschätzende Rolle: Neben Konzentration und Ausgeruhtheit sind es vor allem Sehfehler, die einen starken Einfluss auf das Ergebnis haben. Unter der Voraussetzung, dass der Sehfehler mittels der Dioptrienkorrektur des Kamerasuchers ausgeglichen wird, können Beobachter mit »normaler« Fehlsichtigkeit auch ohne Brille in die Kamera schauen. Liegt Astigmatismus oder eine Hornhautverkrümmung vor, muss dagegen immer mit Brille fokussiert werden.

Bei Verwendung einer Sucherlupe lässt sich die Fokussiergenauigkeit auf die Mattscheibe zwar deutlich steigern, eine wirklich sichere und damit auch reproduzierbare Fokussierung ist auf diese Weise aber trotzdem schwierig!

Beugungsblende

Besitzt die Aufnahmeoptik keine Einbauten im Strahlengang (Fotoobjektiv oder Refraktor) oder sind die vorhandenen Einbauten ohne Streben befestigt (wie z.B. bei einigen Varianten des Cassegrain-Teleskops), kann man sich Beugungseffekte trotzdem zunutze machen. Hierzu werden zwei sich unter einem ungefähren Winkel von 90° kreuzende Streben vor dem Objektiv angebracht.

Die beiden Streben können zwei mäßig dicke Drähte oder Holzstäbe sein. Im einfachsten Fall reichen sogar zwei Streifen Isolierband aus, die an der Objektivfassung oder an der Taukappe festgeklebt werden

---

Je nach angesetzter Optik und Umgebungshelligkeit sieht man die feinen Markierungen auf der Mattscheibe unterschiedlich scharf. Die Dioptrienkorrektur kann bei einer Spiegelreflexkamera an einem kleinen Rädchen neben den Suchereinblick vorgenommen werden. Meist können die Messfelder im Kamerasucher durch Tastendruck zusätzlich beleuchtet werden, so dass sie auch bei Dunkelheit gut erkennbar sind. Die Schärfe der Messfelder sollte im Laufe einer Nacht vor jeder neuen Scharfeinstellung des Teleskops überprüft werden. Kamerasucher-Unschärfen aufgrund sich ändernder Umgebungstemperatur kommen vor, und auch die Sehschärfe des Beobachters kann z.B. aufgrund von Nachtmyopie (Kurzsichtigkeit bei schwacher Beleuchtungsstärke) in der Nacht schwanken.

– man sollte dabei nur aufpassen, dass sie nicht unbeabsichtigt Kontakt mit der Objektivlinse bzw. der Korrektorplatte haben.

Die Scheinerblende bzw. Hartmannmaske

Eine wesentliche Erleichterung bei der Fokussierung von Sternaufnahmen bringt die Verwendung einer sog. Scheinerblende bzw. Hartmannmaske. Das Funktionsprinzip einer solchen Blende ist einfach: Ein unscharf eingestelltes punktförmiges Objekt (also auch ein Stern) wird immer als kleines Scheibchen mit der Form der Objektivöffnung wiedergegeben. Durch die Verwendung einer symmetrischen zwei- bzw. dreigeteilten Lochblende wird das unscharfe Sternscheibchen daher zu einem Mehrfachbild. Die Abstände der Einzelbilder zueinander werden umso kleiner, je mehr man sich dem Brennpunkt annähert. Im Brennpunkt verschmelzen die Einzelbildchen zu genau einem einzigen Punkt. Da bereits eine nur minimale Abweichung von der exakten Brennpunktposition getrennte Lichtflecken oder zumindest ein gegenüber der optimalen Form leicht verzerrtes Sternscheibchen produziert, kann die Scharfeinstellung sehr feinfühlig erfolgen. Der Vorteil einer Blende mit drei Löchern ist, dass das Bild auf beiden Seiten des Fokus verschieden orientiert ist.

ABBILDUNG 196

Gegenüber der Fokussierung anhand des Durchmessers eines Sternscheibchens gelangt man mit Hilfe einer Fokussierblende wesentlich schneller in die Nähe des genauen Brennpunktes. Gerade bei nicht ganz so gutem Seeing ist die Bestimmung des Punktes, an dem die Teilbilder zu nur noch einem Punkt verschmelzen, jedoch immer noch mit einer gewissen Unsicherheit behaftet.

ABBILDUNG 197

    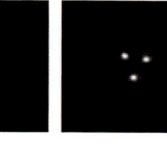

Bei einer Variante der zweilöchrigen Scheinerblende kann durch eine leichte Veränderung der Lochgeometrie eine Kombination aus Lochblenden- und Beugungsfokussierung erreicht werden. Die runden Löcher werden dabei durch gleichseitige Dreiecke ersetzt, die um 90° gegeneinander verdreht angeordnet sind. Analog zur »normalen« Scheinerblende sieht man auch hier zwei Teilbilder, die mit zunehmender Annä-

herung an den Fokus zu einem einzigen Lichtpunkt verschmelzen. Da jedoch an den Kanten der dreieckigen Eintrittsöffnungen Beugungseffekte entstehen, hat das resultierende Bild ein zusätzliches Beugungskreuz.

ABBILDUNG 195

Eine Scheinerblende bzw. Hartmannmaske kann sehr leicht im Eigenbau hergestellt werden. Für den, der nicht selbst basteln will, werden unter dem Namen »Focus-Master Lite« auch fertige Blenden für unterschiedliche Teleskopdurchmesser angeboten.
Wie bei jeder Art der Fokussierung, die auf die Mattscheibe der Kamera erfolgt, kann auch bei Einsatz einer Scheinerblende bzw. Hartmannmaske die Fokussiergenauigkeit durch die Verwendung einer Sucherlupe deutlich erhöht werden.

Okularbasierte Fokussierhilfe

Ein Okular wird mittels einer geeigneten Distanzhülse so im Strahlengang der Aufnahmeoptik platziert, dass dessen Brennebene mit der späteren Lage des Aufnahmesensors übereinstimmt. Ein im Okular scharf erscheinendes Objekt wird auf diese Weise auch auf dem Foto scharf abgebildet werden.

Die okularbasierte Fokussierhilfe kann zur Fokussierung aller Kameras verwendet werden, bei denen das Objektiv entfernt werden kann. Sie eignet sich damit sowohl für Webcams als auch für Spiegelreflexkameras und gekühlte CCD-Kameras. Dank des Okulars ist die Fokussierung auch an flächigen oder sehr lichtschwachen Objekten möglich.
Generell ist bei Verwendung einer okularbasierten Fokussierhilfe zu beachten, dass das menschliche Auge in der Lage ist, sich auf Gegenstände, die sich in unterschied-

LINKS
Focus-Master Lite
Astro Engineering
www.astro-engineering.com

ABBILDUNG 195: Bei der veränderten Zweilochblende kann neben dem Zusammenlaufen der beiden Teilbilder auch die deutliche, an den Kanten der dreieckigen Ausschnitte entstehende Beugungsfigur für eine exakte Fokussierung genutzt werden.

ABBILDUNG 196: Sowohl die Scheinerblende als auch die Hartmannmaske werden vor dem Objektiv befestigt. In den meisten Fällen reicht hierfür eine einfache Steckfassung aus.

ABBILDUNG 197: Sowohl innerhalb als auch außerhalb des Fokus sind bei Verwendung der Scheinerblende drei getrennte Sternabbildungen sichtbar. Nur im exakten Brennpunkt verschmelzen die Einzelbilder zu einem einzigen Punkt! Das »Umklappen« der Dreiecksfigur beim Durchlaufen des Fokus kann als weitere Scharfstellhilfe benutzt werden.

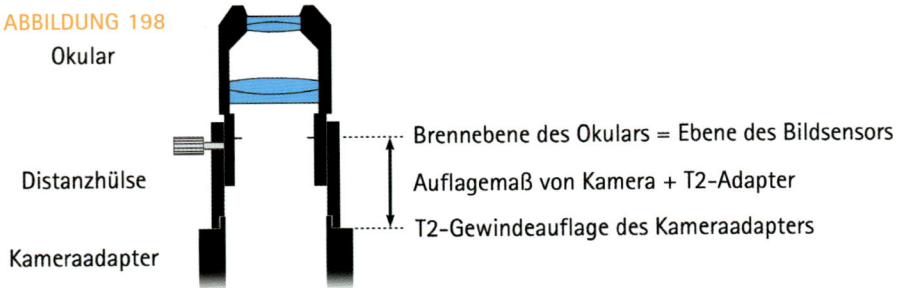

ABBILDUNG 198
Okular

Brennebene des Okulars = Ebene des Bildsensors

Distanzhülse

Auflagemaß von Kamera + T2-Adapter

T2-Gewindeauflage des Kameraadapters

Kameraadapter

ABBILDUNG 198: Schema zur Funktionsweise der okularbasierten Fokussierhilfe.

licher Entfernung befinden, selbstständig scharf zu stellen. Der Betrag um den dies möglich ist, die »Akkomodationsbreite«, ist altersabhängig. Ein im Okular unscharf eingestelltes Objekt könnte daher theoretisch trotzdem vom Beobachter als scharf wahrgenommen werden.

Eine deutliche Verbesserung der Fokussiergenauigkeit einer okularbasierten Fokussierhilfe kann durch Ausnutzung der speziellen Fokussiereigenschaften des menschlichen Auges erreicht werden. Hierzu nähert man sich dem Brennpunkt immer vom Nahbereich her kommend, also von der maximalen Auszugslänge des Okularauszugs, an. Das Auge müsste, um das Bild bereits vor Erreichen des Brennpunktes scharfes zu sehen, über »Unendlich« hinaus fokussieren können. Da dies nicht möglich ist, stellt es sich stattdessen auf die im entspannten Zustand angenommene »Unendlich«-Stellung ein. Sobald der Brennpunkt erreicht ist, wird das Bild vom Auge schlagartig als scharf wahrgenommen. Eine wirklich optimale Brennpunkteinstellung ist jedoch auch dann noch nicht garantiert. Das menschliche Auge kann schließlich je nach körperlicher Verfassung etwas weit- bzw. kurzsichtiger sein.

Deutlich besser funktioniert die Fokussierung mit einem Fadenkreuzokular, da sich das Auge hier automatisch auf den Fokus der Strichplatte bzw. der Fäden einstellt. Besitzt das verwendete Fadenkreuzokular eine Dioptrien-Einstellung, darf diese nach Kalibrierung der Fokussierhilfe nicht mehr verstellt werden.

Damit eine okularbasierte Fokussierhilfe universell für jeden Beobachter funktioniert, müssen Fehlsichtige immer mit Brille fokussieren. Alternativ könnte die Justierung bei Fehlsichtigkeit auch auf das Auge eines bestimmten Beobachters vorgenommen werden.

⟨⟩ Die Akkomodation des menschlichen Auges

Als Akkommodation (von lateinisch accomodare: anpassen, adaptieren, anlegen, festmachen) wird die Fähigkeit des menschlichen Augenlinse zur Änderung der Brechkraft bezeichnet. Hierdurch ist es dem Auge möglich, Gegenstände in unterschiedlicher Entfernung zur Netzhautebene scharf abzubilden.

Die maximal mögliche Brechkraftänderung wird als Akkommodationsbreite bezeichnet und in Dioptrien (dpt; Kehrwert der Brennweite in Metern) angegeben. Sie ist stark altersabhängig und beträgt bei Kleinkindern ca. 14dpt, was bezogen auf die Gesamtbrechkraft des Auges von ca. 58dpt einer Variation von fast 25% entspricht. Der kleinste Abstand, in dem Gegenstände noch als »scharf« wahrgenommen werden, beträgt in diesem Alter ca. 10cm. Mit zunehmendem Alter fällt die Akkommodationsbreite auf Werte unter 2dpt bzw. 4% ab, wodurch sich die Nahgrenze auf deutlich mehr als 50cm verschlechtert. Gründe für diese Abnahme sind eine im zunehmenden Alter herabgesetzte Elastizität der Linsenkapsel sowie eine Linsenverdickung durch lebenslanges Wachstum der Linsenschale.

ABBILDUNG 199

ABBILDUNG 199: Die durchschnittliche Akkomodationsfähigkeit des menschlichen Auges in Abhängigkeit vom Alter.

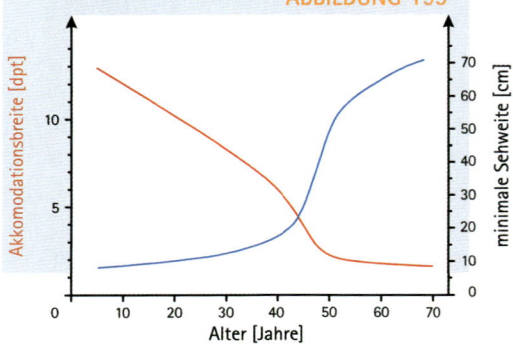

ABBILDUNG 200

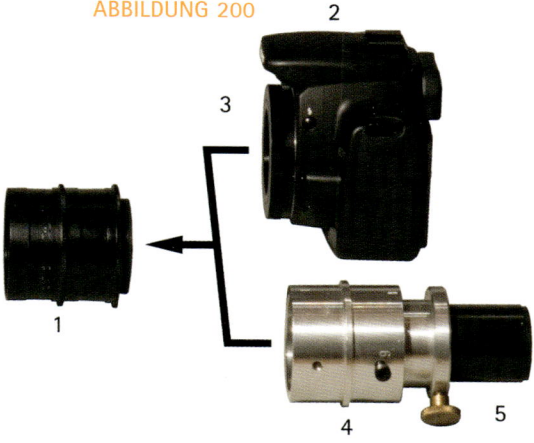

Während eine solche Fokussierhilfe für Fotoobjektive selbst gebaut werden muss, wird für den Einsatz an einem Teleskop eine entsprechende Kombination aus Hülse und Okular bereits fertig angeboten. Sie nutzt den T2-Anschluss mit seinem genormten Auflagemaß von 55mm und kann daher problemlos mit den Spiegelreflexkameras aller Hersteller an fast allen Teleskopen verwendet werden.

ABBILDUNG 201

Grenze intrafokal — Mitte — Grenze extrafokal

Manuelle Fokussierung mit Autofokus-Unterstützung

Bei Verwendung einer digitalen Spiegelreflexkamera können auch die kcamerainternen Autofokussensoren als Schärfeindikatoren bei der manuellen Fokussierung genutzt werden. Diese Sensoren funktionieren jedoch nur bei längeren Brennweiten und auch dann nur bei ausreichend hellen und kontrastreichen Motiven.

Nachdem das zu fokussierende Objekt in dem auf der Kameramattscheibe markierten zentralen Autofokusfeld platziert ist, wird mit einer Hand der Kameraauslöser halb durchgedrückt, während mit der anderen Hand die Schärfe verstellt wird. Hierzu nähert man sich vom Nahbereich (extrafokal) kommend langsam dem Brenn-

punkt an. In dem Moment, in dem die Kameraelektronik das Objekt als »scharf« empfindet, leuchtet das Autofokusfeld auf und der bekannte Signalton ist zu hören. Die zugehörige Entfernungseinstellung des Objektivs wird nun auf der Entfernungsskala markiert. Danach wiederholt man die Prozedur, nähert sich dem Brennpunkt jedoch von der anderen Seite (intrafokal). Auch jetzt wird der Punkt, an dem die Kamera das Objekt als »scharf« empfindet, markiert. Je nach verwendeter Objektiv/Kamera-Kombination werden die beiden markierten Entfernungseinstellungen mehr oder weniger weit auseinander liegen. Der optimale Schärfepunkt liegt genau zwischen den beiden Markierungen.

Speziell für Kameras der EOS-Serie von Canon ist im Handel ein »Halbautomatikadapter« erhältlich, der die oben geschilderte Fokussiertechnik auch an Optiken

mit M42-Anschluss ermöglicht. Der Adapter simuliert der Kameraelektronik über die entsprechenden Kontakte, dass ein automatisches EF-Objektiv angeschlossen ist. Laut Händlerangabe soll der Adapter an die EOS-Modelle 400D, 350D, 40D und 30D angeschlossen werden können. Das getestete Modell funktioniert aber auch mit den EOS-Modellen 20D und 5D.

Die Dicke des Halbautomatikadapters ist mit 1,3mm so ausgelegt, dass ältere Fotoobjektive mit M42-Anschluss direkt mit einer EOS-Kamera verbunden werden können. Bei Anschluss eines Teleskops ist jedoch zu beachten, dass alle angebotenen Kameraadapter auf T2-Gewinde enden. Es muss also noch ein zusätzlicher T2-Adapter mit M42-Gewinde vor dem Halbautomatikadapter in den Strahlengang eingeführt werden. Die Dicke dieser Adapterkombination liegt bei ca.

ABBILDUNG 200: Die aus Okular (5) und Distanzhülse (4) bestehende Fokussierhilfe wird an Stelle der Kombination aus Kamera (2) und T2-Ring (3) auf das T-Gewinde des Kameraadapters (1) aufgesetzt.

➡ LINKS
Fokussierhilfe
M. Pieper
www.astroselbstbau.de

ABBILDUNG 201: Die Genauigkeit der Autofokus-unterstützten Fokussierung kann deutlich verbessert werden, indem man sich dem Fokus jeweils von beiden Seiten annähert und dabei den Punkt ermittelt, an dem der Autofokus ein scharfes Bild signalisiert. Die optimale Bildschärfe liegt dann genau zwischen diesen beiden Einstellungen.

LINKS

Halbautomatik-Adapter M42 auf Canon
EOS Kameras

zu beziehen über: Ingo Quendler Trading
& Service

www.enjoyyourcamera.com

ABBILDUNG 202: Mit Hilfe eines
Halbautomatikadapters kann mit
Spiegelreflexkameras der EOS-Serie
von Canon auch an Optiken mit
M42-Anschluss und an Teleskopen
mit Autofokus-Unterstützung fokussiert werden.

LINKS

**Digitale Spiegelreflexkameras mit
Live-Vorschaubild**

Canon EOS 1D Mark III
Canon EOS 1Ds Mark III
Canon EOS 20Da
Canon EOS 40D
Canon EOS 450 D
Canon EOS 5D Mark II
Canon EOS 1000D
Canon Deutschland GmbH

www.canon.de

Olympus E-330
Olympus E-410
Olympus E-510
Olympus Deutschland GmbH

www.olympus.de

9mm. Dies könnte unter Umständen kritisch
sein, wenn die Kamera beispielsweise hinter
einem Bildfeldebner oder einem Komakorrektor sitzt, so dass der gerechnete Brenn-
punktabstand überschritten wird.

ABBILDUNG 202

Kcamerainternes Display

Alle aus der »normalen« Fotografie stammenden Digitalkameras sind mit einem
kcamerainternen LC-Display ausgestattet.
Digitale Kompakt- und Videokameras und
inzwischen auch einige Spiegelreflexmodelle der Firmen Canon und Olympus können
auf diesem Display ein Live-Vorschaubild
(»Live-View«) des aufzunehmenden Objektes darstellen. Neben der Bildkomposition
kann dieses Bild auch zur Fokussierung
genutzt werden. Zur besseren Begutachtung der eingestellten Schärfe ist eine bis
zu 10-fache Vergrößerung des angezeigten
Bildes möglich.

Die Live-View-Funktion arbeitet ähnlich der
normalen Langzeitbelichtung der Kamera,
d.h. nach Hochklappen des Schwingspiegels
und Auslösung des Verschlusses liegt der
Chip frei und wird belichtet. Im Gegensatz
zur B-Funktion wird das ankommende Signal jedoch nicht zu einem Bild aufaddiert,
sondern in Form einer schnellen Bildfolge
(bei Canon ca. 30 Bilder/Sekunde) auf dem
Kameradisplay angezeigt. Aufgrund der relativ hohen Bildfrequenz im Live-Modus ist die
Belichtungszeit entsprechend kurz, so dass
nur die hellsten Himmelsobjekte zur Fokussierung herangezogen werden können.

Der Halbautomatik-adapter in der Praxis

Stellt man an ausreichend hellen
Sternen, Planeten oder dem Mond
scharf, so funktioniert der Halbautomatikadapter exzellent. Von Nachteil
ist, dass der freie Durchlass des Adapters nur 36mm beträgt. Kameras
mit Sensoren im APS-C-Format haben damit kein Problem, aber Vollformatsensoren werden – abhängig
vom Linsenaufbau der Optik – ab-
geschattet. Man könnte den Adapter
allerdings auf knapp 42mm aufdre-
hen und somit den freien Durchlass
ordentlich vergrößern.

Angenehm ist, dass man während
des Fokussierens nicht in den Sucher schauen muss, da der korrekte Fokus akustisch signalisiert wird.
Leider steht nicht immer ein heller
Stern im Gesichtsfeld, das man gerade fotografiert, so ist man oft ge-
zwungen, auf einen hellen Stern zu
schwenken.

Falls die zu fokussierende Optik über
eine verstellbare Blende verfügt, sollte diese auf den maximal möglichen
Wert geöffnet werden. Abgesehen
davon, dass auf schwächere Objekte fokussiert werden kann, reduziert
sich aufgrund des größeren Öffnungsverhältnisses auch die Fokussiertoleranz. Eine leichte Fehlfokus-
sierung fällt daher besser auf als bei
direkter Abblendung auf die spätere
Aufnahmeblende.

Diese Art der Fokussierung hat sich in der
Praxis sehr gut bewährt. Bei ihrer Anwendung sollten jedoch einige Dinge beachtet
werden:

• Falls die zu fokussierende Optik über
eine verstellbare Blende verfügt, sollte
diese, wie bei der manuellen Fokussie-

rung mit Autofokusunterstützung, auf den maximal möglichen Wert geöffnet werden.

- Die Kamera sollte nie länger als nötig im Live-Modus betrieben werden. Neben dem hohen Energieverbrauch kann so auch die Erwärmung des Detektorchips und das damit verbundene erhöhte Bildrauschen reduziert werden.

- Das zu fokussierende Objekt sollte möglichst punktförmig sein. Sterne eignen sich daher besser zur Fokussierung als flächige Objekte wie z.B. Sonne, Mond oder die Planeten. Die ebenfalls flächig erscheinenden Deep-Sky-Objekte sind in den meisten Fällen zu lichtschwach, um für eine Fokussierung überhaupt in Frage zu kommen.

- Die Fokussierung sollte immer auf einen Stern mittlerer Helligkeit erfolgen. Zu schwache Sterne gehen im Rauschen des Chips unter bzw. werden erst gar nicht detektiert. Bei zu hellen Objekten ist aufgrund der Darstellungseigenschaften des LC-Displays eine Beurteilung der Schärfe nur sehr schwer möglich.

- Durch Variation der Empfindlichkeitseinstellung kann die Helligkeit des Objektes reguliert werden. Hierbei ist daran zu denken, die Empfindlichkeit später wieder auf die gewünschte Aufnahmeempfindlichkeit zurück zu stellen.

- Die Fokussierung sollte immer bei maximaler Vergrößerung erfolgen, da dann ein Display-Pixel genau einem Chip-Pixel entspricht. Beschränkt man sich auf Objekte in der Bildmitte, wird die auf den ersten Blick schwierig erscheinende Positionierung in dem nur wenige Prozent der tatsächlichen Chipfläche entsprechenden angezeigten Bildfeld durch Zuhilfenahme des zentralen Autofokusfeldes wesentlich erleichtert.

Der Kritik verschiedener Beobachter an der unbequemen Betrachtungsposition des LC-Displays bei zenitnahem Einsatz an gerade-

sichtigen Optiken kann nur bedingt zugestimmt werden. Zumindest bei stationärem Einsatz der Kamera in einer Sternwarte, könnte das Displaybild jedoch alternativ auch über den Videoausgang auf einen Fernseher übertragen werden. Bei der E-330 von Olympus werden Einblickprobleme in den verschiedenen Kameralagen durch ein schwenkbares Display vermieden.

Soll oder muss mittels Kameradisplay auf schwächere Objekte fokussiert werden, so kann dies nur anhand von länger belichteten Testaufnahmen geschehen. Diese Art der Fokussierung kann prinzipiell auch bei allen Kameras ohne Live-View angewandt werden. Bei näherer Betrachtung zeigt sich jedoch, dass eine wirklich präzise Scharfstellung auf diese Weise so gut wie unmöglich ist:

Nachdem grob mittels Kamerasucher vorfokussiert wurde, wird eine Serie von Testaufnahmen belichtet, wobei zwischen den einzelnen Aufnahmen der Fokus minimal verstellt wird. Obwohl alle Digitalkameras so eingestellt werden können, dass sie das Bild direkt nach erfolgter Belichtung auf ihrem Display darstellen, hilft dies für die Fokussierung nicht weiter, denn ein Hineinzoomen bis auf Pixelebene ist nicht möglich. Dies funktioniert nur, wenn die Aufnahme im Betrachtungsmodus geöffnet und mit Hilfe der mehrmals hintereinander angewandten Lupenfunktion bis zur maximalen Wiedergabe vergrößert wird. Da dieser Vergrößerungsvorgang bei allen Kameras auf die Bildmitte ausgerichtet ist, sollte das zur Fokussierung verwendete Objekt auch bei dieser Fokussiertechnik mit Hilfe des zentralen Autofokussensors positioniert werden, sonst müsste es noch mittels der Pfeiltasten in den dargestellten Bildausschnitt geholt werden.

Fokussierung am Computer

Webcams und CCD-Kameras können nur über einen angeschlossenen Computer gesteuert werden. Bei Einsatz geeigneter Software sind verschiedene Digitalkameras ebenfalls über einen PC ansteuerbar. Somit können sowohl der Computermonitor für die visuelle Fokussierung, als auch, je nach verwendetem Programm, die verschiedenen softwareunterstützten Fokussiermethoden genutzt werden.

Analog zur Fokussierung auf dem kamerainternen Display ist auch bei der Fokussierung am Computer eine möglichst hohe Bildfrequenz (ein Bild pro Sekunde) anzustreben.

Visuelle Fokussierung mittels Monitorbild

Prinzipiell können bei der visuellen Fokussierung mittels Monitorbild die gleichen Techniken wie bei der Fokussierung mittels Kamerasucher angewandt werden. Auch die in diesem Zusammenhang vorgestellten Fokussierhilfsmittel können zum Einsatz kommen. Generell sollte ein ausreichend heller Stern verwendet werden.

Die softwareunterstützte Fokussierung

Auch wenn man die größtmögliche Sorgfalt walten lässt, wird die visuelle Fokussierung anhand des Monitorbildes selten eine wirklich exakte Scharfeinstellung ermöglichen. Will man mehr Sicherheit haben, muss man auf die verschiedenen Fokussierhilfen der Bildaufnahmesoftware zurückgreifen. Sie geben dem Benutzer Aufschluss über die Punktförmigkeit eines Sternscheibchens:

- **Die Intensität des hellsten Pixels:** Da das Sternscheibchen mit besser werdender Fokussierung immer kleiner wird, werden die Photonen auch auf weniger Pixel des Detektorchips verteilt. Die Folge ist, dass die Intensität dieser Pixel größer wird. Da die Helligkeitsverteilung innerhalb des Sternscheibchens radial abfällt, markiert der hellste Pixel die Mitte des Sternscheibchens.
Fast jede Bildaufnahmesoftware ermöglicht die Anzeige der Intensität des hellsten Pixels im dargestellten Bildfeld. Solange man dieses Feld für die Fokussierung so klein gewählt hat, dass

sich nur ein Stern in ihm befindet, wird der so angezeigte Intensitätswert sich also auf die Mitte des ausgewählten Sternscheibchens beziehen. Während der Fokussierung muss die Veränderung dieses Wertes verfolgt werden. Ist der Wert maximal, hat man den exakten Brennpunkt gefunden!

Was sich in der Theorie sehr einfach anhört, hat in der Praxis seine Tücken. Je stärker die Luftunruhe ist, desto mehr wird der Stern während der Belichtungsdauer auf dem Chip hin und her tanzen und das Bild damit mehr oder weniger stark verschmieren. Je mehr Pixel aber durch den Stern getroffen werden, desto geringer ist auch die Intensität des hellsten Pixels. Kritisch wird es dann, wenn sich der Betrag der Luftunruhe zwischen zwei Aufnahmen verändert. Obwohl sich die Lage der Kamera relativ zum Brennpunkt nicht verändert hat, schwankt die angezeigte maximale Intensität des Sterns über einen weiten Bereich.

In solchen Nächten kann die Scharfeinstellung wesentlich vereinfacht werden, indem die Belichtungzeit verlängert wird. Das Bild wird dann zwar durch das Seeing stärker verschmiert werden, die Unterschiede zwischen zwei aufeinander folgenden Belichtungen werden aber entsprechend geringer ausfallen. Eventuell ist es dazu notwendig, auf einen schwächeren Stern auszuweichen.

Generell sollte bei dieser Art der Fokussierung bedacht werden, dass die seeingbedingten Schwankungen der Sternintensität in unmittelbarer Nähe des Brennpunktes am größten sind. Das Sternscheibchen ist dann so klein, dass bereits eine minimale Ortsveränderung auf dem Chip dafür sorgt, dass deutlich mehr Pixel vom Licht getroffen werden. Ein großes unscharfes Sternscheibchen wabert zwar auch hin und her, ob aber etwas mehr Pixel getroffen werden, macht sich in der Intensität des hellsten Pixels kaum bemerkbar.

ABBILDUNG 203

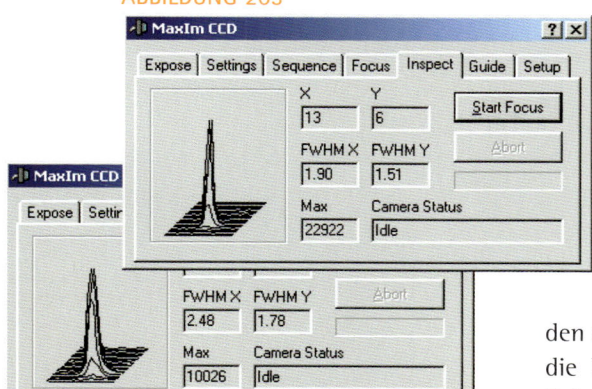

ABBILDUNG 204

tisch den FWHM-Wert an. Einige Programme wie z.B. MaxIm von Diffraction Limited unterscheiden hierbei sogar noch einmal zwischen dem Wert für die x- bzw. y-Achse (FWHM-X bzw. FWHM-Y). Bei anderen Programmen wird der FWHM-Wert nur bei einem Mausklick auf den zu messenden Stern angezeigt. Da die kontinuierliche Bildaufnahme im Fokussiermodus normalerweise dafür unterbrochen werden muss, ist diese Lösung nicht sehr praktikabel.

Die Fokussierung einer digitalen Spiegelreflexkamera mit MaxIm

Im Vergleich zu anderen Steuerprogrammen für digitale Spiegelreflexkameras ermöglicht MaxIm von Diffraction Limited eine deutlich schnellere Bildfolge bei der Fokussierung. Bei 2-fachem Binning und der Einstellung »fast« ist beim Herunterladen eines Bildes im RAW-Format je nach Belichtungszeit und Größe des darzustellenden Bildausschnittes eine Bildwiederholrate von unter einer Sekunde möglich. Voraussetzung ist jedoch, dass die Kamera die Datenübertragung über die schnelle USB 2.0-Verbindung unterstützt. Andere Programme benötigen trotz schneller Datenübertragung teilweise bis zu 4s.

- **Das Helligkeitsprofil eines Sterns:** Theoretisch entspricht die Helligkeitsverteilung innerhalb jeden Sternscheibchens (zumindest in der Nähe des Brennpunktes) der einer Gaußverteilung. Das Verhältnis zwischen Höhe und Breite dieser Glockenkurve ist dabei von der Exaktheit der Fokussierung abhängig. Die Kurve ist umso höher und schmaler, je näher man sich am Brennpunkt befindet.
Verschiedene Programme stellen im Fokussiermodus einen Schnitt durch das Sternscheibchen entlang der x- bzw. y-Achse oder sogar eine 3D-Ansicht dar.

- **Die Halbwertsbreite der Helligkeitsverteilung (FWHM):** Noch einen Schritt weiter gehen Programme, die eine mathematische Analyse der Gaußkurve zur Beurteilung der Bildschärfe anbieten. Den mathematischen Zusammenhang zwischen der Höhe und der Breite einer Gaußfunktion stellt die so genannte Halbwertsbreite (engl.: full width at half maximum = FWHM) dar. Sie ist für alle Sterne eines Bildes unabhängig von der absoluten Intensität und kann daher als Kriterium für die Bildschärfe dienen! Ist der Wert der FWHM minimal, ist der Brennpunkt gefunden.
Fast alle Programme, die ein Helligkeitsprofil des Sternscheibchens darstellen, zeigen auch automa-

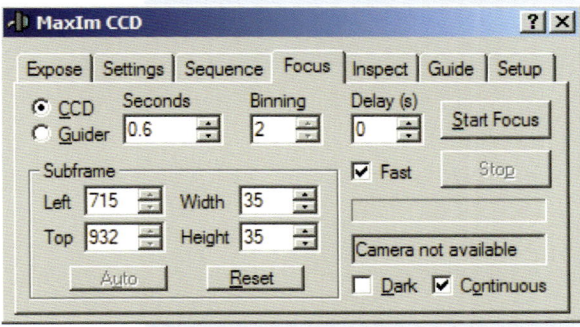

ABBILDUNG 203: Mit zunehmender Annäherung an den Brennpunkt verringert sich die Halbwertsbreite (FWHM) des Sternscheibchens, während die Intensität des hellsten Pixels im gleichen Maße zunimmt. Viele Bildaufnahmeprogramme zeigen im Fokussiermodus nur den maximalen Helligkeitswert im Bildausschnitt an – die Halbwertsbreite des Sternscheibchens wird, wenn überhaupt, nur nach Mausklick im Aufnahmemodus angezeigt. Das Programm MaxIm DL liefert beide Werte kontinuierlich zum aktuellen Bild, was eine schnelle und präzise Fokussierung wesentlich erleichtert.

ABBILDUNG 204: Das Dialogfenster »Focus« des Programms MaxIm von Diffraction Limited. Bei entsprechend kurz gewählter Belichtungszeit ermöglicht die Einstellung »fast« zusammen mit einem 2-fachen Binning auch im RAW-Modus eine Bildwiederholrate von unter einer Sekunde.

LINKS
UV/IR-Sperrfilter
Baader Planetarium
www.baader-planetarium.de

ABBILDUNG 205: Die Transmissionskurve des speziell für die astronomische CCD-Fotografie hergestellten UV/IR-Sperrfilters der Firma Baader Planetarium. Neben seinem hohen Durchlass im Wellenlängenbereich zwischen ca. 415nm und 700nm zeichnet er sich vor allem durch seine steilen Absorptionsflanken aus. Bei der für die Fotografie von Gasnebeln wichtigen Hα-Linie besitzt er eine Transmission von weit über 90%!

ABBILDUNG 206: Durch den Einsatz von Farbfiltern können wellenlängenabhängige Abbildungsfehler der Optik beseitigt oder zumindest abgemildert werden. Beim Einsatz ohne Filter zeigt beispielsweise der bei einem Öffnungsverhältnis von f/3,3 betriebene MaxField Reducer von Optec einen sehr starken komaähnlichen Bildfehler (links). Da vor allem der kurzwellige Anteil des Lichtes für diesen Fehler verantwortlich ist, kann er durch die Verwendung eines leichten Gelbfilters (Wratten #12) fast komplett beseitigt werden (rechts). Die beiden Aufnahmen entstanden bei einer Belichtungszeit von 300 Sekunden mit einer ST-7E durch ein 14"-SCT. Aufgrund der leicht außeraxialen Lage des CCD-Chips in der Kamera treten die Bildfehler nicht symmetrisch zur Bildmitte auf!

Filtereinsatz

Während reine Spiegeloptiken das Licht aller Wellenlängen in einem Brennpunkt vereinigen, besitzen alle optischen Systeme, in denen Linsen vorhandenen sind, eine wellenlängenabhängige Brennweite. Während die dafür verantwortliche chromatische Aberration bei Kameraobjektiven meist ausreichend gut über den Empfindlichkeitsbereich der in Digitalkameras verbauten Sensoren korrigiert ist, sind die meisten im Amateurbereich angebotenen Teleskope primär für die visuelle Beobachtung ausgelegt. Ihre optimale Farbkorrektur fällt in den Bereich der maximalen Empfindlichkeit der im menschlichen Auge für das Nachtsehen verantwortlichen Stäbchen (400nm bis 600nm). Wird an einem solchen Gerät eine Kamera verwendet, kommt es zu deutlichen (Farb-) Unschärfen, da sowohl kürzere als auch längere Wellenlängen eine unterschiedliche Brennweite besitzen.

Welche Wellenlängen zur entstehenden Unschärfe beitragen hängt stark vom verwendeten Aufnahmesensor ab. Weil die aus der »normalen« Fotografie stammenden Digitalkameras in ihrer Empfindlichkeitscharakteristik dem menschlichen Auge nachempfunden sind, reagieren sie hauptsächlich auf den kurzwelligen UV-Bereich. Bei den typischerweise in gekühlten CCD-Kameras eingesetzten Sensoren hat dagegen der langwellige Infrarotanteil einen erheblich größeren Einfluss auf die entstehenden Unschärfen.

Abhilfe schafft nur die Verwendung eines Filters, der die betreffenden Wellenlängenbereiche gezielt herausfiltert. Im einfachsten Fall reicht hierfür bereits ein so genann-

tes Kaltglasfilter, wie es z.B. von der Firma Schott angeboten wird. Besser sind jedoch speziell für die Astrofotografie hergestellte Filter, da sie sowohl über eine höhere Transmission im visuellen Spektralbereich, als auch über eine deutlich steilere Absorptionsflanke sowohl zum Infrarot-, als auch zum UV-Bereich hin besitzen. Solche Filter werden heute sowohl von den Kameraherstellern selbst, als auch von verschiedenen Zubehörherstellern angeboten. Je nach Hersteller werden sie schlicht als »UV/IR-Sperrfilter« oder unter Verkaufsbezeichnungen wie z.B. »Fringe Killer«, »Kontrastbooster« oder »Semi APO Filter« angeboten.

Obwohl Schmidt-Cassegrain- und Maksutov-Teleskope ebenfalls eine Linse in Form ihrer Korrektorplatten besitzen, kommt man bei ihnen ohne Sperrfilter aus, da der entstehende chromatische Fehler sehr klein ist. Nur wenn eine Kamera mit kleinen Pixeln an einem Teleskop mit langer Brennweite verwendet wird, kann er sich störend bemerkbar machen. Ein Infrarot-Sperrfilter sollte dagegen auch an einer Spiegel- bzw. Spiegel-Linsenoptik immer dann verwendet werden, wenn aus Linsen bestehende Zusatzgeräte wie Komakorrektoren, Shapley-

ABBILDUNG 205

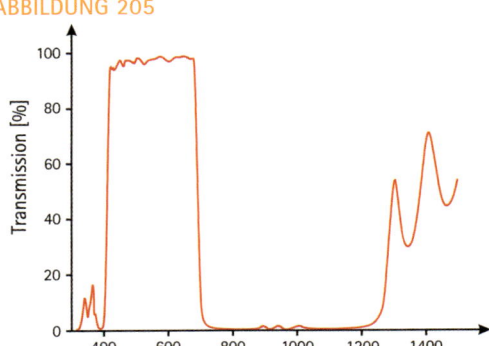

ABBILDUNG 206

bzw. Barlowlinsen oder Okulare eingesetzt werden.

Ein Sonderfall sind die speziell für den CCD-Einsatz an Schmidt-Cassegrain-Teleskopen entwickelten f/3,3-Reducer. Sie sind so gerechnet, dass sie fast das komplette von der Kamera registrierte Spektrum in einem Brennpunkt vereinigen. Lediglich bei sehr achsfernen Objekten treten noch Fehler im UV-Bereich auf. Diese können aber meist durch den Einsatz eines leichten Gelbfilters wie (Wratten #12), oder eines speziellen UV-Sperrfilters beseitigt werden, ohne dass der restliche Teil des Spektrums nennenswert beeinflusst wird.

Nachführung
Nachführgenauigkeit

Eine langbelichtete Astroaufnahme gilt dann als »gut nachgeführt«, wenn der Duchmesser der auf ihr abgebildeten Sternscheibchen nicht größer als der Streuscheibchendurchmesser der verwendeten Optik ist. Die Nachführgenauigkeit α bezeichnet den maximalen Durchmesser eines kreisförmigen Bereichs, innerhalb dessen sich ein Objekt während der Belichtung aufhalten darf. Oder anders ausgedrückt: Die Objektposition darf während der gesamten Belichtungszeit nicht mehr als $\alpha/2$ von ihrer »Sollposition« abweichen.

Der Mindestbetrag der Nachführgenauigkeit α in Bogensekunden ["] hängt neben der verwendeten Aufnahmebrennweite f_A auch vom Durchmesser z des von der Optik erzeugten Streuscheibchens ab:

$$\alpha['']= \frac{206 \cdot z[\mu m]}{f_A[mm]}$$

Formel 43

In der Praxis setzt die immer herrschende Luftunruhe (engl.: Seeing) der maximal erzielbaren Nachführgenauigkeit bei langbrennweitigen Aufnahmen eine Grenze. Man spricht dann von einer »seeing-begrenzten Nachführung«.

Nachführmethoden

Wie bei der Langzeitfotografie mit einer aufgesetzten Kamera muss die Genauigkeit der Nachführung auch bei der Fotografie durch ein Teleskop kontrolliert werden. Der Einblick in das Teleskop wird nun jedoch durch die Kamera versperrt. Als Lösung bieten sich zwei Möglichkeiten an:

- **Leitfernrohr:** Unter einem Leitfernrohr versteht man ein zweites, auf dem eigentlichen Teleskop (durch das fotografiert wird) begrenzt beweglich oder fest angebrachtes Fernrohr. In ihm kann mehr oder weniger unabhängig vom Hauptgerät ein Nachführstern eingestellt werden.

- **Off-Axis-Guider:** Als Off-Axis-Guider bezeichnet man eine Vorrichtung, die es gestattet, einen weit entfernt von der optischen Achse des Aufnahmeteleskops stehenden Stern zur Nachführung zu benutzen. Hierzu wird ein kleines Prisma oder ein kleiner Spiegel so im Strahlengang platziert, dass ein Stern außerhalb des Kameragesichtsfeldes in eine senkrecht zur optischen Achse stehende Okular/Kamerahalterung gelenkt wird. Aus der Lage des Auslenkspiegels leitet sich der aus dem Englischen kommende Name ab: »off-axis« = außerhalb der (optischen) Achse.

Leitfernrohr

- Mit einem zum Aufnahmeteleskop verschiebbar angebrachten Leitfernrohr kann ein großes Himmelsareal auf ei-

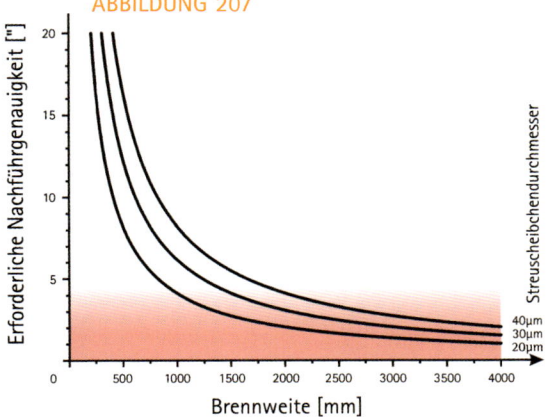

ABBILDUNG 207

ABBILDUNG 207: Die erforderliche Nachführgenauigkeit in Abhängigkeit von Streuscheibchendurchmesser und Aufnahmebrennweite. Mit zunehmender Brennweite gerät man in die Größenordnung der herrschenden Luftunruhe (rot markierter Bereich).

nen Leitstern hin durchsucht werden. Man ist somit in der Lage, sich einen genügend hellen Nachführstern aussuchen zu können. Rein statistisch steht zumindest in maximal ca. 2° Entfernung zu jedem Fotoobjekt mindestens ein Stern der fünften Größenklasse.

➕ Da mit einem Leitfernrohr sowohl außer- als auch innerhalb des Bildfeldes der Kamera stehende Objekte zum Nachführen genutzt werden können, ist man auch in der Lage, bewegte Objekte fotografieren zu können. Insbesondere helle Kometen weisen meist so hohe Eigenbewegungen unter den Sternen auf, dass sie bei Nachführung auf einen Stern bereits Bewegungsunschärfe zeigen.

ABBILDUNG 208

➕ Bei einem zum Aufnahmeteleskop beweglich montiertem Leitfernrohr kann der Leitstern immer auf der optischen Achse des Leitfernrohres positioniert werden. Dank der guten achsialen Abbildungsschärfe ist die Nachführung auf relativ lichtschwache Sterne möglich.

➖ Damit ein Leitfernrohr nicht zu schwer wird, werden meist Refraktoren mit relativ kleinem Objektivdurchmesser verwendet. Diese sind zwar leicht, zeigen dafür aber auch nur wenige Sterne, die hell genug für die Nachführung sind.

➖ Das zusätzliche Gewicht eines Leitfernrohres macht die Verwendung einer stabileren Montierung, als sie für das Fototeleskop alleine nötig wäre, erforderlich.

➖ Das ideale Leitfernrohr sollte einerseits über eine auch im Dunkeln leicht bedienbare Verstellmöglichkeit relativ zum Hauptteleskop verfügen, andererseits jedoch auch in einer einmal ausgewählten Lage absolut sicher arretiert werden können. Je schwerer das Leitfernrohr jedoch wird, desto eher kann es zu einem langsamen gegenseitigen Verschieben der beiden optischen Achsen der Teleskope während der Aufnahme kommen!

Diese Bewegungen sind in den meisten Fällen so minimal und gehen zudem auch noch so langsam vor sich, dass der Fotograf sie während der Belichtung normalerweise nicht bemerkt.

Kleinere Leitfernrohre können sehr gut mithilfe von »Dreipunkt-Schellen« beweglich zum Aufnahmeteleskop angebracht werden. Solche Halterungen finden sich im Sortiment vieler Anbieter und sind normalerweise für Refraktoren mit einem Tubusdurchmesser zwischen 60mm und 90mm ausgelegt. Für größere Leitfernrohre bieten einige wenige Hersteller auch Schellen an, die Geräte mit bis zu 170mm Außendurchmesser aufnehmen! Aufgrund des immer größer werdenden Tubusgewichtes dürfte jedoch bei ca. 125mm Objektivdurchmesser eine Grenze für die stabile Montage erreicht sein.

Verschiedene Firmen bieten komplette Leitfernrohre mit maximal 70mm Durchmesser zum Kauf an. Bei der Auswahl sollte darauf geachtet werden, dass das Gerät mit den genannten Dreipunktschellen geliefert wird! Einige Hersteller haben auch Modelle im Programm, die über nur eine (!) justierbare Schelle gehalten werden. Das Teleskop wird dabei am vorderen Ende lediglich durch eine Art »O-Ring« aus Gummi locker gehalten. Die Verstellung selbst erfolgt über nur zwei Schrauben, wobei zwei gegenüber den Schrauben angebrachte Spiralfedern das Teleskop in seiner Position fixieren sollen! Mit solch einer labilen Konstruktion wird die genaue Nachführung zu einem Glücksspiel.

ABBILDUNG 208: Die bei diesem Teleskop verwendeten Dreipunkt-Schellen zur stabilen aber trotzdem noch justierbaren Montage des Nachführteleskops bieten sich bei Durchmessern bis max. 80mm an. Noch größere Leitfernrohre sollte man fest mit dem Fototeleskop verbinden und den Nachführstern dann über einen Exzenter am Okularauszug einstellen.

Um Bewegungen des Leitfernrohrs komplett zu vermeiden, bieten verschiedene Firmen Exzenter für den Okularauszug des Leitfernrohres als Zubehörteil an. Dieser gestattet es, das Leitfernrohr fest mit dem Fototeleskop zu verbinden, aber trotzdem noch innerhalb des Gesichtsfeldes des Leitfernrohres einen beliebigen Stern für die Nachführung auszuwählen. Hierdurch führt man dann jedoch nicht mehr auf Sterne in der optischen Achse des Leitfernrohres nach, so dass in einem solchen Fall, je nach Bautyp des Leitfernrohres, der Vorteil der scharfen Nachführsterne wieder entfällt!

Probleme können bei der Verwendung eines Leitfernrohrs zusammen mit Schmidt-Cassegrain-Teleskopen mit Hauptspiegelfokussierung auftreten. Hier kann es zum Image-Shifting kommen. Da das Leitfernrohr (wenn es sich um einen Refraktor handelt) hiervon nicht betroffen ist, wird das langsame Wegdriften der Sterne in ihm gar nicht erst bemerkt! Eine Ausnahme stellen die Schmidt-Cassegrain- oder Advanced Coma Free System-Teleskope der Firma Meade mit Hauptspiegelklemmung dar, die sehr gut mit einem separaten Leitrohr nachgeführt werden können.

Wenn als Leitfernrohr ebenfalls ein hauptspiegelfokussiertes Schmidt-Cassegrain-Teleskop verwendet werden soll, potenzieren sich diese Probleme! Damit wird es mit sehr hoher Wahrscheinlichkeit passieren, dass beide Optiken shiften – mit unterschiedlichen Beträgen und, wenn man Pech hat, auch noch in verschiedene Richtungen.

ABBILDUNG 209

Off-Axis-Guider

- ⊕ Ein Off-Axis-Guider ist leicht und kompakt, die Montierung wird also kaum zusätzlich belastet.

- ⊕ Da der Off-Axis-Guider am Fototeleskop selbst angeschlossen ist, wird in der Regel mit der Aufnahmebrennweite selbst nachgeführt. Die Off-Axis-Guider der Firma Lumicon erlauben bei SCTs sogar den Einsatz einer erst hinter dem Umlenkprisma angebrachten Shapleylinse. Da in einem solchen Fall mit wesentlich längerer Brennweite nachgeführt als aufgenommen wird, können Fehler noch leichter erkannt und ausgeglichen werden!

- ⊕ Die volle Öffnung des Fototeleskops steht zur Verfügung, so dass man gegenüber einem Leitfernrohr meist wesentlich schwächere Sterne zur Nachführung heranziehen kann.

- ⊕ Da direkt durch das Fototeleskop nachgeführt wird, wirken auf den Leitstern die gleichen Verschiebungen in der Optik des Teleskops, die auch auf die Sterne auf dem Foto einwirken. Der Off-Axis-Guider eignet sich daher aufgrund des meist auftretenden Image-Shiftings besonders gut für die Fotografie mit Schmidt-Cassegrain-Teleskopen, die nicht über eine Hauptspiegelklemmung verfügen!

- ⊖ Die Nachführsterne können nur in einem sehr begrenzten Areal um das aufgenommene Himmelsgebiet her-

LINKS
Nachführexzenter

Nachführexzenter
G. Neumann jr.
www.gerd.neumann.net

T2 Exzenter - für Astrofotografie und andere Anwendungen
Teleskop-Service
www.teleskop-service.de

VIP-Exzenter - zum Zentrieren des Leitsterns
Baader Planetarium
www.baader-planetarium.de

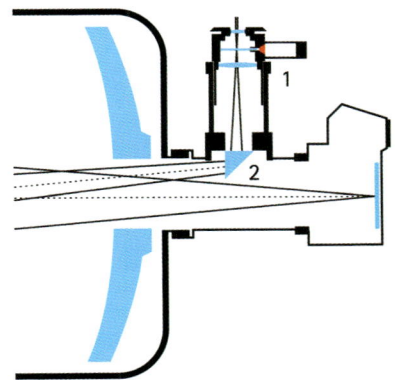

ABBILDUNG 209: Ein Off-Axis-Guider eignet sich besonders gut zur Nachführung von Schmidt-Cassegrain-Teleskopen, da mit seiner Hilfe auch eventuell auftretendes Image-Shifting durch entsprechende Nachführkorrekturen ausgeglichen werden kann. Das Foto zeigt den »Giant Easy-Guider« der Firma Lumicon am C14 Schmidt-Cassegrain-Teleskop der Firma Celestron. In der Schemazeichnung auf der linken Seite kann man direkt unterhalb des Fadenkreuzokulars (1) das kleine Auslenkprisma (2) erkennen.

um ausgewählt werden! Im Extremfall kann dies dazu führen, dass in Himmelsgegenden, in denen nur wenige helle Sterne stehen, kein Stern zur bequemen Nachführung gefunden werden kann. In einem solchen Fall muss man sich entweder mit einem sehr schwachen Stern begnügen oder aber das Bildfeld der Kamera am Himmel leicht verschieben.

- Da die Nachführsterne weit ab von der optischen Achse des Teleskops liegen, werden sie durch Bildfehler sehr stark beeinflusst. Weil der Umlenkspiegel des Guiders nach Möglichkeit nicht in den für das Foto genutzten Strahlengang hineinragen soll, muss er in ausreichendem Abstand zur optischen Achse angebracht sein. Gerade bei schwächeren Nachführsternen ist der Einfluss von Koma und Astigmatismus daher nicht vernachlässigbar! Besitzer einer vollformatigen Spiegelreflex- oder CCD-Kamera sind hier deutlich stärker benachteiligt als andere Kameras mit kleineren Aufnahmechips.
  Besonders problematisch wird es, wenn der Umlenkspiegel sich bereits im vignettierten Bereich des Bildfeldes befindet. Ein solcher Fall tritt vor allem beim Einsatz einer Shapleylinse schnell auf. Hierdurch wird die Auswahl an möglichen Leitsternen noch einmal stark reduziert.
- Bei langbrennweitigen Schmidt-Cassegrain-Teleskopen ist die Nachführbrennweite (= Aufnahmebrennweite) viel zu groß. Sterne erscheinen auf dem Guider-Chip als formlose Fleckchen. Selbst Nachführkameras haben hier Probleme mit der Nachführung.
- Verwendet man eine Nachführkamera statt eines Nachführokulars, gibt es Platzprobleme. Manche Guider sind mit einem großen Kühlkörper ausgestattet, der an den Tubus stoßen kann.
- Bei der Leitsternsuche wird das Off-Axis-System gedreht. Die Ausrichtung in Rektaszension und Deklination muss

◌ Off-Axis-Guider und gekühlte CCD-Kameras

Die heute erhältlichen Off-Axis-Guider sind alle für die Verwendung einer Spiegelreflexkamera berechnet. Hierbei wird vorausgesetzt, dass die Kamera mittels eines so genannten T2-Rings am Guider angeschlossen wird. Da der Abstand zwischen der Filmebene und dem teleskopseitigen Gewinde des T2-Rings auf 55mm genormt ist, ist die Steckhülse zur Aufnahme des Fadenkreuzokulars bzw. der Nachführkamera entsprechend lang ausgelegt. Verschiedene astronomische CCD-Kameras oder auch Webcams weisen jedoch einen weit geringeren Abstand zwischen Chipoberfläche und Teleskopanschluss auf! Würde man eine solche Kamera also direkt mit dem Guider verbinden, müsste eine kürzere Steckhülse verwendet werden. Da dies jedoch nicht möglich ist, muss der Abstand zwischen Guider und Aufnahmechip durch Verwendung entsprechend dimensionierter Zwischenringe auf 55mm vergrößert werden. Die zur Berechnung des Abstands benötigte genaue Einbautiefe des Chips innerhalb des Kameragehäuses findet sich zumindest bei vielen der astronomischen CCD-Kameras unter den technischen Daten.

jedes Mal neu erfolgen. Dabei darf man die Orientierung nicht verlieren.

- Da nur Objekte außerhalb des Kamerabildfeldes zur Nachführung benutzt werden können, ist die Fotografie bewegter Objekte, wie z.B. Kometen, nur sehr schwer möglich. Hier bedient sich der erfahrene Fotograf bei Bedarf der sog. indirekten Nachführung, bei der der Leitstern entgegen der Bewegungsrichtung des Objektes mit der passenden, vorher berechneten Geschwindigkeit gezielt aus dem Fadenkreuz heraus bewegt wird.

- Bei einigen Off-Axis-Guidern ist der Umlenkspiegel herstellerseitig zu nah an der optischen Achse platziert! Dies hat zwar den Vorteil, dass der Leitstern im unvignettierten und optisch besser abgebildeten Bereich des Bildfeldes gesucht wird, dafür kann es aber passieren, dass der Umlenkspiegel in das Bildfeld der Kamera hineinragt. Auf dem Foto macht sich dies als hässliche dunkle Ecke bemerkbar!

ABBILDUNG 210

- Da der Off-Axis-Guider zwischen Teleskop und Kamera eingefügt wird, kann es vor allem bei Spiegelteleskopen nach Newton passieren, dass man mit der Kamera den Brennpunkt nicht mehr erreicht! Die Kamera sitzt nach Einfügen des Guiders ja genau um dessen Baulänge weiter außen, so dass der Okularauszug weiter hineingedreht werden, muss um wieder an den Brennpunkt zu gelangen. Zwar bietet die Firma Lumicon einen sehr flachen Off-Axis-Guider speziell für Newton-Teleskope an, trotzdem kann es passieren, dass nicht genug Fokussierweg vorhanden ist. In solchen Fällen bleibt nichts anderes übrig, als einige Umbauten – in der Regel das Versetzen von Fangspiegel und Okularauszug um einige Zentimeter in Richtung Hauptspiegel – am Teleskop vorzunehmen!

- Bedingt durch die Rotation der Aufnahmekamera bei der Leitsternsuche können Veränderungen der im Bildfeld vorhandenen Vignettierung auftreten. In einem solchen Fall muss daher nach jeder Leitsternsuche ein neues Flatfieldbild aufgenommen werden. Solange das Auslenkprisma selbst keine Vignettierung verursacht ist dies lediglich bei Verwendung des Radial-Guiders von Celestron nicht notwendig, da sich die Aufnahmekamera hier bei der Leitsternsuche nicht mitdreht. Dafür erkauft man sich jedoch den Nachteil, dass nur noch ein 120° großes Kreissegment um die optische Achse nach Leitsternen abgesucht werden kann.

Off-Axis-Guider werden von sehr vielen Firmen angeboten. Im Lieferumfang einiger Off-Axis-Guider der Firma Lumicon ist eine Shapleylinse für Schmidt-Cassegrain-Teleskope enthalten. Die mit einem Anschlussdurchmesser von T2 (42mm) und 75mm (für auf dem Cassegrain-Typ basierende Teleskope der Firmen Celestron und Meade ab 250mm Objektivdurchmesser) lieferbaren Guider sind so konstruiert, das diese Linse entweder vor oder hinter dem Auslenkprisma in den Strahlengang eingeführt werden kann. Neben der für diese Teleskope üblichen Brennweitenreduzierung auf ein Öffnungsverhältnis von ca. f/6,5 ist so auch eine Reduzierung auf ca. f/5,5 möglich. Durch den Einsatz einer zusätzlichen Verlängerungshülse zwischen Guider und Kamera ist sogar ein Öffnungsverhältnis von ca. f/4 erreichbar. Ein Betrieb ohne Shapleylinse bei voller Teleskopbrennweite ist auch möglich.

Fadenkreuzokulare

Allen Fadenkreuzokularen ist gemeinsam, dass das eigentliche Fadenkreuz genau in der Ebene der Gesichtsfeldblende eines Okulars angeordnet sein muss, um ein scharfes Bild zu erzeugen. Prinzipiell eignet sich jeder Okulartyp als Fadenkreuzokular. Da ein Fadenkreuzo-

ABBILDUNG 210: Ragt der Umlenkspiegel zu weit in den Strahlengang hinein, kann es je nach Position relativ zum Detektorformat zu Abschattungen kommen, die durch ein Korrekturbild nicht beseitigt werden können. Bei dieser Aufnahme des Orionnebels mit einer vollformatigen Kamera ist dies in der linken unteren Bildecke erkennbar.

kular allerdings nicht den höchsten Qualitätsansprüchen genügen muss, verwendet man heute meist die relativ preiswerten Okularkonstruktionen nach Kellner oder Plössl bzw. orthoskopische Okulare nach Abbe.

Damit die Nachführtoleranzen eingehalten werden können, muss die zur Nachführung verwendete Optik so ausgelegt sein, dass mindestens halb so große Abweichungen des Leitsterns von seiner »Soll-Position« sichtbar werden.

Für die folgenden Betrachtungen wird ein Okular mit einem geätzten Doppelfadenkreuz bzw. Fadenringen herangezogen. Die Fäden eines solchen Okulars können aus technischen Gründen nicht beliebig eng auf dem Trägerplättchen angeordnet werden, was dazu führt, dass sie üblicherweise 50μm auseinander liegen. Prinzipiell ginge es zwar noch enger, allerdings würden hierdurch die Herstellungskosten unverhältnismäßig hoch werden.

Am einfachsten für die Nachführpraxis ist es, wenn dieser Linienabstand durch das Teleskop betrachtet der genauen Nachführtoleranz entspricht. Der Leitstern muss dann immer nur im Quadrat bzw. Kreis gehalten werden und die Aufnahme wird absolut punktförmig. Da das Fadenkreuz im Brennpunkt der Nachführoptik liegt, findet bei der Berechnung der Nachführbrennweite f_N Anwendung:

$$f_N [mm] = \frac{206 \cdot D[\mu m]}{\frac{\alpha["]}{2}}$$

Formel 44

Hierbei steht D für den Fadenabstand in μm und α für die erforderliche Nachführgenauigkeit in Bogensekunden. Der Term α/2 stellt sicher, dass die Restfehler der Nachführung deutlich kleiner als die mithilfe von Formel 43 berechnete Mindestnachführgenauigkeit bleiben. Auflösung. Für eine Aufnahmeoptik mit f_A=1000mm und einem Streuscheibchendurchmesser von 30μm (α=6,2") ergibt sich somit eine erforderliche Nachführbrennweite f_N von ca. 3300mm. Zeichnet die Optik schärfer, muss

die Nachführbrennweite entsprechend erhöht werden. Bei einem Streuscheibchendurchmesser von 20μm (α=4,1") würde beispielsweise eine Nachführbrennweite f_N von ca. 5000mm benötigt werden.

Die erforderliche Nachführbrennweite f_N muss nicht unbedingt der originalen Brennweite der Nachführoptik entsprechen. Es ist durchaus möglich, diese mittels einer Barlowlinse entsprechend zu verängern. Bei ungenügender Qualität der Barlowlinse verringert sich jedoch die Abbildungsgüte. Das Bild des Nachführsterns wirkt dann verwaschen, was die Nachführgenauigkeit wieder herabsetzt.

Es kann auch versucht werden, den Leitstern immer exakt in der Mitte des Doppelfadenkreuzes zu halten. Dank der Fähigkeit des menschlichen Auges, Symmetrien sehr gut zu erkennen, ist hierbei mit etwas Übung durchaus eine Genauigkeit von besser als ±¼ Fadenabstand möglich. Die erforderliche Nachführbrennweite f_N verringert sich hierdurch entsprechend.

Als Faustregel für die manuelle Nachführung einer durchschnittlichen Aufnahmeoptik gilt, dass die Nachführbrennweite f_N mindestens der doppelten Aufnahmebrennweite f_A entsprechen sollte!

Damit solch geringe Antriebsschwankungen überhaupt sichtbar sind, muss das Fadenkreuzokular eine ausreichend hohe Vergrößerung des Fadenkreuzes liefern. Der Fadenabstand sollte hierzu unter einem Winkel erscheinen, der ungefähr der zehnfachen Auflösung A des menschlichen Auges (ca. 1' bis 2') entspricht. Weil das Nachführokular das Fadenkreuz wie eine Lupe vergrößert, kann die erforderliche Okularbrennweite f_{OK} berechnet werden:

$$f_{OK} = \frac{D}{10 \cdot \tan A}$$

Formel 45

Mit einem Fadenabstand D von 50μm und einer mittleren Auflösung A des menschlichen Auges von 1,5' ergibt sich somit eine erforderliche Brennweite f_{OK} von ca. 11,5mm. Dieser Wert deckt sich recht gut mit der Standardbrennweite von 12,5mm vieler angebotener Nachführokulare! Bei Verwendung kürzerer Okularbrennweiten nimmt die theoretisch erzielbare Nachführgenauigkeit zu, das Bild des Leitsterns wird aber auch entsprechend dunkler.

So sehr der Astrofotograf einen Beobachtungsort ohne künstliche Himmelsaufhellung bevorzugt, kann dies gerade bei der Nachführung mit einem Fadenkreuzokular auch zu einem Problem werden! Ist der Himmel sehr dunkel kann es passieren, dass sich die Drähte des Fadenkreuzes nicht mehr ausreichend vom Hintergrund abheben! In solchen Fällen muss das Fadenkreuz beleuchtet werden. Man unterscheidet zwei prinzipielle Arten der Beleuchtung:

- **Die Hellfeldmethode:** Das Gesichtsfeld des Fadenkreuzokulars wird mittels einer Lichtquelle (beispielsweise einer roten Leuchtdiode) indirekt leicht aufgehellt. Die schwarz erscheinenden Drähte heben sich deutlich vom aufgehellten Himmelshintergrund ab. Die Intensität der Beleuchtung sollte Hilfe eines Potentiometers in einem weiten Bereich verstellbar sein, so dass eine Blendung des Beobachters ausgeschlossen ist. Neben der guten Sichtbarkeit des Fadenkreuzes bewirkt der aufgehellte Hintergrund jedoch auch, dass schwächere Sterne überstrahlt werden. Es können also nur hellere Sterne zur Nachführung herangezogen werden.

   Da sich die Lichtquelle vor dem Fadenkreuz befinden muss, kann eine solche Beleuchtung auch selbst hergestellt werden, indem man sie vor der Teleskopöffnung platziert. Dies funktioniert allerdings nur, wenn ein separates Leitfernrohr verwendet wird. Bei Einsatz eines Off-Axis-Guiders würde gleichzeitig das von der Kamera gesehene Bildfeld aufgehellt!

   Alternativ wäre es auch möglich, die Lichtquelle direkt vor oder gar im Fadenkreuzokular anzubringen, was aber meist zu Reflexen im Okular führt. Diese können den Beobachter nicht nur blenden, sondern auch ablenken. Auch diese Art der Hellfeldmethode ist zusammen mit einem Off-Axis-Guider nicht zu empfehlen, da Reflexe über das Off-Axis-Prisma auf den Detektor gelangen können.

- **indirekte Beleuchtung:** Für diese in der Nachführpraxis wesentlich angenehmere Beleuchtungsmethode eignen sich nur in ein Glasplättchen eingeätzte Fadenkreuze. Das Glasplättchen wird durch eine Leuchtdiode genau von der Seite angestrahlt, so dass die eingeritzten Linien hell vor einem dunklen Feld erscheinen. Dank des dunklen Himmelshintergrundes sind bei entsprechend abgedimmter Beleuchtung auch schwächste Sterne noch zur Nachführung geeignet. Es entstehen keine störenden Lichtreflexe, so dass man ein solches Fadenkreuzokular auch problemlos an einem Off-Axis-Guider verwendet kann.

ABBILDUNG 211

Beleuchtete Fadenkreuzokulare werden üblicherweise über Knopfzellen mit Strom versorgt. Dank deren geringer Größe sind die Beleuchtungseinheiten üblicherweise nur noch so groß wie ein kleiner Finger. Als einziger Anbieter hat die Firma Meade auch Beleuchtungseinheiten mit Kabel zur externen Stromversorgung über das Controlpanel der firmeneigenen Teleskope im Angebot. Das Kabel ermöglicht zudem auch eine Trennung von Okular und Helligkeitsregelung, so dass die Änderung der Helligkeit ohne Berührung des Teleskops während einer Aufnahme direkt vom Hand-

ABBILDUNG 211: Ein indirekt beleuchtetes 12,5mm (Doppel-) Fadenkreuzokular mit seitlich angesetzter batteriebetriebener Beleuchtungseinheit. An der gerändelten Linsenfassung (1) kann die Schärfe des Fadenkreuzes auf die Sehschärfe des Beobachters angepasst werden. Die Helligkeit der Fadenkreuzbeleuchtung lässt sich mit Hilfe eines am Ende der Beleuchtungseinheit angebrachten Potentiometers (2) (im Foto fast verdeckt) in einem weiten Bereich regulieren.

LINKS

PulseGuide Illuminator
Lumicon
www.lumicon.com

PulseGuide Illuminator
Rigel Systems
members.cox.net/rigelsys/pulsguide.html

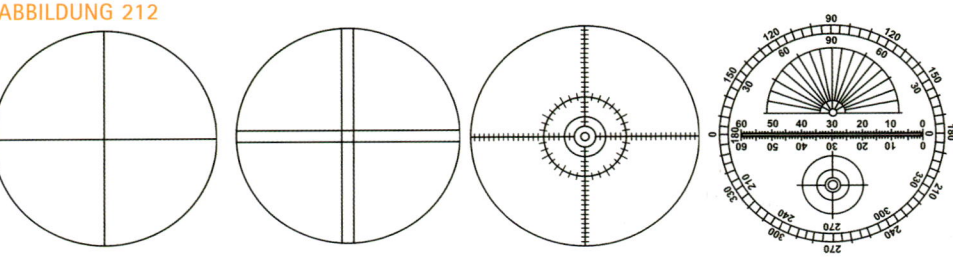

kontrollgerät des Teleskops erfolgen kann. Unter dem Namen »PulseGuide Illuminator« bieten verschiedene amerikanische Firmen alternative Beleuchtungseinheiten für Fadenkreuzokulare an. Neben der üblichen Helligkeitsregulierung ermöglichen diese Beleuchtungseinheiten das Fadenkreuz zusätzlich mit einer vom Benutzer wählbaren Frequenz rhythmisch ein- und auszuschalten. Der Vorteil gegenüber einem permanent leuchtenden Fadenkreuz ist, dass auch sehr schwache Leitsterne, die sonst überstrahlt würden, in der Dunkelphase sichtbar werden und zur Nachführung benutzt werden können.

Verschiedene Montierungen der Firma Meade haben eine entsprechende Elektronik bereits in der Motorsteuerung integriert, so dass nur eins der Fadenkreuzokulare mit »Kabelanschluss« benötigt wird.

Im einfachsten Fall bewirkt dies, dass man sich beim Nachführen nicht mehr richtig auf den Leitstern konzentrieren kann – im schlimmsten Fall führt dies aber auch bereits nach wenigen Minuten zu starken Kopfschmerzen!

Wird bei der Nachführung mit einem einfachen Fadenkreuzokular versucht, den Leitstern immer im Kreuzungspunkt beider Fäden zu halten, so stößt man schnell auf ein Problem: Ein Stern ist in einem Teleskop immer ein (fast) dimensionsloser Punkt. Da die Drähte, die das Fadenkreuz bilden, mit einem Durchmesser von ca. 0,1mm jedoch verhältnismäßig dick sind, wird der Leitstern, wenn er genau hinter einem der beiden Drähte zu liegen kommt, völlig verschwinden. In einem solchen Fall kann dann nur versucht werden, den scharf gestellten Stern immer genau in einer der

ABBILDUNG 212

ABBILDUNG 212: Die verschiedenen Fadenkreuztypen im direkten Vergleich: (1) einfaches Fadenkreuz, (2) Doppelfadenkreuz, (3) Ringfadenkreuz des GA-4 Systems, (4) Micro-Guide Okular.

Einfaches Fadenkreuzokular

Obwohl das einfache Fadenkreuzokular wegen seiner mechanischen Einfachheit die preiswerteste aller Fadenkreuzkonstruktionen ist, wird es fast nur noch in Sucherfernrohren verwendet. Das eigentliche Fadenkreuz besteht aus zwei dünnen Drähten, die so angeordnet sind, dass sie sich unter einem Winkel von 90° schneiden. Es kann daher mit einfachen Mitteln auch selbst aus einem vorhandenen Okular hergestellt werden.

Bei fertig gekauften Fadenkreuzokularen sollte unbedingt darauf geachtet werden, dass sie eine Möglichkeit zur separaten Fokussierung des Fadenkreuzes besitzen. Beobachter mit stärkerer Fehlsichtigkeit können das Fadenkreuz sonst trotz gut fokussierter Sterne leicht unscharf sehen.

durch das Fadenkreuz gebildeten Kreissegmentspitzen zu halten.

Wesentlich leichter wird die Nachführung mit einem solchen Okular, wenn das Bild leicht unscharf eingestellt wird! Die Sterne erscheinen nun als mehr oder weniger kleine Scheibchen, die man jedoch so positionieren kann, dass das Fadenkreuz den Stern in vier Segmente aufteilt. Da das menschliche Auge sehr gut beurteilen kann, wann das Sternscheibchen exakt symmetrisch aufgeteilt erscheint, ist diese Nachführmethode wesentlich genauer. Von Nachteil ist hierbei allerdings, dass das Licht des Leitsterns über eine mehr oder weniger große Fläche verteilt wird, so dass nur noch helle Sterne als Leitsterne geeignet sind. In relativ sternarmen Gegenden abseits der Milchstraße kann dies teilweise zu Problemen führen.

ABBILDUNG 213

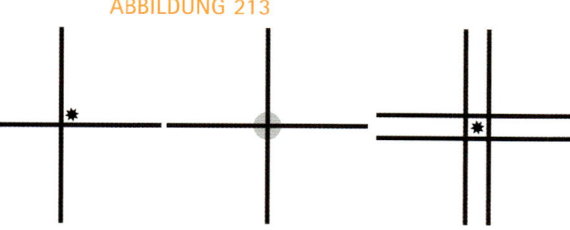

Doppelfadenkreuzokular

Das Doppelfadenkreuzokular ist im einfachsten Fall ähnlich aufgebaut wie das einfache Fadenkreuzokular, nur dass sich anstatt jeweils einem Draht zwei unter einander parallele Drahtpaare im 90°-Winkel schneiden. Hierdurch wird im Schnittpunkt ein kleines Quadrat gebildet, in welchem der Leitstern gehalten werden muss.

Die heute angebotenen Doppelfadenkreuzokulare verwenden anstelle von Drähten ein planparalleles Glasplättchen, in das die »Fäden« eingeätzt worden sind. Dieses Plättchen ist ebenfalls genau in der Blendenebene des Okulars angebracht. Die Verwendung eines in Glas geätzten Fadenkreuzes hat gegenüber einem Drahtfadenkreuz verschiedene Vorteile: Es ist nicht nur mechanisch robuster, sondern auch noch preiswerter zu produzieren! Die Dicke der geätzten Fäden ist wesentlich geringer als die eines Drahtes und es besteht die Möglichkeit, die Fäden des Fadenkreuzes indirekt zu beleuchten.

Verglichen mit einem einfachen Fadenkreuz kann bei einem Doppelfadenkreuz wesentlich leichter feststellt werden, ob der Leitstern von der Sollposition abweicht. Dies ist möglich, da das menschliche Gehirn sehr gut registrieren kann, ob der Stern genau mittig im zentralen Quadrat steht. Da der Stern nicht mehr vom Fadenkreuz verdeckt werden kann, muss man ihn auch nicht mehr unscharf einstellen. Hierdurch ist man gegenüber dem einfachen Fadenkreuz in der Lage, mit dem gleichen Nachführteleskop bedeutend schwächere Sterne als Leitsterne zu verwenden!

Doppelfadenkreuzokulare werden heute normalerweise mit einer Brennweite von 12,5mm angeboten. Es gibt von einigen Herstellern zwar auch Modelle mit deutlich kürzeren Brennweiten, jedoch haben diese meist den Nachteil, dass sie ein sehr schlechtes Einblickverhalten bieten. Der Beobachter darf die Position seines Auges relativ zum Okular nur äußerst minimal verändern, um sowohl Leitstern als auch Fadenkreuz noch zu erkennen. Je nach Einblickposition führt dies oftmals zu einer verkrampften Haltung während der Nachführung, wodurch dann sehr schnell die Konzentration des Beobachters nachlässt. Auch kann der geringe Augenabstand schnell dazu führen, dass der Beobachter während des Nachführvorgangs mit dem Auge an das Okular anstößt. Sehr leicht führt dies bei schwächeren Montierungen zu ungewollten Schwingungen, die die Aufnahme verwackeln lassen!

Für den Beobachter, der es besonders komfortabel mag, gibt es sogar einige wenige Fadenkreuzokulare, bei denen man die Lage des Fadenkreuzes innerhalb des Gesichtsfeldes mit Hilfe von zwei kleinen Schrauben feinfühlig einstellen kann. Gegenüber einem feststehenden Fadenkreuz hat dies den Vorteil, dass man, sollte der Leitstern nicht 100% mittig im Okular liegen, nicht erst die Ausrichtung des Leitfernrohres bzw. Off-Axis-Guiders justieren muss.

GA-4-System

Das GA-4-Nachführsystem der Firma Vixen ist eine Einrichtung, die es ermöglicht, mit Hilfe eines teildurchlässigen Spiegels ein verdreh- und verschiebbares indirekt beleuchtetes Ringfadenkreuz in ein beliebiges Okular einzuspiegeln. In das System ist zudem eine (herausschraubbare) 3×-Barlowlinse integriert, welche die Nachführbrennweite entsprechend verlängert.

Das GA-4-System bietet gegenüber einem Doppelfadenkreuzokular mit vorgeschalteter Barlowlinse einige Vorteile:

• Die Möglichkeit, jedes beliebige Okular für die Nachführung zu verwenden, ermöglicht die optimale Anpassung der Nachführvergrößerung an das Auge des Beobachters.

ABBILDUNG 213: Bei Verwendung eines einfachen Fadenkreuzes kann man meist nicht ohne weiteres direkt auf einen Stern nachführen, da dieser aufgrund der Fadendicke hinter dem Faden verschwindet. Man kann entweder versuchen, den scharf gestellten Stern in der Spitze eines der durch das Kreuz entstehenden Kreissegmente zu halten (Links) oder aber den unscharf eingestellten Stern zentrisch hinter der Kreuzmitte zu platzieren (Mitte). Erst durch den Einsatz eines Doppelfadenkreuzes ist man in der Lage auch mit schwächeren Leitsternen zu arbeiten. Werden sie mittig in das zentrale Quadrat des Fadenkreuzes positioniert (Rechts), kann das menschliche Auge mit erstaunlich guter Genauigkeit darauf nachführen.

LINKS
GA-4 Nachführsystem
Vixen Europe GmbH
www.vixen-europe.com

LINKS

Messokulkare

Das Mikro-Guide Messfeld- und Nachführokular
Baader Planetarium
www.baader-planetarium.de

12mm/Batterie-beleuchtetes astrometri-
sches Mess-Okular
Meade Instruments Europe GmbH &
Co. KG
www.meade.de

ABBILDUNG 214: Das Nachführsystem GA-4 von Vixen erlaubt es,
fast jedes vorhandene Okular für die
Nachführung zu verwenden. Über
einen teildurchlässigen Spiegel (1)
werden beleuchtete und mittels
zweier Schrauben (2) zudem feinfühlig verschieb- und zudem noch
verdrehbare Fadenringe in das Okular (3) eingespiegelt. Der teildurch-
lässige Spiegel bewirkt außerdem,
dass die komplette Einheit ähnlich
einem Zenitprisma den Strahlengang um 90° ablenkt. Die indivi-
duelle Fokussierung der Fadenringe
ist durch eine Abstandsänderung
zwischen Okular und Strahlteiler
möglich. Hierzu kann die Länge der
Okularsteckhülse mit Hilfe eines
Feingewindes (4) variiert werden.
Die eingebaute 3×-Barlowlinse (5)
ermöglicht zudem eine noch genauere Nachführung. Die Helligkeit
des Fadenkreuzes kann mittels Po-
tentiometer (6) an die Helligkeit des
Leitsterns angepasst werden.

- Der geringe Augenabstand, wie er
bei normalen Fadenkreuzokularen vom
Typ Plössl oder orthoskopisch gerade
bei kurzen Brennweiten auftritt, kann
durch die Verwendung von Okularen
mit besserem Einblickverhalten vermieden werden.

- Weil in der Mitte des Ringsystems kein
zentrales Fadenkreuz den Leitstern
verdeckt, kann analog zum Doppelfadenkreuz auch auf schwache Sterne
nachgeführt werden.

- Die verschiebbaren Kreisringe erlauben es, jeden Stern im Gesichtsfeld als
Nachführstern zu benutzen.

- Die mit Längen- und Winkelmarkie-
rungen versehenen Fadenringe ermöglichen auch die indirekte Nachführung
auf bewegte Objekte.

ABBILDUNG 214

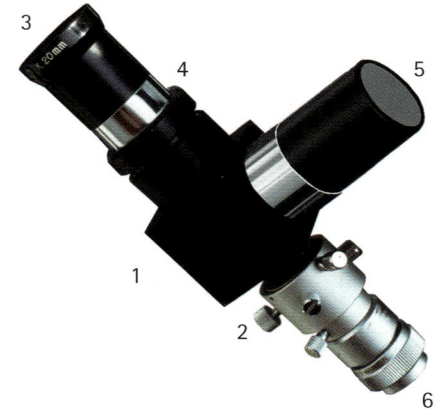

Ganz ohne Nachteile ist aber auch das GA-
4-System nicht. Aufgrund seiner eingebauten Barlowlinse besitzt es eine sehr lange
Baulänge, weshalb es nur mit Einschränkungen an einem Off-Axis-Guider oder
einem Okularexzenter eingesetzt werden
kann. In beiden Fällen muss die Barlowlinse entfernt werden, so dass das GA-4-Sys-
tem dann wie eine Einheit aus Zenitprisma
und Okular wirkt. Der Vorteil der längeren
Nachführbrennweite geht hierdurch allerdings verloren.

Messokulare

Okulare wie das Micro-Guide von Baader
Planetarium oder das Astrometric Eyepiece
der Firma Meade erlauben neben der reinen
Nachführung eines Astrofotos auch die Bestimmung von Winkelabständen am Himmel. Möglich wird dies durch zusätzliche
Markierungen wie z.B. Mikrometerskalen,
die neben dem eigentlichen Fadenkreuz in
das Glasplättchen eingeätzt werden. Auch
diese Okulare können durch eine in ihrer
Intensität regulierbare LED indirekt beleuchtet werden.

Im praktischen Einsatz haben sich Okulare
dieser Bauart als weniger gut für die Nachführung geeignet herausgestellt. Dies liegt
nicht nur daran, dass das Bildfeld durch die
zahlreichen beleuchteten Striche sehr unübersichtlich erscheint, sondern durch sie
auch sehr stark aufgehellt wird.

Nachführkameras (Autoguider)

Eine automatische Nachführkamera
ist üblicherweise eine auf einem
CCD- oder CMOS-Chip basierende
Digitalkamera, die an Stelle des Fadenkreuzokulars an das Teleskop angeschlossen wird, um automatisch in stetiger Folge
relativ kurz belichtete Bilder des Leitsterns
aufzunehmen. Die Bilder werden über eine
angeschlossene Elektronik sofort ausgewertet. Diese übernimmt damit die Kon-
trollfunktion des menschlichen Auges. Erkennt die Elektronik, dass der Leitstern
auf hintereinander aufgenommenen Bildern seine Position auf dem Chip verändert hat, sendet sie sofort entsprechende
Steuerimpulse an die Antriebsmotoren der
Montierung, so dass diese den Fehler wieder ausgleichen.

Die Software moderner Nachführkameras
berechnet die Lage des Leitsterns auf dem
Aufnahmechip aus der Helligkeitsverteilung.
Je nach verwendeter Nachführsoftware soll
die Lage des Helligkeitsschwerpunkts auf
diese Weise theoretisch mit einer Genauigkeit von bis zu $1/100$ Pixelgröße gefunden
werden können. Die Praxis hat jedoch ge-

ABBILDUNG 215

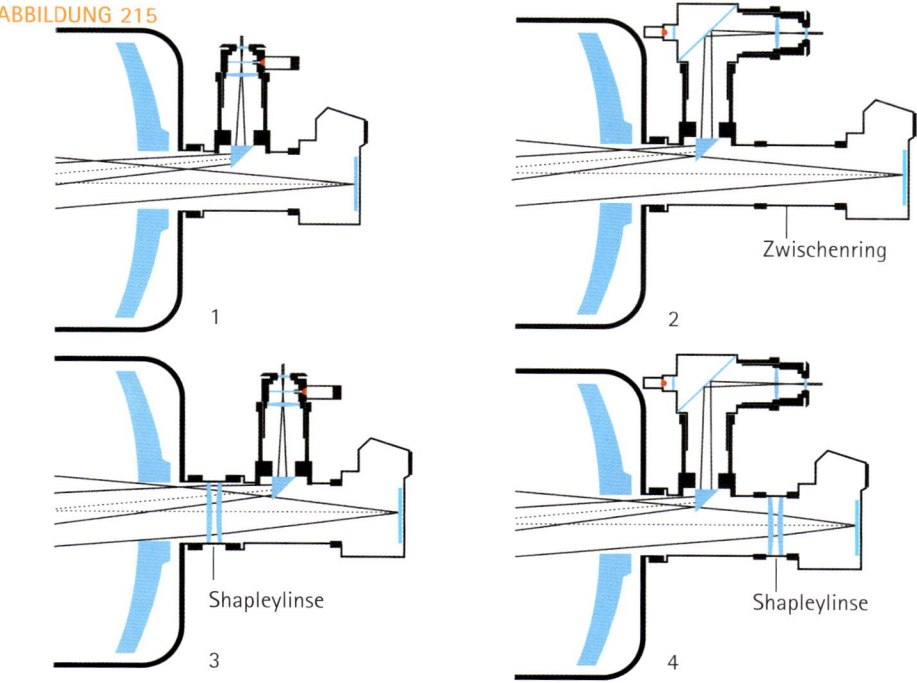

1

2 — Zwischenring

3 — Shapleylinse

4 — Shapleylinse

ABBILDUNG 215: Ein Off-Axis-Guider ist so konstruiert, dass ein normales Fadenkreuzokular dann fokussiert ist, wenn auch die Kamera im Fokus ist (1). Verwendet man anstatt des Fadenkreuzokulars ein GA-4-Nachführsystem (mit ausgebauter Barlowlinse) (2), kommt die Kamera nur durch den Einsatz eines Zwischenrings in den Fokus. Hierbei treten meist unerwünschte Vignettierungen durch das Off-Axis-Prisma oder einen zu klein dimensionierten Okularauszug auf. Bei Einsatz einer Shapleylinse vor dem Off-Axis-Guider (3) sollte man von der Verwendung eines GA-4-Systems absehen, da auch in diesem Fall wieder ein Zwischenring benötigt würde, um Kamera und Leitstern gleichzeitig fokussiert zu bekommen. Die Vignettierungen wären wesentlich stärker als in Anordnung (2). Setzt man die Shapleylinse dagegen zwischen den Off-Axis-Guider und die Kamera (normalerweise nur beim Easy-Guider von Lumicon vorgesehen) (4), ist der Einsatz eines GA-4-Systems ohne Probleme möglich. Da das Fadenkreuzokular, das ja mit der Grundbrennweite des Teleskops betrieben wird, sowieso einen längeren Lichtweg benötigt, kommt dem Beobachter hier der verlängerte Lichtweg des teildurchlässigen Spiegels entgegen!

⟨⟩ Tipps zur visuellen Nachführpraxis

Bei der Nachführung eines Fotos können sowohl Fehler in Rektaszension (Schneckenfehler, falsche Nachführgeschwindigkeit) als auch Fehler in Deklination (ungenaue Ausrichtung der Montierung auf den Himmelspol) auftreten. Würde das Fadenkreuzokular in einer beliebigen Stellung in den Okularauszug einsteckt, kann nur sehr ungenau festgestellt werden, auf welcher Achse die erforderlichen Nachführkorrekturen vorgenommen werden müssen. Eine vorherige Ausrichtung des Fadenkreuzes relativ zu den beiden Koordinatenachsen am Himmel vereinfacht die Nachführung daher wesentlich.

Hierzu geht man am besten wie folgt vor: Nachdem der ausgesuchte Leitstern im Fadenkreuzokular so eingestellt wurde, dass er in der Mitte des zentralen Quadrats liegt, versucht man durch gezieltes Hin- und Herfahren des Teleskops in einer der beiden Montierungsachsen die Lage der Koordinatenachsen im Okular zu ermitteln. Alternativ könnte man auch die motorische Nachführung des Teleskops kurzzeitig ausschalten, so dass der Stern aufgrund der Erdrotation von alleine aus dem Fadenkreuz herauswandert!

Nachdem der Leitstern wieder in die Mitte des Fadenkreuzes zurückgefahren wurde, wird das komplette Fadenkreuzokular derart verdreht, dass die Ausrichtung der Fäden genau der vorher beobachteten Bewegungsrichtung des Leitsterns entspricht. Nun muss man sich nur noch merken, welche Taste an der Teleskopsteuerung gedrückt werden muss, damit der Leitstern in eine bestimmte Richtung im Okular wandert. Dank der genauen Ausrichtung des Fadenkreuzes ist es bei der eigentlichen Nachführung leichter, auf Anhieb die richtige Korrekturbewegung auszuführen.

ABBILDUNG 216

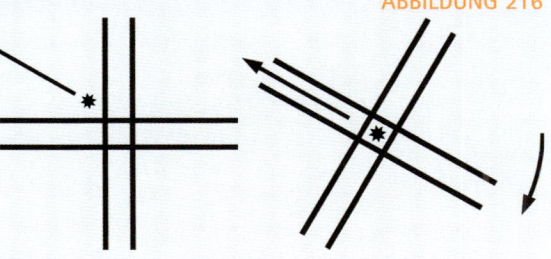

ABBILDUNG 216: Vor der eigentlichen Nachführung sollte das Fadenkreuz durch Verdrehen des Okulars so orientiert werden, dass der Leitstern bei ausgeschaltetem Teleskopantrieb parallel zu einem der beiden Fäden wandert.

ABBILDUNG 217

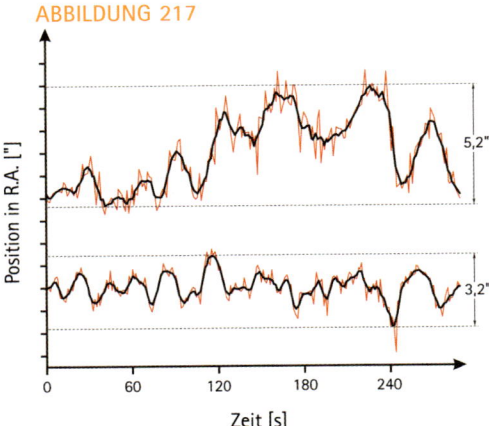

ABBILDUNG 217

ABBILDUNG 217: Obwohl diese schwere Selbstbaumontierung bereits einen sehr geringen periodischen Fehler besitzt, kann ihre Nachführgenauigkeit durch den Einsatz einer Nachführkamera noch deutlich gesteigert werden. In der Abbildung ist die jeweilige Abweichung des Leitsterns in Rektaszension von der Sollposition während der knapp vier Minuten dauernden Schneckenumdrehung gegen die Zeit aufgetragen. Um zufällig auftretende Fehler durch Windböen oder andere äußere Einwirkungen auszuschließen, wurden die Messwerte von jeweils sechs Umdrehungsperioden des Antriebs gemittelt. Die Belichtungszeit der Nachführkamera betrug zwei Sekunden.

Ohne Nachführkamera (oben) beschreibt der Stern eine sinusförmige Kurve mit einer Amplitude von etwa 5,2". Aufgrund von Rauigkeiten auf den Zahnflanken der Antriebsschnecke ist diese Bewegung mit zusätzlichen kurzzeitigen Ausreißern von bis zu 3,5" überlagert. Durch den Einsatz der Nachführkamera (unten) kann der maximale Fehler der Nachführung auf etwa 3,2" reduziert werden. Hierbei wird jedoch deutlich, dass relativ plötzlich auftretende Fehler mit großer Amplitude nicht ganz ausgeglichen werden können!

zeigt, dass die Nachführbrennweite f_N sicherheitshalber so gewählt werden sollte, dass die erlaubte Nachführtoleranz α ungefähr der Pixelgröße der Nachführkamera entspricht:

$$f_N\,[mm] = \frac{206 \cdot P\,[\mu m]}{\dfrac{\alpha\,["]}{2}} \qquad \text{Formel 46}$$

Hierbei entspricht P der Pixelgröße der Nachführkamera in µm und α der erforderlichen Nachführgenauigkeit in Bogensekunden. Wie bereits bei der visuellen Nachführung stellt der Term $\alpha/2$ auch hier sicher, dass die Restfehler der Nachführung deutlich kleiner als die mithilfe von Formel 43 berechnete Mindestnachführgenauigkeit bleiben.

Bei Verwendung einer Kamera mit einer Pixelgröße von 6µm zur Nachführung einer Aufnahmeoptik mit f_A=1000mm und z=30µm (α= 6,2") ergibt sich eine Nachführbrennweite f_N von ca. 400mm.

In der Praxis hat sich gezeigt, dass die minimal mögliche Nachführbrennweite sehr stark von der optischen Qualität der Nachführoptik abhängt: Während bei einem achromatischen Refraktor eher ein doppelt so großer Wert anzuraten ist, gelingen mit einem apochomatischen Refraktor auch noch bei kürzeren Brennweiten gut nachgeführte Aufnahmen.

Der theoretisch ermittelte Wert für die Nachführgenauigkeit ist daher nur als Anhaltspunkt zu verstehen. Letztendlich ist es von sehr vielen Faktoren abhängig, mit welcher Brennweite man sicher nachführen kann. Je besser die Abbildungsleistung des

Leitrohrs, desto genauer die Nachführmöglichkeit – vorausgesetzt, die Nachführsoftware ist »intelligent« genug, im Subpixelbereich nachzuführen.

Die Kommunikation zwischen Kamera und Teleskopsteuerung kann auf zwei möglichen Wegen ergfolgen:

- **Autoguider-Schnittstelle:** Viele Teleskopsteuerungen besitzen eine spezielle, oftmals auch als »CCD Port« bezeichnete Autoguider-Schnittstelle. Obwohl diese Schnittstelle keiner einheitlichen Norm unterliegt, haben sich fast alle Montierungshersteller auf die erstmalig von der Firma SBIG bei ihrem ST-4 Autoguider verwendete Ansteuerung geeinigt. Die daher oftmals auch als »ST-4 kompatibel« bezeichnete Schnittstelle basiert auf einem sechspoligen RJ-12 Stecker, der wie ein Taster beschaltet ist.

  Einige der computergesteuerten Nachführkameras verfügen über keine ST-4 kompatible Ansteuerung der Montierung. Die Software gibt die Steuerimpulse stattdessen über die serielle bzw. die USB-Schnittstelle aus. Verschiedene Firmen bieten Adapter an, die diese Signale in ST-4 Signale umsetzen. Zur elektrischen Trennung zwischen Computer und Montierung erfolgt die Umsetzung der Signale üblicherweise über Optokoppler bzw. bei preiswerteren Geräten über mechanische Relais.

- **serielle Schnittstelle:** Viele der neueren Teleskopsteuerungen können direkt mit der seriellen Schnittstelle eines Computers verbunden werden. Neben den GoTo-Befehlen zum Anfahren eines Objektes können so auch die für Nachführkorrekturen erforderlichen Steuerimpulse an die Montierung übertragen werden.

  Weil zunächst jeder Montierungshersteller seinen eigenen Befehlssatz zur Kommunikation zwischen Computer und Teleskopsteuerung verwendete, wurde im Jahre 1998 die ASCOM-Initiative gegründet. Über montierungsspezifische Treiber ermöglicht die von ihr eingeführte Scriptsprache ein Zusammenspiel zwischen Autoguider-Software und den Montierungen fast aller bekannten Hersteller.

Generell wird zwischen fünf verschiedenen Arten des Autoguiding unterscheiden: Es gibt spezielle Nachführkameras die sowohl auf sich alleine gestellt oder aber zusammen mit einem Computer arbeiten. Einige externe Nachführkameras können nur zusammen mit speziellen gekühlten CCD-Kameras zusammen betrieben werden, während andere gekühlte CCD-Kameras bereits eine integrierte Nachführkamera besitzen. Für verschiedene gekühlte CCD-Kameras der Firma SBIG existiert zudem die Möglichkeit der Nachführung über eine »aktive« Optik.

Ein sehr wichtiger Punkt bei der Auswahl einer Nachführkamera ist die minimal verwendbare Leitsternhelligkeit. Sie hängt vor allem von der Bauart der verwendeten Nachführkamera ab. Während herkömmliche Webcams aufgrund ihrer begrenzten Belichtungszeit einen Stern benötigen, der mindestens fünf bis sechs Größenklassen über der visuellen Grenzhelligkeit des verwendeten Leitfernrohres liegen sollte, beträgt die Diffenz bei auf »Langzeitbelichtung« modifizierten Webcams bei einer Belichtungszeit von einer Sekunde nur noch ca. vier Größenklassen. Je nach verwendetem Aufnahme-Chip verbessert sich dieser Wert bei gekühlten Kameras noch einmal um ca. eine weitere Größenklasse. Bei längeren Belichtungszeiten ist auch die Verwendung entsprechend schwächerer Leitsterne möglich.

Die Fokussierung einer an einen Computer angeschlossenen Nachführkamera kann direkt vom Rechner vorgenommen werden. Manche im »stand-alone«-Betrieb arbeitende Nachführkamera können mangels bildlicher Darstellung des vom Nachführchip aufgenommenen Feldes nicht ganz so leicht fokussiert werden. Ihre Schärfenkontrolle erfolgt daher alleine anhand der Intensität des hellsten im Bildfeld befindlichen Pixels, dessen Helligkeit auf dem numerischen Kameradisplay in Prozent der maximal möglichen Intensität angezeigt wird. Um einen einmal gefundenen Abstand zwischen Kamera und Off-Axis-Guider nicht wieder zu verlieren, sollte dieser mittels eines Stellrings, der auf der Steckhülse der Kamera festgeschraubt wird, fixiert werden.

»Stand-alone«-Systeme

Obwohl in der Vergangenheit von verschiedenen Firmen »Stand-alone«-Nachführkamera angeboten wurden, konnten sich in der Praxis nur die beiden hier vorgestellten Modelle durchsetzen. Beide Kameras werden über ein Peltier-Element gekühlt, so dass mit ihnen auch verhältnismässig lichtschwache Leitsterne für die Nachführung heran gezogen werden können – ein Vorteil, der jedoch mit einer vergleichsweise hohen Stromaufnahme von deutlich mehr als 2A bei 12V erkauft wird. Weil auch die integrierte Auswerteelektronik Strom benötigt, ist es bei mobilem Betrieb ratsam, eine ausreichend starke Batterie für den Betrieb der Nachführkamera mitzunehmen.

- Die von 1988 bis 2000 produzierte ST-4 von SBIG ist der Veteran unter den Nachführkameras. Als Bildsensor wird ein 2,6mm × 2,6mm großer CCD-Chip mit 192 × 165 Pixeln (Pixelgröße: 13,75μm × 16μm) verwendet. Die Kamera verfügt über eine einstufigungeregelte Kühlung, so dass die Verwendung relativ schwacher Leitsterne möglich ist.

Die eigentliche Kamera und das Bedienteil sind räumlich voneinander getrennt. Da das Bedienteil nicht am Teleskop selbst befestigt werden muss, ist es sehr großzügig ausgelegt. Für fast sämtliche Funktionen der Kamera gibt es einen eigenen Drucktaster. Alle Taster sind zudem so dimensioniert, dass man sie auch noch bequem mit Handschuhen bedienen kann. Damit der Benutzer weiß, ob er einen passenden Leitstern eingestellt hat, gibt

LINKS
Hilfsmittel zur Autoguider-Ansteuerung

Guide Port Interface Products
Shoestring Astronomy
www.store.shoestringastronomy.com

Rajiva's MultiConnector
A. Rajiva
astronomie.rajiva.de/astronomie/multiconnect.htm

Astro-Electronic Relais-Box
Dipl.-Ing. M. Koch
www.astro-elektronic.de

ASCOM-Initiative
R.B. Denny
ascom-standards.org

ABBILDUNG 218

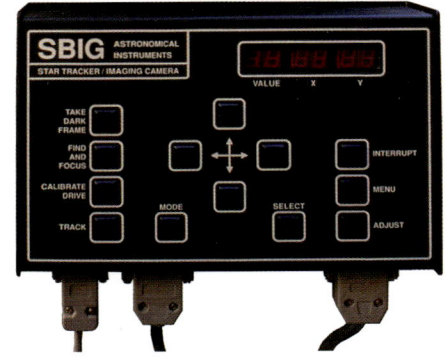

ABBILDUNG 218: Der ST-4-Kamerakopf am Off-Axis-Guider eines 20cm Schmidt-Cassegrain-Teleskops.

ABBILDUNG 219: Über das separate Bedienteil der ST-4 mit integriertem sechsstelligen LED-Display lassen sich alle Kamerafunktionen bequem ansteuern. Während der Nachführung erhält der Benutzer nach jedem Aufnahmezyklus Angaben zur Helligkeit des verfolgten Leitsterns sowie zu den erfolgten Korrekturbewegungen.

es ein 6-stelliges LED-Display, auf dem sowohl die Helligkeit des hellsten Sterns und dessen relative Position auf dem Chip angezeigt werden.

Die ST-4 arbeitet sowohl als »stand-alone«-Nachführkamera als auch in Verbindung mit einem PC. In beiden Fällen erfolgt die Verbindung zwischen Kamera und Montierung über ein Kabel, das das Bedienteil mit der Autoguider-Schnittstelle der Teleskopsteuerung verbindet. Bei Betrieb der Kamera über einen Computer erfolgt die Verbindung zwischen Bedienteil und PC über die serielle Schnittstelle, so dass sich die Kamera selbst an einem alten 286er-Notebook betreiben lässt.

ABBILDUNG 219

Auch dem ungeübten Astrofotografen wird es mit der ST-4 innerhalb weniger Minuten gelingen, ein punktförmig nachgeführtes Foto zu erhalten. Für die ersten Versuche erweisen sich in den meisten Fällen die bereits vom Hersteller voreingestellten Nachführparameter als durchaus brauchbar. Wer möchte, kann diese noch entsprechend seiner Montierung »feintunen« – von einer in beiden Achsen unterschiedlichen Kalibrierungszeit bis hin zum Ausgleich des Getriebespiels bei Umpolung der Antriebsmotoren.

Als einzige der Nachführkameras werden bei der ST-4 zur Ansteuerung der Nachführmotoren mechanische Relais verwendet. Da diese ein deutlich trägeres Ansprechverhalten als die in den anderen Kameras verwendeten Transistoren besitzen, kann es vor allem bei sehr langen Nachführbrennweiten (f > 2000mm) oder sehr kurzen Nachführbelichtungszeiten (t < 1s) zu Problemen kommen. Leicht kann es in diesen beiden Fällen dann aufgrund des herrschenden Seeings passieren, dass die Kamera nur sehr kurze Impulse an die Motoren geben muss. Gelangt sie hierbei an die untere Grenze der Ansprechzeit, kann es passieren, dass die Kamera abwechselnd über- bzw. unterkorrigiert. Der Leitstern pendelt dann um seine Sollposition herum und alle Objekte auf dem Foto werden als kleine Striche dargestellt.

Obwohl die in der ST-4 integrierte Technik dem Stand von vor 20 Jahren entspricht, gehört sie auch heute noch zu den beliebtesten Nachführkameras. Es ist daher nicht verwunderlich, dass der Gebrauchtmarktpreis mit bis zu 500 Euro relativ hoch ist.

• Zwischen 2000 und 2006 wurde von SBIG der ST-V Autoguider hergestellt. Diese auf einem 4,9mm × 3,7mm großen CCD-Chip mit 657 × 495 Pixeln (Pixelgröße: 7,4μm × 7,4μm) basierende Kamera war eine konsequente Weiterentwicklung des ST-4-Konzepts. Die wesentlichen Verbesserungen gegenüber der ST-4 sind die deutlich höhere Empfindlichkeit und das optional erhältliche Video-Display für die

Kontrolleinheit. Letzteres ermöglicht dem Beobachter auch die visuelle Kontrolle der automatischen Nachführung, wodurch manche auftretenden Fehler schneller erkannt werden können als auf dem rein numerischen Display. Da außerdem ein wesentlich größerer CCD-Chip verwendet wird, vereinfacht sich die Leitsternsuche. Wie die ST-4 nutzt auch die ST-V die (ST-4-kompatible) Autoguider-Schnittstelle der Teleskopsteuerung.

Mit über 2000 Euro war auch die ST-V als reine Nachführkamera preislich sehr hoch platziert. Für denjenigen, der jedoch auch ihre zahlreichen anderen Fähigkeiten, wie z.B. die Aufnahme von Video-Sequenzen oder die Verwendung als vollwertige CCD-Kamera nutzen möchte, stellt sie als Gebrauchtgerät sicherlich eine gute Wahl da.

Computergesteuerte Nachführkameras

Neben den »stand-alone«-Nachführkameras boten verschiedene Hersteller bereits zu Beginn der 90er-Jahre gekühlte CCD-Kameras an, deren Steuersoftware neben der reinen Bildaufnahme auch Autoguiding-Möglichkeiten besaß. Die wohl bekanntesten dieser Kameras waren die von der Firma SBIG hergestellten ST-5(c) und ST-237. Dank einer Vielzahl von universellen Steuerprogrammen kann heute prinzipiell fast jede für die Astrofotografie geeignete Kamera alternativ auch als Nachführkamera verwendet werden. Dies ist besonders dann interessant, wenn z.B. für den Einstieg in die digitale Astrofotografie zunächst eine relativ kleine preiswerte Kamera angeschafft werden soll. Wird diese von einem der im weiteren Verlauf vorgestellten Programme mit Nachführfunktion unterstützt, kann sie später als Nachführkamera für eine größere Kamera weiter verwendet werden. Obwohl für diese Art des Autoguidings neben der Kamera noch ein Computer benötigt wird, liegt der Gesamtpreis eines solchen Nachführsystems teilweise deutlich unter den Anschaffungskosten eines (gebrauchten) »stand-alone«-Guiders.

⟨⟩ Nachführkameras und computergesteuerte Kameras

Sofern es sich bei der eingesetzen Nachführkamera um kein »stand-alone«-System oder eine CCD-Kamera mit integrierter Nachführmöglichkeit handelt, müssen für die kontrollierte Nachführung einer gekühlten CCD-Kamera zwei separate Kameras gleichzeitig, aber trotzdem unabhängig voneinander mit einem Computer gesteuert werden. Nicht selten kommt es hierbei zu Problemen, wie fehlende Schnittstellen für den Kameraanschluss. Weitaus schwieriger ist es, wenn die Kameras von verschiedenen Herstellern und die jeweiligen Steuerprogramme nicht gleichzeitig lauffähig sind (Adresskonflikte oder unterschiedliche Betriebssysteme).

Wurde der Einsatz einer computergesteuerten Nachführkamera früher oftmals als Nachteil angesehen, so relativiert sich dies heute, weil viele für die Astrofotografie verwendeten (Aufnahme-) Digitalkameras ohnehin über einen Computer angesteuert werden. Problematisch wird es nur dann, wenn mobile Astrofotografie betrieben werden soll: Die Akkus der meisten Notebooks bieten bereits bei Raumtemperatur nur eine Betriebsdauer von einigen wenigen Stunden. Gegen einen nicht unerheblichen Aufpreis sind zwar leistungsstärkere Batterien erhältlich, bei niedrigen Temperaturen verringert sich jedoch auch deren Betriebsdauer deutlich. Für Beobachter, die keine Möglichkeit haben, den Rechner über ein Netzteil mit 230V zu betreiben, besteht jedoch in den meisten Fällen die Möglichkeit diesen über den Zigarettenanzünder eines Autos mit Strom zu versorgen.

- **Webcam:** Mit Hilfe entsprechender Software kann eine Webcam auch als Nachführkamera verwendet werden. Aufgrund der vom Treiber vorgegebenen maximalen Belichtungszeit von 1/25 Sekunde funktioniert dies jedoch nur mit ausreichend hellen Nachführsternen. Es ist daher sinnvoll, die Kamera für »Langzeitbelichtungen« zu modifizieren, so dass auch Belichtungszeiten von mehreren Sekunden möglich sind. Eine weitere Empfindlichkeitssteigerung kann durch den Einbau einer Peltier-Kühlung erreicht werden.

Webcams verfügen über einen etwa 4,6mm × 4,0mm großen Farb-CCD-Chip mit 640 × 480 Pixeln (Pixelgröße: 5,6µm × 5,6µm). Ihr Gewicht (unmodifizierte Kamera ohne Objektiv bzw. 1¼"-Steckhülse) liegt bei ca. 100g.

Während Stromversorgung und Datentransfer zum Computer bei einer Webcam über die USB-Schnittstelle erfolgen, werden die Signale zum Autoguiding über die serielle Schnittstelle des Rechners übetragen. Der direkte Betrieb einer Webcam-basierten Nachführkamera ist daher nur an Teleskopsteuerungen möglich, die über eine entsprechende Schnittstelle verfügen. Soll die Montierung über eine ST-4-kompatible Autoguider-Schnittstelle angesteuert werden, müssen die Steuersignale durch einen zwischengeschalteten Adapter umgesetzt werden.

- **Überwachungskameras:** Auch lichtempfindliche Überwachungskameras wie z.B. die Mintron MTV-12V-Serie oder die Watec WAT 120N+ können als Nachführkamera eingesetzt werden. Beide Kameras basieren auf einem ungekühlten 6,9mm × 5,0mm großen CCD-Chip der Firma Sony mit 795 × 596 Pixeln (Pixelgröße: 8,6µm × 8,3µm). Obwohl die Kameras als Videokameras (PAL-Norm) konzipiert sind, ermöglichen sie zur Signalsteigerung auch eine interne Bildaddition von bis zu 2,5 Sekunden (Mintron) bzw. 10 Sekunden (Watec).

Trotz der längeren Belichtungszeit liefert die Watec-Kamera aufgrund einer verbesserten Ausleseelektronik minimal rauschärmere Bilder. Dank der durch Mikrolinsen gesteigerten Lichtempfindlichkeit ermöglichen beide Kameras Leitsternhelligkeiten, die sonst nur von den gekühlten Nachführkameras erreicht werden.

Weil beide Kameras nur ein Videosignal liefern, müssen ihre Bilder mittels einer Videograbberkarte auf den Computer übertragen werden. Das Guiding selbst erfolgt mit Software wie AstroArt oder Guidemaster. Auch hier ist die direkte Ansteuerung nur bei Teleskopsteuerungen möglich, die über eine serielle Schnittstelle verfügen. Bei ST-4-kompatiblen Steuerungen muss ein Adapter zwischengeschaltet werden, der die Steuersignale auf das ST-4-Signal umsetzt.

- **ungekühlte »Planetenkameras«:** Die von verschiedenen Firmen angebotenen Planetenkameras sind in Bezug auf Empfindlichkeit, Chipgröße und Auflösung mit einer für »Langzeitbelichtungen« modifizierten Webcam zu vergleichen. Weil die vom Hersteller mitgelieferte Software meist kein Autoguiding beherrscht, können viele dieser Kameras nur über die für Webcams geeigneten Programme betrieben werden. Oder man greift auf Fremdprogramme wie MaxIm DL zurück, die meist Treiber für diese Kameras enthalten.

Während die Kameras selbst über die USB-Schnittstelle ausgelesen und mit Strom versorgt werden, erfolgt die Kommunikation zwischen Software und Teleskopsteuerung wie bei einer Webcam über die serielle Schnittstelle. Zur Ansteuerung einer ST-4 kompatiblen Montierung ist daher eine Umsetzung der Steuersignale durch einen zwischengeschalteten Adapter notwendig.

Der wohl bekannteste Vetreter dieser Kameraart ist der LPI (Lunar and

Planetary Imager) von Meade. Er basiert auf einem 5,2mm × 3,9mm großen Farb-CMOS-Chip mit 640 × 480 Pixeln (Pixelgröße: 8,1µm × 8,1µm). Das kompakte Gehäuse incl. 1¼"-Steckhülse wiegt nur 52g. In der mitgelieferten Software ist bereits eine Autoguiding-Funktion integriert, diese funktioniert aber nur zusammen mit einer Meade »Autostar«-Steuerung. Für andere Montierungen muss auf andere Programme zurück gegriffen werden.

ABBILDUNG 220

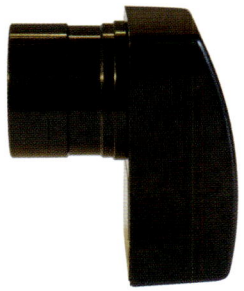

- **ALccd 5:** Das Modell ALccd 5 ist eine für die Nachführung optimierte Kamera mit CMOS-Sensor. Das Kameragehäuse bringt 105g auf die Waage. In seinem Inneren beherbergt es einen 6,7mm × 5,3mm messenden Sensor mit 1280 × 1024 Pixeln (Pixelgröße 5,2µm × 5,2µm), der sowohl in einer Farb- als auch in einer Schwarzweißversion erhältlich ist. Der Chip ist in Bezug auf Rauschen und Quanteneffizienz mit einer für »Langzeitbelichtungen« modifizierten Webcam zu vergleichen. Die Kamera verfügt im Gegensatz zu einer Webcam oder Planetenkamera über eine eigene Autoguider-Schnittstelle. Sie wird direkt über ein Kabel mit der (ST-4-kompatiblen) Schnittstelle der Montierungssteuerung verbunden. Die Stromversorgung und die Übertragung der Nachführbefehle erfolgen über die USB-Schnittstelle des angeschlossenen Rechners (nur USB 2.0).
Der Kamera wird mit Software zum Betrieb als Aufnahmekamera ausgeliefert. Über Autoguiding-Software

wie Guidemaster oder PHD-Guiding kann die Kamera auch als Nachführkamera betrieben werden. Zusätzlich liegen ihr PlugIns zur Ansteuerung über die Programme MaxIm DL und Astroart bei.

ABBILDUNG 221

- **Meade DSI-Serie:** Der erste DSI (Deep Sky Imager) von Meade war mit einem 4,9mm × 3,7mm großen CCD-Chip von Sony 510 × 492 Pixeln (Pixelgröße: 9,6µm × 7,5µm) ausgestattet. Er wurde als Farb- und Schwarzweißversion angeboten. Der DSI II basiert auf einem 6,3mm x 5,0mm großen CCD-Chip der Firma Sony mit 752 × 582 Pixeln (Pixelgröße: 8,3µm x 8,6µm). Auch er ist sowohl in einer Farb- als auch in einer Schwarzweißversion erhältlich. Die aktuelle DSI III besitzt einen 8,7mm × 6,6mm großen CCD-Chip von Sony mit 1360 × 1024 Pixeln (Pixelgröße: 6,4µm × 6,4µm). Auch diese Kamera gibt es in einer Farb- und einer Schwarzweißversion mit passiver Kühlung. Das kompakte Gehäuse aller Kameras der DSI-Serie wiegt nur 285g.
Da die mitgelieferte Software Autoguiding nur bei den »Autostar«-Montierungen der Firma Meade erlaubt, muss

ABBILDUNG 222

LINKS
Autoguiding-Software für die ALccd 5

Guidemaster
M. Garzarolli
www.guidemaster.de

PHD-Guiding
Stark Labs
www.stark-labs.com/phdguiding.html

MaxIm DL (+DSLR) / MaxDSLR
Diffraction Limited
www.cyanogen.com

AstroArt
MSB-Software
www.msb-astroart.com

ABBILDUNG 220: Der ungekühlte LPI (Lunar and Planetary Imager) ist eine der kleinsten und leichtesten Kameras mit Nachführoption.

ABBILDUNG 221: Die ALccd 5 ist der zurzeit preiswerteste Autoguider mit integriertem ST-4-kompatiblem Anschluss.

ABBILDUNG 222: Meade DSI Schwarzweißkamera mit Filterschieber, 1 1/4" Steckhülse, passiver Kühlung und USB 2.0 -Anschluss.

LINKS

Alternative Nachführsoftware für
Meade DSI-Kameras

K3 CCD-Tools
P. Katreniak
www.pk3.org/Astro

MaxIm DL (+DSLR) / MaxDSLR
Diffraction Limited
www.cyanogen.com

AstroArt
MSB-Software
www.msb-astroart.com

Guidemaster
M. Garzarolli
www.guidemaster.de

PHD-Guiding
Stark Labs
www.stark-labs.com/phdguiding.html

für alle anderen Montierungen ein anderes Programm verwendet werden. Der DSI wird über USB 2.0 vom PC angesteuert. Die Steuersignale für die Nachführung übergibt die Nachführsoftware (bsp. MaxIm DL) über eine serielle PC-Schnittstelle an die Teleskopsteuerung. Falls die Nachführung mit einem Notebook ohne serielle Schnittstelle erfolgen soll, muss diese nachgerüstet werden. Das geht am einfachsten über ein USB 2.0/RS-232-Adapterkabel, das eine serielle Schnittstelle emuliert. Aber zuerst müssen die Treiber des DSI installiert werden, indem »Autostar« und »Envisage« aufgespielt werden. Zusätzlich muss NET Framework 2.0 installiert werden. Danach schließt man den DSI an eine USB 2.0-Schnittstelle des PC oder Notebooks an. Die nötigen Treiber werden in einem zweistufigen Prozess abgefragt und installiert. Dies muss für jede USB-Schnittstelle durchgeführt werden, an die der DSI angeschlossen werden soll.

- **ALccd 5.2:** Diese Kamera basiert auf einem gekühlten 6,0mm × 5,0mm großen, mit Mikrolinsen versehenen Schwarzweiß-CCD-Chip der Firma Sony mit 752 × 582 Pixeln (Pixelgröße: 6,5µm × 6,25µm). Wie die ALccd 5 verfügt auch die ALccd 5.2 über eine in das Kameragehäuse integrierte ST-4-kompatible Autoguider-Schnittstelle. Die Stromversorgung der Kamera selbst sowie die Übertragung der Nachführbefehle erfolgen über die USB-Schnittstelle des angeschlossenen Rechners (nur USB 2.0). Die Kühlung wird über ein separates Netzteil betrieben.

Gekühlte CCD-Kameras mit externer Nachführkamera

Alle computergesteuerten Nachführkameras können zusammen mit jeder beliebigen Aufnahmekamera betrieben werden. Von den Firmen SBIG und Starlight Xpress werden jedoch auch Kameras angeboten, die nur in Verbindung mit einer Aufnahmekamera desselben Herstellers funktionieren.

- **SVX guide camera:** Die von der Firma Starlight Xpress angebotene Nachführkamera arbeitet mit allen CCD-Kameras der »SXV«-Serie zusammen. Sie basiert auf einem ungekühlten 4,9mm × 3,7mm großen CCD-Chip mit einer Auflösung von 500 × 290 Pixeln (Pixelgröße: 9,8µm × 12,6µm). Der 150g schwere Nachführkopf wird mit der Aufnahmekamera verbunden, welche dann die Steuersignale über eine ST-4 kompatible Schnittstelle an die Montierung überträgt.
- **STL-Guider:** Obwohl es sich bei den STL-Kameras der Firma SBIG bereits um gekühlte CCD-Kameras mit integrierter Nachführmöglichkeit handelt, kann für sie eine externe gekühlte Nachführkamera erworben werden. Ihr Einsatz ist u.a. dann sinnvoll, wenn die Aufnahmeoptik nur einen so kleinen Bildkreis ausleuchtet, dass der interne Nachführchip bereits innerhalb des vignettierten Bereichs liegt, bzw. wenn Aufnahmen durch engbandige Interferenzfilter erstellt werden, so dass der interne Nachführchip keine Leitsterne mehr sieht.

Der in der Nachführkamera verwendete 4,9mm × 3,7mm große CCD-Chip mit 657 × 495 Pixeln (Pixelgröße: 7,4µm × 7,4µm) entspricht dem im Kameragehäuse integrierten Nachführchip. Der externe Guider kann auch zur Ansteuerung einer »adaptiven Optik« verwendet werden.

Gekühlte CCD-Kameras mit integrierter Nachführmöglichkeit

Verschiedene gekühlte CCD-Kameras besitzen neben der eigentlichen Funktion als Aufnahmekamera auch eine integrierte Nachführmöglichkeit. Weil nur eine Verbindung zum Computer und eine Steuersoftware benötigt werden, ist der Betrieb einer solchen Kamera normalerweise problemlos mit jedem Rechner möglich. Es werden keinerlei weitere Zubehörteile wie z.B. Off-Axis-Guider oder Leitfernrohr benötigt, um die Nachführfunktion zu verwenden. Da Aufnahme- und Nachführkamera in einem Gehäuse untergebracht sind, werden zudem deutlich weniger Anschlusskabel benötigt. Diese Art der automatischen Nachführung wird im Englischen, um sie vom »normalen« Autoguiding zu unterscheiden, auch als »selfguiding« bezeichnet.

- »STAR 2000«-Nachführung: Von Starlight Xpress wird für verschiedene Kameras der »MX«-Serie die so genannte STAR 2000-Nachführung angeboten. Der in diesen Kameras verwendete Interlinetransfer-Chip wird hierzu im Interlaced-Verfahren ausgelesen, so dass nur jeder zweite Teil eines Pixels für die Aufnahme des eigentlichen Objektbildes verwendet wird. Die andere Pixelhälfte wird in regelmäßigen Zeitabständen ausgelesen, so dass auf diesen Bildern ein vom Benutzer ausgesuchter Stern als Leitstern für die Nachführung dienen kann.

ABBILDUNG 223

a)

b)

Abgesehen von den generellen Nachteilen eines Interlinetransfer-Chips, hat dieses System folgende Vor- und Nachteile:

- ⊕ Da der Aufnahmechip selbst für die Nachführung verwendet wird, ist der Leitstern bereits automatisch fokussiert.

- ⊕ Da der Aufnahme-Chip in seiner vollen Größe zur Verfügung steht, ist die Wahrscheinlichkeit einen passenden Leitstern zu finden wesentlich größer als bei der Verwendung eines separaten kleineren Nachführchips.

- ⊕ Mit der Originalsoftware kann auch mit Leitsternen nachgeführt werden, die sich nicht parallel zu den Chipkanten bewegen. Bei bewegten Aufnahmeobjekten wie Kleinplaneten oder Kometen kann auch direkt auf das Objekt selbst nachgeführt werden.

- ⊕ Auch bei dieser Art der Nachführung wird die Intensität der Nachführsterne durch den Einsatz von Filtern beeinflusst. Durch die Möglichkeit, einen beliebigen Stern im Bildfeld für die Nachführung zu benutzen, ist aber so gut wie immer ein ausreichend heller Nachführstern vorhanden.

- ⊖ Da für die eigentliche Bildgewinnung nur die Hälfte eines jeden Pixels verwendet wird, büßt die Kamera ca. 50% ihrer Empfindlichkeit ein! Dies ist z.B. dann kritisch, wenn man keine ausreichend stabile Montierung besitzt, so dass die Nachführkamera die Abweichungen nicht mehr auskorrigieren kann. Bei stabilen Montierungen muss man dagegen »nur« doppelt so lange belichten, um zu einem gleich gesättigten Bild zu gelangen. Solange man keine bewegten Objekte (wie z.B. Kleinplaneten oder Kometen) und Sterne gleichzeitig punktförmig abbilden will, stellt dies in der Regel kein Problem dar!

- ⊖ Da der Ausleseverstärker bei jeder Nachführauslesung aktiviert werden muss, hat die Ausleseecke des Chips ein höheres Eigenrauschen, das durch ein Dunkel- oder Flatfieldbild nur sehr umständlich herausgerechnet werden kann. Bei der Erstellung dieser Korrekturbilder arbeitet die Nachführkamera normalerweise nicht!

ABBILDUNG 223: Bei der STAR 2000-Nachführung wird der interne Aufbau eines Interlinetransfer-Chips, der auch interlaced ausgelesen werden kann, ausgenutzt. Im »Normalbetrieb« (a) werden solche Chips so getaktet, dass nach Beendigung der Belichtungszeit beide lichtempfindlichen Teilpixel (gelb) gemeinsam in den maskierten Auslesepixel (grün) verschoben werden. Beide Teilpixel können für die Nachführung (b) jedoch auch separat angesprochen werden. Nutzt man nur einen Teilbereich (gelb) für die Dauerbelichtung, kann der andere (orange) unterdessen in regelmäßigen Intervallen immer wieder ausgelesen werden. Bei sehr vielen Chips kann die Nachführauslesung auf einen kleinen Bereich um den Nachführstern begrenzt werden. Hierdurch werden die Ausleseintervalle aufgrund der reduzierten Datenmenge kleiner, so dass eine schnellere Abfolge der Nachführzyklen möglich ist.

Damit durch den fehlenden Teilpixel keine Verzerrungen im Bild entstehen (der zur Bilderzeugung benutzte »Pixel« ist ja nur noch halb so groß), sorgt die Software automatisch dafür, dass Bild- und Nachführpixel ihre Funktion tauschen. Das Bild wird hierzu nach der Hälfte der Belichtungszeit ausgelesen und im Rechner zwischengespeichert. Nachdem ein zweites »Halbbild« mit Hilfe der anderen Pixelhälfte erzeugt und ausgelesen wurde, werden beide im Rechner zum endgültigen Bild verrechnet und abgespeichert.

Die »dual-CCD self-guided«-Kameras der Firma SBIG: Mitte der 90er-Jahre entwickelte die amerikanische Firma SBIG die Serie der »dual-CCD self-guided«-Kameras, die inzwischen mehrere Modelle mit Chips unterschiedlicher Pixelgröße und -anzahl umfasst. Bei diesen Kameras befindet sich neben dem eigentlichen großflächigen Aufnahmechip noch ein separater kleiner Nachführchip im gleichen Gehäuse. Beide Chips sind homofokal in einem Winkel von 90° zueinander angeordnet. Damit der Nachführchip trotz der Größe der beiden Chipgehäuse optisch möglichst nah am Aufnahmechip zu liegen kommt, erhält er sein Licht über einen kleinen 45°-Spiegel. Man könnte diese Kameras also prinzipiell als integrierte Off-Axis-Guider bezeichnen. Dieser von SBIG gewählte Kameraaufbau hat in der praktischen Anwendung zusätzlich zu den bei der generellen Verwendung eines Off-Axis-Guiders entstehenden noch weitere Vor- und Nachteile, wobei die hier aufgeführten Nachteile in der Praxis in den meisten Fällen vernachlässigbar sind.

➕ Trotz des eingebauten Umlenkspiegels ist für beide Chips der Lichtweg gleich lang, d.h. wenn der Aufnahme-Chip fokussiert ist, ist auch der Nachführchip im Fokus.

➖ Obwohl der Nachführchip bei der Verwendung entsprechender Aufnahmesoftware auch bei Serienbildern

‹› Dunkelbilder mit der »STAR 2000«–Nachführung

Die von der Firma Starlight Xpress mit den Kameras ausgelieferte Aufnahmesoftware erlaubt über die Funktion »Take matching dark frame« die Erstellung eines passenden Dunkelbildes. Dies muss jedoch direkt im Anschluss an das zu korrigierende Bild aufgenommen werden, da die Software die Anzahl der während der Aufnahme durchgeführten Nachführzyklen nicht permanent aufzeichnet. Mit der Aufnahme eines neuen Bildes würde diese Information also verloren gehen.

Auch das Programm AstroArt besitzt eine Möglichkeit zur Erstellung eines Dunkelbildes bei Verwendung des STAR 2000-Systems. Diese Funktion scheint jedoch noch nicht ganz ausgereift zu sein, da die mit ihr erstellten Dunkelbilder meist eine Überkorrektur der Aufnahme bewirken. Wie Versuche verschiedener Benutzer dieser Kameras ergeben haben, hilft es oftmals, die Dunkelbilder 10% kürzer als die zu korrigierende Aufnahme zu belichten.

Etwas aufwändiger, dafür aber auch wesentlich genauer wird die Bildkorrektur, wenn die Dunkelbilder aus einem bei ausgeschaltetem STAR 2000 aufgenommenen Dunkelbild und einem separat erstellten Bild, welches nur das erhöhte nachführungsbedingte Ausleserauschen enthält, zusammengesetzt werden. Die Erstellung solcher Rauschbilder ist einfach: Um beispielsweise ein Korrekturbild für 50 Auslesezyklen zu erstellen, werden bei eingeschalteter Nachführung zwei Dunkelbilder mit jeweils 100 Sekunden aufgenommen. Bei einem dieser Bilder beträgt das Nachführintervall eine Sekunde (100 Zyklen), bei den anderen beträgt es zwei Sekunden (50 Zyklen). Da das in beiden Bildern enthaltene Dunkelstromsignal aufgrund der gleichlangen Belichtungszeit gleichgroß ist, bleibt nach Subtraktion der beiden Bilder voneinander nur noch das Rauschsignal von 50 Nachführzyklen übrig. Durch Kombination entsprechend aufeinander abgestimmter Dunkelbilder kann auf diese Weise sogar eine Bibliothek von Rauschbildern mit unterschiedlich vielen Nachführzyklen angelegt werden.

ABBILDUNG 224

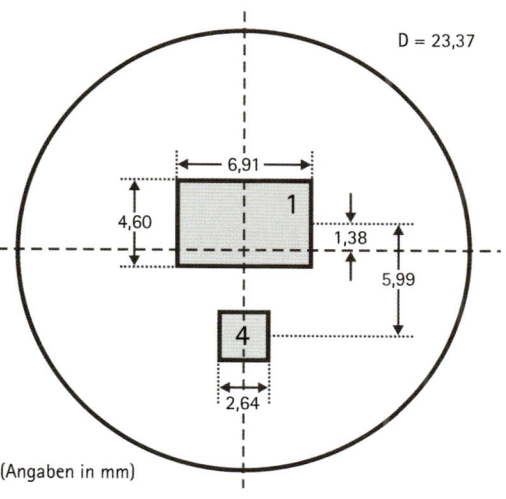

D = 23,37

6,91

4,60

1

1,38

5,99

4

2,64

(Angaben in mm)

Detailansicht einer ST-7E: Dank des im 45°-Winkel angeordneten Umlenkspiegels (3) kann der scheinbare Abstand zwischen Aufnahme- (1) und Nachführchip (2) am Himmel sehr klein gehalten werden. Die Grafik zeigt die relative Lage von Aufnahme- (1) und eingespiegeltem Nachführchip (4) innerhalb des Kameragehäuses. Durch die außeraxiale Anordnung des Aufnahmesensors ist zusätzlich gewährleistet, dass beide Chips auch bei Teleskopen mit kleinem vignettierungsfreien Bildfeld ausreichend ausgeleuchtet werden.

einwandfrei arbeitet, können in einem solchen Fall die Einzelbilder nicht direkt hintereinander aufgenommen werden. Da die nach dem Fullframe-Prinzip arbeitenden Hauptchips während des Auslesevorgangs mittels eines mechanischen Shutters gegen äußeren Lichteinfall abgeschirmt werden müssen, erhält auch der Nachführchip in dieser Zeit kein Licht. Um trotzdem zu gewährleisten, dass der Leitstern nach dieser »Dunkelphase« noch an der gewünschten Position steht, führt die Software zunächst einige Korrekturzyklen aus, bevor die nächste Belichtung des Hauptchips gestartet wird.

- Da beide CCD-Chips auf dem gleichen Kühlfinger montiert sind, besitzt dieser eine relativ große Oberfläche. Verglichen mit Kameras mit nur einem Chip sind diese Kameras bei gleicher Kühlleistung des eingebauten Peltierelementes also nicht in der Lage, eine gleich tiefe Temperatur relativ zur Umgebung zu erreichen. Da fast alle der in diesen Kameras verwendeten Kodak-Chips bereits einen sehr geringen Dunkelstrom besitzen, hat dies jedoch selbst in warmen Sommernächten bei Belichtungszeiten unter 15 Minuten keinen Einfluss auf die resultierenden Aufnahmen. Für Anwender, die eine stärkere Kühlleistung zur Verfügung haben möchten, besteht die Möglichkeit eine optionale zweite Peltierstufe mit integrierter Wasserkühlung nachzurüsten. In einigen Kameramodellen

gehört diese Kühlstufe zur Standardausstattung, da die dort verwendeten Chips über einen höheren Dunkelstrom verfügen, bzw. die Chipfläche aufgrund ihrer Größe mit nur einem Peltierelement nicht ausreichend gekühlt werden kann.

- Bei Einsatz von älteren Versionen der verschiedenen Steuerprogramme müssen die »dual-CCD self-guided«-Kameras so am Teleskop ausgerichtet werden, dass die Chipachsen parallel zu den beiden Koordinatenachsen stehen. Anders als bei den separaten Nachführkameras hat dies jedoch auch direkten Einfluss auf die Ausrichtung des Aufnahmechips, da dieser in demselben Kameragehäuse untergebracht ist. Eine freie Bildgestaltung, wie z.B. das diagonale Ausrichten der Kamera, um ein ausgedehntes Objekt optimal im Bildfeld zu platzieren, ist nicht mehr möglich. Die aktuellen Versionen der Steuerprogramme erlauben inzwischen die freie Ausrichtung der Kamera.

- Dadurch, dass der bis Frühjahr 2002 in diesen Kameras verwendete Nachführchip mit 192 × 165 Pixel auf einer Fläche von 2,6mm × 2,6mm (Pixelgröße: 13,75µm × 16µm) nicht sehr groß ist und die beiden Chips zudem relativ zueinander nicht beweglich sind, ist man für die Leitsternsuche auf ein sehr eingeschränktes Himmelsareal festgelegt. Ist in diesem Feld kein ausreichend heller Stern vorhanden, könnte man zwar das Teleskop leicht

ABBILDUNG 225: Nur wenige Planetariumsprogramme stellen die Bildfelder beider Chips der »dual-CCD self-guided«-Kameras der Firma SBIG dar. Diese mit dem Programm Guide erstellte Aufsuchkarte zeigt die Galaxie NGC 5907 im Sternbild Drache. Eingezeichnet ist das Bildfeld einer ST-9E bei einer Brennweite von 1800mm. Den hellsten Leitstern erhält man in diesem Fall, wenn die Kamera so ausgerichtet wird, dass der Nachführchip genau nach Süden zeigt.

ABBILDUNG 226: Die über eine AO-7 an einem Schmidt-Cassegrain Teleskop angeschlossene »dual-CCD self-guided« CCD-Kamera, hier eine ST-7E von SBIG. Was von außen wie ein etwas überdimensionierter 2"-Zenitspiegel aussieht, beinhaltet einen komplexen Stellmechanismus, der dafür sorgt, dass das Bild eines einmal eingestellten Leitsterns und mit ihm aller anderen abgebildeten Sterne immer auf die gleiche Stelle des CCD-Chips fällt. Bei geöffnetem Gehäuse (links) sind unterhalb des Spiegels die zum Verkippen benötigten Magnete zu erkennen. Der Spiegel selbst ruht beweglich auf den schmalen, mit Schrauben am Gehäuse befestigten flexiblen Metallbändern. Die mit den Magneten wechselwirkenden Spulen befinden sich im zylinderförmigen Gehäuse unterhalb des Spiegels.

ABBILDUNG 225

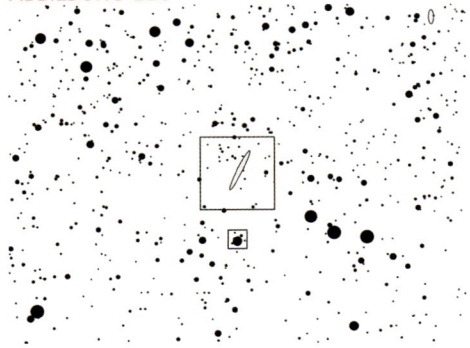

verfahren, jedoch würde sich auch die Lage des aufzunehmenden Objektes auf dem Hauptchip verändern.

Seit Frühjahr 2002 werden die »dual-CCD self-guided«-Kameras von SBIG mit einem 4,9mm × 3,7mm großen CCD-Chip mit 657 × 495 Pixeln (Pixelgröße: 7,4µm × 7,4µm) als Nachführsensor ausgestattet. Aufgrund deutlich größeren Fläche und Empfindlichkeit erhöht sich die Wahrscheinlichkeit, einen ausreichend hellen Leitstern zu finden.

🔴 Die Verwendung von Filtern kann zu Problemen führen, da diese nur vor der Kamera in den Strahlengang eingebracht werden können. Dadurch erhalten sowohl der Aufnahme- als auch der Nachführchip weniger Licht. Aufgrund der kleinen Fläche des Nachführchips und seiner festen Lage relativ zum Aufnahmechip wird die Auswahl an möglichen Leitsternen hierdurch teilweise stark eingeschränkt.

🔴 Bei sehr großen Öffnungsverhältnissen kommt es durch den Umlenkspiegel zu Abschattung auf dem Aufnahmechip.

»Adaptive Optik«

Alle bisher vorgestellten Nachführmethoden basieren darauf, dass die Positionskorrekturen über die motorische Ansteuerung der Montierung durchgeführt werden. Aber dies kann nicht immer schnell genug erfolgen. Möchte man die Schwankungen des Leitsterns »einfrieren«, um Sterndurchmes-

ser von 1" bis 2" zu erreichen, muss mit deutlich kürzeren Zyklen als im Sekundentakt nachgeführt werden.

Für diesen Einsatzbereich bietet die Firma SBIG »Adaptive Optics Systems« an.

Die AO-Einheiten werden zwischen Teleskop und einer »dual-CCD self-guided« CCD-Kamera im Strahlengang eingebaut, da damit um 90° abgelenkt wird.

Das zentrale Bauteil einer AO-Einheit ist ein Spiegel, der auf einer dünnen flexiblen Membran befestigt ist. Auf der Rückseite des Spiegels sind vier kleine Magnete befestigt. Ihnen gegenüberliegend sind an der Innenseite des Gehäuses vier Spulen angebracht. Fließt Strom durch die Spulen, wechselwirken die entstehenden Magnetfelder mit den Magneten des Spiegels, so dass dieser leicht verkippt wird.

Die AO-7 wird direkt über ein Flachbandkabel mit dem Nachführausgang der Kamera verbunden. Von diesem Flachbandkabel

ABBILDUNG 226

zweigt das normale Nachführkabel zur Teleskopsteuerung ab. Weicht der Leitstern von seiner Sollposition ab, werden die Korrekturimpulse anstatt an die Teleskopmotoren zunächst an die vier Spulen der AO-Einheit geleitet. Die hierdurch erzeugte Kippbewegung des Spiegels sorgt dafür, dass der Leitstern wieder in seine Sollposition auf dem Nachführchip bewegt wird. Da der Aufnahmechip sein Licht ebenfalls über den Spiegel der AO-Einheit erhält, werden auch auf ihm alle Objekte wieder in ihre

Ausgangsposition bewegt. Dank seiner geringen Masse kann der Spiegel, einen ausreichend hellen Leitstern mit entsprechend kurzer Belichtungszeit für die Nachführung vorausgesetzt, bis zu 50 Mal pro Minute neu positioniert werden.

Aufgrund seines auf ca. ±0,3mm begrenzten Stellweges kann der Spiegel nicht beliebig große Abweichungen des Leitsterns korrigieren. Bei einer Brennweite von 2000mm bedeutet dies, dass noch eine maximale Auslenkung des Leitsterns um etwa ±30" ausgeglichen wird. Gerade bei der Benutzung noch längerer Brennweiten kann es jedoch leicht passieren, dass die AO-Einheit allein die Nachführfehler der Montierung nicht mehr ausgleichen kann. Dann veranlasst die Steuersoftware, dass die Teleskopnachführung zusätzliche Korrekturen ausführt.

Dieses Zubehörteil arbeitet nur mit den »dual-CCD self-guided«-Kameras von SBIG und wird von fast allen Programmen unterstützt, die auch diese Kameras selbst ansteuern können.

Die neueren AO-Modelle von SBIG (AO-8 bzw. AO-L) sind deutlich kompakter als der Vorgänger AO-7. Statt eines Umlenkspiegels befindet sich als aktives Element ein optisches Fenster im Strahlengang. Der Nachführchip im Hauptkameragehäuse oder der separate Nachführkopf messen die Verschiebung des Leitsterns und korrigieren die Position durch Neigen des optischen Fenster bis zu 10 Mal pro Sekunde.

⟨⟩ Serienbelichtungen und Kameras mit integrierter Nachführmöglichkeit

Während eine Serienbelichtung für reine Aufnahmekameras in der Regel keine Schwierigkeit darstellt, kann es bei den Kameras mit integrierter Nachführmöglichkeit zu Problemen kommen. Allen diesen Kameras ist nämlich gemeinsam, dass die Nachführung während des Auslesevorgangs des Aufnahmechips unterbrochen werden muss:

- Im Fall der STAR 2000-Nachführung von Starlight Xpress werden die für die Nachführauslesung verwendeten Leiterbahnen auch für die Auslesung des kompletten Chips verwendet.
- Bei den SBIG-Kameras schließt sich während der Auslesezeit des Aufnahmechips der Kameraverschluss, so dass kein Licht mehr auf den integrierten Nachführchip fallen kann.

Die Funktion der Nachführkamera könnte zwar direkt nach Beendigung des Auslesevorgangs zeitgleich mit dem Start der nächsten Aufnahme der Serienbelichtung wieder aktiviert werden, jedoch würde dies mit hoher Wahrscheinlichkeit zu Nachführfehlern führen.

Weil die Nachführung während der Auslesedauer nicht überwacht wurde, wird bei fast allen Amateurmontierungen der Nachführstern nicht mehr genau auf seine »Sollposition« auf dem Nachführchip fallen. Es werden also wenigstens zwei bis drei Nachführzyklen benötigt, um den Leitstern wieder zu repositionieren. Viele Programme haben bei Verwendung der oben genannten Kameras daher eine fest programmierte Verzögerung von einigen Sekunden. Diese Zeit reicht bei der üblichen Dauer der Nachführzyklen normalerweise immer aus, um den Nachführstern zurück auf seine Sollposition zu bringen.

Diese Nachführ-Verzögerung addiert sich zu der im Serienbelichtungsmenü manuell einstellbaren Verzögerung. Wird ein genau definierter zeitlicher Abstand der Aufnahmen einer Belichtungsserie benötigt, ist dem also bei der Eingabe der benutzerdefinierten Verzögerung Rechnung zu tragen!

ABBILDUNG 227

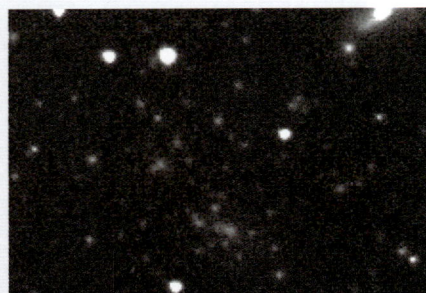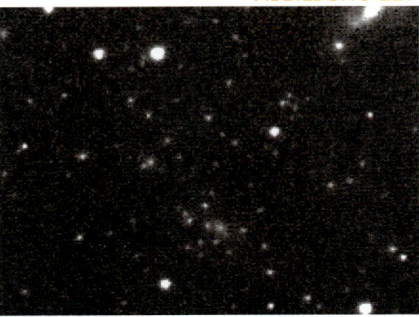

ABBILDUNG 227: Der Galaxienhaufen Abell 2218 im Sternbild Drache. Beide Aufnahmen entstanden am selben Abend mit einer ST-7E und IR-Sperrfilter. Mit der im 3er-Binning (Pixelgröße 27μm) betriebenen Kamera wurde 600 Sekunden lang durch ein 14"-SCT bei 3911mm belichtet.

Die linke Aufnahme wurde nur mit Hilfe des integrierten Nachführchips der Kamera nachgeführt und zeigt Sternscheibchen mit einem mittleren Durchmesser von 4". Durch den Einsatz der AO-7 konnte auf dem rechten Bild die Größe der Sternscheibchen auf 3" reduziert werden. Aufgrund der besseren Auflösung zeigt das mit AO-7 aufgenommene Bild deutlich schwächere Sterne.

Praxis der automatischen Nachführung
Die Kalibrierung der Nachführkamera

Auftretende Nachführfehler können durch eine Nachführkamera nur dann ausgeglichen werden, wenn die Software einen Bezug zwischen einer Positionsabweichung des Sterns auf dem Nachführchip und der sich hieraus ergebenden notwendigen Ansteuerdauer der Motoren herstellen kann. Vor dem Start der eigentlichen Nachführung muss eine Nachführkamera daher kalibriert werden. Diese Kalibrierung erfolgt üblicherweise an einem möglichst hellen, aber noch nicht überbelichteten Stern im Bildfeld der Nachführkamera. Im Fall einer »stand-alone«-Kamera wird dieser Stern von der Kameraelektronik automatisch erkannt. Bei computergesteuerten Nachführkameras muss der Stern vom Benutzer durch einen Mausklick im Bild markiert werden.

Zunächst bestimmt die Software die genaue Position des Sterns auf dem Chip. Im einfachsten Fall bedeutet dies, dass lediglich die Position des hellsten Pixels im Bildfeld bestimmt wird. Sehr viele Programme gehen jedoch noch einen Schritt weiter und berechnen eine gaußsche Helligkeitsverteilung, die den Stern optimal wiedergibt. Anhand dieses Modells kann die Position des Sterns subpixelgenau bestimmt werden.

Im zweiten Schritt muss die Auswirkung einer definierten Korrekturbewegung durch die Nachführung ermittelt werden. Hierzu steuert die Software für eine vom Benutzer definierbare Zeitdauer nacheinander (MaxIm DL macht das auf Wunsch gleichzeitig) die beiden Motoren der Montierung in jeweils beiden möglichen Richtungen an. Nach jedem Steuerimpuls wird ein neues Bild belichtet, auf dem die Position des Nachführsterns bestimmt wird. Aus den so ermittelten Positionen kann die Software alle für die späteren Korrekturbewegungen notwendigen Größen errechnen. Neben der Zuordnung der Chipachsen zu den beiden Montierungsachsen kann hierbei auch ein bei Umkehrung der Motorbewegung auftretender Totgang im Getriebe erkannt werden.

Die Kalibrierung funktioniert nur dann, wenn der zur Kalibrierung verwendete Stern auch auf jedem der fünf Bilder abgebildet ist, und gleichzeitig eine deutliche Positionsverschiebung aufgrund der Motoransteuerung zwischen den einzelnen Bildern erfahren hat. Die häufigsten auftretenden Fehler sind:

- Der Stern war zu schwach und konnte daher auf mindestens einer der Aufnahmen nicht wieder gefunden werden. Die Erhöhung der Belichtungszeit schafft in den meisten Fällen Abhilfe. Führt dies nicht zum Erfolg, muss ein deutlich hellerer Stern gesucht werden.

- Es konnte in mindestens einer der beiden Achsen keine ausreichend große Positionsänderung des Sterns zwischen den einzelnen Aufnahmen festgestellt werden. Viele Programme benötigen für die Kalibrierung eine Verschiebung des Sterns von mindestens fünf, besser jedoch zehn Pixeln oder mehr. Eine größere Positionsänderung wird entweder durch eine Verlängerung der Kalibrierungszeit oder durch eine Erhöhung der Korrekturgeschwindigkeit der Montierung erreicht. Letzteres hat jedoch meist eine deutlich ungenauere Nachführung zur Folge. Dieser Fehler tritt u.a. dann auf, wenn:

1. der verwendete Stern eine sehr polnahe Deklination besitzt. Während eine Korrekturbewegung in Deklinationsrichtung überall am Himmel eine gleichgroße Verschiebung des Sterns auf dem Chip zur Folge hat, bewirken die in Polnä-

he deutlich kleineren Kreisbögen in Rektaszension nur eine minimale Verschiebung des Sterns. Verschiedene Programme ermöglichen vor Beginn der Kalibrierung die Eingabe der Deklination des verwendeten Kalibrirsterns. Mit Hilfe dieser Angabe können später bei der Nachführung automatisch die Korrekturzeiten in Rektaszension für verschiedene Deklinationshöhen berechnet werden.

2. das Teleskop in beiden Achsen z.B. aufgrund unterschiedlich dimensionierter Getriebe eine verschieden große Geschwindigkeit besitzt.

3. bei Umkehr der Bewegungsrichtung einer Achse ein deutlicher Totgang im Getriebe auftritt.

- Das Teleskop wurde bei einer der Ansteuerungen so bewegt, dass der Stern zu nah am Chiprand oder gar außerhalb der Chipfläche zu liegen kam. In einem solchen Fall kann entweder die Kalibrierungszeit reduziert werden oder aber das Teleskop wird so bewegt, dass sich der Stern vor Beginn der Kalibrierung näher zur Mitte des Bildfeldes befindet.

- Die Bewegung des Sterns konnte nicht richtig erkannt werden. Auch hierfür gibt es verschiedene Ursachen:

1. Der ausgewählte Stern war nicht der hellste Stern im Bildfeld. Vor allem bei schlechtem Seeing passiert es häufig, dass bei Sternen ähnlicher Helligkeit beide abwechselnd heller erscheinen. Weil die Nachführung auch in einem solchen Fall versucht, sich auf den jeweils hellsten Stern zu kalibrieren, ergibt sich am Ende keine vernünftige Zuordnung der Positionsverschiebung zu den Bewegungsrichtungen der Montierung. Die Kalibrierung sollte daher nur in einem Feld vorgenommen werden, in dem ein Stern deutlich heller als alle anderen Sterne ist.

2. Beim Bewegen des Teleskops ist ein vorher außerhalb des Bildfeldes stehender hellerer Stern in das Bildfeld hineingelaufen. Die Kalibrierung der Nachführung sollte nur an freistehenden hellen Sternen durchgeführt werden.

3. Die Nachführkamera ist so orientiert, dass eine Bewegung in nur einer Teleskopachse eine diagonale Positionsänderung des Sterns auf dem Chip zu Folge hat. Nicht jedes Steuerprogramm beherrscht eine solche Nachführung, so dass die Nachführkamera in den meisten Fällen um ihre optische Achse gedreht werden muss.

Zahlreiche Programme erlauben sowohl eine unterschiedliche Kalibrierungsdauer in beiden Achsen als auch einen Getriebespielausgleich bei der Umkehrung der Motorlaufrichtung. Die durch die Kalibrierung erhaltenenen Parameter werden von der Software gespeichert. Die Nachführkamera ist damit einsatzbereit. Die Software ist somit in der Lage, einer Abweichung des Leitsterns auf dem Nachführchip eine Antriebskorrektur für die Montierung zuzuordnen.

Einige Programme müssen nach jedem Objektwechsel erneut kalibriert werden, andere Programme merken sich diese Einstellungen. Solange die Position der Kamera am Okularauszug nicht verändert wird, ist es auf diese Weise möglich, mit einer einmal erfolgten Kalibrierung durchgängig zu arbeiten. Diese Programme können meist auch durch Eingabe der Deklination der verschiedenen Leitsterne die erforderlichen Korrekturgrößen in Rektaszension anpassen.

Weitere interessante Zusatzfunktionen für die Nachführung:

- Eine Bewegungsmöglichkeit für das Teleskop im Kalibrierungsmodus. Sollte kein ausreichend heller Stern im Bildfeld der Nachführkamera liegen, kann so die nähere Umgebung abgesucht werden. Bei Programmen mit Makroprogrammierung kann mithil-

ABBILDUNG 228

ABBILDUNG 228

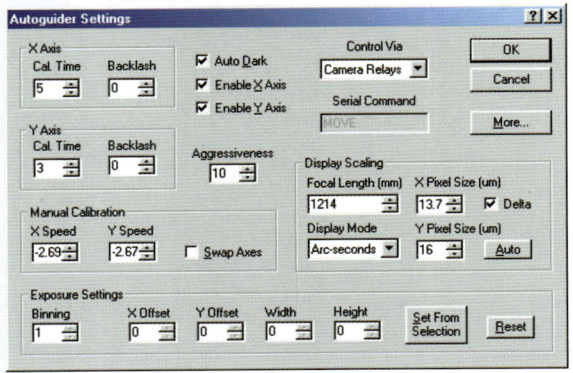

ABBILDUNG 228: Damit die Nachführkamera sinnvolle Korrekturbefehle an die Teleskopsteuerung senden kann, müssen vor dem Beginn der eigentlichen Nachführung einmal verschiedene Parameter gesetzt werden. Um das Nachführmenü nicht zu unübersichtlich gestalten zu müssen, sind die Einstellungen auf mehrere Untermenüs verteilt. Die einmal eingegebenen Werte werden von dem Programm (hier MaxIm DL) abgespeichert und stehen somit mit jedem erneuten Aufruf der Software automatisch wieder zur Verfügung. Solange an der optischen oder mechanischen Konfiguration des Aufnahmegeräts nichts verändert wird, müssen diese Parameter nicht mehr verändert werden.

TIPP

Schlägt die automatische Kalibrierung in MaxIm DL wegen zu viel Getriebspiel der Motoren bei Richtungsumkehr fehl, kann man zumindest die Erkennung der x,y-Richtungen manuell veranlassen. Mit dem Kommando MOVE klickt man einfach nacheinander auf alle vier Richtungen +x, –x, +y und –y. Am Motorengeräusch erkennt man, dass die Motoren reagieren. Die Parameter »X Speed« und »Y Speed« muss man nun von Hand einstellen. Ein Anfangswert von jeweils 1 ist eine gute Ausgangsbasis. Nun wird ein Leitstern eingestellt und der Autoguider gestartet. Bewegt sich der Leitstern beim Autoguiden in die falsche Richtung, stoppt man die Nachführung. Man kehrt nun das Vorzeichen von »X Speed« bzw. »Y Speed« um und bestätigt dies mit »Apply«. Nun verfolgt man die (x,y)-Abweichungen des Leitsterns und optimiert ggf. die »Speed«-Werte und die »Aggressiveness«.

fe dieser Funktion sogar eine automatische Leitsternsuche programmiert werden.

- Die Möglichkeit, die Nachführkamera im Binningmodus zu betreiben. Hierdurch wird sowohl die Ladezeit eines Bildes reduziert, als auch die Empfindlichkeit des Nachführchips deutlich erhöht. Neben schnelleren Korrekturzyklen ist somit auch die Nachführung auf schwächere Leitsterne möglich.

- Bei einigen Programmen kann man die ausgeführten Nachführkorrekturen mitprotokollieren lassen. Dies geschieht meist durch Abspeichern in eine Textdatei, aus der mithilfe eines Tabellenkalkulationsprogramms eine komplette Statistik der Nachführung berechnet werden kann. Eventuell aufgetretene Nachführfehler können genauer analysiert werden, so dass die Fehlerquelle leichter gefunden werden kann.

Die Besitzer von Gabelmontierungen müssen die Kalibrierung der Nachführfunktion theoretisch nur einmal durchführen. Bei einer deutschen Montierung ändert sich bei jedem Wechsel zwischen der Ost- und Westhälfte des Himmels, dem so genannten Umschlagen, die Orientierung der Nachführkamera. Bei einigen Programmen kann im Menü mit den Einstellungen der Nachführung ein Schalter gesetzt werden, der eine entsprechende Vertauschung der Korrekturbefehle an die Montierung bewirkt.

Kalibrierung mit MaxIm

Bei der Kalibrierung des Antriebs mit einer der Versionen von MaxIm ist zu beachten, dass während der Kalibrierung die Bewegung eines Sterns in allen vier Richtungen erkannt wird. Fehlt eine Deklinationsrichtung bspw. durch zuviel Totgang im Deklinationsantrieb, steht diese Korrekturrichtung später bei der Nachführung nicht mehr zur Verfügung. Wichtig ist also, dass alle Richtungen erkannt werden, egal wie stark diese Bewegung ist. Die einmal vom System erkannten Parameter können später nachträglich noch per Hand optimiert werden, falls die Korrektur nicht sanft genug erfolgt.

Einfluss der Deklination auf die Nachführung

In Polnähe wirken sich Bewegungen des Teleskops in Rektaszension immer weniger aus. Am deutlichsten wird dies auf der Nordhalbkugel beim Polarstern, der uns trotz seiner täglichen Bewegung um den Himmelspol fast stationär erscheint. Diese Verringerung der Geschwindigkeit wirkt sich auch auf die Kalibrierung der Nachführkamera aus: Kalibriert man z.B. an einem Stern in der Nähe des Himmelsäquators und macht dann eine Aufnahme in Polnähe, wird die Nachführung viel zu langsam korrigieren. Kalibriert man dagegen in Polnähe und fotografiert in der Nähe des Himmelsäquators, wird die Nachführung zu stark reagieren. In beiden Fällen wird man keine punktförmigen Sterne auf dem Bild erhalten. Programme wie MaxIm berücksichtigen dies automatisch, indem man die Deklination des Aufnahmefeldes vor Start der Nachführung eingibt.

Die Nachführung muss generell immer dann neu kalibriert werden, wenn:

- die Nachführkamera um ihre optische Achse gedreht wurde.
- das komplette Teleskop in den Rohrschellen gedreht wurde.
- ein eventuell vorhandener Off-Axis-Guider um die optische Achse gedreht wurde.

In jedem dieser Fälle ändert sich die Bewegungsrichtung des Sterns auf dem Nachführchip, so dass keine eindeutige Zuordnung zu den Montierungsachsen mehr möglich ist.

Die Inbetriebnahme der Nachführung

Nach erfolgter Kalibrierung kann mit der Nachführung begonnen werden. Zunächst wird eine zwei- bis dreisekündige Testaufnahme mit der Nachführkamera erstellt, auf der ein Leitstern ausgewählt wird. So sieht man, ob sich überhaupt einer oder vielleicht sogar mehrere ausreichend helle Leitsterne im Gesichtsfeld der Nachführkamera befinden.

Erst nach erfolgter Auswahl des Leitsterns ist die Belichtungszeit der Nachführkamera so anzupassen, dass diese möglichst kurz ist, der Stern aber trotzdem ein ausreichend starkes Signal über dem Himmelshintergrund liefert.

Im Zusammenspiel mit einigen Steuerprogrammen können die Chips verschiedener Nachführkameras auch im Binningmodus betrieben werden. Bei vorgegebener Belichtungszeit wird so die Nachführung auf deutlich schwächere Leitsterne möglich. Aufgrund der durch das Binning vergrößerten Pixelfläche ist die Nachführgenauigkeit bei gleicher Nachführbrennweite geringer als im ungebinnten Betrieb.

Während die im »stand-alone«-Betrieb arbeitenden Nachführkameras immer automatisch den hellsten Stern im Bildfeld als Leitstern benutzen, kann der Benutzer bei den über einen externen Rechner gesteu-

‹› Die richtige Nachführ-Belichtungszeit

Generell wird die Genauigkeit der Nachführung mit zunehmender Helligkeit des Leitsterns besser, weil die Position des Sterns auf dem Chip genauer bestimmt werden kann. Sehr häufig befinden sich jedoch keine ausreichend hellen Sterne im Bildfeld, so dass entweder die Nachführkamera versetzt oder aber die Belichtungszeit erhöht werden muss. Mit steigender Belichtungszeit können sich aber Nachführfehler, die eigentlich durch die Nachführkamera vermieden werden sollen, bemerkbar machen. Ob dies der Fall ist, hängt sowohl von der Qualität der Montierung als auch von der verwendeten Aufnahme- bzw. Nachführbrennweite ab. Die optimale Belichtungszeit ist daher für jede Aufnahmeoptik gesondert zu bestimmen.

Die Autoren empfehlen in einer Nacht mit durchschnittlichem Seeing Nachführ-Belichtungszeiten zwischen 0,5 und 2 Sekunden. Solange kein starker Wind herrscht, kann auch problemlos bis zu drei Sekunden lang belichtet werden. Bei noch längeren Belichtungszeiten könnte es aufgrund des teilweise recht sprunghaft auftretenden periodischen Fehlers einiger Montierungen bereits zu Nachführfehlern kommen. Belichtungszeiten unter einer Sekunde führen auch bei mäßigem Seeing meist zu einer Überkorrektur.

erten Kameras den Leitstern meist selbst auswählen. Die Auswahl des betreffenden Sterns erfolgt mittels Mausklick. »Stand-alone« Kameras mit numerischem Display

TIPP

Nach Umschwenken des Teleskops bspw. von der Westlage auf die Ostlage ändern sich auch die korrespondierenden Korrekturrichtungen für das Guiding. Um ein erneutes Kalibrieren zu vermeiden, ändert man in MaxIm DL die Vorzeichen betroffenen Parameter »X Speed« oder »Y Speed« einfach einzeln von Hand! Man kontrolliert die Nachführwerte und erkennt sofort, ob man das korrekt ausgeführt hat oder nicht.

Die Auswahl des Leitsterns muss in vielen Programmen nicht hundertprozentig genau vorgenommen werden. In einigen Programmen wird automatisch die Lage des hellsten Pixels in der näheren Umgebung des Mauszeigers bestimmt. Das Programm interpretiert diesen Pixel als das Zentrum der Helligkeitsverteilung des potentiellen Leitsterns und setzt diese Stelle als späteren Bezugspunkt für die Nachführung.

Bei den Programmen, die genau den angeklickten Pixel als Bezugspunkt verwenden, wird der hellste in der Nähe befindliche Stern als Leitstern verwendet. Selbst wenn sich dieser etwas abseits des ausgewählten Pixels befindet, werden bereits die ersten Korrekturzyklen dafür sorgen, dass der Stern auf seine »Sollposition« verschoben wird.

ABBILDUNG 229: Während die Nachführung läuft, zeigen die Programme der meisten computergesteuerten Nachführkameras sowohl ein Bild des ausgelesenen Nachführchips, als auch die daraus berechnete Abweichung des Leitsterns von seiner Sollposition. Im Fall des Programms MaxIm DL geschieht dies nach Koordinatenachsen getrennt in den Feldern <X Pos> und <Y Pos>.

zeigen zwar die Lage des Leitsterns relativ zum Bildfeldrand an, Schwierigkeiten, die z.B. von ähnlich hellen Sternen in direkter Nachbarschaft zum Leitstern herrühren, können mit ihnen meist nicht auf Anhieb erkannt werden.

Um die Ladezeit der einzelnen Aufnahmen und damit auch die Aufeinanderfolge der Korrekturzyklen möglichst kurz zu halten, wird im Nachführbetrieb nicht mehr der komplette Chip der Nachführkamera ausgelesen, sondern nur noch einen kleinen Bereich um den ausgewählten Leitstern herum. Die Größe dieses Feldes beträgt in den meisten Fällen 30 × 30 Pixel. Vor dem ersten Bild des Nachführzyklus, wird ein Dunkelbild der ausgewählten Chipregion erstellt, das im weiteren Verlauf automatisch von den Nachführbildern subtrahiert wird. Hierdurch wird verhindert, dass eventuell auftretende heiße Pixel des Nachführchips mit dem Nachführstern verwechselt werden.

Auf allen automatisch hintereinander aufgenommenen Bildern der Nachführkamera wird die Lage des Leitsterns bestimmt. Die daraus ermittelte Position wird mit der Ausgangsposition verglichen und die sich hieraus ergebenden Abweichungen werden bestimmt. Anhand der während der Kalibrierung ermittelten Nachführparameter berechnet die Software die benötigten Korrekturimpulse für die Motoren der Montierung und leitet diese an die Teleskopsteuerung weiter. Nachdem der Steuerbefehl ausgeführt wurde, startet die nächs-

ABBILDUNG 229

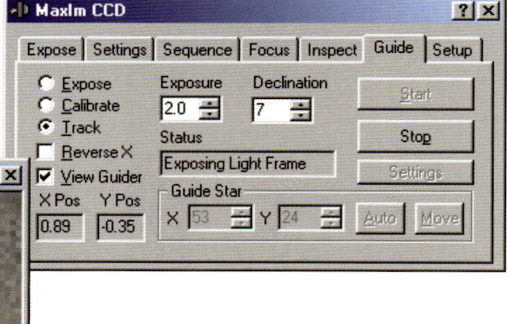

te Belichtung der Nachführkamera und der Vorgang wiederholt sich.

Zusatzfunktionen für die Nachführung

Bei laufender Nachführung ist eine Kontrollmöglichkeit für die Nachführgenauigkeit sinnvoll. Nur so ist man in der Lage, eventuell auftretende Nachführfehler rechtzeitig zu erkennen, um gegebenenfalls in den Nachführvorgang eingreifen zu können. Im einfachsten Fall reicht hierzu bereits die Darstellung des letzten von der Nachführkamera aufgenommenen Bildes oder aber die numerische Anzeige der letzten vorgenommen Korrekturbefehle, deren zeitlichen Verlauf MaxIm DL grafisch darstellen kann.

Eine spätere Analyse der erfolgten Nachführkorrekturen wird von vielen Programmen dadurch erleichtert, dass während des Nachführvorgangs ein »Logfile« erstellt wird. In dieser Datei werden zu jeder Nachführbelichtung Daten wie z.B. Aufnahmezeit, Position und Helligkeit des Leitsterns auf dem Chip oder der Betrag der erfolgten Nachführkorrektur abgelegt. Durch eine statistische Auswertung dieser Datei lassen sich Aussagen zum periodischen Fehler der Montierung oder zu äußeren Einwirkungen wie z.B. Wind oder durchziehende Wolken während der Nachführung machen.

Bei Kameras mit integrierter Nachführung sollte die verwendete Steuersoftware dazu in der Lage sein, auch nachgeführte Serienbelichtungen durchzuführen.

Fehlerquellen

Sollte es zu Schwierigkeiten bei der automatischen Nachführung kommen, trifft meist einer der folgenden Gründe zu:

- **Die Belichtungszeit der Nachführkamera ist zu lang:** Durch Fehler im Antrieb der Montierung erscheint der Leitstern bereits auf jeder der Nachführbelichtungen als kurzer Strich. Weil die meisten Programme auch in der Lage sind, den Helligkeitsschwerpunkt eines länglichen Sternscheibchens zu bestimmen, kann auch in einem solchen Fall (scheinbar) korrekt nachgeführt werden. Die fertige Aufnahme wird die Sterne jedoch trotzdem als ebenso lange Striche wie auf den einzelnen Bildern des Nachführchips zeigen.

Lösung: Eine kürzere Nachführbelichtungszeit wählen. Eventuell muss hierzu ein hellerer Leitstern gesucht werden.

- **PEC:** Bei Montierungen, die über eine Korrektur des periodischen Fehlers verfügen, kann die Nachführkamera durch die Steuerbefehle des PEC irritiert werden.

  Lösung: Die PEC-Funktion der Teleskopsteuerung deaktivieren.

- **Die Korrekturgeschwindigkeit der Montierung ist falsch eingestellt:** Die sehr weit verbreitete ST-4 von SBIG kann beispielsweise nur minimal ca. 0,1s bzw. maximal ca. 2s lange Impulse erzeugen. Softwaregesteuerte Nachführkameras sind zwar in der Lage, auch kürzere Steuerimpulse an die Montierung zu übermitteln, doch begrenzt hier meist die Massenträgheit der Kombination aus Teleskop und Montierung eine feinfühlige Korrektur.

  Eine zu geringe Korrekturgeschwindigkeit der Montierung bereitet Probleme, da während der Ansteuerung der Motoren keine neuen Aufnahmen des Nachführchips erstellt werden können. Erfordert eine Korrektur eine längere Ansteuerzeit als die maximale Korrekturdauer, muss diese auf zwei oder mehr aufeinanderfolgende Nachführzyklen verteilt werden.

  Lösung: Andere Nachführgeschwindigkeit wählen. Wenn die Montierungssteuerung dies nicht zulässt muss ggf. eine andere Steuerung verwendet werden.

- **Die »Aggressivität« der Nachführung ist falsch eingestellt:** Damit auch in Nächten mit mäßigem See-ing mit möglichst kurzen Nachführbelichtungszeiten gearbeitet werden kann, ermöglichen viele Programme in den Einstellungen zur Nachführkamera eine Eingabe für die »Aggressivität« der Nachführung. Der hier eingetragene Wert sagt aus, wie stark die Kamera auf die ermittelten Positionsabweichungen des Leitsterns reagieren soll. Normalerweise können Werte zwischen 1 und 10 bzw. 10% und 100% angegeben werden. Eine Einstellung von 10 bzw. 100% bedeutet hierbei, dass die Kamera versucht, die komplette ermittelte Abweichung des Leitsterns mit Hilfe der Nachführung auszugleichen. Bei kleineren Aggressivitätswerten wird nur noch ein entsprechender Teilbetrag der ermittelten Abweichung ausgeglichen.

  Durch eine nur teilweise Korrektur der ermittelten Positionsabweichung werden wirkliche Nachführfehler zwar erst nach mehreren Korrekturzyklen ausgeglichen, dafür haben seeingbedingte Abweichungen des Leitsterns eine entsprechend kleinere Auswirkung auf die Nachführbewegungen. Die Nachführung wird so insgesamt »ruhiger« und eine Überkorrektur wird weitgehend vermieden.

  Lösung: Den Wert für den Aggressivitätsfaktor mit Hilfe von Nachführtests schrittweise den jeweiligen Beobachtungsbedingungen anpassen.

- **Das Teleskop ist »zu gut« ausbalanciert:** Sehr genau ausbalancierte Teleskope können zu oszillieren beginnen.

  Lösung: Ein leichtes Ungleichgewicht im Teleskopaufbau herbeiführen. Die Ostseite sollte schwerer als die Westseite sein, so dass die Antriebsschnecke immer gegen den Druck des Teleskops anarbeiten muss. Hierbei darf nicht übertrieben werden, d.h. das Teleskop sollte beim Lösen der Klemmung nicht schlagartig verkippen, sondern sich lediglich langsam verstellen.

- **Getriebespielausgleich:** Falls entweder die Teleskopsteuerung und/oder die Steuersoftware über einen Getriebespielausgleich in Deklination verfügt, könnte dieser falsch eingestellt sein.

  Bei zu kleiner Korrektur versucht die Nachführung zwar den Totgang bei der Bewegungsumkehr auszugleichen, schafft dies aber nicht komplett. Da die Steuersoftware eine vollständige Kompensation des Getriebespiels in ihren Steuerbefehl eingerechnet hat, fällt die Korrektur zu gering aus, so dass ein weiterer Korrekturzyklus benötigt wird.

  Ist der Getriebespielausgleich zu groß eingestellt, kommt es unweigerlich zu einer Überkorrektur, da die zuviel erfolgte Bewegung sich zu der von der Steuersoftware berechneten Korrektur hinzu addiert. Die Nachführsoftware wird im nächsten Schritt versuchen, das Teleskop wieder zurück zu fahren, führt also eine Korrektur in die entgegengesetzte Richtung aus. Aufgrund der Bewegungsumkehr wird wieder der Getriebespielausgleich aktiviert, was zu einer erneuten Überkorrektur führt. Der Stern wird seine »Sollposition« auf dem Chip also nie erreichen, sondern stattdessen ständig hin- und herpendeln.

  Erreicht man aufgrund mechanischer Unzulänglichkeiten der Montierung keine befriedigende Korrektur des Getriebespiels in Deklination, so kann man sich eine geringfügig vorhandene Deklinationsdrift des Leitsterns zunutze machen. Man lässt die Montierung dann nur noch in einer Deklinationsrichtung nachführen, was in der Regel sehr sanft verläuft. Eine mögliche vorhandene Bildfelddrehung kann man anhand von Testaufnahmen ermitteln und dann entscheiden, ob man die Polachsenjustierung verbessern muss oder ob man mit der Deklinationsdrift gut leben kann.

Lösung: Den Wert für den Getriebespielausgleich sowohl an der Teleskopsteuerung als auch in der Steuersoftware schrittweise verändern oder eventuell komplett deaktivieren.

- **Programm- bzw. Treiberprobleme:** Wie bei allen Computerprogrammen sollte auch bei der Steuersoftware einer CCD-Kamera darauf geachtet werden, dass immer eine möglichst neue Version der Software oder zumindest der Kameratreiber verwendet wird. Vor allem, wenn die Fehler nach einem Wechsel des Betriebssystems oder der Inbetriebnahme einer neuen Kamera auftreten, findet sich hier oftmals der Grund für das Problem.

  Lösung: Aktuelle Programm- bzw. Treiberupdates von der Homepage des Programm- bzw. Kameraherstellers herunterladen.

Belichtungszeit

Mit zunehmender Belichtungszeit werden immer schwächere Objekte auf einer Aufnahme sichtbar. Neben der Himmelshelligkeit ist es jedoch auch das thermische Verhalten des Bildsensors, das die maximal sinnvolle Belichtungszeit eines Einzelbildes bestimmt. Bei digitalen Kompaktkameras wird diese maximale Belichtungszeit daher in der Regel kürzer ausfallen als bei einer digitalen Spiegelreflexkamera. Dank der integrierten Kühlung kann das thermische Verhalten des Bildsensors bei einer astronomischen CCD-Kamera schließlich so verändert werden, dass wesentlich längere Belichtungszeiten für ein Einzelbild möglich sind.

Grenzgröße
Sterne

Die Grenzgröße von Sternen, die noch punktförmig abgebildet werden, ergibt sich aus:

$$m_{gr} = 2{,}5 \log t + 5 \log \frac{D}{z} + 2{,}5 \log S - 20{,}25^{m} + K + m_{H} \qquad \text{Formel 47}$$

Hierbei entspricht t der Belichtungszeit in Sekunden, D dem Objektivdurchmesser, z dem Durchmesser des abgebildeten Sternscheibchens, S der verwendeten Kameraempfindlichkeit in ISO und m_H der Himmelshelligkeit in Größenklassen pro Quadratgrad.

Für den Durchmesser z des Sternscheibchens können bei Fotoobjektiven unter den üblicherweise herrschenden Seeingbedingungen die bereits aus Kapitel »Streukreis« bekannten Werte angesetzt werden. Bei längeren Brennweiten wird z vor allem durch das Seeing bestimmt. Der seeingbedingte Durchmesser z_s des Streuscheibchens in mm kann berechnet werden:

$$z_s = \frac{\alpha \cdot f}{206264{,}8"} \qquad \text{Formel 48}$$

Hierbei ist α der Winkelbetrag des Seeings in Bogensekunden und f die Aufnahmebrennweite in mm.

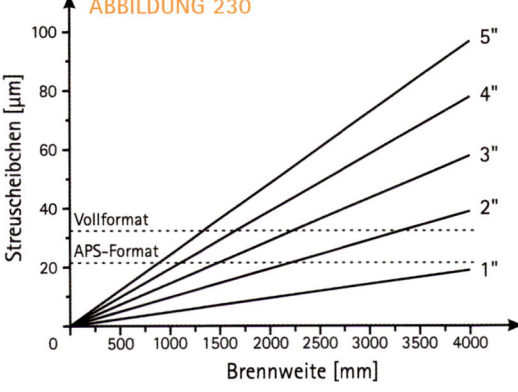

ABBILDUNG 230

Die maximal mögliche Grenzgröße kann nur dann erreicht werden, wenn die Genauigkeit der Nachführung besser als der Sternscheibchendurchmesser z war. Sobald die Sterne nachführbedingt zu kleinen Strichen auseinander gezogen werden, sinkt die erreichbare Grenzgröße entsprechend. Streng genommen gilt Formel 47 nur für die Bildmitte: Mit zunehmendem Abstand von der optischen Achse müssen Bildfehler wie z.B. die Auf-

weitung der Sternscheibchen aufgrund von Abbildungsfehlern oder Vignettierungseffekte berücksichtigt werden.

Die Konstante K ist ein kameraspezifischer Korrekturwert. Durch ihn wird neben der z.B. durch einen Filtertausch geänderten Gesamttransmission des Detektorfilters auch die Abweichung der wahren von der eingestellten ISO-Empfindlichkeit berücksichtigt.

Tabelle 35: Die aus Aufnahmen der Autoren ermittelte Konstante K für verschiedene Kameramodelle. Für nicht aufgeführte Kameras kann K anhand von Testaufnahmen leicht selbst bestimmt werden.

Kameramodell	K
Canon EOS 5D + Baader DSLR-ACF-Filter	$3{,}2^m$
Canon EOS 10D	$3{,}1^m$
Canon EOS 20Da	$3{,}5^m$
Canon EOS 350D + Baader DSLR-ACF-Filter	$4{,}8^m$

Die Helligkeit m_H des Himmelshintergrundes kann anhand der Tabelle 36 grob abgeschätzt werden. Hierbei ist zu beachten, dass sich die Angaben auf die Himmelshelligkeit im Zenit beziehen. Die mit zunehmender Horizontnähe auftretende Aufhellung des Himmels durch weit entferne Lichtquellen wird in der Tabelle nicht berücksichtigt. Sie kann, je nach Beobachtungsort, zwischen einer und mehreren Größenklassen betragen.

ABBILDUNG 230: Der durch unterschiedlich stark ausgeprägtes Seeing bestimmte Durchmesser z_s des Streuscheibchens. Die beiden horizontalen Linien markieren die bekannten theoretischen Streuscheibchendurchmesser für Objektive die für APS- bzw. Vollformatsensoren berechnet wurden.

Tabelle 36: Die ungefähre Himmelshelligkeit in Abhängigkeit vom Beobachtungsort.

Ort	Himmelshelligkeit	
Millionenstadt	$> 18{,}0^m/\square"$	$> 0{,}2^m/\square°$
Großstadt	$19{,}0^m/\square"$	$1{,}2^m/\square°$
Kleinstadt	$19{,}5^m/\square"$	$1{,}7^m/\square°$
Dorf	$20{,}0^m/\square"$	$2{,}2^m/\square°$
dunkler Landhimmel	$21{,}0^m/\square"$	$3{,}2^m/\square°$
extrem dunkler Himmel (Gebirge, Wüste)	$21{,}5^m/\square"$ bis $22{,}0^m/\square"$	$3{,}7^m/\square°$ bis $4{,}2^m/\square°$

Eine deutlich genauere Abschätzung der Himmelshelligkeit an einem bestimmten

TIPP

Formel 49 liefert nur dann brauchbare Ergebnisse, wenn das aufgenommene Objekt eine annährend gleichmäßige Helligkeitsverteilung ohne sichtbare Feinstrukturen besitzt. Bei Objekten, die mit entsprechend langen Brennweiten bereits in Strukturen wie Knoten oder Filamente aufgelöst werden, kann näherungsweise Formel 47 verwendet werden.

Beobachtungsort ist mit Hilfe von Lichtverschmutzungskarten möglich. Hierbei ist jedoch zu berücksichtigen, dass die reale Helligkeit des Himmelshintergrundes noch durch zusätzliche Faktoren beeinflusst wird. Neben Staub oder erhöhter Luftfeuchtigkeit, kann beispielsweise auch das Rekombinationsleuchten der Luftatome (Airglow), die Himmelshelligkeit um bis zu eine Größenklasse erhöhen.

Die kanadische Firma Unihedron bietet mit dem »Sky Quality Meter« ein Gerät zur direkten Messung der Himmelshelligkeit an. Die Messung der Himmelshelligkeit ist auch anhand eigener Aufnahmen mit digitalen Spiegelreflexkameras möglich.

gebildet werden, muss bei der Berechnung der erreichbaren Grenzhelligkeit auch deren Flächenausdehnung A berücksichtigt werden. Die schwächste erreichbare Gesamthelligkeit m_{ges}, also die Helligkeit, die ein ausgedehntes Objekt hätte, wenn seine gesamte Helligkeit auf einen sternförmigen Punkt konzentriert wäre, beträgt:

$$m_{ges} = 2{,}5 \log t + 5 \log N + 2{,}5 \log S - 11{,}75^m + K - 2{,}5 \log A + m_H$$

Formel 49

Hierbei entspricht t der Belichtungszeit in Sekunden, N der Blendenzahl, S der verwendeten Detektorempfindlichkeit in ISO, A der Fläche des aufgenommenen Himmel-

Tabelle 37: Die mit der Strichspurfotografie bei punktförmiger Sternabbildung mit einem APS-C-Sensor erreichbaren Grenzhelligkeiten. Die Helligkeiten wurden nach Formel 47 für eine mit Baader DSLR-ACF-Filter ausgestattete Canon EOS 350D unter Kleinstadt-Bedingungen berechnet.

Empfindlichkeit [ISO]:	100	200	400	800	1600	3200
Objektiv/Blende						
24mm/1:2,8	6ᵐ9	7ᵐ6	8ᵐ4	9ᵐ1	9ᵐ9	10ᵐ6
28mm/1:2,8	7ᵐ0	7ᵐ8	8ᵐ6	9ᵐ3	10ᵐ1	10ᵐ8
35mm/1:2,8	7ᵐ3	8ᵐ0	8ᵐ8	9ᵐ5	10ᵐ3	11ᵐ1
50mm/1:1,7	8ᵐ8	9ᵐ5	10ᵐ3	11ᵐ0	11ᵐ8	12ᵐ5
100mm/1:2,8	8ᵐ4	9ᵐ2	9ᵐ9	10ᵐ7	11ᵐ4	12ᵐ2
135mm/1:2,8	8ᵐ8	9ᵐ5	10ᵐ3	11ᵐ0	11ᵐ8	12ᵐ5
200mm/1:4,0	8ᵐ4	9ᵐ2	9ᵐ9	10ᵐ7	11ᵐ4	12ᵐ2
300mm/1:4,5	8ᵐ6	9ᵐ3	10ᵐ1	10ᵐ9	11ᵐ6	12ᵐ4

Obwohl die berechneten Helligkeiten in der Regel recht gut mit den in der Praxis erzielten Werten übereinstimmen, sollte man die gefundenen Helligkeiten trotzdem nur als groben Anhaltswert mit einer Genauigkeit von ca. einer Größenklasse betrachten. In den meisten Fällen wird eine sich auf den Sternscheibchendurchmesser z auswirkende ungenaue Fokussierung oder eine nur ungenau bekannte Helligkeit m_H des Himmelshintergrundes der Grund für diese Abweichungen sein.

Flächige Objekte

Bei allen Objekten, die auf dem Bild größer als der Sternscheibchendurchmesser z ab-

sobjektes in Quadratgrad, K die kameraspezifische Konstante aus Tabelle 35 und m_H der Himmelshelligkeit in Größenklassen pro Quadratgrad aus Tabelle 36.

Obwohl auch diese berechneten Grenzhelligkeiten in der Regel recht gut mit den in der Praxis erzielten Werten übereinstimmen, sollte man sie nur als groben Anhaltswert mit einer Genauigkeit von ca. einer Größenklasse betrachten. Neben der nur ungenau bekannten Helligkeit m_H des Himmelshintergrundes und der Qualität der Fokussierung kann sich auch eine nicht optimale Nachführung auf den Durchmesser z der Sternscheibchen auswirken und so der Grund für diese Abweichungen sein.

Die »richtige« Belichtungszeit

Durch die nachträgliche Kombination mehrerer Einzelaufnahmen bietet die digitale Astrofotografie eine Möglichkeit, die thermischen Bildfehler zu reduzieren und so die erreichbare Grenzhelligkeit zu erhöhen. Bei der Beantwortung der Frage nach der »richtigen« Belichtungszeit für ein mit einer digitalen Kamera aufgenommenes Bild gehen die Meinungen unter Amateurastronomen jedoch stark auseinander: Während einige Belichtungszeiten von bis zu einer Stunde für ein Einzelbild propagieren, sind es vor allem die Besitzer kleinerer Teleskope, die auf die Addition entsprechend vieler nur kurz belichteter Bilder setzen.

Obwohl die im Folgenden geschilderten Zusammenhänge theoretisch für alle Kameras mit CCD- bzw. CMOS-Sensoren gelten, können sie so wie hier beschrieben in der Praxis nur auf gekühlte (astronomische) CCD-Kameras 100%ig angewandt werden. Neben der Tatsache, dass kein Digitalkamerahersteller Datenblätter der von ihm verwendeten Sensoren zur Verfügung stellt, ist hierfür der von den Herstellern beabsichtigte Verwendungszweck der meisten »normalen« Digitalkameras verantwortlich: Damit der an die Fotografie mit chemischem Film gewöhnte Benutzer seine vorhandene Fotoerfahrung nutzen kann, sind die digitalen Kameras in ihrer Empfindlichkeit so eingeschränkt, dass sie sich ähnlich wie ein chemischer Film verhalten. Verglichen mit Fotografien auf chemischem Film bzw. mit »normalen« Digitalkameras erlaubt daher eine mit ihrer vollen Lichtempfindlichkeit arbeitende gekühlte CCD-Kamera bereits mit kürzesten Belichtungszeiten die Abbildung schwacher Himmelsobjekte.

Aufgrund ihrer hohen Lichtempfindlichkeit und ihres linearen Verhaltens erhält man bei einer gekühlten CCD-Kamera mit fast jeder beliebigen Belichtungszeit ein mehr oder weniger gutes Ergebnis. Hierbei zeigt sich jedoch ein deutlicher Unterschied zwischen Bildern, die das gewünschte Objekt lediglich nachweisen und solchen, die klare Sternabbildungen bzw. feine Helligkeits-abstufungen innerhalb von Galaxien oder Nebeln zeigen. Selbst bei oberflächlicher Betrachtung ist der Unterschied zwischen gut durchbelichteten Bildern, die ein klares Bild zeigen, und unterbelichteten und daher stark verrauschten Aufnahmen zu erkennen. Damit ein Bild so viele Details wie möglich zeigt, muss es möglichst viel Signal und möglichst wenig Rauschen beinhalten.

Signal

Das in einem Digitalbild enthaltene »Signal« entspricht der Anzahl der vom Chip innerhalb eines Pixels erzeugten Elektronen. Das Gesamtsignal setzt sich aus folgenden Einzelkomponenten zusammen:

Objekt

Das Objektsignal wird durch die vom aufgenommenen Himmelsobjekt ausgesandten und auf den Chip treffenden Photonen erzeugt. Die genaue Größe dieses Signals theoretisch zu ermitteln ist relativ schwierig. Damit die hierfür notwendigen Berechnungen nicht zu kompliziert werden, soll daher im Folgenden angenommen werden, dass ein punktförmiges Objekt, also z.B. ein Stern, aufgenommen wird.

Um die Stärke des entstehenden Signals berechnen zu können, soll angenommen werden, dass das gesamte vom Stern ausgesandte Licht auf nur einen Pixel des Chips fällt. Zunächst benötigt man die in Watt angegebene wirksame Strahlungsleistung P_λ eines Sterns:

$$P_\lambda = \tau \cdot \eta \cdot A_{Tel} \cdot \Delta\lambda \cdot F_\lambda(0) \cdot 10^{-0,4 \cdot m}$$

Formel 50

Hierbei ist τ der Transmissionsgrad des optischen Systems aus Teleskop und Kamera, das sich als Produkt aus den Transmissionsgraden der Einzelkomponenten berechnen lässt. Die Quantenausbeute η ist von der Wellenlänge des einfallenden Lichts abhängig und kann normalerweise aus dem über den Chiphersteller erhältlichen Datenblatt des Aufnahmechips entnommen werden. A_{Tel} ist die optisch wirksame Fläche des verwendeten Teleskops in m². Das Wellenlängenintervall $\Delta\lambda$ bezeichnet die Breite des Spektralbereichs, für den die Berechnung durchgeführt wird. $F_\lambda(0)$ ist die in W/(m²·nm) angegebene Strahlungsleistung, die ein Stern des Spektraltyps A0V mit 0. Größe außerhalb der Erdatmosphäre besitzt und m die Helligkeit des Sterns in Größenklassen.

Die Energie jedes auf den Chip einfallenden Photons berechnet sich zu

$$E = h \cdot \upsilon = h \cdot \frac{c}{\lambda} \qquad \text{Formel 51}$$

wobei h das Plancksche Wirkungsquantum mit $6{,}626 \times 10^{-34}$ Js ist, c die Lichtgeschwindigkeit im Vakuum mit $2{,}998 \times 10^8$ m/s und λ die Wellenlänge des betrachteten Photons in Metern. Löst ein solches Photon nun mit einer Wahrscheinlichkeit η ein Elektron im Chip aus, kann die Erzeugungsrate S_λ der Elektronen berechnet werden zu:

$$S_\lambda = \frac{P_\lambda}{E} = \frac{P_\lambda \cdot \lambda}{h \cdot c} \qquad \text{Formel 52}$$

Bias

Das Bias, auch Vorspannung genannt, ist ein vom Kamerahersteller voreingestellter Wert. Er soll verhindern, dass die Ungenauigkeiten der Kameraelektronik keine negativen Pixelwerte erzeugen. In Abhängigkeit vom Ausleserauschen beträgt der Biaswert meist ca. 100 ADU.

Dunkelstrom

Als Dunkelstromsignal D werden alle thermisch freigesetzten Elektronen bezeichnet. Der Betrag des Dunkelstroms nimmt linear mit der Aufnahmedauer zu. Durch Kühlung des Chips kann die Rate, mit der der Dunkelstrom anwächst, gesenkt werden. In Ab-

hängigkeit vom Chiptyp halbiert sich diese Rate jeweils bei einer bestimmten Temperaturabnahme.

ben der Durchmesser von Hauptspiegel $d_H=0{,}254m$ und Fangspiegel $d_F=0{,}094m$ ergibt sich A_{Tel} über die Formel zur Bestimmung der Kreisfläche zu:

$$A_{Tel} = \frac{\pi}{4}\left(d_H{}^2 - d_F{}^2\right) \approx 0{,}0437\,m^2$$

Formel 54

Etwas komplizierter gestaltet sich die Bestimmung der weiteren benötigten Größen λ, Δ und $F\lambda$ (0). Eigentlich müssten diese Werte durch Integration über den kompletten Empfindlichkeitsbereich des Aufnahmesensors ermittelt werden. Zur Vereinfachung kann an dieser Stelle jedoch auch die Strahlungsleistung $F\lambda(0)$ eines Sterns der Spektralklasse A0V in den einzelnen photometrischen Wellenlängenbereichen verwendet werden. Die Quanteneffizienz η des Chips wird dann für die jeweilige zentrale Wellenlänge λ des Messbereichs aus dem Datenblatt entnommen (vgl. Abb. 22 auf S.30). Das Wellenlängenintervall $\Delta\lambda$ wird zur weiteren Vereinfachung als konstant 100nm angenommen.

Die Gesamtstärke des Signals ergibt sich dann durch Addition der Einzelwerte zu:

$$S(0) \approx 3{,}88 \times 10^8\,e^- / s$$

Formel 55

Hat man die Signalstärke eines Sterns der nullten Größe berechnet, kann die Signalstärke eines beliebig hellen Sterns folgendermaßen ermittelt werden:

$$S = S(0) \cdot 10^{-0{,}4 \cdot m}$$

Formel 56

Tabelle 39: Zu erwartende Signalstärken schwacher Sterne bei Verwendung eines KAF0261E-Chips an einem 10"-SCT. Bei den Werten handelt es sich um gerundete Werte, was bei der Berechnung für längere Belichtungszeiten Differenzen ergeben kann.

Helligkeit	Signal S
15^m	388,0e$^-$/s
16^m	154,5e$^-$/s
17^m	61,5e$^-$/s
18^m	24,5e$^-$/s
19^m	9,7e$^-$/s
20^m	3,9e$^-$/s
21^m	1,5e$^-$/s
22^m	0,6e$^-$/s
23^m	0,2e$^-$/s
24^m	0,1e$^-$/s

Tabelle 38: Die zur Berechnung der Signalstärke benötigten Größen.

Spektralband	λ	η	$F\lambda(0)$	$P\lambda$	$S\lambda(o)$
U	360nm	0,20	$3{,}98 \times 10^{-11} Wm^{-2}nm^{-1}$	$1{,}95 \times 10^{-11} W$	$3{,}53 \times 10^7 e^-$/s
B	440nm	0,29	$6{,}95 \times 10^{-11} Wm^{-2}nm^{-1}$	$4{,}93 \times 10^{-11} W$	$1{,}09 \times 10^8 e^-$/s
V	550nm	0,56	$3{,}63 \times 10^{-11} Wm^{-2}nm^{-1}$	$4{,}97 \times 10^{-11} W$	$1{,}38 \times 10^8 e^-$/s
R	700nm	0,52	$1{,}70 \times 10^{-11} Wm^{-2}nm^{-1}$	$2{,}16 \times 10^{-11} W$	$7{,}62 \times 10^7 e^-$/s
I	900nm	0,32	$8{,}29 \times 10^{-11} Wm^{-2}nm^{-1}$	$6{,}49 \times 10^{-12} W$	$2{,}94 \times 10^7 e^-$/s

$$D = \frac{D_0}{2^{\left(\frac{\vartheta_0 - \vartheta}{\vartheta_H}\right)}} \cdot t$$

Formel 57

In Formel 57 entspricht D_0 dem Referenzdunkelstrom, der bei der Temperatur θ_0 und einer Belichtungszeit von einer Sekunde entsteht. θ_H ist die Temperaturänderung, bei

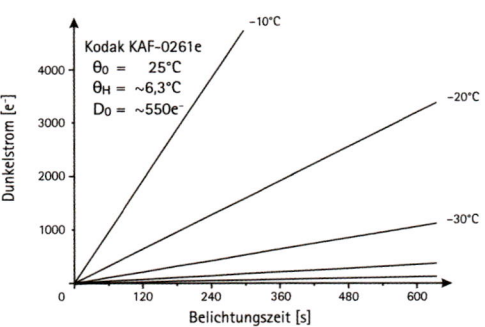

ABBILDUNG 231: Der mit Hilfe der Angaben aus dem Datenblatt berechnete Dunkelstrom eines KA-F0261E-Chips von Kodak. Die theoretischen Werte decken sich im Rahmen der vom Hersteller angegebenen Toleranzen mit den als Punkte eingezeichneten beobachteten Werten der ST-9E-Kamera der Autoren.

der sich der Dunkelstrom jeweils halbiert, θ die aktuelle Chiptemperatur und t die Belichtungszeit in Sekunden. Die Werte für D_0, θ_0 und θ_H sind normalerweise im jeweiligen Datenblatt des Aufnahmesensors zu finden, das über den Chiphersteller erhältlich ist.

ABBILDUNG 231

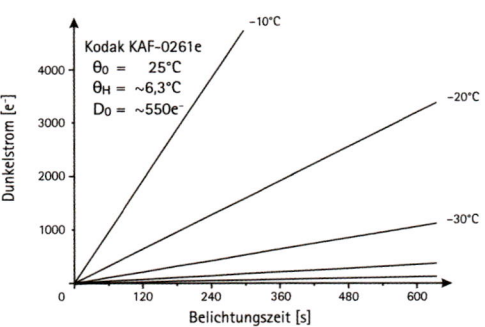

Himmelshintergrund

Neben den durch das eigentliche Objekt ausgesandten Photonen registriert der Aufnahmesensor während der Belichtung auch die Photonen der allgemeinen Himmelsaufhellung. In erster Linie ist hierfür heute die Lichtverschmutzung verantwortlich. Das Licht von Straßenlaternen, Werbebeleuchtungen und zahlreichen anderen künstlichen Lichtquellen wird an Aerosolen, einer Mischung aus Staub, Ruß und Wasserdampf und an den Luftmolekülen selbst gestreut und sorgt so für eine deutliche Aufhellung des Nachthimmels.

Doch selbst in den abgelegensten Gegenden der Erde ist der Nachthimmel nicht absolut dunkel. Hier sorgt das so genannte Airglow, das Rekombinationsleuchten der tagsüber durch die Sonnenstrahlung aufgespaltenen Ozonmoleküle, für eine leichte Aufhellung des Himmels.

Analog zur Berechnung der Signalstärke eines Sterns kann die Signalstärke B des Nachthimmels berechnet werden:

$$B = S(0) \cdot 10^{-0,4 \cdot m_H} \cdot A_P \qquad \text{Formel 58}$$

Hierbei ist m_H die Himmelshelligkeit pro Quadratbogensekunde. A_P ist die an den Himmel projizierte Pixelfläche in Quadratbogensekunde. Die Formel geht davon aus,

dass das Sternscheibchen mit der Signalstärke S(0) auf eine Quadratbogensekunde abgebildet wird.

Tabelle 40: Signalstärke des Himmels bei verschiedenen Hintergrundhelligkeiten, berechnet für eine ST-9E CCD-Kamera an einem 10 "-Schmidt-Cassegrain-Teleskop bei f/6,3. Hierbei ergibt sich aufgrund der Brennweite von 1600mm die Fläche eines 20μm×20μm messenden Pixels am Himmel zu ca. 6,7/□".

Hintergrundhelligkeit m_H	Hintergrundsignal B
$18^m/\square"$	$163{,}2\,e^-/s$
$19^m/\square"$	$65{,}0\,e^-/s$
$20^m/\square"$	$26{,}0\,e^-/s$
$21^m/\square"$	$10{,}3\,e^-/s$
$22^m/\square"$	$4{,}1\,e^-/s$

Rauschen

Werden von einem Objekt mehrere Bilder mit gleicher Belichtungszeit gemacht, könnte man annehmen, dass auf jeder dieser Aufnahmen ein gleich starkes Signal erzeugt wurde. Dem ist jedoch nicht so! Die gemessenen Signalintensitäten werden auf allen Bildern um einen gewissen Betrag, dessen absolute Größe nicht genau vorhersagbar ist, von einander abweichen. Weil diese Abweichungen nicht reproduzierbar sind, kann man sie auch nicht vollständig aus dem Bild entfernen. Man bezeichnet sie als »Rauschen« N (von engl.: noise).

So wie das Gesamtsignal eines Pixels aus den vier Komponenten Objekt, Bias, Dunkelstrom und Hintergrund besteht, setzt sich auch das Gesamtrauschen eines Pixels aus dem Rauschen der jeweiligen Signalkomponenten zusammen, von denen jede eine für sie typische eigene Varianz der Signalstärke besitzt. Das Gesamtrauschen eines Bildes ergibt sich daher aus dem Objektsignalrauschen N_S, dem Dunkelstromrauschen N_D und dem Rauschen des Himmelshintergrundes N_B. Die Varianz des Bias wird mit den bei der Digitalisierung des Bildes auftretenden Ungenauigkeiten zum Ausleserauschen N_A zusammen gefasst.

Die maximal sinnvolle Belichtungszeit eines Einzelbildes

Zusammen mit dem Dunkelstromsignal setzt der Himmelshintergrund eine Obergrenze für die Belichtungszeit eines Einzelbildes. Mit Hilfe der aus dem Datenblatt des Aufnahmesensors zu entnehmenden Full-Well-Kapazität kann so der Zeitpunkt berechnet werden, zu dem ein Pixel bereits ohne Objektsignal mit Elektronen gesättigt ist. Da das Pixel bei dieser Belichtungszeit kein Objektsignal mehr aufnehmen kann, muss die maximal sinnvolle Belichtungszeit unter diesem Wert liegen.

Auf der einen Seite steigt die Signalstärke des Objekts zwar mit zunehmender Belichtungszeit an, auf der anderen Seite wird der für das Objektsignal verbleibende Bereich bis zur Sättigung der Pixel mit steigendem Dunkel- und Himmelshintergrundsignal immer kleiner, d.h. die Dynamik des Bildes verringert sich. Hellere Objekte würden aufgrund ihres starken Signalanstiegs sehr schnell die Full-Well-Kapazität erreichen, also bereits nach kurzer Zeit überbelichtet sein.

In der Praxis wird daher meist ein Kompromiss eingegangen: Es wird die Belichtungszeit verwendet, bei der die Summe aus Dunkel- und Hintergrundsignal eine maximale Sättigung der Pixel von ca. 50% ihrer Full-Well-Kapazität erreicht hat.
ABBILDUNG 232

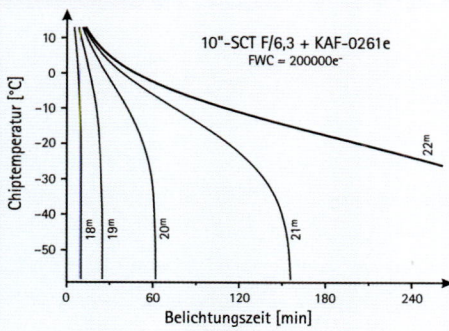

Der Betrag des Rauschens

Jedes Pixel des Aufnahmesensors ist prinzipiell nichts anderes als ein Teilchenzähler. Jedes einfallende Photon sorgt mit einer von seiner Wellenlänge abhängigen Wahrscheinlichkeit, der Quantenausbeute η, dafür, dass in dem Pixel ein Elektron freigesetzt wird.

Aufgrund der Unabhängigkeit der einzelnen Ereignisse unterliegt dieser Vorgang der Zählstatistik, wie sie bereits der deutsche Mathematiker und Astronom Carl Friedrich Gauß (1777–1855) beschrieben hat. Wenn also innerhalb einer bestimmten Zeit t im Mittel N_e Elektronen freigesetzt werden, so lässt sich der mittlere Fehler, das so genannte Rauschen N, mit Hilfe der Standardabweichung σ abschätzen zu:

$$N \approx \sigma \approx \sqrt{N_e} \qquad \text{Formel 59}$$

Die absolute Varianz eines Signals hängt also von der mittleren Signalstärke ab.

Auch die temperaturbedingte Freisetzung von Elektronen geschieht zufällig. Bei einer Dunkelaufnahme müssten alle Pixel eines idealen Aufnahmesensors in Abhängigkeit von Temperatur und Belichtungszeit eigentlich das gleiche thermische Signal aufweisen. Bei genauerer Betrachtung stellt man jedoch immer fest, dass jedes Pixel einen wenn auch meist nur geringfügig anderen Wert aufweist. Auch diese Werte streuen nach der gaußschen Normalverteilung.

Während das Ausleserauschen eine kameraspezifische Konstante ist und daher nicht vom Benutzer beeinflusst werden kann, hängt das Rauschen aller anderen Signalanteile von der jeweiligen Signalstärke ab.

Das Gesamtrauschen errechnet sich aus dem Rauschen der einzelnen Signalkomponenten zu:

$$N = \sqrt{(N_A)^2 + (N_D)^2 + (N_S)^2 + (N_B)^2}$$
$$\approx \sqrt{(N_A)^2 + D + S + B}$$

Formel 60

Signal-Rausch-Verhältnis

Damit sich das von einem Himmelsobjekt erhaltene Signal aus dem Rauschen heraus hebt, muss sein Betrag deutlich größer als der Betrag des Rauschens sein. In der Messtechnik gibt es hierfür den Begriff »Signal-Rausch-Verhältnis« oder abgekürzt S/N-Verhältnis (aus dem Englischen: S = signal, N = noise):

$$S/N \approx \frac{S}{\sqrt{(N_A)^2 + D + S + B}}$$ Formel 61

Diese Formel gilt jedoch nur, wenn das Signal (Stern) auf genau einen Pixel abgebildet wird. In der Praxis ist dies aufgrund des Seeings nicht der Fall.

Für eine praxisgerechte Betrachtung muss die Formel für das S/N-Verhältnis so abgeändert werden, dass die Verteilung des Sternsignals über mehrere Pixel berücksichtigt wird, d.h. alle pixelbezogenen Rauschanteile müssen mit der Anzahl n der betroffenen Pixel multipliziert werden:

$$S/N \approx \frac{S}{\sqrt{n \cdot \left((N_A)^2 + D + B\right) + S}}$$ Formel 62

Unter der Annahme, dass die Pixelgröße einem Drittel des Seeingscheibchen entspricht, das Sternsignal also auf neun Pixel verteilt wird, ergeben sich für die Teleskop/Kamerakombination aus unserem Beispiel

Dunkelstromstatistik

Der mittlere Dunkelstrom einer Pixelmatrix beträgt ca. 100ADU. Aus der Abweichung jedes einzelnen Pixelwertes von diesem Mittelwert kann die Standardabweichung zu $\sigma = 9{,}83\,ADU \approx 10\,ADU$ berechnet werden. Nach der gaußschen Normalverteilung sollten daher 68% aller Einzelwerte des Beispiels zwischen 90ADU und 110ADU liegen. Tatsächlich liegen sogar 12ADU von 16ADU, also 75% der Werte innerhalb dieses Rahmens. Dies ist jedoch mit der für eine statistische Aussage zu geringen Anzahl von Messwerten zu erklären.

Tabelle 41: Die angegebenen Werte entsprechen dem Dunkelstrom einzelner Pixel eines Aufnahmesensors in einem Raster von 4×4 Pixel

88ADU	110ADU	94ADU	117ADU
98ADU	100ADU	105ADU	102ADU
90ADU	95ADU	100ADU	99ADU
83ADU	100ADU	106ADU	120ADU

die in Abbildung 233 gezeigten Abhängigkeiten des S/N-Verhältnisses von der Belichtungszeit.

Qualität des Signal-Rausch-Verhältnisses

Das Signal-Rausch-Verhältnis sagt aus, wie deutlich sich ein Objekt vor dem Himmelshintergrund abhebt. Solange z.B. ein Stern lediglich ein S/N-Verhältnis von < 3 besitzt, wird er kaum als Stern erkannt werden können.

Erst wenn ein Objekt ein S/N-Verhältnis von 3 überschreitet, hat man es sicher detektiert. Genauere Aussagen über das Objekt zu treffen, ist bei diesem S/N-Verhältnis aber trotzdem schwierig.

Erreicht das S/N-Verhältnis einen Wert von 10, ist ein Objekt für viele Zwecke ausreichend deutlich abgebildet. Erscheint ein Stern beispielsweise im Vergleich mit ande-

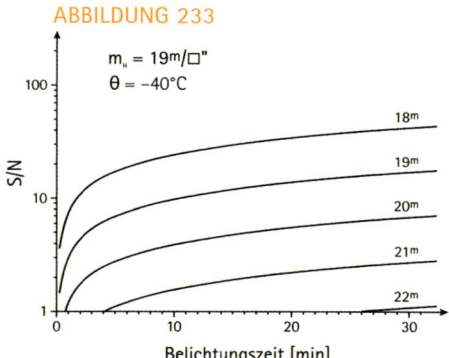

ABBILDUNG 233

ren gleich hellen Sternen auf der Aufnahme als deutlich länglich, kann man davon ausgehen, dass es sich wirklich um einen Doppelstern handelt. Während eine photometrische Messung bei einem S/N-Verhältnis von 10 noch sehr ungenaue Werte liefert, ist die Positionsbestimmung (Astrometrie) bereits auf Bruchteile der Pixelgröße möglich.

Ab einem S/N-Verhältnis von 100 ist ein Objekt schließlich so deutlich über dem Rauschen abgebildet, dass die Photometrie mit einer Genauigkeit von fast 0ͫ01 möglich ist.

Quantität des Signal-Rausch-Verhältnisses

D ie Messung des S/N-Verhältnis eines aufgenommenen Sterns erfolgt üblicherweise mittels Apertur-Photometrie. Hierzu werden zunächst die durchschnittliche Signalintensität S_H sowie das Rauschen N_H des in der Nähe des Sterns befindlichen Himmelshintergrundes mit Hilfe einer Messblende bestimmt. Der Durchmesser der Messblende in Pixeln ist dabei so zu wählen, dass der später zu vermessende Stern mitsamt dem ihn umgebenden Himmelshintergrund erfasst wird.

Positioniert man die Messblende über dem zu vermessenden Stern, kann seine Signalintensität S_S durch Differenzbildung aus Gesamtsignalintensität S_G und der Intensität des Himmelshintergrundsignals S_H bestimmt werden:

$$S_S = S_G - S_H$$

Formel 63

Das S/N-Verhältnis des Sterns ergibt sich aus:

$$S/N = \frac{S_S}{\sqrt{n \cdot N_H}}$$

Formel 64

Kreisförmige Messblenden n müssen ggf. mit Hilfe des Messblendenradius r berechnet werden.

$$S/N = \frac{S_S}{\sqrt{\pi \cdot r^2 \cdot N_H}}$$

Formel 65

In vielen astronomischen Bildbearbeitungsprogrammen kann das S/N-Verhältnis eines Sterns auch direkt durch anklicken mit der Maus gemessen werden. Abweichend von der obigen Beschreibung verwenden jedoch fast alle Programme zwei ineinander geschachtelte kreisförmige Messblenden, deren Durchmesser der Sterndichte des vorliegenden Bildes angepasst werden kann. Der zu vermessende Stern wird in der inneren Blende positioniert, der äußere Blendenring dient der Bestimmung des Himmelshintergrundes.

ABBILDUNG 234: Die Bestimmung des S/N-Verhältnisses erfolgt in den Programmen MaxIm-DL bzw. MaxIm DSLR über den »Aperture«-Modus der »Information«-Funktion. Man beachte, dass das S/N-Verhältnis (SNR) keine Qualitätsaussage für eine Aufnahme zulässt, da es in Abhängigkeit von der jeweiligen Objektintensität S_S (Intensity) variiert. Als Qualitätskriterium für das gesamte Bild eignet sich stattdessen das Rauschen N_H des Bildhintergrundes (BgdDev).

ABBILDUNG 234

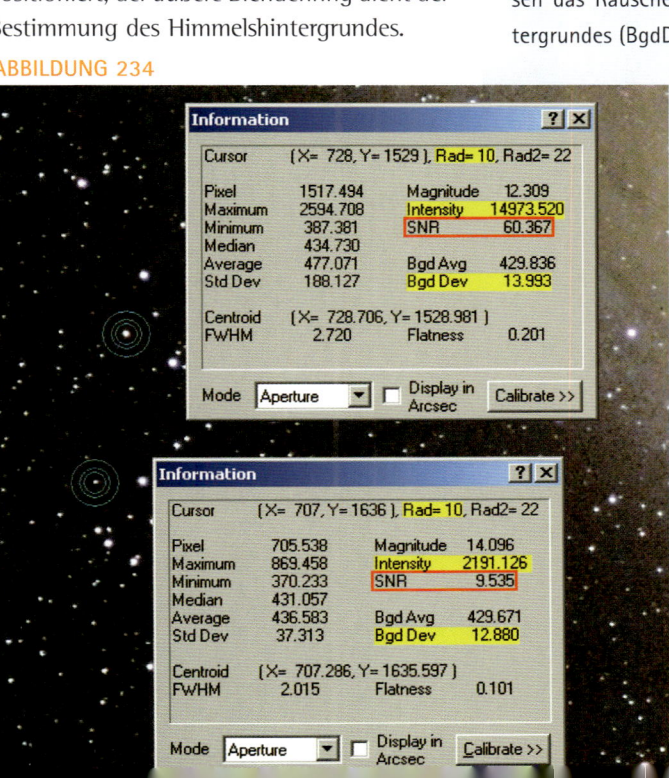

Damit die Messung nicht verfälscht wird, ist darauf zu achten, dass nur der zu vermessende Stern in der inneren Blende liegt. Der äußere Blendenring muss frei von Sternen sein und sollte auch keinen Helligkeitsgradienten aufweisen. Letzteres ist bei Objekten in der direkten Nachbarschaft von Galaxien (z.B. Supernovae) bzw. Gasnebeln schwierig zu realisieren.

Lange vs. aufaddierte Belichtungen

Die Rauschanteile eines Einzelbildes addieren sich quadratisch. Werden verschiedene Bilder addiert, so verhält sich das Rauschen im resultierenden Bild genauso:

$$N^2 = N_1^{\,2} + N_2^{\,2} + N_3^{\,2} + ... \qquad \text{Formel 66}$$

Im Gegensatz dazu ergibt sich das das resultierende Signal aus der Summe der Einzelsignale:

$$S = S_1 + S_2 + S_3 + ... \qquad \text{Formel 67}$$

Das S/N-Verhältnis einer aus mehreren Bildern aufaddierten Aufnahme ist demzufolge:

$$S/N = \frac{S_1 + S_2 + S_3 + ...}{\sqrt{N_1^{\,2} + N_2^{\,2} + N_3^{\,2} + ...}} \qquad \text{Formel 68}$$

Für die Addition zweier Aufnahmen ergibt sich ein S/N-Verhältnis von:

$$S/N = \frac{S_1 + S_2}{\sqrt{N_1^{\,2} + N_2^{\,2}}} \qquad \text{Formel 69}$$

Durch umformen erhält man:

$$S/N = \frac{S_1}{\sqrt{N_1^{\,2} + N_2^{\,2}}} + \frac{S_2}{\sqrt{N_1^{\,2} + N_2^{\,2}}}$$

$$= \frac{(S/N)_1}{\sqrt{1 + \left(\dfrac{N_2}{N_1}\right)^2}} + \frac{(S/N)_2}{\sqrt{1 + \left(\dfrac{N_1}{N_2}\right)^2}}$$

Formel 70

Nun ist erkennbar, dass das S/N-Verhältnis des resultierenden Bildes nur vom Rauschanteil der beiden Ausgangsbilder, nicht aber vom jeweiligen Signal abhängt.

Sollen zwei Bilder, die mit gleicher Belichtungszeit unter gleichen äußeren Bedingungen aufgenommen wurden, addiert werden, wird idealerweise sowohl ihr Signal als auch ihr Rauschen identisch sein. In der Formel kann also $S_1 = S_2$ und $N_1 = N_2$ eingesetzt werden:

$$S/N = \frac{(S/N)_1}{\sqrt{1 + \left(\dfrac{N_1}{N_1}\right)^2}} + \frac{(S/N)_1}{\sqrt{1 + \left(\dfrac{N_1}{N_1}\right)^2}}$$

$$= \sqrt{2} \cdot (S/N)_1$$

Formel 71

Das S/N-Verhältnis des resultierenden Bildes wird also um den Faktor $\sqrt{2}$ besser sein als das S/N-Verhältnis eines der beiden Einzelbilder. Für die Addition von n Bildern gilt allgemein, dass sich das S/N-Verhältnis des fertigen Bildes um den Faktor $\sqrt{n}$ verbessert. Eine aufaddierte Serie von Einzelbildern wird also nie die Qualität einer Einzelbelichtung mit gleicher Gesamtbelichtungszeit besitzen.

ABBILDUNG 235

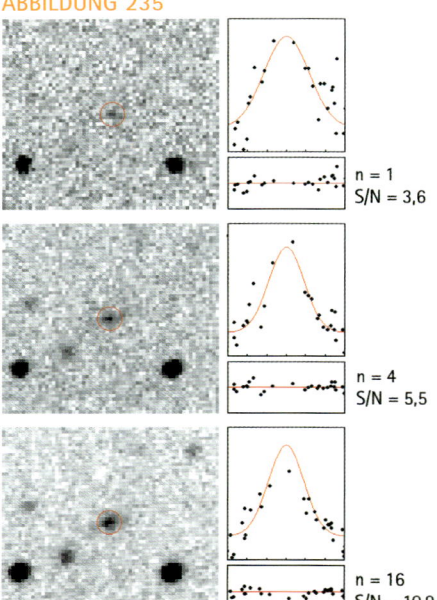

n = 1
S/N = 3,6

n = 4
S/N = 5,5

n = 16
S/N = 10,9

Abbildung 235: Durch die Addition mehrerer Aufnahmen kann das S/N-Verhältnis deutlich verbessert werden. Bei Verwendung von 4 Aufnahmen verdoppelt sich das S/N-Verhältnis in etwa. Bei 16 Aufnahmen kann fast eine Vervierfachung erreicht werden.
Die Grafiken neben den Aufnahmen zeigen das an die gemessenen Helligkeitswerte (Punkte) angepasste Helligkeitsprofil (Linie) des markierten Sterns, das der S/N-Berechnung zugrunde liegt. Mit besser werdendem S/N-Verhältnis liegen die Punkte dichter auf der Kurve. Für die Berechnungen wurde das Programm »Astrometrica« verwendet.

◇ Addition einer kurz- und einer langbelichteten Aufnahme

In einem solchen Fall kann davon ausgegangen werden, dass die langbelichtete Aufnahme ein wesentlich besseres S/N-Verhältnis als die kurzbelichtete Aufnahme besitzen wird. Für die aus den bisherigen Beispielen bekannte Kombination aus Teleskop und Kamera ergeben sich z.B. bei einem Stern der 19. Größenklasse unter einem aufgehellten Stadthimmel mit 19^m/□" bei einer Chiptemperatur von –40°C und Belichtungszeiten von 60 und 600 Sekunden folgende Werte:

Tabelle 42: Das S/N-Verhältnis eines Sterns der 19. Größenklasse unter einem Stadthimmel bei unterschiedlichen Belichtungszeiten.

	60 Sekunden		600 Sekunden	
	Signal	Rauschen	Signal	Rauschen
Stern	583 e⁻	24 e⁻	5835 e⁻	76 e⁻
Dunkelstrom	25 e⁻	5 e⁻	258 e⁻	16 e⁻
Hintergrund	3897 e⁻	62 e⁻	38988 e⁻	197 e⁻
Ausleserauschen	-	13 e⁻	-	13 e⁻
Gesamtrauschen	-	68 e⁻	-	212 e⁻
S/N-Verhältnis	8,5		27,4	

Setzt man die jeweiligen Werte für S und N in die Formel zur Berechnung des S/N-Verhältnisses eines aus zwei Einzelbildern kombinierten Bildes ein, ergibt sich ein S/N-Verhältnis von 28,7. Die Verbesserung des S/N-Verhältnis gegenüber dem langbelichteten Bild ist also nur minimal.

ABBILDUNG 236: Durch die Addition von kürzeren Einzelbelichtungen kann eine Langzeitbelichtung ersetzt werden. Aufgrund statistischer Effekte kann das wesentlich schlechtere S/N-Verhältnis der einzelnen Kurzzeitbelichtung deutlich verbessert werden. Dieser Effekt ist umso stärker, je aufgehellter der Himmel ist. In den beiden Abbildungen wird dies für einen Stern der 19. Größenklasse und der bereits aus den anderen Berechnungen in diesem Abschnitt bekannten Teleskop/Kamera-Kombination gezeigt.

ABBILDUNG 237: Beide hier abgebildeten Aufnahmen haben die gleiche Effektivbelichtungszeit. Trotzdem weisen sie eine unterschiedliche Bildqualität auf. Der Grund hierfür ist im wesentlich besseren Signal/Rausch-Verhältnis der langbelichteten Einzelbilder zu suchen. Es reicht nicht aus, entsprechend viele Kurzbelichtungen aufzuaddieren, um an das Ergebnis mit entsprechend längeren Einzelbelichtungen heran zu kommen!

Die Galaxie M 109 wurde jeweils 8×328 Sekunden (links) bzw. 4×656 Sekunden (rechts) mit einer Starlight Xpress Framestore CCD-Kamera an einem 20cm Schmidt-Cassegrain-Teleskop bei 1230mm belichtet. Aufnahmeort: Mülheim-Ruhr.

ABBILDUNG 236

ABBILDUNG 237

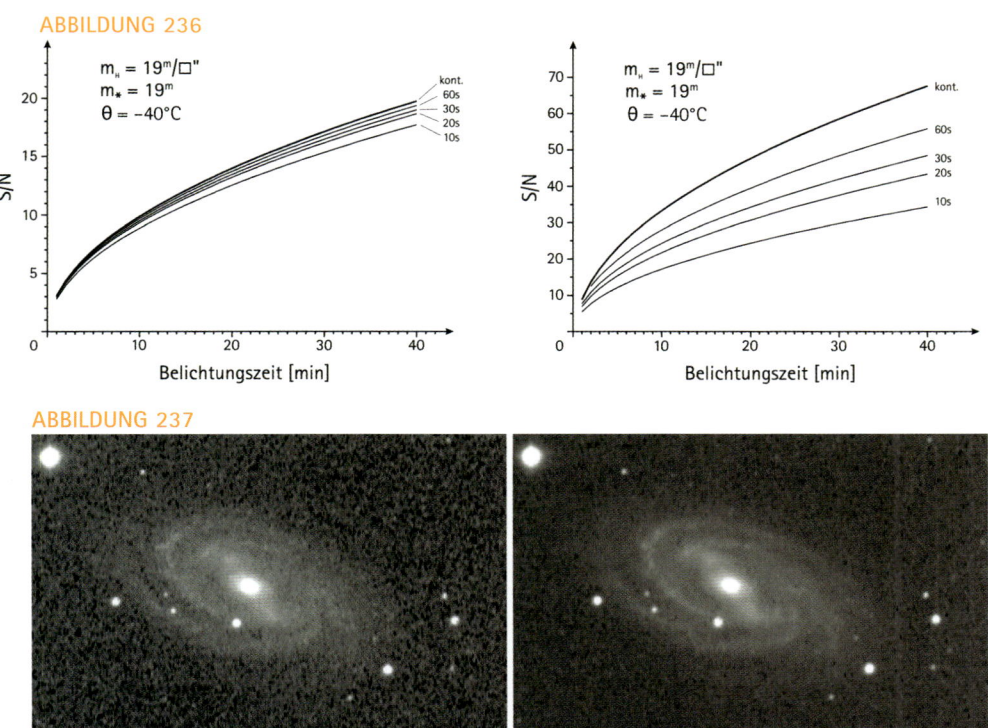

ABBILDUNG 238

Unter einem stark aufgehellten Himmel fällt die Gesamtbelichtungszeit der Kurzbelichtungen nur wenig länger aus als die Belichtungszeit des Einzelbildes. Mit dunkler werdendem Himmelshintergrund nimmt dagegen die Überlegenheit der Einzelbelichtung stark zu. Dies geht sogar so weit, dass die zur Erzielung eines gleichen S/N-Verhältnisses erforderliche Gesamtbelichtungszeit unter einem dunklen Himmel unter Umständen mehr als doppelt so lang sein kann wie die Belichtungszeit des entsprechenden Einzelbildes. Dabei ist noch nicht berücksichtigt, dass sich in einem solchen Fall zur effektiven Belichtungszeit auch noch die Auslesezeit der Kamera zu jeder der Teilbelichtungen hinzuaddiert.

Es sollte an dieser Stelle aber erwähnt werden, dass die Addition vieler kurz belichteter Bilder durchaus auch Vorteile besitzt:

• Die Dauer der einzelnen Kurzbelichtungen wird von vielen Beobachtern so ausgelegt, dass die Montierung ohne Nachführkorrekturen läuft und trotzdem punktförmige Sternabbildungen entstehen. Die verwendeten Einzelbelichtungszeiten werden so kurz gewählt, dass die während der Belichtung auftretenden Nachführfehler unterhalb der Auflösung eines Pixels liegen.
Je nach Qualität der Montierung und der Qualität ihrer Poljustage sind auf diese Weise durchaus Belichtungszeiten zwischen 30s und 120s möglich. Wenn trotzdem einmal auf einem der Einzelbilder ein Nachführfehler sichtbar ist, kann diese Aufnahme vor der abschließenden Addition immer noch aussortiert werden.
Die sich aus dem periodischen Fehler oder einer ungenauen Aufstellung der Montierung ergebenden Positionsveränderungen der Sterne auf dem Aufnahmesensor können durch entsprechendes Rückzentrieren per Bildbearbeitung beseitigt werden.

• Zeigt das aufzunehmende Objekt eine deutliche Eigenbewegung unter den Sternen, kann eine Langzeitbelichtung es nur dann punktförmig darstellen, wenn auf das Objekt selbst nachgeführt wird. Abgesehen von wenigen Ausnahmen ist aber ohne größeren technischen Aufwand nur eine Nachführung auf die das Objekt umgebenden Sterne möglich. Bewegt sich das Objekt innerhalb der verwendeten Belichtungszeit um mehr als einen Pixel auf dem Chip weiter, wird es auf der Aufnahme bereits leicht unscharf erscheinen. Abhilfe schafft nur die auf das bewegte Objekt zentrierte Addition vieler kurz belichteter Bilder. Diese Technik wird vor allem bei der Darstellung von schwachen Strukturen in Kometenschweifen verwendet.

ABBILDUNG 238

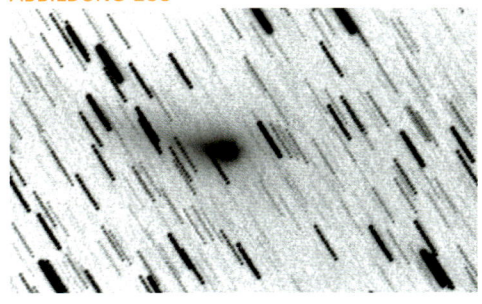

• Mit steigender Belichtungszeit nimmt die Wahrscheinlichkeit zu, dass äußere Einwirkungen die Aufnahme negativ beeinflussen. Bei weniger steifen Montierungen kann eine heftige Windböe eine Langzeitbelichtung unter Umständen kurz vor ihrem Ende ruinieren. Bei vielen Kurzbelichtungen wäre nur eins der vielen Einzelbilder unbrauchbar. Aus den restlichen Bildern könnte aber trotzdem noch eine gute Aufnahme zusammengestellt werden. Mit länger werdender Belichtungszeit nimmt auch die Wahrscheinlichkeit der Wechselwirkungen des Aufnahmesensors mit Teilchen der kosmischen Höhenstrahlung stark zu. Bei Belichtungszeiten im Minutenbereich wird fast jedes aufgenommene Bild mit einem solchen Bildfehler belastet sein.

ABBILDUNG 238: Durch die auf den Kometenkern zentrierte Addition von 11 Aufnahmen mit jeweils 81s Belichtungszeit war es am 22.10.1997 möglich, den schwachen Schweif des Kometen Utsunomia (C/1997 T1) trotz Nachführung auf die Sterne aufzunehmen. Es wurde eine Starlight Xpress Framestore CCD-Kamera an einem 20cm Schmidt-Cassegrain-Teleskop bei f/6,3 benutzt. Der Abstand der einzelnen Bilder untereinander betrug 150s.

Kurzzeitbelichtungen und die effektive Aufnahmedauer

Ob eine Langzeitbelichtung gegenüber der Addition mehrerer Kurzzeitbelichtungen deutlich im Vorteil ist, wird aus Abbildung 236 deutlich. Hierzu wird in den beiden Abbildungen jeweils durch einen gewünschten S/N-Wert eine Parallele zur Zeitachse gelegt. Eine solche Gerade schneidet die verschiedenen Kurven bei den entsprechend benötigten Gesamtbelichtungszeiten.

Soll z.B. bei einer Himmelshelligkeit von $19^m/\square''$ ein S/N-Verhältnis von 15 erzielt werden, so wird dies mit einer Einzelbelichtung nach ca. 23min erreicht. Bei der Addition von 30s-Aufnahmen würde man eine Gesamtbelichtungszeit von etwa 25min, also 50 Einzelbilder, benötigen. Werden nur Einzelbilder mit 10s Belichtungszeit aufaddiert, wäre bereits eine Gesamtbelichtungszeit von ca. 29min, also 174 Aufnahmen, notwendig.

Noch deutlicher wird der Unterschied unter einem sehr dunklen Himmel mit $22^m/\square''$: Generell wird bereits bei wesentlich kürzeren Belichtungszeiten ein deutlich besseres S/N-Verhältnis als bei aufgehelltem Himmel erreicht. Soll unter dieser Bedingung ein 19^m-Stern ein S/N-Verhältnis von 30 erreichen, so benötigt man hierfür eine Einzelbelichtung von 8min Dauer. Durch Kombination von 30s-Bildern erreicht man dies erst nach ca. 15,5min Gesamtbelichtungszeit oder 31 Einzelaufnahmen. Werden nur 10-sekündige Einzelbelichtungen miteinander kombiniert, würde sogar eine Gesamtbelichtungszeit von mehr als 30min, also über 180 Einzelbilder, benötigt werden.

Hierbei darf nicht vergessen werden, dass sich zur eigentlichen Belichtungszeit auch noch die Auslesezeit der Kamera hinzuaddiert. Obwohl diese bei der im Beispiel betrachteten ST-9E von SBIG mit ca. 11s über den Parallelport recht kurz ist, summieren sich schnell einige Minuten auf. Gerade wenn kürzere Einzelbelichtungen gemacht werden, ist die zur Auslesung der Kamera benötigte Zeit oftmals mehr als halb so lang wie die effektive Aufnahmedauer.

Tabelle 43: Die sich zu jeder Einzelbelichtung der Kamera hinzuaddierende Auslesezeit lässt die insgesamt für ein Bild benötigte Zeit vor allem bei kurz belichteten Einzelbildern schnell anwachsen, wie die hier für eine ST-9E (Parallelport-Version) von SBIG mit 11 Sekunden Auslesezeit aufgeführten Zahlen zeigen.

Zahl und Art der Einzelaufnahmen	Effektive Belichtungszeit	Effektive Auslesezeit	Gesamtzeit
Himmelshelligkeit $19^m/\square''$			
1 × 23min	23,0min	0,2min	23,2min
24 × 1min	24,0min	4,4min	28,4min
50 × 30s	25,0min	9,2min	34,2min
77 × 20s	25,7min	14,1min	39,8min
174 × 10s	29,0min	31,9min	60,9min
Himmelshelligkeit $22^m/\square''$			
1 × 8min	8,0min	0,2min	8,2min
12 × 1min	12,0min	2,2min	14,2min
31 × 30s	15,5min	5,7min	21,2min
57 × 20s	19,0min	10,5min	29,5min
181 × 10s	30,2min	33,2min	63,4min

- Ist der Himmel aufgrund von Lichtverschmutzung oder Mondlicht stark aufgehellt, steigt mit länger werdender Belichtungszeit nicht nur die Intensität des Objekts, sondern auch die des Himmelshintergrundes im Bild an. Im Histogramm der Helligkeitsverteilung einer Aufnahme macht sich dies dadurch bemerkbar, dass der den Himmelshintergrund repräsentierende Teil immer weiter zum Maximalwert wandert. Weil sich die Helligkeit aller anderen im Bild vorhandenen Objekte zu dieser Hintergrundhelligkeit hinzu addiert, verbleibt mit steigender Belichtungszeit ein immer kleiner werdender Intensitätsbereich für die Darstellung der eigentlichen Objekte. Aufgrund der ansteigenden Helligkeit mit länger werdender Belichtungszeit werden nach und nach immer mehr Objektbereiche überbelichtet, bei zu langer Belichtung wird der Himmelshintergrund ganz überbelichtet sein. Die maximal sinnvolle Belichtungszeit ist dann erreicht, wenn der gewünschte Objektbereich noch nicht überbelichtet ist.

  Für die ästhetische Darstellung der meisten lichtschwachen Himmelsobjekte hat sich eine Belichtungszeit herausgestellt, bei der der Himmelshintergrund eine Intensität von etwa 50% bis 60% der Intensitätsstufen besitzt.

- Hat der verwendete Aufnahmesensor heiße Pixel, so addiert sich deren erhöhter Dunkelstrom zu dem restlichen Signal. Bei langer Belichtungszeit führt dies dazu, dass das Signal der betreffenden Pixel die Full-Well-

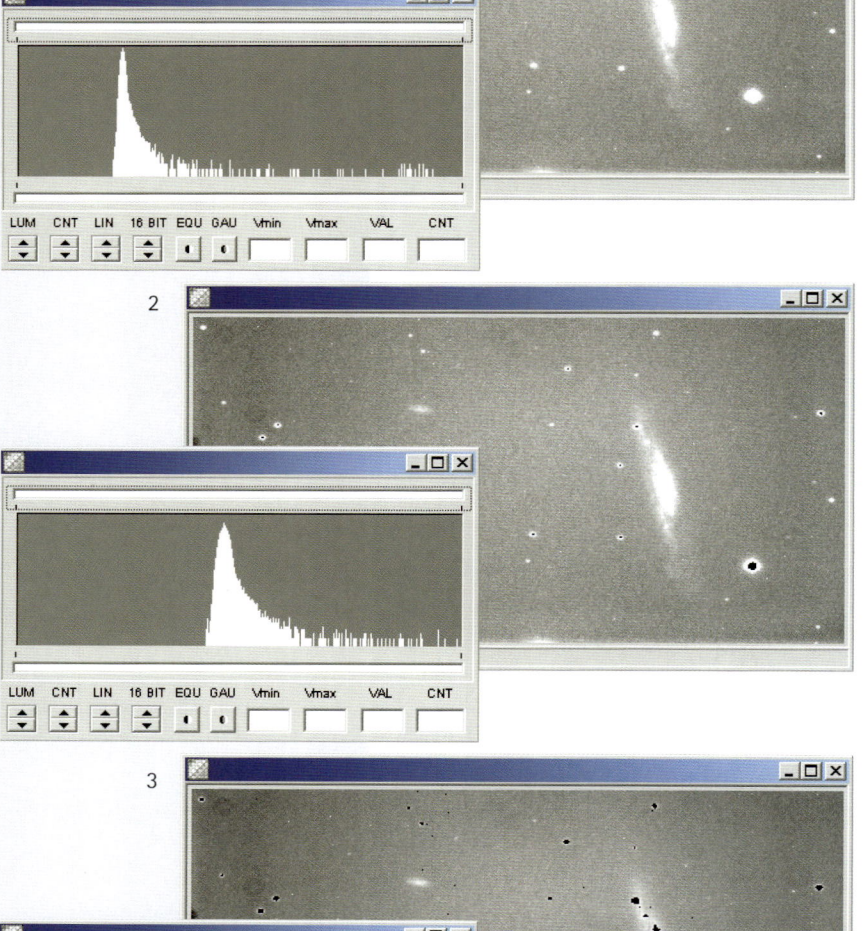

ABBILDUNG 239

1

2

3

ABBILDUNG 239: Mit länger werdender Belichtungszeit steigt das Signal des Himmelshintergrundes störend an. Da sich das jeweilige Objektsignal zum Signal des Hintergrundes hinzu addiert, wird somit der für das Objekt zur Verfügung stehende Dynamikumfang kleiner.

Während bei einer Belichtungszeit von 328s (1) noch keiner der Pixel gesättigt ist, sind bei 656s (2) bereits die ersten Sterne überbelichtet. Bei einer Belichtungszeit von 1312s (3) sind schließlich nicht nur alle hellen Sterne, sondern auch der Kern der Galaxie überbelichtet. Einige der heißen Pixel sind ebenfalls bereits gesättigt, so dass sie später durch ein Dunkelbild nicht mehr richtig korrigiert werden können.

Die mit einer Starlight Xpress durch ein 20cm Schmidt-Cassegrain-Teleskop aufgenommenen Bilder zeigen die Galaxien NGC 3073 (links) und NGC 3079 (rechts) im Sternbild Großer Bär. Damit die gesättigten Pixel deutlicher sichtbar sind, wurden sie schwarz eingefärbt.

Kapazität des Chips überschreitet und daher »abgeschnitten« wird. Nach der Dunkelstromkorrektur fehlt dieser abgeschnittene Signalteil, so dass die betreffenden Pixel deutlich dunkler als ihre Umgebung erscheinen.

Bei Kameras mit Anti-Blooming tritt bereits bei deutlich kürzeren Belichtungszeiten ein zusätzlicher, in seinen Auswirkungen jedoch sehr ähnlicher Effekt aufgrund der Nichtlinearität des Detektors auf.

Wenn also nicht einer der oben genannten Gründe für eine Kurzzeitbelichtung spricht, sollte grundsätzlich immer versucht werden, die Einzelaufnahme so lange wie möglich zu belichten!

Optimierung des Signal-Rausch-Verhältnisses
Chip kühlen

Aufgrund der geringen Kühlleistung der meisten Amateur-CCD-Kameras können wirklich niedrige Chiptemperaturen nur in kalten Nächten erreicht werden. Um auch bei höheren Umgebungstemperaturen einen möglichst geringen Dunkelstrom zu erhalten, müssen verschiedene Tricks angewandt werden.

Die Kühlleistung einer Kamera mit passiver Luftkühlung kann wesentlich verbessert werden, wenn über den Kühlrippen ein kleiner Lüfter befestigt wird. Wie bei den Kameras mit aktiver Luftkühlung sorgt er dafür, dass ein permanenter Luftstrom über die Kühlrippen streicht, wodurch die entstehende Wärme sehr effektiv abgeleitet und eine um mehrere Grad verringerte Chiptemperatur erreicht werden kann. Beim Selbstbau einer solchen Zusatzkühlung ist darauf zu achten, dass nur ein sehr gut ausgewuchteter Lüfter verwendet wird. Gerade die sehr beliebten preiswerten CPU-Lüfter weisen oft eine so große Unwucht auf, dass sie nicht nur viel Lärm erzeugen, sondern außerdem auch das komplette Teleskop in Schwingungen versetzen.

Zur Vermeidung von Vibrationen kann auch ein neben dem Teleskop aufgestellter

Tabelle 44: Das S/N-Verhältnis eines sternförmigen Objektes ist von vielen Parametern abhängig. Bei vorhandener Ausrüstung sind jedoch nur wenige dieser Parameter vom Benutzer beeinflussbar.

Größe	ist abhängig von	Optimierungsmöglichkeit
Signalstärke	Quanteneffizienz der Kamera	Kamera mit empfindlicherem Chip verwenden
	Lichtsammelfläche des Teleskops	größeres Teleskop verwenden
	Nachführgenauigkeit verbessern	präzisere / stabilere Montierung verwenden
	Belichtungszeit	länger belichten
Rauschanteil des Signals	Signalstärke	nicht beeinflussbar, da Signal möglichst groß sein soll
Rauschanteil des Dunkelstroms	Chip-Temperatur	falls möglich: Chip so stark wie möglich kühlen
	Belichtungszeit	nicht beeinflussbar, da durch Belichtungszeit der Signalstärke vorgegeben
	Rauschverhalten des Chips	Kamera mit rauschärmerem Chip verwenden
Rauschanteil des Himmelshintergrundes	Belichtungszeit	nicht beeinflussbar, da durch Belichtungszeit der Signalstärke vorgegeben
	Himmelshelligkeit	dunkleren Aufnahmeort aufsuchen, Himmelsaufhellung durch Filtereinsatz reduzieren
Ausleserauschen	Chip	Kamera mit reduziertem Ausleserauschen verwenden

Tischventilator verwendet werden. Bereits auf niedrigster Stufe laufend sorgt auch er für den Abtransport der warmen Luft zwischen den einzelnen Kühlrippen. Es ist darauf zu achten, dass der Luftzug ein Instrument, dessen Montierung nur über eine geringe Steifigkeit verfügt, nicht in Schwingungen versetzt, welche dann zum Verwackeln der Aufnahme führen können. Noch effektiver ist es, wenn auf den Kühlkörper einer passiv gekühlten Kamera der Kühlakku einer Kühlbox, ein gekühlter Gelpack, wie er zur Behandlung von Zerrungen z.B. in der Apotheke erhältlich ist, oder ein Eisbeutel festgeschnallt wird. Hierbei ist jedoch darauf zu achten, dass entstehendes Kondenswasser nicht in die Nähe der Kabelverbindungen gelangt, da es sonst zu Kurzschlüssen kommen kann.

Besitzer einer wassergekühlten Kamera haben es einfacher, da die Wassertemperatur die Referenztemperatur liefert. Durch entsprechende Vorkühlung des Kühlwassers,

TIPP

Auch bei der Aufnahme von Objekten, die über einen großen Helligkeitsumfang verfügen, kann es vorteilhaft sein, nur kurz zu belichten. Gerade bei helleren Gasnebeln, Kugelsternhaufen oder Galaxien ist es sehr häufig der Fall, dass eine lang belichtete Aufnahme zwar sehr schön die lichtschwachen Bereiche zeigt, die helleren Partien aber bereits völlig überbelichtet und damit strukturlos geworden sind.

Die Erstellung von ästhetischen Aufnahmen mit einer Kamera mit nonABG-Chip erfordert in einigen Fällen ebenfalls eine kürzere Belichtungszeit, um so das Blooming zu vermeiden.

Die maximal mögliche Belichtungszeit, bei der ein bestimmtes Objekt noch nicht überbelichtet wird, kann aufgrund der Linearität eines digitalen Aufnahmesensors relativ einfach ermittelt werden. Auf einer kurz belichteten Aufnahme, wie sie z.B. zum Aufsuchen und Positionieren des Objektes benötigt wird, wird die Helligkeit in Intensitätsstufen ermittelt und diese in Beziehung zur maximal möglichen Anzahl an Intensitätsstufen, die die verwendete Kamera besitzt, gesetzt. Die maximale Belichtungszeit, bei der das betreffende Objekt gerade noch nicht überbelichtet wird, ergibt sich aus der verwendeten kurzen Belichtungszeit multipliziert mit dem ermittelten Intensitätsverhältnis.

ABBILDUNG 240

Bedingt durch die Art und Weise wie Bildbearbeitungsprogramme die in einem Digitalbild auftretenden Intensitäten handhaben, ist die Addition zur Erzielung eines besseres S/N-Verhältnis bei Bildern auf denen das Objekt nahezu ausbelichtet ist nicht sinnvoll, da es ansonsten zu Informationsverlust kommt. Sie sollten stattdessen gemittelt werden.

Wie bei der Addition von mehreren Aufnahmen, ist auch die Mittelung mehrerer Bilder nur dann sinnvoll, wenn die Einzelbilder mit gleicher Belichtungszeit unter gleichen äußeren Bedingungen aufgenommen wurden. Mathematisch entspricht der Mittelungsvorgang dann der Verbesserung der Standardabweichung des Mittelwertes einer Messung. Während die Signalstärke des neuen Bildes dem arithmetischen Mittel der Einzelmessungen entspricht, verringert sich das Rauschen bei der Mittelung von n Bildern mit $1/\sqrt{n}$. Das S/N-Verhältnis des fertigen Bildes verbessert sich also ebenfalls mit $\sqrt{n}$.

sei es durch Einsatz einer Kühlpumpe aus einem Gefrierschrank oder durch im Vorratsbehälter schwimmende Eiswürfel, kann die Chiptemperatur auch in lauen Sommernächten noch einmal um mehrere Grad abgesenkt werden.

Dunkleren Aufnahmeort aufsuchen

Die Himmelsaufhellung durch Straßenlaternen, Werbebeleuchtungen und andere Lichtquellen ist sehr stark von der Besiedlungsdichte in der Nähe des Beobachtungsortes abhängig. Die optimale Lösung besteht darin, das komplette Teleskop samt Kamera in eine Gegend mit möglichst geringer künstlicher Himmelshelligkeit zu transportieren, um von dort aus zu beobachten. Im einfachsten Fall kann dies eine Fahrt in das Umland der Heimatstadt oder in das nächstgelegene Mittelgebirge sein. Nicht selten wird bereits hierdurch eine Reduzierung der Hintergrundhelligkeit um etwa $1^m,5$ erreicht. Bedingt durch die starke Besiedlung Mitteleuropas macht eine noch weitere Verminderung des Himmelshintergrundes um eine weitere Größenklasse aber nicht selten bereits eine Reise von mehreren Tausend Kilometern notwendig. Ziele sind so extreme Beobachtungsorte wie einsame Berggipfel in einem Hochgebirge oder dünn besiedelte Gegenden in Südeuropa, wobei jedoch auch diese Orte ebenfalls schon erste Anzeichen von Lichtverschmutzung zeigen. Will man es noch dunkler haben, muss man auf einen anderen Kontinent ausweichen. Die Wüstengebiete in Afrika, Nord- bzw. Südamerika, Zentralasien und Australien bieten beste Voraussetzungen für die Astrofotografie.

Himmelsaufhellung duch Filter reduzieren

Im Astrozubehör werden zahlreiche Filter angeboten, deren Transmissionsverhalten so abgestimmt ist, dass sie die Helligkeit des Himmelshintergrundes reduzieren. Es werden vier grundlegende Filterarten unterschieden:

- **Breitbandfilter** blocken die Emissionen der künstlichen Himmelsaufhellung durch Quecksilber- und Natriumdampflampen. In diese Kategorie fallen z.B. das CLS-Filter von Astronomik, das Light Pollution Reduction (LPR) Filter von Celestron, das Deep-Sky-Filter von Lumicon, das Broadband Nebular Filter von Meade, das SkyGlow Broadband LPR-Filter von Orion, oder das Light Pollution Suppression (LPS) Filter von IDAS. Diese Filter eignen sich für die Fotografie fast aller Himmelsobjekte.

- **Schmalbandfilter** sind so aufgebaut, dass sie nur das Licht einiger weniger Wellenlängen passieren lassen. Da es sich bei diesen Wellenlängen um die im visuellen Bereich des Spektrums liegenden Emissionslinien von Wasserstoff (Hα und Hβ), Stickstoff [NII], Schwefel [SII] und Sauerstoff ([OIII]), den hauptsächlich in Gasnebeln vorkommenden Elementen, handelt, werden diese Filter auch oftmals als »Nebelfilter« bezeichnet. Die eckigen Klammern um manche Wellenlängen geben an, dass es sich um »verbotene« Wellenlängen handelt, die nur im extrem verdünnten Medium eines Gasnebels emittiert werden können. Für die Fo-

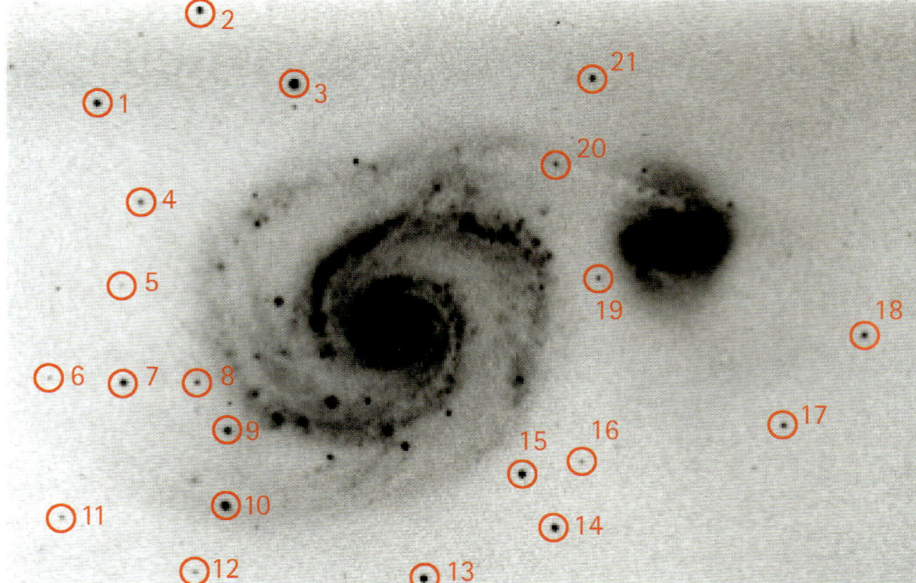

ABBILDUNG 241

ABBILDUNG 242

tografie von Objekten mit kontinuierlichem Spektrum wie z.B. Galaxien oder Sternhaufen sind sie nicht geeignet. Beispiele für solche Filter sind u.a. das Ultra High Contrast (UHC) Filter von Lumicon bzw. Astronomik, das Narrowband Nebula Filter von Meade, das UltraBlock Narrowband LPR-Filter von Orion sowie das Narrow-Band Nebula (NBN) Filter von IDAS.

Schmalbandfilter bewirken eine starke Lichtabschwächung bei Sternen. Dies trägt zusätzlich zur besseren Erkennbarkeit der Nebelumrisse bei.

- **Linienfilter** sind Interferenzfilter, die nur noch eine bestimmte, vom zu fotografierenden Objekt ausgestrahlte Wellenlänge durchlassen. Hier gibt es u.a. die ursprünglich für die visuelle Beobachtung entwickelten Hβ-Filter von Lumicon oder Astronomik, sowie die [OIII]-Filter von Lumicon, Astronomik oder Meade. Zudem werden die speziell für den fotografischen Einsatz entwickelten, schmalbandigen Hα-Filter von Lumicon und Astronomik angeboten. Weil von den fotografischen

Qualität von Interferenzfiltern

Während jeder Hersteller Angaben zu den Transmissionseigenschaften der von ihm angebotenen Interferenzfilter macht, fehlen fast immer Aussagen über die optische Qualität der Filter. Gerade bei den preiswerten Filtern kommt es vor, dass die aufgedampften Filtersubstrate eine nicht ausreichende Planparallelität und Oberflächengüte aufweisen. Hinzu kommt, dass fast alle Filter doppelt aufgebaut sind, um so die empfindliche Schicht zu schützen. Werden nicht ausreichend genau geschliffene Gläser verwendet, kann eine schlechtere Oberflächenqualität des Gesamtfilters entstehen. Auf der Aufnahme erscheinen die Sterne dann teilweise zu »Schmetterlingen« verzerrt. In extremen Fällen kann man diesen Effekt auch visuell beobachten.

ABBILDUNG 240: Aufgrund der langen Belichtungszeit der Einzelbilder erscheint das Zentrum des Kugelsternhaufens M 3 bereits strukturlos weiß. Außerdem ist bei dem hellen Stern in der rechten unteren Bildecke bereits Blooming zu erkennen. Die Aufnahme entstand durch die Kombination von fünf jeweils 300s lang belichteten Bildern. Eine ST-9E wurde hierzu an einem 25cm Schmidt-Cassegrain-Teleskop bei 1800mm eingesetzt.

TIPP

Einige Nebelfilter sind im Infrarotbereich stark durchlässig. Soll auch das bei diesen Wellenlängen verstärkt auftretende Airglow für die Aufnahme abgeblockt werden, muss ein zusätzliches Infrarot-Sperrfilter verwendet werden.

ABBILDUNG 241: Die Aufnahmen für Tabelle 45 entstanden aus dem Ruhrgebiet heraus mit einem 12"-Newton + Paracorr bei einer Brennweite von 1719mm und einer ST-7E CCD-Kamera. Damit auch schwächere Sterne für die Messung verwendet werden konnten, wurden jeweils 3 Bilder à 300s aufaddiert.

ABBILDUNG 242: Der Nordamerikanebel, aufgenommen mit einer ST-8E (ABG) der Firma SBIG und einem 135mm-Teleobjektiv – links ohne Filter (25 × 120s), rechts durch ein Hα-Filter mit einer Halbwertsbreite von 16nm (10 × 300s). Aufnahmeort war Fröndenberg im Sauerland. Während der Nordamerikanebel auf der im integralen Licht gewonnenen Aufnahme eher strukturlos erscheint, zeigen sich auf dem gefilterten Bild zahlreiche Verdichtungen und Verwirbelungen in der Nebelmaterie.

ABBILDUNG 243

Tabelle 45: Das S/N-Verhältnis der in Abbildung 241 markierten Sterne mit und ohne Astronomik CLS Filter. Im Mittel wurde durch den Filtereinsatz eine Verbesserung des S/N-Verhältnisses von ca. 21% erzielt. Hierbei ist zu beachten, dass die Aufnahmeserie ohne Filter ca. 55min später als die mit Filter entstand. Das abgebildete Himmelsfeld stand etwa 8° höher über dem Horizont und wurde somit weniger durch die künstliche Himmelsaufhellung beeinflusst.

Stern	B–V	Astronomik Profi CLS		
		S/N-Verhältnis, ohne Filter	S/N-Verhältnis, mit Filter	Differenz
1	1^{m}0	101,8	103,9	+2%
2	0^{m}5	6,9	8,0	+16%
3	0^{m}5	18,8	13,7	-27%
4	1^{m}3	25,0	44,0	+76%
5	n.v.	5,7	7,9	+39%
6	0^{m}9	5,9	12,3	+108%
7	0^{m}8	93,2	98,4	+6%
8	1^{m}0	15,8	16,8	+6%
9	0^{m}6	96,7	84,5	-13%
10	1^{m}3	165,8	203,0	+22%
11	1^{m}3	14,7	18,9	+29%
12	0^{m}4	12,1	18,1	+50%
13	1^{m}0	80,3	110,8	+38%
14	1^{m}6	79,3	91,4	+15%
15	0^{m}8	93,3	95,6	+2%
16	1^{m}2	12,1	13,2	+9%
17	1^{m}1	23,8	30,8	+29%
18	1^{m}1	41,0	51,1	+25%
19	0^{m}3	15,2	15,7	+3%
20	0^{m}1	18,4	15,1	-18%
21	0^{m}4	47,1	57,4	+22%
			mittlerer Unterschied	+ 21%

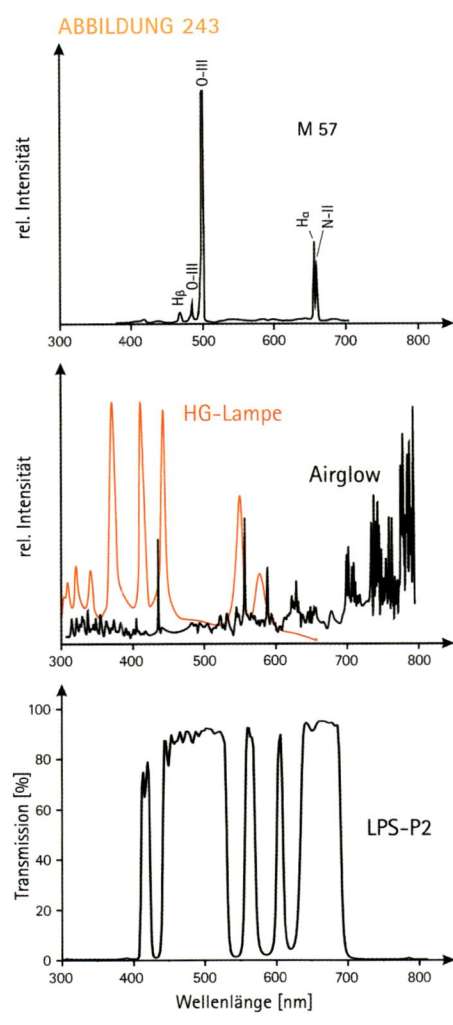

ABBILDUNG 243: Sowohl Emissionsnebel (hier M 57) als auch Straßenlaternen (HG bedeutet Quecksilberdampflampe) und Airglow senden Licht in einigen wenigen, eng begrenzten Wellenlängen aus. Die Transmission eines Nebelfilters, hier ein LPS-P2 Filter von IDAS, ist so ausgelegt, dass die Emissionen des Nebels möglichst ungehindert durchgelassen, die des Airglows und der Straßenlaternen jedoch fast komplett absorbiert werden.

Filtern nur Strahlung der Wellenlänge durchgelassen wird, für die sie berechnet wurden, sperren auch sie fast alle die Infrarotstrahlung. Bei den visuellen Filtern sollte wie bei den anderen Nebelfiltern ein zusätzliches Infrarot-Sperrfilter verwendet werden.

- **Infrarotfilter:** Weil die künstliche Himmelsaufhellung überwiegend im visuellen Bereich des Spektrums stattfindet, sind der rote und infrarote Wellenlängenbereich fast komplett frei von störenden Lichteinflüssen. Sollen neben den hauptsächlich im roten Spektralbereich (Hα) leuchtenden Wasserstoffnebeln auch Objekte mit einem kontinuierlichen Spektrum aufgenommen werden, können daher alternativ zu den breit-

bandigen Interferenzfiltern auch solche Filter verwendet werden, deren Durchlass im Infraroten liegt.
Hierzu können einfache Farbgläser verwendet werden. Es eignen sich die roten und auch einige rot-orange Kantenfilter, wie sie z.B. von Schott als quadratische Filterscheiben oder im Fotozubehör als gefasste Rundfilter aus Glas (z.B. von Hama) erhältlich sind.

Nebelfilter absorbieren die zur Himmelsaufhellung beitragenden Wellenlängen entweder zu einem sehr großen Teil oder sogar komplett. Es ist also zu erwarten, dass der Himmelshintergrund bei Verwendung dieser Filter deutlich dunkler wird. Eine Verringerung der Himmelshelligkeit von ein bis zwei Größenklassen ist, je nach Ausmaß der Lichtverschmutzung, möglich. Da viele der Filter auch die Emissionen des Airglow herausfiltern, kann sogar unter einem Himmel ohne künstliche Aufhellungen eine Verbesserung des S/N-Verhältnisses erreicht werden.

Neben der Aufhellung des Himmelshintergrundes absorbieren alle Filter auch das vom aufzunehmenden Objekt kommende Licht der entsprechenden Wellenlängen. Die einzige Ausnahme stellen Emissionsnebel dar, auf deren Wellenlängenemissionen zumindest die Durchlassbereiche der breitbandigen Interferenzfilter und Nebelfilter abgestimmt sind. Diese selektive Reduzierung der Objekthelligkeit hat drei grundsätzliche Auswirkungen auf eine Aufnahme:

- Das fotografierte Objekt wird abgeschwächt. Damit es trotzdem gleich stark über dem Hintergrund abgebildet wird, muss die Belichtungszeit der Aufnahme entsprechend angepasst werden. Je nach Objekttyp und eingesetztem Filter unterscheiden sich die benötigten Belichtungszeiten erheblich.

- Aufgrund ihrer chemischen Zusammensetzung strahlen vor allem die unterschiedlichen Teilbereiche eines Gasnebels häufig nur Licht eines schmalen Wellenlängenbereichs ab. Bei Verwendung eines Linienfilters werden einige dieser Wellenlängen absorbiert, während andere das Filter ungestört passieren. Objekte, die im integralen Licht eher strukturlos erscheinen, erhalten auf diese Weise deutliche Strukturen, durch die auf die räumliche Verteilung der verschiedenen Elemente innerhalb des Nebels geschlossen werden kann.

- Nicht nur die einzelnen Wellenlängenbereiche des eigentlichen Aufnahmeobjektes werden durch ein Filter unterschiedlich stark abgeschwächt,

◇ Farbkameras und Interferenzfilter

Während die Anwendung von Interferenzfiltern bei Schwarzweißkameras nur zu Intensitätsverschiebungen führt, wirkt sie sich bei der Farbfotografie aufgrund der herausgefilterten Wellenlängenbereiche auch auf den Weißabgleich des Bildes aus. Im Extremfall (Linienfilter und Farbgläser) sind die entstehenden Farbverschiebungen selbst durch Bildbearbeitung nicht mehr ausgleichbar.

Bei Farbkameras, deren Chips mit Mikrofarbfiltern versehen sind, kommt es durch den Einsatz solcher Filter zudem zu einer deutlichen Auflösungsverschlechterung. Nur noch die dem Transmissionsbereich des Filters entsprechenden farbmaskierten Pixel werden belichtet, werden alle anderen Pixel gar kein Licht mehr empfangen.

ABBILDUNG 244: Diese Aufnahme des Ringnebels in der Leier (M 57) entstand durch Addition von fünf Aufnahmen à 3600s (!) durch einen Hα-Filter von Astronomik mit einer Halbwertsbreite von 13nm und einer ungefilterten Aufnahme von 15min Dauer. Neben dem eigentlichen »Ring« wird der innere der beiden schwachen Halos sichtbar, die den Nebel umgeben. Ebenfalls deutlich erkennbar ist die kleine Galaxie IC 1296. Alle Aufnahmen entstanden mit einer MegaTEK CCD-Kamera von OES bei f/11 (3910mm) an einem 14"-SCT, das über einen Off-Axis-Guider mit einem ST-4 Autoguider nachgeführt wurde. Aufnahmeort: Kerpen bei Köln.

ABBILDUNG 244

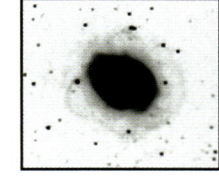

Tabelle 46: Die verschiedenen Filtertypen und ihre Auswirkung auf die Belichtungszeit für die unterschiedlichen Objekttypen. Bei der Fotografie von Nebeln unter Verwendung von Linienfiltern muss der Durchlassbereich des Filters auf die spektrale Zusammensetzung des Nebels abgestimmt werden.

Filter	Sterne und Sternhaufen	Galaxien	Emmissionsnebel	Planetarische Nebel
Breitbandfilter	mäßige Erhöhung	mäßige Erhöhung	geringe Erhöhung	geringe Erhöhung
Schmalbandfilter	starke Erhöhung	starke Erhöhung	geringe Erhöhung	geringe Erhöhung
Linienfilter	sehr starke Erhöhung	sehr starke Erhöhung	mäßige Erhöhung	mäßige Erhöhung

LINKS
Planetarische Nebel

Agnes Acker et al.
Strasbourg-ESO Catalogue of Galactic
Planetary Nebulae
ESO, Garching bei München

A Faint Envelope around the Ring
Nebula in Lyra
John Charles Duncan
**Publications of the Astronomical
Society of the Pacific, Vol. 47 (1935),
No. 279, p.271–272**

M 57 (Ring Nebula) with IC 1296 and
others in Lyra
Capella Observatory
**www.capella–observatory.com/
ImageHTMLs/PNs/M57Field.htm**

ABBILDUNG 245: Dieses mit einer ST-6 der Firma SBIG bei einer Chiptemperatur von -50°C aufgenommene Biasbild sieht wegen seines vertikalen Streifenmusters auf den ersten Blick etwas merkwürdig aus. Da der komplette Chip dieser Kamera jedoch ca. 20 Sekunden für einen Auslesevorgang benötigt, addiert sich zu dem eigentlichen Biassignal noch ein deutlicher Dunkelstromanteil hinzu. Dieser ist umso größer, je weiter das Pixel von der Auslesezeile (im Bild oben) entfernt liegt. Die Streifen entstehen aufgrund des unterschiedlichen Dunkelstromverhaltens der einzelnen Pixel. Die hellen Spalten enthalten mehr oder intensivere heiße Pixel als die dunklen Spalten.

Dieses Streifenmuster ist auch in jedem Dunkelbild enthalten! Da es aber nur eine Intensität ca. 20 ADU umfasst, fällt es bei einem Dunkelbild von mehreren Sekunden Belichtungszeit im allgemeinen Dunkelstrom nicht mehr auf.

sondern auch die aller anderen Objekte im Bild. Im Extremfall kann dies dazu führen, dass beim Einsatz eines schmalbandigen Linienfilters schwache Hintergrundsterne aufgrund ihres kontinuierlichen Spektrums fast komplett herausgefiltert werden.

Die Verwendung eines Filters unter einem lichtverschmutzten Himmel stellt gegenüber der Fotografie unter einem dunklen Himmel fast immer einen Kompromiss dar!

Korrekturbilder

Digitalbilder sind mit zahlreichen, die eigentlichen Objekt-Informationen überlagernden Störeffekten behaftet. Durch die Aufnahme geeigneter zusätzlicher Korrekturbilder können diese Störungen im Rohbild (Objektbild) korrigiert werden. Aber nichts funktioniert perfekt: Verbleibende Restfehler (Helligkeits- und Farbgradienten, warme und kalte Pixel, Farbrauschen etc.) werden im Zuge einer nachfolgenden Bildbearbeitung verringert. Ganz auf diese Korrekturbilder sollte man nur in Notfällen verzichten, denn sie sind die Grundlage für die Weiterverarbeitung von Bildern per Software mit Mittelung oder Addition.

Biasbild

Das Biasbild, meist nur kurz Bias genannt, ist ein mit kürzester Belichtungszeit aufgenommenes Bild mit gegen Lichteinfall abgeschirmtem Chip. Falls die Kamera es erlaubt, sollte der Chip soweit wie möglich herunter gekühlt werden, um Dunkelstromeffekte auszuschließen.

Jeder Ausleseverstärker eines digitalen Bildsensors besitzt ein Ausleserauschen, das sich in einer zufälligen (gaußförmigen) Streuung der Pixelwerte um den »mittleren« Pixelwert äußert. Um das Ausleserauschen vom normalem Rauschen subtrahieren zu können, wird vor der Digitalisierung des Chipsignals ein konstanter, vom Kamerahersteller vor-

ABBILDUNG 245

eingestellter Wert, die so genannte »Vorspannung« oder »Bias«, zu jedem Pixelsignal hinzu addiert. Durch Subtraktion des Biasbildes ist man also in der Lage, die um die Vorspannung veränderten Pixelwerte zu korrigieren.

Obwohl ein Biasbild auch separat aufgenommen werden könnte, ist es in der Beobachtungspraxis normalerweise nicht notwendig, da es bereits im Dunkelbild enthalten ist und zusammen mit ihm von der eigentlichen Aufnahme subtrahiert wird. Die Aufnahme eines eigenständigen Bias-Bildes ist für den Amateur nur dann notwendig, wenn das Dunkelbild rechnerisch erzeugt wird.

Dunkelbild

Das Dunkelbild ist eine Aufnahme, bei der der Chip gegen Lichteinfall abgedeckt ist. Belichtungszeit, Chiptemperatur und (falls einstellbar) Chipempfindlichkeit müssen für diese Aufnahme identisch mit denen des zu korrigierenden Objektbildes sein. Ein Dunkelbild setzt sich genau genommen aus zwei Teilbildern, dem Bias und dem Wärmebild (Thermal-Frame) zusammen.

Streng genommen sollte ein Dunkelbildabzug bei jeder astronomischen Aufnahme vorgenommen werden. Viele Kameras haben jedoch einen so geringen Dunkelstrom, dass seine Korrektur in der Praxis erst bei verhältnismäßig langen Belichtungszeiten eine sichtbare Bildverbesserung mit sich bringt. Bei Kameras mit einem Dunkelstrom deutlich niedriger als das Ausleserauschen führt die Verwendung eines Dunkelbildes häufig zu einer unerwünschten Erhöhung des im Bild vorhandenen Rauschens. In einem solchen Fall sollte man sich daher auf die Korrektur mit einem Biasbild beschränken – eine Technik, die beispielsweise auch bei den mit Stickstoff gekühlten Profi-Kameras angewendet wird.

Je nach Kameratyp läuft die Erstellung eines Dunkelbildes leicht unterschiedlich ab:

- **digitale Kompaktkamera, Webcam und Video-Kamera:** Da alle diese Kameratypen herstellerseitig nicht für längere Belichtungszeiten vorgesehen sind, verfügen sie über keine speziellen Funktionen zur Aufnahme eines Dunkelbildes. Ein Dunkelbild muss extra bei geschlossenem Deckel erfolgen.

  Bei Kompakt- und Videokameras ist eventuell der Selbstbau eines lichtdichten Objektivdeckels erforderlich, da viele dieser Kameramodelle nur über einen in das Gehäuse integrierten Objektivschutz verfügen. Dieser wird nur durch das Ausschalten der Kamera vor das Objektiv geschoben.

- **digitale Spiegelreflexkamera:** Nach Aktivierung der betreffenden Menüfunktion ermöglichen viele digitale Spiegelreflexkameras eine automatische interne Dunkelbildkorrektur. Anstatt eine länger belichtete Aufnahme direkt abzuspeichern, wird diese zunächst im kcamerainternen Arbeitsspeicher abgelegt. Die Kamera nimmt dann direkt im Anschluss ein gleichlang belichtetes Bild bei geschlossenem Verschluss auf, welches automatisch von der Aufnahme im Arbeitsspeicher subtrahiert wird. Erst dann wird die so korrigierte Aufnahme abgespeichert.

  Ab welcher Belichtungszeit dieser interne Dunkelbildabzug vorgenommen wird, ist vom verwendeten Kameramodell abhängig.

  Bei digitalen Spiegelreflexkameras, die über keine »interne« Dunkelbild-Funktion verfügen, muss ein »externes« Dunkelbild erstellt und später mittels geeigneter Software manuell vom Objektbild subtrahiert werden. Im Ge-

⟨⟩ Wenn nur eine Bias-Korrektur erfolgt...

Wird anstatt des Dunkelbildes nur ein Bias vom Objektbild subtrahiert, erfolgt keine Korrektur der einzelnen heißen und kalten Pixel des Chips! Um diese trotzdem aus dem Bild herauszurechnen, kann man sich verschiedener anderer Methoden bedienen:

- Mehrere leicht gegeneinander versetzt aufgenommene Objektbilder werden zunächst mit Bias und Flatfield korrigiert und anschließend mithilfe der Mittelung »Sigma-Median« zu einem Bild kombiniert.

- Die Pixelwerte werden im korrigierten Bild durch den Median der umgebenden Pixelwerte ersetzt. Einige Bildbearbeitungsprogramme besitzen hierfür sogar eine eigene Funktion, bei der die Koordinaten der zu bearbeitenden Pixel in Form einer Tabelle für den mehrmaligen Gebrauch abgelegt werden können (engl. Defect Map).

- Alternativ könnten diese Pixel auch durch ein mit einer ähnlichen Belichtungszeit wie das Objektbild aufgenommenes Flatfieldbild fast vollständig korrigiert werden. Da jedoch auch ein Flatfieldbild zur Erzielung eines guten S/N-Verhältnisses aus mehreren Einzelaufnahmen gemittelt werden sollte, würde sich hierdurch kein Vorteil gegenüber der Anfertigung entsprechend vieler Dunkelbilder ergeben.

gensatz zum internen Dunkelbild, bei dem der Kameraverschluss während der Dunkelbelichtung nicht geöffnet wird, handelt es sich hierbei um eine normale Aufnahme, bei der der Benutzer dafür sorgen muss, dass kein Licht auf den Chip fällt. Bei angeschlossener Optik kann dies z.B. durch einen passenden Objektivdeckel erreicht werden. Bei einem von der Optik getrennten Kameragehäuse muss das Bajonett mit einem Gehäusedeckel lichtdicht verschlossen werden. In beiden Fällen, wie auch bei der eigentlichen Objektbelichtung, sollte sicherheitshalber auch der Suchereinblick abgedeckt werden, damit sich kein Streulicht am Schwingspiegel vorbei auf den Chip verirren kann.

Die Verwendung interner Dunkelbilder liefert ein wesentlich besseres Ergebnis als externe Dunkelbilder. Trotz sorgfältig durchgeführter Bildkalibrierung (Bias, Dunkelbild und Flatfield) bleiben in den bearbeiteten Bildern u.a. Reste des »Verstärkerglühens« sowie ein schwaches Streifenmuster sichtbar. Die Sichtbarkeit dieser Effekte hängt von der Sättigung des zu korrigierenden Objektbildes ab, bei langen Belichtungszeiten und/oder Mondlicht sind sie am deutlichsten. Vom verwendeten Kameramodell scheinen sie dagegen unabhängig zu sein. Man sollte daher, wenn es das Kameramodell erlaubt, möglichst auf die interne Dunkelbild-Funktion zurückgreifen.

- **gekühlte CCD-Kamera:** Verfügt die Kamera über einen internen mechanischen Verschluss, können Dunkelbilder automatisch über die entsprechende Funktion der Steuersoftware aufgenommen werden. Im Gegensatz zur normalen Belichtung wird bei dieser Einstellung der Kameraverschluss nicht geöffnet, so dass während der Belichtungszeit kein Licht auf den Chip fallen kann.

Der interne Dunkelbildabzug bei der Canon EOS 5D

Normalerweise hat die Erstellung eines kamerainternen Dunkelbildes Priorität gegenüber allen anderen Kamerafunktionen, d.h. die Kamera ist erst dann wieder aufnahmebereit, wenn das Dunkelbild fertig belichtet wurde. Als Besonderheit muss an dieser Stelle jedoch die Canon EOS 5D erwähnt werden: Wird bei ihr eine Bilderserie programmiert, bei der die Einzelaufnahmen mit so kurzem Abstand aufeinander folgen, dass dazwischen kein Dunkelbild erstellt werden kann, ist die Kamera in Lage, ein einziges Dunkelbild von allen aufgenommenen Objektbildern zu subtrahieren. In der Praxis hat sich die Einstellung einer Serie von fünf Bildern bewährt. Bei vorzeitigem Abbruch einer Belichtungsreihe macht auch die EOS 5D neben dem »Gemeinschafts-Dunkelbild« ein zusätzliches passendes Dunkelbild für das unterbrochene Objektbild.

Bei dieser Art der internen Dunkelbild-Korrektur ist es besonders wichtig darauf zu achten, dass die Kamera mit ausreichend aufgeladenen Akkus betrieben wird: Da die zu korrigierenden Aufnahmen zunächst nur in den kamerainternen Arbeitsspeicher geschrieben und erst nach erfolgten Dunkelaufnahmen abgespeichert werden, würde die komplette Bildserie bei einer Unterbrechung der Stromzufuhr verloren gehen. Bei der herkömmlichen internen Dunkelbild-Korrektur ginge dagegen nur die letzte (Einzel-) Aufnahme verloren.

ABBILDUNG 246: Soll über das Programm MaxIm mit einer digitalen Spiegelreflexkamera bzw. einer CCD-Kamera ohne internem Kameraverschluss ein softwaregesteuertes Dunkelbild aufgenommen werden, erinnert die Software den Benutzer daran, die Kamera lichtdicht abzudecken. Vor Auslösung des ersten Objektbildes nach einer Dunkelaufnahme erscheint ein Fenster mit dem Hinweis die Kamera wieder frei zu geben.

ABBILDUNG 246

ABBILDUNG 247

Bei Kameras ohne einen solchen Verschluss hat die Software normalerweise keine Dunkelbild-Funktion. Hier muss der Beobachter die Kamera, analog zur digitalen Kompaktkamera, auf ande-

ist gewährleistet, dass eine sich im Laufe der Nacht eventuell langsam verändernde Umgebungstemperatur keinen Einfluss auf die Qualität des Dunkelbildes hat. Als praktisch hat sich hierbei die Aufnahme je eines Dunkelbildes vor bzw. nach der zu korrigierenden Aufnahme erwiesen. Auf diese Weise ist sogar eine Mittelung der Dunkelbilder möglich. Sollen mit einer ungekühlten oder nur ungeregelt gekühlten Kamera längere Serienbelichtungen gemacht werden, empfiehlt es sich von Zeit zu Zeit auch innerhalb der Serie ein Dunkelbild anzufertigen. Es werden dann jeweils die um ein Objektbild herum liegenden Dunkelbilder gemittelt und für die Korrektur verwendet.

Bei Kameras mit geregelter Kühlung bietet sich das Erstellen eines Dunkelbild-Archivs an. Hierzu werden beispielsweise Dunkelbilder mit den standardmäßig verwendeten Belichtungszeiten bei Temperaturen im jeweils festen Abstand von 5°C erstellt. Da dies sogar tagsüber bzw. in bewölkten Nächten erfolgen kann, geht keine Beobachtungszeit verloren. Die Charakteristik (Rauschverhalten) eines digitalen Aufnah-

ABBILDUNG 247: Bei starker Kontrasterhöhung werden die nach der Korrektur mit einem extern aufgenommenen Dunkelbild verbleibenden Reste des »Verstärkerglühens« als Schleier auf einer der kurzen Bildseiten (im Bild oben) erkennbar. Bei dieser Plejaden-Aufnahme, die mit einer EOS 10D erstellt wurde, tritt der Schleier hauptsächlich im Rotkanal des Bildes auf. Anders als die neueren EOS-Modelle verfügte die Anfang 2003 auf dem Markt gekommene EOS 10D noch über keinen internen Dunkelbildabzug.

Tabelle 47: Die Intensitätsvariation verschiedener an einem Abend hintereinander mit einer ST-9E bei einer Chip-Temperatur von –25°C und einer Belichtungszeit von 300 Sekunden aufgenommener Dunkelbilder. Die Abweichungen der Werte von Bild zu Bild sind nur minimal.

	Dunkelbild #1	Dunkelbild #2	Dunkelbild #3	Dunkelbild #4
Minimaler Pixelwert	109	111	108	116
Maximaler Pixelwert	34150	34072	34126	33942
Mittelwert	471	471	472	473
Standardabweichung	250	249	249	249

re Weise vor Lichteinfall schützen. In der Praxis reicht es aus, das Teleskop mit seinem Objektivschutzdeckel zu versehen.

Wichtig ist, dass sich die Temperatur bei der Aufnahme von Dunkelbild und Objektbild um nicht mehr als ±2°C ändert. Bei astronomischen CCD-Kameras mit geregelter Kühlung stellt dies normalerweise kein Problem dar. Besitzer einer komplett ungekühlten oder nur ungeregelt gekühlten Kamera sollten die Dunkelbilder möglichst zeitnah zum Objektbild aufnehmen. Nur so

Tabelle 48: Die Intensitätsvariation zweier aus jeweils vier Einzelbildern gemittelter Masterdunkelbilder. Innerhalb der zwischen den Bildern liegenden 16 Monate haben sich die Werte trotz gleicher Aufnahmebedingungen verändert. Die Aufnahmen wurden mit einer ST-9E bei einer Chip-Temperatur von –25°C und einer Belichtungszeit von 300 Sekunden aufgenommen.

	Juni 2001	Oktober 2002
Minimaler Pixelwert	105	121
Maximaler Pixelwert	27235	34068
Mittelwert	451	474
Standardabweichung	233	249

Der Unterschied von externem und internem Dunkelbild bei einer Canon DSLR-Kamera

Bei einem Bild mit externer Dunkelbildkorrektur fällt auf, dass eine Streifenbildung im Hintergrund sichtbar ist. Und auch das Verstärkerglühen ist nicht restlos beseitigt. Das Ergebnis lässt sich auch mit Skalierung des Dunkelbildes oder Mittelung mit weiteren Dunkelbildern, beispielsweise in MaxImDL mit Vorschau nicht verbessern. Aktiviert man hingegen in der Kamera unter »Individualfunktionen« die automatische Dunkelbildkorrektur, so sieht man, dass der Dunkelbildabzug fast perfekt funktioniert, sogar mit nur einem Dunkelbild. Auch die warmen und kalten Pixel sind wesentlich effektiver beseitigt.

Der interne Dunkelbildabzug hat aber auch einen erheblichen Nachteil: Man muss nach jeder Belichtung auf ein gleich lang belichtetes Dunkelbild warten. In dieser Zeit ist die EOS 20D blockiert. Die EOS 5D bildet eine Ausnahme: Einerseits ist das Rauschen wesentlich geringer als bei den Vorgängermodellen, andererseits kann die EOS 5D Aufnahmen zwischenspeichern und erst später ein einzelnes aufzunehmendes Dunkelbild abziehen. Nicht immer hat man die Zeit, um auf die Dunkelbilder zu warten, beispielsweise wenn das Objekt wegen Horizontnähe nur kurze Zeit sichtbar ist oder sich wie ein Komet bzw. Asteroid schnell bewegt. In diesem Fall wird man um externe Dunkelbilder nicht herum kommen.

Dass der Abzug nur eines Dunkelbildes statt eines gemittelten Dunkelbildes zu höherem Rauschen im Bild führt, ist bei dem im Verhältnis zur gekühlten CCD-Kamera vergleichsweise hohen Rauschen einer digitalen Spiegelreflexkamera nicht feststellbar. Es empfiehlt sich stattdessen, viele Einzelaufnahmen mit interner Dunkelbildkorrektur anzufertigen und diese zu mitteln.

ABBILDUNG 248

ABBILDUNG 249

ABBILDUNG 248: Vergleich externes/internes Dunkelbild am Beispiel einer modifizierten Canon EOS 20: Für den externen Dunkelbildabzug (links) wurde in Fitswork von einer 600s Rohaufnahme ein 600s Dunkelbild subtrahiert und nach RGB konvertiert. Einen Abend später wurde eine Aufnahme mit automatischem internen Dunkelbildabzug aufgenommen (rechts). Auch hier erfolgte die Konversion nach RGB in Fitswork. In beiden Bildern wurde der Kontrast stark angehoben, damit die Ungleichmäßigkeiten im Hintergrund gut sichtbar sind.

ABBILDUNG 249: 600s-Einzelbild mit internem Dunkelbildabzug der Galaxie M 81 (links). Werden zehn solcher Aufnahmen – Belichtung effektiv 100min, Wartezeit: rund 200min – gemittelt, erhält man ein wesentlich rauschärmeres Bild (rechts). Aufnahme mit Canon EOS 20D an Astro-Physics 130mm EDFS f/6 und Bildfeldebnungslinse, effektive Brennweite 870mm.

mesensors kann sich über längere Zeit allerdings langsam verändern.

Diese Änderungen sind jedoch nur minimal, so dass die Mehrheit der Amateurastronomen sie bei der Bearbeitung ihrer Bilder wahrscheinlich gar nicht bemerken wird. Gerade dann, wenn aber noch schwächste Objekte auf den Aufnahmen nachgewiesen oder die Aufnahmen mit einem wissenschaftlichen Anspruch ausgewertet werden sollen, müssen von Zeit zu Zeit neue Korrekturbilder erstellt werden. Wann dies notwendig ist, hängt von dem in der betreffenden Kamera eingebauten Detektorchip ab. In den meisten Fällen kann aber ein Zeitraum von ca. einem Jahr als guter Anhaltspunkt genommen werden.

Berechnung des Dunkelbildes

Einige Programme erlauben die Berechnung eines Dunkelbildes mit beliebiger Temperatur und Belichtungszeit anhand eines einzigen realen Dunkel- und eines Biasbildes. Bedingung hierfür ist jedoch, dass das Verhalten des Dunkelstroms in Abhängigkeit von Belichtungszeit und Chip-Temperatur bekannt ist. Die Software berechnet durch Subtraktion des Bias den Dunkelstromanteil des Ausgangsbildes und variiert diesen anhand der Temperatur- und Belichtungszeitdaten des zu korrigierenden Objektbildes. Anschließend wird das Bias wieder zum neu berechneten Dunkelstrombild hinzu addiert und man erhält ein passendes Dunkelbild.

Ein berechnetes Dunkelbild sollte immer ausgehend von einem länger belichteten Dunkelbild erzeugt werden. Geht man von einem kürzer belichteten Bild aus, wird das berechnete Dunkelbild aufgrund des schlechteren S/N-Verhältnisses des Ausgangsbildes einen deutlich stärkeren Rauschanteil besitzen.

Masterdark

Wie das Objektbild ist auch das Dunkelbild mit Rauschen behaftet. Da das Dunkelbild jedoch kein Objektsignal enthält, hat es nur

Rauschkomponenten, die entweder durch die Bauart der Kamera (Ausleserauschen) oder durch das Dunkelstromrauschen in Abhängigkeit von Temperatur und Belichtungszeit entsprechend dem zu korrigierendem Objektbild vorgegeben sind. Das Rauschen eines einzelnen Dunkelbildes kann also vom Benutzer nicht beeinflußt werden.

Eine Rauschreduzierung ist nur dadurch möglich, dass mehrere Bilder zu einem »Masterbild« gemittelt werden. Das Rauschen reduziert sich mit der Wurzel der Anzahl der verwendeten Einzelbilder, daher sollten so viele Dunkelbilder wie möglich zu einem »Masterdark« kombiniert werden, welches dann zur Objektbildkorrektur verwendet wird.

Aufgrund der Tatsache, dass das Rauschen sich nicht linear, sondern mit der Wurzel der Bilderzahl verbessert, steigt die Zahl der benötigten Bilder quadratisch an. Soll das Rauschen des kombinierten Bildes gegenüber einem Einzelbild halbiert werden, so werden lediglich vier Aufnahmen benötigt. Eine weitere Halbierung des Rauschens erfordert bereits 16 Einzelbilder und für eine nochmalige Halbierung des Rauschens würden bereits 64 Aufnahmen benötigt!

Neben einer Rauschverminderung ermöglicht die Mittelung mehrerer Dunkelbilder, gewissermaßen als »positiven Nebeneffekt«, auch eine Verringerung bzw. mithilfe der Median-Mittelung eine fast 100%ige Beseitigung der auftretenden Störungen durch die kosmische Höhenstrahlung. Diese würden sonst bei der Anwendung des Dunkelbildes auf die eigentliche Aufnahme eine starke Intensitätsverminderung der betroffenen Pixel bewirken. Je nach Intensität des Cosmics können bei der Berechnung sogar Intensitätswerte von < »0« angenommen werden, welche von der Software aber im Allgemeinen als »0« interpretiert werden. Die so in ihrer Intensität verfälschten Pixel tauchen bei allen mit dem betreffenden Dunkelbild korrigierten Aufnahmen an der immer gleichen Stelle auf.

Die Besitzer von ungekühlten oder nur ungeregelt gekühlten Kameras werden sich in den meisten Fällen auf nur zwei Dunkel-

ABBILDUNG 250

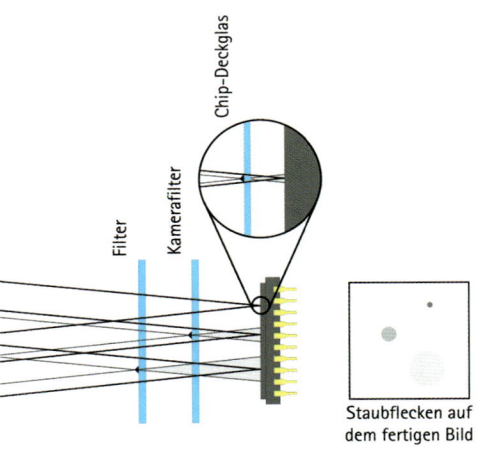

ABBILDUNG 250: Staubkörner und andere Verschmutzungen auf den verschiedenen optischen Flächen bewirken Abschattungen im späteren Bild. Je näher sich die Ursache einer solchen Abschattung (im Bild durch ein kleines Dreieck dargestellt) hierbei an der Oberfläche des Chips befindet, desto kleiner und dunkler ist die Abschattung.

ABBILDUNG 251: Neben den fast unvermeidlich vorhandenen, durch Staubkörner hervorgerufenen Flecken bzw. Kringeln, werden durch ein Flatfield auch die Auswirkungen von unterschiedlich empfindlichen Pixeln beseitigt. Dieser aus einer Starlight Xpress Framestore-Kamera stammende Sony-Chip besitzt einige Unregelmäßigkeiten, die auf dem Bild als deutlich dunklere Zonen in Erscheinung treten.

ABBILDUNG 252: Dieses mit einer ST-9E CCD-Kamera der Firma SBIG durch ein Schmidt-Cassegrain-Teleskop mit Shapley-Linse aufgenommene Flatfield zeigt die bei dieser Instrumentenanordnung auftretende Vignettierung in den Bildecken. Dieses Bild entstand durch Mittelung von 15 Bildern, zu denen unter anderem auch die vier Aufnahmen aus Abbildung 258 gehörten.

bilder beschränken müssen. Die zu erzielende Rauschminderung fällt dementsprechend minimal aus. Vor allem bei längeren Belichtungszeiten ist eine Mittelung von während einer Beobachtungsnacht aufgenommenen Dunkelbildern mit einer solchen Kamera schon aus Zeitgründen meist nicht möglich.

Flatfield

Auch das Flatfieldbild, kurz Flat, gleicht Fehler auf dem Objektbild aus. Die Ursachen dieser Fehler sind sowohl in der Aufnahmeoptik (Vignettierung), als auch im Aufnahmechip selbst (unterschiedlich empfindliche Pixel) zu finden. Im Gegensatz zu den anderen Korrekturbildern wird das ebenfalls dunkelstrom- und biaskorrigierte Flatfield nicht subtrahiert, sondern durch das Flatfield dividiert.

Die durchschnittliche Intensität aller Pixel eines Flatfieldbildes sollte so hoch wie möglich sein, wobei der lineare Empfindlichkeitsbereich des Aufnahmechips jedoch nicht überschritten werden darf. Für non-

ABBILDUNG 251

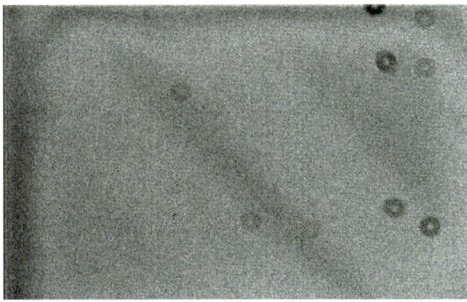

ABBILDUNG 252

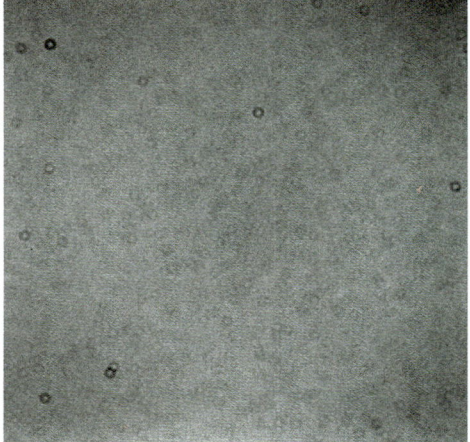

ABG-Kameras entspricht dies also einer mittleren Intensität von ca. 60% bis 80%, bei Kameras mit ABG (hierzu zählen auch digitale Spiegelreflexkameras!) dagegen nur einer mittleren Intensität von ca. 30% bis 50% der maximal möglichen Graustufen. Weisen Teile eines Flatfieldbildes eine Intensität auf, die bereits im nichtlinearen Bereich des Chips liegt, wird das Flatfield unbrauchbar, da es bei der Flatfieldkorrektur zu Intensitätsverfälschungen im korrigierten Bild kommt (Helligkeitsgradienten). Eine möglichst hohe Intensität des Flatfieldbildes ist notwendig, weil mit steigender mittlerer Intensität auch der Unterschied zwischen der Intensität des hellsten und schwächsten Pixels wächst. Da sich die vorhandenen Pixelintensitäten auf einen größeren Intensitätsbereich verteilen, können die vorhandenen Empfindlichkeitsunterschiede zwischen den einzelnen Pixeln des Detektors feinfühliger aufgelöst werden. Würde zu kurz belichtet werden, ist eine solche Unterscheidung nicht mit ausreichender Genauigkeit möglich.

Flatfieldbilder sind stark wellenlängenabhängig! Ein Grund hierfür kann u.a. die Wellenlängenabhängigkeit der aufnehmenden Optik sein. Befinden sich beispielsweise Linsen im Strahlengang, besitzt eine Optik für jede der einfallenden Wellenlängen eine unterschiedliche Brennweite. Dies wiederum bewirkt, dass z.B. Staubkörner je nach Wellenlänge in einer jeweils anderen Größe auf dem Aufnahmesensor abgebildet werden.

ABBILDUNG 253

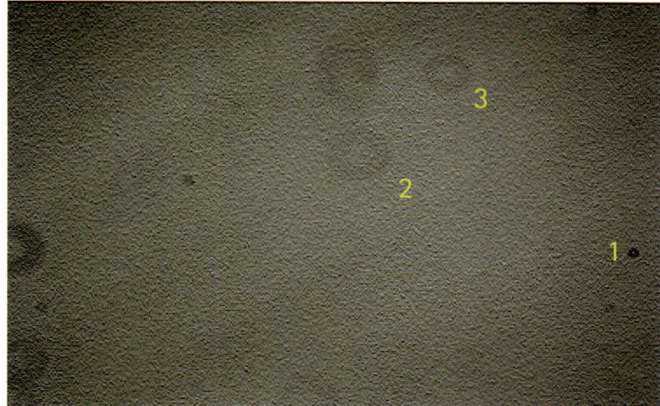

Die auf dem Aufnahmesensor oder den anderen optischen Komponenten vorhandenen Verschmutzungen können sich zudem im Licht verschiedener Wellenlängen unterschiedlich stark auf das aufgenommene Bild auswirken. Während z.B. Staubkörner für langwelliges Licht oftmals transparent sind, werden sie dagegen im visuellen Spektralbereich normalerweise deutlich sichtbar.

Doch auch der Detektorchip selbst ist für diese Wellenlängenabhängigkeit des Flatfields verantwortlich: Die Empfindlichkeit eines Einzelpixels ist nämlich ebenfalls von der einfallenden Wellenlänge abhängig. So können z.B. zwei Pixel im visuellen Spektralbereich durchaus gleich empfindlich sein, während sie im infraroten Spektralbereich ein deutlich unterschiedliches Verhalten zeigen. Ein Flatfieldbild sollte daher möglichst im dem Spektralbereich aufgenommen werden, in dem auch das zu korrigierende Objektbild aufgenommen wurde.

Ein Flatfield muss mit der gleichen optischen Konfiguration aufgenommen werden, mit der auch die zu korrigierenden Bilder aufgenommen worden sind. Auf keinen Fall darf daher z.B. die Optik defokussiert werden, damit man z.B. den unscharf erscheinenden Mond oder eine weit entfernte Straßenlaterne als Lichtquelle benutzen kann. Allein durch die aufgrund der Defokussierung veränderte gegenseitige Anordnung der optischen Komponenten kann das erzeugte Flatfield eine deutlich andere Helligkeitsverteilung

aufweisen, als das zu korrigierende Objektbild. Außerdem darf die Kamera zwischen den Objektaufnahmen nicht relativ zur Optik gedreht werden, da durch die Aufnahmeoptik bedingte Ungleichmäßigkeiten später nicht automatisch korrigiert werden können. Man sollte sich bei einem rechteckigen Bildformat vor Beginn der Objektaufnahmen für eine Orientierung der Kamera entscheiden.

Erstellung von Flatfieldbildern

Die Erstellung eines Flatfieldbildes ist umso schwieriger, je größer das auf dem Detektorchip abgebildete Bildfeld ist. Ist das zu korrigierende Feld größer als ein Quadratgrad, kann bei den meisten der hier vorgestellten Methoden keine ausreichend homogene Ausleuchtung des Flatbildes mehr gewährleistet werden, so dass eine in Form eines Helligkeitsgradienten verbleibende Restungenauigkeit nur mit Hilfe eines so genannten Himmelshintergrundbildes entfernt werden kann.

Lichtboxflat (engl. Lightboxflat)

Eine Lichtbox ist ein mit einer Milchglasscheibe versehener von innen beleuchteter Kasten. Dieser Kasten wird mit der Milchglasscheibe voran auf das Objektiv aufgesetzt, so dass die Kamera eine hell beleuchtete Fläche sieht.

Verschiedenen Lichtbox-Bauweisen ist gemeinsam, dass sie nur bis zu einem maximalen Objektivdurchmesser von ca. 14" praktikabel sind. Prinzipiell könnte eine solche Box zwar auch für größere Teleskope gebaut werden, jedoch steigt mit wachsendem Durchmesser neben der allgemeinen Unhandlichkeit auch ihr Gewicht an, so dass sich das Aufsetzen auf das Frontende des Teleskops schwierig gestaltet. Zwar kann eine größere Lichtbox auch vor dem Teleskop aufgestellt werden, jedoch bietet

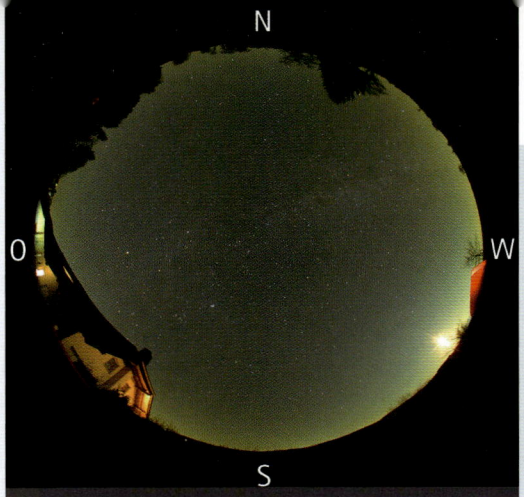
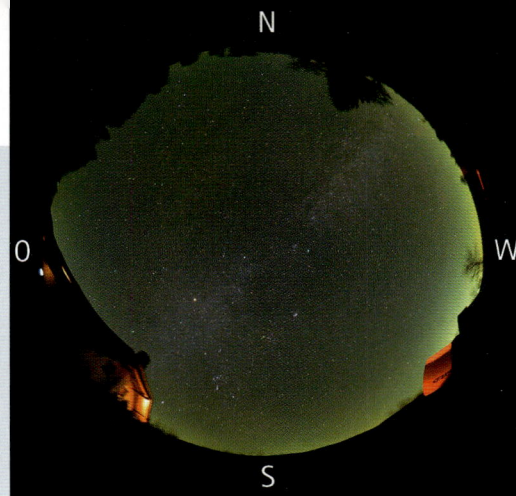

ABBILDUNG 254

ABBILDUNG 254: Neben einer allgemeinen Himmelsaufhellung bewirkt der im linken Bild sichtbare Mond einen nicht zu vernachlässigenden Helligkeitsgradienten. Selbst ohne Mond bewirkt die an den meisten Beobachtungsorten vorhandene Lichtverschmutzung einen deutlichen Helligkeitsgradienten, der sich vor allem bei geringen Horizonthöhen störend bemerkbar macht.

‹› Helligkeitsgradienten

Ein Flatfieldbild kann nur Helligkeitsgradienten korrigieren, die durch den verwendeten optischen Aufbau entstehen. Gegen Helligkeitsgradienten des Himmelshintergrundes, wie sie z.B. durch den Mond oder künstliche Lichtquellen entstehen, ist ein Flatfield machtlos.

ABBILDUNG 255: Für den Bau einer Lichtbox hat es sich bewährt, wenn man anstatt nur einer Mattscheibe zwei in kurzem Abstand hintereinander angebrachte Mattscheiben (1) verwendet. Die Beleuchtung erfolgt durch mehrere regelmäßig auf der Rückseite des Kastens verteilt angebrachte Leuchtdioden oder Glühlampen (2). Die Gleichmäßigkeit der Ausleuchtung kann erheblich verbessert werden, wenn man die konvexen Spitzen der LEDs absägt und zusätzlich das Innere des Kastens matt weiß anstreicht.

Die rechte Abbildung zeigt den Aufbau einer mittels farbiger LEDs für den visuellen Spektralbereich optimierten Lichtbox.

ABBILDUNG 255

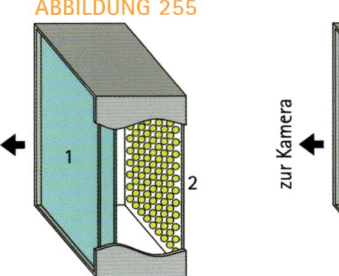

sich diese Lösung wohl nur für fest in einer Sternwarte aufgestellte Geräte an.

Ein generelles Problem bei der Konstruktion einer Lichtbox ist die Wahl der geeigneten Beleuchtungsquelle. Die von vielen Benutzern propagierten Leuchtdioden (LEDs) zeichnen sich durch ihre mechanische Unempfindlichkeit, eine sehr lange Lebensdauer und einen nur minimalen Stromverbrauch aus. Der Nachteil von LEDs ist aber, dass sie ihr Licht nur in einem begrenzten Spektralbereich ausstrahlen. Sollen mit einer solchen Lichtbox Flatfields für ein im integralen Licht aufgenommenes Bild erstellt werden, kann es zu den Problemen der Wellenlängenabhängigkeit des Flats kommen. Auch der gemeinsame Betrieb verschiedenfarbiger LEDs stellt nur eine unzulängliche Lösung dar. Zu ähnlichen Schwierigkeiten kann es auch bei Aufnahmen durch einen Farbfilter kommen, wenn der Emissionsbereich der gefärbten LED nicht genau mit dem Transmissionsbereich des Filters übereinstimmt.

Als Alternative zu LED-Birnen bietet sich die Verwendung von Glühlampen bzw. Leuchtfolien an, die ihr Licht nahezu kontinuierlich über den kompletten Empfindlichkeitsbereich eines Digitalsensors abgeben. Es ist aber zu beachten, dass die Wellenlänge, bei der das Maximum der von Glühlampen emittierten Strahlung liegt, von der angelegten elektrischen Spannung abhängig ist. Sollen also mehrere Flatfieldbilder zu einem so genannten Masterflat verrechnet werden, ist unbedingt darauf zu achten, dass die Beleuchtung bei allen Aufnahmen mit der gleichen Spannung betrieben wurde.

Sternwarten- oder Kuppelflat (engl. Domeflat)

Eine vor dem Objektiv angebrachte und mit Lampen ausgeleuchtete weiße Oberfläche wird aufgenommen. Bei professionellen Sternwarten werden in vielen Fällen die als Windschutz am Kuppelspalt angebrachten Windsegel verwendet. Als Amateur kann man sich mit einer weiß gestrichenen Wand, einer weiß beschichteten Spanplatte oder mit einem weißen Karton behelfen. Wesentlich besser, aber auch teurer ist die Verwendung einer Dialeinwand.

Die größte Schwierigkeit bei der Erstellung eines guten Sternwartenflats ist die gleichmäßige Ausleuchtung der aufgenommenen Fläche. Mit nur einer Lampe erscheint die Oberfläche auf den ersten Blick zwar einheitlich hell, jedoch weisen die Bilder meist einen starken Gradienten auf. Dieser fällt umso geringer aus, je mehr sich der Einfallswinkel des Lichts der Blickrichtung der Aufnahmeoptik annähert. Die besten Resultate erzielt man, wenn mehrere symmetrisch um das Objektiv herum angebrachte Lampen verwendet werden – eine Methode, die auch in der professionellen Astronomie oft verwendet wird.

ABBILDUNG 256

Dämmerungsflat (engl. Twilightflat)

Auch der helle Dämmerungshimmel kann zur Erstellung von Flatfieldbildern genutzt werden.

Bereits bei einer nur oberflächlichen Betrachtung des Dämmerungshimmels fällt auf, dass dieser keinesfalls gleichmäßig ausgeleuchtet ist. Die Helligkeitsunterschiede werden aber immer geringer, je tiefer die Sonne unter dem Horizont steht.

Generell ist es so, dass der Himmel in der Nähe des Sonnenuntergangspunktes noch aufgehellt erscheint. In der entgegengesetzten Richtung erscheint dagegen der Erdschatten als klar abgegrenztes Areal, das deutlich dunkler als der restliche Himmel ist. Doch auch der Rest des Himmels weist keineswegs eine gleichmäßige Helligkeitsver-

teilung auf: In der Nähe des Horizonts ist er durchweg heller und seine dunkelste Stelle liegt, anders als oftmals erwartet wird, nicht genau im Zenit, sondern auf der sonnenabgewandten Seite in etwa 15° Zenitdistanz.

Werden die Flatfields zur Minimierung des Helligkeitsgradienten bei weit fortgeschrittener Dämmerung erstellt, muss die Belichtungszeit zur Erzielung einer ausreichenden Intensität des Bildes erhöht werden. Dies führt jedoch dazu, dass auf den Aufnahmen mit steigender Belichtungszeit auch immer mehr Sterne abgebildet werden. Diese können später nur dadurch entfernt werden, dass ein Masterflat durch (Median-) Mittelung mehrerer Einzelbilder erstellt wird.

Eine solche Mittelung führt jedoch nur dann zum Erfolg, wenn bereits während der Bildaufnahme Maßnahmen ergriffen werden, die verhindern, dass die abgebildeten Sterne immer auf dieselbe Bildstelle fallen. Erreichen kann man dies, indem man die Aufnahmeoptik zwischen zwei Aufnahmen gezielt um einen gewissen Winkelbetrag verstellt und während der anschließenden Belichtung die Nachführung ausgeschaltet lässt. Alternativ kann die Optik auch während der Belichtung permanent bewegt werden.

Ein generelles Problem bei der Erstellung von Dämmerungsflats ist, dass die notwendige Belichtungszeit aufgrund der sich ständig ändernden Beleuchtungsverhältnisse nicht konstant ist. Es ist daher so gut wie unmöglich, dass alle Bilder dieselbe mittlere Intensität aufweisen. Bei der Mittelung von mehreren Bildern zu einem »Masterflat« müssen diese daher zunächst auf ein gemeinsames Helligkeitsniveau normiert werden. Viele Stacking-Programme wie DeepSkyStacker berücksichtigten dies automatisch (Option: »Background Compensation«).

Himmelsflat (engl.: Skyflat)

Während der Nachthimmel eine eher ins rötliche (dunkler Himmel, Airglow) bis grünliche (Lichtverschmutzung, Quecksilberdampflampen) tendierende Farbe aufweist, erscheint der Dämmerungshimmel bläulich. Das bei Dämmerungsflats auftretende Farbproblem

LINKS
Flatfield-Leuchtfolie
G. Neumann
www.gerdneumann.net

ABBILDUNG 256: Das Foto zeigt die Sternwarte eines der Autoren. Die 12"-Optik blickt zur Aufnahme des Sternwarten-Flats in ca. 1m Abstand auf einen von schräg oben beleuchteten weißen Karton. Ein 150W-Halogenstrahler aus dem Baumarkt, im Dach der Rolldachhütte befestigt, beleuchtet den Karton gleichmäßig, so dass kein messbarer Gradient infolge einseitiger Beleuchtung zu erkennen ist. Ein deutlich gleichmäßigeres Flat erzeugt eine Flatfield-Leuchtfolie, die seit Ende 2008 das Flatten gegen die Sternwartenwand ersetzt.

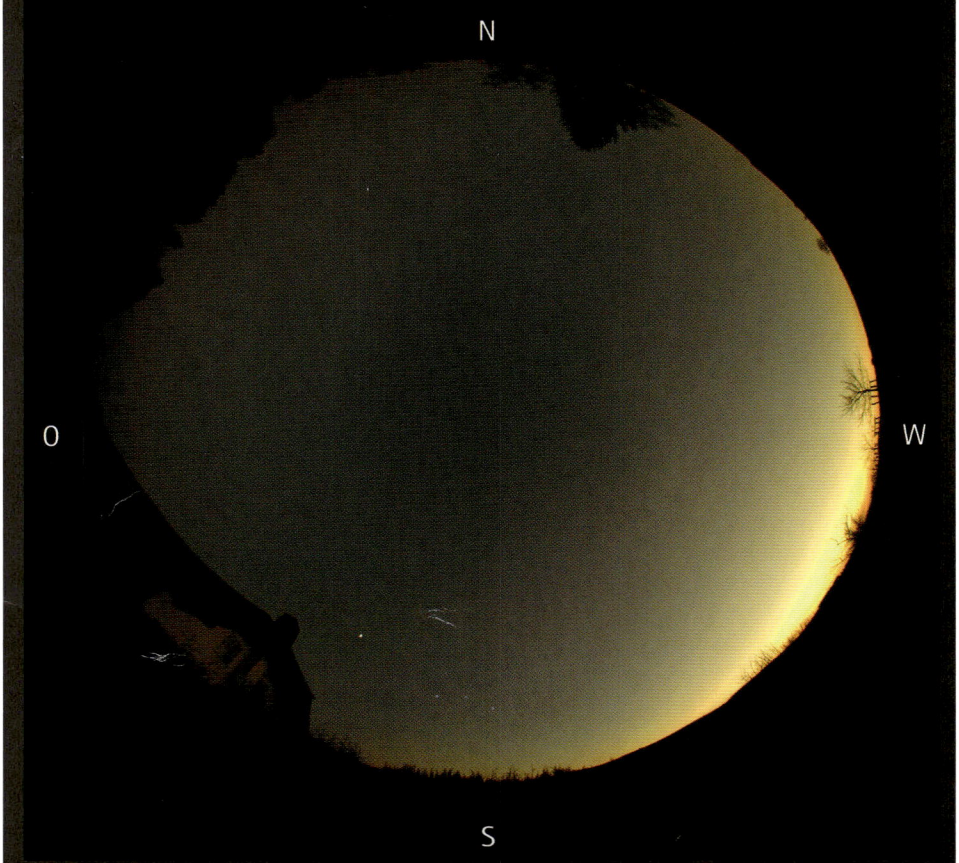

ABBILDUNG 257

ABBILDUNG 257: Auch etwa 20 Minuten nach Sonnenuntergang zeigt der Dämmerungshimmel noch deutliche Farb- und Helligkeitsunterschiede. Während der Westhimmel (im Bild rechts) durch die mehr als 6° unter dem Horizont stehende Sonne noch stark aufgehellt erscheint, ist im Osten der Erdschatten erkennbar. Bei dieser Himmelshelligkeit hat der in der Nähe des Hausdaches stehende zunehmende Mond noch keine merkliche Auswirkung auf die Helligkeitsverteilung.

ABBILDUNG 258: Bei Dämmerungs- und Skyflats werden häufig Sterne aufgenommen. Damit diese nicht zu punktförmig erscheinen bzw. überbelichtet werden, sollte das Teleskop während der Belichtung manuell bewegt werden. Die resultierenden Strichspuren verschwinden bei einer anschließenden (Median-) Mittelung mehrerer Einzelbilder.

kann umgangen werden, indem man ein Masterflat aus mehreren Aufnahmen von Sternfeldern herstellt, bei denen die Sterne herausgemittelt werden. Das Aufnahmefeld der Himmelsflats muss wegen der Gleichmäßigkeit der Himmelsbeleuchtung in der Nähe der Objektbilder liegen. Notfalls kann man aus der Objektaufnahme nicht allzu dominante Sterne entfernen. Das Problem eines solchen Himmelsflats ist allerdings, dass nur die Helligkeit des Himmelshintergrundes als Beleuchtung dient. Wird nicht aus einer

ABBILDUNG 258

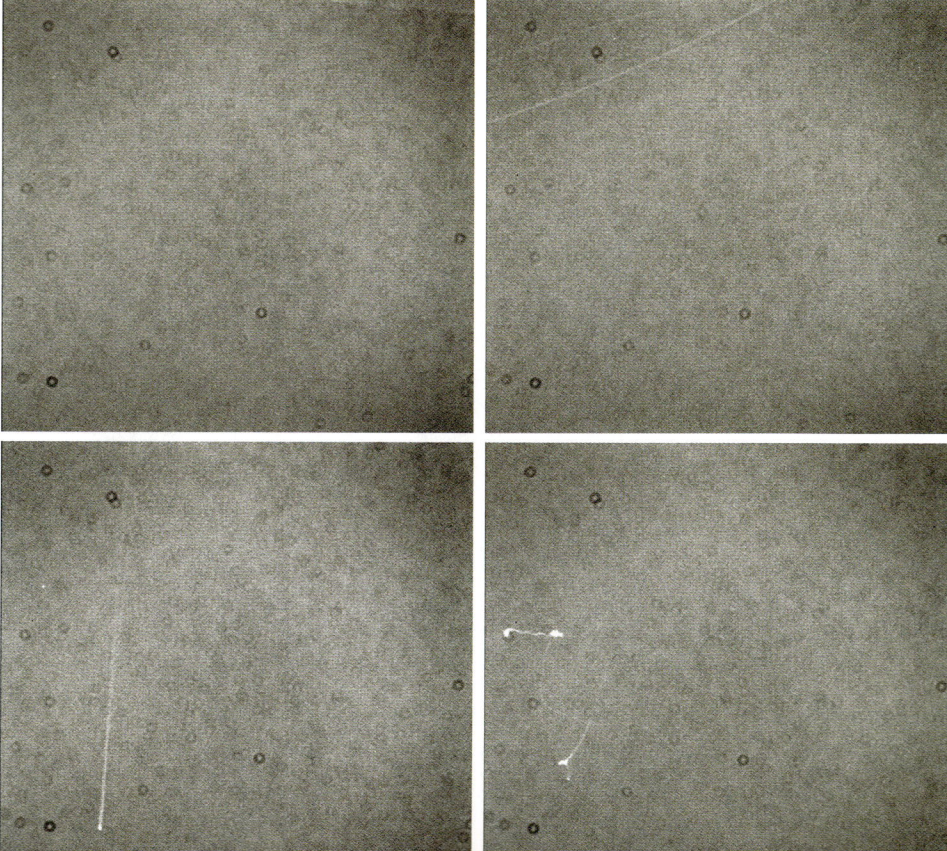

ABBILDUNG 259

ABBILDUNG 259: Eine etwas unkonventionelle, aber doch funktionierende Methode, ein Flatfieldbild aufzunehmen! Die mit einem weißen Papiertaschentuch bespannte Optik wird gegen eine ausreichend helle, uniform beleuchtete Wandfläche gerichtet.

Großstadt heraus fotografiert, weist der Himmelshintergrund auf den Bildern nur eine geringe Intensität auf. Dies hat zur Folge, dass das Masterflat erst durch die Mittelung sehr vieler Einzelbilder ein ausreichendes S/N-Verhältnis besitzen wird.

Der Aufwand zur Erstellung eines solches Flatfields steht in den meisten Fällen in keinem Verhältnis zu der zu erzielenden Korrekturverbesserung. Selbst in der professionellen Astronomie findet es nur dann Anwendung, wenn bei der Aufnahme von schwächsten Intensitäten kleine Unregelmäßigkeiten der Hintergrundhelligkeit das resultierende Bild beeinträchtigen.

Das Ergebnis steht und fällt mit der Gleichmäßigkeit der Ausleuchtung. Um das Licht bei Kuppel- und Dämmerungsflats noch diffuser zu machen, kann man eine zusätzliche Milchglasscheibe vor der Optik befestigen. Alternativ reicht auch Back- bzw. Butterbrotpapier oder ein vor der Optik befestigtes weißes Stück Stoff, wie z.B. ein T-Shirt oder ein Bettlaken aus!

Neuaufnahme eines Flatfields

Ein neues Flatfieldbild muss immer dann aufgenommen werden, wenn die relative Lage der Kamera zur Optik verändert oder wenn neue optische Komponenten in den Strahlengang eingefügt wurden! Die häufigsten Gründe, weshalb ein neues Flatfieldbild benötigt wird, sind:

- **Veränderte Kameraposition:** Dieser Fall tritt z.B. dann ein, wenn die Kamera am Ende einer Beobachtungsnacht vom Teleskop abgenommen wird. Mit den heute in Amateurkreisen gebräuchlichen Befestigungsmethoden ist es so gut wie unmöglich, eine Kamera wieder in exakt der gleichen Position zu befestigen. Auch eine geringe Rotation der Kamera um die Befestigungsachse wird dafür sorgen, dass durch die Optik erzeugte Vignettierungen auf jeweils andere Stellen des Detektorchips fallen. Mit hoher Wahrscheinlichkeit lagert sich beim Abnehmen und Ansetzen der Kamera weiterer Staub auf dem Chip ab.

- **Einsatz eines Off-Axis-Guiders:** Mit Ausnahme des Radial-Guiders der Firma Celestron sind alle Off-Axis-Guider so aufgebaut, dass das Auslenkprisma eine feste Position relativ zur angeschlossenen Kamera besitzt. Bei der Leitsternsuche mit einem solchen Aufbau verdreht sich zwangsläufig die Kamera, wenn der Guider um die optische Achse rotiert werden muss. Eine separate Rückrotation der Kamera ist aufgrund der Befestigungsmethoden nicht ausreichend genau möglich.

  Allen Off-Axis-Guidern ist gemeinsam, dass sie durch das in den Strahlengang hineinragende Prisma Vignettierungen erzeugen. Die Auswirkungen dieser Vignettierung in Lage, Form und Größe verändert sich immer dann, wenn die Lage des Prismas relativ zur Kamera verändert wird. Dies ist z.B. dann der Fall, wenn bei der Leitsternsuche der Abstand des Prismas von der optischen Achse verändert wird oder wenn das Prisma eines Radial-Guiders bei feststehender Kamera um die optische Achse rotiert wird.

  Weil die meisten Guider allerdings für die Fotografie mit Vollformatsensoren ausgelegt sind, treten diese Vignettierungen erst in verhältnismäßig großem Abstand zur optischen Achse in Erscheinung. Beim Einsatz der in Amateurkreisen weit verbreiteten Sensoren im APS-C-Format spielen sie meist keine Rolle.

- **Okularprojektion:** Auch nach einem Okularwechsel ist es nicht möglich die Kamera wieder in der exakt gleichen Lage zur optischen Achse zu befestigen.

📷

ABBILDUNG 260: Flatfieldbilder können nur dann erfolgreich auf ein Objektbild angewandt werden, wenn das System aus Kamera und Okularauszug ausreichend verwindungssteif ist. Dies gilt vor allem dann, wenn der Okularauszug neben der eigentlichen Kamera auch noch verschiedene Zubehörteile wie Filterschublade, Off-Axis-Guider mit Shapleylinse sowie eine Nachführkamera samt Exzenterschlitten zu tragen hat.

Auch die verwendeten Okulare sorgen für Veränderungen im Flatfield: Bedingt durch die sich ändernde Brennweite werden die auf dem Kamerafenster bzw. auf dem Detektorchip befindlichen Staubkörner mit unterschiedlicher Größe abgebildet. Da zudem nie verhindert werden kann, dass sich auf einem Okular selbst Staubkörner oder andere Verunreinigungen absetzen, wird durch jedes Okular ein typisches Flatmuster erzeugt werden. Es müsste also für jedes Okular ein eigenständiges Flatfieldbild aufgenommen werden. Doch selbst dann, wenn immer dieselben Okulare für die Projektion verwendet werden, spricht einiges gegen die Erstellung solcher Masterflats: Beim Einbau des Okulars in den Strahlengang kann schließlich nicht gewährleistet werden, dass inzwischen nicht neue Verunreinigungen hinzugekommen sind oder aber dass die bereits vorhandenen Verunreinigungen aufgrund einer Rotation des Okulars um die optische Achse nicht eine andere relative Lage zum Chip besitzen.

- **Einsatz von Filtern:** Wie bei den Okularen sorgen auch die auf jedem Filter vorhandenen Staubkörner und Verschmutzungen für ein eigenständiges Flatmuster. Es ist also generell notwendig, dass für jedes eingesetzte Filter ein separates Flatfieldbild angefertigt wird. In wie weit sich diese Flatfields auch für einen mehrfachen Einsatz eignen, hängt davon ab, wie Filterwechsel vorgenommen werden. Werden die Filter direkt in die Steckhülse der Kamera eingeschraubt, muss die Kamera zwangsusgeschoben werden. Dann kann sich zusätzlicher Staub ansammeln, der durch ein späteres Flat nicht beseitigt werden kann.

- **Ungenügende mechanische Stabilität des optischen Aufbaus:** Vor allem dann, wenn zwischen Okularauszug und Kamera noch Zusatzgeräte wie Shapley-Linse, Off-Axis-Guider, Filterhalter oder Klappspiegel verwendet werden, kann bereits eine leich-

te Bewegung des Teleskops zu einer deutlichen Durchbiegung des kameraseitigen Zubehörs führen. Bei Newton-Teleskopen mit zu dünnem Tubus kann dieser bereits bei Einsatz leichterer Kameras in sich verformt werden. Auch hierdurch verändert sich die Lage einer vorhandenen Vignettierung auf dem Aufnahmechip.

ABBILDUNG 260

Signal-Rausch-Verhältnis des Flatfieldbildes

Auch Flatfieldbilder besitzen einen Rauschanteil, der sich aus drei verschiedenen Rauschkomponenten zusammensetzt. Wie beim Dunkelbild sind dies Ausleserauschen und Dunkelstromrauschen. Im Gegensatz zum Dunkelbild besitzt das Flatfield jedoch auch noch ein Signalrauschen, dessen Stärke durch die Signalintensität bestimmt wird.

Da das Rauschen nicht linear, sondern lediglich mit der Wurzel der Signalstärke anwächst, verbessert sich das S/N-Verhältnis eines Flatfields mit steigender mittlerer Intensität. Bei der Aufnahme von Lichtbox-, Kuppel- und Dämmerungsflats sollte daher immer versucht werden, mittels hoher Signalintensitäten ein möglichst hohes S/N-Verhältnis zu erzielen. Himmelsflats, die lediglich mit der verhältnismäßig geringen Intensität des Himmelshintergrundes auskommen müssen, werden nur ein geringes S/N-Verhältnis besitzen.

Analog zum Dunkelbild kann natürlich auch das Rauschen des Flatfields mit Hilfe der Median- bzw. Sigma-Median-Mittelung mehrerer Einzelbilder zu einem sog. »Masterflat« reduziert werden. Auch hierbei gilt: Je mehr Bilder gemittelt werden, desto stärker verringert sich das Rauschen im Verhältnis zum Signal!

Auch im Flatfieldbild enthaltene Cosmics bewirken eine starke Intensitätsverringerung der betroffenen Pixel im zu korrigierenden Bild. Diese kann ein Masterdark ebenfalls effektiv reduzieren.

Anwendung der Korrekturbilder

Dunkelstrom- und Flatfieldkorrektur sind immer die ersten Bildbearbeitungsschritte. Auch dann, wenn z.B. zur Verbesserung des S/N-Verhältnisses aus mehreren Bildern eine Gesamtaufnahme erstellt werden soll, werden zunächst alle Einzelaufnahmen separat dunkelstrom- und flatfieldkorrigiert und erst danach miteinander kombiniert.

Vom Objektbild (Rohbild) wird zunächst das passende (gemittelte) Dunkelbild subtrahiert. Die so erhaltene Aufnahme wird anschließend durch das ebenfalls (gemittelte) dunkelstromkorrigierte Flatfield dividiert:

⟨⟩ Die Erstellung eines »Masterflats«

Bei der Erstellung eines »Masterflats« ist zu beachten, dass die Flatfieldbilder je nach Aufnahmemethode nicht ohne weiteres gemittelt werden dürfen! Während die mit Hilfe von künstlichen Lichtquellen aufgenommenen Lichtbox- und Kuppelflats die gleiche Intensität besitzen, weisen vor allem Dämmerungs- und Himmelsflats aufgrund der bei ihrer Erstellung ständig wechselnden Beleuchtungsstärke eine sehr unterschiedliche Intensität auf. Diese muss vor der Mittelung erst angeglichen werden.

Nachdem die einzelnen Flatfieldbilder aufgenommen wurden, werden zunächst zu ihnen passende Dunkelbilder erstellt. Zur Rauschreduzierung sollte ein entsprechendes Masterdark erstellt werden, welches aus mindestens genauso vielen Dunkelbildern bestehen sollte, wie später Flatfields zu einem »Masterflat« gemittelt werden. Wurde bei der Erstellung der Flatbilder z.B. aufgrund der sich ändernden Himmelshelligkeit die Belichtungzeit angeglichen, müssen auch entsprechend mehrere Masterdarks erstellt werden!

Nachdem von jedem Flatfieldbild das passende Masterdark subtrahiert wurde, werden die mittleren Intensitäten dieser Bilder bestimmt. Das Bild mit der höchsten Intensität wird ausgewählt und alle anderen Bilder werden durch Multiplikation mit einer Konstanten auf diesen Intensitätswert normiert. Erst jetzt kann das »Masterflat« mit Hilfe einer (Median-) Mittelung berechnet werden.

Zur Berechnung eines »Masterflats« dürfen keine Einzelbilder verwendet werden, deren Intensität bereits im nichtlinearen Bereich des Chips liegt. Ein so gewonnenes »Masterflat« wäre derart verfälscht, dass es das Objektbild nicht mehr optimal korrigieren könnte.

Die Qualität des erzeugten »Masterflats« kann mithilfe eines einzelnen Flatfieldbildes überprüft werden. Hierzu dividiert man das Einzelflat durch das »Masterflat«. Das Ergebnis sollte ein abgesehen vom Rauschanteil völlig strukturloses Bild sein.

In einigen Stacking-Programmen ist die Herstellung eines Masterflats automatisiert. Die Einzelbilder werden hier vor dem wählbaren Mittelungsprozess (Mittelwert, Median, Sigma-Clipping, etc.) hinsichtlich der Helligkeit aneinander angepasst.

$$resultierendes\ Bild = \frac{Rohbild - Dunkelbild}{n \cdot (Flatfield - Dunkelbild\ zum\ Flatfield)}$$

Formel 72

Der in der Formel genannte Normierungsfaktor n dient dazu, die Helligkeitswerte des resultierenden Bildes wieder in eine dem Objektbild ähnliche Größenordnung zu bringen. In der Praxis spielt er für den Anwender normalerweise keine Rolle, da alle den Autoren bekannten Programme ihn automatisch berücksichtigen.

Rechenoperationen

Sowohl durch die Addition als auch durch die Mittelung mehrerer Einzelbilder wird das S/N-Verhältnis des daraus resultierenden Bildes verändert. Bei Korrekturbildern handelt es sich jedoch um Aufnahmen, die selber keinen Beitrag zur

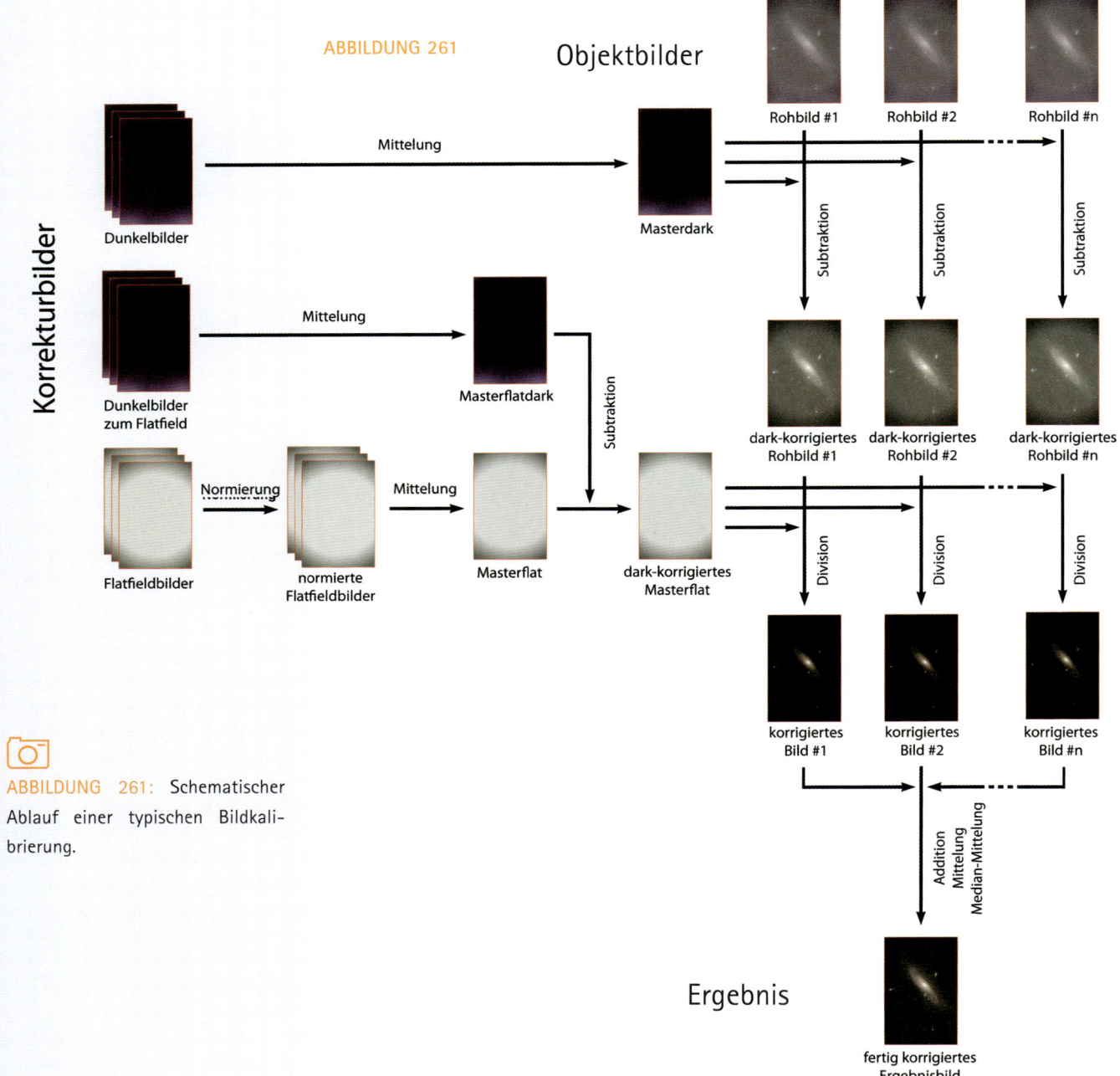

ABBILDUNG 261

Objektbilder

Korrekturbilder

Dunkelbilder

Mittelung

Masterdark

Rohbild #1 Rohbild #2 Rohbild #n

Subtraktion Subtraktion Subtraktion

Dunkelbilder zum Flatfield

Mittelung

Masterflatdark

Subtraktion

dark-korrigiertes Rohbild #1 dark-korrigiertes Rohbild #2 dark-korrigiertes Rohbild #n

Division Division Division

Flatfieldbilder

Normierung

normierte Flatfieldbilder

Mittelung

Masterflat

dark-korrigiertes Masterflat

korrigiertes Bild #1 korrigiertes Bild #2 korrigiertes Bild #n

Addition Mittelung Median-Mittelung

Ergebnis

fertig korrigiertes Ergebnisbild

ABBILDUNG 261: Schematischer Ablauf einer typischen Bildkalibrierung.

Signalstärke des aufgenommenen Objektes liefern, sondern nur einen Rauschanteil besitzen. Es ist also abzusehen, dass die Anwendung der Korrekturbilder zwangsläufig zu einer Verschlechterung des S/N-Verhältnisses eines Objektes auf dem fertig bearbeiteten Bild führen muss.

Die Subtraktion zweier Bilder

Die Subtraktion zweier Bilder wird sowohl bei der Anwendung der Korrekturbilder auf das Objektbild, als auch bei der Erstellung der Korrekturbilder selbst benötigt:

$$S/N = \frac{S_1 - S_2}{\sqrt{N_1{}^2 + N_2{}^2}}$$

Formel 73

Obwohl die Signalanteile beider Bilder voneinander subtrahiert werden, addieren sich die Rauschanteile quadratisch.

Anders als bei der Addition bewirkt die Subtraktion zweier Bilder immer eine Verringerung des S/N-Verhältnisses. Diese fällt

⟨⟩ »Track and Accumulate« und Korrekturbilder

Die »Track and Accumulate«-Funktion der gekühlten CCD-Kameras der Firma SBIG zur automatischen Addition mehrerer kurz belichteter nicht nachgeführter Aufnahmen verlangt eine etwas andere Vorgehensweise bei Dunkelbild- und Flatfieldkorrektur. Während die Kamerasoftware zwar eine Möglichkeit zur automatischen Dunkelbildkorrektur bietet, ist eine direkte Flatfieldkorrektur nicht vorgesehen.

Der »Track and Accumulate«-Modus bietet keine Möglichkeit, mehrere Dunkelbilder zunächst zu einem Masterdark zu mitteln. Entweder wird ein Dunkelbild zu Beginn der Serienbelichtung erstellt, das dann auf alle Bilder angewendet wird oder es wird nach einer vom Anwender bestimmten Anzahl von Aufnahmen jeweils ein neues Dunkelbild aufgenommen, welches für die folgenden Bildaufnahmen verwendet wird.

Anhand der von der Software erstellten Track-Liste, in der die bei der Addition der Bilder verwendeten relativen Verschiebungen der Aufnahmen gespeichert werden, kann im Nachhinein ein Flatfieldbild generiert werden. Dies geschieht mit Hilfe der »Build Track/Accum Flat«-Funktion. Ein vorhandenes Flatfieldbild wird jeweils um den in der Track-Liste abgelegten Betrag verschoben und mit sich selbst gemittelt. Als Ausgangsbild sollte ein gemitteltes und dunkelbildkorrigiertes Masterflat dienen.

An den Bildrändern entstehen durch die Verschiebung Pixelzeilen und -spalten, die über einen verfälschten Intensitätswert verfügen. Da die Bildränder nach erfolgter Bildbearbeitung abgeschnitten werden, führt dies nicht zu Bildfehlern.

umso geringer aus, je geringer der Rauschanteil des subtrahierten Bildes ist.

Im Fall der Subtraktion eines Dunkelbildes fehlt der Signalanteil, nicht aber das Rauschen:

$$S/N = \frac{S_o}{\sqrt{N_o{}^2 + N_d{}^2}} \qquad \text{Formel 74}$$

Hierbei stehen die Indizes o und d für das zu korrigierende Objekt- bzw. das verwendete Dunkelbild.

Aus der Formel ist abzulesen, dass besonders schwache Objekte durch den Rauschanteil des Dunkelbildes negativ beeinflusst werden.

Multiplikation mit einer Konstante

Diese Rechenoperation wird bei der Erstellung eines Dämmerungs- bzw. Himmelsflats angewendet. Man benötigt sie außerdem für die Normierung des fertigen Flatfields bei seiner Anwendung auf das Objektbild. Auch bei der Erstellung von Farbaufnahmen werden die einzelnen Farbbilder vor ihrer Kombination zum resultierenden Bild durch die Multiplikation mit einer Konstanten in ihrer Intensität aneinander angepasst.

Die Multiplikation eines Bildes mit einer Konstanten k hat keinen Einfluss auf sein S/N-Verhältnis:

$$S/N = \frac{k \cdot S_1}{k \cdot N_1} = (S/N)_1 \qquad \text{Formel 75}$$

Division

Auch die Division zweier Bilder verschlechtert das S/N-Verhältnis des fertigen Bildes:

$$S/N = \frac{1}{\sqrt{\dfrac{1}{(S/N)_o{}^2} + \dfrac{1}{(S/N)_f{}^2}}} \qquad \text{Formel 76}$$

In dieser Gleichung stehen die Indizes o und f für das zu korrigierende Objektbild bzw. das Flatfield.

Wie aus der Formel ersichtlich ist, sind die Auswirkungen des Flatfieldbildes auf das zu korrigierende Bild nicht nur vom S/N-Verhältnis des Flatfields, sondern auch vom

LINKS

Natürliche Radioaktivität in Baustoffen
Universität Oldenburg – Fakultät V –
Institut für Physik

www.physik.uni-oldenburg.de/docs/
puma/1609.html

ABBILDUNG 262: Das Aussehen eines Cosmics kann stark variieren. Die punktförmigen Ereignisse (unten rechts) treten am häufigsten auf. Auf einer Einzelaufnahme sehen sie manchmal auf den ersten Blick helleren Sternen zum Verwechseln ähnlich, verraten sich aber aufgrund ihrer charakteristischen Helligkeitsverteilung. Wesentlich seltener finden sich lineare Cosmics. Sehr selten sind gekrümmte Strichspuren. Alle Aufnahmen sind im gleichen Maßstab dargestellt.

S/N-Verhältnis der im Bild abgebildeten Objekte abhängig. Anders als beim Dunkelbild wirkt sich die Flatfieldkorrektur jedoch am stärksten auf helle Objekte, also solche mit einem hohen S/N-Verhältnis aus.

Der Zeitaufwand für die Erstellung der zur Bearbeitung eines einzelnen Objektbildes notwendigen Korrekturbilder übersteigt die Aufnahmedauer des Objektbildes um ein vielfaches. Auf jedes Objektbild kommen mehrere Dunkelbilder und mehrere Flatfields, sowie noch einmal entsprechend viele zu den Flatfields gehörende Dunkelbilder. Dieser Aufwand lässt sich durch das Anlegen einer entsprechenden Korrekturbilderbibliothek wesentlich minimieren.

Bildstörungen

Es gibt kein von vornherein perfektes Digitalbild. Durch Kombination eines Objektbildes mit Korrekturaufnahmen wie Dunkelbild oder Flatfield oder durch die Kombination mehrerer Einzelbilder zu einem Gesamtbild ist es jedoch möglich, die in der Objektaufnahme vorhandenen Störungen zu verringern. Bei sorgfältiger Vorgehensweise kann so aus einer vermeintlich schlechten doch noch eine akzeptable Aufnahme werden. Es gibt jedoch Bildstörungen, die sich nicht durch Korrekturbilder beseitigen lassen.

Cosmics

Unter dem Begriff »Cosmics« werden verschiedene stern- bzw. strichspurartige Artefakte in Bildern zusammengefasst. Sie entstehen nicht durch das von den aufzunehmenden Objekten abgestrahlte Licht, sondern werden durch ionisierende Strahlung erzeugt.
Obwohl sich das Wort »Cosmic« in seiner ursprünglichen Bedeutung eigentlich auf die Einschläge kosmischer Strahlung (engl.: cosmic-ray hit) auf den Aufnahmechip bezieht, ist diese Bezeichnung bei genauerer Betrachtung etwas unglücklich gewählt:

Ein solches Ereignis wird nämlich mit wesentlich höherer Wahrscheinlichkeit von einer irdischen Strahlungsquelle erzeugt worden sein. Viele Baustoffe enthalten eine gewisse Menge an natürlich vorkommenden radioaktiven Stoffen. In den meisten Fällen sind es hierbei die Isotope Kalium-40 (K-40), Radium-226 (Ra-226) und Thorium-232 (Th-232), die Gammastrahlung aussenden. Doch auch die Abgabe des radioaktiven Edelgases Radon an die umgebende Luft kann eine Ursache sein.

Die durch die irdischen Quellen erzeugten Cosmics sind aufgrund ihrer Intensität meist sehr einfach identifizierbar. Die durch die kosmische Strahlung erzeugten Artefakte sind dagegen meist so klein und lichtschwach, dass sie von Sternbildchen nur noch sehr schwer unterscheidbar sind. In normalen Aufnahmen wird daher die Zahl der Cosmics tendenziell unterschätzt.

ABBILDUNG 262

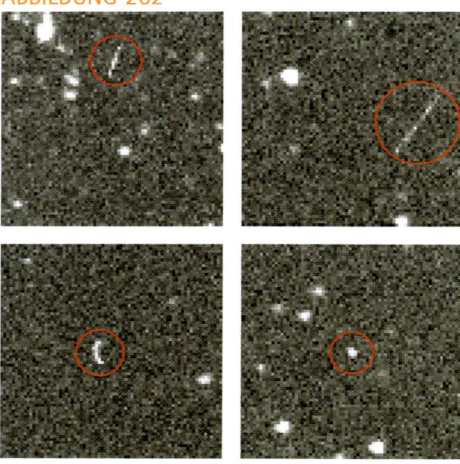

Allen Strahlungsarten ist gemeinsam, dass sie bis zu einem gewissen Grad in der Lage sind, Materie zu durchdringen. Es ist also vollkommen egal, ob gerade eine normale Objektaufnahme oder ein Dunkelbild bei geschlossenem Kameraverschluss aufgenommen wird. Die Strahlung muss sogar noch nicht einmal durch das optische Fenster auf den Chip fallen, sondern kann auch, sozusagen »von hinten«, durch das Kameragehäuse auf den Chip gelangt sein.

Von »gleichhellen« Sternen lassen sich Cosmics relativ leicht aufgrund ihrer charakteristischen Helligkeitsverteilung unterscheiden: Während ein Stern aufgrund der herrschenden Luftunruhe immer eine gaußförmige Helligkeitsverteilung besitzt, zeigen Cosmics einen sprunghaften Helligkeitsanstieg aus dem Himmelshintergrund.

Cosmic-Ereignisse sind zufällig über die gesamte Chipfläche verteilt. Werden also mehrere Aufnahmen desselben Himmelsobjektes (oder auch mehrere Dunkelbilder oder Flatfields) gemacht, können die Cosmics bereits durch Vergleich der Einzelbilder leicht erkannt werden. Werden mehrere Bilder zu einem Gesamtbild zusammengefügt, lassen sich die Cosmics mit Hilfe der so genannten Median-Mittelung fast 100%ig entfernen.

Externe Störquellen

Neben den Cosmics können auch zahlreiche andere äußere Einflüsse zu Störungen bei der Bildaufnahme führen. Fast immer handelt es sich um elektromagnetische Wellen, die mit den elektronischen Bauteilen der Kamera wechselwirken. Besonders betroffen sind Kameras, die im Gehäuse nur den Detektorchip nebst Ansteuerung enthalten. Die restliche Elektronik wie bspw. der A/D-Wandler ist in diesem Fall in einem separaten Gehäuse untergebracht. Die zwischen beiden Gruppen übertragenen analogen Signale sind besonders anfällig für Störungen. Es sollte daher nicht nur ein kurzes, sondern auch ein gut abgeschirmtes Kabel verwendet werden.

Mögliche Quellen der Störstrahlung sind alle Geräte, die elektromagnetische Strahlung abgeben. Das eigene Mobiltelefon kann noch am leichtesten durch simples Ausschalten als Fehlerquelle erkannt werden. Die inzwischen fast überall in Deutschland flächendeckend installierten Mobilfunkverteiler kommen als Störquelle jedoch genauso in Frage wie Hochspannungsleitungen oder Fernseh- bzw. Radiosender. Prinzipiell kann jedes elektrisch betriebene Gerät solche Strahlung abgeben, wenn es nicht richtig entstört ist.

Solche Störquellen zeigen sich auf der Aufnahme in Form eines mehr oder weniger regelmäßigen Streifenmusters.

Fehler bei der Datenübertragung

Es ist auch möglich, dass Störungen erst beim Transfer der Daten von der Kamera zum Computer entstehen. Direkte Einstreuungen von Störsignalen in das Datenkabel zwischen Kamera und Rechner sind eher unwahrscheinlich, da die Daten nicht nur binär übertragen werden, sondern zudem noch ein Fehlerkorrektur-Code mitgeschickt wird. Die häufigste Ursache für solche Störungen ist vielmehr die Verwendung eines falschen oder zu langen Datenkabels, was zu größeren, nicht reparablen Datenverlusten führen kann.

Verbindungskabel aller für die Datenübertragung verwendeten Schnittstellen dürfen nur eine maximale Länge besitzen. Um weitere Fehlerquellen auszuschließen, sind zudem nicht notwendige Steckerverbindungen möglichst zu vermeiden. Anstatt zwei kurze Kabel zu verbinden, sollte direkt ein langes Kabel verwendet werden.

Vor allem bei Kameras, deren Datenübertragung über die USB-Schnittstelle erfolgt, kann das Übertragungskabel für hochfrequente Störsignale wie eine Antenne wirken. Auch in diesem Fall weisen die Bilder ein Streifenmuster auf.

Es gibt verschiedene Möglichkeiten für die Entstehung solcher Störsignale. Vor allem dann, wenn die Kamera mittels Gleichspannungswandler an einer Batterie verwendet wird, sind die im Spannungswandler entstehenden hochfrequenten Ströme die Ursache. Wird neben der Kamera auch noch ein Computer und die Teleskopsteuerung über die gleiche Batterie betrieben, können auch deren Netzteile für die Störungen verantwortlich sein. Doch auch dann, wenn die Stromversorgung aller Geräte innerhalb einer Sternwarte über 230V erfolgt, können Störungen durch die in den verschiedenen 230V-Netzteilen ebenfalls enthaltenen Schaltregler erzeugt werden.

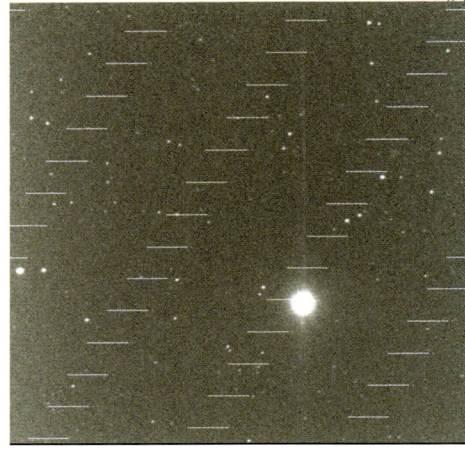

ABBILDUNG 263: Dieses regelmäßige Streifenmuster wurde durch die Signale einer an der seriellen Schnittstelle betriebenen DCF-Funkuhr hervorgerufen. Die eigentlich für den Betrieb unter Windows 3.x programmierte Aufnahmesoftware der am Parallelport angeschlossenen Starlight SXL-8 CCD-Kamera kam hierbei während des ca. 42 Sekunden dauernden Auslesevorgangs nicht mit dem zu jeder vollen Sekunde angebrachten Abgleich der Systemzeit zurecht.

Im einfachsten Fall hilft es bereits, das USB-Kabel möglichst weit entfernt von den Stromversorgungskabeln der verschiedenen Geräte zu verlegen. Aufgrund der Kompaktheit vieler Kameras ist dies jedoch zumindest bei der Stromversorgung der Kamera nicht ausreichend bewerkstelligbar.

Bringt diese Maßnahme alleine keine Verbesserung, sollten sowohl das Kabel vom Netzteil zur Kamera, als auch das Netz- bzw. Batteriekabel des Netzteils jeweils an beiden Enden mit Ferritringen ausgestattet werden. Eventuell muss dies auch bei allen anderen in der Nähe befindlichen Netzteilen durchgeführt werden.

Generell sollte auch das Datenkabel zwischen Kamera und PC mit solchen Ferritringen ausgestattet sein, insbesondere wenn es sich um parallele oder serielle Datenkabel handelt. Bei Kameras mit USB-Übertragung kann man dagegen ein direkt beidseitig mit Ferritringen ausgestattetes USB2-Kabel als Datenkabel verwenden. Alternativ kann auch ein bereits vorhandenes USB1-Kabel mit zwei Ferritringen versehen werden.

Computerinterne Fehlerquellen

Selbst wenn die von der Kamera kommenden Daten störungsfrei bis zum Computer übertragen werden, können durch die verwendete Steuersoftware Probleme auftreten. Während die mit modernen Kameras ausgelieferten Programme relativ selten Ärger bereiten, ist es vor allem die Software der älteren Kameras, die unter den modernen Betriebssystemen nicht mehr richtig funktioniert.

Sehr häufig kommen diese Programme nicht mit den zahlreichen bei Betriebssystemen ab Windows 9x im Hintergrund laufenden Anwendungen zurecht. Unter den alten Betriebssystemen gab es kein wirklich paralleles Laufen zweier Programme. Sollten also von der Kamera kommende Daten über die Schnittstelle eingelesen werden, waren alle anderen Prozesse für diesen Zeitraum gestoppt. Neue Betriebssysteme lassen diese Prozesse zeitlich nebeneinander ablaufen, d.h. zunächst werden einige Daten von Prozess 1 abgearbeitet, dann einige von Prozess 2, dann wieder von Prozess 1 usw. Da der Datenfluss bei der Übertragung zwischen Kamera und Rechner jedoch nicht unterbrochen werden kann, sondern in einem Stück erfolgen muss, kommt es so unweigerlich zu Übertragungsfehlern, die sich meist als fehlerhafte oder komplett fehlende Daten äußern. Programme, die für eines der modernen Betriebssysteme entwickelt wurden, stoppen während der Datenübertragung zwischen Kamera und PC alle anderen Prozesse im Rechner, so dass solche Fehler von vorne herein vermieden werden.

ABBILDUNG 263

Sehr ähnliche Bildfehler entstehen auch dann, wenn ein transportabler Computer bei sinkender Akkuspannung Warntöne erzeugt. Auch dieser Vorgang hat gegenüber allen anderen laufenden Prozessen Priorität, so dass für die Zeitdauer der Tonerzeugung der Datentransfer von der Kamera unterbrochen wird. Diese Warnfunktion wird beim Betrieb über den internen Akku meist erst wenige Minuten bevor der Akku leer ist aktiv. Bei Betrieb über eine externe Blei- oder Autobatterie kann dies aufgrund des langsamen Spannungsabfalls teilweise mehr als eine Stunde vorher auftreten. In einem solchen Fall hilft nur, diese Warnfunktionen zu deaktivieren.

Farbfotografie
Grundlagen des menschlichen Farbsehens

ABBILDUNG 264

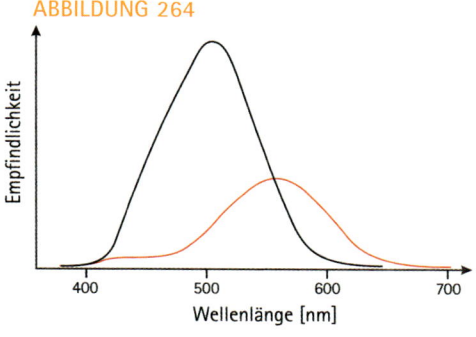

ABBILDUNG 265

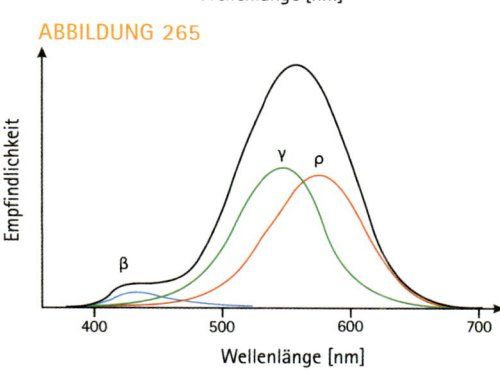

D as menschliche Auge besitzt in seiner Netzhaut (Retina) ca. 130 Mio. verschiedene lichtempfindliche Zellen. Diese teilen sich in zwei grundsätzliche Arten von Rezeptoren ein, die Stäbchen und die Zapfen. Den weitaus größten Anteil bilden die besonders lichtempfindlichen Stäbchen. Sie können zwar nicht zwischen den verschiedenen Wellenlängen des Lichts unterscheiden, reagieren aber auf grünes Licht um etwa 500nm am stärksten. Die Unterscheidung zwischen verschiedenen Helligkeiten erfolgt jedoch nicht kontinuierlich, sondern in 20 bis 60 Stufen.

Die Zahl der Zapfen ist mit nur ca. 6 Mio. wesentlich geringer als die der Stäbchen. Es existieren drei verschiedene Unterarten von Zapfen, die ihre höchste Empfindlichkeit jeweils im blauen, grünen und roten Wellenlängenbereich besitzen. Die β-Zapfen reagieren hauptsächlich auf blaues Licht mit Wellenlängen zwischen 400nm und 500nm. Die γ-Zapfen reagieren auf grünes Licht mit Wellenlängen von 450nm bis 620nm und die ρ-Zapfen schließlich können rotes Licht zwischen 480nm und 740nm nachweisen. So lange es hell genug ist, dass die Zapfen verwertbare Impulse liefern, interpretiert das Gehirn die unterschiedliche Lichtintensität im roten, grünen und blauen Bereich als Farbe.

Registrieren nur die roten, grünen oder blauen Zapfen Licht, so sehen wir die entsprechende Farbe. Empfangen alle drei Arten von Zapfen Licht, wird es als Weiß empfunden. Die Aktivierung von nur zwei Zapfen-Arten führt zur Wahrnehmung von so genannten Mischfarben: Aus Rot und Grün wird Gelb, aus Grün und Blau wird Cyan und aus Rot und Blau wird Magenta. Dank dieser Mischtechnik genügen drei Grundfarben, um alle möglichen Farbempfindungen hervorzurufen. Insgesamt können vom menschlichen Auge auf diese Weise bis zu 7 Mio. Farbnuancen unterschieden werden.

Additive und subtraktive Farbmischung

D ie physikalische Ursache für das farbige Aussehen eines Objektes ist die selektive Lichtstreuung an seiner Oberfläche bzw. bei transparenten Objekten, die selektive Lichtabsorption in seinem Inneren. Wenn nur ein Teil der nachweisbaren Wellenlängen in das Auge des Beobachters gelangt, erscheint uns der Körper farbig. Jede Farbe die wir wahrnehmen ist das Ergebnis einer Farbmischung. Man unterscheidet zwischen einer subtraktiven und einer additiven Farbmischung.

Bei beiden Arten der Farbmischung werden nur jeweils drei Grundfarben benötigt, aus denen sich alle anderen Farben zusammensetzen. Bei der additiven Farbmischung sind dies die Farben Rot, Grün und Blau, bei der subtraktiven Farbmischung sind es Cyan, Magenta und Gelb. Während die Mischfarbe bei der additiven Farbmischung stets heller als die Ausgangsfarben ist, ist die Mischfarbe bei der subtraktiven Farbmischung stets dunkler als die Ausgangsfarben.

Die generelle Ausgangsfarbe der additiven Farbmischung ist Schwarz, die der subtraktiven Farbmischung ist Weiß. Mischt man alle Grundfarben in gleichen Anteilen zu-

ABBILDUNG 264: Die für das Nachtsehen verantwortlichen Stäbchen des menschlichen Auges (schwarz) sind nicht nur generell empfindlicher, sondern auch deutlich blauempfindlicher als die für das Tagsehen verwendeten Zapfen (rot). Die Empfindlichkeitskurve der Zapfen setzt sich aus den Empfindlichkeiten der drei verschiedenen Zapfenarten zusammen.

ABBILDUNG 265: Die relative Wellenlängenempfindlichkeit der verschiedenen Zapfenarten nach Neumeyer. Trotz der teilweise großen Überlappung der einzelnen Empfindlichkeitsbereiche ist eine gute Unterscheidung der Frequenz des einfallenden Lichtes möglich.

sammen, erhält man die so genannte Tertialfarbe. Bei der additiven Farbmischung ist dies Weiß, bei der subtraktiven Farbmischung ist es Schwarz.

Mischt man eine Farbe mit ihrer so genannten Komplementärfarbe, so ergänzen sie sich bei der additiven Farbmischung zu Weiß bzw. bei der subtraktiven Farbmischung zu Schwarz. Typische Komplementärfarben der additiven Farbmischung sind beispielsweise Blau + Gelb, Grün + Magenta sowie Rot + Cyan, bei der subtraktiven Farbmischung entsprechend: Grün + Rot, Blau + Rot sowie Blau + Grün.

Additive Farbmischung findet sich z.B.

ABBILDUNG 266

beim Farbdruck, wo winzige verschiedenfarbige Punkte so dicht nebeneinander gedruckt werden, dass das menschliche Auge die einzelnen Punkte nicht mehr wahrnehmen kann und stattdessen eine einheitliche Fläche der entsprechenden Mischfarbe wahrnimmt. Auch das farbige Fernsehbild entsteht durch additive Farbmischung. Jeder Punkt des Fernsehbildes besteht in Wirklichkeit aus drei nahe beieinander liegenden Bildpunkten aus Rot, Grün und Blau. Eine andere Möglichkeit der additiven Farbmischung besteht in der Übereinanderprojektion farbigen Lichts auf eine weiße Fläche.

Subtraktive Farbmischung findet sich z.B. wenn Farbstofflösungen vermischt oder farbige Filtergläser hintereinander geschaltet werden. Hierbei entziehen die in dem durchleuchteten Körper enthaltenen Farbstoffe dem durchgehenden Licht bestimmte Farbanteile.

ABBILDUNG 266: Ausgehend von den Farben Rot, Grün und Blau erhält man bei der additiven Farbmischung (links) die Mischfarben Cyan, Magenta und Gelb bzw. die Tertialfarbe Weiß. Im Vergleich dazu entstehen bei der subtraktiven Farbmischung (rechts) aus den Farben Cyan, Magenta und Gelb die Mischfarben Rot, Grün und Blau bzw. die Tertialfarbe Schwarz.

Farbfilter

Da die in astronomischen CCD-Kameras verwendeten Chips normalerweise für Licht aller Wellenlängen von ca. 350nm bis 1000nm empfindlich sind, kann ohne weiteres nicht unterschieden werden, aus welchen Wellenlängen sich das Licht eines aufgenommen Himmelsobjektes zusammensetzt. Eine Farbdarstellung wird erst dann möglich, wenn die Intensitätsverteilung über die verschiedenen Wellenlängen ermittelt wird. Eine genaue Unterscheidung für jede einzelne Wellenlänge ist nicht notwendig: Analog zum menschlichen Auge reicht es vollkommen aus, jeweils nur die Lichtintensität in den drei Wellenlängenbereichen Rot, Grün und Blau zu ermitteln. Nimmt man also nacheinander drei einzelne Bilder durch entsprechende Filter auf, färbt diese anschließend ein und überlagert sie dann zu einem einzigen Bild entsteht ein Farbbild.

RGB-Filter

Die auf diesem Prinzip beruhende RGB-Filtermethode leitet sich von den Farben der verwendeten Filter – Rot, Grün und Blau – ab.

Für erste Versuche in der Farbfotografie können verhältnismäßig preiswerte Farbfilter aus dem Fotozubehör, wie sie z.B. von den Firmen Schott, Hama oder Cokin angeboten werden, verwendet werden. Selbst wenn ein einzelner Filter nicht den gewünschten Transmissionsbereich besitzt, kann dieser meist durch die Kombination mehrerer Filter erzielt werden. Abgesehen davon, dass die Transmission der verschiedenen Farbfilter bereits als Einzelfilter sehr unterschiedlich sein kann, ist jedoch zu beachten, dass die Transmission eines so erstellten Gesamtfilters mit der Zahl der kombinierten Einzelfilter immer weiter absinkt. Je nachdem wie viele und welche Einzelfilter zu den Gesamtfiltern kombiniert werden, kann außerdem deren Dicke zueinander stark variieren. Da die Filterdicke einen Einfluss auf die Fokuslage hat, muss in einem solchen Fall nach jedem Filterwechsel neu fokussiert werden. Besondere Sorgfalt muss bei der eigenen Filterzusammenstellung außerdem auf eine gute Blockung des Infrarotbereichs gelegt werden. Weil beinahe alle normalen Farbgläser in diesem Wellenlängenbereich wieder durchlässig werden, muss fast immer ein zusätzliches Infrarot-Sperrfilter in die Filterkombination mit einbezogen werden, sonst kommt es auf dem resultierenden Farbbild zu starken Farbverfälschungen.

ABBILDUNG 267

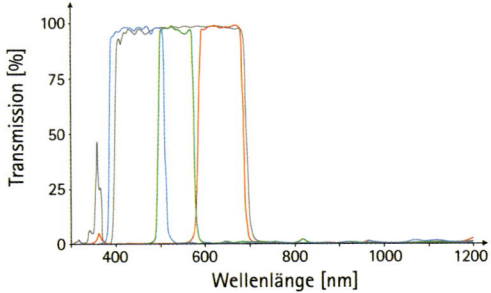

Deutlich besser, aber auch wesentlich teurer ist die Verwendung eines speziellen Farbfiltersatzes, wie er von vielen Anbietern fertig bezogen werden kann. Je nach Hersteller handelt es sich bei diesen Filtern um normale Farbgläser oder um Interferenzfilter. Der Vorteil der Interferenzfilter ist, dass sie eine wesentlich höhere Transmission als normale Farbgläser haben – über 90% sind hier die Regel. Mit Interferenzfiltern sind zudem vor allem bei den Blau- und Grünfiltern deutlich besser gegeneinander abgegrenzte Transmissionsbereiche realisierbar. Die Nachteile der Interferenzfilter sind ihre Empfindlichkeit gegenüber Kratzern und Feuchtigkeit, sowie ihr aus den aufwändigeren Herstellungsmethoden resultierender hoher Preis.

ABBILDUNG 268

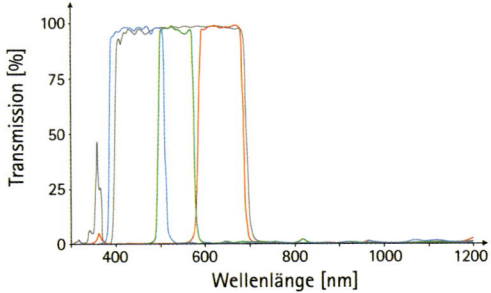

Vielen angebotenen RGB-Filtersätzen ist gemeinsam, dass die drei Farbbereiche mit nur jeweils einem Filter erzielt werden. Weil alle Einzelfilter eine identische Dicke besitzen, muss außerdem bei einem Filterwechsel nicht nachfokussiert werden. Bei fast allen Filtersätzen ist zudem der Infrarot-Sperrfilter in die Einzelfilter integriert.

Weil auch Computermonitore nach dem RGB-Prinzip arbeiten, können die drei mit Hilfe eines RGB-Filtersatzes aufgenommenen Einzelbilder am Monitor zu einem darstellbaren Farbbild zusammengefügt werden. Die notwendigen Funktionen besitzt heute fast jedes astronomisches Bildbearbeitungsprogramm. Den bearbeiteten und aufeinander zentrierten Einzelbildern wird automatisch die entsprechende Farbe zugeordnet und man erhält ein Farbbild.

Anstatt der herkömmlichen RGB-Filter verwenden seit einigen Jahren immer mehr Amateure speziell bei der Aufnahme von Emissions- und Planetarischen Nebeln schmalbandige Interferenzfilter. In den meisten Fällen beschränken sich diese Fotografen allerdings darauf, den Rotfilter durch einen Hα-Filter zu ersetzen. Eher selten ist es, dass auch ein [OIII]-Filter und ein Hβ-Filter anstelle des Grün- bzw. Blaufilters verwendet werden.

Der Vorteil dieser Technik liegt darin, dass die Einzelaufnahmen den Nebel mit einem wesentlich besseren S/N-Verhältnis zeigen. Der Nachteil dieser Filterkombination zeigt sich vor allem bei Objekten mit einem kontinuierlichen Spektrum, da bei ihnen im Vergleich zu normalen RGB-Filtern der überwiegende Teil des Lichtes absorbiert wird. Für die Fotografie von Sternfeldern, Sternhaufen und Galaxien ist die Verwendung dieser Filter daher nicht empfehlenswert!

CMY-Filter

Obwohl das menschliche Farbsehen auf der Erkennung der Farben des additiven RGB-Systems beruht, können auch mit den auf dem subtraktiven Farbsystem beruhenden Filtern in den Farben Cyan, Magenta

ABBILDUNG 267: Die Transmissionskurven eines aus verschiedenen Wrattenfiltern der Firma Kodak bestehenden RGB-Filtersatzes. Diese auch aus der Fotografie auf chemischem Schwarzweißfilm bekannten Filter besitzen eine sehr hohe Transmission im infraroten Spektralbereich. Aufgrund der großen IR-Empfindlichkeit der CCD-Chips muss daher zusätzlich ein IR-Sperrfilter (hier: Astronomik) verwendet werden.

ABBILDUNG 268: Die Transmissionskurven des von der Firma Baader Planetarium angebotenen RGB Interferenzfiltersatzes. Deutlich ist die Empfindlichkeitslücke zwischen R- und G-Bereich sowie die Überlappung von B- und G-Bereich zu erkennen. Grün- und Rotfilter wurden so aufeinander abgestimmt, dass die Hauptwellenlänge von Natriumdampflampen (589nm) nicht durchgelassen wird. Baader Planetarium bietet auch einen zu den Farbfiltern passenden L-Filter zur Erstellung von Luminanzbildern (grau) an.

LINKS

Lumineszenzstrahler

Max-Planck-Institut für Plasmaphysik

www.ipp.mpg.de/ippcms/ep/ausgaben/ ep200504/0405_

lumineszenzstrahler.html

LINKS
CMY-Farbfiltersätze
Edmund Industrie Optic GmbH
www.edmundoptics.com/DE/

Worauf ist bei RGB-Filtersätzen zu achten?

Betrachtet man Transmissionskurven verschiedener RGB-Filtersätze, fällt auf, dass bei vielen von ihnen zwischen den Durchlassbereichen von Rot- und Grünfilter eine Empfindlichkeitslücke besteht. Bildinformationen aus diesem Wellenlängenbereich fehlen also in der später zusammengesetzten Farbaufnahme.

Was auf den ersten Blick als ein gravierender Nachteil erscheint, relativiert sich allerdings, wenn man die Wellenlängen betrachtet, in denen die astronomischen Objekte ihr Licht aussenden. Sterne und damit auch Sternhaufen und Galaxien besitzen ein kontinuierliches Spektrum, strahlen also Licht aller Wellenlängen ab. Aufgrund des von den Filtern nicht durchgelassenen Lichts wird daher zwar ein minimaler Farbfehler verursacht, die Objekte selbst werden aber trotzdem abgebildet. Die für die farbige Astrofotografie interessanten Gasnebel strahlen dagegen nur in einigen wenigen konkreten Wellenlängen. Da jedoch keine dieser Emissionen in dem betroffenen Wellenlängenbereich liegt, ist auch ihre Darstellung nicht beeinträchtigt.

Wesentlich kritischer macht sich die teilweise starke Überlappung der Durchlassbereiche von Grün- und Blaufilter bei den resultierenden Aufnahmen bemerkbar. Im betroffenen Wellenlängenbereich liegen nämlich drei von vier der stärksten von Gasnebeln ausgestrahlten Emissionslinien: die [OIII]-Linien bei 495,9nm bzw. bei 500,7nm und die Hβ-Linie bei 486,1nm. Obwohl das Licht der [OIII]-Linien vom menschlichen Auge als Grün und das der Hβ-Linie als Blau wahrgenommen wird, kommt es bei den Filtern einiger Hersteller vor, dass die [OIII]-Linien ganz oder zumindest teilweise ebenfalls noch im Durchlassbereich des Blaufilters liegen. Das mit einem solchen Filtersatz aufgenommene Bild eines Nebels zeigt einen zu hohen Blauanteil.

Doch auch das andere Extrem existiert: Bei einigen Filtersätzen überlappen sich Blau- und Grünfilter fast gar nicht! Da auch hier der Wechsel zwischen diesen beiden Filtern bei ca. 500nm liegt, liegen die [OIII]-Linien weder im Bereich des Blau-, noch des Grünfilters. Sie fehlen auf dem Bild daher gänzlich.

ABBILDUNG 269: Im Gegensatz zu vielen RGB-Filtersätzen gibt es bei CMY-Filtersätzen keine Empfindlichkeitslücken. Häufig wird eine bestimmte Wellenlänge sogar von zwei Filtern durchgelassen. Die dargestellten Transmissionskurven gehören zu einem von Edmund Optics angebotenen Interferenzfiltersatz.

und Gelb Farbfotos aufgenommen werden. Man spricht hierbei auch vom CMY-Farbsystem, wobei sich das Y vom englischen Yellow ableitet.

Die Verwendung von CMY-Filtern ist deshalb möglich, weil jede dieser Filterfarben die Komplementärfarbe zu einer der RGB-Farben darstellt. Durch ein Cyanfilter aufgenommene Bilder besitzen deshalb die gleiche Farbinformation, die man auch durch Kombination der im RGB-System aufgenommenen Grün- und Blaubilder erhalten würde.

Anders als RGB-Einzelbilder können die CMY-Einzelbilder im Computer nicht direkt zu einem Farbbild kombiniert werden. Damit dies möglich wird, müssen die in ihnen enthaltenen RGB-Daten zunächst separiert

ABBILDUNG 269

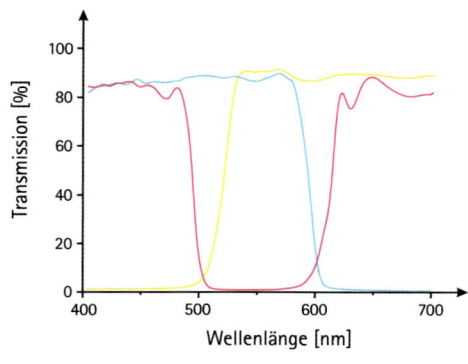

werden. Dies geschieht durch einfache mathematische Berechnungen:

Rot = Gelb + Magenta − Cyan
Grün = Gelb + Cyan − Magenta
Blau = Cyan + Magenta − Gelb

Da jeweils zwei der Ausgangsbilder die zu extrahierende Farbe beinhalten, ist die Intensität der sich ergebenden RGB-Bilder im Vergleich zu durch einen RGB-Filtersatz aufgenommenen Bildern um den Faktor zwei erhöht.

Während diese Umrechnungen früher vom Anwender selbst durchgeführt werden mussten, kann heute bei vielen Bildbearbeitungsprogrammen zwischen einem RGB- und einem CMY-Modus umgeschaltet werden. Die notwendigen Konvertierungen werden dann vom Programm bei der Kombination der einzelnen Farbkanäle automatisch vorgenommen.

CMY-Filter stellen vor allem bei der Fotografie von Emissions- und Planetarischen Nebeln eine interessante Alternative zum RGB-System dar. Eine der stärksten Emissionslinien der Planetarischen Nebel und vieler Emissionsnebel, die [OIII]-Linie, liegt genau im Grenzbereich der Farben Grün und Blau. Der Cyanfilter lässt sowohl blaues als auch grünes Licht passieren, so dass die bei den RGB-Filtersätzen auftretenden Probleme mit der generellen Erfassung dieser Spektrallinie vermieden werden. Das Problem ihrer farblichen Zuordnung bleibt jedoch bestehen, da bei ca. 500nm der blaue Transmissionsbereich des Magentafilters endet und der grüne Transmissionsbereich des Gelbfilters beginnt. Je nachdem welcher dieser Filter mehr Licht durchlässt, erscheinen die [OIII]-Emissionen im resultierenden Bild blau oder grün.

Ein klarer Nachteil des CMY-Filtersystems zeigt sich, sobald sich lichtbrechende Elemente im Strahlengang der Aufnahmeoptik befinden. Vor allem einfache Fotoobjektive und Refraktoren nach Fraunhofer besitzen

ABBILDUNG 270

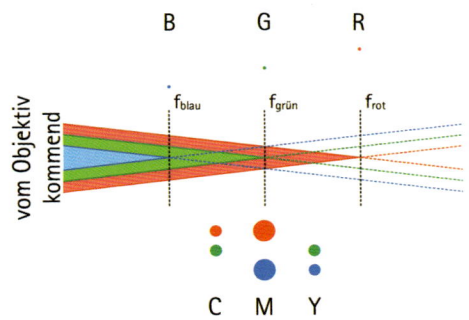

eine stark wellenlängenabhängige Brennweite. Wird eine solche Optik auf Licht eines Farbbereiches scharfgestellt, erscheinen die beiden anderen Farbbereiche daher unscharf. Dieser Effekt wird mit zunehmender Lichtstärke immer deutlicher sichtbar. Da die Filter eines CMY-Filtersatzes immer für zwei Farben transparent sind, entsteht ein Hof um die abgebildeten Lichtquellen. Bedingt durch seine weit auseinander liegenden Transmissionsbereiche ist dieser Effekt beim Magentafilter am stärksten ausgeprägt. Die Verwendung von apochromatischen Optiken schafft zwar Abhilfe, besser geeignet sind jedoch Spiegeloptiken, wobei auch bei ihnen Farbfehler auftreten können, sobald ein Korrektor oder eine Barlow- bzw. Shapleylinse in den Strahlengang eingefügt wird.

Sehr ähnlich verhält es sich bei der Fotografie von horizontnahen Objekten. Aufgrund der für verschiedene Wellenlängen unterschiedlichen atmosphärischen Refraktion werden alle Objekte mit zunehmender Horizontnähe zu kleinen, senkrecht zum Horizont stehenden Spektren auseinander gezogen. Während auf mit RGB-Filtern erstellten Aufnahmen immer nur ein Drittel dieses Spektrums pro Farbkanal abgebildet wird, sind es bei Verwendung von CMY-Filtern aufgrund des jeweils breiteren spektralen Durchlasses zwei Drittel. Horizontnahe Objekte werden also länglich erscheinen! Auch hier fällt beim Magentafilter störend auf, dass seine beiden Durchlassbereiche an den entgegengesetzten Enden des Spektrums liegen. Bei sehr geringen Horizonthöhen können aufgrund des herausgefilterten Grünbildes sogar Doppelbilder entstehen.

Der oftmals als Vorteil der CMY-Filter gegenüber den klassischen RGB-Filtern angeführte wesentlich breitere spektrale Durchlass jedes Filters erweist sich auf den zweiten Blick sogar als Nachteil: Sterne und andere Objekte, die über ein kontinuierliches Spektrum verfügen, werden zwar auf jedem Einzelbild im CMY-System mit einem besseren S/N-Verhältnis abgebildet, bei der Umrechnung der CMY-Bilder zu einem RGB-Bild verschlechtert sich das S/N-Verhältnis gegenüber einer

ABBILDUNG 270: Aufgrund der chromatischen Aberration hat eine Linsenoptik eine wellenlängenabhängige Brennweite. Der Brennpunkt des kurzwelligen blauen Lichts liegt näher am Objektiv als der des langwelligen roten Lichts.

Bei Farbaufnahmen, die mit den nur jeweils einen Farbbereich durchlassenden RGB-Filtern aufgenommen werden (oben), wird jeweils auf den Brennpunkt der betreffenden Filterfarbe fokussiert. Für jeden der drei Farbkanäle erhält man so ein scharfes Bild. Diese lassen sich anschließend zu einem ebenfalls scharfen Farbbild kombinieren.

Weil die Filter eines CMY-Filtersatzes jeweils zwei Farbbereiche durchlassen, muss man bei der Fokussierung immer einen Kompromiss eingehen. Fokussiert man auf eine der beiden Farben, erhält man für diese Farbe ein scharfes Bild, das jedoch von einem deutlich unscharfen Bild der anderen Farbe umgeben wird. Fokussiert man auf einen Punkt genau zwischen den beiden jeweiligen Farbbrennpunkten, erhält man zwei gleichgroße, sich überlagernde leicht unscharfe Bilder (unten). Weil sowohl der Cyan- als auch der Gelbfilter zwei benachbarte Farbbereiche durchlassen, ist dieser Effekt bei ihnen deutlich geringer als beim Magentafilter. Das aus allen drei Bildern kombinierte Farbbild ist also unschärfer als das RGB-Bild.

ABBILDUNG 271

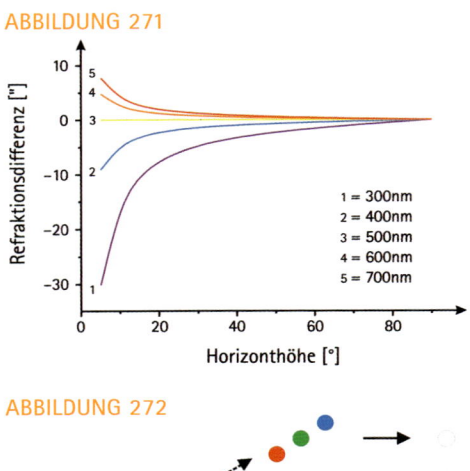

ABBILDUNG 272

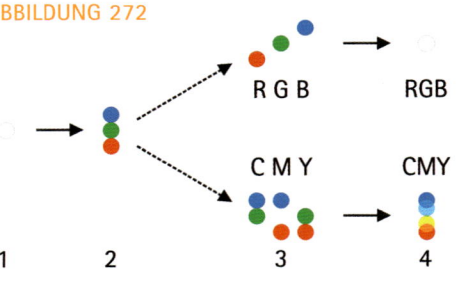

ABBILDUNG 271: Die refraktionsbedingten Abweichungen für Licht verschiedener Wellenlängen, gegenüber der auf Licht mit einer Wellenlänge von 500nm bezogenen mittleren Objektposition. Die Kurven gelten für einen Luftdruck von 1013hPa bei einer Temperatur von 0°C.

ABBILDUNG 272: Bedingt durch die atmosphärische Refraktion wird jeder horizontnahe Stern (1) zu einem kleinen Spektrum (2) auseinander gezogen. Nimmt man einen solchen Stern durch einen RGB-Filtersatz auf, erhält man drei leicht gegeneinander verschobene Einzelbilder (3) (oben), die sich nach entsprechendem gegenseitigem Rückverschieben wieder zu einem scharfen Bild (4) (oben) überlagern lassen. Wird der gleiche Stern mit einem CMY-Filtersatz (3) (unten) aufgenommen, zeigt jede Einzelaufnahme jeweils zwei Farben. Trotz Verschieben lassen sich diese Bilder nicht wieder zu einem scharfen Bild (4) (unten) überlagern.

direkten RGB-Aufnahme jedoch auf ca. 80%. Soll mit einer CMY-Aufnahme also das gleiche S/N-Verhältnis wie mit einer RGB-Aufnahme erzielt werden, müssen die Einzelbilder 1,5× länger belichtet werden. Bei Objekten, die nur in einigen wenigen konkreten Wellenlängen Licht emittieren, bewirkt dieser breite Durchlass sogar bereits auf den Einzelbildern ein schlechteres S/N-Verhältnis. Im Vergleich zum RGB-Filtersystem lassen CMY-Filter bei gleicher Belichtungszeit zwar gleichviel Licht vom Objekt, aber gleichzeitig auch wesentlich mehr Licht vom Himmelshintergrund durch.

Farbbalance (Weißabgleich)

Aufgrund der geschilderten Probleme stellt die richtige Farbbalance eine der größten Schwierigkeiten bei der Farbfotografie dar. Die Quanteneffizienz von CCD- und CMOS-Chips variiert sehr stark mit der Wellenlänge des einfallenden Lichtes. Dies hat zur Folge, dass die Aufnahmen in den unterschiedlichen Farbbereichen für ein ähnliches S/N-Verhältnis verschieden lang belichtet werden müssen. Für das RGB-Filtersystem bedeutet dies z.B., dass die Blauaufnahme

Farbfilter für schärfere Schwarzweißbilder?

Die atmosphärische Refraktion wirkt sich nicht nur bei der Erstellung von Farbaufnahmen aus, auch bei der Schwarzweißfotografie bewirkt sie bei horizontnahen Aufnahmen deutliche Unschärfen. Betrachtet man nur die bei der Farbfotografie benötigten Wellenlängen von 300nm bis 700nm (eine monochom arbeitende gekühlte CCD-Kamera ist bis 1000nm empfindlich!), so macht dieser Effekt bereits bei einer Horizonthöhe von 45° eine Unschärfe von ca. 3" aus. Bei 20°, der von Deutschland aus gesehen maximalen Horizonthöhe vieler Objekte der Sommermilchstraße, sind es sogar bereits fast 10"!
Die Auswirkungen der Refraktion zeigen sich am deutlichsten im kurzwelligen Spektralbereich. Wird dieser komplette Bereich z.B. durch ein Rot- bzw. Rot-Orangefilter herausgefiltert, verbessert sich die Schärfe der Aufnahme deutlich. Bei Verwendung eines schmalbandigen Interferenzfilters, das nur noch für eine Wellenlänge durchlässig ist (Hα, Hβ bzw. [OIII]), kann dieser Effekt für die Fotografie von Gasnebeln weiter verstärkt werden.

in der Regel eine deutlich längere Belichtungszeit als die Grünaufnahme und diese wiederum eine längere als die Rotaufnahme benötigt.
Weil zudem die verschiedenen Chip-Typen untereinander sehr unterschiedliche Empfindlichkeitskurven besitzen, werden selbst die mit ein und demselben Filtersatz und gleichen Belichtungszeitenverhältnissen aufgenommen Farbbildserien unterschiedliche Intensitätsverhältnisse zeigen. Die Angabe von Filterfaktoren ist also auch chipabhängig.

Doch selbst diese chipabhängigen Filterfaktoren garantieren immer noch keine farbstichfreien Aufnahmen. Sowohl teleskopspezifische Korrekturen als auch eine von der Horizonthöhe des aufgenommenen Objektes abhängige Korrektur müssen noch angebracht werden.

Zudem sind auch die mit diesem Belichtungszeitenverhältnis gewonnenen Bilder noch nur schwer bis gar nicht ausgleichbaren Farbverfälschungen unterworfen – der Lichtverschmutzung. Diese ist nicht nur in ihrer Intensität, sondern auch in ihren Wellenlängen sowohl zeit-, orts- und witterungsabhängig. Je nach Lage des Beobachtungsortes herrschen andere künstliche Lichtquellen vor, von denen einige, wie z.B. Straßenlaternen oder Werbebeleuchtungen, ab einer bestimmten Uhrzeit abgeschaltet werden. Je nach Luftfeuchtigkeit und Staubgehalt der Atmosphäre wird dieses Licht zudem unterschiedlich stark gestreut, so dass es kaum zwei Nächte geben wird, an denen die Auswirkungen der Lichtverschmutzung auf einer Aufnahme identisch sein werden.

Auch die Horizonthöhe des aufgenommenen Objektes spielt eine wichtige Rolle: Aufgrund der atmosphärischen Extinktion erscheinen alle Himmelsobjekte deutlich röter, je flacher sie über dem Horizont stehen. Die rot verfärbte auf- oder untergehende Sonne ist hierfür das beste Beispiel. Hinzu

ABBILDUNG 273

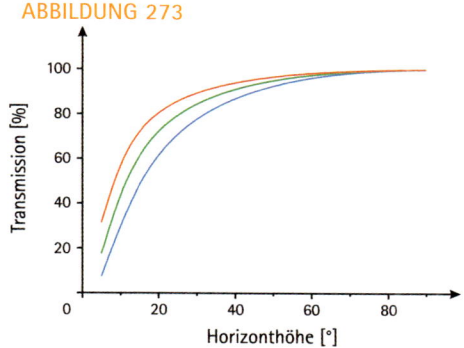

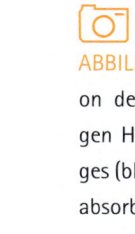

Die Transmission der Erdatmosphäre. Bei geringen Horizonthöhen wird kurzwelliges (blaues) Licht wesentlich stärker absorbiert als langwelliges (rotes).

ABBILDUNG 274

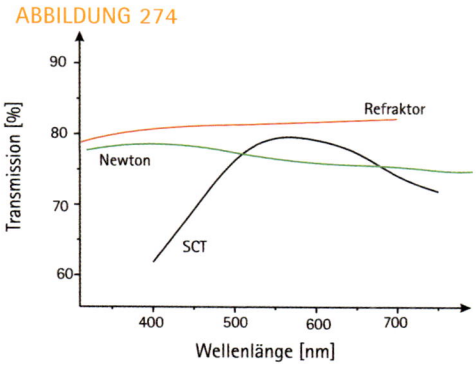

Während der klassische Newton mit Aluminiumbedampfung (grün) und der Refraktor nach Fraunhofer (rot) eine relativ konstante Transmission im visuellen Spektralbereich aufweisen, variiert diese beim Schmidt-Cassegrain-Teleskop (schwarz) sehr stark.

kommt noch die teilweise recht unterschiedliche wellenlängenabhängige Transmission der verschiedenen Teleskopoptiken.

Soll eine Aufnahmeserie kalibriert werden, reicht es aus, die ermittelten Korrekturwerte auf eine mittlere Horizonthöhe des aufgenommenen Objektes zurückzurechnen. Bei einer Farbkamera mit Bayermaske kann als Horizonthöhe die Objekthöhe zur Mitte der Gesamtbelichtung eingesetzt werden. Bei Dreifarben-Kompositen wird es schwieriger: Werden hier zuerst alle R, dann alle

Tabelle 49: Je nach verwendetem CCD-Chip und eingesetzten Farbfiltern ergeben sich verschiedene Filterfaktoren.

CCD-Chip	Filterhersteller	Filterfaktoren		
		R	G	B
TC-237	SBIG (CFW-5C)	1	1	1
TC-255	SBIG (CFW-5C)	1	1	1
KAF0261E	SBIG (CFW-8A)	1	1	1,6
KAF0400	SBIG (CFW-8A)	1	1	2,5
KAF0401E	SBIG (CFW-8A)	1	1	1,6
KAF1600	SBIG (1996)	1	1,14	2,87
KAF1600	SBIG (CFW-8A)	1	1	2,5
KAF1602E	SBIG (CFW-8A)	1	1	1,6
KAF3200ME	SBIG (CFW-8A)	1	0,75	0,85
KAI-11000M	SBIG	1	0,77	1,23
KAI-11002M	Baader	1	1	1

G und schließlich alle B Aufnahmen nacheinander gewonnen, kommt es zwangsläufig zu Abweichungen, wenn mit einer mittleren Objekthöhe gerechnet wird. Hier sollte daher die mittlere Höhe für jeden Farbkanal getrennt bestimmt werden. Deutlich vorteilhafter ist der Einsatz eines Filterrads mit homofokalem Filtersatz: Durch einen ständigen Wechsel der Filter von Aufnahme zu Aufnahme wirkt sich die Änderung der Objekthöhe nicht so gravierend aus, weil alle Farben im Mittel in derselben Höhe erstellt werden. Bei Refraktoren muss hierbei allerdings beachtet werden, dass bei jedem Filterwechsel aufgrund eines möglichen Farblängsfehlers ggf. immer wieder neu fokussiert werden muss. Auch sich im Laufe der Nacht langsam verändernde Umgebungsbedingungen wie Mondlicht oder Dunst haben bei kontinuierlichem Filterwechsel einen großen Einfluss.

Sind, wie z.B. bei vielen digitalen Spiegelreflexkameras, weder die genauen Filterfaktoren noch die genaue Chipempfindlichkeit bekannt, kann die Farbbalance auch an einem Stern kalibriert werden. Dieser muss ein ähnliches Farbspektrum wie die Sonne aufweisen.

Hierzu wird ein sonnenähnlicher Stern (Spektraltyp G, Leuchtkraftklasse V – siehe Tabelle 50 und Tabelle 51) bei möglichst großer Horizonthöhe aufgenommen. Die Belichtungszeit wird so gewählt, dass die Signalstärke des Sterns ca. 50% der Chip-Sättigung erreicht. Bei Aufnahmen in Dreifarben-Komposittechnik wird durch jedes Farbfilter eine gleich lang belichtete Aufnahme erstellt. Die Belichtungszeit richtet sich dann nach dem Farbkanal, in dem der Stern als erstes eine Sättigung von 50% erreicht.

Zur Erhöhung der Messgenauigkeit sollten mehrere Aufnahmen angefertigt werden. Alle Aufnahmen werden mit Dunkelbild und Flatfield kalibriert. Eine weitere Verbesserung wird erreicht, wenn unterschiedliche sonnenähnliche Sterne in verschiedenen Nächten beobachtet werden.

◯ Die Berechnung der effektiven Filterfaktoren

Für eine RGB-Aufnahme des Lagunennebels sollen die optimalen Filterfaktoren berechnet werden. Aufnahmegerät ist ein Schmidt-Cassegrain-Teleskop und eine ST-7E (Kodak KAF0401E) von SBIG, sowie dem CFW-8A Filterrad von SBIG. Der Nebel soll bei seiner Kulmination fotografiert werden. Aufnahmeort ist München (geogr. Breite: 48°). Die theoretischen Filterfaktoren laut Tabelle 49 sind:

1 : 1 : 1,6

Aufgrund seiner Deklination von −24,4° berechnet sich die Kulminationshöhe des Lagunennebels für München zu 17,6°. Die Erdatmosphäre ist in dieser Höhe für die drei Farbkanäle im Idealfall zu 76,9% (Rot), 67,5% (Grün) und 55,6% (Blau) durchlässig. Die Belichtungszeiten müssen also im Verhältnis 1 : 1,14 : 1,38 verlängert werden. Hierdurch ergeben sich die neuen Filterfaktoren zu:

1 : 1,14 : 2,21

Bedingt durch die stark wellenlängenabhängige Transmission einer Schmidt-Cassegrain-Optik muss eine weitere Korrektur angebracht werden. Die mittlere Transmission in den drei Filterbereichen liegt bei 76% (Rot), 79% (Grün) und 70% (Blau). Durch die sich ergebenden Belichtungszeitenveränderungen im Verhältnis von 1 : 0,96 : 1,09 ergibt sich damit für die endgültigen Filterfaktoren:

1 : 1,09 : 2,41

Tabelle 50: Helle sonnenähnliche Sterne ($m_v < 7^m$).

Name	Katalog	R.A.2000	Dekl.2000	Spektraltyp	m_v	Sternbild
	BS 9107	$00^h\ 04^{min}\ 53{,}6^s$	+34° 39' 56"	G2V	$6^m_{.}11$	And
	HD 1461	$00^h\ 18^{min}\ 41{,}7^s$	−08° 03' 04"	G3	$6^m_{.}47$	Cet
9 Cet	HD 1835	$00^h\ 22^{min}\ 51{,}7^s$	−12° 12' 34"	G2,5	$6^m_{.}39$	Cet
18 Cet	BS 0203	$00^h\ 45^{min}\ 28{,}6^s$	−12° 52' 51"	G2V	$6^m_{.}16$	Cet
	HD 4915	$00^h\ 51^{min}\ 10{,}7^s$	−05° 02' 23"	G0V	$6^m_{.}98$	Cet
	HD 8262	$01^h\ 22^{min}\ 17{,}7^s$	+18° 40' 57"	G2V	$6^m_{.}93$	Psc
	BS 483	$01^h\ 41^{min}\ 47{,}1^s$	+42° 36' 49"	G1,5V	$4^m_{.}97$	And
	HD 20619	$03^h\ 19^{min}\ 01{,}8^s$	−02° 50 '36"	G1,5	$7^m_{.}05$	Eri
ζ_1 Ret	BS 1006	$03^h\ 17^{min}\ 46{,}2^s$	−62° 34' 32"	G2,5V	$5^m_{.}51$	Ret
ζ_2 Ret	BS 1010	$03^h\ 18^{min}\ 12{,}9^s$	−62° 30' 23"	01,5V	$5^m_{.}23$	Ret
ζ_3 Aur	BS 1729	$05^h\ 19^{min}\ 08{,}4^s$	+40° 05 57"	G2IV/V	$4^m_{.}71$	Aur
	HD 44594	$06^h\ 20^{min}\ 06{,}1^s$	−48° 44' 28"	G2	$6^m_{.}61$	Car
	HD 45184	$06^h\ 24^{min}\ 43{,}8^s$	−28° 46' 48"	G2	$6^m_{.}37$	Col
	HD 53705	$07^h\ 03^{min}\ 57{,}2^s$	−43° 36' 29"	G1,5	$5^m_{.}56$	Pup
	HD 76151	$08^h\ 54^{min}\ 17{,}9^s$	−05° 26' 04"	G2	$6^m_{.}01$	Hya
20 LMi	BS 3951	$10^h\ 01^{min}\ 00{,}6^s$	+31° 55' 25"	G3	$5^m_{.}37$	LMi
35 Leo	HD 89010	$10^h 16^{min}\ 32{,}2^s$	+23° 30' 31"	G1,5V	$5^m_{.}97$	Leo
47 UMa	BS 4277	$10^h\ 59^{min}\ 27{,}9^s$	+40° 25' 49"	G0V	$5^m_{.}04$	Uma
	HD 96700	$11^h\ 07^{min}\ 54{,}3^s$	−30° 10' 22"	G I	$6^m_{.}52$	Hya
	HD 102365	$11^h\ 46^{min}\ 31{,}0^s$	−40° 30' 01"	G3	$4^m_{.}89$	Cen
	BS 5384	$14^h\ 23^{min}\ 15{,}2^s$	+01° 14' 30"	G1V	$6^m_{.}27$	Vir
	BS 5596	$14^h\ 50^{min}\ 20{,}2^s$	+82° 30' 43"	F9V	$5^m_{.}64$	UMi
ψ Ser	BS 5853	$15^h\ 44^{min}\ 01{,}6^s$	+02° 30' 54"	G2,5	$5^m_{.}87$	Ser
39 Ser	BS 5911	$15^h\ 53^{min}\ 12{,}0^s$	+13° 11' 48"	G1	$6^m_{.}08$	Ser
	HD 144585	$16^h\ 07^{min}\ 03{,}2^s$	+14° 04' 16"	G2	$6^m_{.}31$	Ser
λ Ser	BS 5868	$15^h\ 46^{min}\ 26{,}5^s$	+07° 21' 11"	G0V	$4^m_{.}42$	Ser
18 Sco	BS 6060	$16^h\ 15^{min}\ 37{,}1^s$	−08° 22' 11"	G2Va	$5^m_{.}50$	Sco
	HD 152792	$16^h\ 53^{min}\ 32{,}2^s$	+42° 49' 30"	G0V	$6^m_{.}83$	Her
	BS 6538	$17^h\ 32^{min}\ 00{,}9^s$	+34° 16' 15"	G5V	$6^m_{.}56$	Her
	HD 168874	$18^h\ 20^{min}\ 49{,}1^s$	+27° 31' 50"	G2IV	$7^m_{.}01$	Her
	HD 177082	$19^h\ 02^{min}\ 38{,}0^s$	+14° 34' 02"	G2V	$6^m_{.}90$	Aql
16 Cyg A	BS 7503	$19^h\ 41^{min}\ 48{,}8^s$	+50° 31' 31"	G1,5V	$5^m_{.}99$	Cyg
16 Cyg B	BS 7504	$19^h\ 41^{min}\ 51{,}8^s$	+50° 31' 03"	G2,5V	$6^m_{.}24$	Cyg
	HD 187237	$19^h\ 48^{min}\ 00{,}7^s$	+27° 52' 10"	G2III	$6^m_{.}90$	Vul
	BS 7569	$19^h\ 52^{min}\ 03{,}4^s$	+11° 37' 44"	G0V	$6^m_{.}16$	Aql
	BS 7683	$20^h\ 05^{min}\ 09{,}7^s$	+38° 28' 42"	G5IV	$6^m_{.}19$	Cyg
	BS 7914	$20^h\ 40^{min}\ 45{,}1^s$	+19° 56' 07"	G5V	$6^m_{.}44$	Del
	BS 8964	$23^h\ 37^{min}\ 58{,}5^s$	+46° 11' 59"	G5	$6^m_{.}60$	And

Im nächsten Schritt wird die Intensität des Sterns in den einzelnen Farbkanälen gemessen. Bei Einzelaufnahmen durch einen Farbfiltersatz ist dies direkt möglich. RAW-Aufnahmen einer digitalen Spiegelreflexkamera müssen hierfür zunächst nach RGB umgewandelt werden. Das so erhaltene Intensitätsverhältnis der einzelnen Farbkanäle muss noch mithilfe der Werte aus Abbildung 273 um den Einfluss der Extinktion korri-

Tabelle 51: Schwache sonnenähnliche Sterne ($m_v > 8^m$).

Name	R.A.2000	Dekl.2000	Spektraltyp	m_v	Sternbild
SA 140-84	$00^h\ 03^{min}\ 38^s$	$-28°\ 41'\ 46''$	G?	11^m96	Sci
SA 92-276	$00^h\ 56^{min}\ 27^s$	$+00°\ 41'\ 52''$	G5	12^m04	Cet
SA 93-101	$01^h\ 53^{min}\ 18^s$	$+00°\ 22'\ 25''$	G5	9^m73	Cet
vB64	$04^h\ 26^{min}\ 40^s$	$+16°\ 44'\ 49''$	G2	8^m10	Tau
SA 92-249	$05^h\ 57^{min}\ 07^s$	$+00°\ 01'\ 11''$	G5	11^m73	Ori
SA 98-682	$06^h\ 52^{min}\ 16^s$	$-00°\ 19'\ 42''$	G?	13^m75	Mon
Rubin 149B	$07^h\ 24^{min}\ 18^s$	$-00°\ 33'\ 07''$	G?	12^m64	CMi
SA 101-321	$09^h\ 55^{min}\ 40^s$	$-00°\ 18'\ 52''$	G7	12^m85	Sex
SA 101-329	$09^h\ 56^{min}\ 19^s$	$-00°\ 26'\ 28''$	G7	11^m99	Sex
SA 102-1081	$10^h\ 57^{min}\ 04^s$	$-00°\ 13'\ 12''$	G5	9^m90	Leo
SA 102-370	$10^h\ 56^{min}\ 34^s$	$-01°\ 10'\ 40''$	G2	11^m23	Leo
SA 103-487	$11^h\ 55^{min}\ 11^s$	$-00°\ 23'\ 38''$	G5	11^m87	Vir
SA 103-204	$11^h\ 57^{min}\ 27^s$	$-00°\ 56'\ 53''$	G7	11^m19	Vir
SA 104-483	$12^h\ 44^{min}\ 17^s$	$-00°\ 27'\ 33''$	G5	12^m08	Vir
SA 105-56	$13^h\ 38^{min}\ 42^s$	$-01°\ 14'\ 14''$	G5	9^m98	Vir
SA 107-684	$15^h\ 37^{min}\ 18^s$	$-00°\ 09'\ 50''$	G3	8^m43	Ser
SA 107-998	$15^h\ 38^{min}\ 16^s$	$+00°\ 15'\ 23''$	G3	10^m44	Ser
SA 196-1801	$17^h\ 11^{min}\ 08^s$	$-60°\ 06'\ 29''$	G?	12^m76	Ara
SA 110-361	$18^h\ 42^{min}\ 45^s$	$+00°\ 08'\ 04''$	G5	12^m43	Aql
SA 112-1333	$20^h\ 43^{min}\ 12^s$	$+00°\ 26'\ 15''$	G2	9^m98	Aqr
SA 133-276	$21^h\ 42^{min}\ 27^s$	$+00°\ 26'\ 20''$	G5	9^m07	Aqr
SA 114-654	$22^h\ 41^{min}\ 26^s$	$+01°\ 10'\ 11''$	G0	11^m83	Aqr
HD 219018	$23^h\ 12^{min}\ 39^s$	$+02°\ 41'\ 10''$	G1	7^m71	Psc
SA 115-2688	$23^h\ 42^{min}\ 31^s$	$+00°\ 52'\ 11''$	G?	12^m49	Psc
SA 115-271	$23^h\ 45^{min}\ 42^s$	$+00°\ 45'\ 14''$	G2	9^m70	Psc

giert werden. Alternativ empfiehlt sich die Verwendung der Excel-Tabelle »Extinktion.xls« von B. Hubl. Als Ergebnis erhält man das optimale Belichtungszeitenverhältnis im Zenit.

Will man »schöne bunte Bilder« der verschiedenen Himmelsobjekte aufnehmen, ist eine exakte Einhaltung der Filterfaktoren nicht notwendig. Alle Bildbearbeitungsprogramme, mit denen Farbaufnahmen erstellt werden können, ermöglichen eine nachträgliche Korrektur der Farbbalance.
Wesentlich wichtiger ist, dass die verschiedenen Farbkanalbilder über ein ausreichendes S/N-Verhältnis verfügen. Wie bei der Fotografie im integralen Licht kann dies nur durch eine ausreichend lange Belichtung der einzelnen Farbkanalbilder erreicht werden. Bei sehr schwachen Objekten müssen auch hier gegebenenfalls mehrere Auf-

nahmen pro Farbkanal erstellt und zu einem Gesamtbild kombiniert werden.

Die Farbwahrnehmung ist eine zutiefst subjektive Angelegenheit. Vergleicht man Bilder gleicher Deep-Sky-Objekte von mehreren Fotografen, wird man alle Nuancen einer bestimmten Farbe dargestellt sehen. Selbst bei kalibriertem Aufnahmegerät sehen die Bilder auf dem Bildschirm oftmals farbverschoben aus. Grund hierfür kann neben einem falsch kalibrierten Monitor auch eine ungünstige Arbeitsumgebung sein. Eine für die Farbbearbeitung optimierte Arbeitsumgebung sollte neben weißen Wänden auch Tageslichtbeleuchtung bereitstellen. Dies verhindert, dass das Gehirn einen beleuchtungs- und räumlich bedingten Farbstich als »Weiß« abgleicht.
Die Einstellungen des Monitors lassen sich am einfachsten mit einem Programm vor-

LINKS
Extinktion.xls
B. Hubl
www.astrophoton.com/tips/
extinktion.xls

‹› Bestimmung der relativen Empfindlichkeiten

Die relativen Empfindlichkeiten der Farbkanäle einer mit Baader ACF III-Filter umgebauten Canon EOS 5D sollen bestimmt werden: Der Stern TYC 117-895 (SA 92-249) wird hierzu zehnmal mit jeweils 60s Belichtungszeit bei aktivierter interner Dunkelbildkorrektur mit einem 12"-ACF bei 3000mm Brennweite aufgenommen. Nachdem die Bilder mit Fitswork nach RGB konvertiert wurden, ergibt sich ein mittleres Empfindlichkeitsverhältnis von:

R : G : B = 2,13 : 1,51 : 1

Bezogen auf den Grünanteil =1 erhält man:

R : G : B = 1,41 : 1 : 0,66

Das bedeutet, dass der Rotwert 41% über dem Grünwert liegt, der Blauwert hingegen nur 66% des Grünwerts aufweist. Der Rotwert muss also durch 1,41 dividiert bzw. mit 1/1,41 = 0,71 multipliziert werden. Der Blauwert muss mit 1/0,66 = 1,51 multipliziert werden. Die so ermittelten Skalierungsfaktoren können z.B. in Programmen wie DeepSkyStacker verwendet werden.

Hinweis: Diese Messreihe soll hier nur als Beispiel für die generelle Vorgehensweise dienen. Man müsste noch genauer geräte- und kameraabhängig in verschiedenen Nächten unterschiedliche Sterne aufnehmen und ausmessen, um verlässliche Aussagen und Kalibrierungen vornehmen zu können.

ABBILDUNG 275

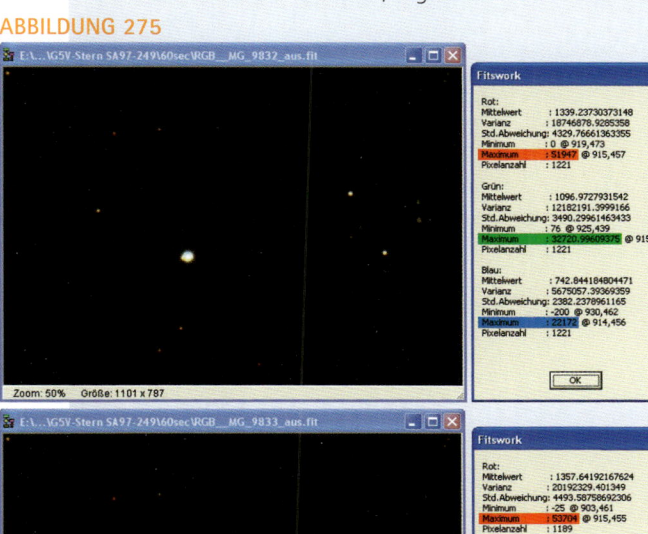

ABBILDUNG 275: Messung der Maximalintensität des G5V-Sterns TYC 117-895 in Fitswork, hier exemplarisch dargestellt an zwei von 10 Einzelbildern.

TIPP

Bei Farbbildern, die nach dem RGB- bzw. CMY-Verfahren erstellt werden, sollten alle vorgesehenen Bildbearbeitungsschritte wie Helligkeitsanpassungen oder Schärfefilter erst vorgenommen werden, nachdem die Einzelbilder zum Farbbild kombiniert wurden. Bedingt durch die unterschiedliche Signalstärke in den einzelnen Farbkanälen wird sonst leicht die Farbbalance der Aufnahme verändert.

Die einzige Ausnahme ist die Entfernung von Helligkeitsgradienten in den verschiedenen Farbkanälen. Solche Gradienten sind meist durch die Lichtverschmutzung hervorgerufen, so dass sie in den verschiedenen Farbbereichen unterschiedlich stark ausgeprägt sind.

nehmen, mit dem Helligkeit, Kontrast und Gammawert – ggf. für jede RGB-Farbe separat – eingestellt werden. Die Freeware-Programme QuickGamma und QuickMonitorProfile sind hierfür gut geeignet. Insbesondere für die Druckvorstufe geeignet ist der Farbraum Adobe RGB (1998), der den im Jahr 1996 für Röhrenmonitore entwickelten Standard-Kamerafarbraum sRGB umfasst und deshalb mehr vom Auge sichtbare Farbnuancen darstellen kann. Professionelle Anwender kalibrieren ihren Monitor gerne mit einem Colorimeter, der die Einstellungen exakt vornehmen kann.

Diese können als eigenes Profil abgespeichert und bei jedem Rechnerstart mitgeladen werden

Luminanzbilder

Ein generelles Problem der Astrofotografie mit Farbfiltern besteht darin, dass die ohnehin bereits sehr schwachen Objektsignale durch den Filtereinsatz noch weiter abgeschwächt werden. Selbst die mit Belichtungszeiten von mehreren Minuten pro Farbkanal aufgenommenen Aufnahmen wirken daher noch sehr verrauscht.

ABBILDUNG 276: Stacking von
M 42 in DeepSkyStacker:
Links:
Red Scale = 1, Blue Scale = 1.
Rechts:
Red Scale = 0,71, Blue Scale = 1,51.
Man erkennt, dass die überbelich-
teten Sterne bei unkorrigierten
RGB-Werten einen Rotüberschuss
aufweisen (links). Mit korrigierten
Werten ist stattdessen ein Grün-
überschuss vorhanden (rechts).
Die korrekten Parameter in diesem
Beispiel werden wohl irgendwo
dazwischen liegen und sind nicht
hinreichend genau bestimmt wor-
den. M42 wurde in etwa gleicher
Höhe über dem Horizont wie die
Kalibrierungsaufnahmen aufge-
nommen, aber in einer anderen
Nacht.

ABBILDUNG 277: Setzt man die
ausgebrannten Sterne auf RGB =
255 (weiß), verändern sich die Farb-
verhältnisse aus Abbildung 276.

() Die Farbbalance beim Stacking

Mit den ermittelten R:G:B-Verhältnissen wird ein Stacking einer M 42-Aufnahme
in DeepSkyStacker durchgeführt. Als Parameter wurden in »Raw/Fits DDP Settings«
eingestellt: »Auto White Balance«, »Background Compensation« und »Red Scale« bzw.
»Blue Scale«.

ABBILDUNG 276

Gleicht man den Farbstich der ausgebrannten Sterne in beiden Bildern in Photoshop
aus, so erhält man zwei unterschiedliche Farbgewichtungen der Gesamtaufnahme.
Welche der beiden Versionen die korrekte ist und ob sich der Aufwand bei einer digitalen Spiegelreflexkamera wirklich lohnt, sei dahin gestellt. Diese Ausführungen sind
daher als Anregung für eigene Messreihen gedacht.

ABBILDUNG 277

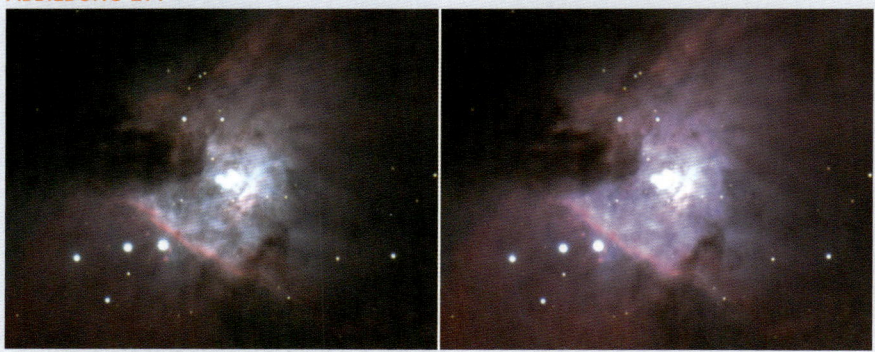

Dieses Problem kann jedoch dadurch umgangen werden, dass man ein Farbbild als
eine aus zwei Teilbildern zusammengesetzte Aufnahme betrachtet: dem Farbanteil
(Chrominanzbild) und dem Helligkeitsanteil
(Luminanzbild).

Beim Luminanzbild handelt es sich im einfachsten Fall um eine im integralen Licht
erstellte Aufnahme. Diese wird aufgrund
der kompletten Ausnutzung des Empfind-
lichkeitsbereichs des CCD-Chips das stärks-
te Objektsignal und damit auch das beste
S/N-Verhältnis aufweisen. Wird anstelle des

verrauschten RGB-Helligkeitsanteils die Helligkeitsinformationen des rauscharmen Lu-
minanzbildes verwendet, erscheint auch das
komplette Bild wesentlich rauschärmer. Entsprechend dem für die Farbanteile verwendeten Filtersatz spricht man in einem solchen
Fall von einem LRGB- bzw. LCMY-Bild.

Möglich sind beide Techniken nur, weil der
Betrachter getäuscht wird: Das menschliche
Auge kann zwar Helligkeitsrauschen sehr gut
wahrnehmen, gegenüber Farbrauschen ist es
jedoch wesentlich unempfindlicher.

Aufgrund der eingeschränkten Detailwahr-

Kalibrierung des Monitors

Der Umstieg von einem Röhrenmonitor auf einen TFT-Flachbildschirm sollte sorgfältig überlegt sein. Röhrenmonitore zeichnen ein weicheres Bild als ein TFT-Bildschirm, ihre Leuchtdichte nimmt mit zunehmendem Alter aber deutlich ab. Wer auf einen guten TFT-Bildschirm umsteigt, wird einen Schock erleben: Der vormals für dunkel gehaltene Hintergrund wird Strukturen und Helligkeitsunterschiede zeigen. Optimal sind entspiegelte TFT-Monitore mit einer Leuchtdichte bis zu 300 cd/m² und einem Kontrastumfang von 2000 : 1 bis 3000 : 1. Als 22" Großbild-Monitore (engl. Widescreen) mit 1680 × 1050 Pixel Auflösung bieten sie zudem viel Platz auf dem Bildschirm.

nehmung des menschlichen Auges bei den Farbanteilen eines Bildes können auch im Binning aufgenommene Farbbilder mit einem ungebinnten Luminanzbild kombiniert werden. Durch das teilweise angewendete

2 × 2-Binning reduziert sich die erforderliche Belichtungszeit der Farbbilder auf jeweils ein Viertel der ursprünglichen Belichtungszeit. Das ist allerdings nur dann sinnvoll, wenn aufgrund des Seeings oder der Teleskopauflösung die Sterndurchmesser sowohl in den Luminanzbildern als auch in den RGB-Bildern in etwa gleich groß sind. Deutlich größere Sterndurchmesser in den RGB-Kanälen führen zu farbigen oder weißen Rändern nach der LRGB-Kombination mit dem Luminanzbild.

Die Einschränkungen in der menschlichen Farbwahrnehmung ermöglichen weiterhin, dass alle schärfungs- und rauschrelevanten Bearbeitungsschritte bei einem LRGB- bzw. LCMY-Bild lediglich am Luminanzbild zu erfolgen brauchen. Die Farbkanalbilder werden nur noch zur Einstellung der richtigen Farbbalance benötigt.

Problematisch kann bei einem solchen Luminanzbild allerdings der in der Aufnahme enthaltene Infrarotanteil sein, denn er wird die im Farbbild enthaltenen Helligkeiten verfälschen. Je nach Art des aufgenommenen Objektes kann dies dann eine Hervorhebung oder aber auch eine Abschwächung von Details bewirken. Besser ist es daher, wenn durch die Verwendung eines Infrarot-Sperrfilters der langwellige Teil des Spektrums abgeblockt wird. Der spektrale Durchlass eines

LINKS

Software zur Monitorkalibrierung

Quickgamma
E. Werle
www.quickgamma.de

Spyder2Express
DATACOLOR AG
www.datacolor.eu

ABBILDUNG 278: Monitorkalibrierung mit dem »Spyder 2PRO« von ColorVision (jetzt: Datacolor). vor dem TFT-Monitor (Fotomontage). Die tatsächliche Kalibrierung mit dem »Spyder 2PRO« wird mit eigenen Fensterinhalten durchgeführt. Die Sternwolken in den Spiralarmen einer Galaxie setzen sich aus Haufen und Assoziationen heißer, bläulicher Sterne zusammen. Die Staubwolken in den Spiralarmen absorbieren im kurzwelligen Spektralbereich und sind leicht rötlichbräunlich gefärbt. Die HII-Regionen sind magentafarben und nicht rot, da der ionisierte Wasserstoff sowohl in Hα (656nm) als auch in Hβ (486nm) leuchtet. Die Farbsättigung, d.h. die Intensität der Farben ist dem Geschmack des Bearbeiters weitgehend überlassen und spiegelt nicht die absoluten Intensitäten wieder.

ABBILDUNG 278

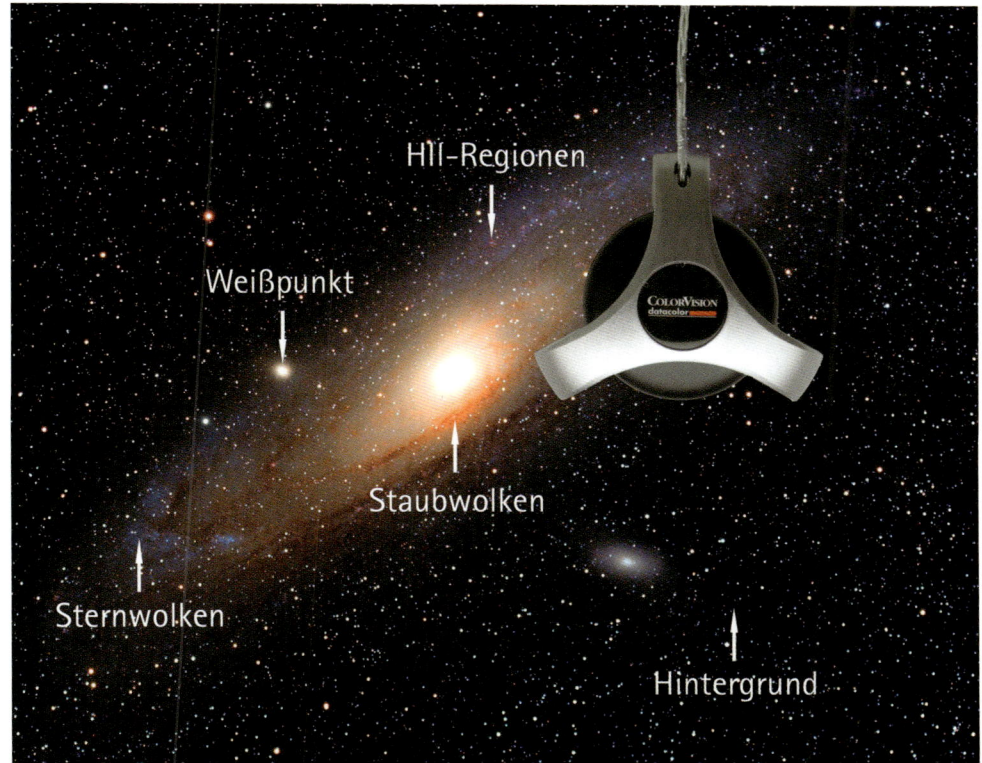

Luminanzfilters sollte daher genau auf die verwendeten RGB-Filter abgestimmt sein. Im Kurzwelligen ist die Durchlassgrenze mit dem Blaufilter identisch, im Langwelligen mit dem Rotfilter.

Sollen aus Zeitgründen neben den drei Farbkanalbildern keine weiteren Aufnahmen gemacht werden, kann ein Luminanzbild auch aus diesen berechnet werden. Die einzelnen Farbkanalbilder werden hierzu einfach aufaddiert.

»Workflow«
Praxis der Deep-Sky-Fotografie mit digitalen Spiegelreflexkameras in der Sternwarte von Bernd Koch

Der Beobachtungsabend beginnt damit, dass das Dach der Hütte möglichst zeitig vor Beginn der ersten Aufnahme abgefahren wird. Eine rasche Anpassung der Optiken an die Außentemperatur ist anzustreben. Sind alle Kameras angesetzt, Nachführung und beide PC in Betrieb, kann es losgehen:

1. **Einstellung eines Himmelsobjekts mit Nachführ-PC oder FS-2:** Nach Ansetzen der Kamera und Grobfokussierung durch den Kamerasucher wird der Hauptspiegel geklemmt. Nun wird als erstes ein Referenzstern eingestellt und mit der Steuerung bestätigt. Danach wird zum Himmelsobjekt geschwenkt. Dies geschieht entweder über die Handbox der Steuerung (M-, NGC- oder IC-Nummer) oder mit der Planetariumssoftware (Guide 8) auf dem Nachführ-PC. Nun muss geprüft werden, ob das Kameragesichtsfeld mit dem Kartenausschnitt in Guide übereinstimmt. Dazu

ABBILDUNG 279: Der Nachführ-PC (links) kontrolliert mit dem Guider Meade DSI die Nachführung, der Aufnahme-PC kümmert sich um Ansteuerung der DSLR und Bildgewinnung.

ABBILDUNG 279

wird eine Probeaufnahme mit MaxDSLR auf dem Aufnahme-PC erstellt. Nach Abschluss der Positionierung muss Guide beendet werden, da der COM-Port später vom Guider benötigt wird.

2. **Probeaufnahme mit dem Aufnahme-PC (Grobeinstellung des Objekts):** MaxDSLR wird gestartet und im Setup der Treiber »EOS 1« ausgewählt. MaxIm wird so eingestellt, dass es nur die Raw-Dateien anzeigt, also keine Farbinterpolation vornimmt. Das beschleunigt die Bildwiederholrate gerade beim Fokussieren erheblich. Die Karteikarte »Focus« wird angewählt und es wird 10 Sekunden bei ISO 3200 belichtet. Das gesuchte Deep-Sky-Objekt sollte jetzt zumindest im Aufnahmefeld zu sehen sein. Eine weitere Feineinstellung des Aufnahmefeldes wird später vorgenommen.

3. **Fokussierung der DSLR-Kamera:** Nach der Grobfokussierung wird der Hauptspiegel des Teleskops geklemmt. Die Feinfokussierung erfolgt über den Feathertouch-Auszug mit 1:10-Untersetzung. Der zur Fokussierung auszuwählende Stern sollte bei einer Belichtung von 0,6 bis 1 sec ein deutliches Signal abgeben. Er sollte aber nicht so hell sein, dass er in der Mitte schon gesättigt ist, also ausbrennt. Es wird ein mittelheller Stern in der unmittelbaren Nähe der Bildmitte ausgewählt. Als Parameter in MaxDSLR werden 0,9 sec, »Fast« und »Binning« eingestellt. Im Sekundentakt wird der Fokusstern angezeigt und die Schwankungen des FWHM-Wertes beurteilt.
Heftige Schwankungen des FWHM-Werts deuten auf schlechtes Seeing oder durchziehende Wolken hin. Nach jeder Fokuskorrektur werden zwei Zyklen abgewartet, um beurteilen zu können, ob der geringstmögliche FWHM-Wert bereits erreicht ist. Anhaltswerte bei 3000mm Brennweite sind 1,7px (sehr gutes Seeing) bis 2,5px (mittleres Seeing).

4. **Feineinstellung des Aufnahmefeldes der DSLR-Kamera:** Dies kann mit der Fokussoftware (MaxDSLR) oder der bevorzugten Aufnahmesoftware (hier: Ca-

Sternwarte		Die 3m × 3m-Rolldachhütte ist eine modifizierte 28mm-Blockbohlen-Gartenhütte
Montierung		Sideres 85 mit FS-2-Steuerung auf einbetonierter Säule
Teleskope	Hauptteleskop	Meade 12" LX200-ACF (304/3048mm), f/10, Feathertouch-Okularauszug mit 1:10 Untersetzung
	Astrograph/Leitrohr	Astro-Physics 130/780mm EDFS Apo-Refraktor
	Leitrohr	Scopos TL 906 Apo 90/600mm
Kameras	Digitalkameras	Canon EOS 20D (Hutech Ib) und Canon EOS 5D (Baader ACF-III), Netzteil, und Timer/Controller TC-80N3. Die Kameras werden dabei mit den folgenden Grundeinstellungen betrieben: Qualität »RAW + L«; Individualfunktion: ISO-Erweiterung: »An« (für ISO 3200); Rauschverminderung bei Langzeitbelichtung: »An«; Einstellung Farbtemperatur: »Manueller Weißabgleich« (vorher gemäß Canon-Anleitung durchgeführt)
	Guider	Meade DSI
Teleskop/ Kameras- teuerung		Zwei alte Pentium-PCs sind in der Sternwarte fest eingerichtet. Auf beiden Rechnern läuft NiteView, welches einen Nachtmodus mit reduzierter Bildschirmbeleuchtung ermöglicht.
	Nachführ-PC	Windows 2000. ASCOM 4.1-Schnittstelle (Software). Der Nachführrechner ist über die serielle COM-Schnittstelle mit der FS-2-Steuerung verbunden.
		Nchführsoftware: MaxIm (Version beliebig), hier: MaxDSLR. Besondere Einstellungen: LX200-Protokoll, COM 1 (oder ein anderer COM-Port).
	Aufnahme-PC	Windows XP mit MaxDSLR (Fokussierung) und EOS Capture/Zoom Browser (Aufnahme). Mit einer modifizierten Canon EOS 5D werden die Deep-Sky-Aufnahmen angefertigt.
		Anschluss über USB 2.0. Die Helligkeit des Bildschirms wird mit einer roten Folie noch weiter reduziert.

non EOS Capture, ZoomBrowser EX) erfolgen. MaxDSLR wird im zweiten Fall deaktiviert (Setup: »Disconnect«) und verkleinert (aber nicht geschlossen). Canon EOS Utility wird gestartet, die Option »Kamera-Einstellungen/Fernaufnahme« und der Canon ZoomBrowser EX geöffnet.

Ist eine CF-Speicherkarte in der Kamera, kann man als Voreinstellung in EOS Capture die resultierende Aufnahme auf die CF-Karte sichern und danach auf den PC übertragen lassen. Nun wird die Empfindlichkeit auf ISO 1000 bis »H« (ISO 3200) gestellt und bis zu 30 Sekunden lang im Programmmodus »M« belichtet. Jedes Mal, wenn die Kamera eine Aufnahme auf die CF-Karte gesichert hat, wird das Bild als CR2-Rohbild und als JPG auf den Aufnahme-PC geladen. Während die Kamera nach Klicken auf das Kamerasymbol schon die nächste Aufnahme macht, kann man die JPG-Datei nun hinsichtlich des Kamerafeldes, der Bildschärfe etc. untersuchen.

5. **Nachführkamera einrichten und starten:** Die 3000mm Brennweite des 12-Zöllers lassen sich schon mit 600mm

Brennweite eines ED- oder Apo-Refraktors sehr bequem nachführen. Der Meade DSI ist mit einem Nachführexzenter in der Brennebene des Refraktors angesetzt und parallel zu Rektaszension/ Deklination ausgerichtet. Der Guider ist per USB 2.0-Schnittstelle mit dem PC verbunden, die Guiding-Signale werden vom Nachführ-PC per serieller Schnittstelle auf die FS-2-Steuerung übertragen. Nach Starten von MaxDSLR und Auswahl des Guiders wählt man den

ABBILDUNG 280

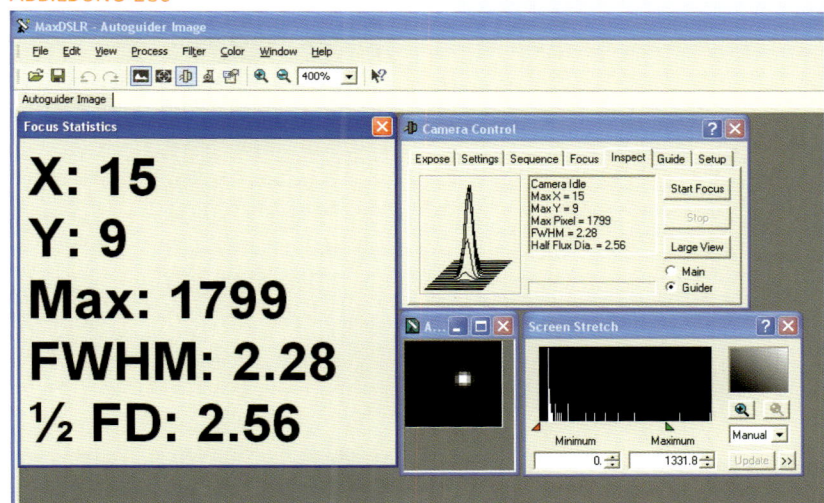

ABBILDUNG 280: Dank der großen Anzeige kann man auch aus mehreren Metern Abstand erkennen, wie sich beim Fokussieren der FWHM-Wert verändert (MaxDSLR).

ABBILDUNG 281

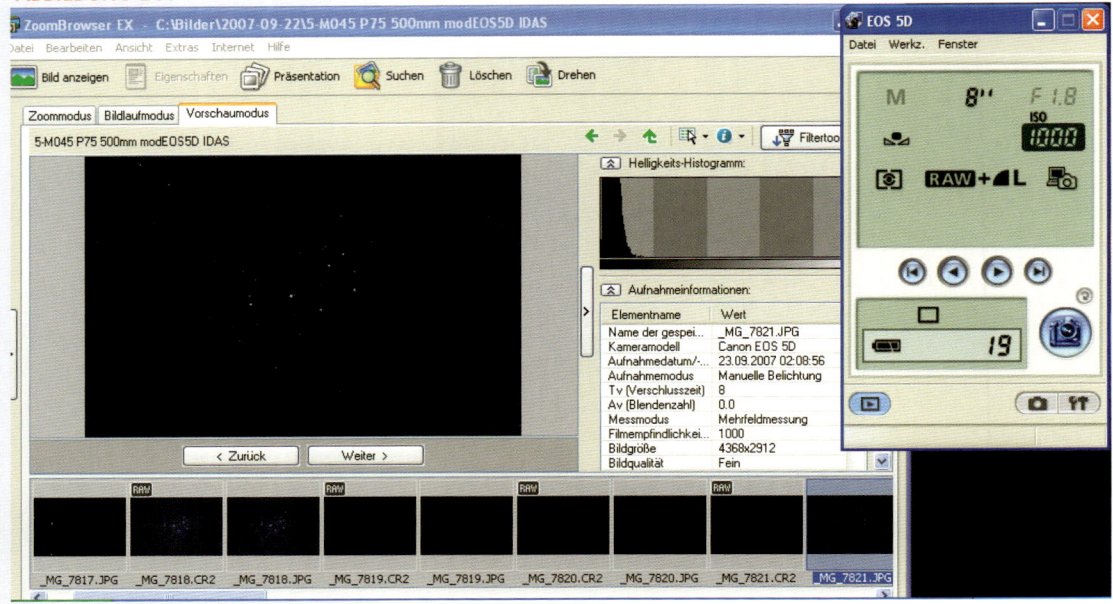

1s (Expose) und klickt auf einen hellen Leitstern. Nun wählt man »Track« und klickt auf Start.

Die Abweichungen in (X, Y) werden im Fenster angezeigt. Man wartet eine Zeit lang und stellt sicher, dass die nötigen Korrekturen in +X, –X, +Y, –Y ausgeführt werden. Die Montierung ist so ausgerichtet, dass in allen Positionen am Himmel

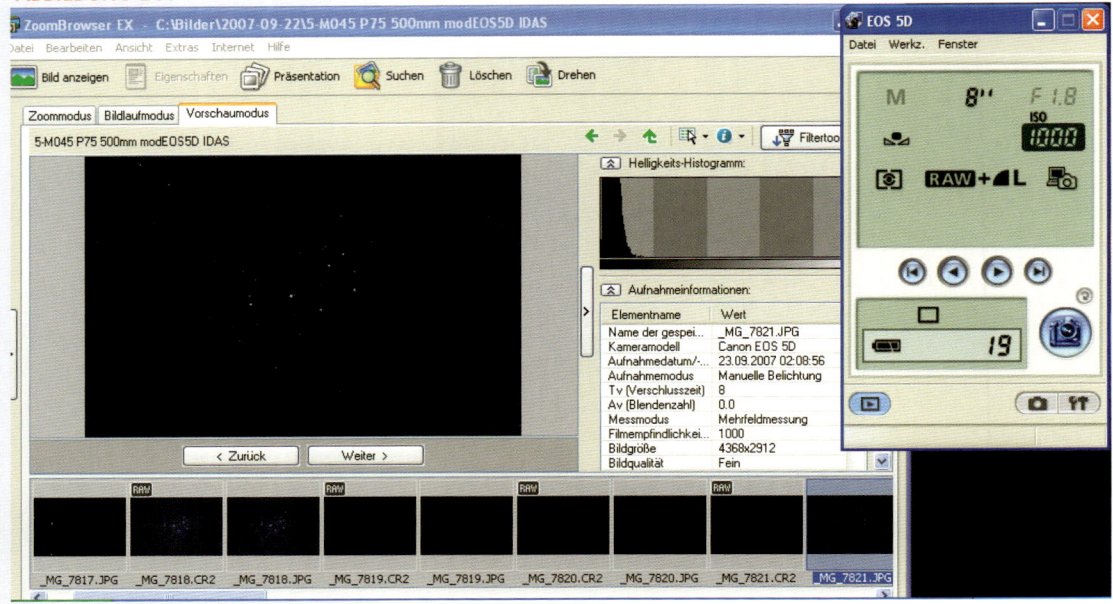

ABBILDUNG 281: Die gewünschte Einstellung des Aufnahmefeldes wird mit kurzen Belichtungen (hier: 8s) überprüft.

Tab »Focus« und stellt zunächst den Guider scharf.

Falls der Guider zum ersten Mal mit MaxDSLR nachführen soll, muss zunächst eine Kalibrierung durchgeführt werden. Die Software muss bei der Kalibrierung eine Bewegung des Leitsterns in allen vier Richtungen erkennen. Wird eine Richtung nicht erkannt, kann später in dieser auch nicht nachgeführt werden. Im Fall der Sideres-Montierung wird die Kalibrierung mit f=600mm bei FS-2-Geschwindigkeit 1×, und zwar 10 sec in X (Rekt.) und wegen des erheblichen Totgangs der Montierung 20 sec in Y (Dekl.) durchgeführt. Die ermittelten Werte für »X-Speed« und »Y-Speed« werden nachträglich durch 4 dividiert, wenn man später mit 0,25× nachführt. Bevor man das Guiding startet, sollte man darauf achten, die Steuerung auf die niedrigste Korrekturgeschwindigkeit einzustellen (0,25×). Nun belichtet man

immer eine leichte Abweichung in +Y erkennbar ist. Somit muss die Montierung nur in einer Deklinationsrichtung (–Y) korrigieren und den Totgang nicht ausgleichen. Die Richtung +Y ist also in den »Options« deaktiviert. Nun wartet man noch einige Korrekturzyklen ab, bis die Nachführung »greift«. Man bekommt im Laufe der Zeit ein Gefühl dafür, wie hoch die Abweichungen sein dürfen.

6. **Eine Einzelaufnahme mit Darkframe zur Ermittlung der Mindestbelichtungszeit und Bildfeldkontrolle:** Bevor eine größere Serie von Einzelaufnahmen belichtet wird, sollte man eine Aufnahme mit der gewünschten Belichtungszeit machen und diese zunächst begutachten.

Mit dem 12-Zöller werden bei f/10 Einzelaufnahmen zwischen 300s und 600s belichtet. Grundlage für die Planung der Länge der Einzelbelichtung ist das Histogramm.

ABBILDUNG 282

ABBILDUNG 282: Bevor man die Aufnahme startet, sollte man ein paar Minuten lang die Abweichungen des Nachführsterns beobachten. Erst wenn man sich sicher ist, dass die Werte eng um den Nullpunkt schwanken, kann die Aufnahme gestartet werden.

ABBILDUNG 283

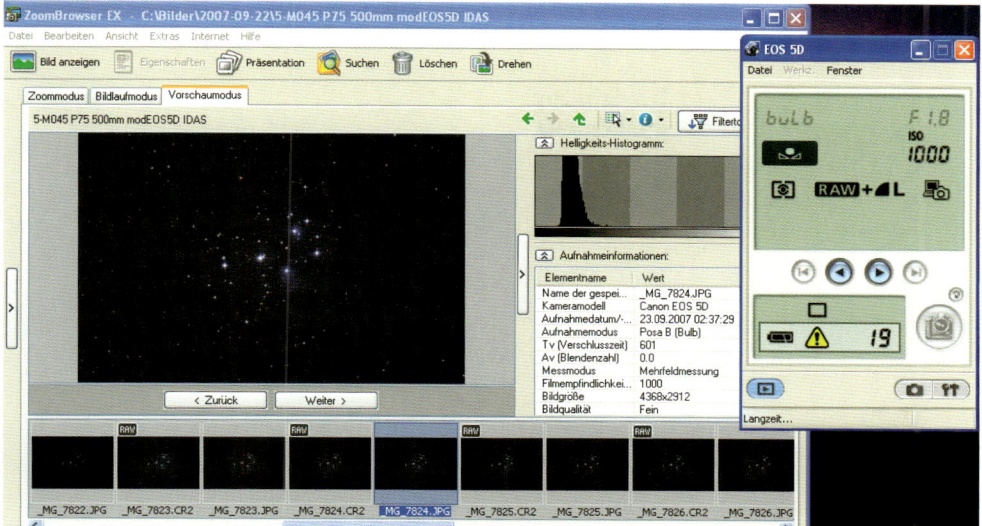

ABBILDUNG 283: Die Mindestbelichtungszeit der Einzelbelichtung ist im Histogramm abschätzbar. Die Histogrammspitze sollte sich wie hier bei 601s Belichtungszeit deutlich vom Nullpunkt (links) abheben.

Die Spitze in der Histogramm-Darstellung repräsentiert die vielen Pixel des relativ dunklen Himmelshintergrundes, der sich deutlich vom Nullpunkt nach rechts verschoben abhebt. Grundsätzlich wird die Kamera nach Beendigung der Aufnahme (oder einer Serie) ein automatisches Darkframe subtrahieren, weil dies erfahrungsgemäß die »sauberste« Methode der Dunkelbildkorrektur bei einer DSLR-Kamera ist. Man stellt nun die Kamera auf »Bulb«, in Canon EOS Capture auf die Auflösung »RAW+L« (CR2-Rohbild und JPG-Large), ISO 800 oder 1000 und startet mit dem Timer TC-80N3 eine Probebelichtung mit der abgeschätzten Belichtungszeit. Nach Beendigung von Aufnahme und Dunkelbild wird die Aufnahme im Canon ZoomBrowser EX begutachtet.

7. **Programmierung der Aufnahmeserie:** DSLR-Beispiel 1: Canon EOS 20D mit aktivierter automatischer Rauschunterdrückung und Timer TC-80N3: Belichtungszeit: 5min, Intervall zwischen den Aufnahmen: 5min 30s, Anzahl der Aufnahmen: 5.

Das bedeutet, dass nach einer 5-minütigen Belichtung ein 5-minütiges Dunkelbild gemacht und gleich abgezogen wird. Die 30s Zugabe berücksichtigen die Speicherzeit auf der CF-Karte und die Übertragung auf den Aufnahme-PC. Die Gesamtbelichtungszeit beträgt 25min, die Gesamtdauer der Prozedur beträgt 52min 30s

DSLR-Beispiel 2: Canon EOS 5D mit aktivierter automatischer Rauschunterdrückung und Timer TC-80N3: Belichtungszeit: 300s, Intervall zwischen den Aufnahmen: 10s, Anzahl der Aufnahmen: 5. Das bedeutet, dass nach einer 5-minütigen Belichtung noch 10s gewartet wird und dann ohne Auslesen der Kamera gleich die nächste 5-minütige Aufnahme gestartet wird. Bis zu ca. 5 Aufnahmen werden intern in der Kamera gespeichert. Nach der 5. Aufnahme wird automatisch ein 5-minütiges Dunkelbild angefertigt und von allen 5 Einzelbildern subtrahiert. Die Bilder werden auf der CF-Karte gespeichert und auf den PC übertragen. Die Gesamtbelichtungszeit beträgt 25min, die Gesamtdauer der Prozedur beträgt nur 30min 50s.

8. **Beurteilung der Aufnahmeserie:** Sind alle Bilder auf den PC übertragen, kann man sich statt des CR2-Rawbildes das jeweilige JPG-Bild anschauen. Kritisch werden die Bilder hinsichtlich Schärfe, Veränderung der Schärfe im Laufe der Belichtungen und Nachführgenauigkeit beurteilt. Stimmt der Fokus nicht mehr, wird EOS Capture geschlossen und MaxDSLR vergrößert und aktiviert. Der gleiche Fokusstern kann zum Nachfokussieren sofort verwendet werden. Sind einzelne Bilder hingegen strichförmig, sollte man sich um die Parameter der Nachführung kümmern, ggf. die »Aggressivität« verändern. Ist neu fokussiert worden, wird MaxDSLR auf dem Aufnahme-PC deaktiviert und EOS Capture

LINKS

Von Bernd Koch eingesetzte Software

MaxImDL (+DSLR) / MaxDSLR
Diffraction Limited
www.cyanogen.com

NiteView
John P. Oliver
www.astro.ufl.edu/~oliver/niteview/

TIPP

Wenn man von der Sonne geblendet ist und im Kamerasucher nichts erkennen kann, hilft nur ein Trick: Man nimmt ein dunkles Tuch, legt es beim Einblick in den Kamerasucher über Kopf und Kamera und hält es ein wenig zusammen. Eine kleine Dunkelkammer wird errichtet, das Auge ist nicht mehr geblendet und man kann nun auf die Sonne scharfstellen. Das ganze ist eine wacklige Einheit. Alle Schrauben sollten per Hand fest angezogen werden. Zur Sicherung der Kamera gegen Herunterfallen schlingt man den Kameragurt bspw. über den Sucher.

erneut gestartet. Nach Einstellen von »RAW+L« und der ISO-Empfindlichkeit (ISO 800 bis 1000) geht es weiter mit der nächsten Aufnahmeserie.

9. **Flatfield-Aufnahmen anfertigen:** Die Flatfieldbilder werden bei geschlossener Sternwarte gegen die mit einem 150W-Halogenstrahler beleuchtete (siehe Abbildung 256) Südwand der Sternwarte erstellt.

10. **Sichern der Rohbilder:** So bald wie möglich werden alle Bilder auf 2 DVDs gesichert und für die Bildbearbeitung nach Objekten sortiert auf den Bildbearbeitungsrechner übertragen.

Praxis der Hα–Sonnenfotografie mit digitaler Spiegelreflexkamera an der Sternwarte von Bernd Koch

Möchte man durch ein Sonnenteleskop mit schmalbandigem Hα-Filter fotografieren, gibt es einiges zu beachten: Die Umgebung ist hell, die Sonne erscheint durch das Sonnenteleskop vergleichsweise dunkel. Schon das Zentrieren der Sonnenscheibe im Okular ist nicht einfach. Man kann einen Sucher vorher parallel zum Sonnenteleskop ausrichten, darf die Sonne aber auf keinen Fall durch den Sucher anvisieren. Es drohen schwere bleibende Augenschäden. Am besten deckt man das Sucherobjektiv mit einer Sonnenfilterfolie ab.

Ist die Sonne mittig eingestellt, wird das Okular aus dem Zenitprisma heraus genommen. Bei kurzbrennweitigen Coronado Sonnenteleskopen muss durch das Zenitprisma fotografiert werden, da es eine Einheit mit dem okularseitig im Strahlengang sitzenden »Blocking-Filter« bildet! Hierzu benötigt man einen Adapter von 1¼" auf T2-Gewinde (»Nosepiece«). Auf diesen wird der kameraspezifische T2-Ring geschraubt und die Kamera angesetzt. Liegt der Schärfepunkt zu weit außerhalb, muss man ggf. T2/T2-Verlängerungshülsen dazwischensetzen, bevor man scharfstellen kann.

Wenn die Sonne im Sucher zu klein erscheint, weil die Brennweite des Teleskops zu kurz ist,

oder man nicht weiter nach Innen fokussieren kann, muss die Brennweite mit einem Telekonverter oder einer Barlowlinse verlängert werden. Das Bild wird dabei aber dunkler, so dass man ggf. Schwierigkeiten bei der Scharfeinstellung hat. Hinzu kommt, dass der Kamerasucher in der Regel etwas dunkel ist.

Die richtige Belichtungszeit muss nun ermittelt werden. Eine modifizierte DSLR-Kamera mit höherer Hα-Empfindlichkeit ist hier im Vorteil. Man stellt die Empfindlichkeit auf ISO 200 und macht mit Spiegelvorauslösung eine Probebelichtung von 1/25s. Nun prüft man das Histogramm des Bildes auf eine eventuelle Überbelichtung und korrigiert ggf. die Belichtungszeit. Muss man deutlich länger als 1/25s belichten, sollte man zunächst die Empfindlichkeit auf ISO 400 einstellen. Ideal sind Werte von 1/60s oder kürzer, wegen des erhöhten Rauschens jedoch nicht bei ISO-Werten höher als 400. Nach einer ersten Serie mit unterschiedlichen Fokuspositionen und Belichtungszeiten prüft man die Ergebnisse zunächst man am PC, da eine endgültige Einschätzung nur durch Betrachten der Sonne auf dem Display der Kamera sehr unsicher ist. Eine erste Bildbearbeitung sollte klären, ob Protuberanzen und chromosphärische Details auf der Sonnenoberfläche sichtbar sind. Auch Fokus und Seeing werden beurteilt.

Das beste Seeing findet man tagsüber am Vormittag vor. Die Sonne steht zwar noch relativ tief am Himmel, doch der Erdboden hat sich noch nicht zu stark aufgeheizt. Ab Mittag flimmert die Luft so stark, dass Fotografie keinen Sinn mehr macht. Außer man fotografiert in den Wolkenlücken eines durchziehenden Tiefdruckausläufers, weil so eine gleichmäßige, nicht zu hohe Temperatur des Erdbodens gewährleistet ist. Bei solchen Wetterlagen gelingen die höchstauflösenden Bilder, nicht inmitten einer Hochdruckwetterlage. Nur auf mögliche Regenschauer sollte

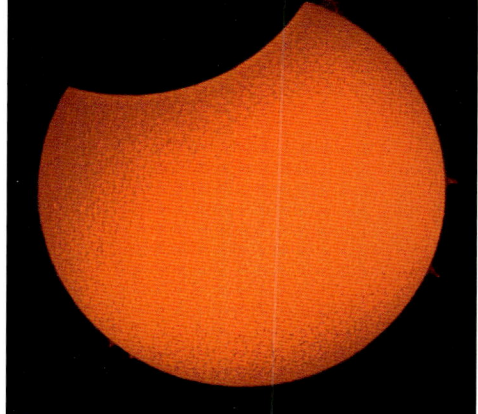

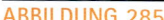
ABBILDUNG 285

man achten und das Gerät nicht zu lange alleine lassen, was sich auch aus Sicherheitsgründen verbietet, wenn nicht sicher gestellt ist, dass niemand unberechtigterweise am Teleskop hantiert.

Praxis der Deep-Sky-Fotografie mit digitaler Spiegelreflexkamera und mobiler Ausrüstung von Axel Martin

1. **Aufnahmevorbereitung:** Aufbau und Verkabelung der Ausrüstung wird kurz nach Sonnenuntergang begonnen. Weil hierfür üblicherweise nur eine knappe Viertelstunde benötigt wird, verbleibt somit noch genügend Zeit, die Montierung während der fortgeschrittenen Dämmerung mittels Polsucher auf den Himmelspol auszurichten.

Ebenfalls noch während der Dämmerung werden Leitfernrohr, Sucher und Aufnahmekamera parallel zueinander ausgerichtet. Hierfür fährt das Teleskop einen möglichst hellen Stern in mittlerer Horizonthöhe an. Dieser Anfahrvorgang dient auch zur Kalibrierung der GoTo-Steuerung. Die am Leitfernrohr angesetzte Nachführkamera wird bei dieser Gelegenheit auch direkt fokussiert und unter Berücksichtigung der Deklination des eingestellten Sternfeldes kalibriert. Weil der eingestellte Stern hell genug ist, kann die Aufnahmekamera mit Hilfe des Kamerasuchers ausgerichtet werden.

Meist ist es jetzt schon bereits dunkel genug, um das erste Zielobjekt einzustellen. Nachdem es über die GoTo-Funktion angefahren wurde, wird eine erste kurze Testbelichtung mit der Kamera erstellt. Diese ist über MaxIm auf die höchste ISO-Empfindlichkeit eingestellt. Damit das Bild möglichst schnell dargestellt wird, erfolgt der Download der Dateien auf den Rechner im 2×2-Binning und in der Einstellung »RAW«, also als Schwarzweißbild.

Mittels eines ausreichend hellen Sterns in der Nähe der Bildmitte wird nun die 300mm-Aufnahmeoptik scharf gestellt. Je nach Helligkeit des ausgewählten Sterns wird eine Belichtungszeit zwischen ca. einer und zwei Sekunden eingestellt.

Ist die Fokussierung abgeschlossen, folgt die (Fein-)Positionierung des Zielobjektes. Auch dies geschieht wieder mittels Testbelichtungen. Je nach Helligkeit des aufzunehmenden Objektes liegt die verwendete Belichtungszeit zwischen 10

ABBILDUNG 286

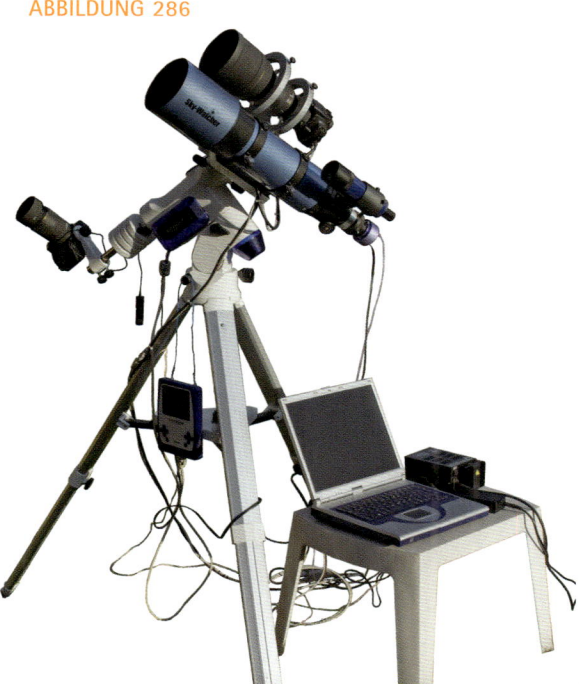

ABBILDUNG 285: Partielle Sonnenfinsternis am 1.8.2008, 9.22 UT. Aufnahme mit Coronado SolarMax 90 und Baader Flatfield Converter (links) bei leicht getrübtem Himmel in Wolkenlücken. Canon EOS 5D (mod.), ISO 400, 1/125s. Das flaue Rohbild im CR2-Format wurden beim Import in Photoshop in ein Graustufenbild umgewandelt und hinsichtlich des Kontrasts zwischen Oberfläche und Protuberanzen kräftig nachbearbeitet. Das Rauschen in den dunklen Himmelspartien wurde manuell retuschiert. Nach abschließender Schärfung mit digitaler Unscharfer Maske wurde das Bild orangefarben getönt. Das ist eine angenehmere Farbe als das strenge Rot des Rohbildes. Die Sonne verharrte im August 2008 noch im Aktivitätsminimum, so dass weder Flecken noch Filamente sichtbar waren. Aufnahmeort: Sörth/Westerwald Zum Vergleich ein Bild, das fast zur gleichen Zeit im Weißlicht entstand (rechts). Aufnahme mit 6"-Fraunhofer-Refraktor bei 990mm Brennweite und einer Canon EOS 400D. Die Helligkeit der Sonne wurde durch einen fotografischen Folienfilter mit nachgeschaltetem Baader Solar-Continuum-Filter herabgesetzt. Die Steuerung der Belichtungszeit wurde der Kameraautomatik überlassen.

Abbildung 286: Die von Axel Martin eingesetzte mobile Ausrüstung.

Tabelle 53: Die technische Ausstattung der mobilen Ausrüstung von Axel Martin

Montierung	Vixen Sphinx-Montierung mit Starbook-Steuerung auf Alu-Dreibeinstativ	
Teleskop	Leitrohr	Skywatcher FH-Refraktor (120/600mm)
Kameras	Digitalkameras	Canon EOS 350D (Baader ACF-II) und Canon EOS 400D (nicht modifiziert). Die Kameras werden dabei mit den folgenden Grundeinstellungen betrieben: Qualität »RAW«; Individualfunktion: Rauschverminderung bei Langzeitbelichtung: »An«; Einstellung Farbtemperatur: »AWB« (automatischer Weißabgleich)
	Guider	Astrolumina ALccd 5
Teleskop/Kamerasteuerung	Das Anfahren der Objekte erfolgt über die Planetariumsfunktion der Starbook-Steuerung. Sowohl Aufnahme- als auch Nachführkamera werden mit Hilfe der Software MaxImDL+DSLR über ein älteres Notebook betrieben. Die Langzeitbelichtung der EOS-Kamera wird über einen USB/Seriell-Adapter gesteuert. Eine eventuelle zweite EOS-Kamera wird parallel dazu mittels Fernauslöser bedient.	

und 29 Sekunden. Bei aktivierter kamerainterner Rauschverminderung würde die verwendete EOS 350D ab einer Belichtungszeit von 30 Sekunden ein internes Dunkelbild subtrahieren, was die Wartezeit bis zur Bilddarstellung auf dem Monitor verdoppeln würde! Alternativ könnte die automatische Rauschunterdrückung für die Fokussierung auch deaktiviert werden.

2. **Nachführung:** Ein Mausklick auf die »Guide«-Registerkarte im Steuerfenster der Kamera wechselt auf das Bedienfeld für die Nachführkamera. Zunächst wird eine Probeaufnahme mit einer Sekunde Belichtungszeit ausgelöst. Dank der Kombination aus großer Öffnung bei mäßig langer Brennweite liefert das Leitfernrohr auf dem verhältnismäßig großen Chip der Nachführkamera meist auf Anhieb mindestens einen, wenn nicht sogar mehrere ausreichend helle Leitsterne.

Die zu wählende Nachführbelichtungszeit richtet sich einerseits nach der Helligkeit des ausgewählten Leitsterns, andererseits spielt aber auch die Ganggenauigkeit der verwendeten Montierung eine große Rolle. Obwohl die Sphinx-Montierung bei Aufstellung mittels Polsucher und der verwendeten Aufnahmebrennweite von 300mm selbst nach drei Minuten noch keine feststellbaren Nachführfehler erzeugt, werden trotzdem Nachführkorrekturen zwischen einer und fünf Sekunden ausgeführt. Bevor die Nachführung starten kann,

muss durch Eingabe der aktuell eingestellten Deklination noch die Korrekturgeschwindigkeit in Rektaszension angepasst werden.

3. **Die Ermittelung der maximal möglichen Belichtungszeit:** Bevor eine Belichtungsreihe beginnt, wird eine Testaufnahme mit automatischem Dunkelbildabzug erstellt. Wenn man Astrofotografie mit einer digitalen Spiegelreflexkamera nur unter dunklem Himmel (besser 6^m) betreibt, wird die maximal mögliche Belichtungszeit in den meisten Fällen von der vorhandenen Kamera-Hardware bestimmt.

Die eingesetzte EOS 350D erlaubt bei mäßigen Nachttemperaturen (um die 10°C) eine maximale Belichtungszeit von 600s bis 1200s. Wird länger belichtet, bewirken die bereits gesättigten heißen Pixel nach dem Dunkelbildabzug Artefakte in Form vieler kleiner schwarzer Punke im Bild. Bei niedrigeren Temperaturen ist eine Belichtungszeit von 1200s dagegen problemlos möglich.

Obwohl wegen des besseren S/N-Verhältnisses versucht wird, möglichst lange zu belichten, kann es gerade bei helleren Objekten durchaus sinnvoll sein, nur kürzere Zeiten zu wählen. So wird vermieden, dass die hellen Bildbereiche »ausbrennen«. Die Belichtungszeit wird dazu halbiert. Ist das immer noch zu lang, wird die Belichtungszeit entsprechend noch einmal halbiert, usw.

4. **Programmierung einer Aufnahmeserie:** Die Aufnahme der Bildsequenzen wird

über die Serienbildfunktion von MaxIm gesteuert.

Die typische Aufnahmeserie für ein Deep-Sky-Objekt ist so ausgelegt, dass eine Gesamtbelichtungszeit von mindestens einer Stunde resultiert. Typisch wären also z.B. 6 × 600s oder 12 × 300s. Während man bei anderen Kamera-Programm-Kombinationen (z.B. Nikon D70s zusammen mit dem Programm »Guidemaster«) die Belichtungszeit des kamerainternen Dunkelbildes in Form einer entsprechend langen Pause zwischen zwei Bildern selbst einplanen muss, wird dies bei MaxIm automatisch berücksichtigt: Die Kamera meldet der Software erst nach Beendigung der Dunkelstromaufnahme, dass sie wieder betriebsbereit ist.

Zwischen zwei Einzelbildern macht die Software jedoch trotzdem eine kurze Pause von drei Sekunden. Die Kamera hat somit genug Zeit, das belichtete Bild abzuspeichern. Aufgrund der begrenzten Speicherkapazität des Notebooks erfolgt das Abspeichern nicht auf der (Notebook-Festplatte, sondern auf einer kamerainternen CF-Speicherkarte.

Weil beiden Kamera (EOS 350D und EOS 400D) unter MaxIm auf den gleichen Treiber zurückgreifen, kann nur jeweils eine Kamera gleichzeitig über die Software gesteuert werden. Deshalb werden beide Kameras nacheinander fokussiert.

Die Auslösung der zweiten Kamera erfolgt manuell mittels Fernauslöser. Die hierdurch entstehenden Unterschiede in der effektiven Belichtungszeit der Aufnahmen einer Bildserie sind nur minimal und liegen üblicherweise im Sekundenbereich. Dies ist aber nicht von Bedeutung, da sich die Länge der kamerainternen Dunkelbelichtung sekundengenau nach der der jeweiligen »Hellaufnahme« richtet. Diese Problematik kann umgangen werden, wenn die Kameraverschlusssteuerung z.B. mit dem Programm Guidemaster über Parallelport erfolgt.

5. **Sichern der Rohbilder:** Am Ende einer Beobachtungsnacht werden die Inhalte aller verwendeten Speicherkarten auf eine mobile 80GB-Festplatte mit integriertem Kartenleser gesichert. Über das angeschlossene Notebook wird abschließend eine Verzeichnisstruktur angelegt, bei der alle bildrelevanten Daten (Objektname, Aufnahmedatum Belichtungszeit, verwendete Kamera, usw.) direkt aus dem Verzeichnisnamen zu entnehmen sind.

Die endgültige Sicherung aller Daten auf DVD erfolgt erst nach Beendigung der Reise über den heimischen Büro-PC. Auf diesem Rechner erfolgt dann auch die weitere Bildbearbeitung.

Praxis der Fotografie mit einer gekühlten CCD-Kamera in der Sternwarte von Axel Martin

1. **Aufnahmevorbereitung:** Der Beobachtungsabend beginnt mit dem möglichst frühzeitigen Öffnen des Hüttendaches. Weil die jeweilige Kamera ebenfalls einige Zeit bis zur Betriebsbereitschaft benötigt, wird diese direkt im Anschluss gestartet. Die Kameras sind permanent mit dem jeweiligen Teleskop verbunden. Dies hat den Vorteil, dass man bei der späteren Bildbearbeitung auf ein gegen den Dämmerungshimmel erstelltes »Masterflat« zurückgreifen kann.

Nachdem die Steuersoftware die Verbindung zur Kamera hergestellt hat, wird die Chiptemperatur eingestellt. Damit später auf die bereits in 5°C-Schritten vorhandene Dunkelbildbibliothek zurückgegriffen werden kann, wird ein durch fünf teilbarer Temperaturwert

LINKS

Von Axel Martin eingesetzte Software

MaxImDL (+DSLR) / MaxDSLR
Diffraction Limited
www.cyanogen.com

Guidemaster
M. Garzarolli
www.guidemaster.de

DSLR Focus
C. Venter
www.dslrfocus.com

ABBILDUNG 287: Die Sternwarte von Axel Martin umfasst zwei selbstkonstruierte Schiebedachhütten aus Holz, in denen ein 30cm und ein 35cm Newton-Teleskop untergebracht sind.

ABBILDUNG 287

Sternwarte	Zwei selbst konstruierte Rolldachhütten aus Holz mit:	
	3m × 3m Grundfläche	2m × 2,5m Grundfläche
Montierung	Schwere Selbstbau-Montierung mit FS-2-Steuerung auf Betonsäule	Fornax-51-Montierung mit FS-2-Steuerung auf Betonsäule
Teleskop	14"-Newton (350/1500mm) von Orion Optics UK mit Paracorr-Korrektor (fges=1830mm) und untersetztem JMI-Okularauszug	12"-Newton (300/1500mm) von Skywatcher mit Paracorr-Korrektor (fges=1830mm) und untersetztem JMI-Okularauszug
Kameras	SBIG ST-9E gekühlte CCD-Kamera (parallel-Port) mit integrierter Nachführkamera. Die Kamera bleibt permanent mit dem Teleskop verbunden.	SBIG ST-7E gekühlte CCD-Kamera (parallel-Port) mit integrierter Nachführkamera. Die Kamera bleibt permanent mit dem Teleskop verbunden.
Teleskop/Kamerasteuerung	Das Anfahren der Objekte erfolgt manuell über »Star-Hopping« mittels Aufsuchkarte und Sucherfernrohr. Die CCD-Kameras werden jeweils über einen AMD K-6 PC unter Windows 98 angesteuert. Aufgrund der PC-Geschwindigkeit wird als Steuersoftware MaxIm DL in der älteren Version V2.51 verwendet.	

ausgewählt, der ca. 30°C bis 35°C unter der aktuellen Umgebungstemperatur liegt. Dank einer maximalen Temperaturdifferenz von ca. 40°C zur Umgebung ist hierdurch gewährleistet, dass die Kamera die eingestellte Temperatur auch die ganze Nacht über halten kann.

Für den Fall, dass es mitten in der Nacht aufgeklart ist, werden die ca. 15 Minuten, die die Kamera bis zum Erreichen ihrer Solltemperatur benötigt, bereits zum Einstellen des Beobachtungsobjektes genutzt. Nachdem das Teleskop manuell mittels Sucherfernrohr auf einen in der Nähe des aufzunehmenden Objektes stehenden Stern eingestellt wurde, wird im »Fokus«-Modus ein erstes Testbild ausgelöst. Damit sich die Wartezeit bis zur Darstellung des Bildes auf dem Monitor in erträglichen Grenzen hält, wird das 3 × 3-Binning bei einer Belichtungszeit von 3s verwendet. Bei entsprechend kontrastreicher Darstellung zeigt eine solche Testaufnahme üblicherweise Sterne bis zur ca. 17. Größenklasse.

Weil die Kamera permanent am Teleskop verbleibt, ist diese erste Aufnahme von der letzten Beobachtungsnacht noch »vorfokussiert«. Aufgrund minimaler temperaturbedingter Fokusveränderungen ist jedoch trotzdem immer ein Nachfokussieren erforderlich! Dies geschieht anhand eines mäßig hellen Sterns in der Nähe der Bildmitte. Bei einer Belichtungszeit von einer Sekunde im 1 × 1-Binning wird dazu sowohl die von der Software angezeigte Halbwertsbreite als auch die maximale Intensität des Sterns beurteilt. Weil die verwendeten CCD-Kameras beide einen Helligkeitsumfang von 16Bit (65536 Graustufen) besitzen, ist darauf zu achten, dass der verwendete Stern eine Intensität zwischen ca. 5000 und 40000 ADUs hat. Bei schwächeren Sternen kann die Software den FWHM-Wert nicht verlässlich genug bestimmen. Bei helleren Sternen besteht die Gefahr, dass sie bei besser werdender Fokussierung überbelichten.

Nach erfolgter Fokussierung kann das eigentliche Aufnahmeobjekt auf dem Kamerachip eingestellt werden. Dies geschieht mittels »Star-Hopping« anhand einer zuvor ausgedruckten Aufsuchkarte. Das aktuell aufgenommene Bildfeld wird dabei wieder durch im »Fokus«-Modus aufgenommene 3 × 3-gebinnte Testaufnahmen mit 3s Belichtungszeit kontrolliert. Während die Kamera kontinuierlich Bilder liefert, wird das Teleskop mittels der Feinbewegung der Montierung so lange bewegt, bis der gewünschte Bildausschnitt erreicht ist. Dies dauert im Schnitt nur ca. drei Minuten.

2. **Nachführung:** Ein Mausklick auf die »Guide«-Registerkarte im Steuerfenster

der Kamera wechselt auf das Bedienfeld für die Nachführkamera.

Anhand einer Probebelichtung muss zunächst ein Leitstern gefunden werden. Weil sich in der Praxis gezeigt hat, dass die Montierungen bei den verwendeten Aufnahmebrennweiten maximal zwei bis drei Sekunden ohne Nachführkorrektur laufen können, werden für diese Aufnahme üblicherweise eine Belichtungszeit von ein bis zwei Sekunden verwendet. In mehr als 90% aller Fälle ist bereits auf dieser Testaufnahme ein ausreichend heller Leitstern im Bildfeld des Nachführchips zu finden. Dieser wird mit einem Mausklick markiert und die Nachführung kann gestartet werden.

Ist der ausgewählte Stern hell genug, sollte vor dem Start der Nachführung noch die Belichtungszeit der Nachführkamera nach unten korrigiert werden. Als optimal haben sich Belichtungszeiten zwischen 0,8s und 1,5s herausgestellt. Bei längeren Zeiten kommt es gerade bei etwas stärkerem Wind manchmal zu Nachführfehlern, bei kürzeren Zeiten besteht die Gefahr, dass die Kamera versucht, auf das Seeing nachzuführen.

3. **Programmierung einer Aufnahmeserie:** Die Erstellung der eigentlichen Aufnahmen läuft in zwei Schritten ab: Zunächst werden im »Sequence«-Menü Speicherpfad, Anzahl und Name der zuspeichernden Bilddateien festgelegt. Die Aufnahmen eines jeden Abends werden in einem eigenen Unterordner auf der Festplatte abgelegt. Damit die Dateinamen nicht zu lang werden, werden sie nur nach dem aufzunehmenden Objekt benannt. Die Software hängt dann später automatisch eine fortlaufende Nummer an diesen Namen an.

Im nächsten Schritt wird im »Expose«-Menü die Belichtungszeit eingestellt. Hierbei muss der Kontrollkasten »Se-

quence« aktiviert sein. Damit die Aufnahmen direkt hintereinander erstellt werden, wird der »Delay«-Wert auf »0« gesetzt.

Die Belichtungszeit richtet sich fast immer nach der aktuellen Himmelshelligkeit. Selbst bei »optimaler« Dunkelheit, aufgrund der Lage mitten im Ruhrgebiet, ist die maximale Belichtungszeit auf ca. 240s (ST-9E am 14"-Newton) bzw. 480s (ST-7E am 12"-Newton) festgelegt. Solche Nächte sind jedoch höchst selten, so dass Belichtungszeiten von 150s bzw. 300s verwendet werden. Bei Mondlicht und/ oder leichtem Dunst verringert sich die Belichtungszeit noch.

Obwohl die maximal mögliche Belichtungszeit an jedem Abend durch Testaufnahmen herausgefunden werden könnte, werden trotzdem nur bestimmte Zeiten verwendet. Für die ST-9E sind dies beispielsweise 30s, 60s, 90s, 120s und 150s. Dies hat den Vorteil, dass für die spätere Bildbearbeitung auf die Dunkelbildbibliothek zurückgegriffen werden kann.

4. **Sichern der Rohbilder:** Am Ende einer Beobachtungsnacht werden alle erzeugten Bilddaten auf den Büro-PC transportiert. Weil die Sternwarten-PCs nicht über einen CD/DVD-Brenner verfügen und die Distanz zwischen Haus und Sternwarte für WLAN zu groß ist, werden hierzu 100MB ZIP-Disketten von Iomega verwendet. Dies hat sich aber selbst unter extremsten Witterungsverhältnissen als zuverlässig herausgestellt.

Die weitere Bildbearbeitung bzw. -auswertung, sowie die endgültige Datensicherung erfolgen vom Büro-PC auf CD bzw. DVD. Um den Bedarf an Datenträgern möglichst gering zu halten, wird mit der Sicherung abgewartet bis die Datenmenge die jeweilige Kapazität des Zieldatenträgers erreicht hat.

DIGITALE BILDBEARBEITUNG

Webcam-Videos

Aufnahme und Bearbeitung von Videosequenzen unterliegen wie kein anderer Bereich in der Astrofotografie raschen Veränderungen. Mit jeder neuen Generation von Webcams oder extrem lichtempfindlichen Schwarzweiß-Videokameras ändern und erweitern sich die Möglichkeiten. Die grundlegenden Bearbeitungsschritte mit den aktuellen Versionen der Programme Giotto und Registax werden anhand typischer Beispielobjekte erläutert.

Planet Saturn

Mit einem Meade 12" LX200-ACF (304/3048mm) und einer unmodifizierten Philips ToUcam wurden am 12.3.2006 Saturnvideos mit einer Auflösung von 320 × 240 Pixel bei einer Bildrate von 5 bis 15 Bildern pro Sekunde aufgenommen. Die Brennweite wurde mit dem Baader FFC und Verlängerungshülsen erhöht. Das Video nahm K3 CCD-Tools auf und Giotto 2.12 bzw. Registax 4 übernahmen die Überlagerung (engl.: stacking) der Einzelbilder zum Gesamtbild (Abb. 288).
Nur 3% = 90 von 3000 Bildern wurden gestackt, da das Seeing nur mittelmäßig war. Es wurde Giotto überlassen, die besten Bilder auszuwählen. Besser geht es nur, wenn

LINKS

Software für Webcam-Aufnahmen

Giotto
G. Dittié
www.videoastronomy.org

Registax
Cor Berrevoets
registax.astronomy.net

K3 CCD-Tools
P. Katreniak
www.pk3.org/Astro

ABBILDUNG 288: Parameter für Stacking und Schärfung des Saturnvideos in Giotto 2.12. Wenn die Rechnerkapazität es zulässt, sollte man auf jeden Fall mindestens mit Halbpixelgenauigkeit stacken.

⟨⟩ Die maximale Länge eines Planetenvideos

Alle Planeten rotieren um ihre eigene Achse, so dass sich die Oberflächendetails in ihrer Position auf dem Planetenscheibchen kontinuierlich verschieben. Zeitlich weit auseinander liegende Einzelbilder können daher nicht miteinander zu einem Gesamtbild kombiniert werden. Innerhalb welchen Zeitraums Δt diese Verschiebung auf den Aufnahmen gerade noch nicht erkennbar wird, hängt neben der Rotationszeit T und dem scheinbaren Durchmesser D des Planeten sowie von der Auflösung A des verwendeten Aufnahmeinstruments ab:

$$\Delta t = T \cdot \frac{\arcsin\left(\dfrac{A}{D}\right)}{180°}$$ Formel 77

Tabelle 55: Der maximale zeitliche Abstand Δt zweier zu kombinierender Einzelbilder eines Planeten in Abhängigkeit von der Teleskopöffnung. Als Wert für das maximale Auflösungsvermögen der Optik wird hier der Wert nach Dawes zu Grunde gelegt. Da sehr kontrastreiche Oberflächeneinzelheiten auch mit deutlich geringerem Durchmesser abgebildet werden, sollten die Zeitangaben als absolute Obergrenze betrachtet werden!

Teleskopöffnung	Auflösung	Mars, (T=24h 37min)		Jupiter, (T=9h 51min)	Saturn, (T=10h 39min)
		D=13,8"	D=25,1"	D_{max}=48"	D_{max}=21"
80mm	1,4"	47,8min	26,2min	5,5min	13,6min
100mm	1,2"	40,9min	22,5min	4,7min	10,6min
150mm	0,8"	27,3min	15,0min	3,1min	7,8min
200mm	0,6"	20,4min	11,2min	2,4min	5,8min
250mm	0,5"	17,0min	9,4min	2,0min	4,8min
300mm	0,4"	13,6min	7,5min	1,6min	3,9min

ABBILDUNG 288

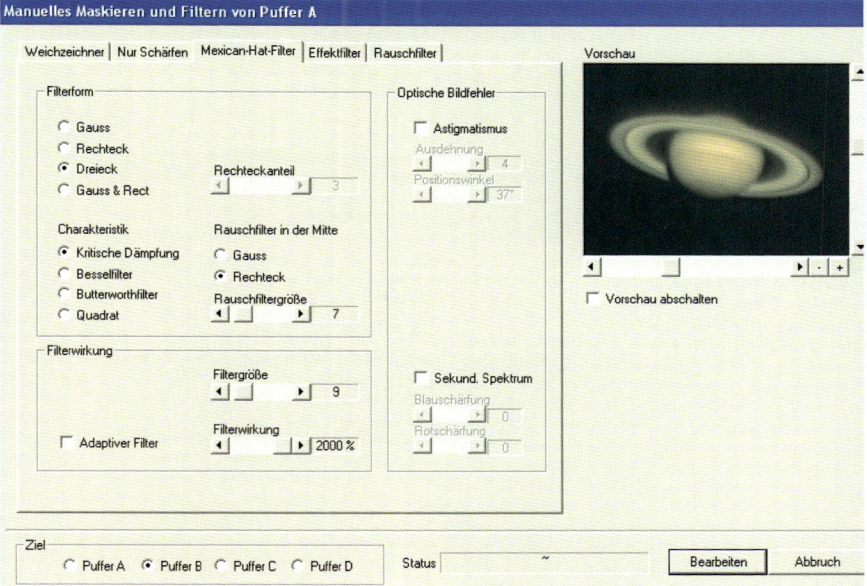

man mit Giotto das AVI-File in Einzelbilder zerlegt und die besten Bilder per Augenmaß auswählt und stackt, denn dabei kann man gezielt auf die möglichst komplette Sichtbarkeit der Cassiniteilung achten. Da Saturn hoch am Himmel stand, machten sich am Rand des Planeten oder an der Ringkante noch keine Farbränder aufgrund von differenzieller Refraktion zwischen den Farbkanälen bemerkbar. Deshalb musste beim Stacken keine »Vorbehandlung« in Bezug auf die Lage der RGB-Ebenen vorgenommen werden.

⟨⟩ Mexican-Hat-Filter

Der »Mexican-Hat«-Filter ist ein spezieller Schärfungsfilter, der in einem Bild von zusammenhängenden Bereichen den Kantenverlauf erkennt, da sich dort die Intensität schnell mit dem Ort ändert, und dabei gleichzeitig das Rauschen verringert. Er setzt sich aus zwei Teilen zusammen: Einem stark rauschbehafteten Laplaceschen Kantenfilter, der mit einem vorgeschaltetem Gaußschen Glättungsfilter kombiniert wird. Dieser kombinierte Filter, nach seinen Urhebern »Marr-Hildreth-Operator« oder »Laplace of Gaussian« (LoG) genannt, hat in einem Diagramm gegen die räumlichen (x,y)-Koordinaten aufgetragen die Form eines Sombreros, daher der Name. In der Praxis zeigt dieser Filter, dass er zu recht bevorzugt für die rauscharme Schärfung von Planetenoberflächen eingesetzt wird. Die Live-Vorschau in Giotto beispielsweise bietet die Möglichkeit, für jeden Filter die Wirkung von Art und Stärke der Schärfung unter Variation der Parameter vor der endgültigen Anwendung zu beurteilen.

Planet Mars

Mit einem Meade 12" LX200-ACF (304/3048mm) und einer unmodifizierten Philips ToUcam wurde am 19.12.2007 ein Marsvideo mit einer Auflösung von 640 × 480 Pixel bei einer Bildrate von 15 Bildern pro Sekunde aufgenommen. Eine hardwareseitige Komprimierung der Einzelbilder wurde zu Gunsten einer höheren Bildrate in Kauf genommen. Die Brennweite wurde mit einem Baader FFC und Verlängerungshülsen auf etwa 9000mm verlängert. Zur Aufnahme des Videos kam die Freeware K3 CCD-Tools in der Version 1.0.6.460 zum

ABBILDUNG 289: Links ein verrauschtes Einzelbild in der Kameraauflösung 320 × 240 Pixel, das schon zu den besten aus dem Video zählte. In der Mitte das mit Giotto gestackte Bild und rechts das mittels »Mexican-Hat-Filter« (Parameter siehe Abbildung 288) sanft geschärfte Ergebnis. Mit Registax 4 wurde ein fast identisches Ergebnis erzielt (ohne Abbildung). Danach erfolgte die Korrektur der Farbbalance in Photoshop.

ABBILDUNG 289

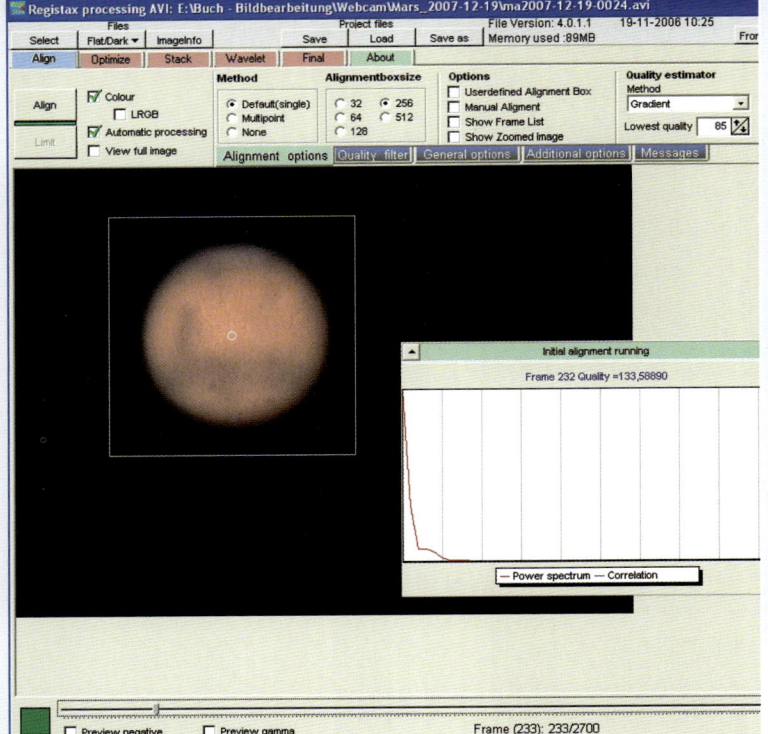

ABBILDUNG 290: Bild Nr. 233/2700 ist ein relativ gutes Einzelbild.

ABBILDUNG 291: Oben das Rohbild eines Stacks von 563/2700 Einzelbildern. Sigma-Clipping sorgt für einen Mittelwert ohne Staubflecken, die in den Einzelbildern reichlich vorhanden sind. Unten: Schärfung mit dem Wavelet-Filter.

LINKS

A Really Friendly Guide to Wavelets

pagesperso-orange.fr/polyvalens/
clemens/wavelets/wavelets.html

ABBILDUNG 290

ABBILDUNG 291

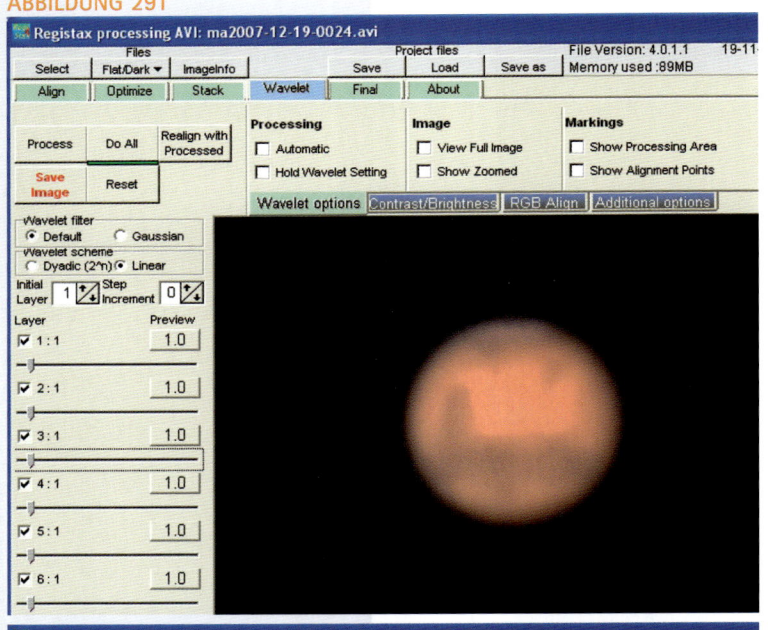

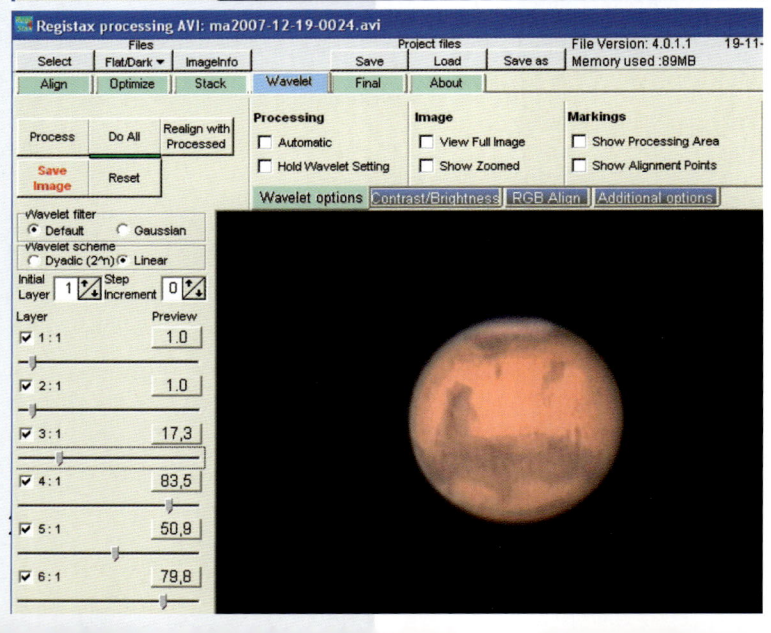

Einsatz. Das 180s lange AVI-Video enthält ca. 2700 Einzelbilder. Das Stacking erfolgt mit Giotto 2.12 und zum Vergleich mit Registax 4.

Stacking des Marsvideos in Registax 4

Registax 4 ist ein mächtiges Werkzeug zum Stacken, Optimieren und Schärfen von Videos. Da die Oberflächendetails auf Mars schon in den Einzelbildern relativ diffus und kontrastarm sind, ist das Stacking mit mehreren Referenzstellen im Bild (kein »Multipoint« wählen) weniger geeignet. Das Video wird geöffnet und durch Schieben des Reglers am unteren Bildrand ein relativ scharfes Einzelbild ausgewählt. Arbeitet man mit Registax das erste Mal, so ist der Modus »Automatic processing« sehr zu empfehlen. Registax setzt den »Quality estimatator« auf den Wert 85. Dann wird manuell ein Quadrat mit einer Kantenlänge von 256 Pixeln um Mars gelegt und auf »Align« geklickt. Registax registriert und sortiert die Bilder nach absteigender Qualität. 563 von 2700 Bildern wurden hier selektiert.

Das noch ungeschärfte gestackte Bild speichert man nun ab. Das Schärfen (Abbildung 291, unten) erfolgt durch Veränderung der Parameter des Wavelet-Filters. Man fängt am besten mit den großräumigen Strukturen (Schieberegler 6) an und arbeitet sich in das Feindetail vor. Je feiner die zu schärfenden Strukturen, desto mehr wird auch das Rauschen verstärkt. Weitere Einstellungen können am finalen Bild vorgenommen werden. Oder man verfeinert das Resultat, indem man auf »Optimize« klickt und einen weiteren Durchlauf, evtl. mit geänderten Parametern startet. Die Voreinstellungen beim automatischen Durchlauf sind in der Regel ausreichend. Wer sich intensiv mit Registax beschäftigt wird viele Möglichkeiten finden, das Stacking zu optimieren. Jeder der einzelnen Schritte kann der Reihe nach durchlaufen werden. Dabei lernt man sehr schnell, wie sich die unterschiedlichen Parameter auswirken.

Stacking des Marsvideos in Giotto 2.12

Giotto steht Registax in Umfang und Leistung nicht nach. Praktisch ist, dass Giotto zusätzlich in der Lage ist, AVI-Videos aufzu-

◇ Wavelet-Filter

Das Wort »Wavelet« ist ein Kunstwort und leitet sich von dem englischen Wort »wave« (Welle) ab. Die Wavelet-Transformation ist eine neuere Art der Signalanalyse, mit der man ein Bild in einem iterativen Prozess mit unterschiedlicher Auflösung schärft. Mit niedriger Auflösung geht man an die großräumigen Strukturen des Bildes heran, mit hoher Auflösung arbeitet man die feinen Bilddetails heraus.

In Registax 4 geschieht die Schärfung wie folgt: Registax verwendet in diesem iterativen Prozess eine Reihe von immer größeren Filtermatrizen. Das erste Wavelet wird erzeugt, indem das Originalbild mit einer ersten 5 × 5-Pixel-Filtermatrix multipliziert und davon das Originalbild subtrahiert wird. Bei der Erstellung des zweiten Wavelets ersetzt das gefilterte Bild des ersten Schritts das Originalbild. Es wird nun mit einer 9 × 9-Pixel Filtermatix multipliziert, deren Felder nach einer festen Regel aufgefüllt werden. Der Vorgang setzt sich bis zum sechsten Wavelet mit immer größeren Matrizen iterativ fort. Die Überlagerung dieser sechs Ebenen (»Layer«) und des stark gefilterten Originalbildes ergibt das geschärfte Bild. Das erste Layer schärft die feinsten Strukturen des Bildes, das sechste Layer die großräumigen.

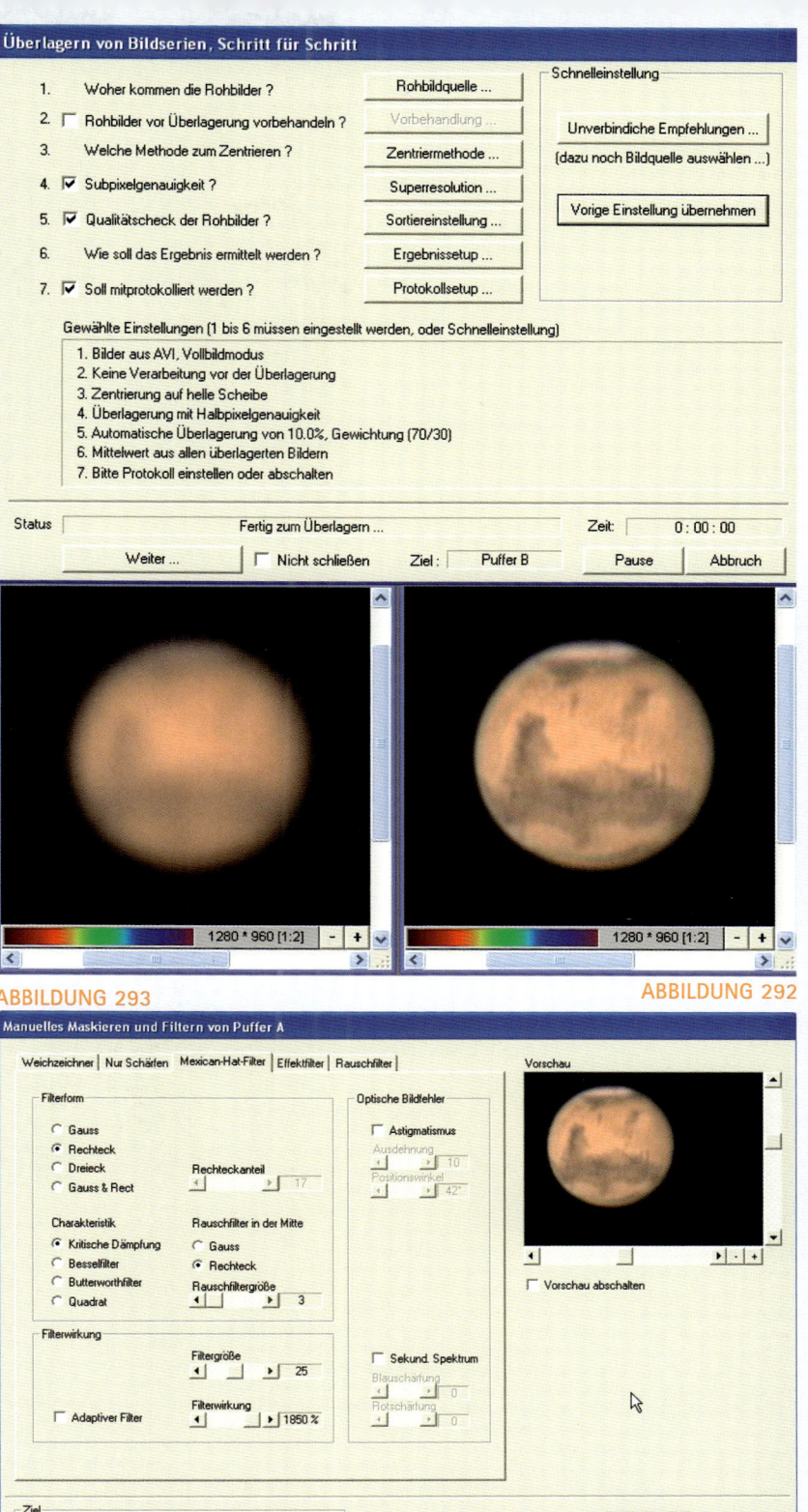

ABBILDUNG 293

ABBILDUNG 292

📷 ABBILDUNG 292: Parameter für das Stacking des Marsvideos in Giotto 2.12. Das resultierende Bild ist der Mittelwert der besten 10% = 270 von 2700 Bildern des AVI-Videos, rechts das sanft geschärfte Bild mit den Parametern aus Abbildung 293.

📷 ABBILDUNG 293: Mars am 19./20.12.2007. Winkeldurchmesser 15,9". Mittelwert aus 270 von 2700 Aufnahmen, bearbeitet mit Giotto 2.12. Die Schärfung erfolgte mit dem »Mexican-Hat«-Filter.

LINKS

Catalogue of orbits and ephemerides of visual double stars

J.A. Docobo, J.F. Ling, C. Prieto, J.M. Costa, M.T. Costardo und P. Magdalena

www.usc.es/astro/catalog.htm

ABBILDUNG 294: Doppelstern 72 Peg, AVI bearbeitet mit Giotto 2.12. Der Abstand der beiden Airy-Scheibchen beträgt 0,534" (!). Mittelwert der besten 135 von 2700 Bildern. Schärfung mit Korrektur eines leichten Astigmatismus'. Deutlich erkennt man, wie sich die beiden innersten Beugungsringe überlappen.

nehmen. Das vorliegende Marsvideo wird in Giotto geöffnet: »Bildüberlagern« → »Überlagere Bilder automatisch«. Als wichtige Voreinstellungen sind die Halbpixelgenauigkeit bei der Berechnung und die Auswahl der besten 3% bis 10% der Bilder zu nennen. Je schlechter das Seeing, desto weniger Bilder sollte man einbeziehen – bis zur Grenze, bei der das Rauschen beim Schärfen zu stark hervortritt.

Das resultierende Bild ist der Mittelwert der besten 10% = 270 von 2700 Bilder des AVI-Videos. Als nächste Maßnahme werden die RGB-Ebenen geringfügig gegeneinander verschoben, bis die Planetenumrisse in allen Farbkanälen übereinander liegen. Dies wird mit »RGB-Kanäle in Lage und Größe korrigieren« erreicht. Im Ergebnisbild, gefiltert mit »Mexican-Hat«-Filter, sind noch Schlieren in den Farbkanälen angedeutet. Diese scheinen mit der Webcam selbst zu tun zu haben und sind auch im Ergebnis mit Registax 4 zu sehen.

Giottos »Mexican-Hat«-Filter wirkt am besten. Mit Hilfe der Live-Vorschau ist es leicht möglich, die unterschiedlichen Schärfungs- und Rauschminderungsparameter auszuprobieren. Auch die Korrektur von optischen Fehlern wie Astigmatismus oder sekundärem Spektrum kann live getestet werden.

Doppelstern 72 Pegasi

Mit der Philips ToUcam wurde am 9.9.2006 ein Video des engen Doppelsterns 72 Pegasi (Abstand 2006.7: 0,534", Helligkeiten $5^m7/6^m1$ aufgenommen. Aufnahmeinstrument war ein Meade 12"-ACF mit Baader FFC (Dawes-Limit: 0,38"). Das AVI-Video wurde mit Giotto 2.12 bearbeitet, 5% = 135 von 2700 Bildern wurden gemittelt und das Ergebnis leicht geschärft.

ABBILDUNG 294

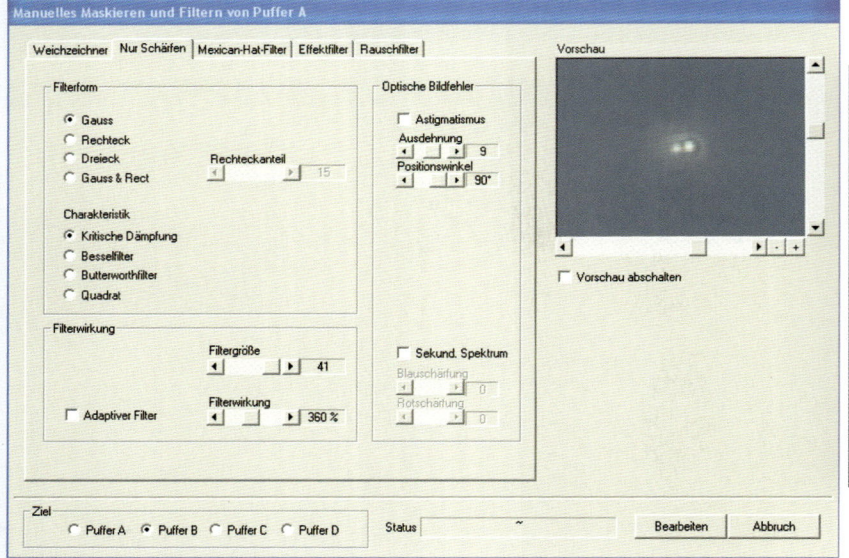

Mondkrater Copernicus und Eratosthenes

Ein 3-Minuten-Video wurde am 29.11.2006 mit einer Philips ToUCam im RGB-Modus fokal am Meade 12" ACF bei mäßigem Seeing aufgenommen. K3 CCD-Tools steuerte die Aufnahme des AVI-Videos mit 15 Bildern pro Sekunde bei reduzierter Auflösung von 320 × 240 Pixel. Es enthält 2699 Einzelbilder. In Registax 4 wurde »Multipoint-Stacking« angewandt, um die Schärfe möglichst über die ganze Aufnahmefläche zu optimieren. Dafür wurden mehrere Referenzpunkte im Bild ausgewählt, auf deren Schärfe Registax beim Stacking besonders achten soll.

ABBILDUNG 295

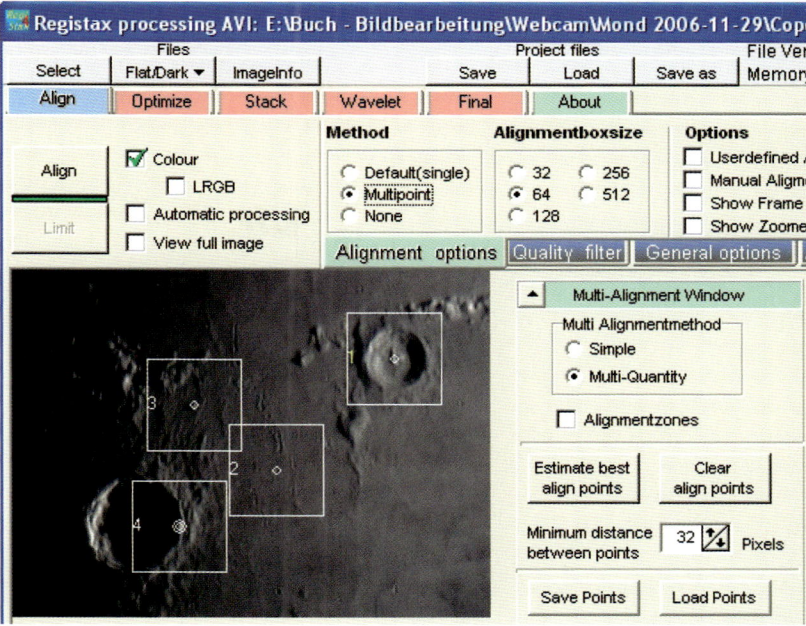

ABBILDUNG 296

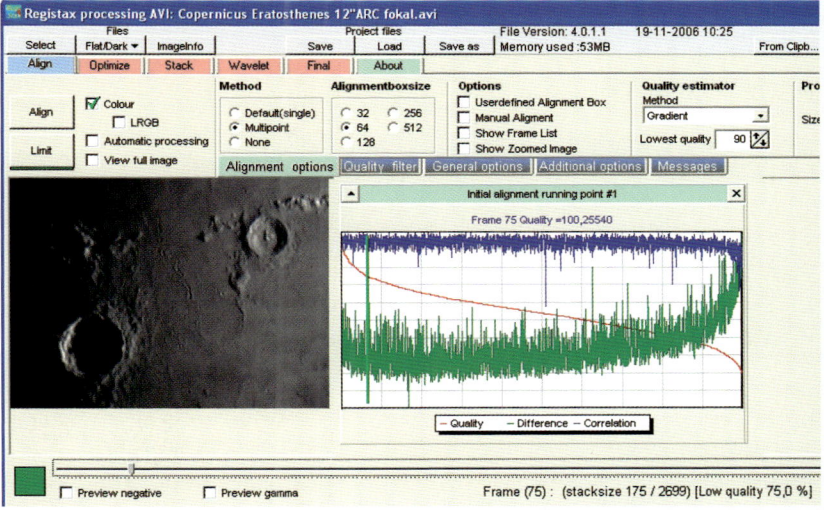

ABBILDUNG 297

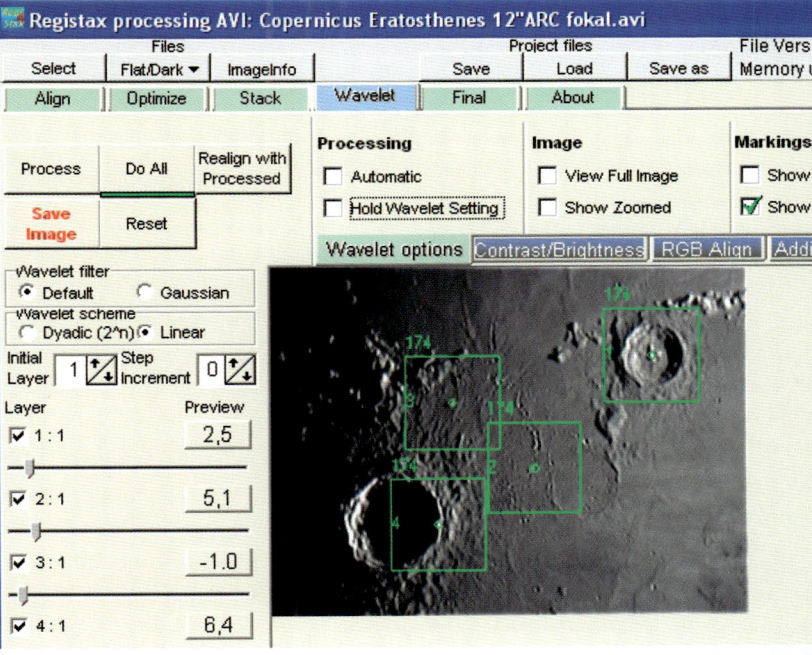

Nach dem ersten Durchlauf (»Align«) wird der Regler am unteren Rand soweit nach rechts geschoben, bis die gewünschte Qualitätsgrenze erreicht ist. Dann bestätigt man dies durch Klicken auf »Limit«.

Nach »Optimize & Stack« ist das gestackte Bild zur Schärfung bereit. Die Wavelet-Filter-Parameter werden vorsichtig angepasst, damit das geschärfte Bild möglichst natürlich wirkt.

Das Ergebnis wird im TIFF-Format mit einer Farbtiefe von 16Bit abgespeichert und steht zur weiteren Bearbeitung zur Verfügung.

ABBILDUNG 298

📷

ABBILDUNG 295: Multipoint-Stacking in Registax 4. In diesem Beispiel werden vier Referenzpunkte auf der Mondoberfläche selektiert.

📷

ABBILDUNG 296: 175 von 2699 Bildern werden für den Multipoint-Stack in Registax 4 ausgewählt.

📷

ABBILDUNG 297: Schärfung des gestackten Bildes, Anzeige der Multipoint-Registrierungspunkte

📷

ABBILDUNG 298: Mondkrater Copernicus und Eratosthenes, gestackt (oben) und geschärft (unten) mit Registax 4

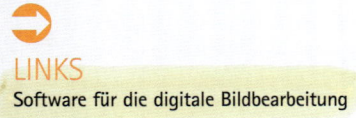

ABBILDUNG 299: Links das schwarzweiße Rohbild mit Bayer-Matrix, rechts das mit Fitswork nach RGB konvertierte Bild, hier zur Verdeutlichung im Kontrast stark angehoben. Man erkennt deutlich die warmen (hellen) und kalten (dunklen) Einzelpixel sowie rote und blaue Cluster (rechtes Bild unten links).

Digitale Spiegelreflexkamera

Digitalen Spiegelreflexkameras liefern zunächst ein farbcodiertes, schwarzweißes Rohbild (Raw Image), das im Unterschied zu den astronomischen CCD-Kameras erst in eines der allgemein üblichen Bildformate (TIFF, FITS) konvertiert (»entwickelt«) werden muss. Wichtig ist in diesem Zusammenhang die Bit-Tiefe bei Aufnahme und Bearbeitung: Die digitalen Spiegelreflexkameras liefern Bilder im Rohformat mit einer Farbtiefe von 12 bis 16Bit, die mit geeigneter Software nach RGB mit 16 bzw. 32Bit Farbtiefe konvertiert werden. Alle wichtigen Bearbeitungsschritte wie Kalibrierung, Konvertierung, Skalierung, Glättung, Schärfung etc. sollten mindestens mit einer Farbtiefe von 16Bit erfolgen. Kosmetische Korrekturen wie Helligkeits- und Farbgradienten, einzelne Pixel entfernen, Vignettierung beseitigen etc. können auch in 8Bit Farbtiefe ausgeführt werden.

Als Programme kommen zum Einsatz: DeepSkyStacker, Fitswork, MaxIm DL und MaxDSLR, Photoshop (alle hier vorgestellten Funktionen sind ab Version CS2 verfügbar), Giotto, Registax, CCD-Sharp, RegiStar und Gradient X Terminator (Photoshop PlugIn). Die meisten Bearbeitungsschritte können auch von anderen Programmen durchgeführt werden.

Konvertierung des Rohbildes mit Bayer-Matrix nach RGB

Das Rohbild einer DSLR-Kamera ist ein farbcodiertes Schwarzweißbild. Vor jedem Pixel befindet sich ein winziger Farbfilter. Die zeilenweise Anordnung ist:
1. Zeile: RGRGRG...,
2. Zeile: GBGBGB...,
3. Zeile wie Zeile 1 usw.

ABBILDUNG 299

Die Aufgabe eines »Raw Image Converters« besteht darin, mithilfe dieser Kodierung ein RGB-Farbbild zu erzeugen. Dabei findet eine Interpolation fehlender Helligkeitswerte statt. Jedem einzelnen oder einer Gruppe von Pixeln wird ein interpolierter Farb-/Helligkeitswert zugeordnet. Um ein möglichst unverfälschtes Bild zu erhalten, muss dieser Konverter sehr sorgfältig arbeiten: Er darf aus einem Einzelpixel keinen Pixelhaufen (Cluster) generieren und sollte bei der Konvertierung keinerlei Bildbearbeitungsmaßnahmen wie beispielsweise Korrektur dunkler oder warmer Pixel vornehmen. Am genauesten arbeiten die Programme, die den Raw Converter DCRaw zur Konvertierung einsetzen.

Die Programme Fitswork und DeepSkyStacker verwenden DCRaw ebenso wie Giotto, das sowohl DSLR-Bilder als auch Video-Sequenzen verarbeiten kann. Welche Art der Konvertierung in MaxIm DL bzw. MaxDSLR verwendet wird, ist nicht bekannt. Mit Vorsicht sollte man auch die Konvertierung mit Photoshop anwenden, da hier eine Nachbehandlung der Rohbilder stattfindet. Warme und kalte Pixel werden zwar automatisch korrigiert, möchte man jedoch externe Dunkelbilder abziehen oder viele Bilder stacken, so erhält man ggf. Artefakte. DCRaw vollzieht die »schonendste« Konvertierung vom Kamara-Raw-Format mit 12 oder 14Bit Farbtiefe nach RGB mit 16Bit Farbtiefe, bzw. IEEE Floating Point (Fließkommaarithmetik, unbegrenzte Bittiefe beispielsweise in MaxIm DL). Wenn man sich nicht im klaren darüber ist, wie gut die Lieblingssoftware die Rohbilder konvertiert, sollte man einen Vergleich mit Fitswork anstellen und das Ergebnis bei extrem hoher Vergrößerung vergleichen.

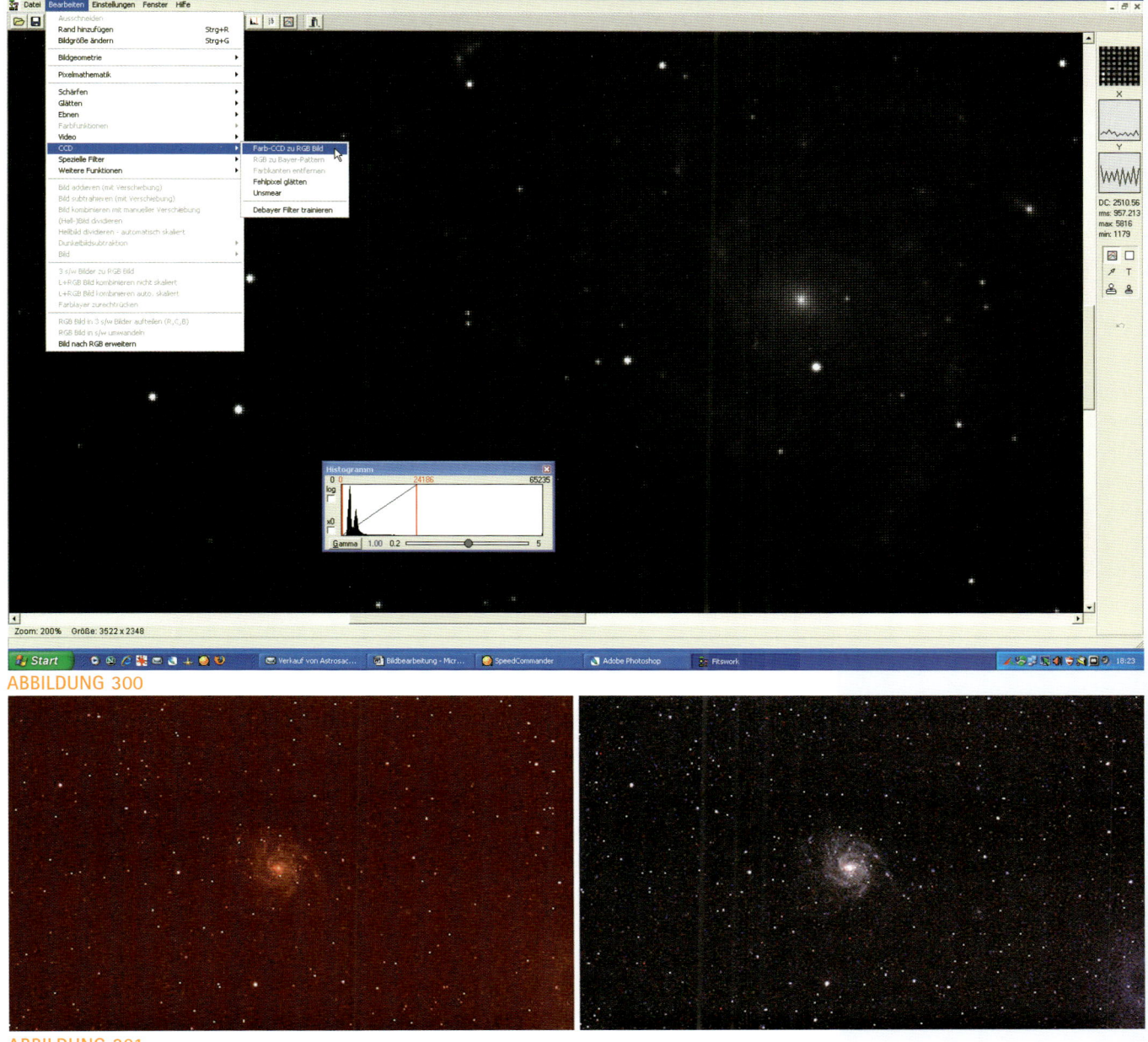

ABBILDUNG 300

ABBILDUNG 301

Das Ergebnis bei einer modifizierten digitalen Spiegelreflexkamera ist ein farbstichiges Bild, dessen Farbe für Anschauungszwecke erst einmal grob korrigiert wird (Abb. 301).

Analyse der Bildfehler einer digitalen Spiegelreflexkamera

Mit einer digitalen Spiegelreflexkamera aufgenommene Bilder erfordern ein stärkeres Maß an Nachbearbeitung als die der meisten gekühlten astronomischen CCD-Kameras. Die im Verhältnis einfachere Handhabung und der vergleichsweise günstige Anschaffungspreis einer digitalen Spiegelreflexkamera werden mit höherem Rauschen und größeren Ungleichmäßigkeiten der Sensorempfindlichkeit bezahlt.

Abbildung 302 zeigt eine 600s-Einzelbelichtung mit einer modifizierten EOS 20D (Hutech Typ 1) ohne Dunkelbild. Es sind mehrere der für eine digitale Spiegelreflexkamera typischen Bildfehler zu erkennen. Alle von ihnen gehen entweder auf die unter »Grundlagen der Digitalfotografie« beschriebenen chipinternen oder auf die unter »Bildstörungen« beschriebnen sonstigen Fehlerquellen zurück:

ABBILDUNG 300: Konvertierung eines Rohbildes mit Bayer-Matrix nach RGB mit Fitswork. Parameter: V.N.G. Color Correction.

ABBILDUNG 301: Links: Rohbildkonvertierung mit Fitswork. Parameter: »CCD« → »FarbCCD zu RGB-Bild« Parameter beispielsweise »Bayer Pattern, V.N.G. Color Correction«. Rechts: Farbkorrektur in Fitswork: »Farbfunktionen« → »Farbkorrektur«.

ABBILDUNG 302

ABBILDUNG 302: Ein 600s-Rohbild von M 101 mit einer Canon EOS 20D (Hutech Typ I). Umgebungstemperatur ca. 10°C. Man erkennt Farbrauschen, warme (helle einzelne Pixel) und kalte (dunkle einzelne Pixel), blaue und rote Gruppen von mehreren Pixeln (Cluster), die manchmal wie Sterne aussehen und Cosmics der kosmischen Höhenstrahlung

- Die »Lichtbeule« rechts unten im Bild (Abbildung 302 links) wird landläufig als »Verstärkerglühen« bezeichnet. Diese ist mit einem nachträglichen gemittelten Dunkelbild nicht restlos zu beseitigen. Nur wenn man die Kamera ein internes Dunkelbild nach der Aufnahme automatisch abziehen lässt (Achtung: doppelte Wartezeit!), ist die Lichtbeule restlos verschwunden.
- Im Rohbild sind horizontale Streifen erkennbar. Der Blaukanal dieser modifizierten EOS 20D zeigt mehr Bildstreifen als die Rot- und Grünkanäle. Diese Streifen sind nach einem separaten (externen) Dunkelbildabzug immer noch vorhanden, verschwinden jedoch fast vollständig bei einem internen Dunkelbild. Verbliebene Streifen lassen sich mit Fitswork beseitigen.
- Möglich sind auch Farbverläufe (Farbgradienten), die in diesem Beispiel aber nicht vorhanden sind.
- Farbrauschen im Hintergrund.
- Warme (helle), heiße (gesättigte), kalte (dunkle) und tote (schwarze) Pixel.
- Rote und blaue Cluster bestehend aus Gruppen von Pixeln, die wie Sterne aussehen können.
- Cosmics der kosmischen Höhenstrahlung.
- Vignettierung. In diesem Fall Abschattung am unteren Bildrand durch den hoch geklappten Schwingspiegel.

Viele dieser Bildfehler werden bereits im Zuge der Kalibrierung der Rohbilder (fast) verschwinden. Hat man einen Satz Objektbilder, Dunkelbilder, Flatfields (und ggf. Bias) aufgenommen, werden die Rohbilder zunächst damit kalibriert und dann überlagert (»gestackt«). Nicht davon erfasste Bildfehler können mit geeigneter Software entfernt bzw. abgemildert werden.

Rohbilder kalibrieren
Kalibrierung eines Rohbildes nur mit Biasbildern

Wenn kein Dunkelbild zur Verfügung steht, kann man zumindest ein gemitteltes Biasbild abziehen. Ob die Subtraktion eines Biasbildes bei einer digitalen Spiegelreflexkamera wirklich Sinn macht, muss man von Fall zu Fall entscheiden. Biaskorrekturen können in einer Stapelverarbeitung auch automatisch vorgenommen werden.

Der obere Teil der Abbildung 303 zeigt ein 300s-Rohbild von M 10, von dem ein gemitteltes Biasbild subtrahiert werden soll. Dazu wurden 16 Biasbilder mit je 1/8000s Belichtungszeit bei abgedeckter Kamera im Rohformat aufgenommen und in Fitswork gemittelt. Man klickt auf den Menüpunkt »Masterdark/-flat erstellen«, wählt die zu mittelnden Biasbilder (Rohformat CR2) aus und wendet die Operation »Mitteln« an. Das Ergebnis speichert man als »Masterbias.fit« ab (Abbildung 303, Mitte). Die Mittelungsroutine von MaxIm DL liefert dasselbe Ergebnis. Das im Normalfall dunkle Biasbild wurde zur Verdeutlichung extrem aufgehellt.

Das 300s Rohbild von M 10 (Abbildung 303, oben) wird nun in Fitswork geöffnet und die Biaskorrektur wie folgt ausgeführt: »Bearbeiten« → »Dunkelbildsubtraktion« → »mit Hotpixelkorrektur und Temperaturausgleich«. Das Ergebnis (Raw Image) ist im unteren Teil der Abbildung 303 zu sehen. Unterschiede sind nur im Histogramm in der linken ansteigenden Flanke erkennbar. Davon abgesehen überwiegen die restlichen Bildfehler.

Kalibrierung eines Rohbildes mit Dunkel- und Flatfieldbildern

Die Einzelschritte einer manuellen Kalibrierung können in Programmen wie MaxIm DL, Fitswork, DeepSkyStacker u.a. auch im Stapelbetrieb ausgeführt werden. Für die Kalibrierung der Objektaufnahmen sollte nun ein Satz von Dunkelbildern vorhanden sein, im Idealfall gleich lang belichtet wie die Objektbilder. Das Flatfieldbild wird bei der Aufnahme mit automatisch subtrahiertem Dunkelbild erstellt, das verkürzt die Gesamtprozedur, da es nicht separat berücksichtigt werden muss. Biasbilder werden nicht extra benötigt, da das Biasbild sowohl im Objektbild als auch im Dunkelbild enthalten ist und gemäß Formel 72 automatisch subtrahiert wird.

Es ist eine Aufnahme mit dem Meade 12"-ACF und der Canon EOS 5D (ACF III-Filter). Das Rohbild von M 10 wurde 300s bei ISO 1000 belichtet. Nach den Rohbildern wurde eine Serie von sechs Dunkel- und 17 Flatfieldbildern aufgenommen. Die Kalibrierung erfolgt in Fitswork:

1. Zunächst wird aus sechs Dunkelbildern (Bayer Raw Image CR2) ein Masterdarkbild erstellt (Abbildung 304-B). Mit »Masterdark erstellen« werden in Fitswork sechs Dunkelbilder im Rohformat (CR2) gemittelt. Das Ergebnis wird

ABBILDUNG 303

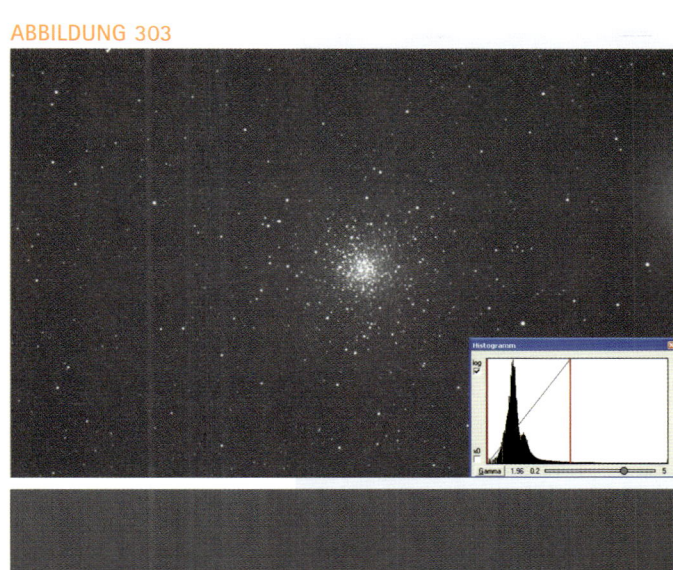

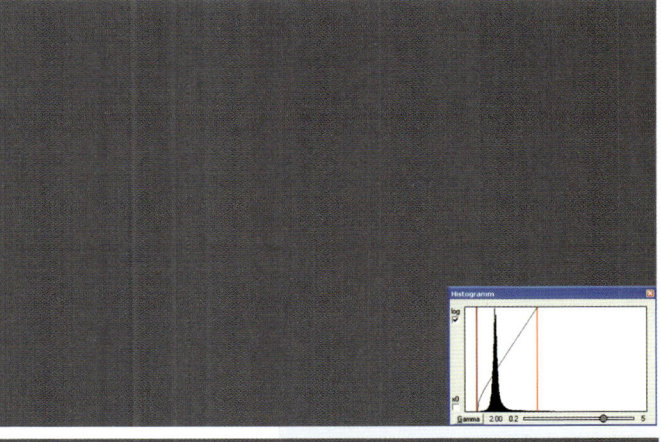

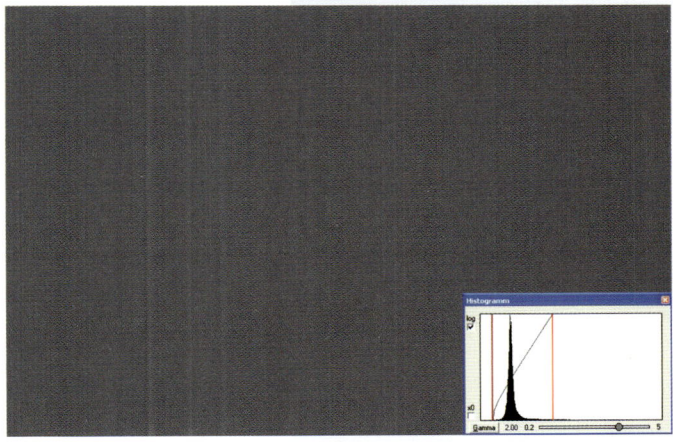

ABBILDUNG 303: Oben: M 10 im Rohbild, Mitte: gemitteltes Biasbild (stark aufgehellt), Unten: Rohbild minus Biasbild. Das »Verstärkerglühen« am rechten Bildrand ist nicht im Biasbild enthalten. Der Unterschied vor und nach der Korrektur ist minimal.

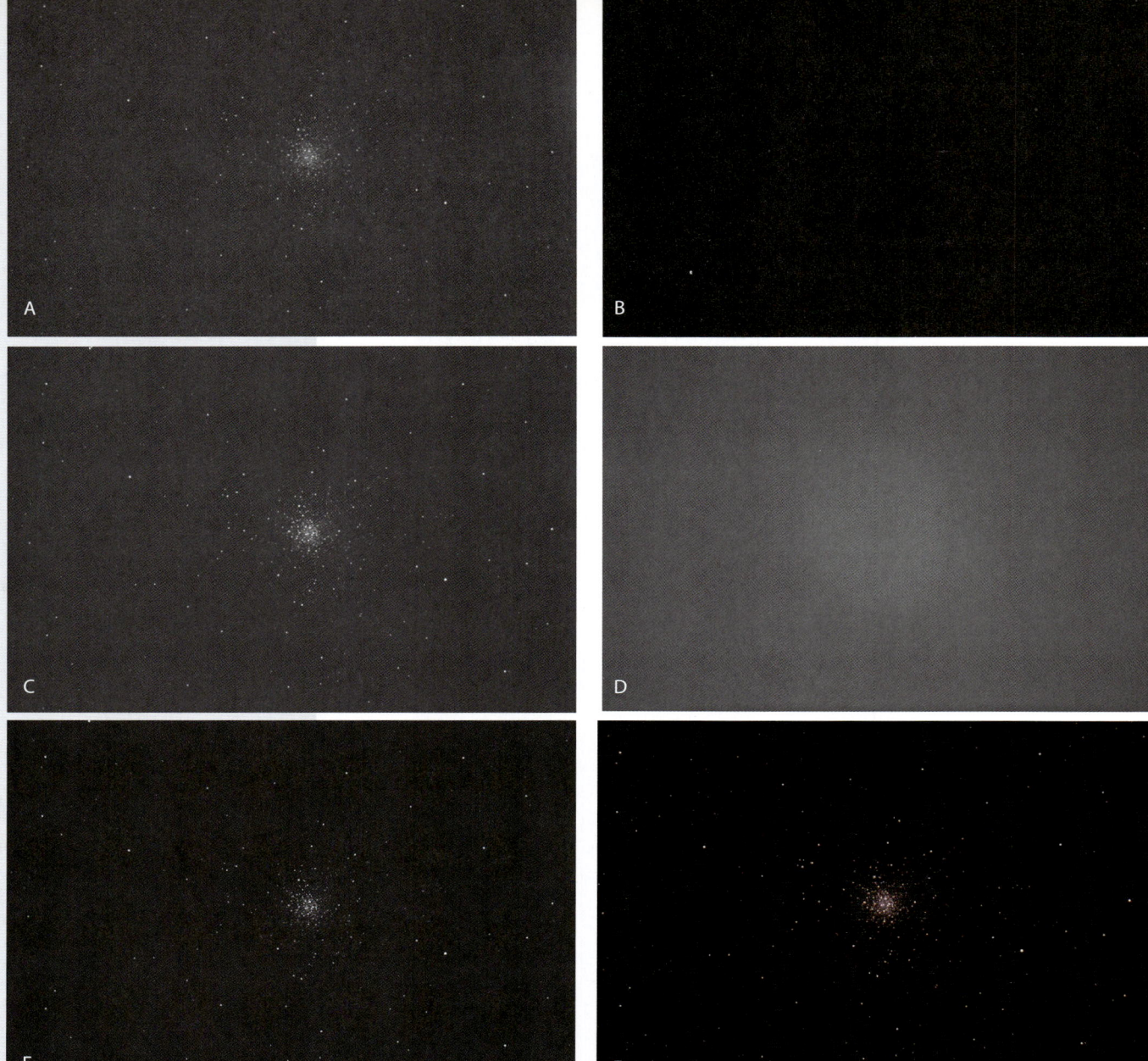

ABBILDUNG 304

ABBILDUNG 304: Teilbild A zeigt ein 300s-Rohbild (CR2) von M 10. Neben vielen warmen Pixeln ist die Lichtbeule am rechten Rand und in dieser Darstellung eine minimale Vignettierung in den Bildecken sichtbar. In Teilbild B ist das Masterdark (CR2), Mittelwert aus 6 × 300s, zu sehen. Das Ergebnis der Subtraktion Rohbild minus Masterdark (CR2) ist in Teilbild C abgebildet. Teilbild D zeigt das Masterflat (CR2). Es ist ein Mittelwert aus 17 × 1/160s. In Teilbild E ist das fertig korrigierte Bild (Rohbild – Masterdark)/Masterflat im Rohformat CR2 abgebildet. Teilbild F zeigt schließlich das Ergebnis der Konvertierung von CR2 nach RGB.

automatisch als »masterdark.fit« im 32Bit-Rohformat mit Bayer-Matrix abgespeichert.

2. Die Flatfieldbilder wurden im Raw-Format CR2 jeweils mit internem Dunkelbild aufgenommen. 17 Flatfieldbilder werden gemittelt und als »masterflat.fit« im Raw-Format abgespeichert (Abbildung 304-D).

3. Ein Rohbild (Abbildung 304-A) wird in Fitswork geöffnet und wie folgt korrigiert: »Bearbeiten« → »Dunkelbildsubtraktion« → »mit Hotpixelkorrektur und Temperaturausgleich«. Das Ergebnis (im Raw-Format) ist in Abbildung 304-C zu sehen.

4. Nun folgt die Flatfieldkorrektur mit dem Masterflat: »Bearbeiten« → »Hellbild dividieren – automatisch skaliert«. Das Ergebnis in Abbildung 304-E ist ein vollständig kalibriertes Einzelbild im Rohformat als FITS-Datei mit 32Bit Farbtiefe.

5. Nun erfolgt die Konvertierung des Rohformats nach RGB: »Bearbeiten« → »CCD« → »Farb-CCD zu RGB-Bild«. Das Ergebnis in Abbildung 304-F ist ein kalibriertes RGB-Bild mit 32Bit Tiefe (mit etwas Blaustich). Neben wenigen

dunklen und hellen Pixeln ist die Lichtbeule am rechten Bildrand noch schwach vorhanden. Wenn man möchte, kann man den Farbstich durch Variation der Parameter bei der Konvertierung nach RGB von vornherein verringern. Bei der Anwendung »Farb-CCD zu RGB-Bild« wurden »Bayer-Matrix VNG Color Correction« mit $R_{mul}=2$ und $B_{mul}=0,75$ verwendet. Man kann die Farbbalance stattdessen auch nachträglich verbessern. In der Regel wird dies aber erst im gestackten Bild vorgenommen.

Ausrichten (Registrierung) und Überlagern (Stacking)
Registrierung von Deep-Sky-Bildern

Unter »Registrierung« versteht man die präzise gegenseitige Ausrichtung von Bildern, die danach punktgenau überlagert werden. Die Registrierung kann in Bezug auf die Sterne im Bildfeld vorgenommen werden oder auf ein bewegtes Objekt wie Kometen oder Asteroiden erfolgen.

ABBILDUNG 305

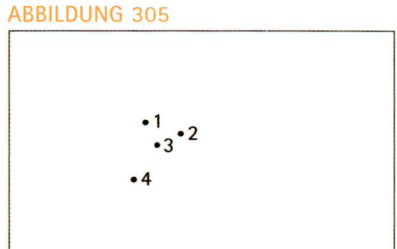 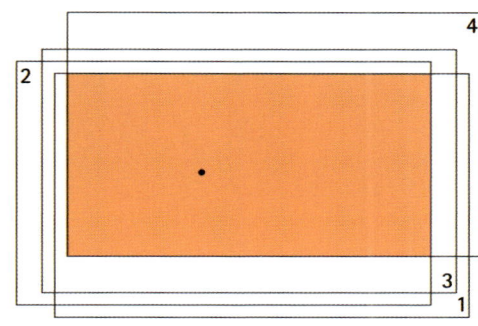

TIPP

Die Registrierung und Überlagerung darf nicht mit den Camera-Raw-Rohbildern durchgeführt werden, da in diese die Bayer-Matrix sozusagen eingeprägt ist. Der Rasteraufbau der Bayermatrix würde zerstört werden, eine Konversion nach RGB wäre nicht mehr möglich. Erst die nach RGB konvertierten Bilder dürfen vor ihrer Überlagerung gegeneinander verschoben und gemittelt werden.

ABBILDUNG 305: Gibt es einen Versatz zwischen den einzelnen Belichtungen, fällt das Licht eines bestimmten Objekts in jedem Einzelbild auf einen anderen Bereich des Aufnahmesensors. Würden die Bilder einfach aufaddiert, entstünde das hier gezeigte Bild. Werden die Einzelbilder dagegen vor ihrer Addition rückzentriert, erhält man ein deckungsgleiches Bild. Die effektiv nutzbare Bildfläche, also der Bereich, der von allen Aufnahmen abgedeckt wird (farbig markierter Bereich), reduziert sich jedoch.

Durch Rückzentrierung bei der Addition gegeneinander versetzter Aufnahmen verkleinert sich das nutzbare Bildfeld. Dies geschieht aufgrund des periodischen Fehlers und einer ungenauen Ausrichtung der Montierung. So wird im Zuge der Überlagerung der auf allen Aufnahmen gemeinsam abgebildete Bereich und damit auch das effektiv nutzbare Bildfeld immer kleiner.

Anhand des Beispiels von M 57 soll gezeigt werden, wie man Bilder von Deep-Sky-Objekten miteinander registriert. Einige Programme wie MaxIm DL und RegiStar können sogar eine Maßstabsänderung bzw. zusätzlich Verzeichnung berücksichtigen, DeepSkyStacker leider (noch) nicht. Eine Maßstabsänderung zwischen den zu registrierenden und zu überlagernden Bildern kann beispielsweise vorkommen, wenn bei auf Cassegrain-Typ basierenden Teleskopen eine Brennweitenänderung durch Ausdehnung oder Kontraktion des Tubus' aufgrund von Temperaturänderungen erfolgt. Oder man möchte einfach Bilder überlagern, die mit unterschiedlichen Geräten oder Brennweiten aufgenommen wurden.

Man erreicht dieses Ziel mit MaxIm wie folgt (Abbildung 307):
1. Beide Bilder in MaxIm (hier MaxDSLR) öffnen
2. »Process« → »Combine«
3. Beide Bilder auswählen
4. »Align Mode«: »Manual 2 Stars« mit Average (Mitteln), Bicubic Resample, IEEE Floating Point (Fließkommaarithmetik, d.h. unbegrenzte Bittiefe)
5. Nacheinander in Bild 1 und Bild 2 den gleichen Stern oben links in der Bildecke anklicken

ABBILDUNG 306

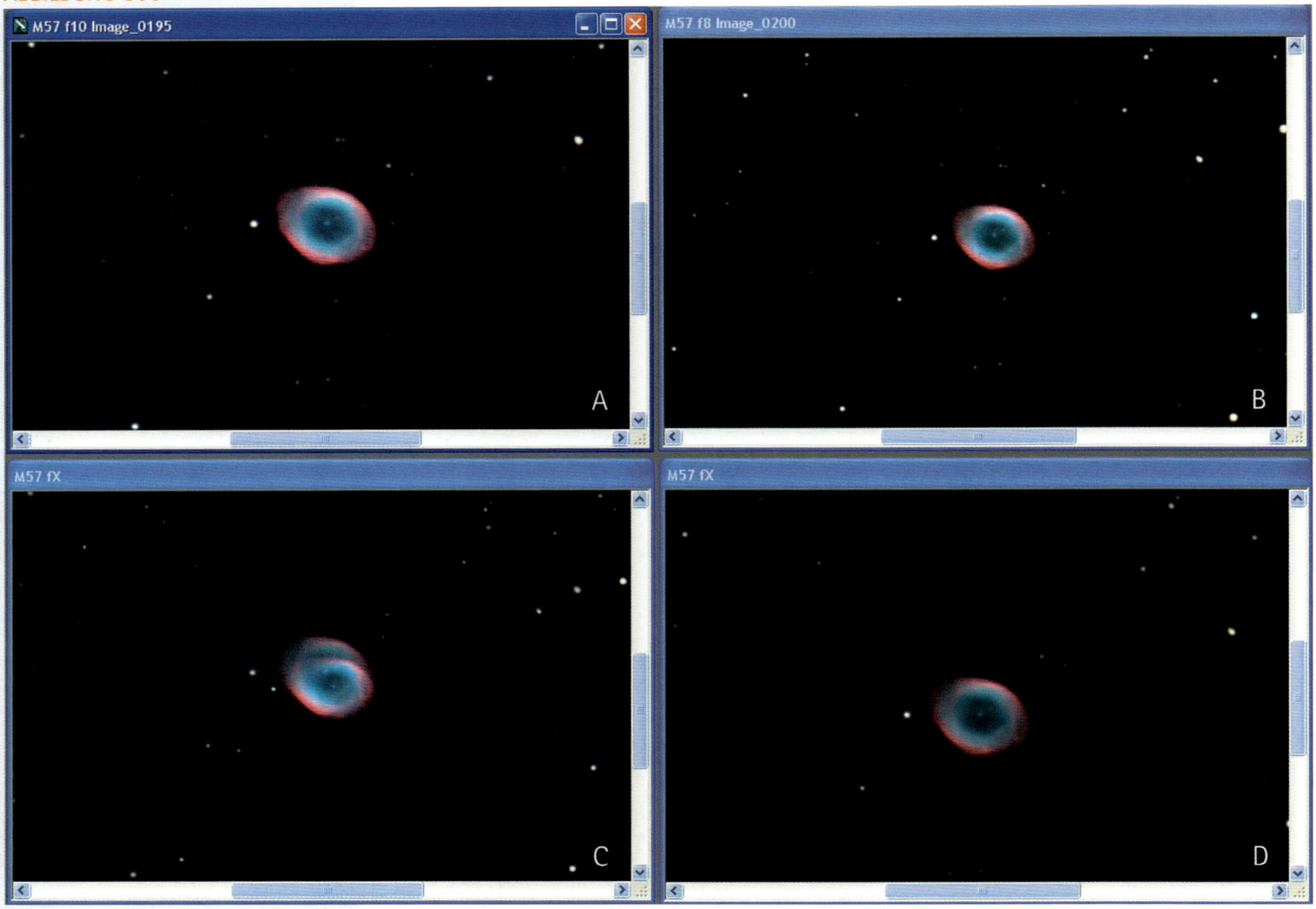

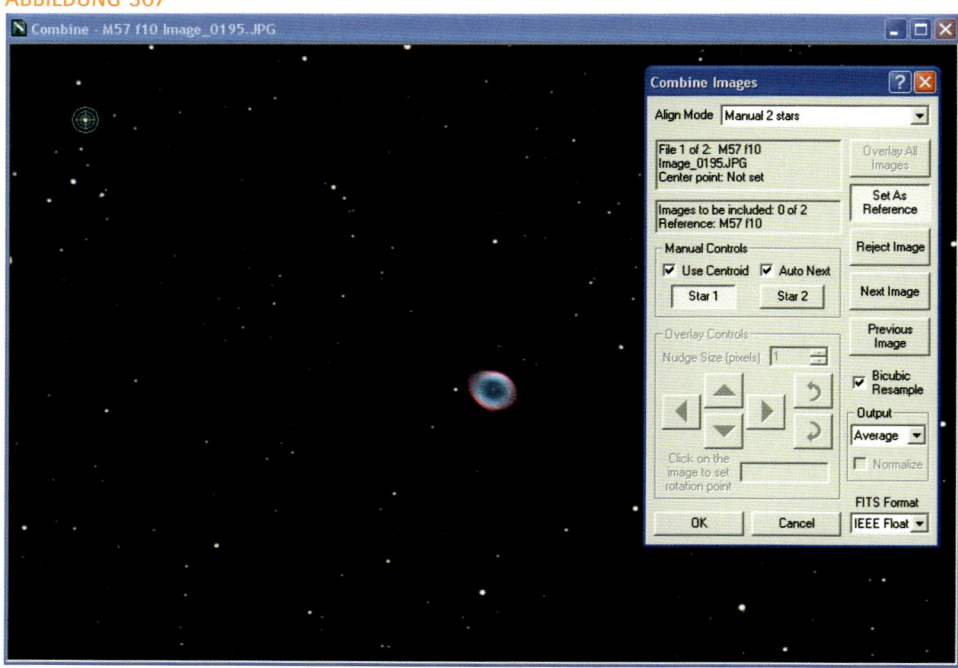

M57 f10 Image_0195 (A)   **M57 f8 Image_0200** (B)

M57 fX (C)   **M57 fX** (D)

📷 **ABBILDUNG 306:** Fokalaufnahme mit 10" LX200-ACF bei einer Brennweite von 2500mm (A). Aufnahme mit Fokalreduktor f/8 bei einer Brennweite von 2000mm (B). Würden beide Bilder 1 : 1 auf den Ringnebel registriert und überlagert, erhielte man doppelt so viel Sterne und einen verwaschenen Ringnebel (C). Erst die gegeneinander verdrehten und im Maßstab angeglichenen Aufnahmen – hier mit MaxIm DL – erlauben eine korrekte Überlagerung (D).

📷 **ABBILDUNG 307:** Zur Registrierung und Überlagerung zweier Bilder, die gegeneinander verdreht und im Maßstab unterschiedlich sind, muss man in MaxIm DL in beiden Bildern zwei weit auseinander liegende Sterne nacheinander anklicken. Links oben im Zielkreuz der erste der beiden Referenzsterne (Star 1).

6. Nacheinander in Bild 1 und Bild 2 einen anderen, aber denselben Stern, unten rechts in der Bildecke anklicken

7. Sobald die Referenzsterne ausgewählt wurden, auf »OK« klicken und das Ergebnis erscheint

8. Abspeichern in der gewünschten Bittiefe im Format FITS oder TIF

ABBILDUNG 307

Registrierung von Asteroiden und Kometen

Soll die Bewegung eines Asteroiden oder eines Kometen »eingefroren« werden, darf ein Einzelbild nicht beliebig lang belichtet werden. Die maximale Belichtungszeit ist dann erreicht, wenn die vom Objekt aufgrund seiner Eigenbewegung zurückgelegte Strecke am Himmel der Größe z des Streuscheibchens entspricht. Damit trotz dieser kurzen Belichtungszeiten auch lichtschwache Objekte aufgenommen werden können, muss die ISO-Empfindlichkeit ggf. erhöht werden.

Nach einer Registrierung auf die Hintergrundsterne zeigt das überlagerte Bild das bewegte Objekt als Sequenz einzelner Objektbilder vor dem Sternhintergrund. Soll das bewegte Objekt selbst »scharf« abgebildet werden, muss die Registrierung der Bilder daher auf das Objekt selbst erfolgen.

Während man bei MaxIm zur Registrierung eines bewegten Objektes dieses in allen Teilbildern explizit anklicken muss, kann man dies mit dem Programm DeepSky-Stacker automatisieren. Die Einzelbilder werden dort in zeitlicher Reihenfolge sortiert und nur beim ersten und letzten Bild wird das Objekt angeklickt. DeepSyStacker findet die Ob-

ABBILDUNG 308

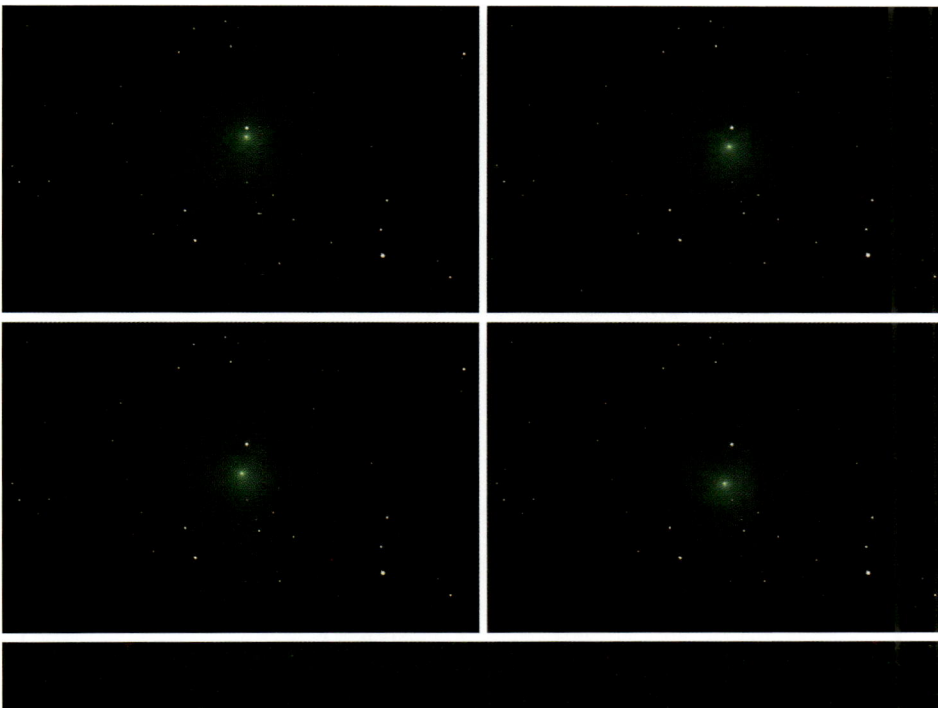

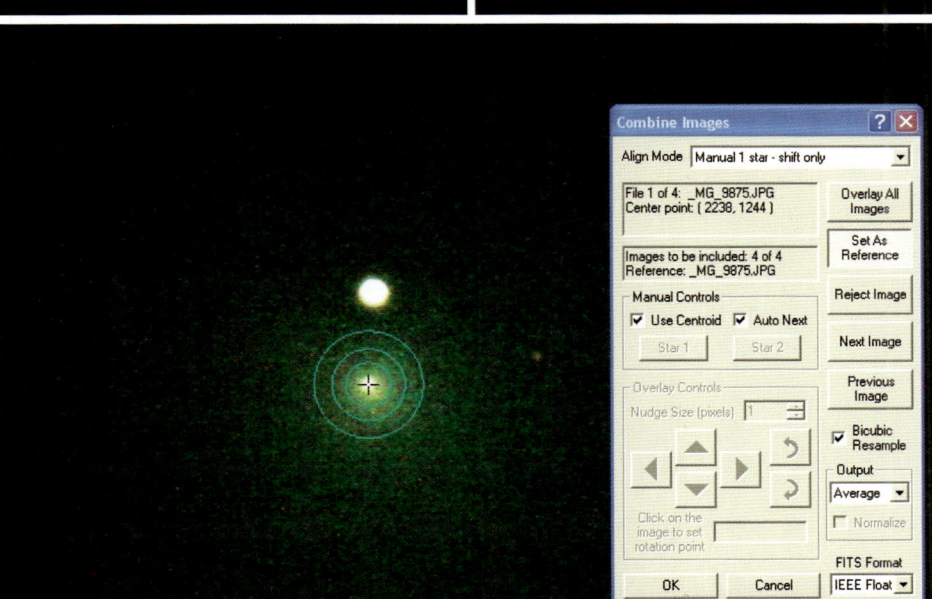

LINKS

Programme mit Registrierungsfunktion

Registar
Auriga Imaging
www.aurigaimaging.com

MaxIm DL (+DSLR) / MaxDSLR
Diffraction Limited
www.cyanogen.com

ABBILDUNG 308: Vier kurz belichtete Bilder des Kometen 8P/Tuttle am 6.1.2008, jeweils 30s mit 12" LX200-ACF (f=3048mm), Canon EOS 5D bei ISO 3200, internes Dunkelbild. Konvertierung vom Rohformat CR2 nach RGB mit Fitswork. Registrierung und Stacking mit MaxIm DL: Auf allen vier Teilbildern wird nacheinander die Koma des Kometen angeklickt. Parameter: Manual 1 star - shift only, Bicubic Resample, Average (Mittelung) und IEEE Floating Point.

LINKS

CCD Reduction
R. Corlan
www.astro.corlan.net/gcx/html/node7.html

combine - Combine images pixel-by-pixel using various algorithms
P.C.Y. Zhang
www.ucalgary.ca/~zhangc/combine.html

ABBILDUNG 309

ABBILDUNG 309:
Vier Bilder des Kometen 8P/Tuttle wurden in MaxIm DL auf den Kometen registriert und gemittelt.

jektpositionen in den Zwischenaufnahmen durch Interpolation. DeepSkyStacker bietet als Option auch eine besondere Kombinationsmöglichkeit an: Stacken auf das Objekt, kombiniert mit Stacken auf Sterne. Das Ergebnis ist ein Gesamtbild, in dem die mehrfachen Sternpositionen herausgerechnet werden (hier ohne Abbildung). Leider funktioniert das nicht hundertprozentig, bei höherem Bildkontrast sind Reste der hellen Sterne noch sichtbar.

Überlagerung der registrierten Bilder (Stacking)

Die Überlagerung von Bildern kann grundsätzlich durch Aufsummierung der Helligkeitswerte oder durch Mittelung erfolgen. Die meisten Programme bieten beide Optionen an, die ein ähnliches Ergebnis liefern. Doch auf die Feinheiten kommt es an: Wählt man die Mittelung, hat man zumeist noch weitere Möglichkeiten bei der Bearbeitung von Cosmics und warmen bzw. kalten Pixeln. Gesättigte helle (heiße) Pixel werden am besten bei der Mittelung mit dem Medianfilter oder dem »Kappa-Sigma-Clipping« entfernt. Der Medianfilter funktioniert aber nur, wenn heiße Pixel von Bild zu Bild einen Versatz aufweisen, wenn die Einzelaufnahmen also etwas gegeneinander verschoben sind. Am robustesten in Bezug auf das Signalrauschverhältnis ist die Mittelung, die gerade bei wenigen Einzelbildern zu geringerem Rauschen führt als der Medianfilter. »Kappa-Sigma-Clipping« ist das flexibelste Verfahren, Fehlpixel zu eliminieren, da diese in einem iterativen Prozess erkannt und durch einen geeigneten Mittelwert ersetzt werden. Das Ergebnis ist aber im Vergleich zur reinen Mittelwertbildung nur bei einer großen Anzahl von Einzelbildern von Vorteil. Hinzu kommt, dass der von den meisten Programmen zunächst vorgegebene »Sigma-Wert« für den Aufnahmestapel durch den Bearbeiter optimal angepasst werden muss.

- **Summe (Addition):** Für jedes Pixel werden die Helligkeitswerte addiert. Voraussetzung dafür ist, dass die Maximalwerte bei der Summierung nicht die Bittiefe des angelegten Bildes überschreiten. Addiert man z.B. 10 Bilder mit 16Bit Farbtiefe, so ist der maximal mögliche Helligkeitswert im Summenbild 10 × 65535 ADU = 655350 ADU. Wird das Summenbild auch nur mit 16Bit Farbtiefe angelegt, ist klar, dass die hellen Partien völlig ausbrennen, da die Grenze um das 10-fache überschritten wurde. Man kann dies bei einer Addition nur dann verhindern, wenn man das Summenbild mit unbegrenzter Bittiefe anlegt (IEEE). Mehr als 16Bit Farbtiefe wird bei anderen Programmen auch als »High Dynamic Range«, oder kurz HDR bezeichnet. Der Additions-Algorithmus bietet keine Möglichkeit, Fehlpixel zu beseitigen. Diese Methode ist dennoch dann sinnvoll, wenn man ein Himmelsobjekt mit hohem Dynamikumfang aufnehmen möchte. Der Orionnebel M 42 ist ein gutes Beispiel dafür: Belichtet man wenige Sekunden, kann man im Zentrum des Nebels das Trapez gut in Einzelsterne auflösen. Belichtet man so lange, dass die weitläufigen Nebel gut sichtbar werden, ist der Zentralbereich völlig ausgebrannt. Addiert man alle Bilder unter Beachtung einer hohen Bittiefe (IEEE Floating Point) auf, so kann man das Summenbild logarithmisch skalieren und den gewünschten Helligkeitsumfang als Bild mit 16Bit oder 32Bit Farbtiefe zur Weiterverarbeitung in den meisten Programmen abspeichern.

- **Mittelwert (Average):** Der arithmetische Mittelwert wird für jedes Pixel im Bildstapel berechnet. Bei einer Gaußverteilung der Werte erhält man mit dem Mittelwert einen Wert mit der niedrigsten Varianz: Ein Pixel in einem Stapel von z.B. sechs Bildern hat die aufsteigend sortierten Helligkeitswerte (hier nicht gaußverteilt): 25, 26, 28, 30, 31, 60. Der Mittelwert beträgt dann 33,3. Man erkennt, dass bei einem Bild ein Ausreißer (Helligkeitswert 60) vorhanden ist, der sich im Mittelwert bemerkbar macht.

- **Median:** Der Medianfilter wird bevorzugt bei der Bildung von Masterdarks und -flats eingesetzt, da er bei einer größeren Anzahl gleich skalierter (belichteter) Bilder Ausreißerpixel wirkungsvoll erkennt und entfernt. Der Medianwert der Helligkeit eines Pixels ist bei einer Anzahl von n Bildern der Helligkeitswert des (n+1)/2-ten Pixels in einer nach Helligkeitswert sortierten Reihe. Gleich viele Pixel müssen einen Helligkeitswert unter dem Medianwert wie oberhalb aufweisen. Bei einer geraden Anzahl n von Bildern ist er der Mittelwert der beiden mittleren Helligkeitswerte in der Reihe.

  Ein Pixel hat z.B. in sechs verschiedenen Bildern die aufsteigend sortierten Helligkeitswerte: 25, 26, 28, 30, 31, 60. Die mittleren beiden Helligkeitswerte sind 28 und 30, der Mittelwert der beiden ist 29. Man erkennt, dass dieser Medianwert bei Vorhandensein heißer Pixel im Gegensatz zum Mittelwert deutlich näher am korrekten Ergebnis liegen muss.

- **Kappa-Sigma-Clipping:** Im Verlauf der Mittelung einer größeren Anzahl von Bildern werden Ausreißer erkannt und durch einen geeigneten Helligkeitswert ersetzt werden, den man von den restlichen Helligkeitswerten eines Pixels als Mittelwert ermittelt. Kappa-Sigma-Clipping behandelt abweichende Pixel in einem iterativen Prozess. Zwei Parameter werden hier variiert, die Anzahl der zu durchlaufenden Schritte und der Multiplikator »Kappa« der Standardabweichung »Sigma«.

  Die Iteration startet mit der Berechnung des Mittelwertes eines jeden Pixels und der Standardabweichung Sigma. Pixel, deren Helligkeitswerte mehr als den Betrag Kappa mal Sigma vom Mittelwert abweichen, werden nun bei einer Mittelwertbildung nicht mehr berücksichtigt. Die Iterationsschleife wird so lange durchlaufen, bis sich der Mittelwert für das betreffende Pixel nicht mehr ändert.

  Kappa-Sigma-Clipping kann sehr effektiv Cosmics und Sterne aus Skyflats entfernen, und das auch bei einer geringen Anzahl von Bildern. Es ist sogar in der Lage, aus einem Satz von Sternaufnahmen die Sterne herauszurechnen und ein künstliches Flat zu erzeugen. Kappa-Sigma-Clipping arbeitet am besten mit einer Anzahl ab etwa 10 Bilder, die aber alle gleich skaliert sein müssen.

- **Median Kappa-Sigma Clipping:** Eine Variante des Kappa-Sigma-Clippings, in der statt des Mittelwertes der Medianwert verwendet wird. Das Programm DeepSkyStacker bietet diese Option an.

- **Auto Adaptive Weighted Average:** Ein iterativ ermittelter gewichteter Mittelwert wird für jedes Pixel ermittelt. Das Programm DeepSkyStacker bietet diese Stacking-Option an, in der nach dem ersten Durchlauf rückwirkend eine verbesserte Voraussage der Varianz in jedem Pixel getroffen werden kann.

- **Entropy Weighted Average (High Dynamic Range):** Diese speziell vom Programm DeepSkyStacker angebotene Option wird verwendet, wenn man DSLR-Bilder unterschiedlicher Belichtungszeit und ISO-Empfindlichkeit stacken möchte. Es wird ein gemitteltes Bild mit dem bestmöglichen Dynamikumfang erzeugt. Damit kann das Ausbrennen in den Zentren heller Galaxien und Nebeln verhindert werden.

Stacking-Techniken
Stacking von Bildern mit hohem Dynamikumfang (HDR)

Das Stacken von Deep-Sky-Bildern kann mit den meisten Bildbearbeitungsprogrammen wie MaxIm DL, Fitswork, DeepSkyStacker und anderen weitgehend automatisiert ablaufen.

ABBILDUNG 310

ABBILDUNG 310: Der Orionnebel (M 42) ist das klassische Beispiel für die Bearbeitung eines Motivs mit extrem hohem Dynamikumfang. Einzelbelichtungen von 4s bis 300s, jeweils mit Dunkelbildabzug aber ohne Flatfieldkorrektur. Aufnahme mit Astro-Physics 130mm EDFS (f=870mm) und Canon EOS 5D

Erste Probleme treten auf, wenn bspw. der Abbildungsmaßstab der zu stackenden Aufnahmen unterschiedlich ist oder die Bilder gegeneinander verdreht sind. Eine ordentliche Registrierung der Bilder – vor oder während des Stacking-Prozesses – ist also unbedingt erforderlich.

Mit dem Stacken von Bildern, die einen hohen Dynamikumfang haben, wird es schon heikler. Abhängig von der Software und der Art der Überlagerungstechnik erhält man unterschiedliche Ergebnisse. Im klassischen Fall des Orionnebels M 42 sieht man, dass man den gesamten Helligkeitsverlauf des Nebels mit einer einzelnen 16Bit Aufnahme nicht darstellen kann. Im folgenden Beispiel wird anhand von drei Programmen gezeigt, wie man mit einem unterschiedlich lang belichteten Aufnahmestapel sowohl das Trapez im Zentrum als auch die schwachen Nebelausläufer von M 42 in einem Gesamtbild darstellen kann.

Stacking von M 42 mit DeepSkyStacker

DeepSkyStacker ist in der Lage, den Vorgang von der Konvertierung des Rohformats nach RGB TIF zu automatisieren. Das Stacking der sechs Einzelbilder von 4s bis 300s Belichtungszeit aus Abbildung 310 erfolgt in DeepSkyStacker ausgehend vom Rohformat

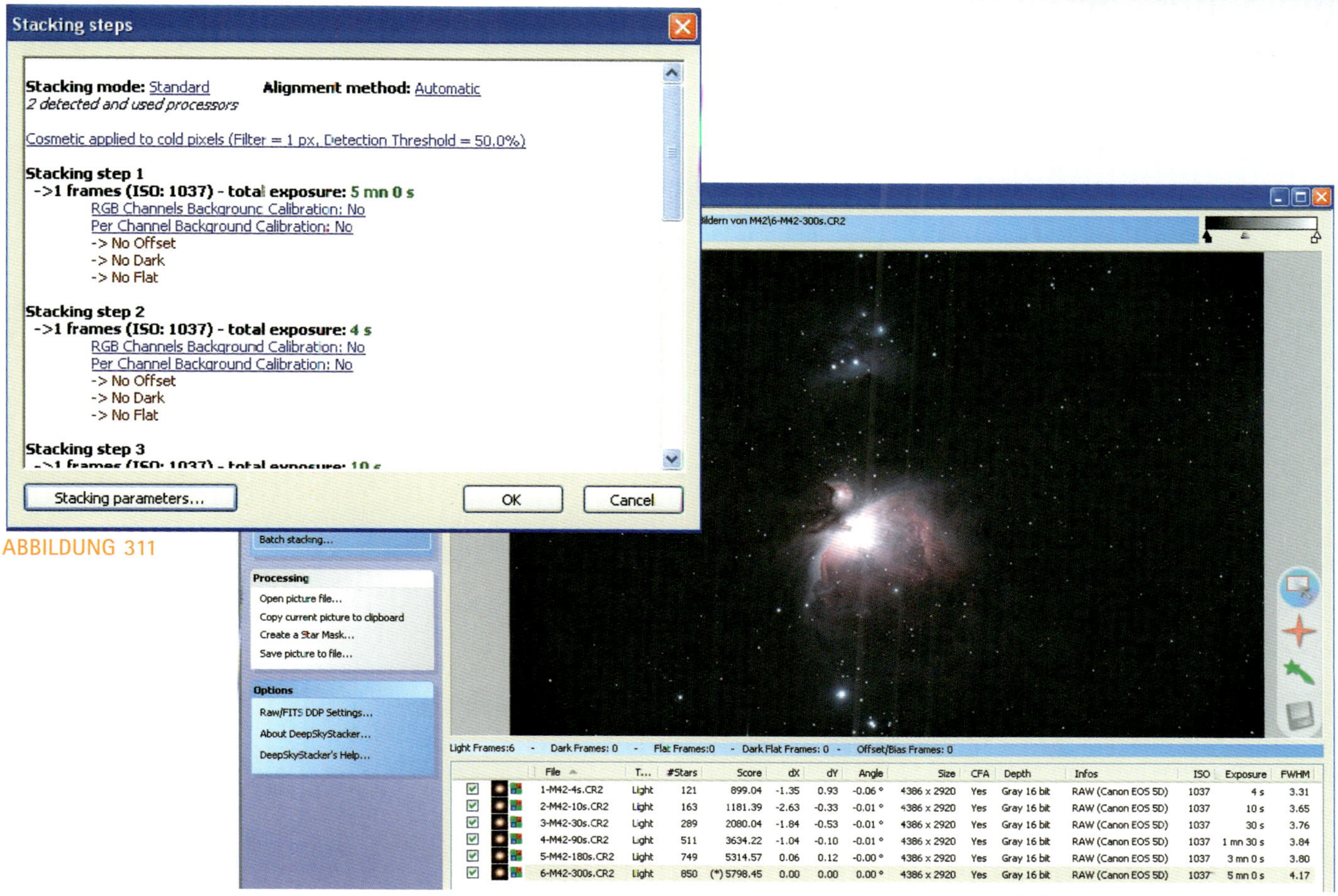

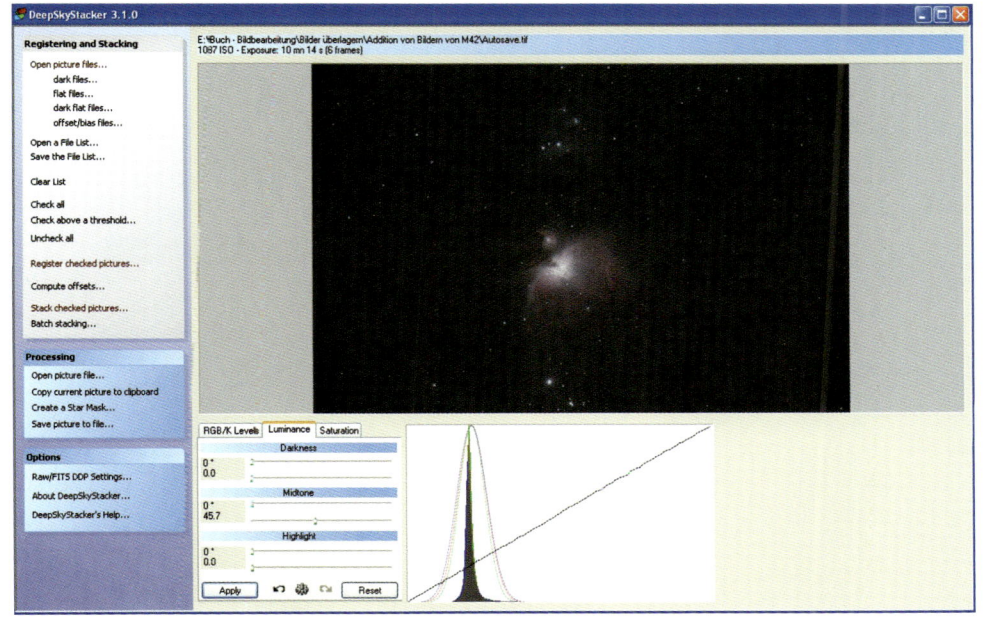

ABBILDUNG 311

CR2. Mit »Open picture files« werden die sechs zu stackenden Rohbilder geladen und mit »Check all« ausgewählt. Da bereits jeweils ein Dunkelbild subtrahiert wurde und zu Vergleichszwecken auf die Verwendung von Flatfieldbildern verzichtet wird, können nun die Parameter zum Stacken ausgewählt werden (Abbildung 311):

1. RAW/FITS DDP Setting: »Use Auto White Balance«. DeepSkyStacker kümmert sich um die Weißbalance der Bilder.
2. Register Checked Picture → Stacking Parameters: Stacking Mode »Average« (Mittelwert). Alignment: »Automatic«. Cosmetic: »Detect and clean cold pixels« (kalte Pixel entfernen). Automatic Detection of Hot Pixels (heiße Pixel entfernen).

 ABBILDUNG 311: Parameter und Referenzbild in DeepSkyStacker: Das 300s belichtete Bild mit dem höchsten Score-Wert wurde als Referenzbild ausgewählt und angeklickt.

 ABBILDUNG 312: Das Ergebnisbild in DeepSkyStacker wird automatisch abgespeichert als »Autosave. tif« (32Bit). Zusätzlich sollte man das Bild noch als 32Bit FITS-Bild abspeichern »Bild speichern unter«, um es danach beispielsweise in Fitswork zur Weiterverarbeitung zu öffnen. Die Farbsättigung (Saturation) kann schon in DeepSkyStacker oder auch erst in einem der nachfolgenden Schritte in anderen Programmen erhöht werden.

ABBILDUNG 312

3. Hintergrundkalibrierung: Bei extrem unterschiedlich lang belichteten Bildern (Hoher Dynamikumfang) ausnahmsweise keine »Background Calibration« durchführen, andernfalls erhält man ein gestreiftes Bild.
4. Nach dem Start werden die Bilder registriert und gemäß der Vorgaben gestackt. Das Ergebnisbild in Abbildung 312 ist nun bis zum Zentrum gut durchgezeichnet. Das Bild wird als »Autosave.tif« mit 32Bit Farbtiefe abgespeichert und kann nun beispielsweise in Photoshop nach 16Bit Farbtiefe konvertiert werden. Wegen der Kodierung des Bildes ist Fitswork nicht in der Lage, dieses Bild direkt einzulesen. Es muss vorher in DeepSkyStacker als »FITS Image 32Bit/ch – rational« abgespeichert werden.

Stacking von M 42 mit Photoshop (High Dynamic Range, HDR)

Die Ausgangsbilder aus Abbildung 310 müssen vom Rohformat nach RGB TIFF mit einer Farbtiefe von 16Bit importiert und abgespeichert werden. Photoshop beseitigt beim Import helle Pixel automatisch. Man geht wie folgt vor:

ABBILDUNG 313: Import der Rohbilder und Konvertierung nach TIFF mit einer Farbtiefe von 16Bit in Photoshop CS2 im Batchbetrieb. Photoshop erlaubt dabei die Anwendung zahlreicher Filterfunktionen.

ABBILDUNG 313

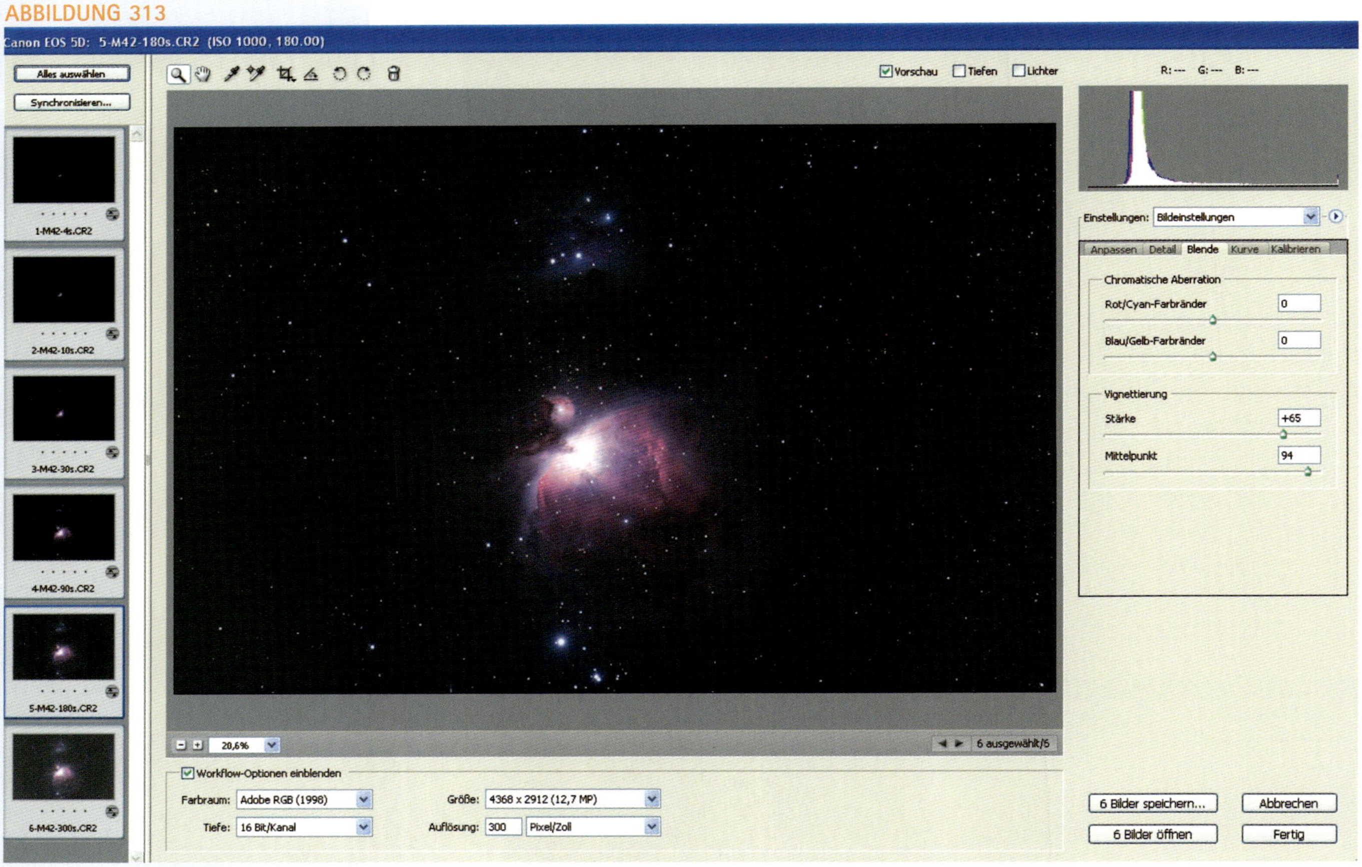

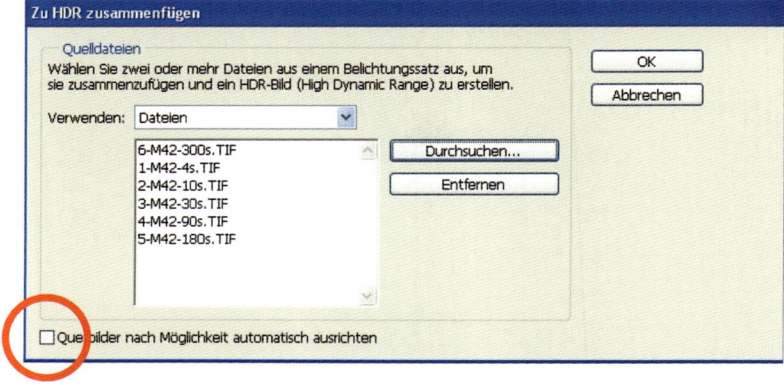

ABBILDUNG 314: Zu überlagernde Bilder können von Photoshop automatisch registriert werden. Nach der Auswahl der Dateien → »automatisch Ausrichten« aktivieren, damit Photoshop die Bilder automatisch registriert.

ABBILDUNG 314

ABBILDUNG 315

1. »Datei« → »Öffnen«: Alle sechs Rohbilder im Format CR2 auswählen (Abbildung 313).
2. Parameter: Keine Schärfung. Farbstörung reduzieren: Wert ca. 25 (ausprobieren!). Weiß-abgleich-Werkzeug verwenden (Klicken in neutralen Bildbereich). Damit erhalten alle Bilder einen neutralen Hintergrund.
3. Die Bilder werden nun ausgewählt: »Datei« → »Automatisieren« → »zu HDR zusammen-fügen«. Nach der Auswahl der Dateien »automatisch ausrichten« aktivieren (Abbildung 314). Photoshop ist in der Lage, die Bilder automatisch zu registrieren. Falls dies nicht funktioniert, müssen die Bilder vorher beispielsweise in DeepSkyStacker, Fitswork oder Registar registriert werden.
4. Die Belichtungsdaten werden aus den EXIF-Daten automatisch übernommen (Abbildung 315). Wurden die Bilder vorher mit einem anderen Programm registriert, fehlen diese leider und müssen per Hand nachgetragen werden. Die Farbtiefe beträgt 32Bit. Zuletzt wird der Regler »Weißpunktvorschau festlegen« ganz nach rechts gezogen (Abbildung 315 – roter Kreis).
5. Das gestackte 32Bit-HDR-Bild wird abschließend auf eine Farbtiefe von 16Bit konvertiert und abgespeichert (Abbildung 316). Man sieht, dass M 42 bis in das Zentrum durchge-zeichnet ist, ohne die schwachen Außennebel zu opfern.

ABBILDUNG 315: Die Belichtungs-werte aus den EXIF-Daten werden zur korrekten HDR-Zusammenfügung unbedingt benötigt und müssen ge-gebenenfalls per Hand nachgetragen werden. Man kann noch auswählen, welche Bilder man verwenden will.

ABBILDUNG 316

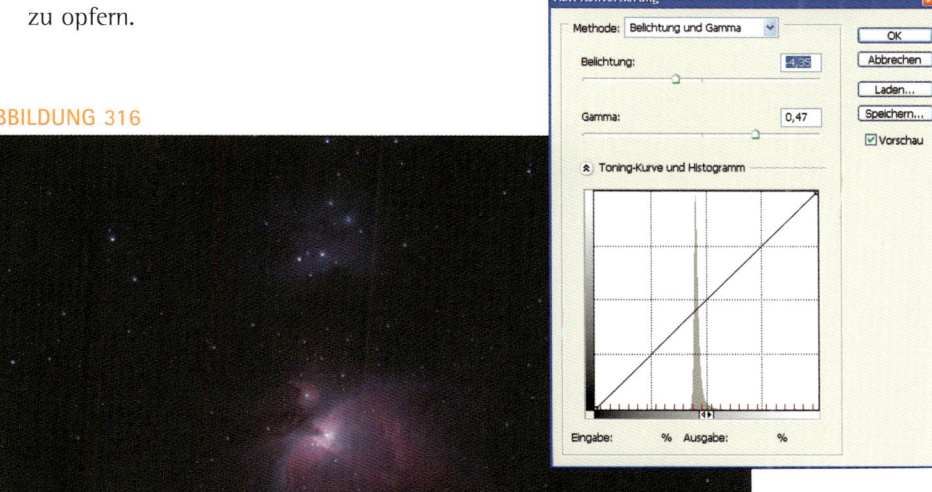

ABBILDUNG 316: Zur Weiterverar-beitung wird die Farbtiefe des HDR-Bildes von 32Bit auf 16Bit reduziert. Mit den beiden Parametern »Belich-tung« und »Gamma« kann der ge-wünschte Dichteumfang des Bildes bereits bei jetzt schon eingestellt werden (ausprobieren!)

ABBILDUNG 317

Stacking von M 42 mit Photoshop (Maskentechnik)

Diese klassische Stacking-Methode kombiniert unterschiedlich lang belichtete Aufnahmen mit Hilfe von Masken, die gezielt für bestimmte Bildbereiche durchlässig sind. Damit ist es möglich, ausgebrannte Bildpartien heller Nebel oder Galaxien gezielt mit kürzer belichteten Aufnahmen »nachzubelichten«. Photoshop ist aufgrund seiner Ebenentechnik für dieses Maskenverfahren besonders gut geeignet.

Ausgehend von den fünf Einzelaufnahmen 10s/30s/90s/180s/300s im Stackingbeispiel M 42 wird das Verfahren wie folgt in Photoshop angewandt:

1. 300s-Bild in Photoshop öffnen. Das Bild liegt nun im Hintergrund.
2. 180s-Bild in Photoshop öffnen. Mit STRG-A auswählen und STRG-C in die Zwischenablage kopieren.
3. Mit STRG-V in die Ebene 1 des 300s-Bildes kopieren. Ebene 1 bleibt aktiviert, d.h. blau unterlegt.
4. »Ebene 1« in »Ebene 1: 180s« umbenennen (Abbildung 317).
5. In »Ebene 1:180s« eine Maske durch Klicken auf das Maskensysmbol erzeugen. Eine leere, weiße Maskenbox ist sichtbar (Abbildung 318).
6. Nun wird die Maskenbox mit einer Kopie der Hintergrundebene gefüllt: Hintergrundebene aktivieren. Mit STRG-A auswählen und STRG-C in die Zwischenablage kopieren.

ABBILDUNG 317: Das 180s-Bild wird mit STRG-V in die Ebene 1 des 300s-Bildes kopiert. Ebene 1 bleibt aktiviert, d.h. blau unterlegt.

ABBILDUNG 318

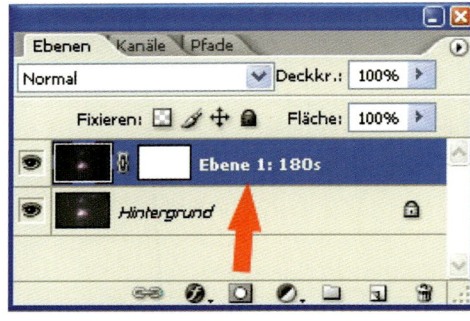

ABBILDUNG 318: Erzeugung einer leeren, weißen Maskenbox durch Klicken auf das Maskensymbol unter dem roten Pfeil.

ABBILDUNG 319: Eine in Schwarzweiß umgewandelte Kopie des farbigen Hintergrundbildes wird Grundlage der ersten Maske in Ebene 1.

ABBILDUNG 319

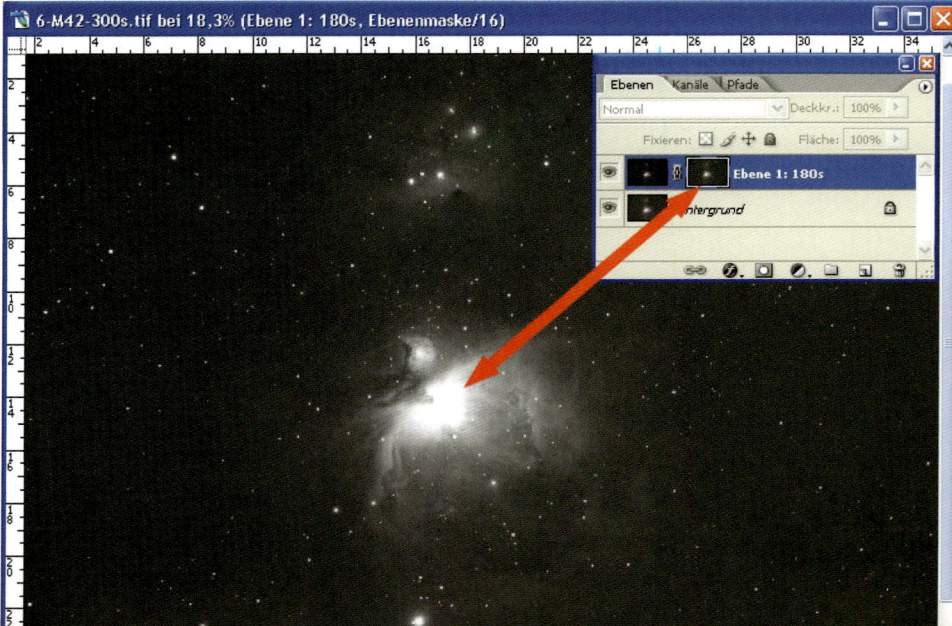

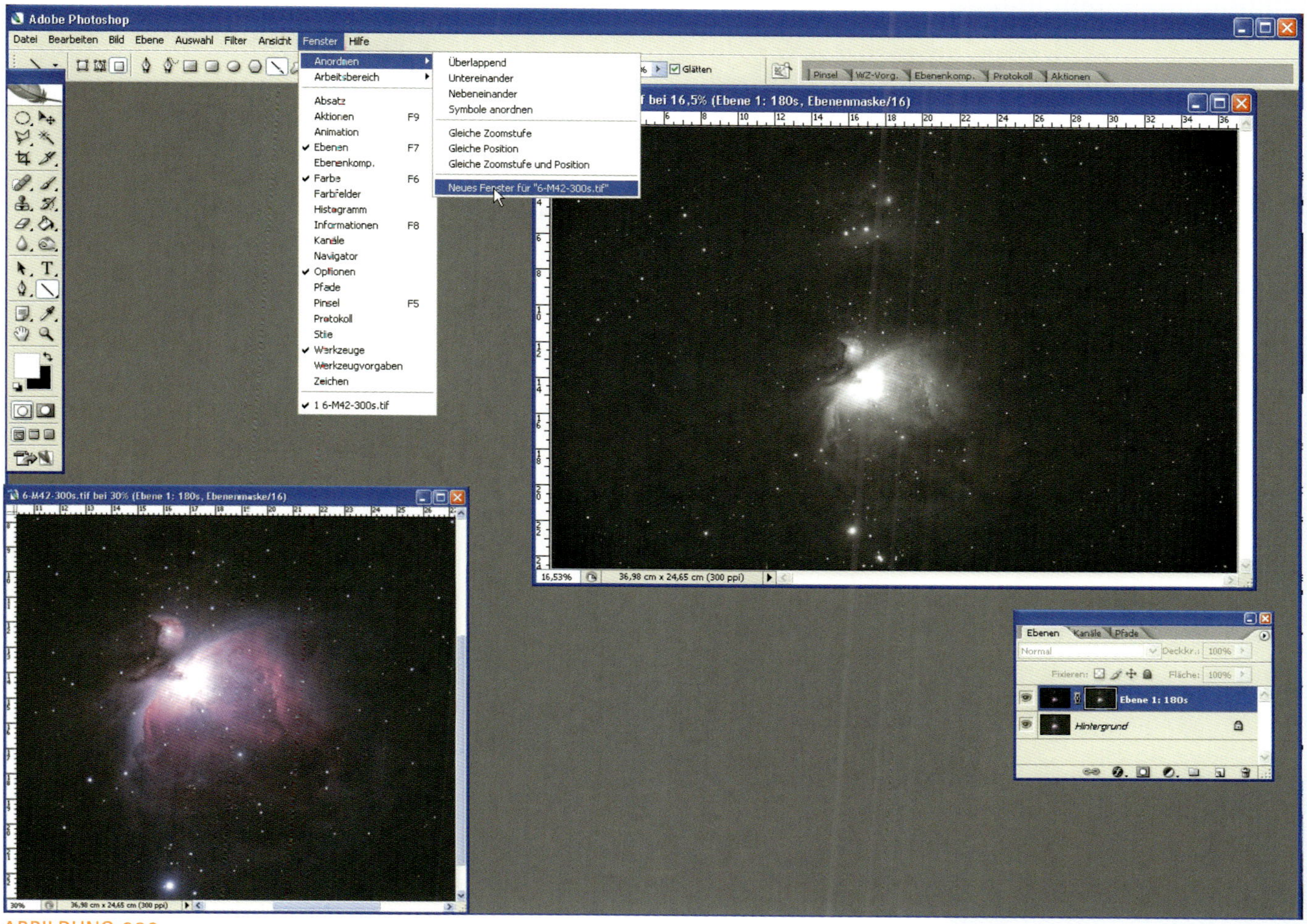

ABBILDUNG 320

ABBILDUNG 320: Eine spezielle Kopie des Bildes, links unten im Bild platziert, dokumentiert alle Bearbeitungsschritte. Auf diese Weise kann man sofort sehen, wie sich Manipulationen in den Ebenen auf das spätere fertige Bild auswirken und ggf. leicht Änderungen vornehmen.

7. »Ebene 1: 180s« aktivieren (blau unterlegt). Mit gedrückter ALT-Taste in die weiße Box klicken. STRG-V kopiert die Zwischenablage in die Box. Es wird eine schwarz-weiße Version des Hintergrundbildes erzeugt, die fortan als Grundlage für die erste Maske dient (Abbildung 319).

8. Nun wird zunächst eine spezielle Kopie des Bildes erzeugt, in der die Wirkung aller Bearbeitungsschritte sofort sichtbar ist: »Fenster« → »Anordnen« → »Neues Fenster für 6-M42-300s.tif«. Es wird auf dem Bildschirm unten links platziert und dokumentiert augenblicklich alle Änderungen im Bild (Abbildung 320).

9. Nun wird die Maske in »Ebene 1: 180s« bearbeitet. Mit gedrückter ALT-Taste in die Maskenbox der Ebene 1 klicken. Weichzeichnung mit »Filter« → »Gaußscher Weichzeichner«. Es wird ein Pixelradius von 50 Pixel gewählt. Man kann die Tonwerte der Maske verändern und die Wirkung auf das Kompositbild im neuen Vorschaufenster sofort beurteilen (Abbildung 321).

Der ausgebrannte Zentralteil von M 42 hat sich mit dem maskierten Überlagern des 180s-Bildes verkleinert, ist aber noch nicht vollständig aufgefüllt. Das Verfahren beginnt von vorne mit dem Öffnen des 90s-Bildes. Mit STRG-A und STRG-C wird das

ABBILDUNG 321

ABBILDUNG 321: Die Weichzeichnung der erstellten Maske erfolgt mit »Gaußschem Weichzeichner«, Pixelradius ca. 50 Pixel. Danach werden die Tonwerte der Maske angepasst.

DIGITALE | 315
BILDBEARBEITUNG

ABBILDUNG 322

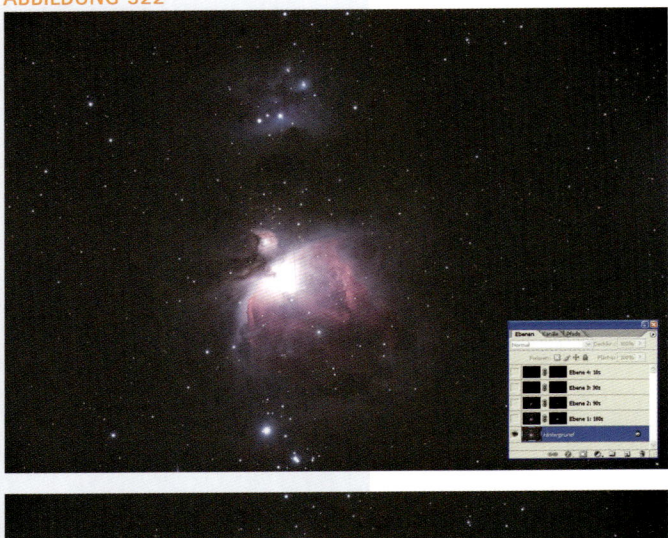

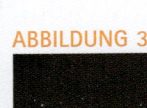

ABBILDUNG 322: Stacken einer Aufnahmeserie von M 42 mit Einzelbelichtungen von 10s, 30s, 90s, 180s und 300s mittels Maskentechnik in Photoshop CS 2. Sukzessive wird der ausgebrannte Zentralteil von M 42 aufgefüllt.

90s-Bild in die Zwischenablage kopiert und dann mit STRG-V in die Ebene 2 des Kompositbildes kopiert. »Ebene 2« wird in »Ebene 2: 90s« umbenannt. Mit gedrückter ALT-Taste in die weiße Box klicken, wie im ersten Schritt eine Kopie des Hintergrundbildes in die weiße Box kopieren und diese Maske in »Ebene 2: 90s« mittels Weichzeichner und Tonwertkorrektur anpassen. Im Vorschaufenster wird dabei die Gesamtwirkung auf das Kompositbild verfolgt.

10. Nun vollzieht man das Verfahren mit den beiden restlichen 30s und 10s lang belichteten Bildern auf die gleiche Weise. Man erhält am Schluß einen Stapel von Ebenen, die den ausgebrannten Zentralteil schließlich vollständig auffüllen (Abbildung 322).

Die Wirkung einer jeden Ebene auf das Kompositbild wird in der Abbildung 322 dargestellt. Das erste Bild entspricht dem unmaskierten 300s-Bild mit stark ausgebranntem Nebelzentrum, das fünfte Bild zeigt die Gesamtwirkung aller vier Masken auf die einkopierten Kurzbelichtungen. Ist man mit der Wirkung einer bestimmten Maske nicht zufrieden, kann man jetzt noch gezielt Korrekturen vornehmen oder ggf. durch eine neue Maske ersetzen. Zur späteren Nachbearbeitung wird das Bild nun im Photoshop PSD-Format mit allen Ebenen abgespeichert und gesichert.

11. Zum Schluss werden alle Ebenen auf die Hintergrundebene reduziert, und das das Bild wird im verlustfreien TIF-Format und als JPG abgespeichert.

Vergleich der Stackingmethoden

Jede der drei Methoden zum Stacken von Bildern mit hohem Dynamikumfang liefert ein anderes Ergebnis. Nur auf das Stacken mit Ebenen- und Maskentechnik in Photoshop hat man im gesamten Stacking-Prozess Einfluss, weil man die Wirkung jeder einzelnen Maske kontrolliert variieren kann. Andererseits ist die Herstellung der Masken subjektiv. Zwei gleiche Arbeitsdurchgänge ausgehend vom selben Ausgangsmaterial würden zwei unterschiedliche Resultate ergeben.

Abhängig vom Stackingverfahren kann es passieren, dass die Sterne aufgrund der großen Abstufungen in den Belichtungszeiten Ränder aufweisen. Man sollte also nicht nur die Nebeldarstellung im Auge behalten. Bei dem Ergebnis mit DeepSkyStacker ist die Sternabbildung besser, jedoch muss die Helligkeit im Zentrum des Nebels nachträglich noch etwas heruntergesetzt werden. Dies kann man beispielsweise in Photoshop mit »Bild« → »Anpassen« → »Tiefen/Lichter« problemlos erreichen (siehe Abbildung 327 im Kapitel »Anpassung der Tonwertkurve«).

ABBILDUNG 323

Bearbeitung des gestackten Bildes
Tonwertkorrektur

Eine erste Korrektur der Farb- und Helligkeitswerte (am Beispiel von M 63 in Abbildung 324) erleichtert die Weiterverarbeitung in Photoshop. Damit ist es leicht möglich, grobe Farbstiche zu beseitigen und eine sinnvolle Verteilung der Helligkeitswerte (Tonwerte) vorzunehmen.

Zuerst wird der Hintergrund neutral eingestellt. Man aktiviert die mittlere Pipette im Fenster »Tonwertkorrektur« und klickt auf einen freien Bildbereich im Hintergrund ohne sichtbare Nebel. Man erkennt, dass die Histogramme der einzelnen Farben zusammenrücken (Abbildung 325).

Nun wird die linke Begrenzung des Histogramms bis an den Anfang des Anstiegs des Histogramms verschoben. (Abbildung 326). Das Bild wird dabei dunkler. Gleichzeitig achtet man auf die Helligkeitswerte im Farbregler, die nun ungefähr den gleichen Helligkeitswert zeigen sollten. Ein für jede Farbe ähnlicher Wert von etwa 20 bis 30 ist anzustreben. Die Tonwerte können noch ein wenig gespreizt werden, in dem man den mittleren Regler etwas nach links zieht: Der Gammawert des Bildes wird verändert, das Bild wirkt etwas weicher. Damit helle Details nicht ausbrennen, wird die rechte Histogrammgrenze <u>nicht</u> sig-

ABBILDUNG 323: Die drei Stackingmethoden im Vergleich: Photoshop »HDR zusammenfügen« (links), »Average« mit DeepSkyStacker (Mitte), Maskentechnik in Photoshop (rechts).

ABBILDUNG 324

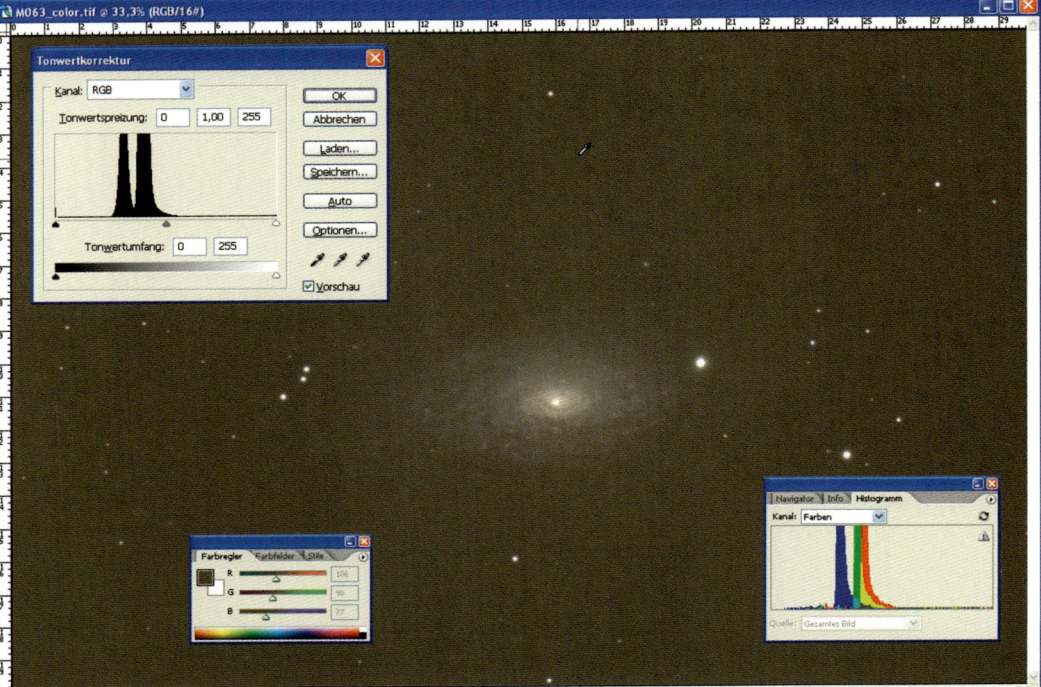

ABBILDUNG 324: Ausgangsbild ist ein farbstichiges Bild der Galaxie M 63, das durch Stacking mehrerer Einzelbilder in DeepSkyStacker ohne Kalibrierung des Hintergrundes entstand. Man erkennt dies am Rotüberschuss im Histogramm und daran, dass der Farbregler und für R, G und B sehr unterschiedliche ADU-Werte anzeigt.

ABBILDUNG 325

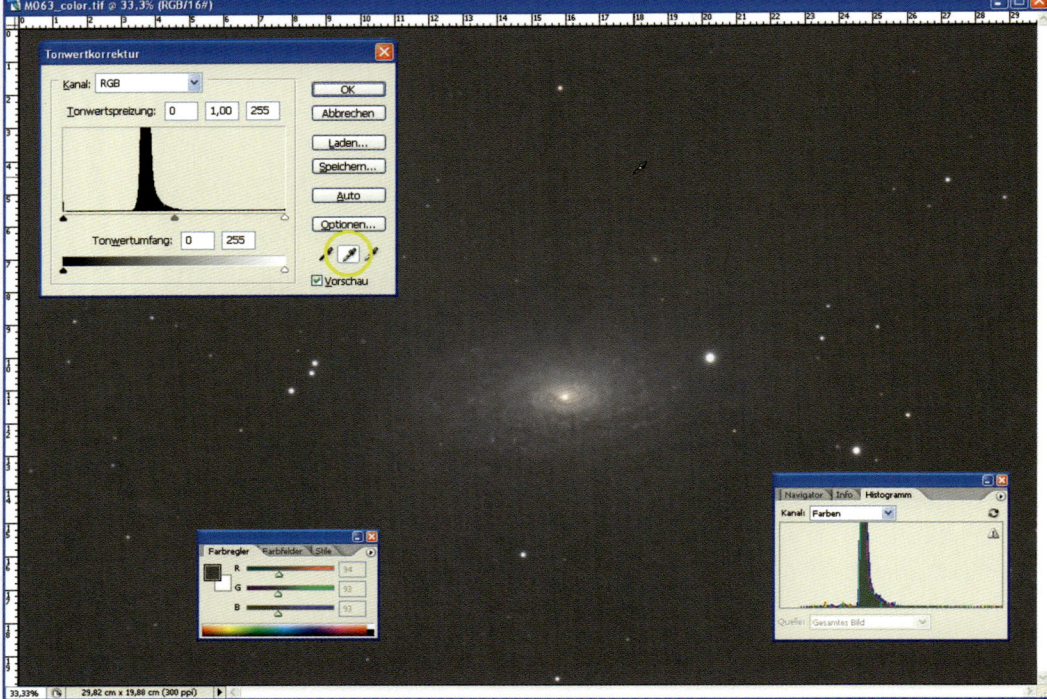

ABBILDUNG 325: Mit der mittleren Pipette in einen Bereich des Hintergrunds klicken, der später neutral dargestellt werden soll.

nifikant verändert. Das kann man ganz am Ende aller Bearbeitungsschritte vornehmen. Das Bild ist bereit für weitere Bearbeitungsmaßnahmen, wie Erhöhung der Farbsättigung, Unterdrückung des Farbrauschens, Beseitigung der Vignettierung etc. Im Fenster »Farbbalance« könnten weitere Farbkorrekturen vorgenommen werden. Man sollte sich jedoch darüber im Klaren sein, welche Farben an welcher Stelle vorhanden sein sollten. Da keine Absolutkalibrierung vorgenommen wurde, wird die Wahl der Farbtöne subjektiv sein.

ABBILDUNG 326

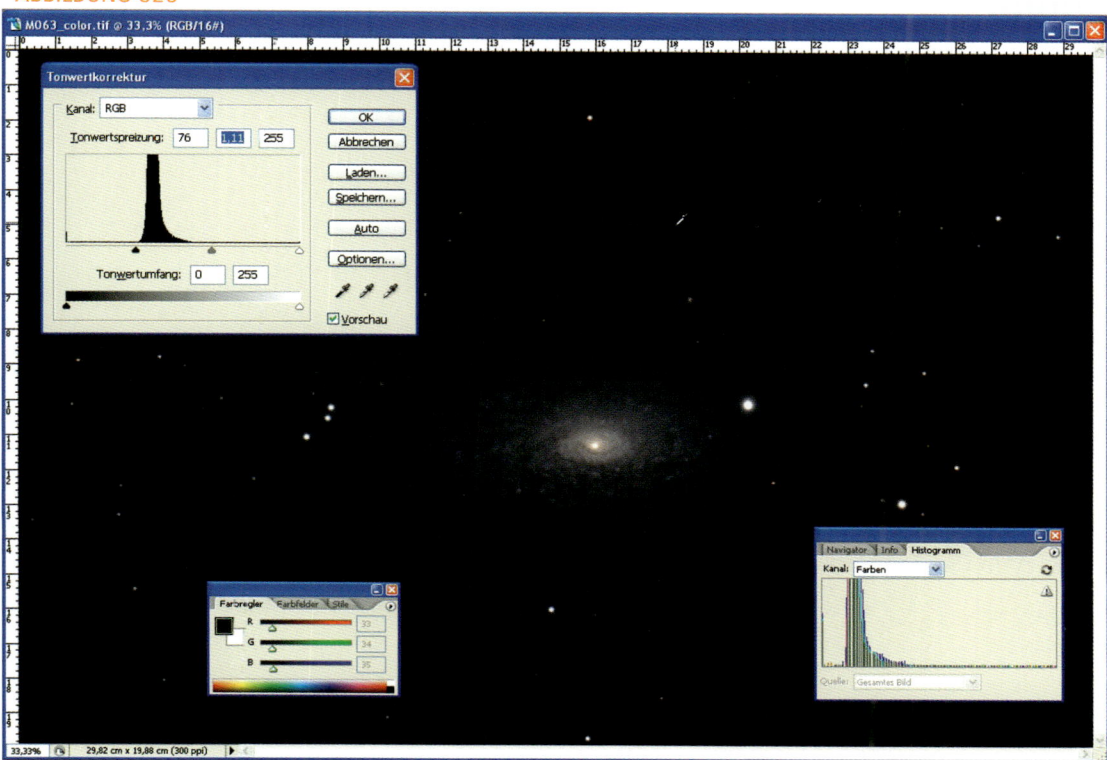

Nun wird die linke Begrenzung des Histogramms bis an den Anfang des Anstiegs des Histogramms verschoben. Der Hintergrund ist nun neutral. Der volle Dynamikumfang muss für die Weiterverarbeitung erhalten bleiben, deshalb darf der Kontrast zunächst nicht verstärkt werden.

Anpassung der Tonwertkurve

In Photoshop gibt es die Funktion »Tiefen/Lichter« (Abbildung 327), mit der man die hellen und dunklen Bildteile separat verändern kann.

ABBILDUNG 327

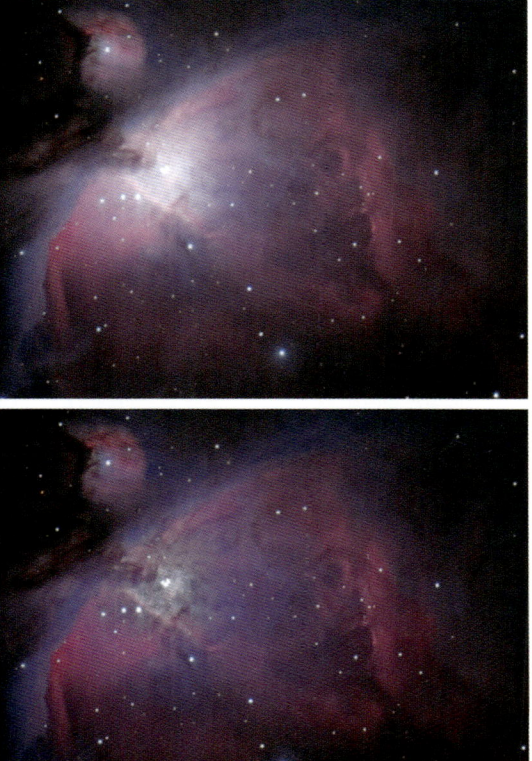

Photoshop bietet eine Funktion, die Tonwerte heller und dunkler Bildteile separat voneinander anzupassen. Durch Variation von Tonbreite und Radius lassen sich auch interessante Maskierungseffekte einstellen. In dem mit DeepSkyStacker gemittelten Bild von M 42 aus Abbildung 323-rechts wurde die Helligkeit des zentralen Bereichs mit den Tiefen/Lichter-Parametern: Lichter: Stärke 56, Tonbreite 46, Radius 11 verändert.

ABBILDUNG 328: In MaxIm DL lassen sich warme und kalte Einzelpixel sehr sauber entfernen. In diesem Beispiel wurden die Einstellungen »Dead Pixel: Threshold 95%« und »Hot Pixel: 5%« gewählt. Nur das kleine Pixelkreuz (rechts unten im Bild), wurde von dem Filter nicht korrekt erfasst. Das bedeutet, dass größere Anhäufungen ungewöhnlicher Pixelwerte hier nicht beseitigt werden können.

ABBILDUNG 329: In Fitswork können horizontale Streifen im Bild sehr effektiv beseitigt werden. Man erkennt im rechten Teil des Bildes des Kugelhaufens M 10, dass das Histogramm viel glatter, weniger zackig erscheint. Auch dies ist ein Hinweis für eine gute Ebnung. Hat man vertikale Streifen im Bild, muss man vor der Prozedur das Bild um 90° drehen. Auch Astronomy Tools bietet als Photoshop-Aktion die Beseitigung horizontaler und vertikaler Streifen an (Horizontal/Vertical Banding Noise Reduction).

Kernel-Filter

Mit dem MaxIm DL-Kernelfilter ist es möglich, auch große Populationen warmer und kalter Pixel aus einem Bild kontrolliert zu entfernen. Man kann mithilfe des Vorschaufensters die Werte sehr genau einstellen.

ABBILDUNG 328

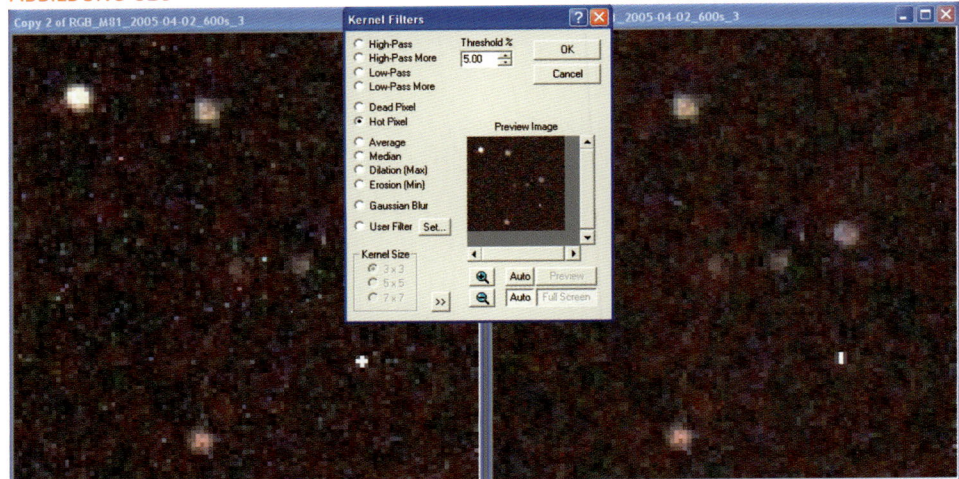

Streifen im Bildhintergrund beseitigen

Bei der Fotografie mit Digitalkameras hat man oft mit horizontaler Streifenbildung zu kämpfen. Zusätzlich bleibt Verstärkerglühen nach dem Kalibrierungsprozess mit separaten Dunkelbildern übrig und wird bei starker Kontrastanhebung sichtbar. Ist zudem der Blaukanal zu gering belichtet, gleicht die Kamera dies durch eine Verstärkung des

ABBILDUNG 329

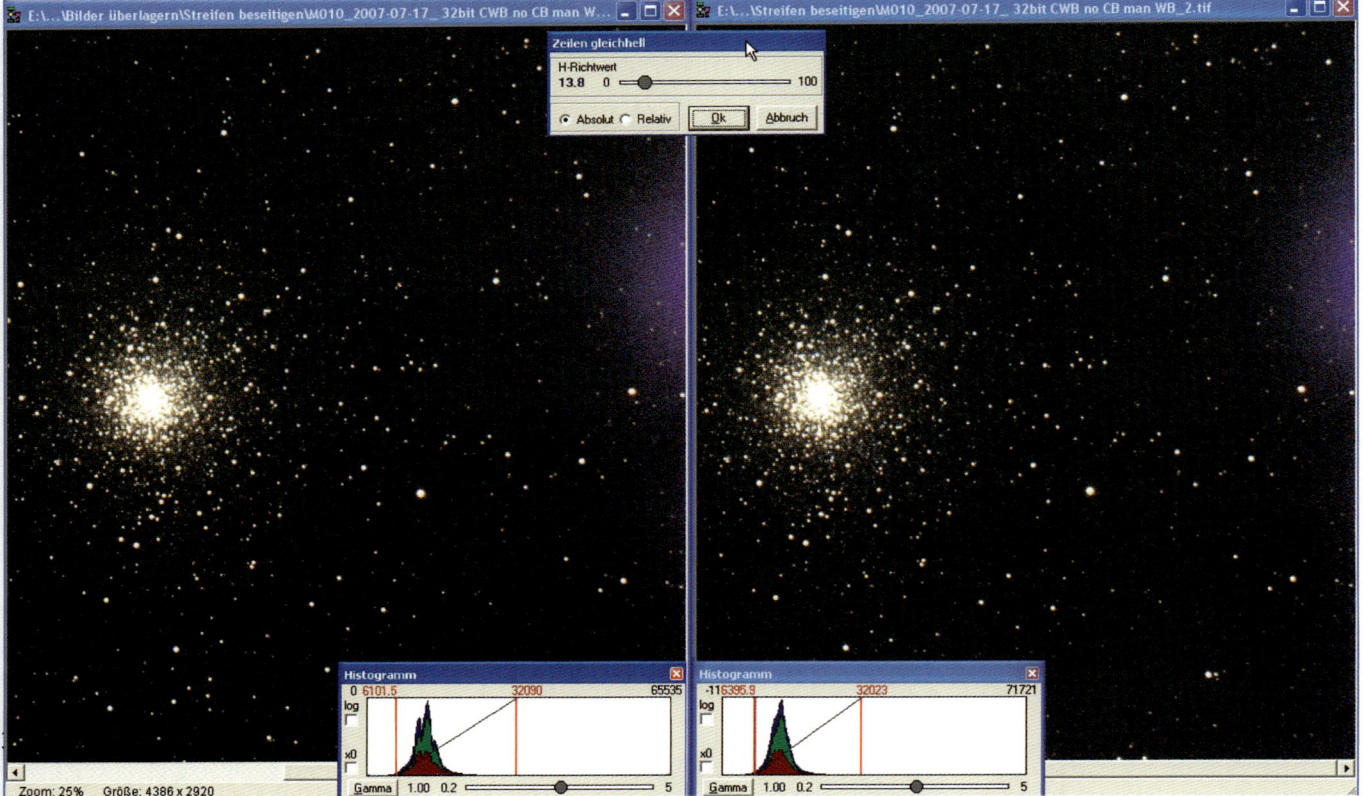

Blaukanals aus, was ebenfalls zu vermehrter Streifenbildung führt. Dies ist insbesondere in Horizontnähe zu bemerken, wenn die atmosphärische Extinktion den Blauanteil der Himmelsobjekte herausstreut.

Fitswork bietet zur Beseitigung der Streifen ein sehr nützliches Werkzeug an, das allerdings das Verstärkerglühen im Bild belässt (Abbildung 329). Man wählt »Bearbeiten« → »Ebnen« → »Zeilen gleichhell« und variiert den Parameter »H-Richtwert«, bis das Bild keine oder nur noch wenige Streifen enthält. Um dies bei dunklen Bildern genauer beurteilen zu können, kann man den Kontrast durch Verschieben der Regler im Histogrammfenster stark anheben. Dies wirkt sich praktischerweise nicht auf das Ergebnis aus und wird beim Abspeichern nicht berücksichtigt.

Hintergrund ebnen

Fehlen Flatfields, muss man einen ungleichmäßigen Hintergrund auf andere Weise glätten. Hier gilt es, Vignettierung sowie Helligkeits- und Farbgradienten mit gezielten Maßnahmen zu beseitigen. Es gibt aber kein Patentrezept, mit dem alle Probleme beseitigt werden könnten. Hier hilft nur Ausprobieren mit einer Reihe von Werkzeugen:

Nebelobjekte ebnen

Teleobjektive oder kurzbrennweitige Refraktoren mit Öffnungsverhältnissen besser als f/6 zeigen im Vollformat eine sehr deutliche Vignettierung. In Fitswork löst man das Problem elegant mit der Prozedur: »Bearbeiten« → »Ebnen« → »Hintergrund ebnen variabel«. Nach Öffnen der Originaldatei und Aufrufen dieses Menüpunktes öffnet sich ein weiteres Fenster. Mit der Maus kreist man ein oder mehrere Nebelobjekte ein, die von der Ebnung ausgenommen werden sollen. Das Innere der eingekreisten (maskierten) Bereiche färbt sich gelb. Nun wählt man für »Ebnen Radius« einen Wert zwischen 7 und 16 (ausprobieren!). Abschließend wird der Regler »Helle Bereiche maskieren« so weit nach rechts gezogen, bis die Vignettierung gerade eben noch nicht sichtbar ist. Dies ist wichtig für die Gleichmäßigkeit der Ebnung und auch dafür, dass die hellen Sterne im Zentrum nicht abgedunkelt werden. Dann klickt man auf »Berechnen« und wartet auf das Ergebnis. Danach kann man mit den Parametern spielen, um die optimale Ebnung zu erhalten. Ist man mit dem Ergebnis zufrieden, klickt man auf »OK« und speichert das geebnete Bild ab. Durch diese Funktion werden auch leichte Farbverläufe, wie hier von Grün nach Blau beseitigt. Nachteil dieser Funktion in Fitswork ist eine leichte Erhöhung des Bildrauschens.

ABBILDUNG 330: Beseitigung einer starken Vignettierung in Fitswork am Beispiel einer M 31-Aufnahme mit einem Pentax 75/500mm-Refraktor und einer vollformatigen Canon EOS 5D.

LINKS

Astronomy Tools

N. Carboni

actions.home.att.net/Astronomy_Tools.html

Fitsworks

J. Dierks

freenet-homepage.de/JDierks/

ABBILDUNG 330

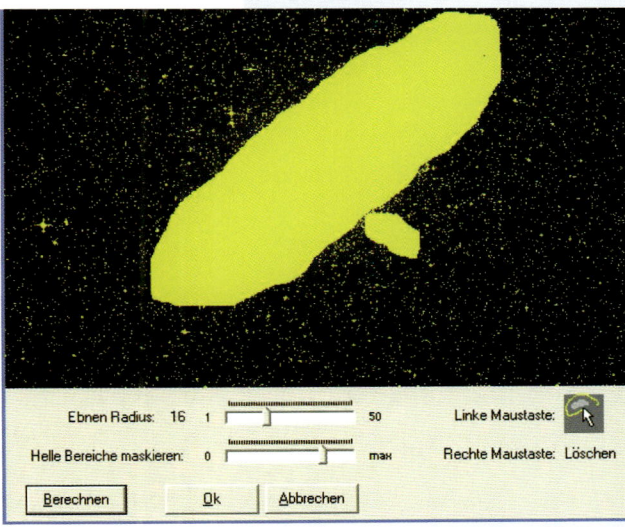

ABBILDUNG 331

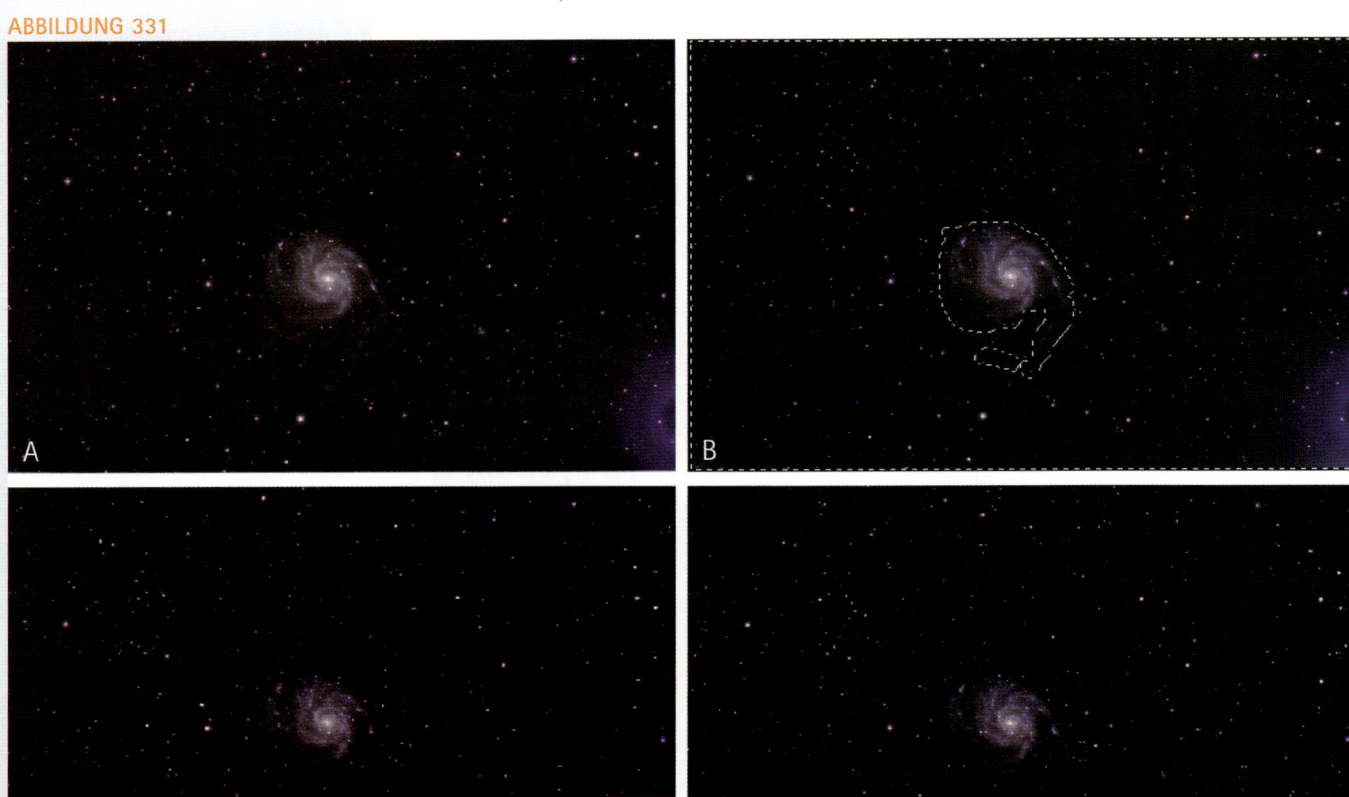

Streifen und Verstärkerglühen beseitigen

ABBILDUNG 331: Die Beseitigung von Streifen und Verstärkerglühen am Beispiel eines mit einer modifizierten Canon EOS 20D aufgenommenen Summenbildes von M 101 (A). Der Hintergrund wurde in Fitswork mit den Parametern: »Bearbeiten« → »Ebnen« → »Zeilen gleichhell«: »H-Richtwert = 50« geglättet (B). Das Bild (B) wurde danach in Photoshop geöffnet. Nach Ebnung mit dem Photoshop-Plugin »GradientX-Terminator« verbleibt nur noch ein schmaler Lichtring im roten Rechteck (C). Dieser kann mit Fitswork oder per Handretusche beseitigt werden (D).

Insbesondere bei externem Dunkelbildabzug zeigt sich häufig eine erhebliche Streifenbildung (Abbildung 331-A). Diese kann in dem Programm Fitsworks über die Funktion »Bearbeiten« → »Ebnen« -> »Zeilen gleichhell« beseitigt werden (Abbildung 331-B).

Das so bearbeitete Bild wird anschließend in Photoshop geöffnet. Mit dem Lasso wird grob das Objekt umrissen, »weiche Kante = 10 Pixel«. Mithilfe von »Auswahl umkehren«, bewirkt man, dass alle Bereiche außerhalb des Objektes ausgewählt sind. Nun wird das Bild geebnet. Dazu wählen wir das Photoshop-Plugin »RC-Astro« → »GradientXTerminator«. Im ersten Schritt stellt man die Parameter »Detail: Medium«, »Aggressiveness: Medium« und »Balance Background Colour« auf »JA«. Im zweiten Schritt werden die Parameter »Fine« und »High« verwendet. Im Ergebnis ist der Hintergrund bis auf einen schmalen Ring unten rechts eben (Abbildung 331-C). Das könnte man per Hand retuschieren oder aber erneut in Fitswork beseitigen: »Bearbeiten« → »Ebnen« → »Hintergrund ebnen variabel«: Wirkradius 4px. Das Bild (Abbildung 331-D) ist nun zur Weiterverarbeitung (beispielsweise Rauschunterdrückung, Farbbalance etc.) fertig aufbereitet.

Abbildung 331-A konnte in MaxDSLR nicht geebnet werden. Selbst das Einfügen einer großen Anzahl von Stützstellen führte nicht zu einem annähernd so guten Ergebnis wie oben beschrieben. Fortgeschrittenen sei das Ebnen des Hintergrundes in der Freeware PixInsight LE 1.0 empfohlen, das am besten bei relativ glatten Bildern funktioniert, bei denen beispielsweise großflächige Gradienten oder Vignettierungen zu beseitigen sind. Im Beispiel von M 101 hat PixInsight allerdings ein wesentlich schlechteres Ergebnis geliefert, weil die Streifen das Ausgangsbild zu stark dominieren. Ein synthetischer Hintergrund konnte aus dem Ausgangsbild nicht passgenau generiert werden. Dafür konnte das Verstärkerglühen durch Einfügen zusätzlicher Stützstellen gut modelliert werden.

Staubflecken und -ringe (Doughnuts) entfernen

Fehlen Flatfields, so bietet Fitswork die Möglichkeit, Staubflecken elegant zu entfernen (Abbildung 332): »Bearbeiten« → »Ebnen« → »Hintergrund ebnen variabel«: Wirkradius ca. 4px (ausprobieren!)

ABBILDUNG 332

Aufhellen ohne Ausbrennen

Mit dieser Photoshop-Aktion ist es möglich, schwache Nebelpartien zu verstärken ohne den Kontrast anzuheben. Das linke Bild wurde zweimal damit behandelt. Einziger Nachteil: Der Bildhintergrund rauscht nun stärker, so dass danach eine Rauschunterdrückung erfolgen muss.

ABBILDUNG 333

LINKS
Gradient XTerminator
R. Croman
**www.rc-astro.com/resources/
GradientXTerminator**

PixInsight LE Tutorial: Vignetting and
Sky Gradient Correction
J. Conejero
**pixinsight.com/tutorials/LE/DBE-ex-
ample/en.html**

Aufhellen ohne Ausbrennen
Klaus Weyer
**www.watchgear.de/Photoshop/
Aufhellen.zip**

ABBILDUNG 332: Einzelne Staubflecken können in Fitswork leicht beseitigt werden.

ABBILDUNG 333: Die Photoshop-Aktion »Aufhellen ohne Ausbrennen« ermöglicht die Verstärkung schwacher Nebel, ohne dass helle Bildpartien ausbrennen.

Farbrauschen vermindern

Je wärmer der Sensor einer digitalen Spiegelreflexkamera, desto stärker macht sich das Farbrauschen als fleckiger Farbhintergrund störend bemerkbar, insbesondere wenn man die Farbsättigung erhöht. Alle Programme, die Bilder digitaler Spiegelreflexkameras verarbeiten können, bieten eine Routine zur Rauschunterdrückung an. Die Parameter sollten so gewählt werden, dass die schwachen, nicht gesättigten Sterne ihre ursprüngliche Farbe behalten. Im ungünstigsten Fall erscheint der Hintergrund neutralgrau und die Sterne weiß.

ABBILDUNG 334

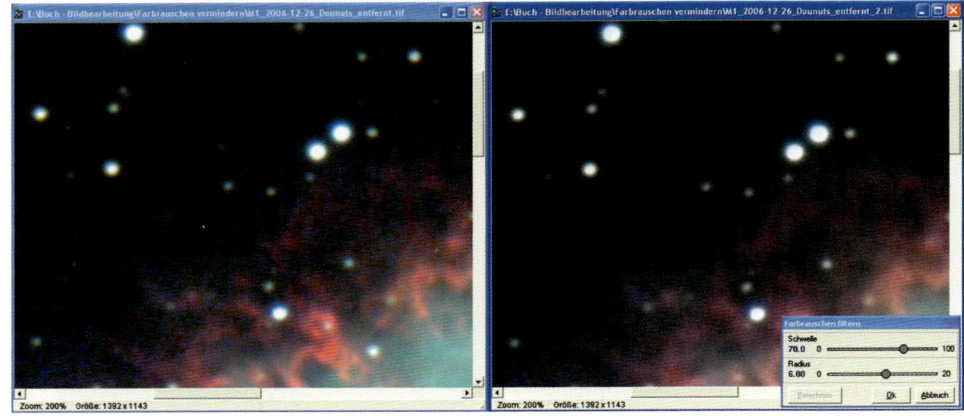

ABBILDUNG 334: Verminderung des Farbrauschens in Fitswork: In diesem Beispiel des Crabnebels M 1 glättet Fitswork den Hintergrund substanziell: »Bearbeiten« → »Glätten« → »Farbrauschen filtern«.

Atmosphärische Dispersion

Die Brechung des Sternlichts in der Atmosphäre ist abhängig von der Lichtwellenlänge. Je kürzer die Wellenlänge, desto stärker wird ein Stern infolge der Refraktion scheinbar angehoben. Alle tief stehenden Sterne oder Planeten sind also in Bezug auf den Horizont vertikal »verschmiert«. Sie weisen einen blauen oberen und einen roten unteren Rand auf. In Fitswork öffnet man das zu korrigierende Bild und markiert ein oder zwei Rechtecke um Sterne. Mit »Bearbeiten« → »Farblayer zurechtrücken« werden die Farbkanäle automatisch gegeneinander verschoben (Abbildung 335 Mitte). Im vollständigen Stacking-Prozess ist auch DeepSkyStacker in der Lage, die Farbkanäle zu verschieben. Man muss nur die Option »Align RGB Channels in final image« anklicken (Bild rechts). Die Ergebnisse sind vergleichbar und deutlich schärfer als das Originalbild (links).

ABBILDUNG 335

ABBILDUNG 335: Links das Ursprungsbild mit atmosphärischer Dispersion. Das aufgenommene Bildfeld stand rund 60° hoch am östlichen Sternhimmel, die parallel zu den Himmelsrichtungen ausgerichtete Kamera etwa in einem Winkel von 45° zum Horizont. Bei 60° Höhe beträgt die atmosphärische Dispersion bereits 0,7", d.h. der Rotkanal eines Sterns ist um 0,7" gegen den Blaukanal verschoben. Dies ist hier sichtbar, da die Aufnahme mit langer Brennweite aufgenommen wurde und einen FWHM-Wert unter 2" aufweist. In der Mitte die Kompensation mit Fitswork. Rechts das Ergebnis in DeepSkyStacker.

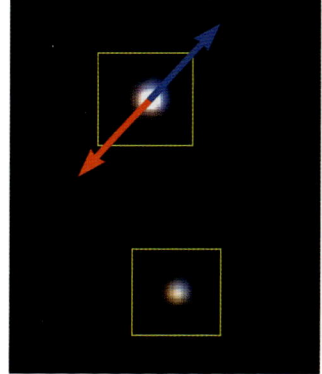

Bildschärfung

Bei der Schärfung eines Deep-Sky-Fotos neigt man dazu, die Strukturen stark hervorzuheben, doch dies geht immer auf Kosten eines hässlichen Bildrauschens. Deshalb sollten Schärfungsroutinen – wenn überhaupt – immer nur sehr maßvoll angewendet werden.

Fotografische Unscharfe Maske (Unsharp Masking)

Die Methode der »Unscharfen Maske« wird eingesetzt, um in einem Bild mit hohem Dynamikumfang die Strukturen in den hellen Bildpartien herauszuarbeiten. Das Bild wirkt nach der Maskierung in den Tonwerten ausgeglichener und die Nebelkonturen erscheinen markanter. Dieses Verfahren, das mit einer unscharfen Kopie des Ursprungsbildes als Maske arbeitet, wurde von David Malin in der analogen Filmtechnik perfektioniert. Sie wird deshalb auch fotografische Unscharfe Maske genannt. Sie unterscheidet sich von der neueren digitalen Unscharfen Maske bspw. in Photoshop, in der das Verfahren für die lokale Schärfung, aber nicht zur großräumigen Verringerung von Kontrasten geeignet ist. Anhand des folgenden Beispiels wird die Anwendung der fotografischen unscharfen Maske erläutert. Dazu wird Photoshop CS2 verwendet, aber nicht die dort implementierte Schärfungsroutine »Unscharfe Maske«.

ABBILDUNG 336: Die Wirkungsweise der fotografischen Unscharfen Maske am Beispiel des Orionnebels (M 42): Im Ursprungsbild ist das Trapez aus den vier zentralen Sternen kaum zu erkennen, der Zentralbereich des Nebels wirkt fast ausgebrannt.

1. Das Ursprungsbild (Abbildung 336) wird in Photoshop geöffnet und liegt nun im Hintergrund.
2. Hintergrundbild mit STRG-A und STRG-C in die Zwischenablage kopieren.
3. Mit STRG-V in »Ebene 1« kopieren und »Ebene 1« umbenennen in »Ebene 1 Maske«
4. »Ebene 1 Maske« aktivieren (anklicken) und die Maske in ein monochromes Bild umwandeln: STRG-U, Sättigung = -100%.
5. »Ebene 1 Maske« (Abbildung 337) weichzeichnen: »Filter« → »Weichzeichnungsfilter« → »Gaußscher Weichzeichner« Wirkradius: 30 px (ausprobieren!).
6. Wirkung der »Ebene 1 Maske« von »normal« auf »Differenz« umstellen. Das Bild erscheint zunächst unnatürlich verfremdet (Abbildung 338). Das ändert sich aber gleich mit Korrektur der Tonwerte der Maske.
7. »Ebene 1 Maske« aktivieren. Tonwertkorrektur mit STRG-L starten und alle Regler soweit verändern, bis das Bild das gewünschte Aussehen erlangt. Das Ergebnis wird im Photoshop-Format PSD abgespeichert, das alle Ebenen enthält (Abbildung 339).
8. Wenn die Sterne nun unnatürliche Ränder aufweisen, wird man die Sterne in der Maske per Hand wegretuschieren müssen. Ebenso kann man Nebelpartien, die nicht maskiert werden sollen, aus der Maske entfernen (Radieren). In diesem Beispiel wurde nicht radiert.
9. Mit »Ebene« → »Auf Hintergrundebene reduzieren« wird die Maske endgültig auf das Hintergrundbild angewendet. Nun werden die Tonwerte mit STRG-L angepasst. Das Ergebnis wird im TIF-Format verlustfrei abgespeichert (Abbildung 339).

ABBILDUNG 336

ABBILDUNG 337

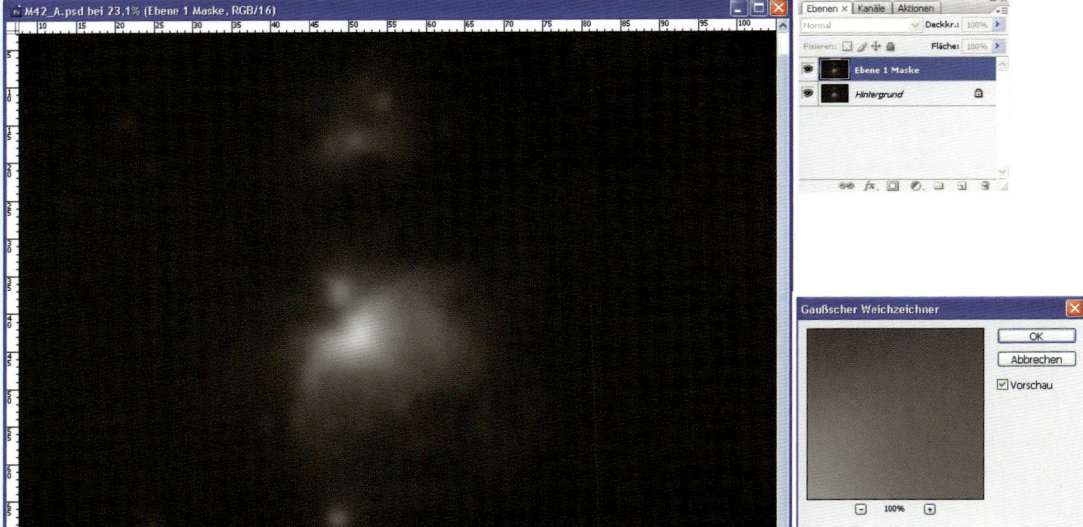

ABBILDUNG 337: »Ebene 1 Maske« in Abbildung 337 weichzeichnen: »Filter« → »Weichzeichnungsfilter« → »Gaußscher Weichzeichner« Wirkradius: 30 px (ausprobieren!). Mithilfe der Tonwertkorrektur in »Ebene 1 Maske« kann die Filterwirkung variiert werden.

ABBILDUNG 338

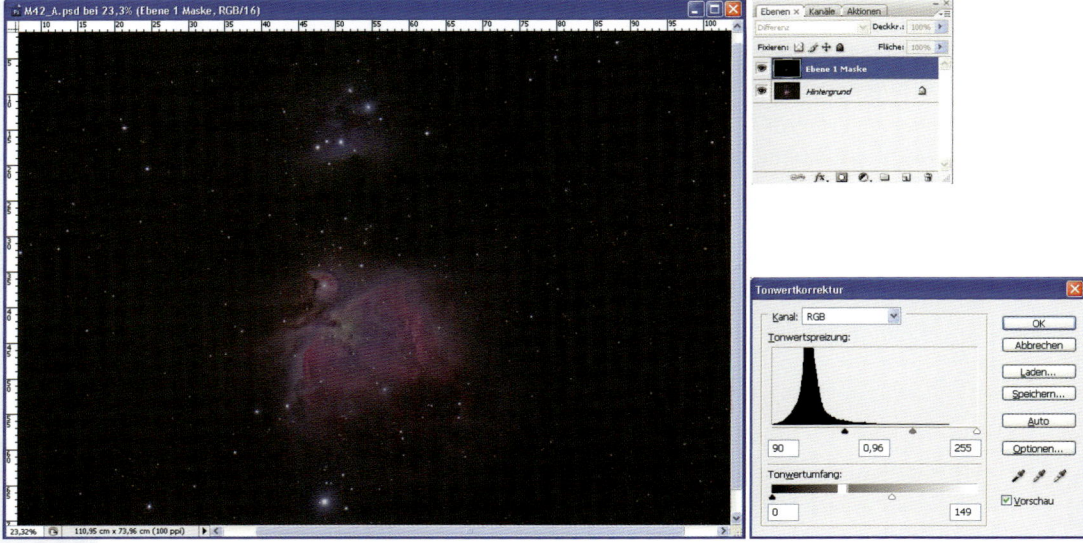

ABBILDUNG 338: Wirkung der »Ebene 1 Maske« von »normal« auf »Differenz« umstellen. Das Bild erscheint zunächst unnatürlich verfremdet. Das ändert sich aber gleich mit Korrektur der Tonwerte der Maske.

ABBILDUNG 339

ABBILDUNG 339: Im fertig bearbeiteten Bild ist der Zentralbereich des Nebels gut durchgezeichnet. Die Nebelstrukturen treten deutlich hervor.

Digitale Unscharfe Maske

Die digitale Unscharfe Maske ist eine mathematische Routine zur Schärfung von Bildern. Der Helligkeitswert eines jeden Pixels wird mit Hilfe einer speziellen Filtermatrix (Kernel) errechnet, die im ersten Schritt zu einer Weichzeichnung einer Kopie des Bildes führt. Dies führte zur Namensgebung in Anlehnung an die frühere analoge fotografische Unscharfe Maske. Im zweiten Schritt wird diese Maske vom Ursprungsbild subtrahiert. Man erhält ein Bild, in dem die Bereiche mit größeren Hell-Dunkel-Übergängen im Kontrast verstärkt werden. Der Unterschied zur fotografischen Unscharfen Maske besteht im Grunde darin, dass nicht eine einfache pixelweise Subtraktion der Pixelwerte erfolgt, sondern dass dabei eine gezielte Gewichtung des Helligkeitswertes eines Pixels unter Berücksichtigung der Nachbarpixel erfolgt.

Am Beispiel des Ringnebels M 57 wird in Photoshop die Wirkung der Schärfungsroutine »Unscharf maskieren« verdeutlicht: »Filter« → »Scharfzeichnungsfilter« → »Unscharf maskieren«. Je größer der Pixelradius gewählt wird, desto gröbere Strukturen werden herausgearbeitet. Dies geht aber auf Kosten eines zunehmenden Bildrauschens. Desweiteren ist ein dunkler Ring als Artefakt um jeden Stern sichtbar. Dieser fällt umso mehr auf, je heller der Himmelshintergrund ist.

Als letzter Parameter in diesem Auswahlmenü kann der »Schwellenwert« eingestellt werden. Schwellenwert gleich Null bedeutet, dass die Schärfung auf alle Pixel angewendet wird. Mit Schwellenwert gleich Eins oder Zwei kann man selektiv die hellen Sterne schärfen und den lichtschwachen Nebel nebst Hintergrund unverändert lassen.

LINKS

Richard Berry, James Burnell
Handbook of Astronomical Image Processing
www.willbell.com/aip/index.htm

ABBILDUNG 340: Wirkung des Schärfungsfilters »Unscharf maskieren« in Photoshop: In der Mitte das ungeschärfte Ausgangsbild. Links: Schärfung mit Radius 1,8 Pixel und Stärke 79. Rechts: Schärfung mit Radius 6 Pixel und Stärke 79. Man sollte in der Regel einen Pixelradius unter 2 Pixel wählen, weil das Ergebnis sonst sehr unnatürlich wirkt.

ABBILDUNG 340

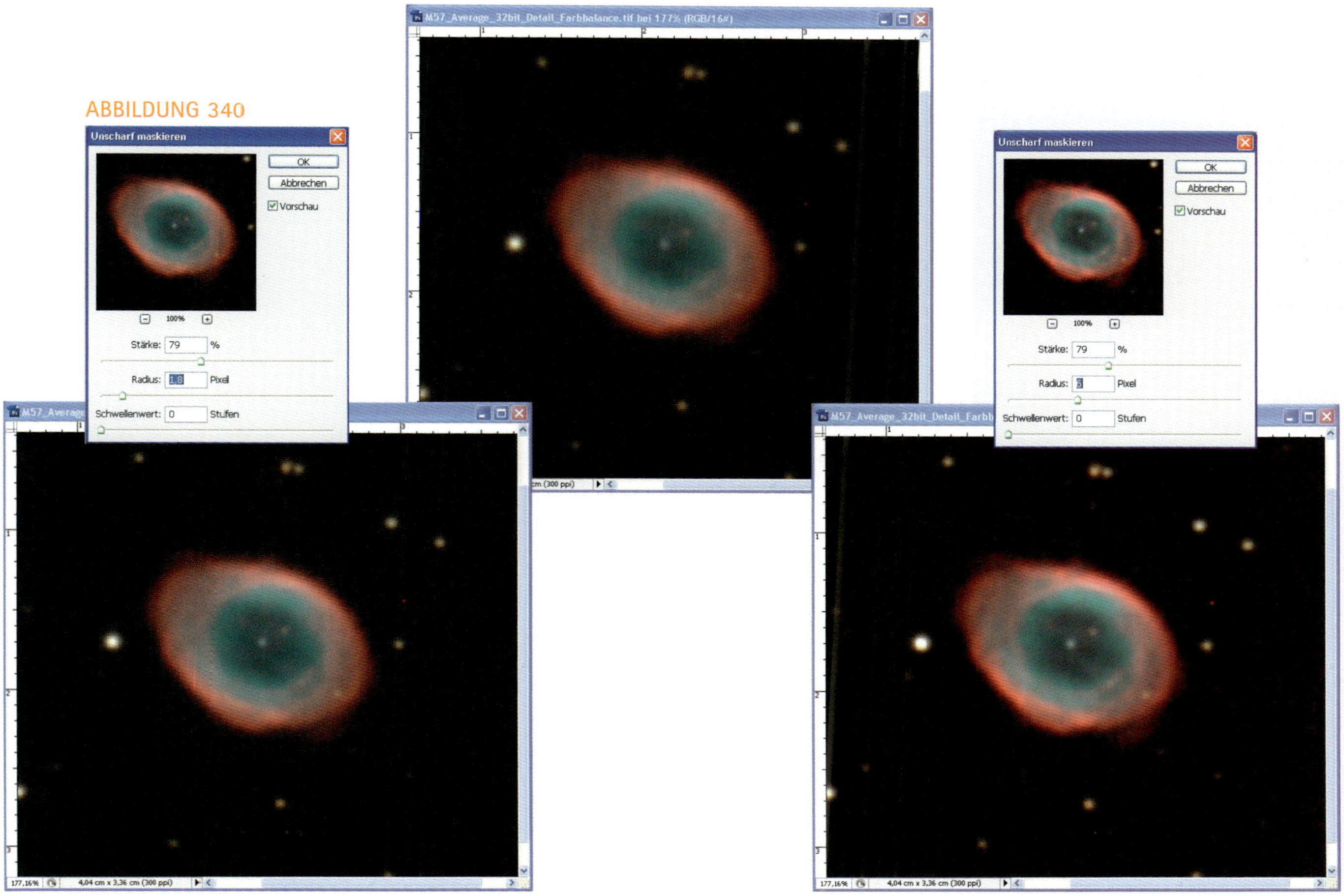

ABBILDUNG 341: Ringnebel M 57, Belichtung 6×10min mit Meade 12" LX200-ACF und modifizierter Canon EOS 20D. Schärfung durch Entfaltung in Fitswork. Die Halbwertsbreite der Sterne ist nach der Bearbeitung um rund 20% kleiner. Der helle Stern links neben M 57 zeigt bei den verwendeten Parametern schon einen ganz leichten schwarzen und weißen Lichtsaum, der aber noch akzeptabel ist.

Der Gesamteindruck verbessert sich, wenn die Sterne etwas weniger verwaschen erscheinen. Etwas rauschärmer wird das Ergebnis, wenn man die Schärfung nur auf den Luminanzanteil des Bildes anwendet. In Photoshop geschieht dies, indem man das RGB-Bild zunächst in den Lab-Farbraum überführt mit »Bild« → »Modus« → »Lab-Farbe« und die Schärfung nur auf den L-Kanal anwendet. Danach konvertiert man das Bild wieder zurück nach RGB mit »Bild« → »Modus« → »RGB-Farbe«.

Entfaltung (Deconvolution)

Die Entfaltung eines Bildes (engl. Deconvolution) gehört zum Repertoire eines fortgeschrittenen Astro-Bildbearbeitungsprogramms. Die Sterne als Punktlichtquellen werden aufgrund der Lichtbeugung an der Eintrittsöffnung der Optik zu einem Beugungsscheibchen mit Beugungsringen abgebildet. Dieses wird durch das atmosphärische Seeing zu einem diffusen Fleckchen verschmiert. Mit Hilfe eines künstlichen Sterns mit gaußförmiger Helligkeitsverteilung ist es möglich, das verschmierte Sternbildchen auf eine gaußförmige Helligkeitsverteilung mit kleinerer Halbwertsbreite zurück zu rechnen. Da nicht alle Programme bei der Schärfung auch das zunehmende Bildrauschen verringern, sollte man sich das Ergebnis sehr genau ansehen. Wenn man ohnehin schon plant, ein LRGB-Komposit zu erstellen, sollte man die Schärfung nur am Luminanzkanal des Bildes vornehmen, der von vornherein rauschärmer ist.

- **Fitswork:** In Fitswork geht man wie folgt vor: »Bearbeiten« → »Schärfen« → »iteratives PSF-Schärfen« (PSF=Point Spread Function). Parameter: Stärke 0,5, Iterationen: 10, Schwarzschwelle und ggfs. Umgebungsschwelle aktivieren (ausprobieren!), Funktion: Linear. Die Parameter werden so lange variiert, bis ein Kompromiss zwischen befriedigender Schärfe und Hervortreten von Artefakten gefunden ist.

ABBILDUNG 341

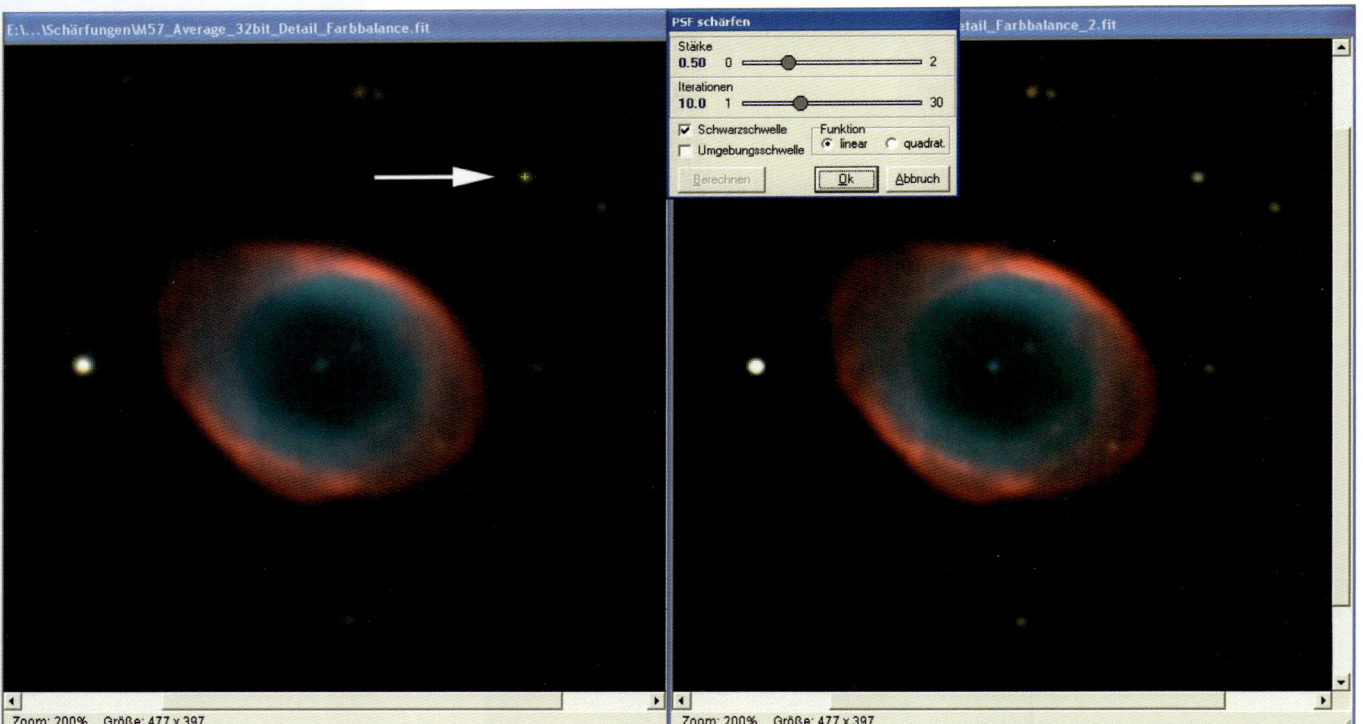

- **CCD-Sharp:** Diese sehr nützliche Freeware von SBIG kann nur monochrome FITS-Bilder mit 16Bit Graustufen einlesen und nach der Schärfung speichern. Vor der Schärfung muss das Bild also in ein für CCD-Sharp lesbares Format umgewandelt werden. Deshalb wird das Luminanzbild beispielsweise mit MaxIm DL oder Fitswork konvertiert, die die TIFF-Datei mit 32Bit oder 16Bit Tiefe in eine FITS-Datei mit 16Bit Tiefe umwandelt. Nun öffnet man das monochrome Bild in CCD-Sharp, klickt einige nicht gesättigte Sterne als Point Spread Function (PSF) an und wählt zur Entfaltung (Deconvolution) die moderate Stufe 3. Je stärker die Entfaltungsstufe, desto verrauschter ist das Ergebnis. Das geschärfte Bild kann von CCD-Sharp nur im FITS-Format mit 16Bit Tiefe abgespeichert werden. Fitswork kann dieses Bild öffnen und wieder als TIFF-Datei mit 16Bit Tiefe abspeichern.

ABBILDUNG 342: Ein monochromes 16Bit FITS-Bild vor (links) und nach (rechts) der Schärfung in CCD-Sharp. Man erkennt, dass die Sterne deutlich schärfer hervortreten und die Halbwertsbreiten geringer sind. Auch die Strukturen im Ringnebel treten deutlicher hervor. Die zur Berechnung der Point Spread Function verwendeten Sterne sind im rechten Bild durch rote Kreuze gekennzeichnet.

ABBILDUNG 342

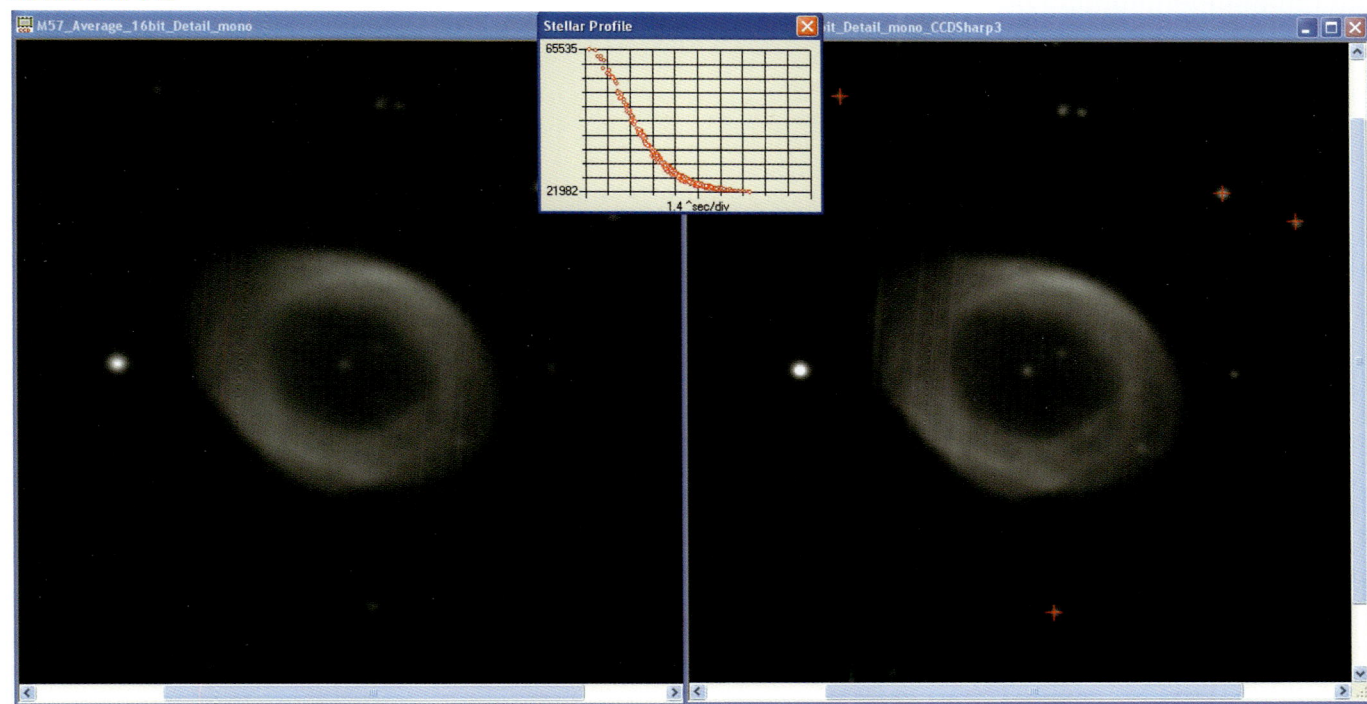

- **MaxIm DL:** MaxIm DL bietet eine Reihe von Schärfungsmethoden an, von denen die Deconvolution die besten Ergebnisse liefert. Man öffnet das Ausgangsbild und wählt im Menü »Filter« → »Deconvolution«. Die beiden angebotenen Verfahren Maximum Entropy Deconvolution und Lucy-Richardson Deconvolution kann man nacheinander unter Variation der Parameter ausprobieren. Mit einer Bildvorschau während des Schärfungsprozesses hat man die volle Kontrolle über jeden einzelnen Schritt. Bevor man sich für eine der beiden Routinen entscheidet, stellt man folgende gemeinsame Parameter ein: »Noise Model: Auto-Extract«. »PSF Model: Gaussian«. »PSF-Radius: 1,5« (hier variieren!). »Deconvolve: Number of iterations: 15« (variieren!). Die Abbildung 343 zeigt, dass die Ergebnisse der beiden Methoden recht ähnlich sind.

‹› Entfaltung mit CCD-Sharp

CCD-Sharp benötigt zur korrekten Entfaltung des Bildes u.a. die Aufnahmebrennweite und Pixelgröße. Man sollte daher darauf achten, dass der Fits-Header die wichtigsten Aufnahmedaten enthält und diese ggf. vorher ergänzen.

Wem das permanente Umspeichern in die diversen Formate Schwierigkeiten bereitet, muss ggf. auf CCD-Sharp verzichten. Man kann die ganze Prozedur – vom Einlesen über das Schärfen bis zum LRGB-Stacking – beispielsweise auch ausschließlich in Fitswork durchführen. Da Photoshop aber mit Ebenen umgehen kann, ist das Zusammenfügen der Bilder nach dem Schärfen eleganter.

ABBILDUNG 343

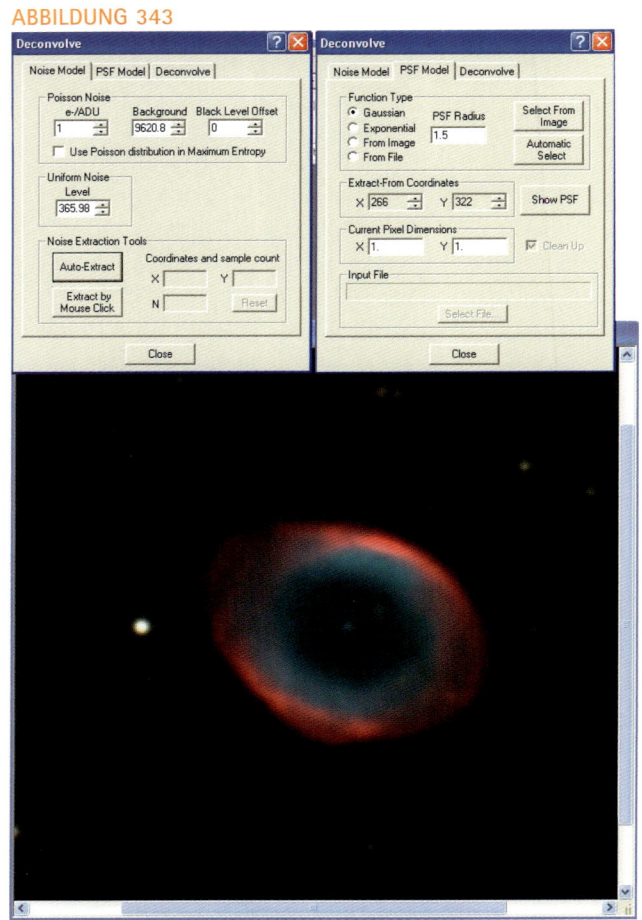

ABBILDUNG 343: Rechts: Ausgangsbild. Unten links: Schärfung in MaxIm DL 4 mit Maximum Entropy Deconvolution. Unten rechts: Lucy-Richardson Deconvolution. Das Ergebnis unterscheidet sich kaum.

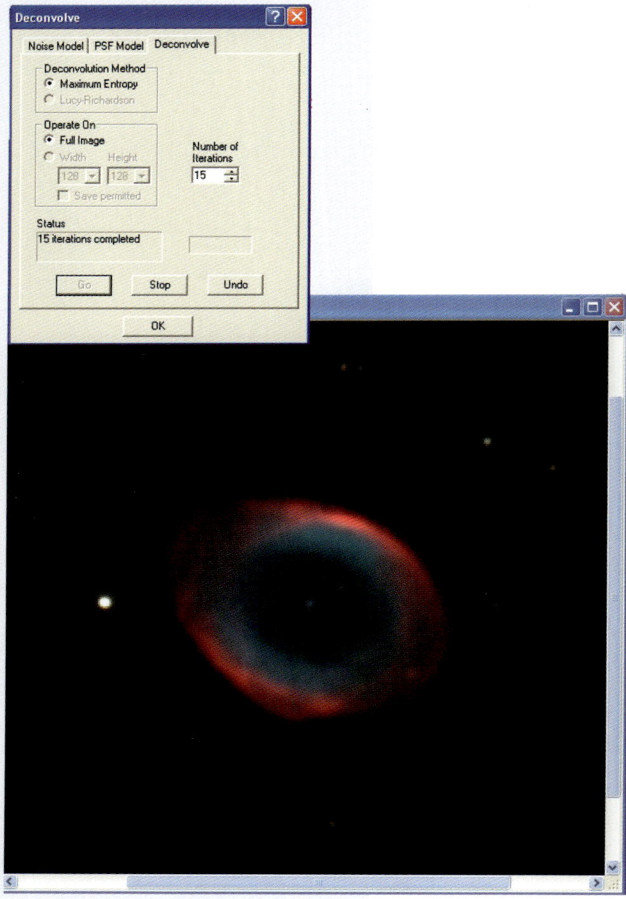

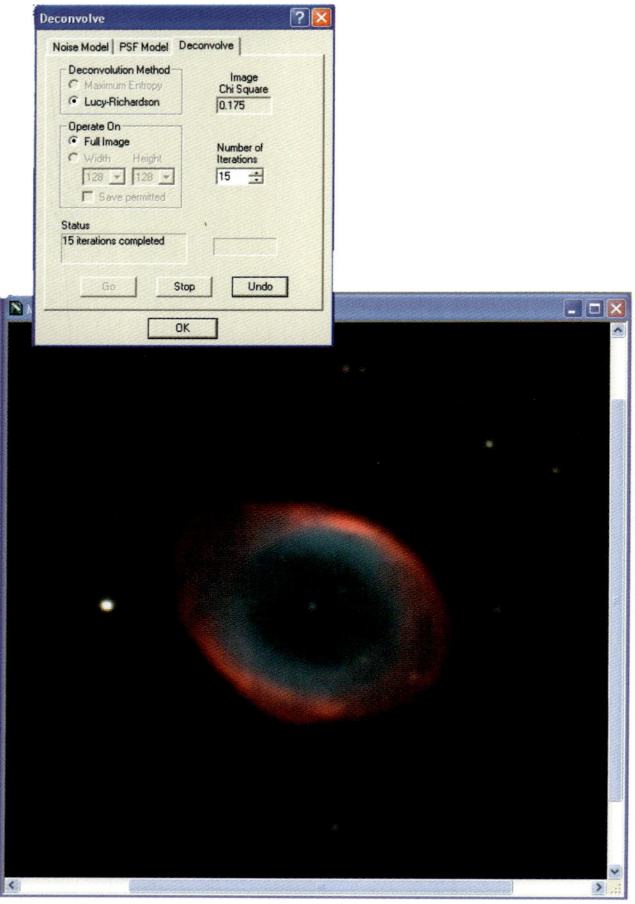

Der »Local Adaptive Filter« in MaxIm DL kann lokale Helligkeitsunterschiede im Bild verstärken. Die beiden Parameter Radius und Kontrast werden hierzu variiert. Leider überhöht dieser Filter auch die lokalen Schwankungen des Hintergrundes, so dass der Hintergrund nach der Bearbeitung zweckmäßigerweise relativ dunkel dargestellt werden sollte. Dieser Filter kommt also nur bei hellen Nebeln zum Einsatz (Abbildung 344).

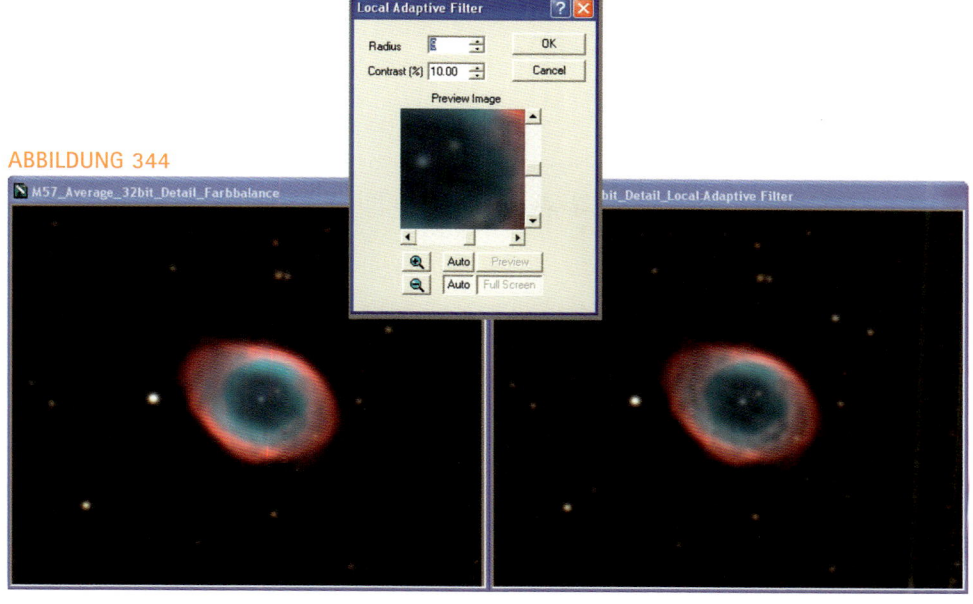

ABBILDUNG 344

ABBILDUNG 344: Der Local Adaptive-Filter eignet sich gut dazu, bei hellen Nebeln Strukturen zu verstärken – allerdings auf Kosten eines erhöhten Rauschens.

LINKS

Drizzle-Technik

Linear Reconstruction of the Hubble Deep Field
A.S. Fruchter, R.N. Hook
www-int.stsci.edu/~fruchter/dither/drizzle.html

LINKS

Programme mit Drizzlefunktion

DeepSkyStacker - Drizzle
L. Coiffier
deepskystacker.free.fr/german/index.html

MaxIm DL (+DSLR) / MaxDSLR
Diffraction Limited
www.cyanogen.com

Drizzle-Technik

Unter »Drizzle« (engl. für »nieseln«) versteht man die Stacking-Methode, die Bildauflösung durch geschicktes Stacken mehrerer Bilder zu steigern. Sie ist unabhängig von der Kamerahardware. Bei einem Farbsensor mit Bayer-Matrix erhöht das »Bayer-Drizzle« die Farbtreue bei der Konvertierung der ursprünglich schwarzweißen Bayer-Matrix in ein Farbbild.

Diese Technik wurde von der NASA für die Rekonstruktion der Hubble Space Telescope-Bilder entwickelt, da die Sensoren der WFPC2 Wide-Field-Camera das Bild stark undersampeln: Die Pixel des Sensors sind im Verhältnis zur abgebildeten Sterngröße eigentlich zu groß. Die WFPC2-Kamera erzeugt deshalb ein pixeliges Einzelbild mit verhältnismäßig geringer Ortsauflösung. Hier hilft die Drizzle-Technik weiter: Man stackt sehr viele Bilder aufeinander, die jeweils um wenige Pixel oder Pixelbruchteile gegeneinander verschoben und bzw. verdreht sind. Dem Einzelbild wird rechnerisch ein größeres und feineres Pixelraster unterlegt, so dass nach dem Stacken ein gegenüber den Ausgangsbildern linear um den Faktor 2 oder 3 vergrößertes Bild entsteht.

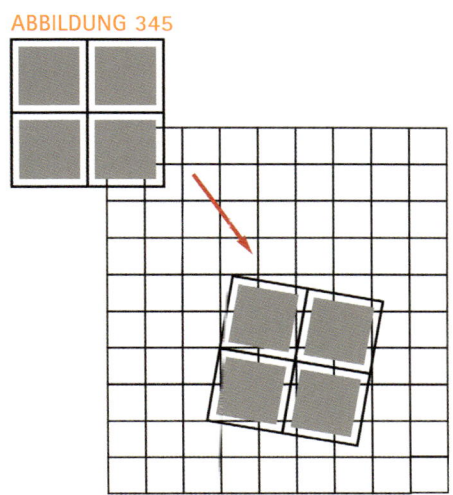

ABBILDUNG 345

ABBILDUNG 345: Beim Drizzlen werden viele gegeneinander versetzte Bilder gestackt und mit einem feineren Raster unterlegt. Dies führt zu einem höher aufgelösten Bild.

Jedes Pixel des Originalbildes liegt nun effektiv auf mehreren Pixeln des neuen Bildes mit dem feineren Raster. Auf jedes neue Pixel »regnen« also Teile des alten Pixels herunter. Nun werden auch Pixel Signale abbekommen, die vorher leer ausgegangen sind, andere werden nichts abbekommen. Je stärker der Nieselregen (= Signalstrom) ist, desto mehr Wasser (= Signalstärke) ist in den einzelnen Töpfchen (= Pixeln) später enthalten. Das Verhältnis von Signal zu Rauschen verbessert sich.

Liegt nur ein einziges Bild vor, hätte man mit einem feineren Raster nichts gewonnen. Dies brächte nur eine Interpolation

ABBILDUNG 346

 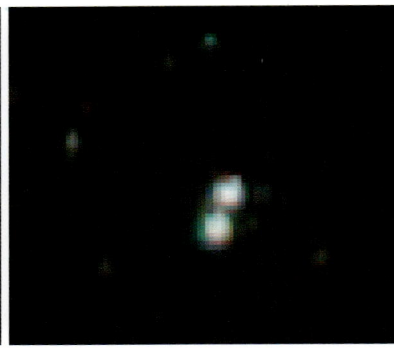

ABBILDUNG 346: Die nach dem Stacken erhaltene RGB-Datei im FITS oder TIFF-Format (32Bit oder 16Bit) Farbtiefe wird in Fitswork geöffnet und davon ein Luminanzbild erzeugt: »Bearbeiten« → »RGB-Bild in s/w umwandeln (Luminanz)«. Abspeichern als schwarzweißes Luminanzbild mit 16Bit.

Das Vierfachsystem ε Lyrae. Aufnahme mit Sigma Zoomobjektiv 28-70mm bei 28mm Brennweite und f/5,6 mit einer Canon EOS 20D (Pixelgröße 6,4μm). Jeweils zwei Sterne des Quartetts sind aufgrund der geringen Auflösung zu einem Stern verschmolzen. Der Abstand der beiden Zentren beträgt rund 3'. Stacking von 11 Aufnahmen mit DeepSkyStacker. Links normal gestackt, rechts gedrizzlet. Ein Gewinn an Ortsauflösung ist nicht erkennbar, dafür sind die Helligkeiten weicher abgestuft als vorher.

📷

ABBILDUNG 347: Workflow bei der Verarbeitung von Farbbildern (RGB) mithilfe der LRGB-Technik.

auf ein linear doppelt so großes Bild, ohne Gewinn an zusätzlicher Bildinformation. Deshalb hat die Methode auch nur Sinn, wenn eine große Anzahl von Bildern vorliegt, die gegeneinander verschoben und verdreht sind. Jedes weitere Bild wird anhand des bekannten Stern-Referenzsystems zum ersten Bild registriert und aufaddiert bzw. gemittelt (Stacking). Im Idealfall kann auch die Verzeichnung der Optik korrigiert werden.

Die Rechenkapazität begrenzt die sinnvolle Größe des finalen Drizzlebildes, da der Vorgang mit einem Faktor 4 bzw. 9 an Datenmenge gegenüber dem Originalbild verbunden ist. Aus einem 3000 × 2000 Pixel großen Bild einer Kamera mit sechs Megapixel Auflösung werden 6000 × 4000 Pixel, die einer einer Kamera mit 24 Megapixel Auflösung entsprechen, oder sogar 9000 × 6000 Pixel einer Kamera mit 54 Megapixel Auflösung. Eine größere Anzahl dieser Bilder zu addieren sprengt die Rechen- und Speichermöglichkeiten durchschnittlicher PC. Manche Programme wie bspw. DeepSkyStacker lassen es zu, dass man den Drizzle-Prozess nur auf einen frei wählbaren Bildausschnitt beschränkt. Dies kann ein kleiner Nebel oder eine kleine Galaxie im Bildfeld sein. Man erhält einen gedrizzelten Ausschnitt, den man später in Photoshop auf das normal gestackte Bild überblenden kann. Man kann mit Hilfe der LRGB-Technik auch ein höher aufgelöstes gedrizzeltes Luminanzbild mit dem ursprünglichen gröberen RGB-Bild kombinieren.

Tests mit einen 28mm Weitwinkel und einem 500mm Teleobjektiv haben ergeben, dass bei einer Pixelgröße von 6,4μm (EOS 20D) der Gewinn an Auflösung vergleichsweise minimal ist. Die bikubische Interpolation beispielsweise in Photoshop ist nur unwesentlich schlechter.

LRGB-Komposit

Unter LRGB versteht man grundsätzlich ein Verfahren, ein Graustufenbild (Luminanzbild L) auf vorteilhafte Weise mit einem RGB-Farbbild zu kombinieren. Da man mit verschiedenen Ebenen in einem Bild operieren muss, sind Programme wie Photoshop hierfür sehr geeignet.

Ein anderer wichtiger Bereich in der Bildbearbeitung ist die Verwendung der LRGB-Technik bei der Schärfung eines RGB-Bildes, die immer mit einer Verstärkung des Rauschens einher geht. Das Schwarzweißbild erscheint wesentlich rauschärmer als das Farbbild. Es liegt also nahe, Schärfungen am Helligkeitsanteil (Luminanz) des Bildes vorzunehmen und das geschärfte Schwarzweißbild in geeigneter Weise mit dem Farbbild (Chrominanz) zu kombinieren. Wenn man vorher noch das Farbbild etwas glättet (Farbrauschen vermindert), erhält man ein schärferes und rauschärmeres Gesamtergebnis (Abbildung 347).

Die LRGB-Technik wird am Beispiel der Verbesserung eines kalibrierten farbigen Summenbildes des Kugelsternhaufens NGC 2419 demonstriert.

ABBILDUNG 347

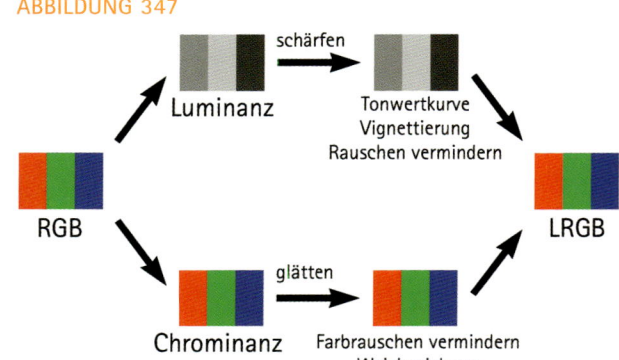

ABBILDUNG 354

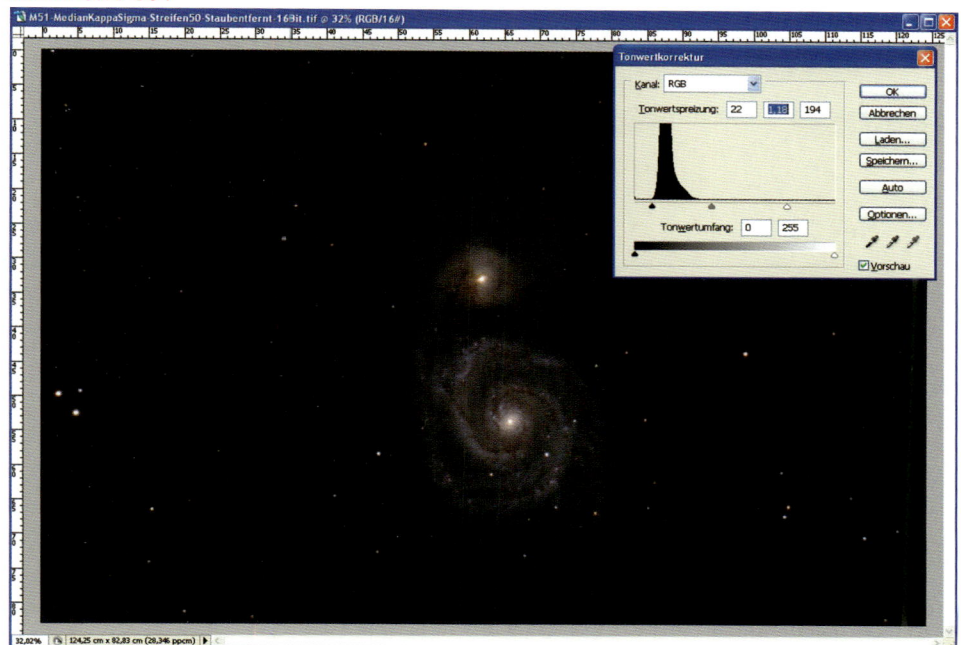

ABBILDUNG 354: Erhöhung der Sättigung und leichte Tonwertkorrektur in Photoshop CS2.

störung reduzieren: 40%, Details scharfzeichnen: 50%. Vorsicht: Nicht übertreiben, die magentafarbenen HII-Regionen in M 51 dürfen sich nicht entfärben!

ABBILDUNG 355: Reduktion der Farbstörung im Bildhintergrund.

ABBILDUNG 355

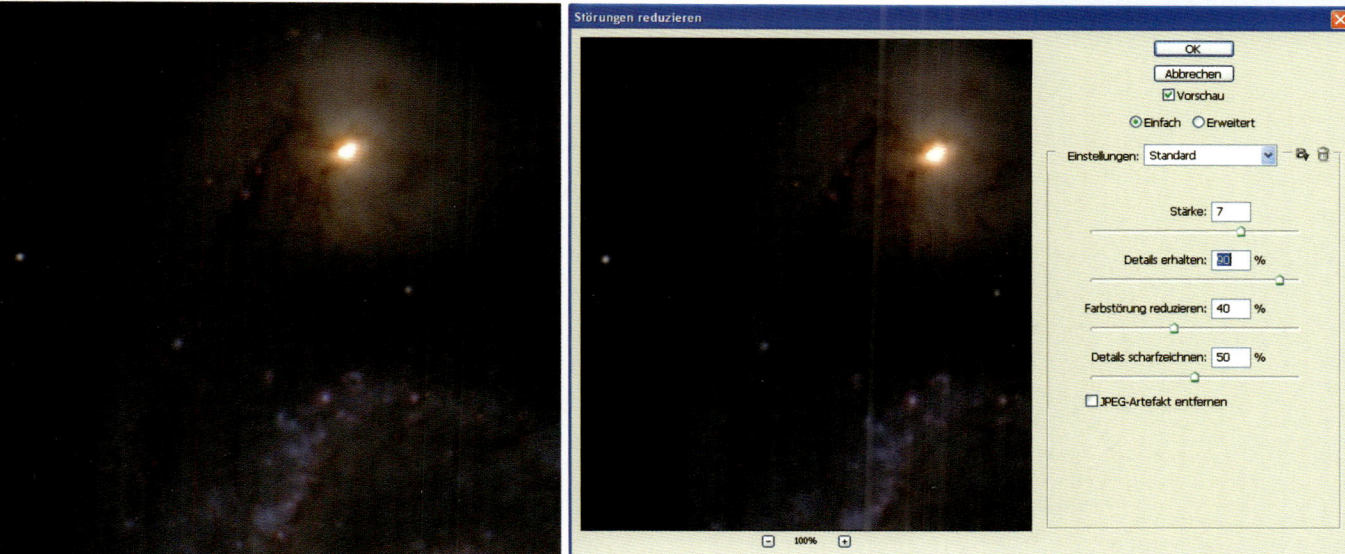

Als letztes wird das Bild insgesamt geebnet (Abbildung 356). Das Photoshop Plug-in GradientXTerminator wird angewendet:

- »Weiche Kante«: 10px, glätten
- M 51 mit Lasso umschließen
- Auswahl umkehren. Erster Durchlauf mit »Coarse« und »Low«, zweiter Durch-

ABBILDUNG 356: Bildebnung in Photoshop mit Plug-In »GradientX-Terminator«.

ABBILDUNG 356

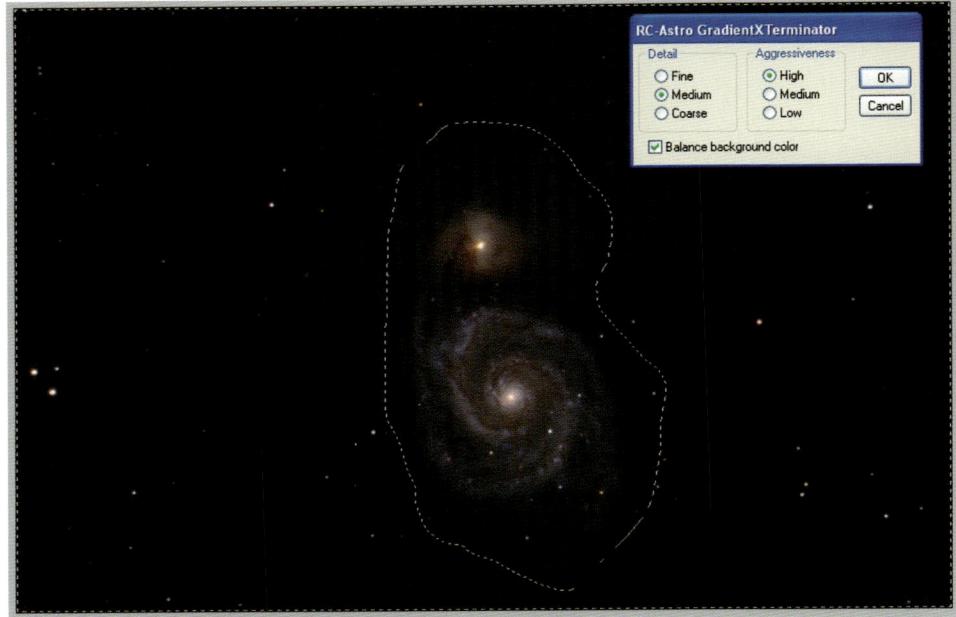

tige Bild wird als 16Bit TIF gespeichert und sicher aufbewahrt. Abschließend wird die Farbtiefe des Bildes noch nach 8Bit konvertiert, so dass es zur Präsentation als TIFF- oder »high-quality«-JPEG-Datei abgespeichert werden kann. Damit ist die Bearbeitung abgeschlossen.

ABBILDUNG 357: Das gesäuberte finale Bild von M 51 im vollen Format der Canon EOS 20D bei 3m Brennweite.

ABBILDUNG 357

Panoramabilder

Je nach Größe des aufgenommenen Bildfeldes kann es notwendig sein, dass zur Darstellung ausgedehnter Himmelsobjekte mehrere Einzelbilder zu einem Panoramabild zusammengefügt werden müssen.

Viele der aktuellen Programme für die Panoramaerstellung bieten sowohl einen halbmanuellen als auch einen komplett automatischen Modus. Während der Benutzer beim halb-manuellen Verfahren zueinander gehörige Bilder mit der Maus übereinander schieben muss, erkennt die Software im komplett automatischen Betrieb eigenständig welche Bilder wie zueinander gehören. Die Programme arbeiten hierzu mit einer Mustererkennung. In den Einzelbildern werden hierbei gleiche Bildelemente automatisch gefunden

ABBILDUNG 358

ABBILDUNG 358: Ein aus drei Aufnahmen mit Stitcher Unlimited zusammengesetztes Milchstraßenpanorama. Die Einzelaufnahmen entstanden mit einer Brennweite von 105mm mit einer nicht modifizierten Canon EOS 400D bei ISO 800. Die Gesamtbelichtungszeit pro Einzelbild lag bei 6 × 600s, 9 × 600s bzw. 15 × 600s. Das Stacking der Bilder erfolgte vor der Panoramerstellung in DeepSkyStacker. Die Entbearbeitung erfolgte mit Photoshop. Trotz Dateigrößen um 80MB (16Bit TIFF-Dateien mit 2602 × 3906 Pixel) dauerte die eigentliche Panoramaberechnung nur knapp 15 Sekunden! Das Ergebnisbild (16Bit TIFF-Datei ohne Ebenen mit 4002 × 5804 Pixel) besitzt eine Dateigröße von knapp 133MB.

LINKS

Software zur Erstellung von Panoramabildern

Autopano Pro
Kolor
www.autopano.net

PhotoShop
Adobe Systems GmbH
www.adobe.com/de/products/
photoshop/family

Stitcher Unlimited
Realviz
stitcher.realviz.com

The Panorama Factory
Smoky City Design
www.panoramafactory.com

DeepSkyStacker
L. Coiffier
deepskystacker.free.fr/german/
index.html

Registar
Auriga Imaging
www.aurigaimaging.com

und durch Drehung, Verschiebung, Größenanpassung und teilweise auch Verzerrung zur Deckung gebracht.

Die aus der normalen Fotografie stammenden Panoramaprogramme können alle gängigen Bildformate wie JPG, TIFF (meist auch mit 16Bit Farben pro RGB-Kanal) importieren. Als komplette Bildbearbeitungssoftware kann Photoshop auch viele der kameraspezifischen RAW-Formate lesen. Spezielle Astroprogramme mit Panoramafunktion beherrschen dagegen auch den Import von FITS-Dateien.

Das fertige Bildmosaik kann bei allen Programmen als eigenständiges Bild in einem der gängigen Speicherformate abgelegt werden. Zur besseren Weiterbearbeitung bieten die Programme Autopano Pro und Photoshop hierbei auch die Möglichkeit die Einzelbilder als jeweils eigenständige Ebenen (nur im TIFF- bzw. Photoshop-eigenen PSD-Format) abzuspeichern.

Mit Motiven aus der allgemeinen Fotografie liefern die meisten Panoramaprogramme in über 90% der Fälle ein zufriedenstellendes Ergebnis. Bei astronomischen Motiven, vor allem im Deep-Sky-Bereich, stoßen sie jedoch an ihre Grenzen. Speziell für die Astronomie entwickelte Programme sind hier oftmals besser, da sie für das Erkennen von Sternmustern optimiert sind. Je nach Motiv und verwendeter Aufnahmeoptik können jedoch auch sie scheitern. Man sollte sich daher bei der Panoramaerstellung nicht nur auf ein Programm verlassen, sondern aus den Ergebnissen verschiedener Programme das Beste auswählen.

Generell sollte der verwendete Computer soviel Arbeitsspeicher wie möglich besitzen. Viele der hier vorgestellten Programme unterstützen zudem auch CPUs mit mehreren Prozessorkernen. In Abhängigkeit von Motiv und verwendeter Software erfordert die Berechnung großer Panoramabilder jedoch trotzdem oft viel Geduld beim Anwender.

Bei der Anfertigung eines Panoramabildes ist auf die identischen Bearbeitungsschritte der Einzelbilder zu achten. Für die Bearbeitung von innerhalb einer Nacht entstandenen Aufnahmen ergeben sich hierdurch demnach zwei mögliche Reihenfolgen für die Panoramaerstellung:

- Die Kombination der Einzelbilder zum Panorama erfolgt nach Anwendung der Korrekturbilder und Entfernen der störenden Artefakte. Alle Filterungen und Helligkeitsanpassungen können somit direkt auf das komplette Bild angewandt werden.

- Die Einzelbilder werden zunächst komplett fertig bearbeitet und erst dann miteinander kombiniert. Hierbei können die Einzelbilder dann, analog zu den Aufnahmen für die im nächsten Kapitel vorgestellte Animationssequenz, mit Hilfe von Makros automatisch bearbeitet werden.

Trotz aller von den verschiedenen Programmen vorgegebenen Hilfsmittel gestaltet sich die wirklich nahtlose Aneinanderfügung der Einzelbilder eines Panoramas sehr schwierig. Verantwortlich sind hierfür meist die sich im Laufe der Beobachtung ändernden Umgebungsbedingungen wie Himmelshelligkeit und Luftunruhe, da diese oftmals schon aus der sich verändernden Lage des Objektes zum Horizont resultieren. Während eine unterschiedliche Bildhelligkeit noch relativ einfach korrigiert werden kann, lassen sich die vom Seeing unterschiedlich stark aufgeblähten Sternscheibchen kaum an einander anpassen. Eine Möglichkeit zur Vermeidung bzw. Minimierung dieser Probleme wäre, eine Aufnahmeserie zeitlich möglichst kurz hintereinander und dann auch noch symmetrisch zum Meridiandurchgang des Objektes zu planen. In der Praxis wird dies jedoch meist nur schwer möglich sein.

Die Panoramaerstellung aus Bildern aus verschiedenen Nächten ist noch einmal ungleich schwieriger. Deutliche Unterschiede sowohl in der Bildschärfe als auch in der Bildhelligkeit lassen sich in den meisten Fällen nicht verhindern. Je nach Transparenz der Atmosphäre und Airglowaktivität können zudem auch Farbstiche auftreten. Diese bei der Zusammenführung der Bilder wieder auszugleichen, erfordert sehr viel Geduld und Fingerspitzengefühl bei der Anpassung der jeweiligen Bildparameter. Es funktioniert am besten, wenn das fertige Panoramabild in Ebenen abgespeichert ist, da dann jedes der Ausgangsbilder auch im Nachhinein noch separat bearbeitet werden kann. Bisher gibt es noch kein Programm, das diese Arbeit automatisch erledigt.

ABBILDUNG 359

ABBILDUNG 359: Dieses Panoramabild von Lagunen- und Trifidnebel zeigt den Einfluss von Bildfehlern auf die Panoramaerstellung: Die Funktion »Photomerge« von Photoshop CS4 hat die beiden Einzelbilder auf den ersten Blick zwar gut überblendet, bei genauerem Hinsehen im Überlappungsbereich der Aufnahmen fällt jedoch neben dem unterschiedlich starken Rauschen im Hintergrund auch eine leicht unterschiedliche Hintergrundhelligkeit sowie eine andere Ausrichtung der auftretenden Bildfehler auf. Beide Einzelbilder entstanden mit einer mit Baader ACF-Filter modifizierten Canon EOS 350D durch einen 80mm ED-Refraktor der Firma Skywatcher. Aufnahmeort war die Farm Rooisand in Namibia. Beide Ausgangsbilder entstanden durch HDR-Stacking mit DeepSkyStacker. Die Belichtungszeiten betrugen 12 × 450s + 1 × 600s (M 8) bzw. 1 × 120s + 1 × 300s + 4 × 300s (M 20).

LINKS

Animationssoftware

GIF Construction Set
Alchemy Mindworks
www.mindworkshop.com/alchemy/
alchemy.html

GIF Animator
Microsoft
www.microsoft.de

Slide Show Movie Maker
Jörn Thiemann
www.joern-thiemann.de/tools/SSMM/
index.html

AVI-Maker
Softcodez.com
www.softcodez.com

Video Mach
Gromada.com
www.gromada.com

Corel R.A.V.E.
Corel Corporation
www.corel.de
(wurde zusammen mit Corel Draw 12
ausgeliefert)

PhotoLapse
S. van der Palen
http://home.hccnet.nl/s.vd.palen/

Animationen

Obwohl der nächtliche Himmel dem Betrachter bei einem Blick durch ein Teleskop meist statisch erscheint, ist man doch erstaunt wie viele Bewegungsvorgänge bereits innerhalb kurzer Zeitspannen mit Hilfe der Fotografie dokumentiert werden können. Solche Bewegungen können normalerweise nicht mit nur einem Bild dargestellt werden. Die Digitalfotografie ermöglicht, mit Hilfe des Computers aus mehreren Aufnahmen relativ einfach einen kurzen Film herzustellen.

Die Anzahl der benötigten Einzelbilder hängt sowohl von der Gesamtdauer als auch von der Bildrate der späteren Animation ab. Der zeitliche Abstand in dem diese Bilder erstellt werden müssen ergibt sich dann aus der Länge des darzustellenden Zeitraums.

Die benötigten Einzelbilder werden hierzu zunächst jedes für sich bearbeitet. Hierbei ist jedoch zwischen Aufnahmen, die in ein und derselben Nacht bzw. in verschiedenen Nächten aufgenommen wurden, zu unterscheiden. Damit später keine unnatürlichen »Sprünge« durch sich ändernde Helligkeiten, Schärfeänderungen o.ä. verursacht werden, reicht es bei Aufnahmen die innerhalb einer Nacht gemacht wurden, normalerweise aus, dass die verschiedenen Bildbearbeitungsschritte für alle Bilder identisch sind. Bei einigen Bildbearbeitungsprogrammen wird dies durch die Möglichkeit erleichtert, Makros zu programmieren. Eventuell im Laufe der Nacht aufgetretene Veränderungen zeigen sich in der fertigen Animation dann als langsame, aber kontinuierliche Veränderung, die vom Betrachter normalerweise nicht als störend empfunden wird. Bei Aufnahmen, die aus verschiedenen Nächten stammen, ist eine Vermeidung solcher Unterschiede von Bild zu Bild dagegen praktisch unmöglich. Neben einer veränderten Transparenz der Atmosphäre treten hier auch Variationen der allgemeinen Himmelshelligkeit oder des Seeings deutlich in Erscheinung.

Die fertig bearbeiteten Aufnahmen können anschließend mittels spezieller Animationssoftware zur Animation zusammengesetzt werden. Welches Programm hier zum Einsatz kommt, hängt vor allem vom Dateiformat ab, das verwendet werden soll:

- **Animiertes GIF:** Das Graphic Interchange Format (GIF) kann in der Version GIF89a auch Animationen darstellen. Dabei werden mehrere Bilder hintereinander angezeigt, man kann die Bilddauer pro Bild einstellen. Der Speicherbedarf der Animation entspricht in etwa dem der verwendeten Einzelbilder. Einige Programme erlauben es auch, nur die Veränderungen zum vorherigen Bild abzuspeichern, was etwas Speicherplatz einspart. Ein großer Nachteil des GIF-Formates ist seine Begrenzung auf eine Farbtiefe von 8Bit (256 Farben). Große GIF-Animationen können dynamisch nachgeladen werden (Streaming).

- **Shockwave:** Dieses ursprünglich von der Firma Macromedia entwickelte Dateiformat zeichnet sich durch seine hohe, vom Autor einstellbare Kompression aus. Auch umfangreiche Inhalte können so in hoher Qualität in kurzer Download-Zeit über das Internet verfügbar gemacht werden. Weil die in Shockwave-Dateien enthaltenen Einzelbilder als JPGs kodiert sind, haben die Filme eine Farbtiefe von 24Bit (16,4 Mio. Farben). Der Inhalt einer großen Shockwave-Animation kann dynamisch nachgeladen werden (Streaming).

- **AVI-Video:** Audio Video Interleave (AVI) ist ein bereits 1992 von der Firma Microsoft definiertes Videoformat. Bei diesem ursprünglich für die Wiedergabe von Videoclips vorgesehenen Dateiformat wird die sogenannte Keyframe-Technik verwendet, d.h. lediglich jedes 12. bis 17. Bild (abhängig vom Bildinhalt) wird als Vollbild gespeichert. Für die dazwischen liegenden Bilder werden nur die Unterschiede zum jeweils vorhergehenden Bild angegeben. Die genaue Art und Weise, wie dies geschieht, wird durch den sog. »Codec« angegeben. Der bekannteste dieser AVI-Codecs ist heute das auf eine gehackte Version des Original-AVI-Codecs zurückgehende DivX-Format. Das AVI-Format ist weit verbreitet und wird daher nicht nur von den meisten Multimedia-Programmen sondern auch von einer Vielzahl an DVD-Spielern unterstützt (sofern die verwendeten Codecs von diesen unterstützt werden).

- MPG: Dieses von der »Motion Picture Expert Group« (MPEG), einer Gruppe der ISO, die sich mit der Standardisierung im Videobereich beschäftigt, entwickelte Video-Format, wurde ursprünglich für die digitale Darstellung eines Studio-TV-Signals konzipiert. Wie beim AVI-Format werden auch hier nur die Unterschiede zwischen zwei aufeinander folgenden Einzelbildern abgespeichert. Bedingt durch die hohe Bildfolge des Fernsehformates (25 Bilder pro Sekunde) kann auch eine starke kompressionsbedingte Verringerung des Informationsgehaltes pro Bild teilweise wieder wettgemacht werden. Das MPG-Format wurde daher bewusst als verlustbehaftete Codierung konzipiert.

  MPEG ist nicht die optimale Videocodierung, allerdings ist sie der einzig internationale Konsens in diesem Bereich und findet, auch dank seiner Verwandschaft mit den Telekommunikations-Standards sowie seiner Kompatibilität zu allen CD-ROM-Formaten weite Verbreitung. Die heute gängigste Variante des MPG-Formates ist MP4.

Während animierte GIFs nur eine Abfolge der eingesetzten Ausgangsbilder darstellen, sind die zur Erstellung der anderen Dateiformate eingesetzten Programme in der Lage, auch Zwischenbilder zu berechnen. Selbst wenn nur wenige Einzelbilder vorliegen ist hierdurch ein flüssiger Animationsablauf möglich.

ABBILDUNG 360

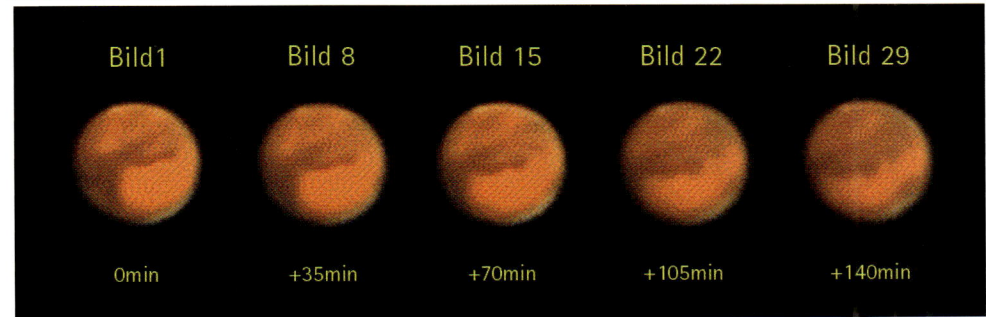

ABBILDUNG 360: Fünf Einzelbilder einer insgesamt knapp 2½-stündigen GIF-Animationssequenz des Planeten Mars. Jedes Einzelbild entstand durch Mittelung der 30 besten Aufnahmen einer 2-minütigen Filmsequenz. Die Beschränkung des GIF-Formates auf 256 Farben macht sich durch Farb-Ditherung negativ bemerkbar.

Aufnahmedaten: 30cm Newtonteleskop bei 3000mm Brennweite (2×-Barlowlinse). Phillips ToUCam bei 1/50s mit automatischem Weißabgleich.

BILDBEISPIELE

Feststehende Kamera

ABBILDUNG 361: Skybeamer
Datum: 14.7.2005
Sigma 17–35mm/2,8–4,0 EX bei 17mm und Blende 4,0
automatische Belichtung von Stativ
ISO 400
Canon EOS 10D (nicht modifiziert)
Ort: Sportpark Duisburg Wedau (Regattabahn)
Fotograf: Axel Martin

Bearbeitung: Photoshop CS2

ABBILDUNG 362: Sternbild Löwe mit Planet Saturn
Datum: 26.3.2007
Sigma Zoom 28–70mm/2,8
Aufnahme bei 28mm Brennweite und Blende 5,6
Sterne mit Weichzeichnerfilter (Cokin) vor dem Objektiv abgesoftet
Canon EOS 5D (modifiziert)
Empfindlichkeit: ISO 800
Belichtungen 5×60s
Gesamtbelichtung: 5min
Ort: Sörth/Westerwald
Fotograf: Bernd Koch

Bearbeitung: interne Dunkelbilder, kein Flatfield.
Stacking: DeepSkyStacker, automatischer Weißabgleich, Aufsplittung in Luminanz- und Farbkanal in Fitswork, Luminanzkanal in Fitswork geebnet und geschärft mit »PSF-Schärfung«, LRGB-Komposit in Photoshop CS3, Entrauschen des Farbkanals.

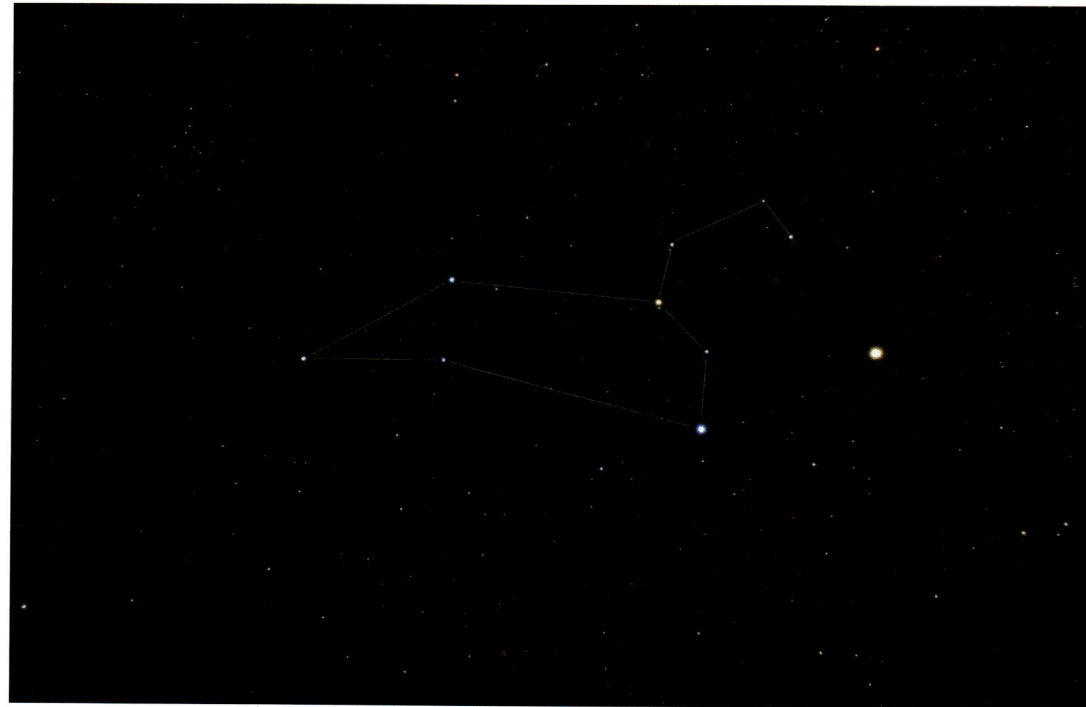

ABBILDUNG 363:

Zodiakallichtpyramide
Datum: 6.6.2008
Aufnahmezeitpunkt: 1:25 UT
Sigma Zoom 28–70mm/2,8
Aufnahme bei 28mm Brennweite
und Blende 5,6
Canon EOS 5D (modifiziert)
Empfindlichkeit: ISO 1600
Belichtung: 5min
Ort: Farm Tivoli/Namibia
Fotograf: Bernd Koch

Bearbeitung: Photoshop CS3

Rötliches Airglowleuchten am Horizont und Wolken. Links im Bild die Triangulum-Galaxie M 33.

ABBILDUNG 364:

Perseiden-Meteore
Datum: 11.8.2004
Zenitar 16mm/2,8
Blende 4
Canon EOS 10D
Empfindlichkeit: ISO 800
Ort: Sörth/Westerwald
Fotograf: Bernd Koch

Bearbeitung: keine Dunkelbilder, kein Flatfield, Photoshop CS3.

Per Fernauslöser wurden im Dauerbetrieb Aufnahmen zu je 60s Belichtungszeit aufgenommen. Bis zum Morgen des 12.8. wurden fünf sehr helle Perseiden-Meteore registriert, ein sechster in diesem Bild ist ein sporadischer Meteor. Das fertige Bild ist ein Komposit. Aus den Einzelbildern wurden die Meteore ausgeschnitten und in ein Einzelbild an gleicher Himmelsposition einkopiert.

Mond

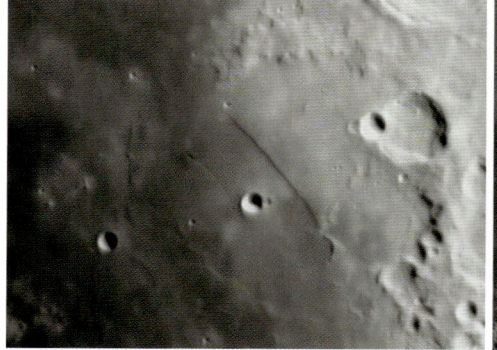

ABBILDUNG 365:

Farben des Mondes
Datum: 21.4.2005
Aufnahmezeitpunkt: 20:50 UT
Astro-Physics EDFS 130/780mm f/6
und Bildfeldebnungslinse
Blende 6
Canon EOS 20D (modifiziert)
Empfindlichkeit: ISO 200
Belichtung: 1/125s
Ort: Sörth/Westerwald
Fotograf: Bernd Koch

Bearbeitung: Photoshop CS3,
Entrauschen des Farbkanals

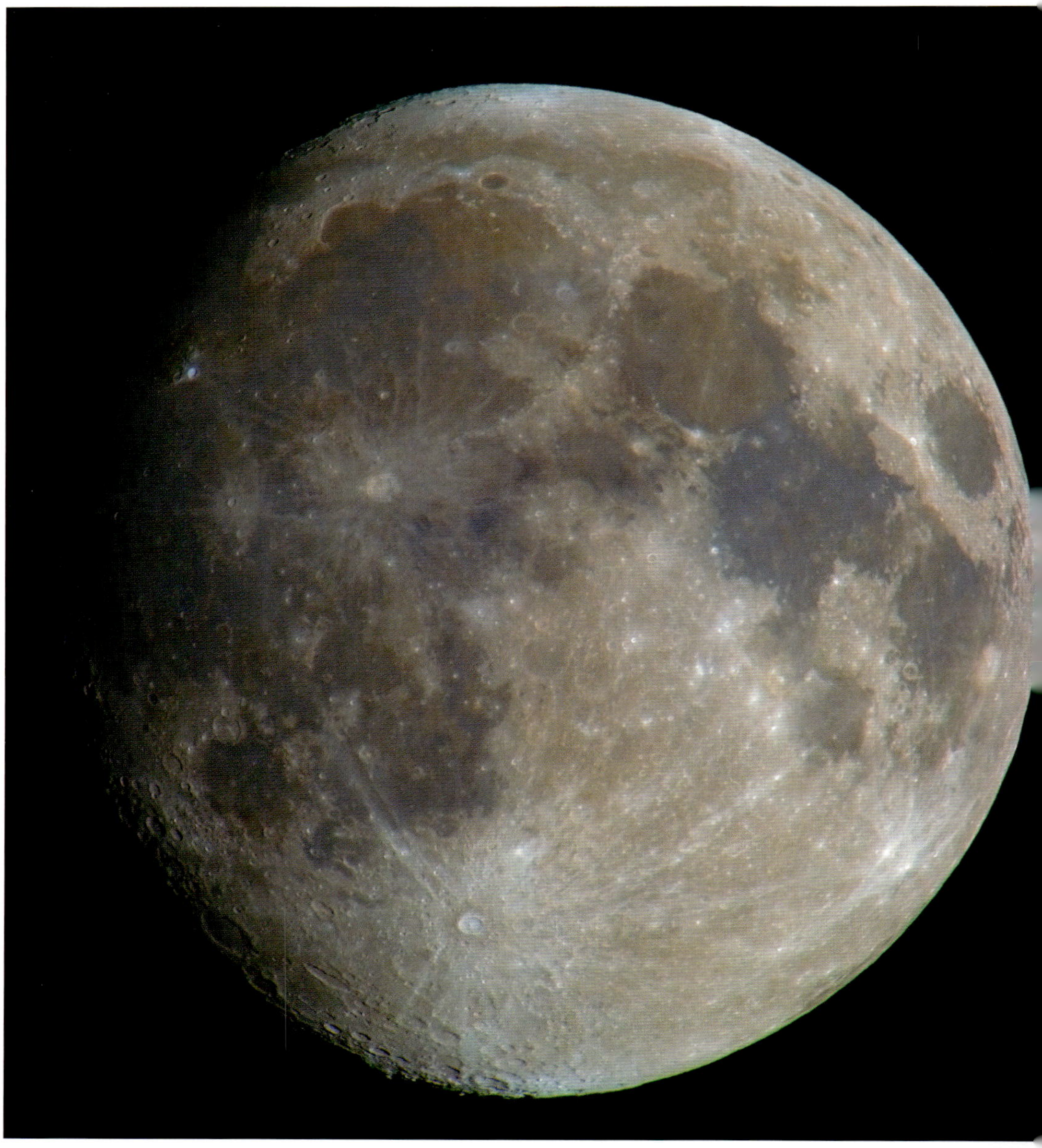

ABBILDUNG 366:

Rupes Recta und Rima Birt
Datum: 11.5.2003
Aufnahmezeitpunkt: 1:21 UT
Celestron 14 SCT 356/3916mm
Effektive Brennweite: ca. 12m
Philips ToUCam pro
Auflösung: 640 Pixel × 480 Pixel
Videoaufnahme mit K3CCDTools
Ort: Sörth/Westerwald
Fotograf: Bernd Koch

Bearbeitung: Multipoint-Stacking
mit Registax (Automatik), 63 von
819 Bildern gemittelt. Schärfung
mit Wavelet-Filter (RegiStax).

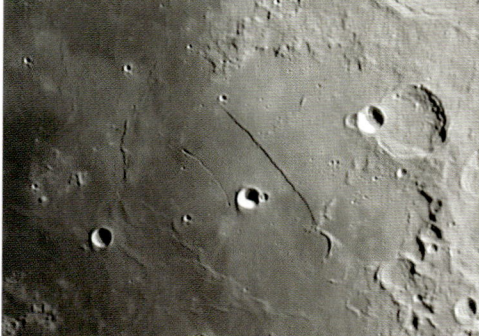

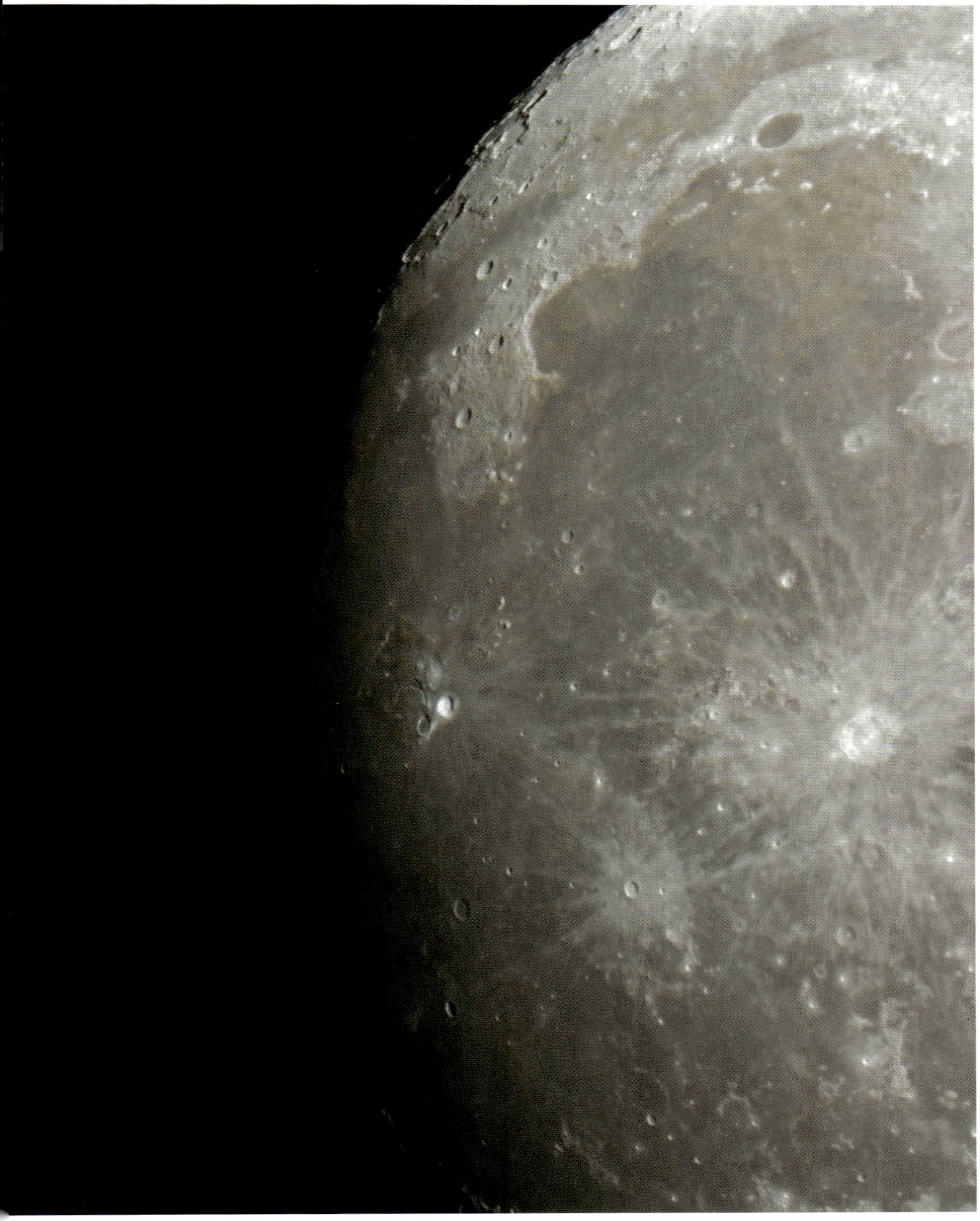

ABBILDUNG 367:

Mondkrater Aristarch mit
Schrötertal
Datum: 21.4.2005
Aufnahmezeitpunkt: 21:25 UT
Astro-Physics EDFS 130/780mm f/6
und Flatfield-Converter
Blende 20
Canon EOS 20D (modifiziert)
Empfindlichkeit: ISO 400
Belichtung: 1/60s
Ort: Sörth/Westerwald
Fotograf: Bernd Koch

Bearbeitung: Photoshop CS3,
Entrauschen des Farbkanals.

ABBILDUNG 368:

Mondphasen
Astro-Physics EDFS 130mm f/6 und
Flatfield-Converter
Canon EOS 20D (modifiziert)
Ort: Sörth/Westerwald
Fotograf: Bernd Koch

Bearbeitung: Konvertierung des
Rohformats nach RGB in Photoshop CS2 und Angleichung von Helligkeit, Kontrast und Farbe.

Verschiedene Aufnahmezeitpunkte
zwischen 2004 und 2006.

Mondlibration in Länge
Astro-Physics EDFS 130/780mm f/6
und Flatfield-Converter
Effektive Brennweite: ca. 2535mm
Blende 20
Canon EOS 10D
Empfindlichkeit: ISO 200
Belichtung: ca. 1/60s
Ort: Sörth/Westerwald
Fotograf: Bernd Koch

Linkes Bild:
Datum: 29.5.2004
Aufnahmezeitpunkt: 19:57 UT
Libration in Breite: –2°48' Süd
Libration in Länge: –6°59' Ost
Scheinbarer Durchmesser: 32,2'
Mondalter: 10,6 Tage

Rechtes Bild:
Datum: 20.12.2004
Aufnahmezeitpunkt: 18:36 UT
Libration in Breite: +1°19' Nord
Libration in Länge: +6°51' West

Scheinbarer Durchmesser: 31,0',
Mondalter: 8,7 Tage

Beabeitung: Die Brennweite wurde
mit Verlängerungshülsen so weit
vergrößert, bis die nördliche Mond-
hälfte in ganzer Breite ins Quer-
format der Canon EOS 10D Digitalkamera passte (Sensorgröße ca.
15,7 × 22,1mm). Zusammen mit
einem Bild der südlichen Mond-
hälfte wurde ein Mosaikbild erstellt. Nach dem Zusammensetzen

des Mosaiks wurde das finale Bild
mit einer unscharfen Maske scho-
nend geschärft: Pixelradius 2,1 Pixel, Stärke 150×.
Am westlichen (rechten) Mondrand
sind aufgrund der großen Libration
in Länge viele Mondformationen
zusätzlich sichtbar. Beachtenswert
sind das Mare Humboldtianum
(oben rechts), das Mare Marginis
(rechts vom Mare Crisium) und das
Mare Smythii (unterhalb von Mare
Marginis).

ABBILDUNG 370:

Totale Mondfinsternis
Datum: 3.3.2007
Aufnahmezeitpunkt: 23:43 UT
Pentax SDHF 75/500mm f/6,7 und
Flatfield-Converter
Effektive Brennweite: 1150mm
Blende 15,3
Canon EOS 20D (modifiziert)
Empfindlichkeit: ISO 1600
Belichtung: 1s
Ort: Hanau
Fotograf: Bernd Koch

Bearbeitung: internes Dunkelbild, kein Flatfield, Photoshop CS3, Entrauschen des Farbkanals.

Mond im Kernschatten. Veränderlicher Stern VY Leo (5ᵐ9) am rechten Bildrand.

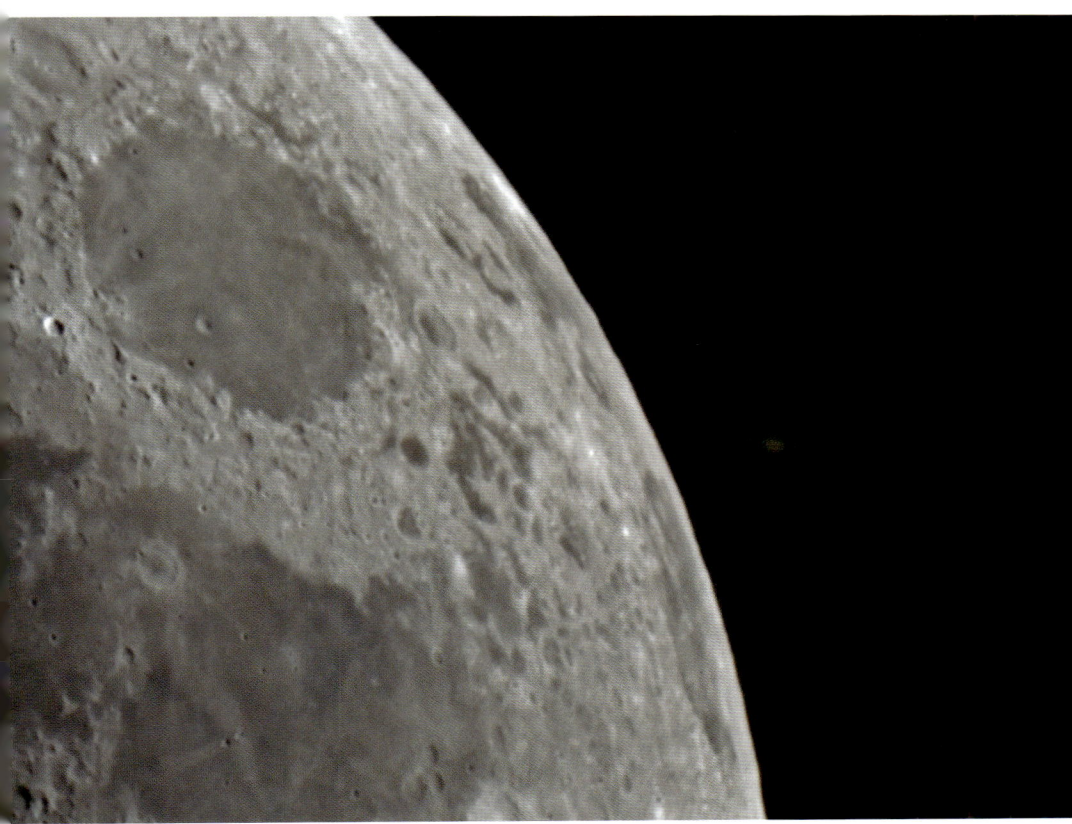

ABBILDUNG 371:

Saturnbedeckung durch den Mond
Datum: 22.5.2007
Aufnahmezeitpunkt: 20:28 UT
Meade 12"-ACF 304/3048mm f/10
und Flatfield-Converter
Blende 32
Effektive Brennweite: 9,7m
Canon EOS 5D (modifiziert)
Empfindlichkeit: ISO 800
Belichtung: 0,8s
Ort: Sörth/Westerwald
Fotograf: Bernd Koch

Bearbeitung: interne Dunkelbilder, kein Flatfield, Entrauschen des Farbkanals in Photoshop CS3. Durchziehende Wolken verhinderten die Sicht auf den Austritt am hellen Mondrand.

ABBILDUNG 372:

Saturnbedeckung durch den Mond

Datum: 22.5.2007

Aufnahmezeitpunkt des Eintritts: ca. 19:17 UT

Astro-Physics EDFS 130/780mm f/6 und Flatfield Converter

Blende 12

Effektive Brennweite: 1600mm

Canon EOS 5D (modifiziert)

Empfindlichkeit: ISO 200

Belichtungen: je 1/25s

Ort: Sörth/Westerwald

Fotograf: Bernd Koch

Bearbeitung: interne Dunkelbilder, kein Flatfield, Entrauschen des Farbkanals in Photoshop CS3.
(Eintritt) am hellblauen Himmel 10 Minuten nach Sonnenuntergang. Linke Bildspalte von oben nach unten: 19:17:19 UT, +6s, +16s +24s, +32s. Großes Bild: 19:17:25 UT

ABBILDUNG 373:

Venusbedeckung durch den Mond

Datum: 18.6.2007

Aufnahmezeitpunkt: 15:35 UT bis 15:39 UT

Astro-Physics EDFS 130/780mm f/6 und Flatfield Converter

Effektive Brennweite: ca. 1600mm

Blende 12

Canon EOS 5D (modifiziert)

Empfindlichkeit: ISO 200

Belichtungen jeweils 1/400s

Ort: Sörth/Westerwald

Fotograf: Bernd Koch

Bearbeitung: internes Dunkelbild, kein Flatfield, Konvertierung des Rohformats nach RGB in Photoshop CS2, Entrauschen des Farbkanals.
Austritt der Venussichel am hellen Mondrand bei hellblauem Himmel und durchziehenden Wolken. Großes Bild und Ausschnitt oben rechts: 15:.35:17 UT. Rechts Mitte: 91s später. Rechts unten: 232s später.

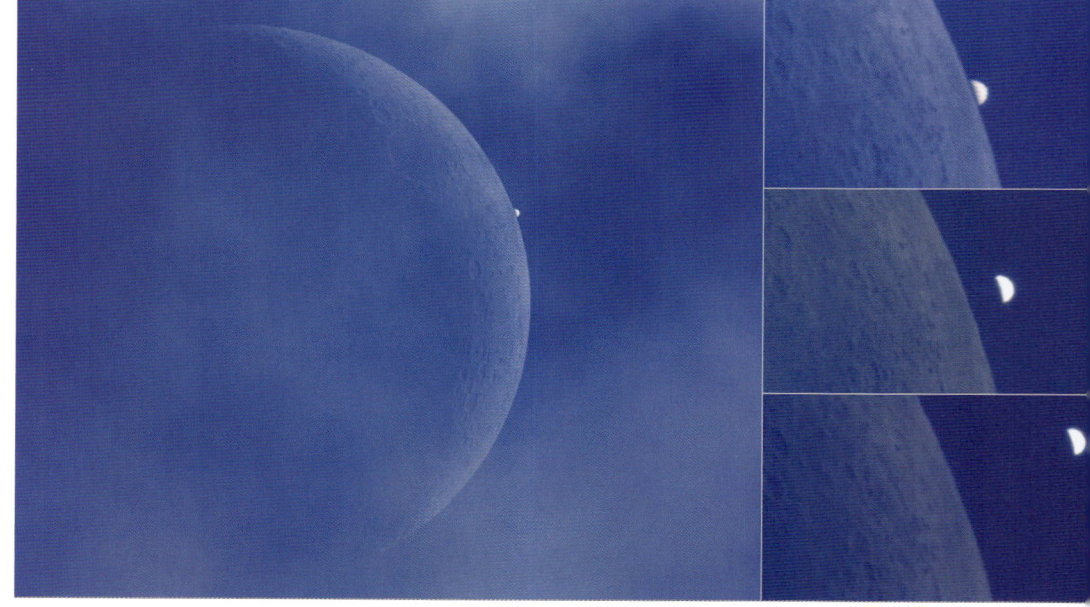

Sonne

ABBILDUNG 374:

Sonne mit Flecken
Datum: 20.7.2004
Aufnahmezeitpunkt: 15:24 UT
Astro-Physics EDFS 130/780mm f/6 und
Flatfield-Converter

AstroSolar Sonnenfilterfolie (ND 3,8)
Canon EOS 10D
Empfindlichkeit: ISO 100
Belichtungen: 1/2000s
Ort: Sörth/Westerwald
Fotograf: Bernd Koch

Bearbeitung: Mosaik zweier Teilaufnahmen mit Photoshop CS. Von den Originalaufnahmen im Rohformat wurde nach der Konvertierung in RGB nur jeweils der Grünkanal als schärfster der drei Farbkanäle genommen. Das schwarzweiße Mosaikbild wurde wieder in RGB umgewandelt und in Photoshop gelblich getönt.

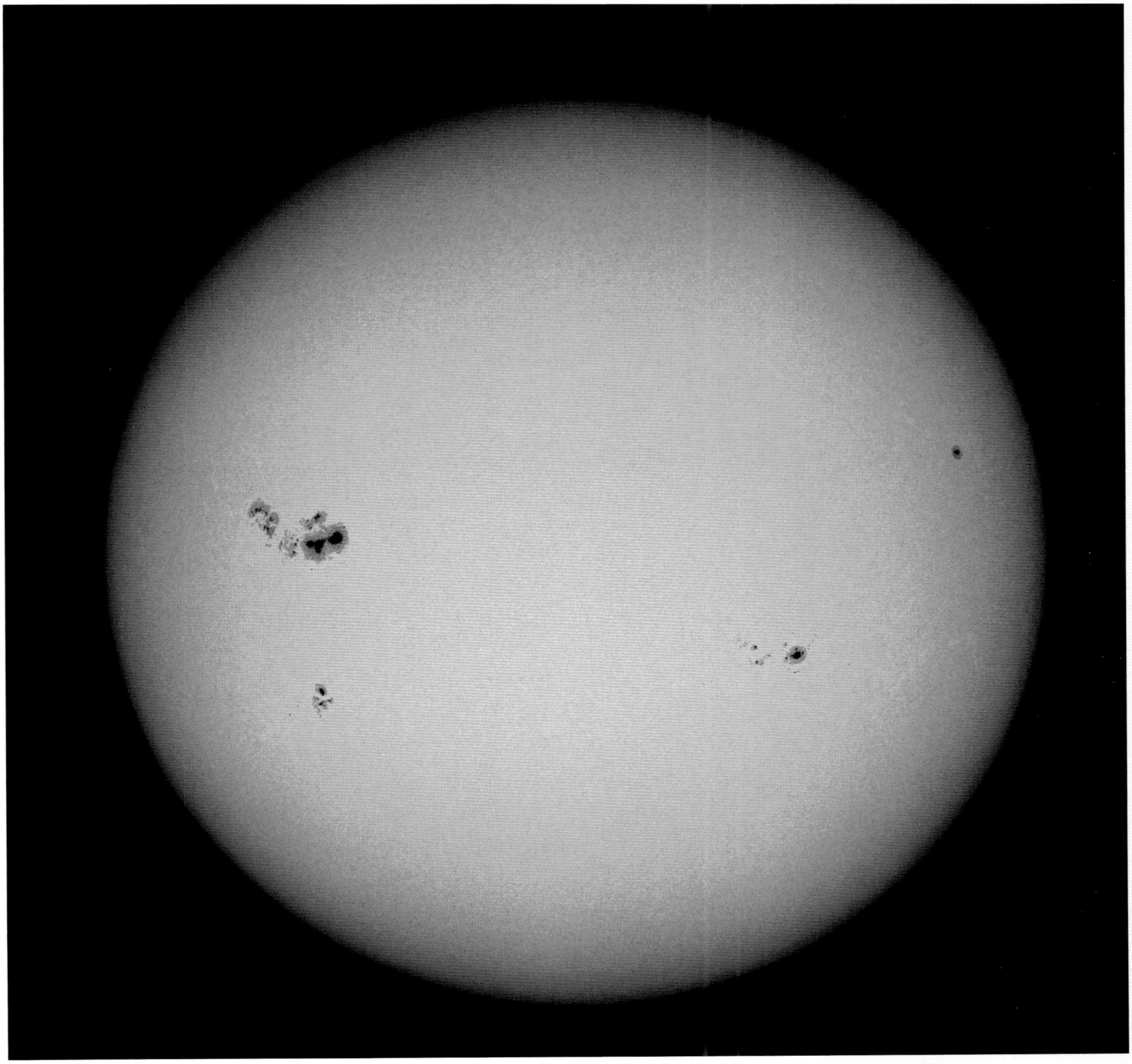

ABBILDUNG 375:

Sonnenfleck im Detail

Datum: 20.7.2004

Aufnahmezeitpunkt: 15:54 UT

Astro-Physics EDFS 130/780mm f/6
und Flatfield-Converter

AstroSolar Sonnenfilterfolie (ND 3,8)

Canon EOS 10D

Empfindlichkeit: ISO 200

Belichtung: 1/500s

Ort: Sörth/Westerwald

Fotograf: Bernd Koch

Bearbeitung: Von der Originalauf-
nahme im Rohformat wurde nach
der Konvertierung in RGB nur der
Grünkanal als schärfster der drei
Farbkanäle genommen und das Bild
als Schwarzweißbild so belassen.

Aufnahme in den Wolkenlücken eines durchziehenden Tiefdruckge-
bietes. Man beachte die aufgelöste
Sonnengranulation.

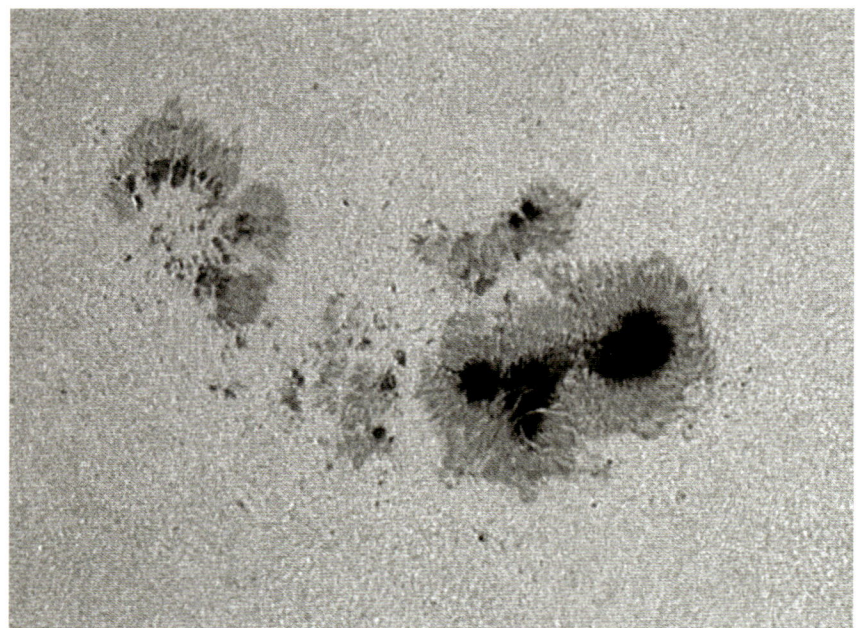

ABBILDUNG 376:

Venusdurchgang vor der Sonnenscheibe im Hα-Licht

Datum: 8.6.2004

Aufnahmezeitpunkt: 5:38 UT

Astro-Physics EDF 127/1100mm
f/8,6

Blende 8,6

Coronado 40mm Hα-Filter

Olympus Camedia 5050 Z

Empfindlichkeit: ISO 64

Belichtung: 1/60s

Ort: Recklinghausen

Fotografen: Erich Kopowski, Rainer
Sparenberg

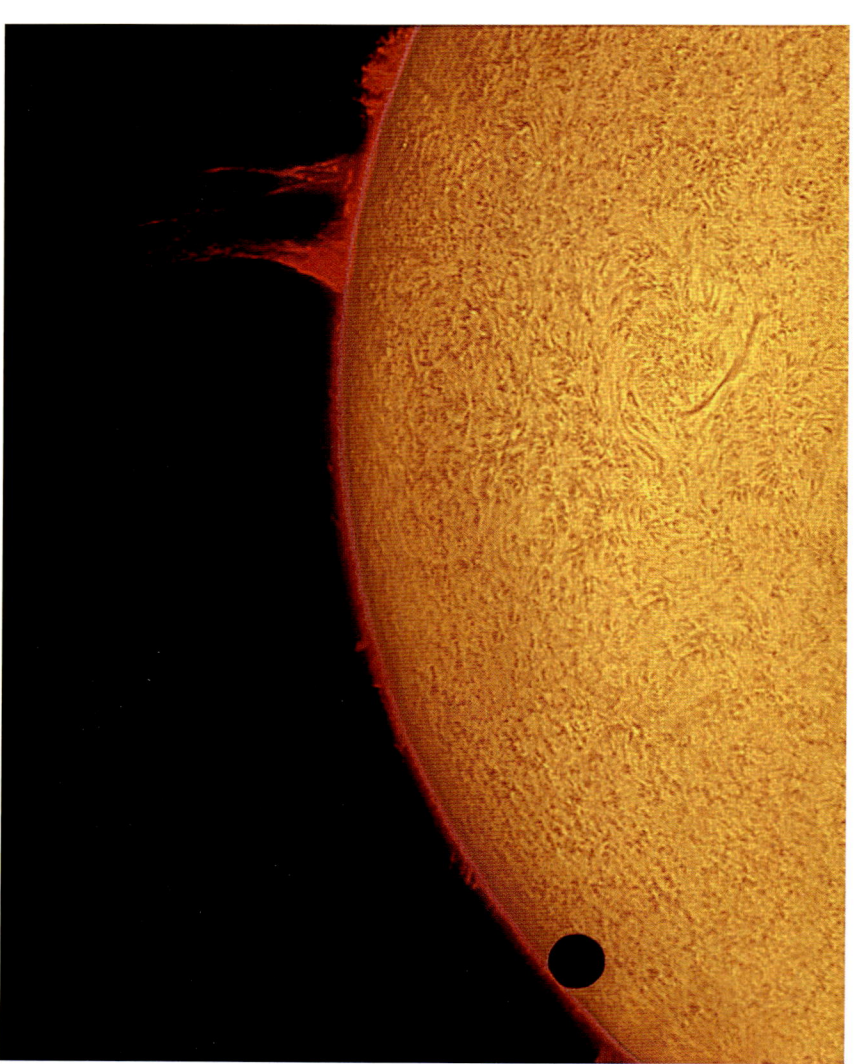

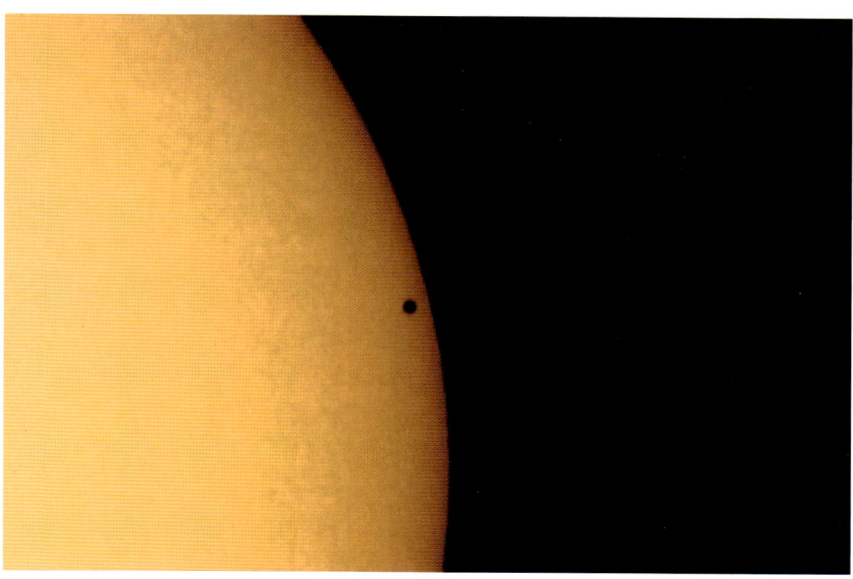

ABBILDUNG 377

Merkurdurchgang vor der Sonnenscheibe

Datum: 7.5.2003

Aufnahmezeitpunkt: 10:23 UT

Vixen-Refraktor 80/910mm f/11,4

Objektiv-Glassonnenfilter

Philips ToUCam pro

Auflösung: 320×240 Pixel

Videoaufnahme mit K3CCDTools

Ort: Sörth/Westerwald

Fotograf: Bernd Koch

Bearbeitung: RegiStax und Photoshop
CS3.

Scheinbarer Durchmesser der Mer-
kurscheibe: 12,0". Der Austritt am
westlichen Sonnenrand um 10:36 UT
konnte wegen durchziehender Wolken nicht beobachtet werden.

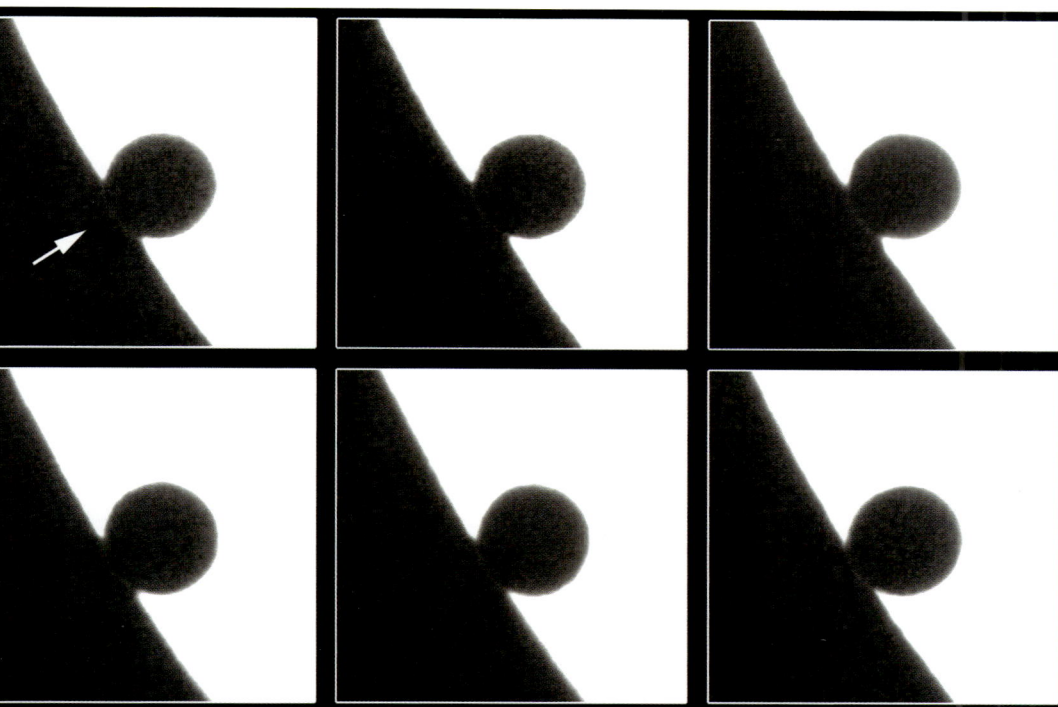

ABBILDUNG 378

Venusdurchgang vor der Sonnenscheibe

Datum: 8.6.2004

Aufnahmeserie zwischen 5:37 UT und 5:39 UT

Astro-Physics EDFS 130/780mm f/6 und Flatfield-Converter

Effektive Brennweite: ca. 2500mm

Blende 19

AstroSolar Sonnenfilterfolie (ND 3,8)

Canon EOS 10D

Empfindlichkeit: ISO 100

Belichtungen: 1/500s

Ort: Sörth/Westerwald

Fotografen: Bernd Koch, Rainer Schalnus

Bearbeitung: Von den Originalaufnahmen im
Rohformat wurde nach der Konvertierung in
RGB nur jeweils der Grünkanal als schärfster der
drei Farbkanäle genommen.

Der dünne Atmosphärenbogen war beim Eintritt
zwischen 5:37 und 5:39 UT als teilweiser bis
ganzer Lichtbogen visuell sichtbar.

Ringförmige Sonnenfinsternis
Datum 3.10.2005
Astro-Physics Traveler 100/600mm
f/6 und Flatfield-Converter
Effektive Brennweite: 1400mm
Blende: 14
Canon EOS 20D (modifiziert)
Empfindlichkeit: ISO 100
AstroSolar Sonnenfilterfolie (ND 3,8)
Belichtungszeit: jeweils 1/6400s
Ort: Sierra de Guadarrama/Spanien
Fotografen: Bernd Koch, Stefan Bin-
newies, Rainer Sparenberg

Bearbeitung: Digitales Composing
von sieben einzelnen Sonnenbildern und separat fotografiertem
Himmel. Mitte der Finsternis
8:59 UT.

ABBILDUNG 380:

Finsternishimmel
Datum: 11.7.1991
Fischauge 30mm f/5,6
Pentax 67 Mittelformat
Empfindlichkeit: ISO 100
Belichtungszeit: jeweils 1/30s
Ort: San Blas/Mexiko
Fotograf: Stefan Binnewies

Bearbeitung: Digitales Komposit von sieben einzelnen Sonnenbildern und separat fotografiertem Himmel.

Während der Totalität 3s Belichtungszeit. Die teilverfinsterte Sonne wurde alle 10 Minuten 1/30s durch einen Sonnenfilter belichtet. Die Bilder vom Austritt des Mondes nach der Totalität wurden durch Spiegelung der Bilder davor erzeugt, da ein aufziehendes Gewitter weitere Aufnahmen unmöglich machte.

ABBILDUNG 381:

Totale Sonnenfinsternis
Datum: 29.3.2006
TMB-Apochromat 115/805mm f/7
Blende 7
Canon EOS 20D (modifiziert)
Empfindlichkeit: ISO 100
Belichtungen: 1/1000s bis 1/10s
Ort: Side/Türkei
Fotografen: Elvi und Rainer Sparenberg

Bearbeitung: Digitales Composing von 6 Einzelaufnahmen mit Photoshop 6.0 (Ebenen) und Fitswork (Larsen-Sekanina-Filter).

Der scheinbare Abstand der beiden Planeten betrug nur 4' 05". Das Übersichtsfeld mit beiden Planeten wurde mit der Canon EOS 20D (modifiziert) aufgenommen. Eine von 270 DSLR-Aufnahmen mit 1/40s Belichtungszeit bei ISO 400 war halbwegs scharf. Beide Planeten wurden mit der Philips ToUCam Pro einzeln aufgenommen, das jeweilige Summenbild war naturgemäß wesentlich schärfer als die Einzelaufnahme mit der Digitalkamera. Einzelheiten auf Merkur konnten weder mit Giotto noch mit Registax mit letzter Sicherheit herausgearbeitet werden.

Venushelligkeit −3ᵐ9,

Beleuchtung: 91%,

Winkeldurchmesser 10,9"

Merkurhelligkeit 0ᵐ0,

Beleuchtung 61,4%,

Winkeldurchmesser 6,5"

Planeten

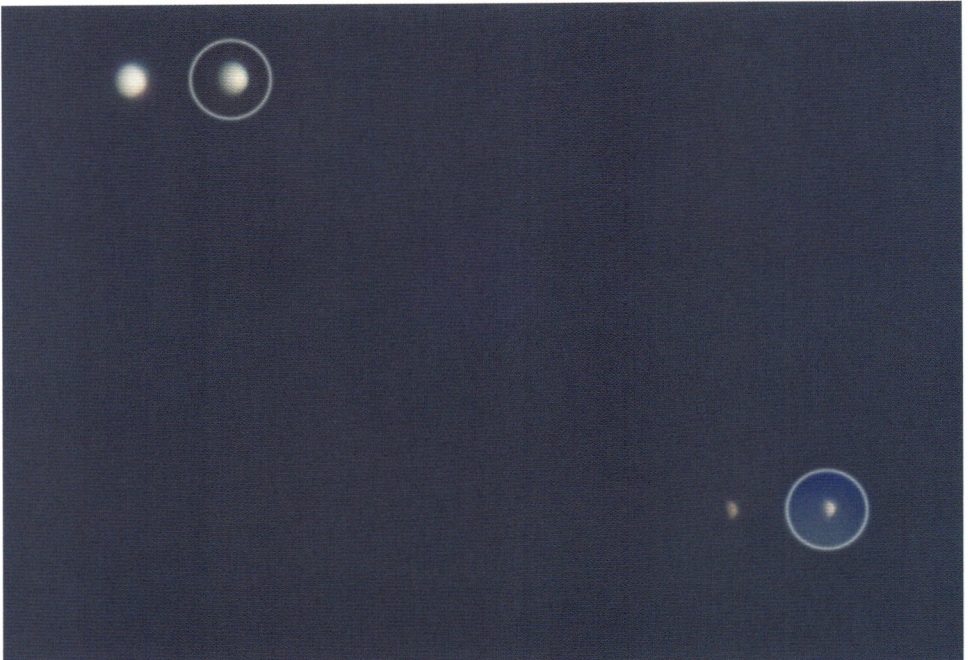

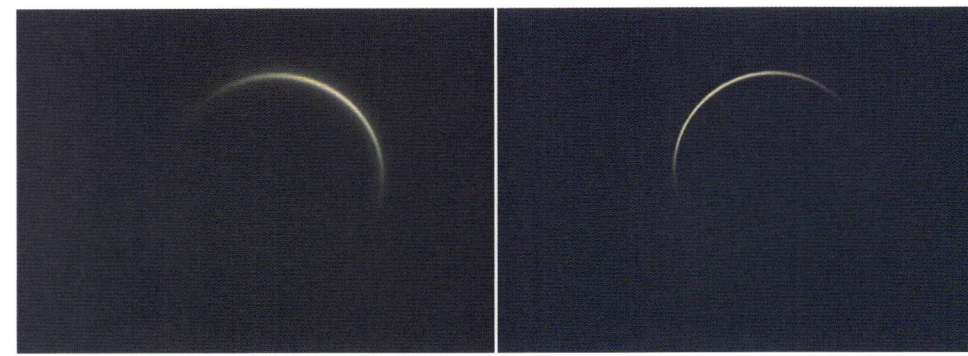

Bearbeitung: Stacking der jeweils besten ca. 20 von ca. 5300 Einzelbildern mit Registax. Das Seeing war am 18.8. (rechts) deutlich besser als am 12.8. und resultierte in einem schärferen fertigen Bild. Schärfung mit Wavelet-Filter (Registax) und unscharfer Maske (Photoshop).

Links: Venus 6 Tage vor der unteren Konjunktion, Winkeldurchmesser 56,9", Phase 1,92%, Elongation: 11,4°.

Rechts: Venus in unterer Konjunktion, Winkeldurchmesser 57,9", Phase 0,95%, Elongation 8,0°.

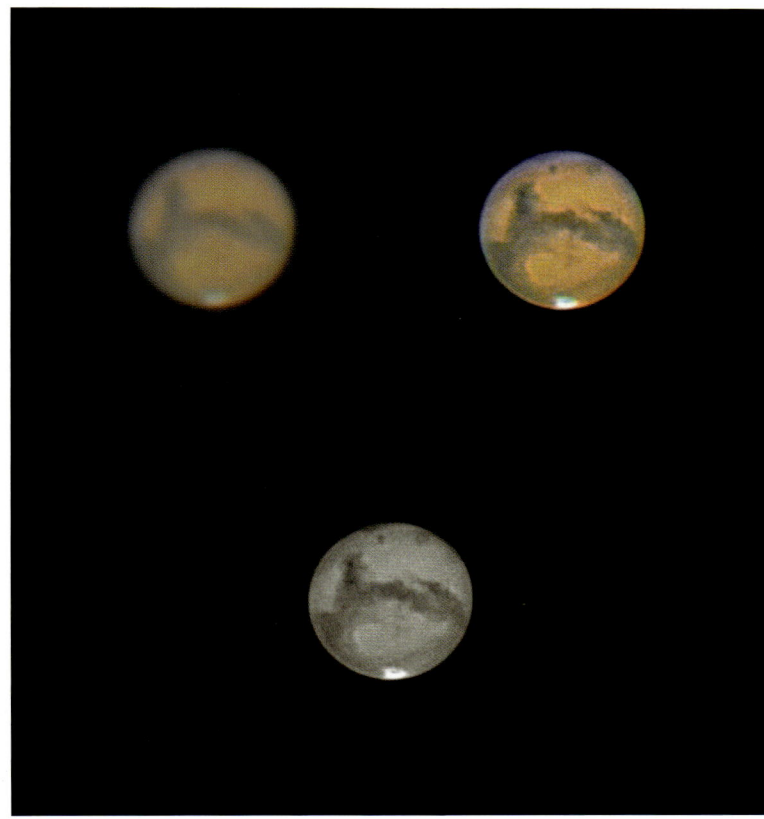

Jupiter mit Großem Roten Fleck

Links:

Datum: 14.1.2001

Schiefspiegler 150/3000mm

Blende: 20

Canon XL1 Videokamera

Fotograf: Georg Dittié

Bearbeitung: Mittel aus 10% von 1024 Einzelbildern in Giotto

Mitte:

Datum: 24.1.2003

Celestron 14 SCT 356/3916mm

Effektive Brennweite: 12m

Philips ToUCam pro

Auflösung: 320×240 Pixel

Videoaufnahme mit K3CCDTools

Ort: Sörth/Westerwald

Fotograf: Bernd Koch

Bearbeitung: Giotto und Photoshop CS3

Rechts:

Datum: 30.7.2008

Aufnahmezeitpunkt: 0:27 UT

Hypergraph 400mm/3200mm

Effektive Brennweite: 9,6m

Blende: 24

Philips ToUCam 740

Filter: IR-Sperrfilter und Baader Contrast-Boost-Filter

Ort: Farm Tivoli/Namibia

Fotografen: Werner E. Celnik und Jürgen Kozok

Bearbeitung: Giotto 2.05 und Adobe Photoshop CS2, Mittel aus 3% der besten Einzelbilder aus 2652 Video-Frames, Belichtung Einzelbild 1/25s, RGB-Korrektur des atmosphärischen Spektrums, Schärfung mit Photoshop und Schärfung mit Giotto.

Zwischen 2001 und 2003 sind nur subtile Änderungen in der Atmosphäre erkennbar. 2008 sieht Jupiter dagegen deutlich anders aus.

Mars mit Polkappe

Datum: 2.9.2003

Celestron 14 SCT 356/3916mm und Okularprojektion mit Okular 18mm orthoskopisch

Effektive Brennweite: ca. 20m

Philips ToUCam pro

Aufnahmezeitpunkt: 23:25 – 23:27 UT

Auflösung: 320×240 Pixel

Videoaufnahme mit K3CCDTools

Zentralmeridian auf Mars: 269,23°

Winkeldurchmesser: 24,91"

Ort: Sörth/Westerwald

Fotograf: Bernd Koch

Bearbeitung: Aus einem AVI-Video mit 3200 Einzelbildern wurden mit Hilfe der Software Giotto automatisch die besten ca. 160 Bilder zu einem Gesamtbild zusammengefügt. Dieses wurde mit Hilfe der Unscharfen Maske geschärft.

ABBILDUNG 386:

Saturn mit Ring

Datum: 11.1.2003

Celestron 14 SCT 356/3916mm

Effektive Brennweite: 12m

Bildmaßstab: 0,14"/Pixel

Webcam Compro PS39

Belichtungszeit: 1/15s

Auflösung: 320×240 Pixel

Videoaufnahme mit K3CCDTools

Ort: Sörth/Westerwald

Fotograf: Bernd Koch

Bearbeitung: Bearbeitung mit Giotto, 22 von ca. 3000 Einzelbildern überlagert. Rauschminderung, Glättung und LRGB-Komposit mit Photoshop.

ABBILDUNG 387:

Uranus

Datum: 29.7.2008

Aufnahmezeitpunkt: 3:30 UT

Hypergraph 400mm/3200mm f/8

Effektive Brennweite: 9,6m

Blende: 24

Philips ToUCam 740

Belichtung Einzelbild 1/25s

Filter: IR-Sperrfilter und Baader Contrast-Boost-Filter

Ort: Farm Tivoli/Namibia

Fotografen: Werner E. Celnik und Jürgen Kozok

Bearbeitung: Giotto 2.05 und Adobe Photoshop CS2, Mittel aus 10% der besten Einzelbilder aus insgesamt 10000 Video-Frames, RGB-Korrektur des atmosphärischen Spektrums, Schärfung mit Photoshop und Giotto.

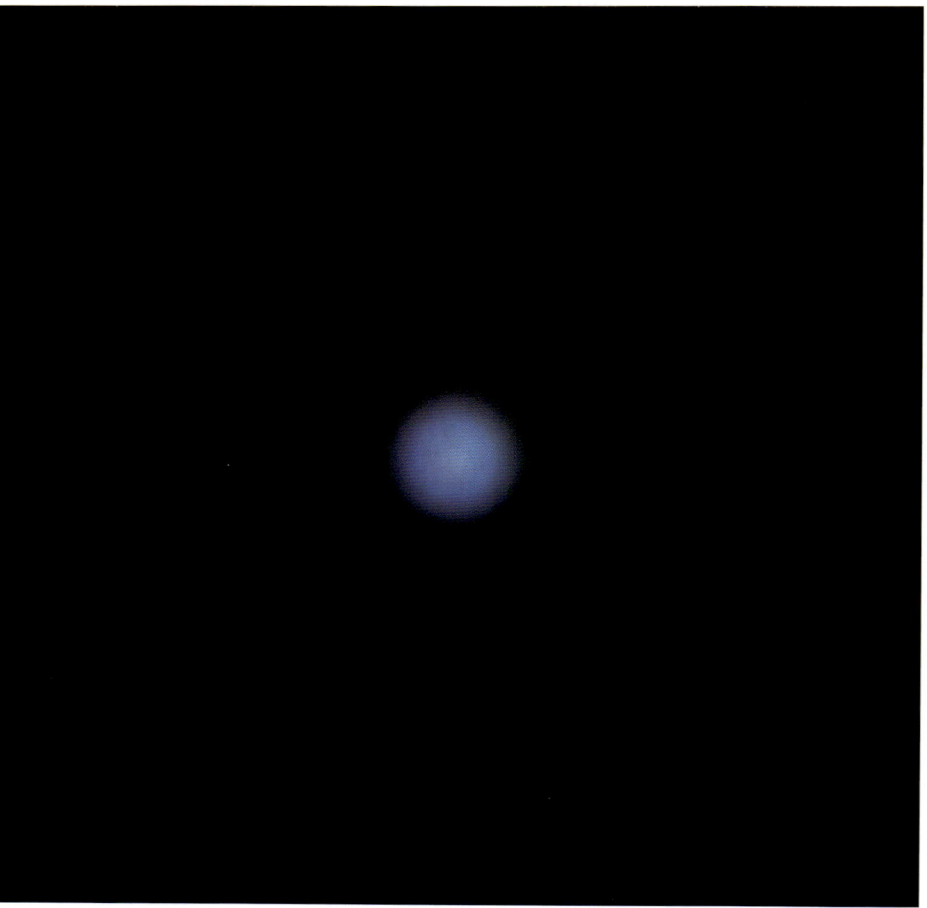

Kleinkörper

ABBILDUNG 388:

Komet NEAT C/2001 Q4
Datum: 16.5.2004
Aufnahmezeiten: 20:54–21:02 UT
und 21:04–21:12 UT
Astro-Physics EDFS 130/780mm f/6
und Bildfeldebnungslinse
Blende 6
Canon EOS 10D
Empfindlichkeit: ISO 800
Belichtungen: 20×30s
Gesamtbelichtungszeit: 10min
Nachführung mit DSI Autoguider
bei 910mm Brennweite
Ort: Sörth/Westerwald
Fotograf: Bernd Koch

Bearbeitung: Dunkelbilder, kein Flatfield. Stacking: ImagesPlus.
weitere Bearbeitung: Photoshop CS.
Helligkeitsanpassung, Entrauschen
des Farbkanals und manueller Weißabgleich am Himmelshintergrund

ABBILDUNG 389:

Kleinplanet 2002 NY40
Datum: 16.8.2002
Aufnahmezeitpunkt: ab 23:54:03 UT
Meade 10" SCT f/10 + Meade f/6,3
Reducer/Corrector
Effektive Brennweite: 1820mm
Blende 7,2
Belichtungen: 40×5s
Gesamtbelichtung: 629s inkl. Aus-
lesezeit
SBIG ST-9e
Nachführung: self-guiding
Ort: Mülheim-Ruhr/Deutschland
Fotografen: Andreas Böker und Axel
Martin

Bearbeitung: Dunkelbild, Flatfield.
Stacking: Astrometrica, weitere
Bearbeitung: Fitswork, Photoshop
CS3

Deep-Sky

ABBILDUNG 390:

Zentrum der Milchstraße

Datum: 1.6.2008

Fischauge Peleng 8mm/3,5

Blende 8

Canon EOS 20D (modifiziert)

Empfindlichkeit: ISO 800

Belichtung: 10min

Nachführung mit DSI Autoguider
bei 600mm Brennweite

Ort: Farm Tivoli/Namibia

Fotograf: Bernd Koch

Bearbeitung: internes Dunkelbild, kein Flatfield, Photoshop CS3: Aufsplittung in Luminanz- und Farbkanal, Entrauschen des Farbkanals, manueller Weißabgleich am Himmelshintergrund, Luminanz mit »Rauschen reduzieren« geglättet, Schärfung des Luminanzkanals, LRGB-Komposit. Bild manuell entzerrt in Photoshop CS3 mit der Funktion »Verkrümmen«.

In dieser »Fast-Allsky«-Aufnahme geht am Westhorizont der Eta Carinae-Nebel unter. Im Zenit befindet sich das Milchstraßenzentrum und am oberen Rand (Osthorizont) erkennt man die Nordsternbilder Delphin, Adler und Leier. Der Landschaftsvordergrund wird von der Milchstraße beleuchtet.

ABBILDUNG 391:

Südliche Krone

Datum: 1./2.6.2008

Sigma 300mm/2,8 EX APO

Blende 5,6

Canon EOS 350D (modifiziert)

Empfindlichkeit: ISO 800

Belichtungen: 7×15min

Gesamtbelichtung: 105 min

Nachführung mit ALccd 5-Autoguider bei 600mm Brennweite

Ort: Rooisand Desert Ranch/Namibia

Fotografen: Andreas Böker und Axel Martin

Bearbeitung: interne Dunkelbilder, kein Flatfield. Stacking (HDR): DeepSkyStacker.

Weitere Bearbeitung mit Photoshop CS3: Aufsplittung in Luminanz- und Farbkanal, Helligkeitsanpassung beider Kanäle, Entrauschen des Farbkanals, manueller Weißabgleich am Himmelshintergrund, Luminanz mit »Rauschen reduzieren« geglättet, Schärfung des Luminanzkanals, LRGB-Komposit

ABBILDUNG 392:

Lagunennebel und Trifidnebel

Datum: 3.6.2008

Sigma 300mm/2,8 EX APO

Blende 5,6

Canon EOS 350D (modifiziert)

Empfindlichkeit: ISO 800

Belichtungen: 6×1min + 6 ×7,5min + 6×15min

Gesamtbelichtung: 141min

Nachführung mit ALccd 5-Autoguider bei 600mm Brennweite

Ort: Rooisand Desert Ranch/ Namibia

Fotografen: Andreas Böker und Axel Martin

Bearbeitung: interne Dunkelbilder, kein Flatfield. Stacking (HDR): DeepSkyStacker.

Weitere Bearbeitung mit Photoshop CS3: Aufsplittung in Luminanz- und Farbkanal, Helligkeitsanpassung beider Kanäle, Entrauschen des Farbkanals, manueller Weißabgleich am Himmelshintergrund, Luminanz mit »Rauschen reduzieren« geglättet, Schärfung des Luminanzkanals, LRGB-Komposit

ABBILDUNG 393:

Trifidnebel

Datum: 1.6.2008

Meade 14"-ACF 356/3560mm f/10
+ 0,8× TeleVue-Reducer

Blende 8,4

Effektive Brennweite: 3000mm

Canon EOS 5D (modifiziert)

Empfindlichkeit: ISO 1600

Gesamtbelichtung: 76min

Nachführung mit DSI Autoguider
bei 600mm Brennweite

Ort: Farm Tivoli/Namibia

Fotograf: Bernd Koch

Bearbeitung: interne Dunkelbilder,
kein Flatfield.

Stacking: DeepSkyStacker, automatischer Weißabgleich, Aufsplittung in Luminanz- und Farbkanal
in Fitswork, Luminanzkanal in Fitswork geschärft mit PSF-Schärfung,
LRGB-Komposit in Photoshop CS3,
Entrauschen des Farbkanals.

ABBILDUNG 394:

NGC 6520 und Barnard 86

Datum: 3.6.2008

Meade 14"-ACF 356/3560mm f/10 +
0,8× TeleVue Reducer

Blende 8,4

Effektive Brennweite: 3000mm

Canon EOS 5D (modifiziert)

Empfindlichkeit: ISO 1600

Gesamtbelichtung: 40min

Nachführung mit DSI Autoguider bei
600mm Brennweite

Ort: Farm Tivoli/Namibia

Fotograf: Bernd Koch

Bearbeitung: interne Dunkelbilder,
kein Flatfield.

Stacking: DeepSkyStacker, automatischer Weißabgleich, Aufsplittung in Luminanz- und Farbkanal in
Fitswork, Luminanzkanal geschärft
mit PSF-Schärfen in Fitswork, LRGB-
Komposit in Photoshop CS3 Entrauschen des Farbkanals.

Antares-Region
Datum: 5.6.2008
Pentax SDHF 75/500mm f/6,7
Blende 6,7
Canon EOS 5D (modifiziert)
Empfindlichkeit: ISO 1000
Gesamtbelichtungszeit: 80min
Nachführung mit DSI Autoguider
bei 600mm Brennweite
Ort: Farm Tivoli/Namibia
Fotograf: Bernd Koch

Bearbeitung: interne Dunkelbilder,
kein Flatfield.
Stacking: DeepSkyStacker, automatischer Weißabgleich, Aufsplittung
in Luminanz- und Farbkanal in
Fitswork, Luminanzkanal geschärft
mit »PSF-Schärfen« in Fitswork,
LRGB-Komposit in Photoshop CS3,
Entrauschen des Farbkanals.

ABBILDUNG 396:

Nordamerika-Nebel
Datum: 12.–15.9.2007
Sigma 300mm/2,8 EX APO
Blende 5,6
Canon EOS 350D (modifiziert)
Mosaik aus zwei Teilen
Belichtungen: jeweils 6×10min

Gesamtbelichtung: 120min
Empfindlichkeit: ISO 800
Nachführung manuell mit 12,5mm-Doppel-Fadenkreuz bei 600mm Brennweite
Ort: Canillas bei Malaga/Spanien
Fotografen: Andreas Böker und Axel Martin

Bearbeitung: interne Dunkelbilder, kein Flatfield.
Stacking: DeepSkyStacker.
Mosaik: Photoshop CS3.
Weitere Bearbeitung: Photoshop CS3: Aufsplittung in Luminanz- und Farbkanal, Helligkeitsanpassung beider Kanäle, Entrauschen des Farbkanals, manueller Weißabgleich am Himmelshintergrund, Luminanz mit »Rauschen reduzieren« geglättet, Schärfung des Luminanzkanals.

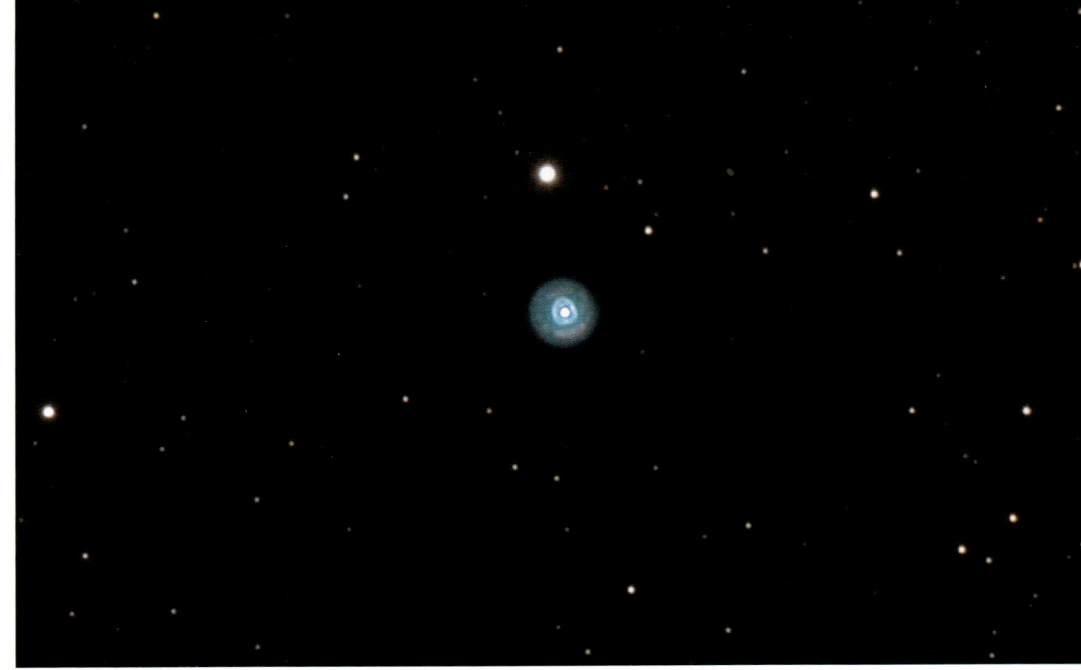

ABBILDUNG 397:

Eskimonebel
Datum: 24.1.2007
Meade 12"-ACF 304/3048mm f/10
Blende 10
Canon EOS 20D (modifiziert)
Empfindlichkeit: ISO 800
Belichtungen: 12×0,5min +
11×2min + 12×5min + 2×10min
Gesamtbelichtung: 108min
Nachführung mit DSI Autoguider
bei 880mm Brennweite.
Ort: Sörth/Westerwald
Fotograf: Bernd Koch

Bearbeitung: interne Dunkelbilder,
kein Flatfield.
Stacking: DeepSkyStacker, automa-
tischer Weißabgleich, Aufsplittung
in Luminanz- und Farbkanal in
Fitswork, Luminanzkanal geschärft
mit Lucy-Richardson-Algorithmus
(Radius 1,5 Pixel) in Maxim DL,
LRGB-Komposit in Photoshop CS3,
Entrauschen des Farbkanals.

ABBILDUNG 398:

Omega Centauri
Datum: 31.5./1.6.2008
Sigma 300mm/2,8 EX APO
Blende 5,6
Canon EOS 350D (modifiziert)
Empfindlichkeit: ISO 800
Belichtungen: 6×1min +
6×7,5min + 6×15min
Gesamtbelichtung: 141min
Nachführung mit ALccd 5-

Autoguider bei 600mm
Brennweite
Ort: Rooisand Desert Ranch/
Namibia
Fotografen: Andreas Böker
und Axel Martin

Bearbeitung: interne Dunkelbilder, kein Flatfield.
Stacking (HDR): DeepSkyStacker.

Weitere Bearbeitung: Pho-
toshop CS3: Aufsplittung
in Luminanz- und Farbka-
nal, Helligkeitsanpassung
beider Kanäle, Entrauschen
des Farbkanals, manueller
Weißabgleich am Himmels-
hintergrund, Luminanz mit
»Rauschen reduzieren« ge-
glättet, Schärfung des Luminanzkanals.

ABBILDUNG 399:

Cirrusnebel

Datum: 5.9.2005

Astro-Physics EDFS 130/780mm
f/6 und Bildfeldebnungslinse

Blende 6

Canon EOS 20D (modifiziert)

Empfindlichkeit: ISO 800

Belichtungen: 7×10min

Gesamtbelichtung: 70min
Nachführung mit DSI Autoguider
bei 910mm Brennweite

Ort: Sörth/Westerwald

Fotograf: Bernd Koch

Bearbeitung: interne Dunkelbilder, kein Flatfield.

Stacking: DeepSkyStacker,

automatischer Weißabgleich,
Aufsplittung in Luminanz- und
Farbkanal in Fitswork, Lumi-
nanzkanal geschärft mit »PSF-
Schärfen« in Fitswork, LRGB-
Komposit in Photoshop CS3,
Entrauschen des Farbkanals.

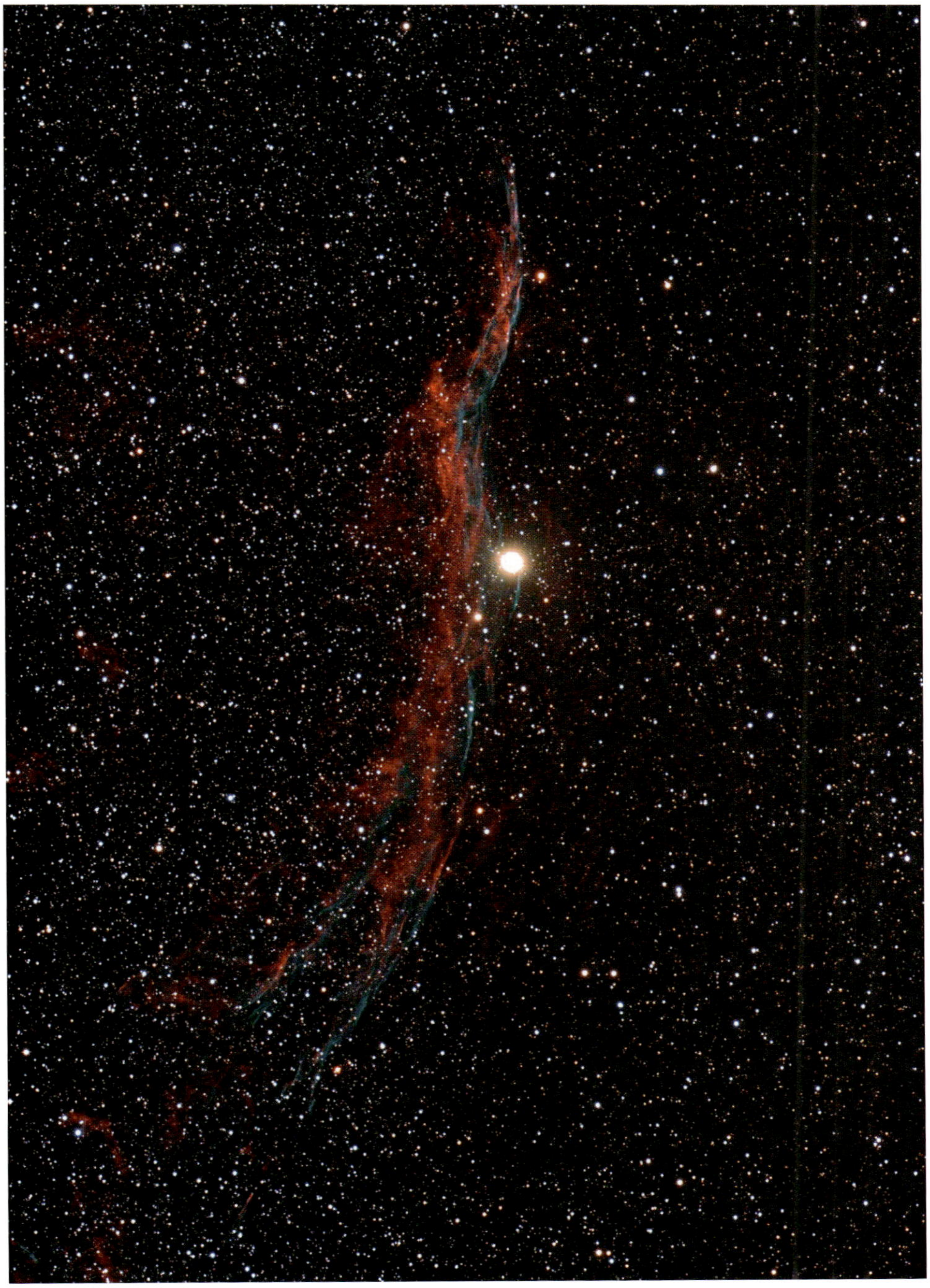

ABBILDUNG 400:

Crabnebel
Datum: 26.12.2006
Meade 12"-ACF 304/3048mm f/10
Blende 10
Canon EOS 20D (modifiziert)
Empfindlichkeit: ISO 800
Gesamtbelichtung: 110min
Nachführung mit DSI Autoguider
bei 880mm Brennweite
Ort: Sörth/Westerwald
Fotograf: Bernd Koch

Bearbeitung: interne Dunkelbilder, kein Flatfield.
Stacking: DeepSkyStacker, automatischer Weißabgleich, Aufsplittung in Luminanz- und Farbkanal in Fitswork,
Luminanzkanal in Fitswork geschärft mit PSF-Schärfung, LRGB-Komposit in Photoshop CS3, Entrauschen des Farbkanals.

ABBILDUNG 401:

Gamma Cygni-Nebel
Datum: 18.9.2007
Sigma 300mm/2,8 EX APO
Blende 5,6
Canon EOS 350D (modifiziert)
Belichtungen: 4×10min
Gesamtbelichtung: 40min
Empfindlichkeit: ISO 800
Nachführung manuell mit 12,5mm-Doppel-Fadenkreuz bei 600mm Brennweite
Ort: Canillas bei Malaga/ Spanien
Fotografen: Andreas Böker und Axel Martin

Bearbeitung: interne Dunkelbilder, kein Flatfield.
Stacking: DeepSkyStacker.
weitere Bearbeitung: Photoshop CS3: Aufsplittung in Luminanz- und Farbkanal, Helligkeitsanpassung beider Kanäle, Entrauschen des Farbkanals, manueller Weißabgleich am Himmelshintergrund, Luminanz mit »Rauschen reduzieren« geglättet, Schärfung des Luminanzkanals, LRGB-Komposit.

ABBILDUNG 402:

Andromedagalaxie
Datum: 30.10.2005
Astro-Physics EDFS 130/780mm f/6 + Fo-
kalreduktor
Blende 5
Filter: IDAS LPS P2

Canon EOS 20D (modifiziert)
Empfindlichkeit: ISO 800
Belichtungen: 5×10min und 6×10min
Nachführung mit DSI Autoguider bei
910mm Brennweite
Ort: Sörth/Westerwald
Fotograf: Bernd Koch

Bearbeitung: interne Darkframes, kein Flatfield.
Stacking: MaxDSLR und ImagesPlus. In
Photoshop CS3 manuell zusammengesetztes Mosaik zweier Teilfelder

ABBILDUNG 403:

Centaurus A

Datum: 30.5. und 31.5.2008

Meade 14"-ACF 356/3560mm f/10
+ 0,8× TeleVue-Reducer

Blende 8,4

Effektive Brennweite: 3000mm

Canon EOS 5D (modifiziert)

Empfindlichkeit: ISO1600

Gesamtbelichtung: 125min

Nachführung mit DSI Autoguider
bei 600mm Brennweite

Ort: Farm Tivoli/Namibia

Fotograf: Bernd Koch

Bearbeitung: interne Dunkelbilder,
kein Flatfield.

Stacking: DeepSkyStacker, auto-
matischer Weißabgleich, Aufsplit-
tung in Luminanz- und Farbkanal in
Fitswork, Luminanzkanal geschärft
mit Lucy-Richardson-Algorithmus
(Radius 1,5 Pixel) in Maxim DL,
LRGB-Komposit in Photoshop CS3,
Aufhellung des Luminanzkanals mit
Photoshop-Aktion »Aufhellen« von
Klaus Weyer, Entrauschen des Farb-
kanals.

📷

ABBILDUNG 404:

M 82

Datum: 10.2.2008

Meade 12"-ACF 304/3048mm f/10

Blende 10

Canon EOS 5D (modifiziert)

Empfindlichkeit: ISO 1000

Belichtungen: 15×8min

Gesamtbelichtung: 120min

Nachführung mit DSI Autoguider
bei 880mm Brennweite

Ort: Sörth/Westerwald

Fotograf: Bernd Koch

Bearbeitung: interne Dunkelbilder,
Flatfield.

Stacking: DeepSkyStacker, automa-
tischer Weißabgleich, Aufsplittung
in Luminanz- und Farbkanal in
Fitswork, Luminanzkanal geschärft
mit Lucy-Richardson-Algorithmus
(Radius 1,5 Pixel) in Maxim DL,
LRGB-Komposit in Photoshop CS3,
Entrauschen des Farbkanals.

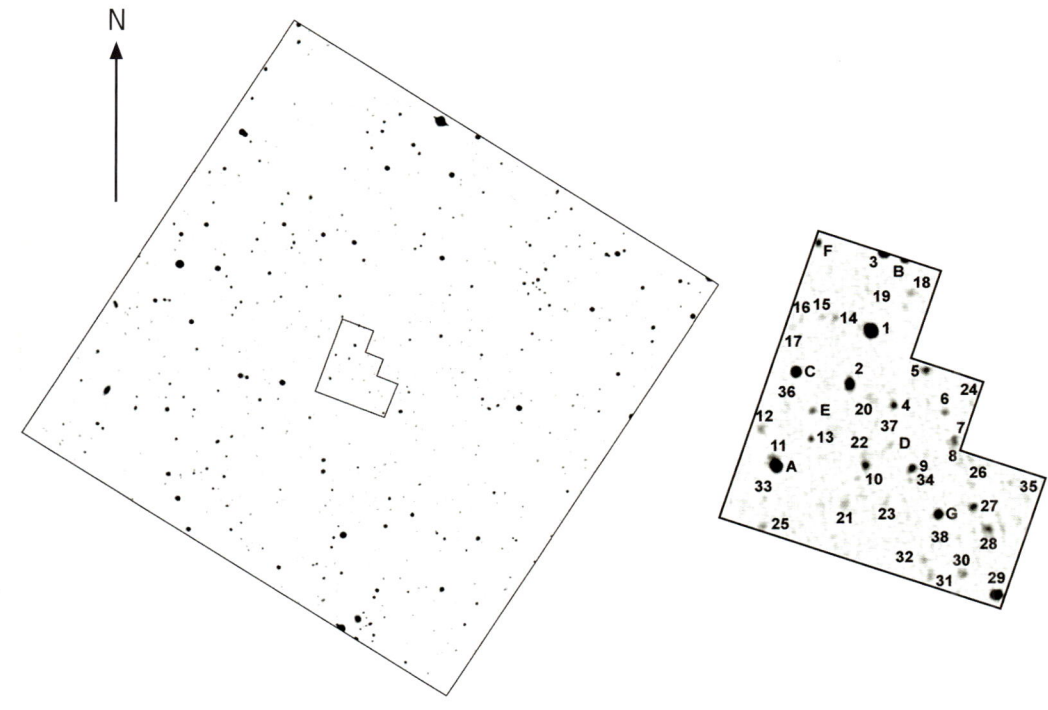

ABBILDUNG 405:

Hubble Deep Field
Datum: 5.–8.2.2003
Celestron 14"-SCT
Blende 11
Effektive Brennweite: 3910mm
OES MegaTEK
Gesamtbelichtung: 12h
Nachführung mit ST-4 Autoguider
Ort: Kerpen
Fotograf: Jörg Zborowska

Bearbeitung: Dunkelbild, Flatfield,
Zur Reduzierung des Rauschens wurden die 18 besten Aufnahmen, also
eine Gesamtbelichtungszeit von 12
Stunden (!), zu einem Bild gemittelt.
Anpassung der Gradationskurve. In-
vertierung zur besseren Darstellung
der schwachen Objekte.
Die hellsten Objekte auf der ein
Himmelsareal von fast 17'×17' um-
fassenden Aufnahme besitzen eine
visuelle Helligkeit von ca. 13^m. Die
Helligkeiten der in der Ausschnittvergrößerung, dem eigentlichen Deep
Field, markierten Objekte sind in Tabelle 56 aufgelistet.
Erreicht wurden alle sieben Feldster-
ne bis hinunter zu 22^{m}92(r), die das
originale Hubble Deep Field North
auch zeigt. Sicher können Galaxien
bis ca. 23^{m}8 (Objekt 38) nachgewiesen werden. Das Objekt 36 mit 24^{m}11
ist gegenüber anderen ähnlich hellen
Galaxien als Ausnahme zu betrachten, da es sich um eine sehr intensiv
im Infraroten (>880nm) emittieren-
de Galaxie handelt. Es ist daher an-
zunehmen, dass trotz der in diesem
Spektralbereich relativ niedrigeren
Quanteneffizienz des verwendeten
CCD-Chips die Hauptsättigung im
Infraroten erfolgte. Abgesehen von
Objekt 25 (24^{m}14) können alle weiteren zum Teil auch nur angedeute-
ten Schwärzungen auf der Aufnahme
nicht mit Sicherheit bestimmten Objekten auf dem Hubble-Bild zugeordnet werden.

Tabelle 56: Die Helligkeiten der verschiedenen in Abbildung 405 markierten Objekte des Hubble Deep Field North nach Gwyn et. al. (1996). Bei den mit Buchstaben versehenen Objekten handelt es sich um Sterne, die nummerierten Objekte sind Galaxien.

Objekt	Hell. (r) (700nm)	Hell. (b) (440nm)	Objekt	Hell. (r) (700nm)	Hell. (b) (440nm)	Objekt	Hell. (r) (700nm)	Hell. (b) (440nm)
A	19^{m}77	19^{m}48	9	21^{m}70	21^{m}87	24	23^{m}46	24^{m}24
B	?	?	10	21^{m}71	22^{m}03	25	24^{m}14	24^{m}04
C	20^{m}34	21^{m}07	11	21^{m}65	22^{m}72	26	23^{m}56	24^{m}78
D	22^{m}92	23^{m}91	12	22^{m}11	22^{m}21	27	21^{m}50	21^{m}81
E	22^{m}14	22^{m}73	13	22^{m}08	22^{m}42	28	21^{m}88	22^{m}22
F	21^{m}49	21^{m}64	14	22^{m}18	22^{m}59	29	20^{m}34	20^{m}10
G	21^{m}09	20^{m}38	15	23^{m}78	23^{m}36	30	22^{m}69	24^{m}27
1	19^{m}08	19^{m}46	16	23^{m}56	23^{m}45	31	23^{m}59	23^{m}62
2	20^{m}29	20^{m}26	17	23^{m}41	23^{m}06	32	23^{m}30	24^{m}38
3	19^{m}71	19^{m}71	18	22^{m}72	23^{m}27	33	23^{m}36	23^{m}51
4	21^{m}70	22^{m}81	19	23^{m}01	23^{m}16	34	23^{m}41	23^{m}58
5	21^{m}67	21^{m}94	20	22^{m}47	23^{m}15	35	23^{m}10	23^{m}20
6	22^{m}43	23^{m}29	21	22^{m}45	22^{m}98	36	24^{m}12	25^{m}40
7	21^{m}99	22^{m}42	22	23^{m}10	24^{m}33	37	22^{m}92	23^{m}20
8	22^{m}29	22^{m}23	23	23^{m}53	23^{m}26	38	23^{m}73	23^{m}93

ANHANG

Die Abbildungsgröße

Die Abbildungsgröße K mit der ein gegebener Bildwinkel γ von einem Objektiv auf dem Detektor abgebildet wird, hängt von seiner Brennweite f ab. Wie anhand der Abbildung 406 ersichtlich ist, gilt:

$$\gamma\,[rad] = \frac{B}{f} \qquad\qquad \text{Formel 78}$$

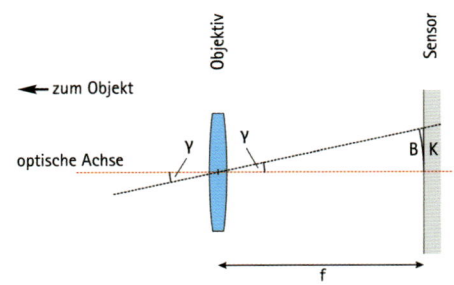

ABBILDUNG 406:

Der Zusammenhang von Brennweite und Abbildungsgröße.

Für die Umrechnung von γ im Bogenmaß nach γ im Gradmaß gilt:

$$\gamma\,[°] = \frac{180°}{\pi} \cdot \gamma\,[rad] \qquad\qquad \text{Formel 79}$$

Ist der Winkel γ klein (γ<<5°), so kann für seine Berechnung in guter Näherung die Länge des Bogens B mit der Länge der Strecke K auf der ebenen Detektoroberfläche gleichgesetzt werden:

$$\gamma\,[°] = \frac{180° \cdot K}{\pi \cdot f} \qquad\qquad \text{Formel 80}$$

bzw.

$$\gamma\,['']= \frac{206264{,}8'' \cdot K}{f} \approx \frac{206 \cdot K\,[\mu m]}{f\,[mm]} \qquad\qquad \text{Formel 81}$$

In der Praxis ist es manchmal sinnvoll, die Strecke K in µm anzugeben. Man erhält für γ dann näherungsweise:

$$\gamma\,['']\approx \frac{206 \cdot K\,[\mu m]}{f\,[mm]} \qquad\qquad \text{Formel 82}$$

Die wichtigsten FITS-Keywords

Während einige der Keywords nicht unbedingt gesetzt werden müssen, müssen die mit »x« gekennzeichneten Keywords auf jeden Fall im Dateiheader eines FITS-Bildes enthalten sein. Wenn nicht anders beschrieben, werden die meisten Keywords von der Software automatisch angelegt. Die vom Benutzer anzulegenden Einträge dürfen eine Länge von 71 Zeichen nicht überschreiten!

SIMPLE   x   Der an dieser Stelle gesetzte Wert »T« zeigt an, dass das File dem u.a. in beschriebenen FITS-Standard entspricht.

BITPIX   x   Dieses Keyword sagt dem Programm, mit wieviel Bit das Signal jedes Pixels digitalisiert wurde. Es können hierbei folgende Werte gesetzt werden:

8   (8Bit integer) Es kann zwischen 256 verschiedenen Intensitäten unterschieden werden, wobei Werte zwischen »0« und »255« angenommen werden können. Hierbei entspricht »0« keinem Signal und »255« einem gesättigten Pixel. Weil nur positive Werte angenommen werden können, spricht man auch von einem »unsigned« Format. Die Werte können zudem nur ganzzahlig (engl.: integer) sein und belegen zusammen jeweils ein Byte Speicherplatz.

16   (16Bit integer) Es kann zwischen insgesamt 65536 verschiedenen Intensitäten unterschieden werden. Wie bereits beim 8Bit-Format sind auch im 16Bit-Format nur ganzzahlige Werte erlaubt. Ein Wert belegt hierbei jeweils zwei Byte Speicherplatz. Im Gegensatz zum 8Bit-Format existieren im 16Bit-Format jedoch zwei Möglichkeiten für den gültigen Wertebereich der abgelegten Daten, die im Folgenden kurz vorgestellt werden sollen:
Fast alle Bildaufnahmeprogramme legen die Daten als 16Bit »signed«, also als Werte zwischen »–32768« bis »32767« an. Hierbei entspricht ein Wert von »–32768« keinem Signal. Je mehr Signal ein Pixel liefert, desto höher steigt sein Wert. Ein gesättigter Pixel hat den Wert »32767«. Die für die Weiterverarbeitung verwendeten Programme konvertieren diese Daten direkt während des Einlesevorgangs in das für die Bildschirmanzeige benötigte 16Bit »unsigned« Format, also Werte zwischen »0« und »65535«.
Einige Bildaufnahmeprogramme versuchen, die von der Kamera erzeugten Werte direkt im »unsigned« Format abzuspeichern. In der zur Ablage verwendeten Binärcodierung werden große, über »32767« liegende Werte jedoch so abgelegt, dass sie dem Format der negativen Werte im »signed« Format entsprechen. Die Daten werden also so abgelegt, dass ein Wert von »0« keinem Signal entspricht und mit steigender Signalintensität zunächst die Werte zwischen »0« und »32767« vergeben werden. Besitzt das abzulegende Signal eine noch höhere Intensität, wechselt das Vorzeichen, so dass jetzt die Werte zwischen »–32768« und »–1« vergeben werden. Der Wert »–1« entspricht dann dem vollen Signal eines gesättigten Pixels!
Beim Einlesen versucht ein Bildbearbeitungsprogramm auch diese Werte für die Bildschirmanzeige umzurechnen, was unweigerlich zu einer falschen Darstellung der Bilder führt. Damit die für die Weiterverarbeitung verwendeten Programme diese Daten trotzdem korrekt einlesen können, muss im FITS-Header zusätzlich das Keyword BZERO mit einem Wert von »–32768« gesetzt werden.

32   (32Bit integer) Es kann zwischen beinahe 4,3 Mrd. verschiedenen Intensitäten unterschieden werden. Auch das 32Bit-Format ist ein signed Format, bei dem die Werte nur ganzzahlig sein können. Ein Wert belegt jeweils vier Byte Speicherplatz.

–32   Die Daten werden in dem vom Institute of Electrical and Electronics Engineers (IEEE) definierten Standardformat für Fließkommaarithmetik mit 32Bit, der »single precision« abgelegt.

–64 Die Daten werden in dem vom IEEE definierten 64Bit-Fotmat, der »double precision« abgelegt.

Bei Amateurkameras findet man für dieses Keyword i.A. entweder einen Wert von »8« oder »16«.

NAXIS   x   Die Anzahl der Bildachsen. Theoretisch kann hier ein Wert von bis zu 999 stehen, in der Praxis findet man im Amateurbereich aber meist nur folgende Werte:

1.   Ein von einer CCD-Zeile erzeugtes Schwarzweißbild, das nur aus einer einfachen Reihe von Werten besteht.

2.   Ein normales zweidimensionales, also aus einzelnen Zeilen und Spalten bestehendes Schwarzweißbild.

3.   Ein zweidimensionales Farbbild, bei dem die einzelnen Farbbereiche jeweils in einer separaten Ebene als eigenständiges Schwarzweißbild abgelegt sind.

NAXIS1   x   Die Anzahl der Pixel pro Bildzeile.

NAXIS2   x   Die Anzahl der Pixel pro Bildspalte.

(NAXIS3)   (x)   Die Anzahl der in diesem File enthaltenen Bild- bzw. Farbebenen.

BZERO		Dieses Keyword kann zusammen mit dem Keyword BSCALE dazu genutzt werden, die im File abgelegten Datenwerte in die wahren Messwerte zurück zu rechnen. Die Umrechnung erfolgt dabei nach folgender Formel:

$$Messwert= BSCALE \cdot Datenwert+ BZERO$$

Formel 83

Der Wert von BZERO entspricht hierbei dem wahren Pixelwert eines Pixels, der in der Bilddatei mit dem Wert »0« abgelegt ist. BZERO darf nur dann gesetzt werden, wenn die Daten als Integer abgespeichert sind, BITPIX also positiv ist. Bei Amateuraufnahmen ist BZERO normalerweise »0«. Dieses Keyword wird in Amateurbildern nur dann benötigt, wenn 16Bit »signed« Daten für die Darstellung auf dem Monitor in 16Bit »unsigned« umgewandelt werden sollen. In einem solchen Fall besitzt BZERO den Wert »32.768«.

OBJECT	Vom Benutzer einzutragender Wert. Hier sollte der Name des aufgenommenen Objektes stehen. In vielen Bildaufnahmeprogrammen kann man diesen Eintrag im Speichermenü setzen.
TELESCOP	Vom Benutzer einzutragender Wert. Dieser Eintrag kann normalerweise in einem separaten Dialogfenster der Bildaufnahmesoftware voreingestellt werden. Es kann schließlich in sehr vielen Fällen davon ausgegangen werden, dass mehrere Bilder mit dem gleichen Teleskop hintereinander aufgenommen werden.
INSTRUME	Vom Benutzer einzutragender Wert. An dieser Stelle wird die Bezeichnung der Kamera eingetragen. Dieser Eintrag wird normalerweise im gleichen Dialogfeld wie bei TELESCOP voreingestellt.
OBSERVER	Vom Benutzer einzutragender Wert. Auch er wird normalerweise im gleichen Dialogfeld wie bei TELESCOP für eine ganze Bilderserie voreingestellt.
NOTES	Vom Benutzter einzutragender Wert. Hier können allgemeine Bemerkungen zu dem Bild aufgelistet werden. Dies geschieht normalerweise in dem gleichen Dialogfeld wie bei TELESCOP.
BSCALE	Dieses Keyword kann zusammen mit dem Keyword BZERO dazu genutzt werden, die im File abgelegten Datenwerte in die wahren Messwerte zurück zu rechnen. Die entsprechende Umrechnungsformel findet sich bei der Beschreibung von BZERO. Bei Amateurbildern wird diesem Keyword normalerweise der Wert »1« zugeordnet.
DATE-OBS	Das Datum an dem die Datei erstellt wurde. Die meisten Bildaufnahmeprogramme speichern hier das Datum zu Beginn der Belichtung ab. Das Format ist seit der letzten Überarbeitung des FITS-Standards:

YYYY-MM-DD

An dieser Stelle kann auch zusammen mit dem Datum direkt die Startzeit der Belichtung angegeben werden:

YYYY-MM-DDTHH:MM:SS[.SSS]

Die in den eckigen Klammern stehenden Nachkommastellen der Sekunden sind optional!

TIME-OBS	Die Uhrzeit, zu der die Datei erstellt wurde. Wie beim Keyword DATE-OBS wird auch hier von den Bildaufnahmeprogrammen meist die Zeit zu Beginn der Belichtung abgespeichert. Das Format ist:

HH:MM:SS[.SSS]

Die in den eckigen Klammern stehenden Nachkommastellen der Sekunden sind, wie bei DATE-OBS, optional!

EXPTIME		Die Belichtungszeit. Sie wird normalerweise in Sekunden angegeben.
SET-TEMP		Die Solltemperatur des Chips, angegeben in °C. Dieses Keyword wird nur bei Kameras mit geregelter Kühlung gesetzt.
CCD-TEMP		Die wirkliche Temperatur des Chips, angegeben in °C zu Beginn der Belichtung.
XPIXSZ		Die Größe eines Pixels in Zeilenrichtung in µm.
YPIXSZ		Die Größe eines Pixels in Spaltenrichtung in µm.
END	x	Schließt den Header ab. Diesem Keyword wird kein Wert zugeordnet!

Weiterführende Literatur

Bücher
allgemein
- **Astrofotografie digital - Schritt für Schritt zu fantastischen Himmelsfotos**
  Stefan Seip
  Kosmos Verlag (2006)
  ISBN: 978-3440104262

Bildbearbeitung
- **Photoshop Astronomy**
  R. Scott Ireland
  Willmann-Bell (2005)
  ISBN: 978-0943396859

- **Photoshop for Astrophotographers (CD-ROM)**
  Jerry Lodriguss
  Astropix LLC (2003)
  ISBN: 978-0972973731

- **Handbook of Astronomical Image Processing u. AIP for Windows (2. Auflage)**
  Richard Berry, James Burnell
  Willman Bell (2005)
  ISBN: 978-0943396828

- **Digitale Bildverarbeitung (2. Auflage)**
  Wilhelm Burger, Mark J. Burge
  Springer Verlag (2006)
  ISBN: 978-3540309406

spezielle Kameratypen
- **Introduction to Webcam Astrophotography**
  Robert Reeves
  Willmann Bell (2006)
  ISBN: 978-0943396866

- **Lunar and Planetary Webcam User's Guide**
  Martin Mobberley
  Springer Verlag (2006)
  ISBN: 978-1846281976

- **Video Astronomy**
  Steve Massey, Thomas A. Dobbins, Eric J. Douglass
  Sky Publishing Corp. (2000)
  ISBN: 978-0933346963

- **Handbook of CCD Astronomy**
  Steve B. Howell
  Cambridge University Press (2000)
  ISBN: 978-0521648349

Glossar

Airy-Scheibchen: Zentrales Maximum der Energieverteilung bei Beugung an einer kreisförmigen Öffnung. Es ist durch den ersten dunklen Ring im Beugungsmuster begrenzt. Bedeutung hat das Airy-Scheibchen für die Beschreibung der maximalen Auflösung eines optischen Systems.

aktiver Autofokus: Entfernungsmessung von Fotokameras mittels Ultraschallwellen, die auch in absoluter Dunkelheit funktioniert. Ein passiver Autofokus kann durch Objektbeleuchtung zu einem aktiven Autofokus erweitert werden.

Auflagemaß: Abstand zwischen dem Film oder CCD-Chip und dem Objektiv. In der Fototechnik wird das Auflagemaß so eingestellt/konstruiert, dass die Schärfe in der Unendlich-Einstellung am besten ist.

Bayer-Filtermatrix: Filteranordnung eines digitalen Fotosensors, ähnlich einem Schachbrett. Sie besteht meist zu 50% aus Grün-, und je 25% aus Rot- und Blaufiltern. Hierdurch wird berücksichtigt, dass das menschliche Auge auf Grün empfindlicher reagiert als auf andere Farben.

Beugungsring: Entsteht bei der Beugung an einer kreisförmigen Blende. Konzentrische Beugungsringe mit nach außen hin abnehmender Intensität umgeben das zentrale Maximum der Energieverteilung (siehe: Airy-Scheibchen).

CCD: Integriertes elektronisches Bauteil zum Transport elektrischer Ladungen, das wie ein analoges Schieberegister funktioniert. Die in einer CCD-Zelle gespeicherte elektrische Ladung kann an die nächste Zelle weitergegeben werden, um danach selber mit der Ladung aus ihrem zweiten Nachbarn aufgefüllt zu werden. Sind einige dieser Zellen lichtempfindlich, spricht man von einem CCD-Fotosensor.

CCD-Chip: In Digitalkameras und Scannern als Aufnahmemedium eingesetzter Flächensensor, der aus einer Vielzahl regelmäßig angeordneter lichtempfindlicher Einzelzellen (Pixel) aufgebaut ist. Der Chip kann lediglich schwarzweiße Bildinformationen aufnehmen. Erst durch vorgesetzte Farbfilter ist er mithilfe entsprechender Software in der Lage Farbinformationen wiederzugeben. Die Größe und Anzahl der Pixel bestimmen das Aufnahmeformat und die Auflösung eines CCD-Chips. Im Gegensatz zum CMOS-Chip können die Pixel eines CCD-Chips nur zeilenweise ausgelesen werden.

Chrominanz: Signal mit der Farbinformation eines Bildpunktes. Zusammen mit der Luminanz liefert sie die vollständige Information über ein farbiges Bild.

CMOS-Chip: In Digitalkameras und Scannern als Aufnahmemedium eingesetzter Flächensensor, der aus einer Vielzahl regelmäßig angeordneter lichtempfindlicher Einzelzellen (Pixel) aufgebaut ist. Der Chip kann lediglich schwarzweiße Bildinformationen aufnehmen. Erst durch vorgesetzte Farbfilter ist er mithilfe entsprechender Software in der Lage Farbinformationen wiederzugeben. Die Größe und Anzahl der Pixel bestimmen das Aufnahmeformat und die Auflösung eines CMOS-Chips. Im Gegensatz zum CCD-Chip können die Pixel eines CMOS-Chips separat ausgelesen werden.

CMYK-System: Subtraktives Farbmodell, das die technische Grundlage für den modernen Vierfarbdruck bildet. Die Abkürzung CMYK steht für Cyan, Magenta. Yellow und Key (Schwarz).

Deconvolution: Entfaltung, die Umkehrung der mathematischen »Faltungsoperation«. Im Bereich der Astronomie stellt der Durchgang des Lichtes durch die Erdatmosphäre eine solche Faltung dar – durch die herrschende Luftunruhe wird das Bild unscharf. In der Bildbearbeitung wird die Entfaltung daher zur Schärfung eines Bildes verwendet.

Deep-Sky: Wörtlich: »tiefer Himmel«, alle Himmelsobjekte, die sich außerhalb unseres Sonnensystems befinden, insbesondere Doppelsterne, Sternhaufen, Nebel und Galaxien.

Deklination: Koordinate des äquatorialen astronomischen Koordinatensystems zur Positionsangabe von Himmelsobjekten. Sie wird mit δ oder Dekl. abgekürzt und entspricht der Projektion der Breitenkreise der Erde auf die Himmelskugel. Die Deklination gibt den Winkelabstand eines Himmelsobjekts vom Himmelsäquator an. Werte nördlich des Himmelsäquators sind positiv, Werte südlich davon negativ.

DSLR: Abkürzung für »Digital Single Lens Reflex« Camera (digitale Spiegelreflexkamera)

Dunkelstrom: Die spontane Bildung von freien Ladungsträgern durch Wärme in einem lichtempfindlichen Halbleiter.

Dynamikumfang: Quotient aus Maximum und Minimum einer Größe oder Funktion. Bezeichnet in der Bildbearbeitung den Unterschied zwischen der hellsten und schwächsten darstellbaren Bildinformation. Der Dynamikumfang wird speziell in der Astrofotografie oftmals in Größenklassen angegeben.

Etaloning: Effekt, der die Arbeitsweise eines rückseitenverdünnten CCD-Chips negativ beeinflusst. Er wird durch Interferenz des einfallenden mit dem an der Rückseite des Chips reflektierten Lichtes erzeugt.

Farbkanal: Bildkanal, der einer bestimmten Farbe zugeordnet ist. Im RGB-System sind dies rot, grün und blau, in CMYK-System cyan, magenta, gelb und schwarz.

Farbprofil: Alle Eingabegeräte (Kamera) und Ausgabegeräte (Monitor, Drucker, Beamer) in der Bildbearbeitung besitzen einen gerätespezifischen Farbraum. Das Farbprofil dient der »Übersetzung« dieser Farbdaten in einen bzw. aus einem Standardfarbraum.

Farbraum: Alle Farben, die durch eine farbgebende Methode tatsächlich dargestellt werden können. Jede »farbgebende Methode« (z.B. Kamera, Monitor, Drucker, Beamer) hat ihren eigenen Farbraum. In der Fotografie gebräuchliche Farbräume sind RGB und AdobeRGB. Beim Druck wird meist der CMYK-Farbraum verwendet.

Full-Well-Kapazität: Maximale Anzahl von Photoelektronen, die im Potentialtopf der Photodiode eines Pixels gesammelt werden kann.

Größenklasse: Maßeinheit für die Helligkeit eines Himmelskörpers. Bereits in der Antike wurden alle mit bloßem Auge sichtbaren Sterne in sechs Größenklassen eingeteilt – die hellsten gehörten der ersten Größenklasse, die mit bloßem Auge gerade noch sichtbaren der sechsten Größenklasse an. Mit Erfindung des Teleskops wurde dieses System auf die schwächeren Sterne erweitert. Im 19. Jahrhundert wurde ein einheitliches System eingeführt, nach dem ein Stern einer bestimmten Größenklasse 2,512× so hell wie ein Stern der nächsthöheren Größenklasse ist.

HDR: High Dynamic Range, Bild, das einen sehr großen Helligkeitsumfang besitzt. Der große Dynamikumfang von HDR wird ermöglicht, indem mehrere Aufnahmen mit verschiedener Belichtung erstellt und anschließend zu einem Bild zusammengesetzt werden. Hierbei wird für jeden unterschiedlichen Helligkeitsbereich des Bildes die optimal belichtete Version verwendet, wodurch Über- und Unterbelichtungen stark reduziert werden.

Heiße Pixel: Pixel eines CCD- oder CMOS-Sensors, die nicht proportional auf die empfangene Lichtmenge reagieren, sondern heller leuchten als sie sollten. Die Entstehung solcher Pixel wird durch hohe Temperaturen gefördert.

Homofokal: Eigenschaft der gleichen Brennpunktlage zweier optischer Bauteile in einem optischen System. Es ist kein Nachfokussieren beim Wechsel zwischen den optischen Bauteilen notwendig.

Image-Shifting: Bildverschiebung, die meist bei hauptspiegelfokussierten Optiken auftritt. Sie wird durch zu große Toleranzen bei der Spiegelführung erzeugt.

ISO-Empfindlichkeit: Grad der Lichtempfindlichkeit eines Kamerasensors. Abhängig von der Belichtungszeit und der Blende regelt die ISO-Empfindlichkeit die korrekte Belichtung. Je höher die ISO-Empfindlichkeit, desto weniger Licht wird benötigt, um das Motiv ausreichend zu belichten. Zu hohe ISO-Empfindlichkeiten wirken sich aufgrund des ansteigenden Bildrauschens negativ auf die Bildqualität aus.

Kernelfilter: Digitaler Filter für die Bildbearbeitung, bei dem der neue Wert des zu bearbeitenden Pixels mithilfe einer Multiplikatormatrix aus den umliegenden Pixelwerten berechnet wird.

Kosmische Höhenstrahlung: Hochenergetische Teilchenstrahlung aus dem Weltall, die aus Protonen, Elektronen und vollständig ionisierten Atomen besteht. Durch Wechselwirkung mit der Erdatmosphäre entstehen Teilchenschauer mit einer hohen Anzahl von Sekundärteilchen, von denen aber nur ein geringer Teil die Erdoberfläche erreicht.

Lichtverschmutzung: Aufhellung des Nachthimmels durch künstliche Lichtquellen, deren Licht in den unteren Luftschichten der Atmosphäre gestreut wird.

Luminanz: Signal mit der Helligkeitsinformation eines Bildpunktes.

Monochrom
  Optik: Lichtemission in einem sehr schmalen Frequenz- bzw. Wellenlängenbereich.
  Fotografie: Bild, das nur Graustufen bzw. Abstufungen einer einzigen Farbe zeigt.

Nyquist-Kriterium: »Abtast-Theorem« des Amerikaners Harry Nyquist; Höhere Abtastraten als notwendig (Oversampling) bringen zwar mehr Daten, aber nicht mehr Information/Qualität – niedrigere Abtastraten (Undersampling) bringen falsche Informationen. Damit das Seeingscheibchen eines Sterns auf einer Aufnahme möglichst »rund« dargestellt wird, sollte die Pixelgröße der verwendeten Kamera deshalb so gewählt werden, dass sie mindestens dem halben oder besser einem Drittel des Seeingscheibchendurchmessers entspricht.

Oversampling: Effekt der auftritt, wenn ein Signal mit einer höheren Abtastrate bearbeitet wird, als für die Darstellung der Signalbandbreite benötigt wird.

Passiver Autofokus: Entfernungsmessung von Fotokameras mittels Phasenvergleich oder Kontrastmessung. Der passive Autofokus funktioniert nur bei genügender Beleuchtung und ausreichendem Objektkontrast. Durch Beleuchtung des Motivs mit einem Hilfslicht kann er jedoch zu einem aktiven Verfahren erweitert werden.

Peltierelement: Elektrothermischer Wandler, welcher basierend auf dem von Jean Peltier (1785–1845) entdeckten Effekt bei Stromdurchfluss eine Temperaturdifferenz zwischen Vorder- und Rückseite oder bei Temperaturdifferenz einen Stromfluss erzeugt.

Periodischer Fehler: Sich mit jeder Umdrehung eines Schneckengetriebes wiederholender Gleichlauffehler. Er entsteht sowohl durch Fehler der Antriebsschnecke (Steigungsfehler, Rundlauffehler), ist aber auch von der Geometrie der Verzahnung abhängig.

Pixelmapping: Meist kamerainterne Bildbearbeitungsfunktion, welche defekte Pixel (Bildpunkte) auf dem Aufnahmesensor erkennt und mittels Interpolation aus den Informationen intakter angrenzender Pixel das Bild »bereinigt«.

Pixelshading: Durch schrägen Lichteinfall auf einen Pixel hervorgerufener Helligkeitsabfall, der mit steigendem Abstand zur optischen Achse zunimmt. Er entsteht, weil die einzelnen lichtempfindlichen Elemente eines digitalen Bildsensors nicht auf dessen Oberfläche liegen, sondern sich konstruktionsbedingt in winzigen Vertiefungen befinden.

Rektaszension: Koordinate des äquatorialen astronomischen Koordinatensystems zur Positionsangabe von Himmelsobjekten. Sie wird mit α oder R.A. abgekürzt. Sie bezeichnet den Winkel zwischen dem Längenkreis des Frühlingspunktes und dem Längenkreis des beobachteten Himmelsobjekts, gemessen in der Ebene des Himmelsäquators. Die Rektaszension wird in Analogie zur geographischen Länge auf der Erde gegen den Uhrzeigersinn gemessen. Sie nimmt am Himmel von Westen nach Osten zu. Ihre Angabe erfolgt nicht in Grad, sondern im Zeitmaß in Stunden, Minuten und Sekunden, wobei 24 Stunden 360° entsprechen.

RGB-System: Additives Farbmodell, bei dem jede Farbe durch ihre Anteile der drei Grundfarben Rot, Grün und Blau definiert wird. Es wird üblicherweise für Systeme mit emittierenden Lichtern (z.B. Kamera, Monitor oder Beamer) genutzt.

Ringschwalbenschwanz: Ringförmige Ausführung einer Schwalbenschwanzklemmung. Im Gegensatz zu einer Nut-Klemmung ist die Schwalbenschwanzklemmung in der Lage, nicht nur Quer-, sondern auch Zugkräfte aufzunehmen. Bei leicht gelöster Klemmung verhindert ein Ringschwalbenschwanz die komplette Trennung der verbundenen Bauteile, erlaubt aber trotzdem ihre gegenseitige Verdrehung um die Verbindungsachse.

Rohrverkürzung: Weg, um den der Okularauszug von Brennpunkt nach innen verstellt werden muss, um ein optisches Bauteil fokussieren zu können.

Schärfentiefe: Tiefenausdehnung des Schärfenbereichs eines Objektes, das durch ein optisches System abgebildet wird.

Schnittweite: Abstand des Bildes von der hintersten Fläche des Objektivs bei achsparallelem Lichteinfall (Objekt in unendlicher Entfernung).

Bei schräg zur optischen Achse einfallendem Licht kann die Schnittweite aufgrund der sphärischen Aberration abweichend sein.

Seeing: Durch atmosphärische Turbulenzen hervorgerufene Unschärfe. Ihre Größe wird normalerweise in Bogensekunden angegeben. Die Messung erfolgt üblicherweise durch Halbwertsbreitenbestimmung einer Sternabbildung.

Sekundäres Spektrum: Farbrestfehler eines achromatischen Objektivs.

S/N-Verhältnis: Verhältnis von Signal zu Rauschen (engl.: noise). Mit größer werdendem S/N-Verhältnis hebt sich ein Objekt immer besser vom Hintergrund(rauschen) ab: Ein Objekt sollte auf einer Aufnahme mindestens ein S/N-Verhältnis von 3 besitzen, um sicher erkannt zu werden. Ab einem S/N-Verhältnis von 10 ist seine Positionsbestimmung (Astrometrie) möglich. Eine auf 0,″01 genaue Helligkeitsmessung (Photometrie) erfordert ein S/N-Verhältnis von größer als 100.

Spiegelvorauslösung: Möglichkeit, den Schwingspiegel einer Spiegelreflexkamera zeitlich deutlich vor der eigentlichen Aufnahme hochzuklappen. Hierdurch werden durch Eigenschwingungen der Kamera verursachte Verwacklungsunschärfen reduziert.

Stacking: Technik der digitalen Bildbearbeitung, bei der mehrere Ausgangsbilder des gleichen Objektes zu einem Gesamtbild kombiniert werden. In der Astrofotografie dient das Stacking meist zur Verbesserung des S/N-Verhältnisses.

Starhopping: Methode zum Aufsuchen schwacher Himmelsobjekte. Das gesuchte Objekt wird gefunden, indem man sich ihm, ausgehend von einem hellen Stern, mithilfe leicht sichtbarer Einzelsterne oder auffälliger Sterngruppen schrittweise annähert.

Stundenwinkel: Aktueller Rektaszensionswert des Meridians, also des Großkreises zwischen den Himmelspolen, der den Horizont im Südpunkt (Südhalbkugel: im Nordpunkt) schneidet.

Telezentrische Optik: Optisches System, bei dem gleichgroße Objekte, auch wenn sie sich in unterschiedlichen Entfernungen zum Objektiv befinden, gleichgroß abgebildet werden. Telezentrische Optiken werden hauptsächlich in der Messtechnik eingesetzt.

Tonwertkurve: Kurve, die entsteht, wenn die oberen Spitzen der Balken des Histogramms mit einer Linie verbunden werden.

Undersampling: Effekt der auftritt, wenn ein Signal mit einer zu geringen Abtastrate bearbeitet wird, als für die Darstellung der Signalbandbreite benötigt wird. Dies führt zu Problemen bei der späteren Rekonstruktion des Signals, wie Informationsverlust und Geisterfrequenzen (Aliasing).

Varianz: Ein Maß, für die Steuuung. Sie wird berechnet, indem man die Abstände der Messwerte vom Mittelwert quadriert, addiert und durch die Anzahl der Messwerte teilt.

Vignettierung: Abschattung der Lichtintensität zum Bildrand hin.

Weißabgleich: Kalibrierung der Farbinformation mit Hilfe einer weißen Fläche. Dient dazu, die Kamera auf die Farbtemperatur des Lichtes am Aufnahmeort einzustellen. Hierdurch werden unerwünschte Farbstiche vermieden.

Winkelsucher: Zubehörteil für Fotokameras, das gewöhnlich auf den Sucher der Kamera aufgesteckt wird. Das Bild wird über einen Spiegel oder ein Prisma um üblicherweise 90° umgelenkt, so dass das Sucherbild von der Seite oder von oben betrachtet werden kann.

Zeitmeridian: Großkreis der Erde, an der die Zonenzeit eines Ortes gemessen wird. Üblicherweise der nächstliegende Meridian, dessen geographische Länge ohne Rest durch 15° teilbar ist.

Schlagwortregister

R

S

T

V

W

Z